R

Einführung durch angewandte Statistik

R

Einführung durch angewandte Statistik

2., aktualisierte Auflage

Reinhold Hatzinger
Kurt Hornik
Herbert Nagel
Marco J. Maier

PEARSON

Bibliografische Information der Deutschen Nationalbibliothek

Die Deutsche Nationalbibliothek verzeichnet diese Publikation in der Deutschen
Nationalbibliografie; detaillierte bibliografische Daten sind im Internet
über <http://dnb.dnb.de> abrufbar.

10 9 8 7 6 5 4 3 2 1

16   15   14

ISBN 978-3-86894-250-7 (Buch)
ISBN 978-3-86326-712-4 (E-Book)

© 2014 by Pearson Deutschland GmbH
Lilienthalstraße 2, 85399 Hallbergmoos/Germany
Alle Rechte vorbehalten
www.pearson.de
A part of Pearson plc worldwide

Programmleitung: Birger Peil, bpeil@pearson.de
Lektorat: Irmgard Wagner, Neuried
Korrektorat: Petra Kienle, Fürstenfeldbruck
Einbandgestaltung: Martin Horngacher
Herstellung: Philipp Burkart, pburkart@pearson.de
Satz: le-tex publishing services GmbH, Leipzig
Druck und Verarbeitung: Drukkerij Wilco BV, Amersfoort

Printed in the Netherlands

Inhaltsverzeichnis

Teil II   Kategoriale Daten

Teil V   Multivariate Daten   441

Kapitel 11   Dimensionsreduktion   443

Kapitel 12   Gruppierung von Beobachtungen   477

Vorwort

Dieses Buch entstand aus der Idee, auf moderne, problem- und praxisorientierte Weise Grundlagen der Statistik zu vermitteln. Das geht nicht, ohne dabei gleichzeitig die Umsetzung mittels geeigneter Software zu berücksichtigen. Eine natürliche Wahl dafür ist R, eine „Umgebung für Datenanalyse und Grafik". R ist die state-of-the-art Statistiksoftware, ist Open Source und daher auch frei verfügbar. Der modulare und funktionale Charakter von R ermöglicht es, statistische Methoden leichter erlernen und besser verstehen zu können. Man kann alles ausprobieren, nachvollziehen und auf „spielerische" Weise mit Zahlen, Daten und Formeln umgehen.

Traditionelle Ansätze des Vermittelns von Statistikkenntnissen für substanzwissenschaftliche Studienrichtungen (wie z. B. Psychologie, Soziologie, Kommunikationswissenschaft, Betriebswirtschaft oder Medizin) verfolgten entweder sehr formale, wahrscheinlichkeitstheoretisch orientierte Konzepte oder teilten den Lehrstoff in deskriptive und inferenzstatistische Methoden (eine unserer Meinung nach unglückliche Trennung). Übungs- bzw. Anwendungsbeispiele waren oft sehr praxisfern. Man denke an die Urnen, gefüllt mit bunten Kugeln, aus denen nach bestimmten Vorschriften zufällig einige herauszuziehen sind. Oder an das Einsetzen einiger weniger Zahlen in Formeln, um dann Mittelwert und Varianz zu berechnen. Spätestens als die PCs Einzug hielten, begann man sich darauf zu besinnen, dass im Zentrum statistischer Überlegungen eigentlich Daten, Information, deren Verarbeitung und mögliche Schlussfolgerungen stehen. Entsprechend hat sich seither, wenn auch langsam, die Vermittlung von Statistikkenntnissen geändert. Immer öfter wird heute der computerunterstützten Verarbeitung von Daten Raum gegeben.

Das Konzept dieses Buchs (das wir genauer im ersten Kapitel beschreiben) zielt daher auch darauf ab, die interessanten Aspekte anhand vieler Fallbeispiele aus unterschiedlichsten Bereichen (die zum Teil fortgesetzt und unter verschiedenen methodischen Aspekten betrachtet werden) in den Vordergrund zu stellen, ohne das zum Verständnis notwendige formale Wissen auszublenden. Wir versuchen dabei, Berührungsängste zu verringern und einen vielleicht manchmal als trocken erlebten Stoff lebendig zu gestalten. Die Verwendung von R kann hierzu einen wesentlichen Beitrag leisten, da R relativ (entgegen oft anders gehörten Meinungen) leicht zu erlernen ist und einen spielerischen und kreativen Umgang mit den Inhalten erlaubt und fördert. Wir haben oft erlebt, dass Studierende von Ergebnissen und grafischen Darstellungen freudig überrascht waren, besonders wenn sie eigene Fragestellungen und selbst erhobene Daten analysiert hatten.

Als Zielgruppe haben wir in erster Linie an Studierende verschiedenster empirisch ausgerichteter Substanzwissenschaften gedacht, aber auch an (junge) ForscherInnen, die ihr Wissen auffrischen und/oder sich vielleicht die eine oder andere Anregung zur Umsetzung ihrer Studien holen wollen.

Nicht zuletzt soll dieses Buch auch dazu dienen, nachschlagen zu können, wenn man etwas in R realisieren möchte und nicht genau weiß oder vergessen hat, wie das geht. Aus diesem Grund haben wir uns bemüht, den Index so zu gestalten, dass man auch findet, was man sucht.

Bedanken wollen wir uns bei Studierenden und unseren Kolleginnen und Kollegen am Institut für Statistik und Mathematik der WU (Wirtschaftsuniversität Wien) sowie besonders bei Regina Dittrich, Ingrid Koller und Marco Maier, die oftmals Teile des Manuskripts lasen, uns auf Fehler aufmerksam machten und wichtige Anregungen gaben. Viele Studierende aus diversen Kursen haben zur Entwicklung unseres Konzepts beigetragen.

Interessante Beispiele und Daten wurden von Kathrin Gruber, Dieter Gstach, Graeme Hutchinson (Universität Manchester) und Wolfgang Lutz beigesteuert oder zur Verfügung gestellt.

Ganz herzlich wollen wir uns bei Irmgard Wagner bedanken, die uns bei der Verwirklichung des Buchs begleitet hat. Sie hat mit großem Sachverstand, vielen guten Anregungen und viel Geduld und Mühe wesentlich zur Entstehung beigetragen. Petra Kienle hat darauf geachtet, dass unsere Kämpfe mit der neuen deutschen Rechtschreibung nicht im Desaster endeten, und uns vor manchen Satzungetümen bewahrt.

Dieses Buch wurde mit LaTeX realisiert. Ohne das R-Package **Sweave** (Leisch, 2002), das es erlaubt, R-Code und R-Output in LaTeX automatisiert zu integrieren, wäre die Arbeit an dem Buch sehr mühsam geworden. Dafür wollen wir uns bei Fritz Leisch, dem Autor von **Sweave**, herzlich bedanken. Schließlich wollen wir auch der Setzerin bzw. dem Setzer unsere Anerkennung aussprechen. Es war sicher nicht einfach, unsere LaTeX markups und macros im endgültigen Satzbild umzusetzen.

Schließlich, und nicht zuletzt, ein großes Danke an Regina, Ilse und Sibylle für ihre Geduld, ihr Verständnis und ihre Unterstützung. Ohne sie wäre dieses Buch nicht zustande gekommen.

Reinhold Hatzinger, Kurt Hornik und Herbert Nagel

Vorwort zur zweiten Auflage

Die Anfrage des Verlages nach einer Überarbeitung unseres Buches für eine zweite Auflage traf zeitlich mit der Ankündigung zusammen, dass die Version 3 von R nun endgültig im Frühjahr 2013 freigegeben werden würde. Somit bestand eine Aufgabe für die Neuauflage in der Überprüfung der alten R-Scripts. Aber natürlich rechtfertigt dieses Pflichtprogramm nicht den Namen Neuauflage.

Mehr als Pflicht ist die erweiterte Beschreibung vieler R-Funktionen. Speziell der Abschnitt mit den Beschreibungen, wie R-Grafiken erstellt und eigenen Wünschen angepasst werden können, geht jetzt weit tiefer auf Details ein. Komplett neu ist ein Abschnitt mit den wichtigsten Matrixfunktionen in R.

Die statistischen Methoden wurden um die loglinearen Modelle ergänzt. Dieses multivariate Verfahren dient der Analyse der Zusammenhangsstruktur mehrdimensionaler kategorialer Daten. Mit diesem neuen Kapitel hoffen wir, einen guten und verständlichen Weg zwischen einer reinen Rezeptsammlung und einem unübersichtlichen Formelsumpf gefunden zu haben, ohne das Ziel der Untersuchung eines Datensatzes aus den Augen zu verlieren.

Der Aufbau der alten Kapitel und Abschnitte ist gleich geblieben. Ausgehend von einem konkreten Beispiel mit einer Fragestellung wird ein sparsames Theoriegerüst aufgebaut, mit dem der Weg zur Beantwortung der Fragestellung zwar nicht Schritt für Schritt erklärt, aber doch angedeutet werden kann.

Ein großer Schock für uns alle war der völlig überraschende Tod Reinhold Hatzingers im Sommer 2012. Er war der konzeptionelle Vordenker zu diesem Buch. Er vermittelte zwischen unterschiedlichen Vorschlägen, ohne die allgemeine Linie des Buches zu verwässern. Vor allem war er aber für alle von uns ein sehr guter Freund, auf den – mit oder ohne Buchprojekten – immer Verlass war.

Neu in unserem Autorenteam ist Marco Maier. Er hat schon bei der Erstauflage wertvolle Verbesserungen angeregt und gut unser Team ergänzt. An dieser Stelle ein großes Dankeschön an Lisa-Christina Winter, die zwei Entwürfe der überarbeiteten R-Kapitel durchgearbeitet und mit ihren Kommentaren äußerst bereichert hat.

Irmgard Wagner hat als Verbindung mit dem Verlag stets dafür gesorgt, dass unsere Ideen mit den Interessen möglicher Leser geerdet waren. Dank gebührt auch den vielen, die uns auf Fehler und Ungenauigkeiten aufmerksam gemacht haben und mit ihren Ideen Verbesserungen in dieser Auflage ermöglicht haben.

Die mehrmonatige Arbeit an einem Buch hinterlässt auch Spuren im Privatleben. Dafür, dass diese Spuren nicht zu Verwüstungen in der Beziehungslandschaft geführt haben, unser Danke an Ilse und Sibylle.

Kurt Hornik, Marco J. Maier und Herbert Nagel

Fragestellungen und Methoden

Einführung

1

ÜBERBLICK

1.1   Konzeption des Buchs

Wie schon aus dem Titel ersichtlich, beschäftigt sich dieses Buch mit zwei Themen, dem Programmpaket R (R Core Team, 2013a) und angewandter Statistik. Im Alltagssprachgebrauch ist der Begriff *Statistik* nicht besonders positiv besetzt und hat oft den Beigeschmack trockener Zahlenklauberei. Das schlägt sich beispielsweise in abgedroschenen Sprüchen wie „Traue keiner Statistik, die du nicht selbst gefälscht hast!" oder Witzen wie „Why did you become a statistician? Because I found accounting too exciting..." nieder.

Tatsächlich aber ist Statistik viel mehr.

Statistik ist die Wissenschaft und Kunst, von Daten zu lernen. Sie ermöglicht uns einen Blick auf die Welt, der in unserer modernen Informationsgesellschaft von vitaler Bedeutung ist. Wir alle, Studierende und Lehrende, Frauen und Männer, Jüngere und Ältere, müssen die täglich auf uns einprasselnde, manchmal überbordende Fülle an Information bewältigen und das heißt eben, von Daten zu lernen und sie zu interpretieren.

Somit hat die Statistik auch die Aufgabe, Information so zu vereinfachen und zu komprimieren, dass Kernaspekte herausgearbeitet werden. Durch die Verwendung von Computern und geeigneter Software ist das heute viel leichter als vor noch nicht allzu langer Zeit. R ist eines dieser Softwarepakete. Es beruht auf S, das vor mehr als 40 Jahren bei AT&T Bell Labs entstand und das 1998 mit dem Software System Award der Association for Computing Machinery ausgezeichnet wurde, weil es „für alle Zeiten die Art, wie Menschen Daten analysieren, visualisieren und manipulieren, verändert hat". Um 1990 begannen Ross Ihaka und Robert Gentleman, damals an der University of Auckland in Neuseeland, mit der Implementierung eines Open-Source-Systems „nicht unähnlich zu S", das sie R nannten. Diese Initiative wurde von Statistikern an Universitäten mit wachsender Begeisterung aufgenommen. Rasch entstand ein Team von Kernentwicklern aus führenden Vertretern der modernen, rechenorientierten Statistik.

Mittlerweile ist R zum De-facto-Standard der statistischen Forschung an Universitäten geworden. R versteht sich aber nicht als „reine" Statistiksoftware, sondern als flexible (Software-)Umgebung für „Datenanalyse und Grafik", und erfreut sich so in einer Vielzahl von Disziplinen immer größerer Beliebtheit, wenn es darum geht, Daten zu analysieren und zu visualisieren. Den Kern von R bildet eine mächtige, für den Umgang mit Daten konzipierte Programmiersprache, deren Basisfunktionalität einfach zu erlernen ist. Beruhend auf dieser universellen Sprache gibt es eine Vielzahl von Erweiterungen für speziellere Bedürfnisse, wie etwa grafische Benutzeroberflächen, oder Verfahren für bestimmte Anwendungsbereiche.

Die Konzeption dieses Buchs beruht auf unserer mehr als zwanzigjähriger Erfahrung im Unterrichten einführender Statistik und Statistiksoftware. Wir haben die Entwicklung er- und gelebt, die von einem traditionellen, an Formeln orientierten zu einem modernen Ansatz führte, der Konzepte in den Vordergrund stellt. Zumindest in einem ersten Schritt sollte das Lernen von Statistik nicht darin bestehen, irgendwelche Zahlen in scheinbar obskure Formeln einsetzen und diese dann ausrechnen zu können. Daher ist auch die Kombination mit Statistiksoftware so wichtig, weil es die Konzentration auf die wesentlichen Aspekte fördert. Wir folgen den Richtlinien, die unter anderem von den beiden weltweit führenden Institutionen auf diesem Gebiet, der American Statistical Association und der englischen Royal Statistical Society, für die Einführung in Statistik formuliert wurden. Die wichtigsten sind:

■ Betonung statistischer Fähigkeiten (*literacy*) und Entwicklung statistischen Denkens

■ Verwendung echter Daten

■ Eher Akzentuierung konzeptuellen Verständnisses als einfache Kenntnisse formaler Prozeduren

■ Benutzung technologischer Hilfsmittel zur Analyse von Daten und Entwicklung von Konzepten

1.2   Aufbau des Buchs

Dieses Buch versteht sich nicht als R-Handbuch, in dem alle Details beschrieben werden (d. h. in dem alle Funktionen definiert und Menüpunkte durchbesprochen werden), und auch nicht als Statistiklehrbuch in Form eines Trockenkurses. R wird parallel zu statistischen Methoden erläutert und damit soll es der Leserin bzw. dem Leser ermöglicht werden, Statistik mit diesem Computerprogramm für Aufgaben im Alltag und Beruf einsetzen zu können.

Aus diesen Gründen haben wir einen Ansatz gewählt, der nicht einer traditionellen Vermittlungsweise in der Form: *Beschreibende Statistik – Wahrscheinlichkeitstheorie – Inferenzstatistik* folgt. Wir bevorzugen einen alternativen, mehr an der Praxis und an Daten orientierten Aufbau und integrieren statistische Konzepte mit einer Darstellung des *how to*, wie also bei bestimmten Fragestellungen die Umsetzung erfolgen kann und wie man dabei in der Praxis konkret vorgeht.

Das Buch beginnt mit einer kurzen Darstellung der wesentlichen Grundbegriffe der Statistik, die für das Verstehen der späteren Kapitel notwendig sind, und einem Überblick über die Bedienung von R. Dieser orientiert sich an den Schritten einer Datenanalyse, wie sie in der Praxis durchgeführt wird.

Der eigentliche Kern des Buchs besteht aus vier Teilen, in denen verschiedene Typen von Information behandelt werden. Zunächst liegt der Fokus auf kategorialen Daten, also solchen, wo Information in Form von Häufigkeiten und Prozentsätzen bestimmter Gruppen oder Klassifikationen vorliegt. Der zweite Teil beschäftigt sich dann mit metrischer bzw. numerischer Information, also mit Daten, die nicht durch Kategorien repräsentiert werden, sondern in Form von Zahlen vorliegen. Informationen, in denen diese beiden Typen gemeinsam vorkommen, sind Gegenstand des dritten Teils und schließlich folgt noch eine Behandlung komplexer, vieldimensionaler Information, sogenannter multivariater Daten. Die Teile bestehen immer aus einem oder zwei Kapiteln, die sich mit spezifischen Problemen befassen, die mit dem jeweiligen Informationstyp in Zusammenhang stehen.

Gegliedert ist jedes Kapitel in typische Fragestellungen, die bei einem bestimmten Datentyp auftauchen können. Hierbei werden anhand von insgesamt 39 realen Fallbeispielen Problemstellungen diskutiert und Lösungsmöglichkeiten sowohl bezüglich der statistischen Methodik als auch deren Umsetzung in R vorgestellt. Alle dazu notwendigen methodischen Überlegungen werden nicht auf Vorrat, sondern immer dann präsentiert, wenn sie zur Beantwortung einer Fragestellung wichtig sind. Dies ist auch der Grund, warum beschreibende und inferenzstatistische Methoden nicht getrennt, sondern kombiniert dargestellt werden und schon gleich zu Beginn des Kernstoffs in Kapitel 6 auftauchen. Gleich nach der in einem Fallbeispiel gestellten Frage werden die formalen Ideen zu deren Beantwortung auf einfache Weise präsentiert, formale Aspekte (wie z. B. Formeln) werden dabei so weit als möglich ausgespart und nur dort behandelt, wo sie zum Verständnis notwendig erscheinen. Besonderes Augenmerk legen wir auf Interpretationen, die sowohl die technischen als auch inhaltlichen Gesichtspunkte ausführlich abdecken und der Leserin bzw. dem Leser als Vorbild für eigene Arbeiten dienen können. Allgemeinere Grundideen bzw. spezielle Überlegungen werden in Exkursen behandelt, die bei einem ersten Lesen überblättert werden können. In drei Fällen gibt es eine vertiefende Betrachtung des Lernstoffs in einem Anhang zum jeweiligen Kapitel.

Jedes Kapitel beginnt mit einer kurzen Zusammenstellung und einem Ausblick auf den Inhalt und endet mit einer Zusammenfassung der behandelten Konzepte und Übungsaufgaben.

Im Anhang erfolgt nun eine thematische Trennung, damit man schneller das Gesuchte auch findet. Abgesehen vom Literaturverzeichnis ist der Index in drei Teile gegliedert: Zuerst gibt es ein Stichwortverzeichnis zur **R** GUI unter Windows, dann folgt ein Verzeichnis aller verwendeten **R**-Funktionen und schließlich der „eigentliche" Index mit statistischen Begriffen, **R**-Packages etc.

Zum Buch gibt es eine Companion Website (*http://www.pearson-studium.de*). Dort finden Sie, nach Kapiteln gegliedert, den gesamten im Buch verwendeten **R**-Code sowie zu allen Übungsaufgaben die dazu benötigten Dateien und kommentierte Lösungen.

Bis auf wenige Ausnahmen werden nur reale Datensätze verwendet, die alle ebenso auf der Companion Website zur Verfügung stehen. Eines der Ziele des Buchs besteht darin, alle Schritte nachvollziehbar zu machen.

1.3   Programmversionen von R

Das Buch wurde mit **R** 3.0.2 (Nickname: „Frisbee Sailing") erstellt. Wir empfehlen, grundsätzlich immer die aktuellste veröffentlichte Version von **R** zu verwenden: Dies stellt sicher, dass auch bei den verwendeten Erweiterungs-Packages immer die aktuellste Version verfügbar ist.

1.3.1   Das REdaS Package

Für die zweite Auflage dieses Buchs wurden einige zusätzliche Funktionen im Companion Package **REdaS** (Maier, 2014) implementiert (Details zur Installation von Paketen finden Sie in Abschnitt 3.1.5).

Prinzipiell muss das Paket nicht immer geladen werden, außer es werden Funktionen verwendet, die nur dort implementiert sind. In diesem Fall wird im Text und Code auf das Package hingewiesen.

1.4   Wie kann dieses Buch verwendet werden?

Ohne Statistikgrundkenntnisse:

- in einem einsemestrigen Kurs (20 – 25 Stunden)
- im Selbststudium

Da keinerlei Voraussetzungen bestehen (außer dem basalen Umgang mit PCs und ein wenig Mathematik), lässt sich dieser Text in einem einsemestrigen Einführungskurs in Statistik mit R gut umsetzen. Der Text ist so konzipiert, dass er auch zum Selbststudium geeignet sein sollte.

Mit Statistikgrundkenntnissen:

- Wenn man eine Datenerhebung plant oder Daten bereits gesammelt hat und wissen möchte, wie man diese computergerecht erfassen und für eine Analyse aufbereiten sollte.

- Wenn man zu einer bestimmten inhaltlichen (substanzwissenschaftlichen) Fragestellung die entsprechende statistische Methode sucht.

- Wenn man für eine bestimmte statistische Methode wissen möchte, wie man deren Ergebnis interpretiert.

- Wenn man eine konkrete Analyse in R durchführen möchte.

Der einführende, problem- und lösungsorientierte Charakter des Texts soll die Leserin bzw. den Leser in die Lage versetzen, bestimmte statistische Methoden anwenden und umsetzen zu können bzw. Hilfe und Anregungen bei spezifischen Fragestellungen zu erhalten.

1.5 Typografische und andere Konventionen in diesem Buch

Um den Text übersichtlich und lesefreundlich zu gestalten, haben wir einige Elemente definiert, die durch verschiedene Schrifttypen und Gestaltungsweisen gekennzeichnet sind.

R-Input und -Output

Der Input in R, d. h., die Befehle, wie Sie sie eingeben sollen, wird in R-Kästen dargestellt:

```
> x <- c(2, 4, 6, 8)
> x
```

Die Ausgabe dieser beiden Befehle, die bis auf wenige Ausnahmen (wie hier) unmittelbar nach den Eingabekästen folgt, sieht so aus:

```
[1] 2 4 6 8
```

Bei manchen Befehlen gibt es keine unmittelbare Ausgabe. Wenn sich der nachfolgende Text auf die Ausgabe bezieht und diese kommentiert wird, dann werden die entsprechenden Elemente genauso wie in der Ausgabe, also z. B. so [1] 2 4 6 8, dargestellt.

In R erzeugte Grafiken finden sich in Abbildungen, auf die im Text verwiesen wird. Beispiel: Mit dem folgenden Befehl kann man die Sinc-Funktion (*sinus cardinalis*) visualisieren, die z. B. in der Signalverarbeitung eine wichtige Rolle spielt (▶ Abbildung 1.1).

```
> curve(sin(x)/x, -25, 25, n = 1000, main = "sinc(x)")
> abline(h = 0, lty = 2)
```
R

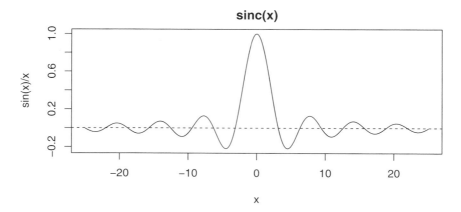

Abbildung 1.1: Beispielgrafik: die Sinc-Funktion

Bis auf extra gekennzeichnete Ausnahmen verwenden wir immer **R**-Standardgrafiken und verzichten auf das Hinzufügen zusätzlicher Grafikelemente.

„Nerd-Boxen"

Die **R**-Kapitel (3, 4 und 5) wurden generell überarbeitet, erweitert und vertieft, jedoch ist es schwierig, die Wünsche und Anforderungen unseres naturgemäß heterogenen Publikums adäquat zu erfüllen. Ein Lösungsansatz dazu sind die „Nerd-Boxen", die anspruchsvollere und technischere Abschnitte einschließen. Sie beginnen, wie dieser Textblock, mit dem Zeichen oben und enden mit dem Zeichen unten. Die Intention ist, dass auch Personen, die entweder Vorwissen/ Programmiererfahrung besitzen oder interessiert sind und es „genauer wissen wollen", Hintergrundwissen vermittelt bekommen. Zum Abschluss von Kapitel 5, auf den Seiten 189 − 213, gibt es noch einen ganzen Abschnitt für „Nerds" und solche, die es werden wollen.

Natürlich kann man das Buch *ohne* diese gekennzeichneten Abschnitte lesen und den Text zwischen [🔲 und 🔲] überspringen.

Schrifttypen

Im Prinzip wird immer jene Schrift verwendet, wie sie auch am Bildschirm zu sehen ist.

- Nichtproportionale Schrift (*monospace*):
  Ebenso wie für den **R**-Input und -Output als auch für Variablen-, Funktions-, Argument- und Dateinamen verwenden wir nichtproportionale Schrifttypen, wie z. B. für die Variable `geschlecht` oder die Datei `fragebogen.RData`. Funktionen werden mit Klammern geschrieben (z. B. `plot()`), um anzudeuten, dass nach Funktionsnamen immer Klammern folgen. Argumentnamen (Optionen) von

Funktionen werden schräggestellt (*slanted*), wie z. B. `type`, damit man sie von Objekten und Funktionen unterscheiden kann.

Ganze Befehle oder einzelne Codeteile werden im Text dadurch lesbarer, z. B.:

`x <- log(x = 5, base = 10)`

- Serifenlose Schrift (*sans serif*):
  Alles, was in der **R**-Benutzeroberfläche in serifenloser Schrift dargestellt wird (im Wesentlichen Fenstertitel und Menüpunkte), hat **diese Form**, wie z. B. der Menüpunkt **File**. **R**-Packages werden ebenfalls serifenlos geschrieben, wie z. B. das **REdaS** Package.

- Schrift mit Serifen (*serif*):
  Verweise auf Links, die in Screenshots von Webseiten vorkommen, sind so dargestellt wie z. B. Task Views.

Außerdem verwenden wir

- Kapitälchen (*small caps*)
  Wichtige Begriffe werden, wenn sie zum ersten Mal auftauchen, IN DER FORM gekennzeichnet, wie z. B. HYPOTHESE.

- kursive Schrift (*italics*)
  Kursiv wird verwendet, wenn wir etwas *hervorheben* wollen oder bei englischen Übersetzungen, wenn sie zum ersten Mal auftauchen, wie z. B. Arbeitsverzeichnis (engl. *working directory*).

Buttons und Keyboard-Tasten

Wenn in der Bedienung von **R** ein Mausklick auf eine Schaltfläche (Button) erfolgen soll, dann wird es so oder durch das entsprechende Icon, z. B. ▨ dargestellt. Die Verwendung von Tasten am Keyboard wird durch die Symbole ⇨, ⇧, ⇩ und ⇦ gekennzeichnet, die Eingabe-Taste (Return-Taste) durch ↵. Tastenkombinationen, wie z. B. für Kopieren und Einfügen, werden symbolisiert durch Strg + C und Strg + V.

Hinweise, Tipps und Warnungen

Manchmal gibt es Textpassagen, die spezielle Hinweise enthalten. Diese werden zusätzlich durch ein Symbol am Rand gekennzeichnet.

Navigation und Auswahl von Menüpunkten

Die grafische Benutzeroberfläche ist in **R** eher spartanisch gehalten und wird besonders bei der Anwendung von statistischen Methoden kaum benutzt. In diesem Buch werden Menüpunkte so dargestellt wie z. B. für **Hilfe**. Die Auswahl von Untermenüpunkten wird wie z. B. in **Datei** ▷ **Speichern** repräsentiert.

Statistische Grundbegriffe

2

ÜBERBLICK

Dieses Kapitel gibt einen Überblick über wesentliche Konzepte der Statistik, ohne deren Kenntnis die Verwendung von R nicht besonders sinnvoll erscheint. Es beginnt mit einigen Beispielen, die die Hauptaufgabengebiete der Statistik illustrieren sollen. Es handelt sich hierbei um Hochrechnung (statistisches Schätzen), das Prüfen von Fragestellungen und die Hilfe bei Entscheidungen (Testen von Hypothesen) sowie die Modellbildung, um komplexere Zusammenhangsstrukturen zu verstehen (statistisches Modellieren). Es folgt eine Besprechung grundlegender Begriffe wie Stichprobe und Population, Beobachtungseinheiten und Variablen. Ein kurzer Abschnitt behandelt die Frage, wie Daten zustande kommen (Messung) und welche Arten von Daten unterschieden werden (kategorial bzw. metrisch). Dies ist deshalb besonders wichtig, weil die Art der statistischen Analysen davon abhängt. Schließlich werden noch Typen von Fragestellungen und die damit verbundene Einteilung von Variablen behandelt.

LERNZIELE

Nach Durcharbeiten dieses Kapitels haben Sie Folgendes erreicht:

- Sie kennen die Hauptaufgabengebiete der Statistik und die Unterschiede zwischen Schätzen, Testen und Modellieren.

- Sie wissen, was eine Population, eine Stichprobe und Beobachtungseinheiten sind, und verstehen die Beziehungen zwischen diesen Begriffen.

- Sie wissen, was eine Messung ist, und können metrische und kategoriale Daten definieren und unterscheiden.

- Sie können Nominal-, Ordinal-, Intervall- und Ratio(nal)-Skalen erklären und Daten diesen Skalen zuordnen.

- Sie wissen, was Variablen sind.

- Sie können zwei wichtige Typen von statistischen Zusammenhängen zwischen Variablen („je – desto"-Zusammenhänge und Unterschiede zwischen Gruppen von Personen) unterscheiden und inhaltliche Fragestellungen danach einteilen.

- Sie wissen, was „wenn – dann"-Fragestellungen sind, und können dabei unabhängige und abhängige Variablen bzw. erklärende und Responsevariablen charakterisieren.

2.1   Einige Beispiele

Anhand einiger Beispiele (Keller und Warrack, 1997) sollen zunächst grundlegende Ideen und typische Problemstellungen der Statistik dargestellt werden.

2.1.1 Hochrechnung (statistisches Schätzen)

Produkteinführung

In den USA gibt es ein Unternehmen, *NPDC* (National Patent Development Corporation), das sich zur Aufgabe gesetzt hat, neu entwickelte Produktideen vom Patent bis zur Markteinführung zu betreuen. Eines dieser neuen Produkte ist *CARIDEX*, eine Paste, die zur Zahnbehandlung dient. Diese Paste wird auf kariöse Zähne aufgetragen und löst dort die erkrankten Stellen auf. Der große Vorteil dieses Produkts ist, dass sich sowohl Patient wie auch Zahnarzt das Bohren ersparen. Um nun *CARIDEX* auf den Markt zu bringen und die dafür benötigten Investitionen und Einkünfte abzuschätzen, braucht *NPDC* einige Informationen.

Die Fixkosten beziffert das Unternehmen mit 4 Millionen Dollar. Eine Marktanalyse ergab, dass 10000 von den insgesamt 100000 Dentisten und Zahnärzten in den USA *CARIDEX* im ersten Jahr nach der Einführung verwenden würden. *NPDC* würde jedem Zahnarzt ein Gerät zum Auftragen der Paste zum Selbstkostenpreis von 200 $ zur Verfügung stellen. Die Paste für einen Zahn kostet 0.50 $, *NPDC* würde dafür 2.50 $ in Rechnung stellen. Ob sich die Markteinführung rentiert, hängt also nur von der Gesamtzahl behandelter Zähne ab, da *NPDC* pro Zahn, der mit *CARIDEX* behandelt wird, wieder 2.00 $ zurückerhält. Die Hauptfrage, die sich *NPDC* stellt, ist, ob die Markteinführung von *CARIDEX* schon im ersten Jahr profitabel ist. Man benötigt also Information darüber, wie viele Zähne die 10000 Zahnärzte innerhalb eines Jahres mit *CARIDEX* behandeln würden.

Zu diesem Zweck wurde eine Stichprobe von 400 Zahnärzten befragt, wie viele Zähne sie in einer typischen (durchschnittlichen) Woche behandeln würden. Die Zahlen, die *NPDC* aus dieser Befragung erhalten hat, könnten so aussehen:

7, 3, 5, 5, 4, 7, 7, ...

d. h., der erste Zahnarzt würde 7 Zähne pro Woche, der zweite 3 etc. behandeln. Was fängt *NPDC* nun mit dem Ergebnis der Befragung an? In diesem Beispiel ist eine wichtige Frage wohl:

- Wie viele Zähne werden von den Zahnärzten durchschnittlich pro Woche behandelt?

Zunächst wird man versuchen, diese Zahlen übersichtlich und sinnvoll zusammenzufassen, um einen ersten Eindruck zu bekommen, welche Information in den Daten steckt. Dies ist das Aufgabengebiet der sogenannten BESCHREIBENDEN oder DESKRIPTIVEN STATISTIK.

Deskriptive Statistik

Sie stellt Methoden bereit, mit deren Hilfe man die Gesamtinformation, die in Rohdaten steckt, numerisch oder grafisch so darstellen bzw. komprimieren kann, dass wesentliche Aspekte erkennbar sind, ohne allzu viel an wichtiger Information zu verlieren.

Dies dient vor allem zur Präsentation bzw. Strukturierung (möglicherweise umfangreichen) Datenmaterials. Hierzu gibt es eine Reihe von numerischen und grafischen Methoden, die je nach Art der Daten und nach der jeweiligen Fragestellung angewendet werden. Wir werden solche deskriptiven statistischen Methoden zur Zusammenfassung, Reduktion und Darstellung von Informationen noch ausführlich behandeln.

Deskriptive statistische Methoden werden meistens bei Stichprobendaten angewendet, also hier auf die Angaben der 400 befragten Zahnärzte. Es geht aber eigentlich darum, vorherzusagen, wie viele Zähne insgesamt, also von allen 10 000 Zahnärzten, behandelt werden. Aufgrund des Stichprobenmittelwerts kann man hochrechnen, wie viele behandelte Zähne insgesamt zu erwarten wären. Man erhält eine bestimmte Zahl als Ergebnis dieser Schätzung. Allerdings kann man nicht erwarten, dass diese Zahl ganz genau stimmen wird, sondern sie wird nur ungefähr stimmen. Aber natürlich möchte man schon wissen, wie groß dieses „ungefähr" ist. Und das ist die zweite wichtige Frage:

■ In welchem Bereich wird die Gesamtanzahl aller von 10 000 Zahnärzten innerhalb eines Jahres behandelten Zähne liegen?

Methoden, die uns helfen, solche Fragen zu beantworten, gehören in das Gebiet der sogenannten INFERENZSTATISTIK (auch INFERENTIELLE oder SCHLIESSENDE STATISTIK).

> **Inferenzstatistik**
>
> **Sie stellt Methoden bereit, mit deren Hilfe man – basierend auf Stichprobendaten – Schlüsse über die Eigenschaften von Grundgesamtheiten (oder Populationen) ziehen kann.**

In unserem Beispiel wäre es wohl schwer gewesen, alle 10000 Zahnärzte zu befragen, wie viele Zähne sie behandeln würden. Aber es genügt, nur einen kleinen Teil von ihnen (nämlich 400) zu befragen, um eine verlässliche Vorhersage über die zu erwartenden Einnahmen von *NPDC* abgeben zu können. Dieses erste Beispiel ist typisch für eine der Aufgaben der Statistik. Es soll versucht werden, bestimmte Werte aus einer Stichprobe für die Population hochzurechnen. Diese Aufgabe nennt man SCHÄTZUNG. Dazu gehört auch zusätzlich noch eine Angabe der Genauigkeit dieser Hochrechnung.

2.1.2 Prüfen von Fragestellungen (Testen von Hypothesen)

Wirksamkeit von Werbung

In den USA gibt es bestimmte TV-Shows, die inzwischen auch im deutschsprachigen Privatfernsehen zu finden sind, in denen der Showmaster gleichzeitig als Werbeträger auftritt. Einer der Gründe für diese Art von Werbung besteht darin, dass Marketingfachleute glauben, dadurch eine höhere Glaubwürdigkeit des Werbeträgers zu erreichen und dadurch eine bessere Wirksamkeit der Werbung zu erzielen. Eine Studie an Kindern im Alter von 6 bis 10 Jahren sollte feststellen, ob diese Art von Werbung – sie soll im Folgenden kurz Showmaster-Werbung genannt (SW) werden – wirksamer als normale Werbung (NW) ist. Im Speziellen wurde untersucht, ob die Erinnerungsleistung bei Showmaster-Werbung höher ist und ob die Kinder dann eher das beworbene Produkt kaufen würden. Zu diesem Zweck wurden zwei Gruppen von Kindern gebildet.

Eine Gruppe von 121 Kindern (NW) sah ein Fernsehprogramm, das von normalen Werbepausen unterbrochen war. Die zweite Gruppe von ebenfalls 121 Kindern (SW) sah dasselbe Programm, mit der Ausnahme, dass die Werbung nicht von einem unbekannten Schauspieler, sondern vom Showmaster selbst präsentiert wurde. Das beworbene Produkt war ein bestimmtes Frühstücksgericht (Zerealien) mit dem Namen *Canary Crunch*. Unmittelbar nach der Show wurden den Kindern einige Fragen gestellt, um zu untersuchen, was sie sich vom Werbinhalt gemerkt haben. Jedes Kind wurde auf einer 10-Punkte-Skala beurteilt, wobei der Wert 10 bedeutete, dass ein Kind ausgezeichnet in der Lage war, sich Details der Werbung zu merken. Außerdem bekam jedes Kind die Gelegenheit, eine Gratispackung mit nach Hause zu nehmen, wobei es unter vier verschiedenen Produkten wählen konnte: *Kangaroo Hops* (KH), *Froot Loops* (FL), *Boo Berries* (BB) und *Canary Crunch* (CC).

Die Resultate könnten folgendermaßen aufgezeichnet worden sein:

Gruppe	Punkte beim Merken von Details	gewählte Gratispackung
SW	6	FL
SW	9	CC
SW	7	KH
SW	7	CC
⋮	⋮	⋮
NW	9	FL
NW	5	CC
NW	7	BB
NW	9	CC

Welche Informationen resultieren nun aus dieser Untersuchung?
Folgende zwei Fragen lassen sich mit den erhobenen Daten beantworten:

- Merken sich Kinder mehr Details der Werbung, wenn sie vom Showmaster präsentiert wird?
- Wählen die Kinder, die die Showmaster-Werbung gesehen haben, eher das beworbene Produkt?

Es geht also um die generelle Frage, ob sich die zwei Gruppen bezüglich der untersuchten Merkmale, nämlich Gedächtnisleistung und gewähltes Produkt, unterscheiden. Dazu wird man zunächst die Daten, wie sie in der obigen Tabelle dargestellt sind, so zusammenfassen, dass aus den 726 Detailinformationen einige wenige übersichtliche Vergleichszahlen und Grafiken resultieren, die die untersuchte Stichprobe beschreiben.

Aber natürlich möchte man aufgrund der Ergebnisse dieser Studie auch darauf schließen können, wie sechs- bis zehnjährige Kinder generell auf Showmaster-Werbung reagieren. Man wird also wieder versuchen, die Ergebnisse, die anhand der untersuchten Stichprobe gewonnen wurden, auf alle vergleichbaren Kinder zu verallgemeinern. Letztlich wollen die Werbewissenschaftler die Frage beantworten, ob Showmaster-Werbung effektiver als normale Werbung ist.

Fragen dieser Art werden als Hypothesen bezeichnet und eine Aufgabe der Statistik ist es, solche zu überprüfen. Diese Aufgabe nennt man das TESTEN VON HYPOTHESEN. Natürlich kann man nie hundertprozentig sicherstellen, ob eine Hypothese zutrifft. Die Aufgabe der Statistik ist, hierbei eine Entscheidungsgrundlage dafür zu geben, ob die richtige Antwort eher „Ja" oder eher „Nein" ist.

2.1.3   Erstellen von Modellen (statistisches Modellieren)

Bücherverkauf und Freiexemplare

Der Markt für Lehrbücher und wissenschaftliche Texte ist nicht ohne Weiteres mit anderen Produktmärkten vergleichbar, da die Entscheidung zum Kauf eines akademischen Werks auf anderen Grundlagen beruht als beim Kauf anderer Produkte. In den meisten Fällen sind SchülerInnen oder StudentInnen die Käufer und oft wird ein Lehrbuch nur deswegen gekauft, weil die LehrerInnen oder ProfessorInnen dieses Buch als Lernunterlage empfehlen. Also muss ein Verlag, der ein bestimmtes Buch verkaufen will, versuchen, jene Personen von den Vorteilen ihres Produkts zu überzeugen, die dann die Empfehlung aussprechen. Nun ist es für einen Unterrichtenden meist nicht leicht, die Qualität von Büchern zu beurteilen, da oft viele verschiedene Bücher mit gleichem oder ähnlichem Inhalt am Markt sind und er oder sie nicht alle kaufen und lesen kann. Aus diesem Grund gibt es Rezensionen in Fachzeitschriften, die den LehrerInnen helfen sollen, ein geeignetes Buch auszuwählen. Aber auch die Verlage haben sich eine Strategie einfallen lassen, um die LehrerInnen zu überzeugen, ihr Buch zu verwenden und zu empfehlen. Sie verschenken Freiexemplare an LehrerInnen in der Hoffnung, diese freundlich gegenüber ihrem Buch stimmen zu können.

Eine Managerin eines wissenschaftlichen Verlags untersucht die letzten Geschäftszahlen eines neu herausgegebenen Statistikbuchs. Besonders interessiert sie, wie viele Freiexemplare vergeben und wie viele Exemplare verkauft wurden.

Ein Mitarbeiter hat ihr dazu eine Liste zusammengestellt, die wie in der folgenden Tabelle aussehen könnte:

Nummer des Repräsentanten	Bruttoerlös in US-Dollar	Anzahl vergebener Freiexemplare
1305	2086	106
1307	63093	337
1327	41017	182
1329	7621	192
1330	28725	161
1331	55298	185
⋮	⋮	⋮

Er fragt sich, ob seine Vertreter zu viele Bücher verschenken (dies kostet natürlich eine Menge). Es könnte aber auch sein, dass man die Erträge erhöhen könnte, wenn man mehr Freiexemplare vergeben würde. Im Prinzip interessiert ihn also:

■ Gibt es eine direkte Beziehung zwischen der Anzahl verschenkter Exemplare und den Einnahmen aus dem Verkauf dieser Bücher?

Man könnte aber auch weitere Fragen bezüglich dieser Beziehung stellen. Etwa, ob es einen Unterschied macht, wenn man ein Freiexemplar an jemanden vergibt, der an einer Universität mit nur wenigen Studenten unterrichtet, oder an jemanden, der viele Studenten zu betreuen hat. Eine andere Frage könnte sein, ob es eine Grenze für die Anzahl verschenkter Bücher gibt, ab der es sich nicht mehr rentiert, noch mehr zu vergeben.

Sollte eine direkte Beziehung zwischen der Anzahl verschenkter und verkaufter Exemplare bestehen, dann lässt sich auch prognostizieren, wie viele Bücher verkauft würden, wenn man eine bestimmte Anzahl verschenken würde. Dies ist eine weitere Aufgabe der Inferenzstatistik. Es geht darum, ein STATISTISCHES MODELL zu formulieren, das bestimmte Sachverhalte geeignet abbildet und Beziehungen zwischen ihnen zu erklären hilft. In der Folge kann man solch ein Modell auch dazu verwenden, vernünftige PROGNOSEN abzugeben.

2.2 Grundlegende Konzepte

Beispiele und Fragestellungen, wie sie im vorigen Abschnitt dargestellt wurden, sind typische Anwendungssituationen für statistische Methoden. Die Frage, was mit dem Begriff Statistik eigentlich verbunden ist, könnte man so beantworten:

> **Was ist Statistik? (Arbeitsdefinition)**
> Statistik beschäftigt sich mit
>
> ▪ dem Sammeln,
> ▪ der Präsentation und
> ▪ der Analyse
>
> von Daten (Information).
> Dabei will man üblicherweise aufgrund von Informationen, die man anhand von Stichproben gewonnen hat, allgemeine Schlussfolgerungen ziehen.

In empirischen Wissenschaften (das sind solche, in denen Erkenntnisse durch Beobachtung gewonnen werden) geht es darum, Ordnungsprinzipien bei natürlichen Phänomenen zu entdecken, zu beschreiben, zu erklären und vorherzusagen. Hierbei verläuft der Prozess der Erkenntnisgewinnung in vier Schritten:

1. Beobachtung von Phänomenen
2. Aufstellen von Hypothesen und Theorien
3. (daraus) Ableitung von Vorhersagen
4. (und schließlich deren) Überprüfung

Im Prinzip begleiten statistische Methoden alle diese vier Schritte. Allerdings werden die drei oben angeführten Aspekte von Statistik (nämlich Sammeln, Präsentation und Analyse von Daten) vor allem im ersten und im vierten Schritt vorrangig sein. Die Statistik liefert dazu ein Methodeninventar (oder anders ausgedrückt, eine Werkzeugkiste), mit dessen Hilfe man Informationen aus Daten gewinnen und verarbeiten kann. Hauptaufgabe dieses Textes ist es, solche Werkzeuge zu besprechen und die Anwendung bei typischen Problemstellungen zu erläutern.

Dabei geht es im Wesentlichen um die Gewinnung und Verarbeitung von Information. Information gewinnt man durch Beobachtung. Es ist daher naheliegend, sich die einfache Frage zu stellen: *woran* beobachte ich *was*?

Ein bestimmtes, einzelnes „*woran*", an dem man etwas beobachtet, nennt man BEOBACHTUNGSEINHEIT (oder auch statistische Einheit oder Fall, engl. *observation* oder *case*). Dabei wird es sich oft um Personen handeln, es können aber im Prinzip beliebige Objekte (wie Firmen, Regionen, aber auch bestimmte definierte Situationen) sein.

> **Beobachtungseinheiten**
> Individuen, Objekte oder (Trans-)Aktionen, an denen etwas beobachtet wird. Eine statistische Erhebung dient üblicherweise dazu, Informationen über eine bestimmte, abgegrenzte (oder wohldefinierte) Menge von Beobachtungseinheiten zu gewinnen.

Diese wohldefinierte Menge nennt man POPULATION oder GRUNDGESAMTHEIT.

> **Population oder Grundgesamtheit**
>
> ist die Menge aller möglichen Beobachtungseinheiten, über die man eine Aussage treffen will.

Im Beispiel der Produkteinführung war als Population die Menge der 10 000 amerikanischen Zahnärzte festgelegt, die *CARIDEX* im ersten Jahr nach Markteinführung verwenden würden. Will man den Ausgang einer Parlamentswahl prognostizieren, dann besteht die Grundgesamtheit aus allen wahlberechtigten Bürgern des betreffenden Landes. Will man eine bestimmte Fragestellung nur bei Frauen untersuchen, dann spricht man von Teilpopulationen. Üblicherweise sind Grundgesamtheiten sehr groß, sie können im Prinzip aber auch unendlich groß oder sogar hypothetisch sein. Will man z. B. die Ausdehnungsgeschwindigkeit sterbender Sterne untersuchen, so hat man es im Universum mit unendlich vielen Sternen zu tun. Im Beispiel der Werbewirksamkeit von Showmastern wollen wir Aussagen über die hypothetische Gesamtheit aller sechs- bis zehnjährigen Kindern treffen. Die Ergebnisse sollen ja auch für Kinder gelten, die erst sechs Jahr alt werden, d. h. irgendwann in diese Altersgruppe kommen.

Normalerweise wird es aus verschiedensten Gründen nicht möglich sein, alle Objekte einer Population zu untersuchen. Man wird dann aus der Population nach bestimmten Kriterien eine Auswahl treffen und diese Gruppe untersuchen. Diese nennt man STICHPROBE.

> **Stichprobe (engl. *sample*)**
>
> ist eine Teilmenge der Grundgesamtheit. Sie soll ein möglichst getreues Abbild der Grundgesamtheit sein.
> Stichprobenumfang (oder Stichprobengröße, engl. *sample size*) ist die Anzahl der Beobachtungseinheiten, die eine Stichprobe umfasst. Sie wird in der Statistik üblicherweise mit n oder N bezeichnet.

Eine Stichprobe sollte so auswählt werden, dass sie möglichst *repräsentativ* für die Population ist. Der Grund, warum man ein möglichst getreues Abbild der Population haben möchte, besteht natürlich darin, dass man – aufgrund von Stichprobeninformation – gültige Aussagen über die Population machen bzw. gültige Schlussfolgerungen ziehen will. Es gibt verschiedene Methoden, wie Stichproben gewonnen werden, das ist aber nicht Gegenstand dieses Buchs. Ein wichtiger Begriff in diesem Zusammenhang ist jener der ZUFALLSSTICHPROBE, auf dem ein Großteil der statistischen Theorie beruht.

> **Zufallsstichprobe (engl. *random sample*)**
>
> ist eine Stichprobe, in der jedes Element der Population die gleiche Chance hat, in die Stichprobe zu kommen. Oder anders gesagt, alle möglichen Stichproben mit einem bestimmten Umfang sollen gleich wahrscheinlich sein.

In manchen Fällen kann oder muss man die gesamte Population untersuchen. Man spricht dann von einer VOLLERHEBUNG. Wenn man Daten nur auf der Basis einer Stichprobe sammelt, nennt man das eine STICHPROBENERHEBUNG.

Das „*was*", das ich beobachte, sind bestimmte Merkmale der Beobachtungseinheiten. Deshalb werden diese manchmal auch Merkmalsträger genannt. Solch ein MERKMAL, das man beobachtet, nennt man in der Statistik VARIABLE.

> **Variablen (Merkmale)**
>
> sind Charakteristika (bzw. Eigenschaften) von Beobachtungseinheiten, die man erheben will.

Im Beispiel der Produkteinführung von *CARIDEX* war das Merkmal, das an der Stichprobe der 400 Zahnärzte beobachtet wurde, deren subjektive Einschätzung der *Anzahl in einer durchschnittlichen Woche behandelter Zähne*. Die untersuchten Variablen im Beispiel der Wirksamkeit von Showmaster-Werbung waren *Behaltensleistung, gewähltes Produkt* und *Art der Werbung, die ein Kind gesehen hat.*

Ein Merkmal kann verschiedene Werte annehmen und wird deshalb Variable genannt, da die beobachteten Werte von Beobachtungseinheit zu Beobachtungseinheit variieren (d. h. nicht bei allen gleich sind). Man nennt diese unterschiedlichen Werte auch MERKMALSAUSPRÄGUNGEN oder kurz Ausprägungen. Wichtig ist die Unterscheidung zwischen dem Begriff Merkmal (bzw. Variable) und dem Begriff Merkmalsausprägung (bzw. Wert), den eine Variable bei einer bestimmten Beobachtungseinheit hat. Wenn wir z. B. untersuchen, welches Produkt ein Kind nach der gezeigten Werbung gewählt hat, dann ist die untersuchte Variable (das untersuchte Merkmal) *gewähltes Produkt*, der Wert (die Ausprägung) für diese Variable beim ersten Kind war *FL* (siehe die Tabelle auf Seite 33).

2.3 Messung und Typen von Daten

Im Allgemeinen verbindet man den Begriff Daten mit Zahlen und tatsächlich wird man meist mit Zahlen operieren, wenn man Statistik betreibt. Allerdings müssen wir mit unseren Überlegungen einen Schritt früher beginnen, nämlich wie wir zu diesen Zahlen kommen. Wir können die Frage „*Woran* beobachte ich *was*?" um das Wort *womit* erweitern. Hier kommt der Begriff *Messung* bzw. *Messinstrument* ins Spiel.

Im Alltagssprachgebrauch versteht man unter „Messung" einen Vorgang, bei dem man mit einem Messinstrument irgendeine Zahl bestimmt, die eine interessierende Größe beschreibt, z. B. mit einem Metermaß wird die Breite eines Zimmers bestimmt, in das man einen Teppich legen möchte. Allerdings verwendet man in empirischen Wissenschaften den Begriff Messung allgemeiner (es gibt auch einen eigenen Forschungszweig, der sich Messtheorie nennt). Man spricht auch dann von Messung, wenn man bei einer Befragung das Alter und das Geschlecht eines Befragten bestimmt. Messung heißt nämlich allgemein, einem beobachtbaren Tatbestand eine Zahl zuzuordnen.

> **Messung**
>
> die Zuordnung von Zahlen zu beobachtbaren Phänomenen.
> Die Beziehungen zwischen beobachteten Phänomenen sollen durch die Beziehungen zwischen den zugeordneten Zahlen widergespiegelt werden.

Wir wollen einige Situationen betrachten, in denen verschiedene Typen von Messungen stattfinden:

Beispiel 1: Man kann z. B. bei der „Messung" des Geschlechts für *männlich* die Zahl 0 und für *weiblich* die Zahl 1 verwenden. Wichtig bei der Zuordnung von Zahlen zu den beobachtbaren Tatbeständen und ihrer Verwendung ist es, wie gesagt, dass diese Zahlen die Beziehungen zwischen den einzelnen Tatbeständen widerspiegeln. Für Geschlecht gibt es (ohne biologische Ausnahmen zu berücksichtigen) zwei Ausprägungen, nämlich *männlich* und *weiblich*. Die beobachtbare Beziehung zwischen diesen beiden Kategorien ist, dass sie unterschiedlich sind. Wenn wir die beiden Zahlen 0 und 1 verwenden, dann widerspiegeln diese ebenfalls einen Unterschied, nämlich $0 \neq 1$.

Wir hätten aber ebenso 1 für *männlich* und 2 für *weiblich* verwenden können. Auch diese beiden Zahlen reflektieren den Unterschied. Wir können also *beliebige* Zahlen zuordnen, mit der Einschränkung, dass sie unterschiedlich sind. Mit anderen Worten: Die Zahlen, die den zwei Ausprägungen zugeordnet werden, haben nur „symbolischen Charakter".

Beispiel 2: Etwas anders ist es, wenn man z. B. Schulnoten betrachtet. Hier haben die Zahlen 1, 2, 3, ... eine bestimmte Bedeutung, die sich auch in den Beziehungen zwischen den Zahlen widerspiegelt. So ist 1 üblicherweise besser als 2 oder 3 etc. Ohne jetzt auf die Problematik einzugehen, *was* mit der Schulnote eigentlich gemessen wird (das ist ein Anwendungsfall für die oben genannte Messtheorie), unterscheiden sich diese Messungen der, sagen wir, Leistung in Geschichte von der Messung des Geschlechts dadurch, dass man bei Geschlecht nur Unterschiede beobachten kann, während bei der Leistung in Geschichte zusätzlich ein mehr oder weniger vorkommt (1 ist anders als 2, aber 1 ist auch besser als 2).

Wir können jetzt nicht mehr irgendwelche Zahlen verwenden, die sich nur unterscheiden, sondern es muss zusätzlich die Größenordnung berücksichtigt werden. Allerdings stünde es uns frei (vorausgesetzt man kann wirklich Leistungen unterscheiden, die *sehr gut*, *gut*, ..., *nicht genügend* sind), auch andere Zahlen zu verwenden (z. B. 11, 43, 95, ...), solange sie die Relation (besser, schlechter) widerspiegeln. Auch hier haben die Zahlen eher Symbolcharakter, da sie bis auf die Ordnung und Unterschiedlichkeit beliebig sein können.

Beispiel 3: Noch einen Schritt weiter gehen wir, wenn wir etwa die Breite und Länge eines Zimmers messen, in das wir einen Teppich legen wollen. Wir müssen natürlich auch die Breite und Länge des Teppichs gemessen haben, um zu sehen, ob er in das Zimmer passt. Vergleicht man die Länge von zwei Objekten, so kann man folgende Eigenschaften feststellen: Zwei Objekte sind gleich oder nicht gleich lang (sie können sich, wie schon *männlich* von *weiblich* bei Geschlecht, unterscheiden), ein Objekt ist länger als das andere (analog zum

Geschichte-Test: „gut" ist besser als „genügend"). Als Drittes kommt aber jetzt noch hinzu, dass auch Unterschiede (Differenzen) zwischen zwei Objekten gleich oder ungleich bzw. kleiner oder größer sein können. So kann z. B. die Breite des Teppichs um 5 cm kleiner sein als die Breite des Zimmers und ebenso die Länge des Teppichs um 5 cm kleiner sein als die Länge des Zimmers (der Teppich passt also, zumindest in das leere Zimmer). In beiden Fällen ist der Unterschied 5 cm, also gleich. Das kann man bei den Schulnoten nicht sagen (der Unterschied zwischen 1 und 2, also 1, ist sicher nicht gleich groß wie der Unterschied zwischen 4 und 5, der auch 1 beträgt). In diesem Fall stehen die Zahlen also „für sich" und nicht stellvertretend für eine Kategorie.

Wir müssen also je nach Messung unterscheiden, welche Bedeutung die Zahlen haben, die wir verwenden. Dementsprechend werden sich dann auch die Methoden unterscheiden, die wir zu statistischen Analysen heranziehen werden.

Nach diesen Vorüberlegungen können wir uns jetzt an eine Einteilung von Daten machen. Dazu gibt es verschiedene Möglichkeiten, die wichtigste aber ist, nach der auch der Aufbau dieses Buchs gestaltet ist, die Einteilung in KATEGORIALE (oder diskrete, engl. *categorical* bzw. *discrete*) und METRISCHE (oder kontinuierliche, engl. *continuous*) Daten.

Kategoriale Daten

▪ **Das Ergebnis einer Messung erfolgt in Kategorien bzw. durch eine Klassifikation.**

▪ **Kategoriale Daten können Zahlen, aber auch irgendwelche Zeichen oder Wörter sein.**

Kategoriale Daqten sind also solche, wo ein beobachtetes Merkmal oder die Angabe einer Person in eine von zwei oder mehreren Kategorien (Gruppen, Klassen) eingeteilt wird. Beispiele hierfür sind: Geschlecht (männlich, weiblich), Blutgruppe (0, A, B, AB) oder Interesse an Mode (sehr interessiert, mäßig interessiert, überhaupt nicht interessiert). Wie an diesen Beispielen ersichtlich, gibt es zwei Arten von kategorialen Daten. Diese beiden Arten entsprechen auch den ersten beiden Arten von Messungen, wie wir sie eingangs dieses Kapitels besprochen haben.

Wenn die Kategorien so definiert sind, dass dadurch nur Unterschiede beschrieben werden (wie männlich/weiblich bei Geschlecht oder 0/A/B/AB bei Blutgruppe), dann spricht man von UNGEORDNETEN KATEGORIEN. Man spricht auch davon, dass solche Daten auf einer NOMINALSKALA gemessen werden.

Wenn zwischen den Kategorien noch eine Beziehung der Art *größer – kleiner* oder *mehr – weniger* besteht (wie bei *sehr/mäßig/gar nicht* interessiert an Mode), dann spricht man von GEORDNETEN KATEGORIEN. Die entsprechende Skala, auf der solche Variablen gemessen werden, heißt ORDINALSKALA oder RANGSKALA, weil man hier die Kategorien in eine Rangreihe bringen kann.

Metrische Daten

- Das Ergebnis kommt durch eine „echte Messung" zustande und ist numerisch.
- Metrische Daten können nur Zahlen sein.

Metrische (numerische) Daten beruhen im Vergleich zu kategorialen Daten darauf, was man im Alltagssprachgebrauch unter Messungen versteht, z.B. die Zeit, die jemand benötigt, um von zu Hause zum Arbeitsplatz zu gelangen, die Länge der Strecke, die er/sie dabei zurücklegt, oder die Gewichtsveränderung, nachdem man eine Hochzeitsfeierlichkeit besucht hat. Solche Daten entsprechen der dritten Art von Messung vom Beginn dieses Kapitels, als wir über die Länge und Breite des Teppichs gesprochen haben, der ins Zimmer passen soll.

Erst metrische Daten sind solche, wo wir *wirklich* Zahlen verwenden und mit ihnen operieren. So ist es offensichtlich, dass man bei der kategorialen Variable „Geschlecht" keinen Durchschnittswert ausrechnen kann. Aber wenn man daran interessiert ist, wie lange man z.B. im Durchschnitt auf einen Autobus einer bestimmten Linie warten muss, dann ist ein Durchschnittswert eine durchaus sinnvolle Beschreibung dafür, wie viel Wartezeit man zu erwarten hat, wenn man mit einem Bus dieser Linie fahren will. Auch metrische Daten sind durch Messskalen definiert. Diese heißen INTERVALLSKALA und RATIO(NAL)- bzw. VERHÄLTNISSKALA. Für beide gilt, dass Unterschiede zwischen zwei Zahlen gleich groß bzw. kleiner/größer sein können. Die Verhältnisskala hat zusätzlich noch die Eigenschaft, dass auch *Verhältnisse* (*ratios*) zwischen Zahlen gleich groß bzw. kleiner/größer sein können. In der statistischen Praxis ist diese Unterscheidung aber meist nicht sehr wichtig.

Zähldaten (*counts*)

- Das Ergebnis kommt durch eine Abzählung von Kategorien oder Werten zustande.
- Zähldaten können nur natürliche Zahlen inkl. 0 sein (also 0, 1, 2, . . .).

Ein Sonderfall, der eine Art „Mischform" kategorialer und metrischer Variablen darstellt, sind ZÄHLDATEN (*counts*). Solche entstehen entweder durch das Abzählen diverser Dinge (Maschinenausfälle pro Monat, Zigaretten pro Tag usw.), können aber auch aus den anderen beiden Datentypen abgeleitet werden. Das einfachste Beispiel wäre eine Häufigkeitstabelle der Variable „Geschlecht": Angenommen im Sample befinden sich 32 Frauen und 30 Männer, dann hätte die Zählvariable nicht mehr 62 unterschiedliche Ausprägungen, sondern nur noch zwei Häufigkeiten (Anzahl).

Da die Abstände von 0 auf 1, 1 auf 2 usw. immer gleich sind, hat man hier die Eigenschaften einer Intervallskala. Sogar die Quotienten sind sinnvoll interpretierbar, z.B. 6 ist 2× soviel wie 3, d.h. auch die Eigenschaften einer Ratioskala wären erfüllt. Das Problem ist jedoch, dass die Daten *diskret* sind, d.h. wenn man die Kategorien der Variable „Geschlecht" abzählt gibt es ausschließlich ganze Zahlen ab 0. Insofern

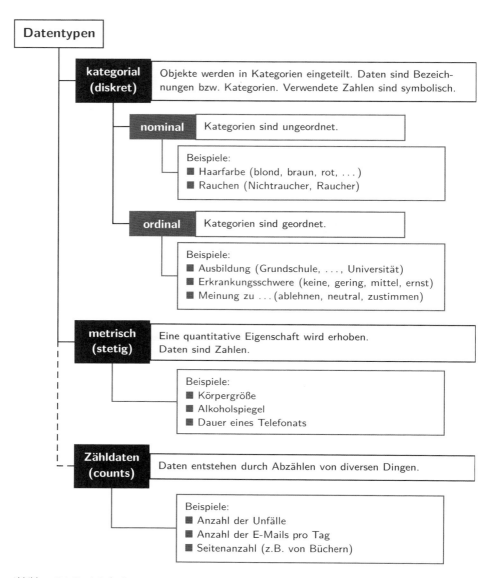

Abbildung 2.1: Statistische Datentypen

ist dieser Datentyp ein Spezialfall, aber dennoch wichtig. Die Modelle in Kapitel 13 beruhen auf Zähldaten und der damit eng verknüpften Poissonverteilung.

Einen Überblick über Datentypen und Beispiele dazu gibt ▶ Abbildung 2.1.

Ein erwähnenswerter Punkt im Zusammenhang mit Skalen ist es, dass die erstgenannten vier Skalen unterschiedlich viel Information beinhalten. Die wenigste Information steckt in *nominal* skalierten Daten, während die meiste Information bei *ratio(nal)* skalierten Daten zu finden ist. Man spricht daher auch von SKALENNIVEAUS. Man kann Daten so transformieren, dass sie auch mittels einer Skala mit geringerem

Informationsgehalt beschrieben werden, aber nicht umgekehrt. So kann man z. B. die Körpertemperatur von Kindern, gemessen in Celsius Graden (intervallskaliert), auch so angeben, dass daraus ordinale Daten werden, nämlich indem man die Temperatur eines Kindes in die Kategorien *kein Fieber*, *leichtes Fieber* und *hohes Fieber* einteilt. Aber wenn man einmal Daten nur in diesen Fieberkategorien erhoben hat, kann man daraus nicht mehr Grad Celsius machen. Das heißt also, metrische Daten können (nach Gruppierung) immer auch als kategoriale Daten verarbeitet werden, umgekehrt geht das aber nicht.

2.4 Arten von Fragestellungen und Variablen

Der Aufbau dieses Buchs folgt im Wesentlichen der Einteilung nach Datentypen, also welche Methoden verwendet werden können, wenn nur kategoriale, nur metrische oder beide Datentypen gemeinsam vorliegen. Die Kapitelüberschriften sind als Fragen formuliert, wie sie typischerweise in empirischen Untersuchungen vorkommen.

Wir werden im Wesentlichen vier Arten von Fragestellungen behandeln:

1. Fragestellungen, die darauf abzielen, ob bestimmte Sachverhalte, die man in einer Stichprobe festgestellt hat, auch mit bekannten Vorgaben (also etwa Zuständen in der Population) übereinstimmen. Meistens handelt es sich dabei um Fragen, die eine einzelne (kategoriale oder metrische) Variable betreffen.

2. Fragestellungen, bei denen es um den ZUSAMMENHANG zwischen zwei oder mehreren Variablen geht. Zusammenhang bedeutet hierbei, dass diese Variablen im Sinne eines „je – desto" miteinander verknüpft sind. Ein Beispiel hierfür ist die Frage, ob es einen Zusammenhang der Körpergröße von Ehepaaren gibt. Anders formuliert, haben große Frauen auch eher große Ehemänner und kleine Männer auch eher kleine Ehefrauen? Oder besteht ein Zusammenhang zwischen Straßenunebenheiten und Benzinverbrauch? Hierbei können sowohl ordinale kategoriale als auch metrische Variablen vorkommen.

3. Fragestellungen, die auf UNTERSCHIEDE abzielen. Ein Beispiel hierfür ist die Frage, ob sich männliche von weiblichen Teenagern darin unterscheiden, wie viel Taschengeld ihnen durchschnittlich im Monat zur Verfügung steht. Bei solchen Fragestellungen ist die Variable, die das Unterscheidungsmerkmal definiert (hier also Geschlecht), immer kategorial, die zweite Variable, für die nach einem Unterschied gefragt wird, kann sowohl kategorial als auch metrisch (wie hier das Taschengeld) sein.

4. Fragestellungen, die darauf abzielen, Gruppen von ähnlichen Fällen oder ähnlichen Variablen zu finden.

Besonders bei der zweiten und dritten Art von Fragestellung wird eine wichtige Unterscheidung der darin vorkommenden Variablen vorgenommen, nämlich welche Stellung die Variablen dabei einnehmen. Es gibt zwei Situationen.

Unterscheidung in abhängige und unabhängige Variablen

Wenn eine Fragestellung in der Form einer Wenn-Dann-Beziehung gestellt wird, dann muss man abhängige von unabhängigen Variablen unterscheiden. Eine grafische Darstellung bietet ► Abbildung 2.2, wobei X die unabhängige und Y die abhängige Variable bezeichnet.

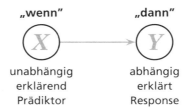

Abbildung 2.2: Unterscheidung in unabhängige Variable (*X*) und abhängige Variable (*Y*), *X* beeinflusst möglicherweise *Y*.

Unabhängige Variable (auch erklärende Variable, Prädiktor)

Das sind die Variablen, die das „WENN" konstituieren. Sie sind die (potenzielle) „Ursache" für die Ausprägungen der abhängigen Variable.

Abhängige Variable (auch erklärte Variable, Response(variable))

Das sind die Variablen, die von der oder den unabhängigen Variablen abhängen. Diese konstituieren das „DANN".

Einige Wörter sind in Anführungszeichen gesetzt, um auszudrücken, dass es hierbei nicht um streng kausale Beziehungen geht. Kausalität ist ein sehr komplexes Thema und kann hier nicht behandelt werden. Vielmehr ist es eher eine konzeptuelle Sicht der Dinge, in der bestimmte Variablen (die unabhängigen) so gesehen werden können, dass sie (potenziell) Einfluss auf eine andere (die abhängige) haben (und nicht umgekehrt). Einige Beispiele für Situationen, in denen diese Unterscheidung getroffen wird, sind:

- Das Verkehrsministerium möchte das Verhältnis zwischen Straßenunebenheiten und Benzinverbrauch untersuchen.

- Ein Händler, der seine Waren bei Fußballspielen verkauft, möchte die Verkaufszahlen auf die Anzahl von Siegen des Heimteams beziehen.

- Ein Soziologe möchte untersuchen, ob die Anzahl von Wochenenden, die Studierende (die nicht dauerhaft am Studienort wohnen) zu Hause verbringen, in Beziehung steht zur Entfernung zwischen Wohn- und Studienort.

Die Grundidee ist letztlich: Wenn ich die Ausprägung einer Variable (der unabhängigen) festlege, welche Werte nimmt dann die andere Variable (die abhängige) an?

Keine Unterscheidung in abhängige und unabhängige Variablen

Bei Fragestellungen, bei denen diese Einteilung nicht möglich ist oder bei denen man die Wenn-Dann-Beziehung auch sinnvollerweise umkehren könnte, wird natürlich auch nicht zwischen abhängigen und unabhängigen Variablen unterschieden (▶ Abbildung 2.3). Ein Beispiel hierfür ist:

- Gibt es einen Zusammenhang der Intelligenz bei Ehepartnern?

Abbildung 2.3: Keine Unterscheidung in unabhängige Variable (*X*) und abhängige Variable (*Y*), *X* und *Y* könnten sich gegenseitig beeinflussen.

Die Unterscheidung in abhängige und unabhängige Variablen bei unterschiedlichen Fragestellungsarten

Beim ersten Fragestellungstyp auf Seite 43 existiert nur eine Variable, daher gibt es auch keine Unterscheidung. Konzeptuell ist diese einzelne Variable eine abhängige.

Wie wir später noch sehen werden, gibt es bei der oben dargestellten zweiten Art von Fragestellungen (nach Zusammenhängen zwischen Variablen) beide Möglichkeiten. Alle bisher in diesem Abschnitt angeführten Beispiele beziehen sich auf diesen Fragestellungstyp.

Bei der dritten Art von Fragestellungen (wenn nach Unterschieden gefragt wird) wird hingegen immer eine Einteilung in abhängige und unabhängige Variable gemacht. Hierbei ist diejenige Variable, die das Unterscheidungsmerkmal definiert, immer die unabhängige, die andere die abhängige. Ein Beispiel ist:

- Ein Politologe möchte untersuchen, ob sich die Wahlbeteiligung bei Männern und Frauen bzw. bei jüngeren und älteren Personen unterscheidet.

Alter und Geschlecht sind dabei die unabhängigen Variablen.

Beim vierten Fragestellungstyp gibt es diese Unterscheidung wie beim ersten auch nicht.

Der Grund, warum wir alle diese Begriffe ausführlicher besprochen haben, ist, dass statistische Methoden immer im Zusammenhang mit der Art von Information, die verarbeitet werden soll, gesehen werden müssen. In der praktischen Anwendung sind immer die ersten Fragen:

- Mit welcher Art von Daten habe ich es zu tun?
- Welcher Typ von Fragestellung liegt vor?
- Muss man abhängige von unabhängigen Variablen unterscheiden und welche Variablen sind das konkret?

Wenn diese Fragen beantwortet sind, ist es nicht mehr schwer, die richtige statistische Methode auszuwählen und anzuwenden.

2.5 Zusammenfassung der Konzepte

Statistik beschäftigt sich mit dem Sammeln, der Präsentation und der Analyse von Daten.

- Hauptaufgabengebiete der Statistik sind Hochrechnung (Schätzen), Prüfen von Fragestellungen (Testen von Hypothesen) sowie Modellbildung (statistisches Modellieren).
- Daten werden an Beobachtungseinheiten (Fällen, Personen) erhoben, die eine Stichprobe bilden. Eine Stichprobe ist eine Teilmenge aus einer Grundgesamtheit (Population) und sollte für diese repräsentativ sein.

■ Daten entstehen durch Messungen, d. h. durch die Zuordnung von Zahlen zu beobachtbaren Phänomenen. Man unterscheidet kategoriale und metrische Daten: Kategoriale Daten entstehen durch Klassifikation (Einteilung in Kategorien), metrische durch eine Art Zählen (das Ergebnis ist numerisch).

■ Je nach Art der Messung unterscheidet man zwischen Nominal-, Ordinal-, Intervall- und Verhältnisskala.

■ Variablen (Merkmale) sind Charakteristika der Beobachtungseinheiten (Fälle, Personen). Der individuelle Wert einer Person wird Variablen- oder Merkmalsausprägung genannt. Daten sind die Sammlung der Werte (Ausprägungen) einer oder mehrerer Variablen.

■ Zwei wichtige Typen von statistischen Fragestellungen sind jene nach Zusammenhängen zwischen Variablen („je – desto") und jene nach Unterschieden zwischen Gruppen von Personen.

■ Variablen werden bei „wenn – dann"-Fragestellungen in unabhängige und abhängige bzw. erklärende und Responsevariablen eingeteilt.

2.6 Übungen

1. Beschreiben Sie in eigenen Worten die folgenden Begriffe:

   (a) Population
   (b) Stichprobe
   (c) Beobachtungseinheit
   (d) Inferenzstatistik
   (e) Variable

   (f) Merkmalsausprägung
   (g) Messung
   (h) kategoriale Daten
   (i) metrische Daten
   (j) Skalenniveau

2. Beantworten Sie bitte die folgenden Fragen für die untenstehenden drei Beispiele i) bis iii):

   (a) Was ist im jeweiligen Beispiel die Population und was die Stichprobe?
   (b) Wurde eine geeignete Stichprobe ausgewählt? Wenn Sie diese Frage verneinen, geben Sie Gründe für Ihre Antwort an und beschreiben Sie, wie die Population und die Beobachtungseinheiten definiert sein müssten und welche Stichprobe erhoben werden sollte.
   (c) Welche und wie viele Variablen wurden erhoben?
   (d) Welche Ausprägungen haben die erhobenen Variablen?
   (e) Geben Sie für jede Variable an, ob sie kategorial oder metrisch ist?

   i) Im Beispiel *Bücherverkauf und Freiexemplare* (Abschnitt 2.1.3) wollte der Herausgeber eines akademischen Buchverlags wissen, ob zwischen der Anzahl vergebener Freiexemplare und dem erzielten Erlös eines bestimmten Buchs ein Zusammenhang besteht. Zu diesem Zweck untersuchte er Daten aller Vertreter, wie sie in der Tabelle auf Seite 34 wiedergegeben sind.

   ii) Ein Bürgermeister einer Kleinstadt möchte den Bedarf für Kindergärten erheben. Dazu lässt er 50 Frauen an einem Samstagvormittag in der Fußgängerzone befragen, wie viele Kinder sie haben, wie alt sie sind, ob sie ganztags, halbtags oder gar nicht arbeiten und ob sie glauben, dass ein Bedarf für mehr Kindergärten besteht.

iii) Ein Hersteller von Computerchips behauptet, dass in seiner Produktion weniger als 1 Prozent defekte Chips anfallen. Im Zuge einer Qualitätskontrolle werden aus der Produktion eines Tages 100 Chips zufällig ausgewählt und überprüft.

3. Nennen Sie Beispiele für Situationen, in denen eine Vollerhebung bzw. eine Stichprobenerhebung sinnvoll ist.

4. Welche der folgenden Variablen sind nominal, ordinal oder metrisch?

(a) Sozialversicherungsnummer

(b) Geburtsdatum

(c) Geschlecht

(d) Körpergröße

(e) Hausnummer der Wohnadresse

(f) Anzahl der Geschwister

(g) Schulnoten

(h) Studienrichtung

(i) Einkommen

(j) Entfernung zwischen Wohn- und Studienort

TEIL I

Einführung in R

Erste Schritte

3

ÜBERBLICK

Dieses Kapitel soll einen ersten Einstieg in R ermöglichen. Zunächst wird die Instal-
lation der Basisversion und optionaler Erweiterungen, sogenannter R-Packages,
beschrieben. Außerdem wird gezeigt, wie man R personalisieren und konfigurieren
kann. Es folgt ein Abschnitt, der auf einfache, interaktive Weise das Kennenlernen
einiger Grundstrukturen ermöglichen soll.

Beim ersten Lesen bzw. ohne Vorerfahrung mit R können die (durch „Nerdboxen"
im Rand) gekennzeichneten Abschnitte bedenkenlos übersprungen werden, da diese
Hintergrundwissen vermitteln, die für die reine Anwendung nicht zwingend erforder-
lich sind. Zum besseren Verständnis dieses Kapitels ist es ideal, sich vor einen Rech-
ner zu setzen und den Text direkt nachzuvollziehen. Man kann dabei auch gleich
eigene Ideen ausprobieren und umsetzen. Der Schwerpunkt liegt auf einem spieleri-
schen Umgang mit R.

LERNZIELE

Nach Durcharbeiten dieses Kapitels haben Sie Folgendes erreicht:

- Sie kennen die R-Webseite und können die R-Basisversion sowie Erweiterungen (Packages) herunterladen und installieren.

- Sie können R als eine Art Taschenrechner unter Anwendung der Grundrechenarten und einfacher mathematischer Funktionen benutzen und Ergebnisse speichern.

- Sie wissen, was Objekte und Funktionen sind und wie man sie verwendet.

- Sie kennen den Unterschied zwischen Zahlen und Zeichenketten in R und
  können diese zu Vektoren und Matrizen kombinieren.

- Sie wissen, wie man Elemente aus Vektoren und Matrizen in R extrahieren
  und ersetzen kann.

- Sie kennen den Begriff „Data Frame", können einen solchen erstellen und die
  darin enthaltenen Variablen mit beschreibenden Namen versehen.

- Sie wissen, wie man in R einfache Grafiken erstellen kann.

- Wenn Sie die „Nerd-Abschnitte" durchgearbeitet haben:

  - können Sie R weiter anpassen und konfigurieren.

  - haben Sie zusätzliches Wissen über Funktionen.

  - kennen Sie die gängigen Datentypen in R.

  - kennen Sie den Zusammenhang zwischen Vektoren und Matrizen
    (Dimensionen).

3.1 Download und Installation von R

Dieser Abschnitt zeigt, wie man die Basisversion von **R** sowie Ergänzungen installiert.

3.1.1 Download

Den Download-Server erreicht man direkt unter *http://CRAN.R-project.org/*. CRAN steht für *Comprehensive* **R** *Archive Network*, ein Netzwerk von Servern in vielen Ländern rund um den Globus, auf denen identisches Material (verschiedene **R**-Versionen im Quellcode und als Binärprogramme, Erweiterungen und Dokumentationen) verfügbar ist. **R** ist plattformunabhängig, d. h., man kann **R** unter verschiedensten Betriebssystemen (z. B. Windows, Linux, Mac OS X) verwenden. Wir werden uns hier auf die Installation unter Windows beschränken, wobei ein Querverweis zu anderen Betriebssystemen an entsprechender Stelle gegeben wird. Zunächst muss man die gewünschte Version herunterladen. In einem Internet-Browser geht man zur Seite *http://CRAN.R-project.org/*, die ausschnittweise in ▶ Abbildung 3.1 abgebildet ist.

The Comprehensive R Archive Network

CRAN
Mirrors
What's new?
Task Views
Search

About R
R Homepage
The R Journal

Software
R Sources
R Binaries
Packages
Other

Download and Install R

Precompiled binary distributions of the base system and contributed packages, **Windows and Mac** users most likely want one of these versions of R:

- Download R for Linux
- Download R for (Mac) OS X
- Download R for Windows

R is part of many Linux distributions, you should check with your Linux package management system in addition to the link above.

Source Code for all Platforms

Windows and Mac users most likely want to download the precompiled binaries listed in the upper box, not the source code. The sources have to be compiled before you can use them. If you do not know what this means, you probably do not want to do it!

Abbildung 3.1: Ausschnitt der CRAN-Webseite (*http://CRAN.R-project.org/*)

Im linken Navigationsteil findet man den Link Mirrors, der zu einer Seite führt, in der Sie einen nahegelegenen Server auswählen können. Nach der Serverauswahl werden Sie auf eine Seite umgeleitet, die wie ▶ Abbildung 3.1 aussieht, aber nun vom gewählten Server kommt. Im Kasten **Download and Install R** folgt man, je nach Betriebssystem, dem entsprechenden Link. Für Linux (Ubuntu, Debian, SUSE, Red Hat) und Mac OS X findet man entsprechende Installationsanleitungen. Wir klicken auf Windows und kommen zu einer Seite, die ausschnittsweise in ▶ Abbildung 3.2 dargestellt ist.

Klicken Sie auf base, um die Installationsdatei herunterzuladen (ein Ausschnitt ist in ▶ Abbildung 3.3 dargestellt). Hier findet sich immer die aktuellste **R**-Version für 32- und 64-Bit-Versionen von Windows.

R for Windows

Subdirectories:

base	Binaries for base distribution (managed by Duncan Murdoch). This is what you want to **install R for the first time**.
contrib	Binaries of contributed packages (managed by Uwe Ligges). There is also information on third party software available for CRAN Windows services and corresponding environment and make variables.
Rtools	Tools to build R and R packages (managed by Duncan Murdoch). This is what you want to build your own packages on Windows, or to build R itself.

Abbildung 3.2: Ausschnitt der Windows-Download-Seite

R-3.0.2 for Windows (32/64 bit)

Download R 3.0.2 for Windows (52 megabytes, 32/64 bit)

Installation and other instructions
New features in this version

If you want to double-check that the package you have downloaded exactly matches the package distributed by R, you can compare the md5sum of the .exe to the true fingerprint. You will need a version of md5sum for windows: both graphical and command line versions are available.

Frequently asked questions

- How do I install R when using Windows Vista?
- How do I update packages in my previous version of R?
- Should I run 32-bit or 64-bit R?

Please see the R FAQ for general information about R and the R Windows FAQ for Windows-specific information.

Abbildung 3.3: Ausschnitt der eigentlichen Windows-Download-Seite

Nach Klicken auf Download R x.x.x for Windows (R 3.0.2 mit dem Spitznamen „Frisbee Sailing" ist die beim Schreiben dieses Buchs verwendete Version) können Sie die **R**-Installationsdatei (in unserem Fall R-3.0.2-win.exe) herunterladen. Wir empfehlen, sie in ein geeignetes Verzeichnis zu speichern und nicht gleich auszuführen.

3.1.2 Installation

Nach dem Herunterladen wechseln Sie in das Verzeichnis, in das Sie die Installationsdatei gespeichert haben. Sie starten die Installation durch Doppelklick auf die Installationsdatei, in unserem Beispiel R-3.0.2-win.exe. Auf etwaige Fragen, ob das Programm Änderungen an Ihrem Computer durchführen darf, antworten Sie mit Ja. Es öffnet sich der Setup-Assistent. Im Prinzip können Sie bei der Installation den Voreinstellungen folgen und immer auf **Weiter >** klicken, außer Sie wollen eine spezielle Einstellung.

Zu beachten ist die Wahl des Zielordners. Sie können R in ein beliebiges Verzeichnis installieren, also auch auf einen USB-Stick. Zu beachten ist aber, dass Sie auf diesen Zielordner vollen Zugriff besitzen. Wenn Sie in Windows als Standardbenutzer angemeldet sind (und nicht als Benutzer mit Administratorrechten, bzw. Sie nicht wissen, was das ist oder was zutrifft), vermeiden Sie Verzeichnisse im Systembereich von Windows (z. B. die Verzeichnisse \Programme\, \Programme (x86)\, \Program Files\ oder \Program Files (x86)\) und installieren R besser woanders. Wer es genau wissen will, kann weitere Informationen über die Links Installation and other instructions (für Windows XP und neuere Versionen) bzw. How do I install R when using Windows Vista? (für Windows Vista/7/8/Server 2008) erhalten (▶ Abbildung 3.3).

Eine Ausnahme von der Standardinstallation, die wir vorschlagen, ergibt sich bei folgendem Fenster ▶ Abbildung 3.4:

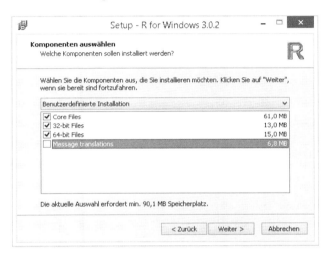

Abbildung 3.4: Auswahl von Installationskomponenten

Hier belassen Sie die ersten drei Komponenten, wie sie vom Installationsprogramm vorgeschlagen werden. In der Regel wird die Version richtig erkannt, d. h., auf einem 32-Bit-Betriebssystem ist nur diese Komponente gewählt, während auf einem 64-Bit-Betriebssystem beide Architekturen installiert werden (weitere Informationen finden Sie auf der Download-Seite unter Should I run 32-bit or 64-bit R?). Wir empfehlen die **Message Translations** nicht zu installieren, da nur die Hauptfunktionen von R lokalisiert (übersetzt) sind und die Hilfe immer in Englisch ist. Mit den Übersetzungen kommt es schnell zu einem sprachlichen Mischmasch. Nach Spezifikation aller Optionen wird R installiert und abschließend teilt Ihnen der Setup-Assistent mit, dass die Installation abgeschlossen ist.

3.1.3 Starten und Beenden von R

Um zu prüfen, ob alles geklappt hat, wollen wir R starten. Dies erfolgt entweder über ein Icon am Desktop (falls Sie das bei der Installation nicht deaktiviert haben) oder über das Startmenü unter Alle Programme ▷ R ▷ R i386 3.0.2 oder R x64 3.0.2 (statt 3.0.2 wird hier die aktuell installierte Versionsnummer stehen). Wenn Sie die 64-Bit-Version installiert haben, wählen Sie diese aus (**R x64 3.0.2**), ansonsten **R i386 3.0.2**. Es öffnet sich das R-Fenster (▶ Abbildung 3.5).

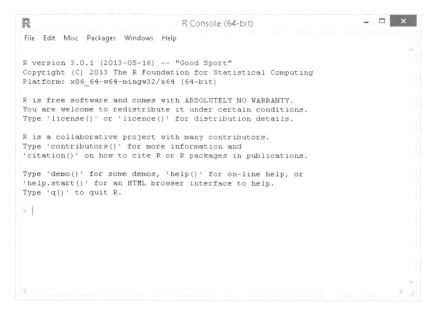

Abbildung 3.5: Die R Console

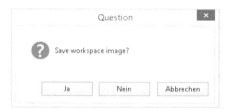

Abbildung 3.6: Dialogfenster beim Beenden von R

Sie können **R** wieder beenden, indem Sie im Menü **File** ▷ **Exit** oder einfach auf ▉▉▉ rechts oben klicken. Es öffnet sich dann das Fenster in ► Abbildung 3.6, wo Sie mit **Nein** antworten. (Die Alternative **Ja** wird in Abschnitt 5.1.1 besprochen.)

3.1.4   Anpassen von R

Nach dem ersten Kennenlernen bietet es sich an, **R** etwas an persönliche Vorlieben anzupassen. Starten Sie **R** bzw. falls Sie **R** in einem geschützten Systemverzeichnis installiert haben, starten Sie **R** als Administrator (rechtsklicken und **Als Administrator ausführen** wählen). Klicken Sie im Menü auf **Edit** ▷ **GUI preferences...**, wodurch sich ein Fenster wie in ► Abbildung 3.7 öffnet. Wir schlagen folgende Änderungen vor:

■   Ändern Sie den Modus von **MDI** auf **SDI**. MDI (Multiple Document Interface) platziert alle **R**-Fenster, z. B. **R Console**, aber später auch Grafiken, als Unterfenster in einem „Container", wodurch es manchmal etwas unübersichtlich wird. SDI (Sin-

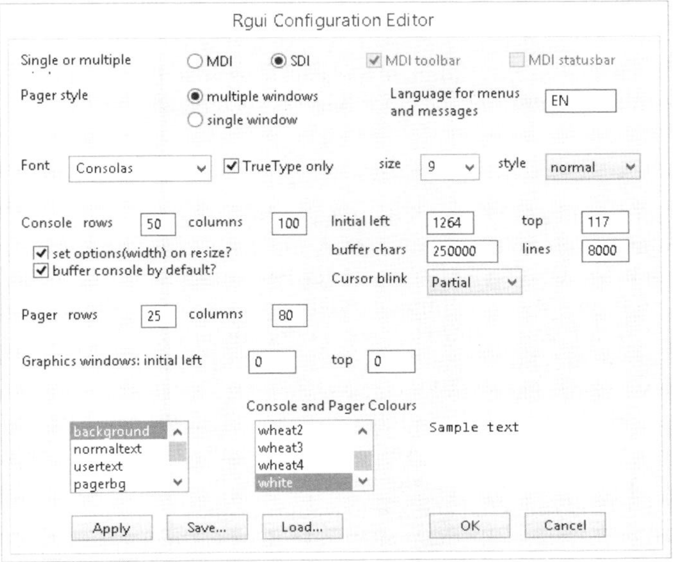

Rgui Configuration Editor

Single or multiple   ○ MDI   ● SDI   ☑ MDI toolbar   ☐ MDI statusbar

Pager style   ● multiple windows   Language for menus and messages   [EN]
○ single window

Font   [Consolas ⌄]   ☑ TrueType only   size [9 ⌄]   style [normal ⌄]

Console rows [50] columns [100]   Initial left [1264]   top [117]
☑ set options(width) on resize?   buffer chars [250000]   lines [8000]
☑ buffer console by default?   Cursor blink [Partial ⌄]

Pager rows [25] columns [80]

Graphics windows: initial left [0]   top [0]

Console and Pager Colours
background / normaltext / usertext / pagerbg
wheat2 / wheat3 / wheat4 / white   Sample text

[Apply]   [Save...]   [Load...]   [OK]   [Cancel]

Abbildung 3.7: Konfigurationsdialog für R

gle Document Interface) erzeugt separate Fenster, auf die Sie über die Taskleiste einfacher zugreifen können (minimieren etc.).

- Stellen Sie die Sprache auf **EN**, falls Sie die Übersetzungen bei der Installation beibehalten haben.

- Wählen Sie, falls gewünscht, eine andere Schriftart und passen Sie die Schriftgröße an, damit der Output gut lesbar ist. Um eine Vorschau im **R**-Fenster zu bekommen, klicken Sie auf **Apply**.

- Vergrößern Sie die Anzahl der Spalten und Zeilen. Erstere sollten mindestens 80 Zeichen fassen.

- Ganz unten können Sie noch optional die Farben ändern.

Um die Änderungen zu speichern klicken Sie auf **Save...**. Nun erscheint ein Fenster in dem Sie in Ihr **R**-Installationsverzeichnis und dessen Unterverzeichnis **etc** navigieren (z. B. **C:\R\R-3.0.2\etc**). Dort überschreiben Sie die vorhandene Datei **Rconsole**, bestätigen dies und schließen das Fenster mit **OK**. Falls Sie eine Fehlermeldung erhalten, dass Sie die Datei nicht überschreiben können, haben Sie nicht die notwendigen Zugriffsrechte für den Installationsordner (siehe Abschnitt 3.1.2).

Damit Sie Packages herunterladen können, ohne immer den CRAN-Mirror händisch angeben zu müssen, können Sie im Verzeichnis ...**\R-3.0.2\etc** Ihrer **R**-Installation folgenden Textblock definieren:

```
# set a CRAN mirror
local({r <- getOption("repos")
       r["CRAN"] <- "http://cran.at.r-project.org"
       options(repos=r)})
```

Statt des österreichischen Servers `"http://cran.at.r-project.org"` können Sie einen anderen, nahegelegenen Server aus der CRAN-Mirrors-Liste (siehe Abschnitt 3.1.1) festlegen. Nun können Sie Packages installieren und updaten, ohne von **R** immer um die Angabe eines Servers gebeten zu werden.

3.1.5   Installation von Erweiterungen (Contributed Packages)

Unter anderem ist die Erfolgsstory von **R** darauf zurückzuführen, dass Wissenschaftler auf der ganzen Welt Beiträge zu **R** liefern, die den Funktionsumfang gewaltig steigern. Diese Beiträge werden PACKAGES (oder Pakete) genannt und sind abgeschlossene Erweiterungsmodule. Sie implementieren spezialisierte statistische Methoden, erlauben Zugriff auf Daten und Hardware oder dienen zur Ergänzung bestimmter Texte oder Lehrbücher. Einige sind in der Basisversion von **R** enthalten, andere können von CRAN oder anderen Archiven (wie etwa *http://www.bioconductor.org/*) heruntergeladen werden. Momentan gibt es über 5000 Erweiterungs-Packages und ihre Zahl wächst täglich (in der ersten Auflage dieses Buchs waren es über 2000). In diesem Abschnitt wollen wir zeigen, wie man Packages installiert. Spätere Kapitel basieren öfter auf der Funktionalität solcher Erweiterungen.

Eine Liste aller Packages, die momentan auf CRAN verfügbar sind, sowie eine kurze Beschreibung findet man auf der CRAN-Webseite unter Packages im Navigationsbereich links (siehe auch ▶ Abbildung 3.1). Die Installation kann man entweder über die Benutzeroberfläche oder einen entsprechenden Befehl vornehmen. Erstere Installationsmethode geht folgendermaßen.

Zunächst müssen wir **R** starten (siehe Abschnitt 3.1.3), worauf sich ein **R**-Fenster öffnet (siehe auch ▶ Abbildung 3.5). In der Menüleiste ganz oben finden wir den Menüpunkt **Packages**. Nach Anklicken öffnet sich ein Submenü (▶ Abbildung 3.8).

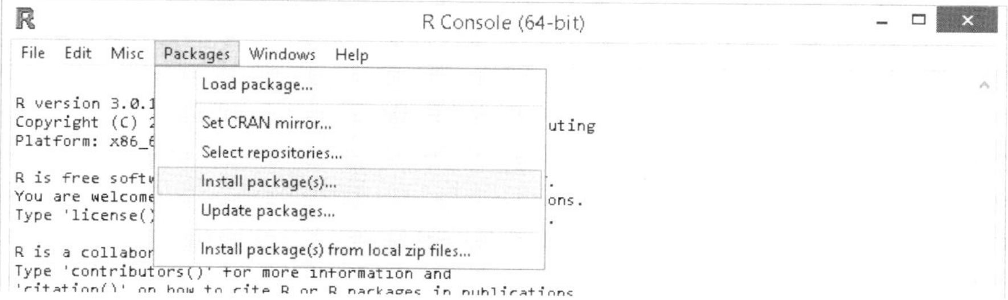

Abbildung 3.8: Das Packages-Menü

Hier wählen wir **Install Package(s)**.... Es öffnet sich ein Fenster (▶ Abbildung 3.9 links), in dem wir wieder einen nahegelegenen Server aussuchen und **OK** klicken. Im darauf folgenden Fenster (▶ Abbildung 3.9 rechts) finden wir eine Liste aller verfügbaren Packages. Wir wollen das Package **maps** installieren, also scrollen wir hinunter, markieren **maps** und klicken auf **OK**, wodurch das Package installiert wird.

Falls Windows die Frage stellt, ob eine persönliche Bibliothek eingerichtet werden soll, um dort Pakete zu installieren, antworten Sie mit Ja. (Üblicherweise ist dies nur der Fall, wenn Sie im **R**-Verzeichnis keine entsprechenden Zugriffsrechte haben.)

Abbildung 3.9: Auswahl des Servers und des zu installierenden Packages

Nach erfolgreichem Abschluss der Installation sehen Sie im R-Fenster eine entsprechende Meldung, die etwa wie ► Abbildung 3.10 aussehen könnte:

```
> install.packages("maps")
trying URL 'http://cran.at.r-project.org/bin/windows/contrib/3.0/maps_2.3-6.zip'
Content type 'application/zip' length 2073601 bytes (2.0 Mb)
opened URL
downloaded 2.0 Mb

package 'maps' successfully unpacked and MD5 sums checked

The downloaded binary packages are in
        C:\Users\maier\AppData\Local\Temp\RtmpueboKy\downloaded_packages
>
```

Abbildung 3.10: Meldung zur Installation im R-Fenster

Wir haben nun die Basisversion von R eingerichtet, ein Package installiert und können beginnen, das Programm näher kennenzulernen.

Durch die immense Anzahl an vorhandenen Packages ist die manuelle Auswahl von Paketen etwas mühsam, daher kann man die Funktion `install.packages()` verwenden, der man entweder eine einzelne Zeichenkette (z. B. `install.packages("maps")`) oder einen Vektor an Zeichenketten übergibt (z. B. `install.packages(c("REdaS", "maps"))`).

Um die installierten R-Packages zu aktualisieren, können Sie entweder im Menü auf **Packages** ▷ **Update packages...** klicken, woraufhin ein Fenster mit Packages erscheint, für die es eine neue Version gibt. Als Alternative dazu kann auch `update.packages()` eingegeben werden, wobei sich hier die Verwendung mit `update.packages(ask = FALSE)` anbietet, das neue Versionen *ohne Nachfrage* installiert.

3.2   Aller Anfang ist leicht

Wir starten **R**, wie in Abschnitt 3.1.3 beschrieben. Es öffnet sich das **R**-Fenster (▶ Abbildung 3.5). Ein wesentlicher Unterschied zu den meisten Programmen, die man unter Windows verwendet, besteht darin, dass **R** *per se* befehlsorientiert ist. Das heißt, dass man Kommandos eingeben muss, um mit **R** zu kommunizieren.

Wie man in ▶ Abbildung 3.5 sieht, gibt es zwar einige Menüs und Schaltflächen, diese erlauben es aber nicht, Berechnungen durchzuführen oder Grafiken zu erstellen, sondern dienen eher allgemeinen Aufgaben, wie bestimmte Dateien einzulesen oder Hilfe aufzurufen. Darauf werden wir später noch näher eingehen. Im Prinzip könnte man aber alle diese Funktionen auch über Befehle ausführen.

Nachdem wir also **R** aufgerufen haben, sehen wir einen kurzen Text und darunter die Eingabeaufforderung, den sog. *command prompt* >, und daneben das Zeichen | für den Cursor. **R** wartet darauf, dass man an dieser Stelle etwas eingibt. Im einfachsten Fall ist das eine Zahl, die von **R** dann auch gleich ausgegeben wird. Wenn wir nach > die Zahl 13 eingeben und die Eingabetaste ⏎ drücken, sehen wir folgendes Bild (▶ Abbildung 3.11).

```
Type 'demo()' for some demos, 'help()' for on-line help, or
'help.start()' for an HTML browser interface to help.
Type 'q()' to quit R.

> 13
[1] 13
> |
```

Abbildung 3.11: Ausschnitt des R-Fensters nach Eingabe einer Zahl

R hat 13 wieder ausgegeben (die Bedeutung von [1] vor der Zahl wird später erklärt).

Im Folgenden werden die **R**-Befehle, die Sie eingeben sollen, und die Ausgabe, die dadurch erzeugt wird, immer so dargestellt:

```
> 13                                                                      R
```

```
[1] 13
```

Bitte beachten Sie, dass Sie in **R** mit der Pfeiltaste ⇧ die vorher eingegebenen Befehle wieder bekommen und diese auch adaptieren können. Statt der Eingabe 13 erhalten Sie die Zahl 23, indem Sie 1 durch 2 ersetzen und dann die Eingabetaste drücken (der Cursor muss dazu nicht am Ende der Eingabezeile sein). Das ist besonders bei langen Befehlen sehr nützlich. Mit ⇧ und ⇩ können Sie durch die Liste der verwendeten Befehle blättern. Falls irgendetwas schief geht und Sie Fehlermeldungen erhalten, geben Sie einfach den vorherigen Befehl korrigiert nochmals ein. Wenn Sie einen Befehl nicht ordnungsgemäß beenden (zum Beispiel eine schließende Klammer vergessen) und schon die Eingabetaste gedrückt haben, dann erwartet **R** noch Input und zeigt das durch ein + statt > an. Falls Sie da nicht weiterwissen, drücken Sie am besten die Taste Esc. Dann wird das Vorangegangene ignoriert und Sie können am Command Prompt, d. h. an der Stelle rechts von >, wieder von Neuem beginnen.

Einfaches Rechnen

Wir wollen zunächst **R** als eine Art Rechenmaschine verwenden und die Grundrechenarten illustrieren.

```
>  1 + 2
```

[1] 3

```
>  1 - 2
```

[1] -1

```
>  4 * 5
```

[1] 20

```
>  4/5
```

[1] 0.8

Das Resultat ist 0,8 — R stellt es aber als 0.8 dar. R verwendet den Dezimalpunkt als Dezimalzeichen.
    Verwenden Sie also bitte immer einen Dezimalpunkt und nicht ein Dezimalkomma.

Potenzieren funktioniert so:

```
>  4^2
```

[1] 16

R interpretiert die Eingaben nach der Punkt-vor-Strich Regel, d. h., $5 \cdot 6 - 1$ ergibt 29. Wenn Sie zuerst 1 von 6 subtrahieren wollen, müssen Sie entsprechende runde Klammern setzen:

```
>  5 * 6 - 1
```

[1] 29

```
>  5 * (6 - 1)
```

[1] 25

Man muss zwischen den einzelnen Zeichen keine Leerzeichen eingeben (aber es erhöht die Lesbarkeit).

Funktionen

Jede Operation in R ist eine Funktion, daher ist es wichtig, das Konzept von Funktionen zu verstehen.

> **Funktion (Arbeitsdefinition)**
> **Eine Funktion ist ein Konstrukt, das eine Reihe von definierten Arbeitsschritten durchführt. *Womit* und *wie* die Funktion ausgeführt wird, hängt von den übergebenen Argumenten ab. In der Regel verarbeitet eine Funktion Argumente zu einem Ergebnis, das anschließend weiterverwendet wird.**

Der Aufruf von Funktionen folgt folgendem Schema:

```
funktionsname(arg1, arg2, ...)
```

Man hat also zu Beginn einen Namen, der die entsprechende Funktion in R aufruft und von runden Klammern gefolgt wird. In diesen Klammern stehen die ARGUMENTE der Funktion, d. h., hier wird festgelegt, was mit der Funktion bearbeitet wird, und ggf. finden sich noch optionale Argumente, die weitere Charakteristika der Funktion bestimmen. Die Anzahl an Argumenten ist an sich beliebig, d. h., es gibt Funktionen wie `ls()`, die keine obligatorischen Argumente verlangen, bis hin zu einer Funktion wie `data.frame()`, die viele Argumente akzeptiert.

Eine Funktion, die nur ein Argument benötigt, ist die Exponentialfunktion e^x bzw. $\exp(x)$. Für $x = 1$ ergibt das $e^1 = e$, also die Euler'sche Zahl:

```
> exp(1)
```

```
[1] 2.7183
```

Auch trigonometrische Funktionen wie der Cosinus nehmen nur ein Argument an. Die Winkel müssen hier im Bogenmaß, also in Radianten, angegeben werden ($360° = 2\pi$ rad), `pi` ist eine Konstante in R (Abschnitt 5.11.2):

```
> cos(pi)
```

```
[1] -1
```

Ist man sich hinsichtlich der Funktionsargumente nicht sicher, kann man auf mehreren Wegen (in R, in vielen IDEs, siehe Abschnitt 5.9, oder in der Hilfe, siehe Abschnitt 5.10) genauere Informationen erhalten. Eine Funktion, die mehrere Argumente annimmt, wäre die Umkehrfunktion der Exponentialfunktion, nämlich der Logarithmus. In R kann man den Funktionsnamen gefolgt von einer offenen Klammer eingeben und zwei Mal auf die Tabulatortaste ($\boxed{\Leftrightarrow}\boxed{\Leftrightarrow}$) drücken, dann erscheint Folgendes:

```
> log(
x=      base=
```

Offensichtlich hat die Funktion `log()` also zwei Argumente x und `base`. Alleine aus dieser Ausgabe ist es jedoch nicht ersichtlich, ob es Standardwerte (Defaults) für

Argumente der Funktion gibt und welche diese sind. Eine IDE wie RStudio liefert hier in der Regel nähere Informationen (siehe ▶ Abbildung 5.25).

Eine schnelle Möglichkeit, sich Argumente mit Standardwerten ausgeben zu lassen, ist die Funktion `args()`, der man einfach einen Funktionsnamen übergibt.

```R
> args(log)
```

```
function (x, base = exp(1)) NULL
```

Aus dieser Information kann man also ablesen, dass die Funktion einen Wert x annimmt und `base = exp(1)` definiert ist, d.h., es handelt sich hierbei um den natürlichen Logarithmus von x zur Basis e ($\ln(x) = \log_e(x)$). Der natürliche Logarithmus von 1 ($\ln(1)$) wird folgendermaßen berechnet:

```R
> log(1)
```

```
[1] 0
```

Grundlegende arithmetische Operatoren wie +, −, ∗, / oder ^ sind sog. binäre (zweistellige) Verknüpfungen (*binary operators*), d.h., zwei Operanden werden miteinander verknüpft. Der Ausdruck $4 - 5 = -1$ bedeutet, dass 4 und 5 mit dem Operator − verknüpft werden. Abgesehen davon gibt es u.a. auch unäre (einstellige; *unary*) Operatoren wie die logische Negation (!) oder das Minus (−). Letzteres kann unär sowie binär zur Verwendung kommen, wie man am Beispiel folgender Gleichungen sieht: $y = x - 5$ vs. $y = -x$.

Um uns das Leben zu erleichtern, wird, wie bei den meisten Programmiersprachen, die sog. Infixnotation verwendet, d.h., die entsprechenden Operatoren stehen zwischen den Operanden. Intern wird die Eingabe jedoch in Funktionen „umgewandelt" – im Beispiel oben wird 4 - 5 zu diesem Ausdruck (Achtung: der Operator muss in Backticks, dem Gravis, ` eingeschlossen werden, um als Funktion interpretiert zu werden).

```R
> `-`(4,5)
```

```
[1] -1
```

Schachtelbarkeit von Funktionen

Funktionen, die Zahlen oder Objekte (siehe nächster Abschnitt) bearbeiten, geben in der Regel Objekte zurück, die man wiederum anderen Funktionen übergeben kann. Die Verarbeitung erfolgt hierbei „von innen nach außen", z.B. wird bei $\ln(\exp(1))$ zuerst $\exp(1)$ ausgewertet, was zu $\ln(e)$ führt, was letztlich 1 ergibt.

```R
> log(exp(1))
```

```
[1] 1
```

Aus dem Output oben wissen wir, dass `log()` ein zweites Argument hat, das die Basis des Logarithmus bestimmt und standardmäßig auf e gesetzt ist, wodurch `log()` den natürlichen Logarithmus berechnet. In der Informatik kommt der binäre Logarithmus (logarithmus dualis) zur Basis 2 häufig zum Einsatz. R bietet einerseits spezielle Funktionen wie `log2()` oder `log10()` (dekadischer Logarithmus zur Basis 10), jedoch kann man durch das Argument *base* auch eine beliebige Basis wählen. Der $\log_5(e)$ ist demnach

```
> log(exp(1), base = 5)
```

[1] 0.62133

Beachten Sie bitte, dass R *case sensitive* ist, d. h., Groß- und Kleinbuchstaben werden unterschieden. Die Eingabe von `EXP(0)` oder `Exp(0)` führt zu Fehlern.

Beim Funktionsaufruf kann man die entsprechenden Werte ohne ihre Argumentnamen angeben, wobei in diesem Fall angenommen wird, dass die Werte wie in der Funktionsdefinition (siehe oben) gereiht sind. `log(3, 2)` wird von R also als `log(x = 3, base = 2)` interpretiert. Will man sichergehen, kann man alle Argumente, denen man Werte übergibt, auch explizit benennen – dann ist auch die Reihenfolge irrelevant, also `log(base = 2, x = 3)` würde zum selben Ergebnis führen.

Objekte und Variablen

Eine große Stärke von R ist die Verwendung von Objekten.

> **Objekt (Arbeitsdefinition)**
> **Alles in R ist ein Objekt. Von einer Zahl, über eine Folge von Zahlen bis zu Funktionen etc.**

Das Konzept eines Objekts umfassend zu erläutern, ist an dieser Stelle nicht möglich, genauere Ausführungen finden sich in Abschnitt 5.11.4. Untechnisch gesprochen ist ein Objekt ein benanntes „Ding", das unterschiedliche Inhalte bzw. Aufgaben haben kann, also der mathematischen Idee einer Variable nicht unähnlich.

Zahlen und Ergebnisse können Objekten (Variablen) zugewiesen werden, die wiederum in weiteren Befehlen verwendet werden können.

```
> x <- 25
> x
```

[1] 25

Der nach links gerichtete Pfeil `<-` (ein Kleiner-Zeichen und ein Bindestrich *ohne Leerzeichen*) bedeutet, dass die Zahl 25 dem Objekt `x` zugewiesen wird. Auf Englisch spricht man von *gets*, also „x gets 25", auf Deutsch könnte man „x *wird* 25" sagen.

Bei Zuweisungen, also einem R-Ausdruck mit <-, gibt es keinen Output. Erst durch den Aufruf des Objekts wird ihr Inhalt ausgegeben. Im obigen Beispiel antwortet R nach Eingabe von x <- 25 nur mit dem Command Prompt >. Erst die Eingabe von x zeigt, was in dieser Variable gespeichert ist.

Das Objekt x von vorhin kann in einer Addition verwendet werden, deren Ergebnis dem neuen Objekt y zugewiesen wird.

```
> y <- x + 1
> y
```

[1] 26

Man kann die beiden erstellten Variablen miteinander multiplizieren

```
> x * y
```

[1] 650

oder das Ergebnis ihres Quotienten einer neuen Variable z zuweisen.

```
> z <- x/y
> z
```

[1] 0.96154

Die Ausgabe von Objekten geschieht üblicherweise dadurch, dass man den entsprechenden Namen eintippt und Eingabe (⏎) drückt. Intern wird hier jedoch jedes Mal die Funktion print() aufgerufen, d. h.

```
> x
```

[1] 25

ist intern

```
> print(x)
```

[1] 25

Um eine Zuweisung ohne gesonderte Aufforderung das Objekt ausgeben zu lassen, kann man den gesamten Ausdruck einklammern:

```
> (a <- 11)
```

[1] 11

Will man mehreren Variablen identische Werte zuweisen, so kann man Zuweisungen auch hintereinanderstellen:

```
> a <- b <- 42
```

Will man mehrere Befehle in eine Zeile schreiben, so kann man sie mit einem Strichpunkt ; trennen:

```
> a; b
```

```
[1] 42
[1] 42
```

Die Wahl der Objektnamen ist größtenteils der eigenen Kreativität überlassen, jedoch sollte man einige Dinge beachten. Namen sollten prinzipiell kurz aber dennoch möglichst beschreibend sein, das spart Tipparbeit und hält den Code überschaubar. Bei der Verwendung von Großbuchstaben ist Vorsicht geboten, da R, wie schon erwähnt, case sensitive ist. Man darf Zahlen verwenden, jedoch muss jeder Name mit einem Buchstaben anfangen. Sonderzeichen wie Umlaute sind zwar möglich, aber nicht ratsam, v. a. wenn man mit anderen Personen zusammenarbeitet und diese beispielsweise ein englisches Tastaturlayout (QWERTY) haben. Um längere Variablennamen etwas lesbarer zu machen, kann man Punkte oder Unterstriche verwenden – angenommen, man hat mehrere Testinstrumente in einer Erhebung, so kann man einzelne Items `test1_f01`, `test1_f02` etc. benennen. Letztlich gibt es in R, wie in jeder Programmiersprache, sog. *reserved words*, also Namen, die eine spezielle Bedeutung haben und daher nicht verwendet werden können. Diese sind `if`, `else`, `repeat`, `while`, `function`, `for`, `in`, `next`, `break`, `TRUE`, `FALSE`, `NULL`, `Inf`, `NaN`, `NA`, `NA_integer_`, `NA_real_`, `NA_complex_`, `NA_character_`, . . . , sowie zwei Punkte gefolgt von einer Zahl, wie `..1`, `..2` usw. (siehe `?Reserved`).

Vektoren

Objekte können auch mehr als ein Element enthalten. Wir verwenden dazu die Funktion `c()` (*combine*), um eine Folge von Elementen des gleichen Datentyps (einen Vektor) zu erzeugen. Das erste Argument von `c()` ist . . . , das beliebig viele Elemente fassen kann. Ein Datentyp in R nennt sich `numeric`, wie dieser

```
> alter <- c(21.5, 24, 28)
> alter
```

```
[1] 21.5 24.0 28.0
```

Ein anderer Typ ist `character`. Die Elemente dieses Typs sind Text, d. h. Zeichenketten oder engl. *strings*. Text muss in Anführungszeichen geschrieben werden (diese können wahlweise beide doppelt `"abc"` oder beide einfach `'abc'`, nur nicht gemischt, z. B. `"abc'`, sein).

```
> geschlecht <- c("männlich", "weiblich")
> geschlecht
```

```
[1] "männlich" "weiblich"
```

Wenn Ziffern bzw. Zahlen unter Anführungszeichen stehen, sind sie auch vom Typ character (z. B. "15" oder "20"). Außerdem werden durch ein Mischen von Datentypen in einem Vektor alle in den komplexesten vorhandenen Datentyp umgewandelt (bei numeric und character werden alle Elemente zu character).

Die folgende Tabelle zeigt die wichtigsten, nach Komplexität sortierten, Datentypen in R. Wenn man Datentypen in einem Vektor vermischt, wird für alle Elemente der hierarchisch höchste Datentyp verwendet.

Datentyp	Abk.	Beschreibung	
"character"	chr	Zeichenkette	
"complex"	cplx	komplexe Zahl	$\mathbb{C}$
"double" "numeric"	num	Gleitkommazahl (64-Bit)	$\mathbb{R}$
"integer"	int	ganze Zahl (32-Bit)	$\mathbb{Z}$
"logical"	logi	logischer Wert	
"raw"	raw	Binär-/Hexadezimalzahl	

Zur Erklärung der Datentypen beginnen wir ganz unten bei einem eher speziellen Datentyp, nämlich raw. In R ist dieser Typ 8-Bit unsigned (das bedeutet acht Stellen in Binärnotation, wobei *unsigned* für vorzeichenlos steht, d. h., keine Stelle dient als „Markierung" für das Vorzeichen) und hat also einen möglichen Wertebereich von 0 bis $2^8 - 1 = 255$.

Der Typ logical enthält die logischen Werte TRUE bzw. FALSE, die auch abgekürzt als T und F verwendet werden können (boolesche Variable, siehe Abschnitt 4.3.4).

Für ganze Zahlen gibt es einen eigenen Datentyp, der (derzeit) 32-Bit signed ist, d. h., man hat 31 Bit, um die Zahl zu repräsentieren und ein Bit, das wie ein „Schalter" für das Vorzeichen funktioniert, wodurch sich ein Wertebereich von $\pm 2^{31} - 1 = \pm 2\,147\,483\,647$ ergibt.

Für Super-Nerds sei angemerkt, dass das Zweierkomplement zum Einsatz kommt, um das Problem der doppelten Repräsentation von 0, nämlich als +0 und −0, zu vermeiden. Im Gegensatz zu anderen Programmiersprachen wird −0 jedoch für das NA-Element verwendet (siehe Abschnitt 4.2.1). Um sicherzustellen, dass eine Zahl den Typ integer hat, kann man sie gefolgt von einem großen L (steht für *long*) eingeben, z. B. -10L, 3L.

Am häufigsten wird man mit Werten des Typs numeric zu tun haben. Das ist eine Gleitkommazahl mit doppelter Präzision (double precision float nach dem IEEE-754-Standard), die von ihrer Darstellungsform her $M \cdot 10^E$ ist, wobei M die sog. Mantisse und E der Exponent ist. Dieses Format wird aber, zur besseren Lesbarkeit, nur bei sehr großen oder sehr kleinen Werten verwendet, also ist der Typ numeric nicht immer offensichtlich. Beispiele wären 1e-3 ($1 \cdot 10^{-3} = 0.001$), 1.0 (1e0) oder 1000.0 (1e3). Falls Sie einmal komplexe Zahlen benötigen, können Sie diese mit dem Typ complex eingeben. Eine Zahl $2 + 3 \cdot i$ kann in R als 2+3i eingegeben werden, wobei sowohl die reelle als auch die imaginäre Zahl vom „Untertyp" her numeric sind.

Der flexibelste Datentyp ist letztlich character, eine beliebige Zeichenkette, in den alle anderen Datentypen umgewandelt werden können.

Mit `c()` kann man auch schon bestehende Variablen erweitern.

```R
> alter <- c(22, alter, 39)
> alter
```

    [1] 22.0 21.5 24.0 28.0 39.0

Hier wird eine Folge erzeugt, die vor dem Objekt `alter` den Wert 22 und danach 39 enthält. Dieser erweiterte Vektor wird dem Objekt `alter` zugewiesen, wodurch das alte Objekt überschrieben wird.

Eine sehr wichtige Funktion ist `length()`, da sie die Anzahl an Elementen eines Objekts (in diesem Fall 5) ausgibt.

```R
> length(alter)
```

    [1] 5

R verfügt über eine Vielzahl unterschiedlicher Funktionen, die man auf Variablen anwenden kann. Den Mittelwert können wir z. B. mit `mean()` berechnen.

```R
> mean(alter)
```

    [1] 26.9

Indizierung und Ersetzung von Elementen eines Vektors

Die Indizierung (Auswahl; *extraction*) von Elementen eines Vektors kann durch direkte Angabe der entsprechenden Indizes (Positionen) erfolgen. Den zweiten Wert von `alter` erhält man, indem man die Zahl 2 in eckigen Klammern hinter `alter` anfügt.

```R
> alter[2]
```

    [1] 21.5

Man kann auch mehrere Indizes (als Vektoren) angeben. Den ersten, zweiten und vierten Wert erhält man mit

```R
> alter[c(1, 2, 4)]
```

    [1] 22.0 21.5 28.0

Den ersten, zweiten und dritten Wert hätten wir auch so spezifizieren können

```R
> alter[1:3]
```

    [1] 22.0 21.5 24.0

Der Doppelpunkt : ist hierbei eine Abkürzung und bedeutet „von – bis", hier von 1 bis 3. Ausgehend von dem Wert, der bei „von" steht, wird eine Sequenz bis zum Endwert „bis" mit einer Schrittlänge von +1 erzeugt. Wenn von > bis, sind die Schritte in Abständen von −1.

```r
> 3:1
```

```
[1] 3 2 1
```

Gibt man Dezimalzahlen an, so wird eine Sequenz erzeugt, die bei „von" ausgehend beginnt und maximal zur Zahl „bis" gehen kann. Ergibt sich keine Sequenz in 1er-Schritten, wird der letzte mögliche Wert ausgegeben, z. B. bei −2.5 bis 2.4

```r
> -2.5:2.4
```

```
[1] -2.5 -1.5 -0.5  0.5  1.5
```

Der nächste Schritt wäre hier 2.5, aber da die obere Grenze bis = 2.4 ist, wird dieser nicht ausgegeben.

Eine andere Möglichkeit, die Zahlen von 1 bis zu einem bestimmten Wert zu erzeugen, bietet die Funktion seq_len(), der man als Argument nur die Obergrenze angibt. Die Zahlen von 1 bis 50 kann man also folgendermaßen erzeugen.

```r
> x <- seq_len(50)
> x
```

```
 [1]  1  2  3  4  5  6  7  8  9 10 11 12 13 14 15 16 17 18 19 20 21 22 23 24 25
[26] 26 27 28 29 30 31 32 33 34 35 36 37 38 39 40 41 42 43 44 45 46 47 48 49 50
```

Diese Sequenz in umgekehrter Reihenfolge wäre auch mit 50:1 erstellbar, aber wir verwenden rev(), eine Funktion, die alle Elemente eines Objekts in umgekehrter Reihenfolge ausgibt.

```r
> x <- rev(x)
> x
```

```
 [1] 50 49 48 47 46 45 44 43 42 41 40 39 38 37 36 35 34 33 32 31 30 29 28 27 26
[26] 25 24 23 22 21 20 19 18 17 16 15 14 13 12 11 10  9  8  7  6  5  4  3  2  1
```

Nun erkennen wir auch die Bedeutung der Zahlen in eckigen Klammern am Zeilenanfang, wenn wir uns den Wert eines Vektors anzeigen lassen. Es handelt sich um den Index der unmittelbar folgenden Komponente des Vektors. Wir sehen z. B. neben [1] 50 und neben [26] 25. Das bedeutet, dass die erste Zahl 50 und die 26. Zahl 25 ist.

Anstatt combine c() direkt in den eckigen Klammern zu verwenden, kann man zum Indizieren auch Vektoren verwenden. (Für diese Indexvektoren können wir natürlich ein beliebiges Objekt erstellen, also z. B. u.)

```
> u <- 3:5
> alter[u]
```

[1] 24 28 39

Man kann einzelnen (aber auch mehreren) Elementen einer Variable auch neue Werte zuweisen. Im Gegensatz zur Indizierung als Auswahl (*extraction*) wird hier die Indizierung zur Ersetzung (*replacement*) verwendet. Die aktuell in `alter` gespeicherten Werte sind

```
> alter
```

[1] 22.0 21.5 24.0 28.0 39.0

Wir ändern das dritte Element auf 42, indem wir dieses Element indizieren und ihm den neuen Wert zuweisen.

```
> alter[3] <- 42
> alter
```

[1] 22.0 21.5 42.0 28.0 39.0

Generell werden Objekte in **R** mit eckigen Klammern indiziert. Enthalten diese keine Angaben (z. B. `alter[]`), werden alle Elemente ausgewählt.

Manchmal ist es einfacher, die Indizierung über den Ausschluss von Elementen zu machen. In diesem Fall verwendet man negative Werte als Indizes.

```
> alter[-3]
```

[1] 22.0 21.5 28.0 39.0

Das Minus (–) schließt hier alle angegebenen Indizes aus, d. h., man kann auch einen Vektor wie u verwenden.

```
> alter[-u]
```

[1] 22.0 21.5

Verwendet man den Doppelpunktoperator (:), um mit Minus (–) Werte aus einem Vektor auszuschließen, dann muss man entweder Klammern verwenden, also -(1:3) oder die Sequenz folgendermaßen erzeugen: -1:-3. -1:3 erzeugt die Werte von -1 bis 3. Außerdem muss man darauf achten, dass man *ausschließlich* negative *oder* positive Indizes vergibt, denn wenn man beide vergibt, weiß R nicht, was es mit den Elementen, die nicht indiziert wurden, tun soll.

Angenommen, wir hätten bei der Eingabe von `alter` nach der dritten Beobachtung zwei hypothetische Personen mit einem Alter von 30 und 31 Jahren vergessen, so könnten wir diese etwas umständlich mit `c()` und entsprechenden Indizierungen in den Vektor einfügen:

```
> c(alter[1:3], 30, 31, alter[4:5])
```

[1] 22.0 21.5 42.0 30.0 31.0 28.0 39.0

Dieser Ansatz ist jedoch einerseits aufwendig und andererseits fehleranfällig, da man v. a. beim Indizieren aufpassen muss, keine Personen zu vergessen bzw. zu verdoppeln.

Die Funktion append() (*anhängen*) fügt Werte *values* einem bestehenden Vektor *x* nach dem Index *after* nach dem Schema append(*x*, *values*, *after*) hinzu. Standardmäßig ist *after* = length(x), d. h., die Werte von *values* werden angehängt. In unserem Fall wäre der Code:

```
> append(alter, c(30, 31), after = 3)
```

[1] 22.0 21.5 42.0 30.0 31.0 28.0 39.0

Matrizen

Möchte man mehrere Variablen in Tabellenform anordnen, gibt es dafür in **R** das Konzept einer Matrix. Um das zu veranschaulichen, wollen wir noch zwei weitere Variablen definieren, nämlich gewicht und groesse.

```
> gewicht <- c(56, 63, 80, 49, 75)
> groesse <- c(1.64, 1.73, 1.85, 1.6, 1.81)
```

Mit dem Befehl cbind() kann man Vektoren spaltenweise (also nebeneinander von links nach rechts) zusammenfügen (das *c* in cbind() steht für *columns*).

```
> X <- cbind(alter, gewicht, groesse)
> X
```

```
     alter gewicht groesse
[1,]  22.0      56    1.64
[2,]  21.5      63    1.73
[3,]  42.0      80    1.85
[4,]  28.0      49    1.60
[5,]  39.0      75    1.81
```

(Die Bedeutung der eckigen Klammern wird später erklärt.) Das Gleiche geht auch zeilenweise (von oben nach unten) mit dem Befehl rbind() (das *r* steht für *rows*).

```
> Z <- rbind(alter, gewicht, groesse)
> Z
```

```
         [,1]  [,2]  [,3] [,4]  [,5]
alter   22.00 21.50 42.00 28.0 39.00
gewicht 56.00 63.00 80.00 49.0 75.00
groesse  1.64  1.73  1.85  1.6  1.81
```

Die Vektoren in `cbind()` bzw. `rbind()` sollten gleich lang sein. Beide Befehle produzieren hier eine Matrix.

Wie Vektoren können Matrizen mit eckigen Klammern indiziert werden, allerdings muss man jetzt zwischen Zeilen und Spalten unterscheiden, da eine Matrix zwei Dimensionen hat. Der Index einer Matrix enthält also jetzt zwei kommagetrennte Angaben. Benötigt man z. B. aus der Matrix X den Wert, der in der zweiten Zeile und in der dritten Spalte steht, dann spezifiziert man

```
> X[2, 3]
```

```
groesse
   1.73
```

Die erste Zahl steht für die Zeile und die zweite für die Spalte. Wie oben kann man auch Vektoren zum Indizieren verwenden. Die ersten drei Zeilen und die ersten zwei Spalten von X erhält man z. B. mit

```
> X[u, 1:2]
```

```
     alter gewicht
[1,]    42      80
[2,]    28      49
[3,]    39      75
```

Wie bei Vektoren gibt ein „leerer" Index auch bei Matrizen alle Elemente der jeweiligen Dimension (d. h. Zeilen oder Spalten) aus (`X[,]` gibt die gesamte Matrix aus). Lässt man also einen der beiden Indizes aus (das trennende Komma bleibt), dann erhält man alle Werte der entsprechenden Zeilen oder Spalten, die indiziert wurden.

```
> X[3, ]
```

```
alter gewicht groesse
42.00   80.00    1.85
```

Diese Darstellungsform, also `[3, ]`, haben wir schon bei der Ausgabe der Matrix X gesehen. Links neben den Werten der Matrix war `[1,]`, `[2,]` etc. zu sehen. Dort betraf es die Beschriftung der Zeilen, wobei `[1,]` bedeutet: Werte aus Zeile 1, über alle Spalten. Oberhalb der Matrix waren die Spalten für X mit den Namen der Variablen, die wir zur Erzeugung der Matrix verwendet haben, beschriftet. Jede Matrix kann nämlich Zeilen- und Spaltennamen haben, die man mit den Funktionen `rownames()` bzw. `colnames()` spezifizieren (*replacement*), aber auch abfragen (*extraction*) kann. So erfolgt die Ausgabe der Spaltennamen von X mit

```
> colnames(X)
```

```
[1] "alter"   "gewicht" "groesse"
```

Wir können den Zeilen von X neue Namen geben, zum Beispiel

```
> namen <- c("Gerda", "Karin", "Hans", "Doris", "Ludwig")
> rownames(X) <- namen
> X
```

```
       alter gewicht groesse
Gerda   22.0      56    1.64
Karin   21.5      63    1.73
Hans    42.0      80    1.85
Doris   28.0      49    1.60
Ludwig  39.0      75    1.81
```

In unserem Beispiel oben, als wir mit `cbind()` die Matrix X erzeugt haben, hat **R** die Spaltennamen automatisch vergeben, da die Variablennamen `alter` etc. verwendet wurden.

Einzelne Elemente einer Matrix, aber auch einzelne Spalten bzw. Zeilen kann man mit den Namen indizieren. Will man das Gewicht von Doris, so kann man schreiben

```
> X["Doris", "gewicht"]
```

```
[1] 49
```

Alle Werte von Doris (also die vierte Zeile) erhält man mit

```
> X["Doris", ]
```

```
 alter gewicht groesse
  28.0   49 .0     1.6
```

Bei Verwendung der Namen kann man aber : *nicht* mehr als Abkürzung verwenden.

Eine Matrix kann, wie ein Vektor, nur Elemente *eines* bestimmten Datentyps enthalten, z. B. müssen alle Elemente `numeric` oder `character` sein. Verwendet man verschiedene Typen gemeinsam, dann wandelt **R**, wie bei einem Vektor, *alle* Elemente in denselben Typ um.

Einige wichtige Funktionen, die Informationen über eine Matrix liefern, sind beispielsweise `dim()`, `nrow()` und `ncol()`. Die Dimension (also die Größe der Matrix in Zeilen × Spalten) erhält man als Vektor mit zwei Elementen mittels `dim()`. Ist man nur an einer Dimension interessiert, kann man gezielt die Anzahl der Zeilen oder Spalten abfragen.

```
> dim(X)
```

```
[1] 5 3
```

```
> nrow(X); ncol(X)
```

```
[1] 5
[1] 3
```

Man sieht also, dass X eine 5 × 3 Matrix ist, bzw. zeigen nrow(), dass es fünf Zeilen und ncol(), dass es drei Spalten gibt. Will man die Anzahl *aller* Elemente in einer Matrix, so verwendet man wie bei Vektoren die Funktion length().

```
> length(X)                                                              R
```

```
[1] 15
```

Abschließend sei noch die Funktion str() erwähnt, mit der man die Struktur beliebiger Objekte untersuchen kann.

```
> str(X)                                                                 R
```

```
num [1:5, 1:3] 22 21.5 42 28 39 56 63 80 49 75 ...
- attr(*, "dimnames")=List of 2
  ..$ : chr [1:5] "Gerda" "Karin" "Hans" "Doris" ...
  ..$ : chr [1:3] "alter" "gewicht" "groesse"
```

Die wichtigsten Informationen stehen in der ersten Zeile des Outputs, nämlich, dass das Objekt numerisch ist (num) und zwei Dimensionen mit fünf und drei Elementen hat ([1:5, 1:3]). Danach werden noch die ersten paar Elemente angegeben und der Text darunter zeigt, dass sog. "dimnames" vorhanden sind, in unserem Fall die Namen für Zeilen und Spalten.

Matrizen sind in der Statistik und bei Berechnungen sehr wichtige Konzepte. Der Unterschied zu einer einfachen Folge in R, wie wir sie mit c() erzeugt haben, liegt letztlich darin, dass man die Elemente in zwei Dimensionen $a \times b$ anordnet. Ein „echter" Spaltenvektor ($a \times 1$) oder Zeilenvektor ($1 \times b$) ist demnach auch eine Matrix, nur dass hier alle Elemente entlang einer Dimension ausgerichtet sind und die andere die Länge 1 hat. Ob wir eine einfache Folge oder ein Objekt mit Dimensionen haben lässt sich beispielsweise mit dim() feststellen.

```
> vektor <- seq_len(2 * 3)                                               R
> dim(vektor)
```

```
NULL
```

Anders als vorhin ist das Ergebnis nun NULL, das ist ein Objekt für „nichts". Weitere Untersuchung mit str() zeigt Folgendes:

```
> str(vektor)                                                            R
```

```
int [1:6] 1 2 3 4 5 6
```

vektor ist also ein Objekt mit einer Folge von sechs Elementen des Typs integer. Folglich gibt es keine Dimensionen, nur eine Folge an ganzen Zahlen. Insofern ist die Bezeichnung Vektor etwas irreführend.

Um eine Matrix aus einem Vektor zu erstellen, kann man die Funktion matrix() verwenden. Diese ordnet eine Folge standardmäßig spaltenweise, von oben nach unten an. Die Argumente *nrow* und *ncol* steuern die Anzahl der Zeilen und/

oder Spalten. Aus `vektor` kann man also folgendermaßen eine 3 × 2 Matrix erzeugen

```r
> matrix(vektor, nrow = 3, ncol = 2)
```

```
     [,1] [,2]
[1,]    1    4
[2,]    2    5
[3,]    3    6
```

Die, in der Mathematik und Informatik gängige, spaltenweise Befüllung ist anfangs etwas gewöhnungsbedürftig. Mit dem Argument `byrow = TRUE` kann man die Matrix zeilenweise befüllen, d. h. von links nach rechts. Eine 2 × 3 Matrix mit zeilenweiser Befüllung kann man so erstellen:

```r
> matrix(vektor, nrow = 2, byrow = TRUE)
```

```
     [,1] [,2] [,3]
[1,]    1    2    3
[2,]    4    5    6
```

Wie Sie sicherlich bemerkt haben, wurde nur die Anzahl an Zeilen angegeben. Wenn man nur eine Dimension spezifiziert, füllt R standardmäßig die Matrix so lange aus, bis es am Ende der Folge angelangt ist. In diesem Fall geht es sich genau auf drei Spalten aus, da man sechs Elemente und zwei Zeilen vorgegeben hat.

Ist dies nicht der Fall, kommt eine Funktionalität zum Tragen, die nicht nur beim Umweltschutz eine wichtige Rolle spielt: das sog. *Recycling*. Unter diesem Konzept versteht man die „Wiederverwertung" einer Folge, d. h., wenn man ans Ende gelangt, beginnt man wieder von vorne. Angenommen, wir fordern eine 4 × 4 Matrix mit spaltenweiser Befüllung an, dann wissen wir schon im Vorhinein, dass das nicht aufgehen wird, denn 4 × 4 = 16 Elemente und das ist kein Vielfaches von den sechs Elementen, die wir der Funktion übergeben.

```r
> matrix(vektor, nrow = 4, ncol = 4)
```

```
     [,1] [,2] [,3] [,4]
[1,]    1    5    3    1
[2,]    2    6    4    2
[3,]    3    1    5    3
[4,]    4    2    6    4
Warning message:
In matrix(vektor, nrow = 4, ncol = 4) :
  data length [6] is not a sub-multiple or multiple of the number of rows [4]
```

Hier sehen wir, dass R dennoch eine 4 × 4 Matrix erstellt, aber mit einer Warnung, dass es nicht aufgegangen ist – das impliziert, dass man prüfen sollte, ob dieses Ergebnis auch tatsächlich erwünscht ist. Da die Matrix mehr Elemente als die Folge, die zur Erzeugung übergeben wurde, enthält, wurde die Folge offensichtlich „recycled" – zwei Mal als Ganzes und das letzte Mal nur bis zum vierten Element.

Keine Warnung gibt es hingegen, wenn man einerseits ein Vielfaches an Elementen in der Matrix bzw. *weniger* Elemente in der Matrix als im ursprünglichen Vektor hat:

```
> matrix(vektor, nrow = 2, ncol = 2, byrow = TRUE)
```

```
     [,1] [,2]
[1,]    1    2
[2,]    3    4
```

Zuletzt kann man noch die Funktion `dim()` verwenden, um eine Folge mit Dimensionen zu versehen. Wir haben diese Funktion oben schon mit `vektor` ausprobiert und als Ergebnis NULL erhalten, d. h., Dimensionen waren nicht vorhanden. Um einen Zeilenvektor daraus zu machen (d. h. eine 1×6 Matrix), kann man mit `dim()` dem Objekt die gewünschten Dimensionen als Folge übergeben.

```
> dim(vektor) <- c(1, 6)
> vektor
```

```
     [,1] [,2] [,3] [,4] [,5] [,6]
[1,]    1    2    3    4    5    6
```

Data Frames

Zum Abschluss wollen wir noch das Konzept von Data Frames vorstellen, in denen verschiedene Datentypen gleichzeitig in einer matrixähnlichen Struktur vorkommen können.

Eine Möglichkeit, einen Data Frame zu erzeugen, bietet die Funktion `data.frame()`, die ähnlich wie `cbind()` funktioniert. Nur lassen sich damit Vektoren (auch Matrizen) spaltenweise zusammenfassen, die beliebige Datentypen haben können. Die einzige Einschränkung ist, dass die Länge aller Vektoren (bzw. die Anzahl der Zeilen der Matrizen) gleich ist.

Als Beispiel wollen wir zur Matrix X davor noch eine Spalte hinzufügen, die das Geschlecht beschreibt. Dazu erzeugen wir zunächst einen Vektor `sex`. Dann erstellen wir einen Data Frame, den wir `gewichtsdaten` nennen wollen, und zeigen ihn an.

```
> sex <- c("weiblich", "weiblich", "männlich", "weiblich", "männlich")
> gewichtsdaten <- data.frame(sex, X)
> gewichtsdaten
```

```
            sex alter gewicht groesse
Gerda  weiblich  22.0      56    1.64
Karin  weiblich  21.5      63    1.73
Hans   männlich  42.0      80    1.85
Doris  weiblich  28.0      49    1.60
Ludwig männlich  39.0      75    1.81
```

Wie bei Matrizen, können Zeilen und/oder Spalten von Data Frames mit eckigen Klammern indiziert werden. Zum Beispiel erhalten wir die Daten von `Doris` wie schon oben mit

```
> gewichtsdaten["Doris", ]
```

```
        sex alter gewicht groesse
Doris weiblich    28     49     1.6
```

Data Frames bieten einen natürlichen Rahmen, wie man statistische Daten repräsentieren kann, da oft sowohl metrische als auch kategoriale Variable in einem Datensatz vorkommen. Wir werden auf Data Frames in Abschnitt 4.3 detaillierter eingehen.

Natürlich kann man mit Vektoren, Matrizen und den Inhalten von Data Frames rechnen, Funktionen auf sie anwenden und sie auf beinahe beliebige Weise weiterverwenden. Vor allem statistische Funktionen werden in diesem Buch noch ausführlich behandelt werden. Dieser Abschnitt sollte Ihnen einen ersten Einstieg ermöglichen und zeigen, dass die grundsätzliche Bedienung von R im Gegensatz zu oft gehörten Meinungen eigentlich ganz einfach ist. Die Komplexität und Mächtigkeit von R entstehen vor allem aus der Kombination von, für sich genommen, relativ einfachen Konzepten.

Einfache Grafiken

Eine besondere Eigenschaft von R ist die Möglichkeit, maßgeschneiderte, druckreife Grafiken zu erstellen. Zur Illustration zeigen wir hier nur ein paar einfache Möglichkeiten, Details werden später behandelt (Abschnitt 5.2). Wollen wir z. B. die groesse unserer fiktiven Personen darstellen, könnten wir die Funktion barplot() verwenden.

```
> barplot(groesse)
```

Es öffnet sich ein eigenes Grafikfenster (▶ Abbildung 3.12), in dem R den Output von Grafikfunktionen darstellt. Wir sehen für jede Person einen Balken, die Höhe des jeweiligen Balkens entspricht der Körpergröße. (Wir könnten uns vorstellen, es stehen fünf schematisierte Personen nebeneinander, die wir bezüglich ihrer Körpergröße vergleichen wollen.)

Ein weiteres Beispiel ist plot(), die vielleicht wichtigste Grafikfunktion in R. Aus der Vielzahl an Möglichkeiten, die plot() bietet, wollen wir folgende herausgreifen. In einem datenanalytischen Kontext ist es oft wichtig zu untersuchen, ob zwei Variablen in Zusammenhang stehen. Bei den von uns vorher verwendeten Variablen könnten das Gewicht und Körpergröße sein, die wir gegeneinander in einem sogenannten Streudiagramm (*scatterplot*, siehe auch Abschnitt 9.1.1) darstellen wollen. In der plot() Funktion gibt man dann die beiden Variablen an, wobei die erste auf der x-Achse und die zweite auf der y-Achse dargestellt wird. Der Befehl ist

```
> plot(groesse, gewicht)
```

Im Output (▶ Abbildung 3.13) sieht man für jede Person einen Punkt, der ihr Gewicht und ihre Körpergröße beschreibt. Man sieht auch: Je größer eine Person ist, umso schwerer ist sie. Es besteht also ein positiver Zusammenhang zwischen den beiden Variablen.

Eine äußerst praktische Funktion, um mathematische Funktion zu visualisieren, ist curve(). Das erste Argument dieser Funktion ist ein Ausdruck einer mathematischen Funktion $f(x)$, z. B. log(x). Als zweites und drittes Argument übergibt man die

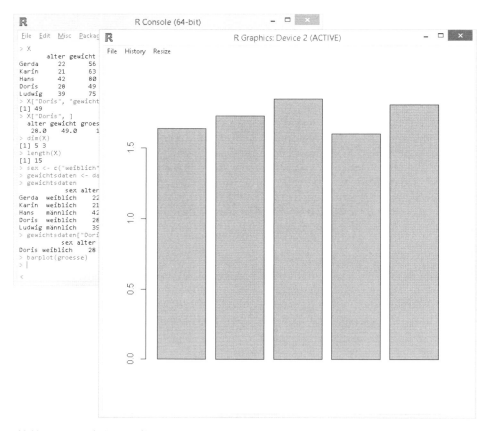

Abbildung 3.12: Einfache R-Grafik

Endpunkte, zwischen denen der Graph gezeichnet werden soll. In ▸ Abbildung 3.14 sehen wir den Graphen von $f(x) = \log(x)$ für x von 1 bis 10.

```
> curve(log(x), 1, 10)
```

Die bisher dargestellten Grafiken sind bewusst einfach gehalten. Im Prinzip lassen sie sich nahezu beliebig erweitern und an spezielle Anforderungen anpassen. Dazu gehören Änderungen der Skalierung und Beschriftungen der Achsen, Legenden, Hinzufügen weiterer Elemente wie Linien oder Texte, Farben und vieles mehr. Wir werden darauf in Abschnitt 5.2 detaillierter eingehen.

Zum Abschluss dieser Einführung wollen wir noch eine komplexere Grafik demonstrieren. Hierzu benötigen wir das R-Package maps (Becker et al., 2013), das wir über die Menüpunkte Packages ▷ Install Package(s)... installieren müssen (Abschnitt 3.1.5). In diesem Package sind geografische Daten für mehrere Länder enthalten. Nachdem wir das Package installiert und mit library() geladen haben, erhalten wir eine Landkarte von z. B. Italien (▸ Abbildung 3.15) mittels

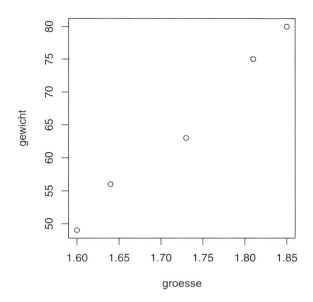

Abbildung 3.13: Einfache R-Grafik

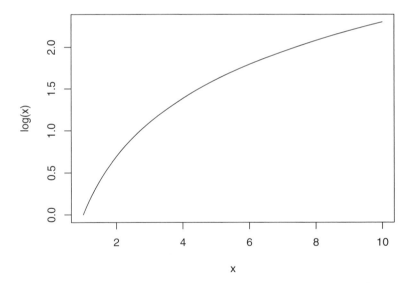

Abbildung 3.14: Die Logarithmusfunktion von $x = 1$ bis 10

Abbildung 3.15: Eine Landkarte von Italien mit der Region Toskana in Dunkelgrau und der Provinz Florenz in Hellgrau

```
> library("maps")
> map("italy")
> map("italy", c("Arezzo", "Grosseto", "Livorno", "Lucca",
+     "Massa-Carrara", "Pisa", "Pistoia", "Siena"),
+       add = TRUE, fill = TRUE, col = "gray")
> map("italy", "Firenze", add = TRUE, fill = TRUE, col = "lightblue")
```

R

Einen Überblick, was in R alles an Grafiken möglich ist, gibt die *Gallery* der R *Enthusiasts*-Seite (*http://gallery.r-enthusiasts.com/*).

3.3   Übungen

1. Weisen Sie einer Variable x den Wert 15 zu und erstellen Sie einen Vektor y mit den Werten {1, 2, 3, 10, 100}. Multiplizieren Sie diese miteinander und speichern Sie das Ergebnis in einem neuen Objekt z. Bilden Sie anschließend die Summe aller Elemente von z.

2. Erzeugen Sie eine Sequenz von 0 bis 10 und eine Sequenz von 5 bis −5.

3. Erzeugen Sie eine Sequenz von −3 bis + 3 in 0.1-Schritten. (Tipp: Erzeugen Sie die Sequenz von −30 bis 30 und dividieren Sie durch 10.)

   Zeichnen Sie die Funktion $y = x^2$, wobei Sie für x die erzeugte Sequenz verwenden. Wie sieht die Funktion für $y = 2 + x^2$ bzw. $y = 5 - x^2$ aus?

4. Definieren Sie zwei Vektoren mit folgenden Daten: t enthält {mo, di, mi, do, fr, sa} und m enthält {90, 80, 50, 20, 5, 50}.

Verbinden Sie beide Vektoren spaltenweise zu einer Matrix mit fünf Zeilen und zwei Spalten und speichern Sie diese im Objekt studie ab. Vergeben Sie anschließend die Spaltennamen *Wochentag* für t und *Motivation* für m.

Fügen Sie nun am unteren Ende der Matrix eine Zeile mit den Elementen {so, 100} hinzu und überschreiben Sie mit dem Ergebnis das Objekt studie.

5. Gehen Sie genauso vor wie im vorigen Beispiel, aber erzeugen Sie einen Data Frame (den Sie studie2 nennen) anstelle einer Matrix.

Datenfiles sowie Lösungen finden Sie auf der Webseite des Verlags.

3.4 R-Befehle im Überblick

+ − * / ^ %/% %% sind die Grundrechenarten inkl. dem Potenzieren, der ganzzahligen Division und dem Modulo-Operator. Zum Beispiel: $(1 + 3)^4$ wäre (1 + 3)^4.

. Der Punkt als Dezimaltrennzeichen, v. a. im englischen Sprachraum – z. B. 1.3, „*one-point-three*" – entspricht unserer Konvention „Eins-Komma-Drei".

, Das Komma wird allgemein als Trennzeichen für Funktionsargumente verwendet, z. B. bei einem Vektor wie c(1.2, 3.4, 5.6) (daher muss auch der Punkt als Dezimaltrennzeichen verwendet werden).

"abc" 'abc' Einfache und doppelte Hochkommata zeichnen Textelemente aus, d. h. 2.3 ist eine Zahl, aber "2.3" hingegen ist Text. Man kann beide großteils gleichrangig verwenden, jedoch darf man sie nicht mischen!

<- Zuweisung (*assignment*). Werte werden in einem entsprechend benannten Objekt gespeichert. Zum Beispiel: x <- 25. x hat jetzt den Wert 25 bzw. x „wird" 25.

; Der Strichpunkt (Semikolon) beendet einen Ausdruck explizit und kann verwendet werden, um einen weiteren Ausdruck in derselben Zeile zu definieren, z. B. a <- 1; b <- 2; d <- 4

: Der Doppelpunkt (Colon) steht zwischen zwei Zahlen und erzeugt eine Sequenz in ± 1 Schritten von der ersten Zahl ausgehend bis zur zweiten Zahl. Zum Beispiel: -1:3 ergibt die Zahlen $-1, 0, 1, 2, 3$.

[Eckige Klammern dienen zur Indizierung von Vektoren, Matrizen oder Data Frames. Wenn das Objekt zwei oder mehr Dimensionen hat, muss man entsprechende Kommata setzen. Zum Beispiel: alter[2] beschreibt das zweite Element des Vektors alter. X[, 3] indiziert alle Elemente der dritten Spalte des Elements X (Matrix oder Data Frame).

` Der Backtick (Gravis) kann verwendet werden, um entweder auf spezielle Elemente zuzugreifen, z. B. `+` oder `<=`, oder um Namen zu erstellen, die üblicherweise nicht funktionieren würden wie `1 objekt` <- 1. Bei letzterer Verwendung müssen die Objekte jedoch auch wieder mit Backticks, also `1 objekt`, verwendet werden.

`cos(x)  sin(x)  tan(x)  acos(x)  asin(x)  atan(x)  atan2(y, x)`
Trigonometrische Funktionen in **R**: Kosinus, Sinus, Tangens, Arkuskosinus, Arkussinus, Arkustangens und der Arkustangens zweier Elemente $\arctan(y/x)$. Alle Winkel müssen im Bogenmaß (Radianten) angegeben werden (siehe `?Trig`). Im **REdaS** Paket gibt es die Funktionen `deg2rad()` und `rad2deg()`, die Grad in Radianten und vice versa umrechnen (siehe Seite 215).

`cosh(x)  sinh(x)  tanh(x)  acosh(x)  asinh(x)  atanh(x)`
Hyperbel-funktionen in **R** (siehe `?Hyperbolic`).

`args(name)` zeigt die formalen Argumente einer Funktion *name* (ohne Anführungszeichen) und ggf. Standardwerte (Defaults).

`append(x, values, after = length(x))` fügt die Werte *values* einem Vektor *x* nach dem Index *after* hinzu.

`barplot(height, ...)` erzeugt ein Balkendiagramm. Die Höhe der Balken wird mit *height* angegeben.

`c(..., recursive = FALSE)` Kombiniert das, was unter ... steht, zu einem Vektor. *recursive* ist relevant, wenn man Folgen und Listen (siehe Abschnitt 4.3.2) kombiniert. Beispiel: `c(21, 24, 28)`.

`cbind(..., deparse.level = 1)` Vektoren, Matrizen oder Data Frames die kommagetrennt unter ... stehen, werden nebeneinander, spaltenweise zusammengefügt (*c* in `cbind()` steht für *columns*) und es entsteht eine Matrix bzw. ein Data Frame. *deparse.level* steuert, ob und wie Spaltennamen in entstehenden Objekten übernommen werden.

`colnames(x, do.NULL = TRUE, prefix = "col")` Setzen oder Abrufen von Spaltennamen einer Matrix oder eines Data Frame.

`curve(expr, from = NULL, to = NULL)` Eine äußerst nützliche Funktion zur Darstellung von Graphen entlang einer Variablen `x`; für mehr Details siehe Seite 140.

`data.frame(...)` erzeugt einen Data Frame, d. h. eine rechteckige Kollektion von Vektoren, die verschiedenen Typs sein dürfen. Sie werden durch Kommata getrennt an der Stelle ... spezifiziert. Ansonsten verhalten sich Data Frames ähnlich wie Matrizen. Sie bilden die fundamentale Datenstruktur für viele Statistikfunktionen in **R**.

`dim(x)` Dient zum Abrufen oder Setzen der Dimensionen eines Objekts (in der Regel die Anzahl der Zeilen und Spalten einer Matrix bzw. eines Data Frame). Ist `NULL`, wenn das Objekt keine Dimensionen hat.

`exp(x)` Exponentialfunktion zur Basis e, d. h. $\exp(x) = e^x$.

`install.packages(pkgs, lib, repos = getOption("repos"))` Dient zur codebasierten Installation von Packages, deren Zeichenketten dem Argument *pkgs* übergeben werden. Mit *lib* kann man das Verzeichnis der Package-Bibliothek (*package library*) festlegen. Will man das Package von einem anderen Server als CRAN, kann man das mit *repos* steuern, z. B. von *http://R-forge.R-project.org/*. Für alle Argumente, siehe `?install.packages`.

`length(x)` Setzen oder Abrufen der Länge eines Objekts (d. h. Anzahl der Elemente).

`library(package)` Laden eines installierten Package mit einer Zeichenkette bei *package*. Für alle Argumente, siehe `?library`.

`log(x, base = exp(1))` Logarithmusfunktion, standardmäßig der natürliche Logarithmus zur Basis $\exp(x = 1) = e^1 = e$. Mit *base* kann man die Basis beliebig ändern; `log2()` und `log10()` sind Hilfsfunktionen für den Logarithmus zur Basis 2 bzw. 10.

`matrix(data = NA, nrow = 1, ncol = 1, byrow = FALSE)` Erstellt ein Matrixobjekt aus den Elementen in *data*. Spezifiziert man weder *nrow* noch *ncol*, wird ein Spaltenvektor erzeugt. *byrow* steuert, ob die Matrix zeilenweise von links nach rechts oder spaltenweise von oben nach unten (Standard) befüllt wird.

`mean(x, ...)` Arithmetisches Mittel.

`ncol(x)` Anzahl der Spalten einer Matrix bzw. eines Data Frame. Ist `NULL`, wenn das Objekt keine Dimensionen hat.

`nrow(x)` Anzahl der Zeilen einer Matrix bzw. eines Data Frame. Ist `NULL`, wenn das Objekt keine Dimensionen hat.

`NULL` Das „Null"-Objekt. Hat semantisch oft die Bedeutung „nichts" und kommt beim Ausdrücken und Funktionen vor, deren Wert nicht definiert ist, z. B. ist die Dimension einer Folge `dim(1:5)` nicht definiert, also `NULL`.

`plot(x, y, ...)` Funktion zum Plotten von R-Objekten. Im einfachsten Fall werden Punkte mit den Koordinaten x und y als Kreise dargestellt.

`print(x, ...)` Ausgabe eines Objekts *x*.

`rbind(..., deparse.level = 1)` Vektoren, Matrizen oder Data Frames werden untereinander, zeilenweise zusammengefügt (*r* in `rbind()` steht für *rows*), es entsteht eine Matrix bzw. ein Data Frame. *deparse.level* hat die gleiche Funktion wie bei `cbind()` oben.

`rev(x)` Gibt die Elemente eines Objekts *x* in umgekehrter Reihenfolge aus.

`rownames(x, do.NULL = TRUE, prefix = "row")` Setzen oder Abrufen von Zeilennamen einer Matrix oder eines Data Frame.

`seq_len(length.out)` Erzeugt eine Sequenz von ganzen Zahlen von 1 bis $\leq$ *length.out*.

`str(object, ...)` Gibt detaillierte Informationen über ein Objekt *object* aus.

`update.packages(ask = TRUE)` Funktion zum codebasierten Update aller Packages. Um neue Versionen ohne Nachfrage zu installieren, kann man das Argument *ask* = FALSE setzen. Für alle Argumente, siehe `?update.packages`.

Daten in R – vom Fragebogen zum fertigen Datensatz

4

ÜBERBLICK

Dieses Kapitel behandelt vor allem, wie man ausgehend von erhobenen Daten in Fragebogenform einen Datensatz erstellt, der dann als Grundlage für statistische Auswertungen dienen kann. Kernpunkte hierbei sind die Definition von Variablen, die Eingabe der Daten in R und das Management erfasster Daten.

LERNZIELE

Nach Durcharbeiten dieses Kapitels haben Sie Folgendes erreicht:

■ Sie wissen, was ein Kodierungsschema bzw. Code-Book ist und können Fragen eines ausgefüllten Fragebogens kodieren.

■ Sie können erhobene Daten in R eingeben.

■ Sie wissen, wie man Daten abspeichern und wieder einlesen kann.

■ Sie vertiefen Ihr Wissen um Data Frames aus Kapitel 3.

■ Sie wissen, wie man einzelne Variablen eines Data Frame anspricht.

■ Sie kennen das Konzept eines Faktors und wissen, wie man in R kategoriale Variablen definiert und verwendet.

■ Sie kennen logische Operationen in R.

■ Sie wissen, wie man Beobachtungseinheiten (Fälle) für eine spezifische Analyse auswählen kann.

■ Sie können Daten transformieren bzw. umkodieren und neue Variablen erzeugen.

■ Sie können Modifikationen an einem Data Frame durchführen.

■ Sie wissen, wie man Datenkontrollen durchführt.

■ Wenn Sie die „Nerd-Abschnitte" durchgearbeitet haben:

– kennen Sie das Konzept von Listen in R und den Zusammenhang mit Data Frames.

– kennen Sie weiterführende logische Operationen und Funktionen.

– kennen Sie weitere Funktionen für kumulative Operationen mit Vektoren.

4.1 Fragebogen und Kodierung

Als Beispiel für dieses Kapitel soll der Beispielfragebogen aus ▶ Abbildung 4.1 dienen.

In der Regel empfiehlt es sich, ein paar Vorbereitungen für die spätere Dateneingabe und Analyse zu treffen, bevor man R überhaupt startet (bei kleinen, klar strukturierten Datensätzen mag das überflüssig sein).

Bei sozialwissenschaftlichen Untersuchungen wird man die Rohdaten oft in Form von ausgefüllten Fragebögen oder Protokollblättern vorliegen haben, die man dann in irgendeiner Form in den Computer bringen will. Im Zuge der Dateneingabe ist es sehr nützlich, wenn man schon weiß, welche Namen man für die Variablen und welche

Fragebogen

ID: _____

Mein Geschlecht?

weiblich	männlich

Mein liebstes Alter?

egal	jünger	älter	genau so wie es jetzt ist	gleich oder jünger	gleich oder älter

Meine Körpergröße? _____ cm

Mein Alter? _____ Monate

Beim ersten Date bevorzuge ich:

romantischer Spaziergang	Kino	Abendessen	Disco	spontane Entscheidung	Video ausleihen	auf der Couch knuddeln

Die meisten Entscheidungen, die ich treffe, beruhen auf:

Logik	Intuition	Moral	Freunde	Entscheidung – was ist das?

Wenn ich an einem Projekt arbeite:

beginne ich sofort und bin frühzeitig fertig	schiebe ich es vor mir her und mache dann eine Nacht durch	kaufe ich mir einen Hund und sage, er hat die Arbeit gefressen

Folgende Beschreibungen treffen auf mich zu:

Bei Terminen oder Verabredungen bin ich nie zu spät.

trifft sehr zu	trifft eher zu	weder/noch	trifft eher nicht zu	trifft überhaupt nicht zu

Ich kann gut zuhören und lasse andere zuerst aussprechen.

trifft sehr zu	trifft eher zu	weder/noch	trifft eher nicht zu	trifft überhaupt nicht zu

Ich versuche oft mehrere Dinge gleichzeitig zu tun.

trifft sehr zu	trifft eher zu	weder/noch	trifft eher nicht zu	trifft überhaupt nicht zu

Ich kann gelassen warten.

trifft sehr zu	trifft eher zu	weder/noch	trifft eher nicht zu	trifft überhaupt nicht zu

Es macht mir nicht aus, wenn Dinge nicht ganz fertig sind.

trifft sehr zu	trifft eher zu	weder/noch	trifft eher nicht zu	trifft überhaupt nicht zu

Abbildung 4.1: Beispiel-Fragebogen

Zahlen man für die Beobachtungen (Antwortkategorien) verwenden wird. Bei Fragebögen sollte einem klar sein, dass jede Frage (auch Subfrage, manchmal sogar auch nur eine Antwortkategorie, z. B. bei Fragen mit möglichen Mehrfachantworten) eine Variable darstellt. Die Umsetzung dieser Überlegungen bezeichnet man als KODIERUNGSSCHEMA oder Kodierleitfaden (engl. *code book*).

Durch die weite Verbreitung technischer Geräte (vom klassischen PC über Tablets bis zu Smartphones) werden Onlineumfragen (engl. *online surveys*) zusehens beliebter, da man einerseits mit geringem Aufwand viele Menschen erreichen kann (z. B. durch eine Verbreitung über soziale Medien) und sich die händische Dateneingabe erübrigt. Ein weiterer Vorteil dieser Formate ist, dass man sich bei der Konstruktion des Fragebogens schon ein Kodierungsschema überlegen muss, nach dem die Datenbank konstruiert wird, in der letztlich die Ergebnisse der Umfrage gespeichert werden. Insofern sind die folgenden Ratschläge auch für Onlinefragebögen relevant und nützlich.

Am einfachsten ist es, einen leeren Fragebogen zur Hand zu nehmen und zuerst *eindeutige,* kurze Namen (die wir dann für R benötigen) zu den Variablen zu schreiben. Für kategoriale Variablen (also Fragen mit definierten Antwortkategorien) schreibt man noch dazu, welche Zahlen man verwenden will. Bei Onlineumfragen kann man eine Tabelle mit den Fragen und etwaigen Antwortkategorien erstellen und diese dann beschriften, um ein Codebook zu erstellen. Der Fragebogen in einer klassischen Umfrage, der als Codeblatt dient, könnte dann etwa so aussehen wie in ▶ Abbildung 4.2.

Bei der Namensgebung sollte man die Punkte, die in Abschnitt 3.2 (Seite 66) beschrieben wurden, beachten. Kurz zusammengefasst sind Objektnamen in R *case sensitive* (Groß- und Kleinschreibung macht einen Unterschied), müssen mit einem Buchstaben beginnen (nicht ganz korrekt, da ein Punkt, der nicht von einer Zahl gefolgt wird, zulässig ist, dies aber zu einer „versteckten" Variable führt) und können abgesehen von Buchstaben auch Zahlen sowie die Zeichen . (Punkt) und _ (Unterstrich, engl. *underscore*) enthalten. Umlaute und auch die Definition von Objekten mit gleichnamigen Funktionen (z. B. `length()`, `mean()` oder `log()`) sollte man, obwohl theoretisch möglich, vermeiden. Schließlich sollte man Namen „kurz und gut" halten, da man dadurch nicht so viel tippen muss und sich die Übersichtlichkeit erhöht.

Für metrische Variablen (wie hier z. B. „Alter") braucht man natürlich keine Codes, da die jeweiligen Werte „für sich" stehen. Bei kategorialen Variablen ist es im Prinzip egal, welche Zahlen (Codes) man für die Werte der Variablen verwendet. Man könnte theoretisch auch ZEICHENKETTEN (engl. *strings*; Objekte vom Typ `character`) verwenden, wovon wir aber abraten, da man mit „Text" als solchem nichts anfangen kann. Bei der Verwendung von Zahlen für die Kategorien ist es der Einfachheit halber sinnvoll, eine natürliche Ordnung einzuhalten, also bei 1 oder 0 zu beginnen und dann fortlaufend zu nummerieren. Verwendet man Zahlen, muss man R aber mitteilen, dass es sich bei der entsprechenden Variable um eine kategoriale Variable handelt. Dies geschieht mit der Funktion `factor()`, auf die wir später noch eingehen werden.

Man sollte bei einem Fragebogen auf Papier keine Umgestaltungen, besonders keine „händischen Berechnungen" oder Umkodierungen, vor bzw. im Zuge der Dateneingabe vornehmen, da dies die Dateneingabe nur erschwert, fehleranfällig ist und man im Nachhinein, wie wir noch sehen werden, in R alles ganz leicht nach Belieben ändern kann. Also am besten alles so definieren und die Daten dann so eingeben, wie sie am Fragebogen stehen. Auch wenn z. B. die Anordnung der Kategorien der Variable „mein liebstes Alter" nicht wirklich sinnvoll geordnet oder einzelne Variablen „negativ gepolt" sind. Diese Änderungen kann man später einfach und v. a. nachvollziehbar durchführen.

Fragebogen

ID: _____

Mein Geschlecht? *sex*

weiblich *1*	männlich *2*

Mein liebstes Alter? *alt*

egal *1*	jünger *2*	älter *3*	genau so wie es jetzt ist *4*	gleich oder jünger *5*	gleich oder älter *6*

Meine Körpergröße? _____ cm *gross*

Mein Alter? _____ Monate *mon*

Beim ersten Date bevorzuge ich: *date*

romantischer Spaziergang *1*	Kino *2*	Abendessen *3*	Disco *4*	spontane Entscheidung *5*	Video ausleihen *6*	auf der Couch knuddeln *7*

Die meisten Entscheidungen, die ich treffe, beruhen auf: *entsch*

Logik *1*	Intuition *2*	Moral *3*	Freunde *4*	Entscheidung – was ist das? *5*

Wenn ich an einem Projekt arbeite: *proj*

beginne ich sofort und bin frühzeitig fertig *1*	schiebe ich es vor mir her und mache dann eine Nacht durch *2*	kaufe ich mir einen Hund und sage, er hat die Arbeit gefressen *3*

Folgende Beschreibungen treffen auf mich zu:

Bei Terminen oder Verabredungen bin ich nie zu spät. *i1*

trifft sehr zu *1*	trifft eher zu *2*	weder/noch *3*	trifft eher nicht zu *4*	trifft überhaupt nicht zu *5*

Ich kann gut zuhören und lasse andere zuerst aussprechen. *i2*

trifft sehr zu	trifft eher zu	weder/noch	trifft eher nicht zu	trifft überhaupt nicht zu

Ich versuche oft mehrere Dinge gleichzeitig zu tun. *i3*

trifft sehr zu	trifft eher zu	weder/noch	trifft eher nicht zu	trifft überhaupt nicht zu

Ich kann gelassen warten. *i4*

trifft sehr zu	trifft eher zu	weder/noch	trifft eher nicht zu	trifft überhaupt nicht zu

Es macht mir nicht aus, wenn Dinge nicht ganz fertig sind. *i5*

trifft sehr zu	trifft eher zu	weder/noch	trifft eher nicht zu	trifft überhaupt nicht zu

Abbildung 4.2: Beispiel-Fragebogen mit Kodierungsschema

4.2   Erfassen der kodierten Daten

4.2.1   Eingabe der Daten

Es gibt verschiedene Möglichkeiten, Daten so aufzubereiten, dass man sie dann in **R** zur Verfügung hat. Eine besteht darin, dies direkt in **R** zu machen, worauf wir in diesem Abschnitt eingehen wollen. Die andere Möglichkeit ist, die Daten in einem externen Programm (z. B. Microsoft Excel oder LibreOffice Calc) einzugeben und dann in **R** einzulesen. Diese Möglichkeit beschreiben wir in Abschnitt 5.5.1 und besonders bei großen Datenmengen wird das der bequemere Weg sein.

Hat man es mit kleinen Datenmengen zu tun, d.h., nur wenige (bis ca. 20) Beobachtungen und wenige Variablen (ca. 5), dann kann man direkt **R**-Befehle, wie z. B. c(), verwenden. Das wird aber in der Praxis eher die Ausnahme sein. Meistens wird man einen sogenannten Data Frame verwenden, der eine flexible Struktur zur Verfügung stellt, in der man mehrere Variablen zusammenfassen kann. Auf die Struktur eines Data Frame und wie man ihn verwenden kann, werden wir in Abschnitt 4.3 näher eingehen. Zur Erzeugung eines Data Frame und zur einfachen Modifikation von Daten werden wir den Data Editor verwenden, der eine simple Arbeitsblattstruktur zur Verfügung stellt.

Will man einen neuen Datensatz anlegen, kann man den Data Editor folgendermaßen aufrufen. Die Daten wollen wir mit fragebogen bezeichnen.

```
> fragebogen <- edit(data.frame())
```

Es öffnet sich das leere Arbeitsblatt ► Abbildung 4.3.

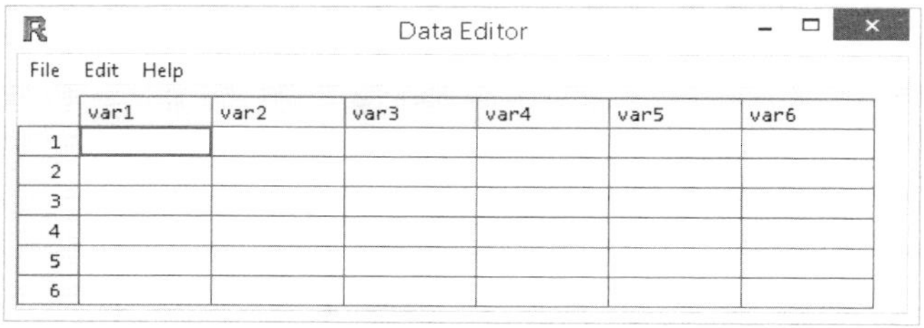

Abbildung 4.3: Data Editor

In den meisten Statistikpaketen und so auch in **R** ist es üblich, die Daten in rechteckiger Tabellenform zu organisieren und zwar so, dass die Zeilen (bis auf spezielle Ausnahmefälle) den Beobachtungseinheiten (Personen, Objekten etc.) und die Spalten den Variablen (Alter, Geschlecht etc.) entsprechen. Dies sieht man auch schon am Aufbau des Dateneditors, wo die Spalten bereits mit var1, var2 etc. vordefiniert sind. Diese Bezeichnungen wollen wir für unseren Fragebogen ändern.

Mit einem Mausklick auf var1 öffnet sich das Definitionsfenster (Variable Editor, siehe ► Abbildung 4.4).

Hier fügen wir den Namen der ersten Variable id ein. Zusätzlich können wir noch definieren, ob die Variable Zahlen (**numeric**) oder Text (**character**) enthalten soll. Da wir nur Zahlen verwenden wollen, setzen wir den Typ auf **numeric**.

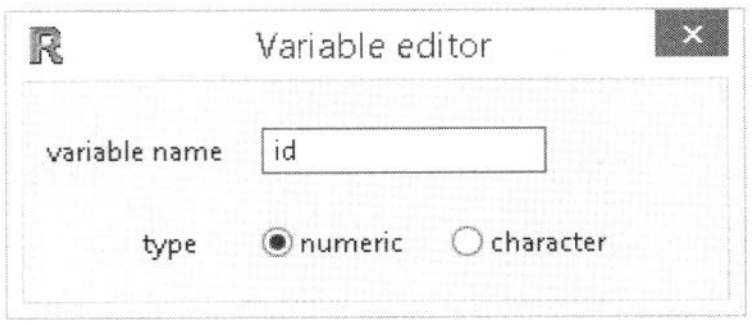

Abbildung 4.4: Variable Editor

Zur Definition der weiteren Variablen, also sex, lalt, gross bis i5, gehen wir in gleicher Weise vor. Sind alle Variablennamen (und deren Typen) definiert, können wir beginnen, die Daten einzugeben. Wenn wir Daten aus Fragebögen eingeben, werden wir normalerweise die Fragebögen der Reihe nach abarbeiten, d.h., für jeden Fragebogen werden wir eine Zeile eingeben.

Nehmen wir zu Übungszwecken an, wir hätten Daten mit dem Fragebogen aus ▶ Abbildung 4.1 gesammelt. Die erste Zahl, die erfasst werden soll, ist die ID-Nummer des Fragebogens, nehmen wir an, diese sei 11. Die linke obere Ecke des Dateneditor-Fensters ist markiert (fett rot umrandet), d.h., diese Zelle ist bereit, einen Wert aufzunehmen. Wir geben die Zahl 11 ein und wechseln mit ⇨ zur nächsten Zelle. Die Tabelle in ▶ Abbildung 4.5 sollte dann folgendes Aussehen haben:

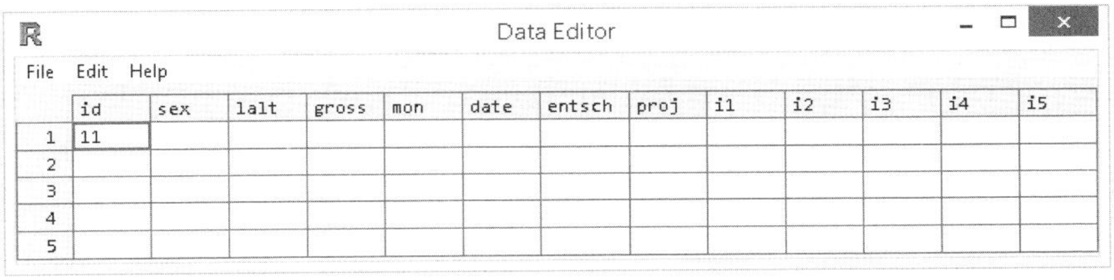

Abbildung 4.5: Data Editor nach Eingabe einer Zahl

Hätten wir ⏎ getippt, wäre das markierte Feld eine Zeile tiefer gerutscht und wir hätten dort die erste Zahl des zweiten Fragebogens eingeben können. Wir wollen aber die Fragebögen der Reihe nach abarbeiten, d.h., es soll nun die zweite Zahl der ersten Zeile eingegeben werden. Im Prinzip kann man, wie in Tabellenkalkulations-programmen üblich, die Markierung mittels der Pfeiltasten ⇨, ⇧, ⇩ oder ⇦ zum gewünschten Feld navigieren und dann dort eine Eingabe tätigen oder einen schon vorhandenen Inhalt ändern (wenn man etwa einen Eingabefehler entdeckt hat). Wenn Sie mit der rechten Maustaste irgendwo im Dateneditor klicken, erhalten Sie ein Menü für verschiedene Bearbeitungsmöglichkeiten und ein einfaches Hilfe-Fenster.

Nach der Eingabe der Daten einiger Fragebögen könnte der Tabellenausschnitt jetzt folgende Form haben (▶ Abbildung 4.6).

Einfügen von Zeilen ist im Dateneditor nicht möglich. Hat man eine Zeile vergessen, so kann man die entsprechende Zeile am Ende anfügen (für viele statistische Anwendungen ist die Reihenfolge der Datenzeilen egal, außer Daten sind in einer natürlichen Reihenfolge geordnet, wie z. B. nach Jahreszahlen).

Fehlt in einem der ausgefüllten Fragebögen ein Wert, d.h., hat eine Person zum Beispiel keine Antwort auf i3 gegeben, dann wird so etwas als fehlender Wert bezeich-

	id	sex	lalt	gross	mon	date	entsch	proj	i1	i2	i3	i4	i5
1	11	1	2	173	266	4	3	2	2	3	3	2	2
2	16	1	3	166	241	5	4	1	4	2	3	1	1
3	17	7	2	178	231	3	4	2	2	1	3	2	4
4	18	1	3	154	265	3	5	2	5	3	2	4	1
5	19	1	1	164	225	2	3	2	1	4	2	2	3
6	20	2	1	389	229	4	1	1	5	2	2	1	4
7													

Abbildung 4.6: Data Editor nach Eingabe einiger Beobachtungen

net. Bei der Dateneingabe lässt man das entsprechende Feld einfach leer. Wenn Sie zur nächsten Zelle gehen, für die wieder Daten zur Verfügung stehen, dann fügt R in die ausgelassene Zelle NA („not available") ein. Bei der Verwendung statistischer Prozeduren in R werden dann solche fehlenden Werte automatisch berücksichtigt (siehe auch die Anmerkung zu fehlenden Werten auf Seite 92).

Anmerkung zu fehlenden Werten (NA):

In der Praxis kommt es leider oft vor, dass Personen beim Ausfüllen eines Fragebogens nicht alle Fragen beantworten. Die Frage ist, wie wir mit solchen Daten umgehen. Eine radikale Möglichkeit ist es, die Daten der entsprechenden Person überhaupt nicht zu berücksichtigen. Allerdings fehlen oft nur einzelne Werte und es wäre schade, auf die restlichen Daten zu verzichten. In diesem Fall spricht man von fehlenden Werten (*missing values* oder einfach nur „Missings"), die in R durch NA („not available") repräsentiert werden. R erkennt solche fehlenden Werte dann automatisch und nimmt bei der Verwendung statistischer Prozeduren darauf Rücksicht. Je nach Methode kann es sein, dass fehlende Werte nur bei einer einzelnen Variable berücksichtigt werden müssen, es kann aber auch sein, dass mehrere Variablen betroffen sind, d.h., R verwendet dann nur die Information, die übrig bleibt, wenn alle Beobachtungseinheiten weggelassen werden, bei denen irgendwelche Werte für die betroffenen Variablen fehlen.

Verwendet man Variablen mit fehlenden Werten für irgendwelche Berechnungen, muss man dies berücksichtigen. Generell gilt, dass jede Operation, in der ein NA vorkommt, auch ein NA produziert. Der Grund für diese Regel ist, dass, falls die Spezifikation einer Operation unvollständig ist, das Resultat unbekannt und daher nicht verfügbar (also NA) ist. Will man zum Beispiel den Mittelwert einer Variablen, in der fehlende Werte vorkommen, mittels mean() berechnen, dann ist das Ergebnis NA. Bei der Addition von Vektoren werden im Resultat alle jene Elemente NA sein, die in den Ausgangsvektoren mindestens ein NA enthalten. Manche Funktionen, wie z.B. mean(), erlauben es mit dem Argument na.rm = TRUE, nur die vorhandenen Werte zu berücksichtigen (Beispiel: mean(alter, na.rm = TRUE)).

Nachdem wir die Daten eingegeben haben, schließen wir den Dateneditor, indem wir auf [x] rechts oben klicken. Beim Aufruf des Dateneditors haben wir ja als Ergebnis fragebogen spezifiziert (siehe Seite 90). Daher finden wir nun unsere Daten im Data-Frame-Objekt namens fragebogen.

Wir wollen sehen, ob wir erfolgreich waren, und sehen uns die ersten Zeilen mit Hilfe der Funktion head() an. Diese Funktion zeigt standardmäßig die ersten sechs Elemente eines Objekts an. Im Falle einer Matrix oder eines Data Frame sind es die ersten sechs Zeilen. Gibt man zusätzlich zum Objektnamen eine Zahl für das Argument n an, werden die ersten n Zeilen ausgegeben. Die letzten Zeilen erhält man mit der Funktion tail() auf analoge Weise. Versuchen Sie tail(1:5, n = 3)). Ist das Argument n negativ, werden bei head() alle Elemente bis auf die letzten n ausgegeben und bei tail() sind es die letzten Elemente ohne die ersten n (z. B.: head(1:10, n = -4) und tail(1:10, n = -4)).

```
> head(fragebogen, 4)                                        R
```

```
  id sex lalt gross mon date entsch proj i1 i2 i3 i4 i5
1 11   1    2   173 266    4      3    2  2  3  3  2  2
2 16   1    3   166 241    5      4    1  4  2  3  1  1
3 17   7    2   178 231    3      4    2  2  1  3  2  4
4 18   1    3   154 265    3      5    2  5  3  2  4  1
```

Uns fällt zufällig auf, dass sex in Zeile 3 den Wert 7 hat, was nicht sein kann. Im ausgefüllten Fragebogen mit der id-Nummer 17 können wir nachsehen, was der richtige Wert ist. Wir nehmen an, dass es einen Tippfehler gab und die betreffende Person ein Mann war. Das wollen wir gleich ausbessern.

Beim Erzeugen des Data Frame fragebogen haben wir den Dateneditor über die Funktion edit() aufgerufen und das Ergebnis mittels <- dem Objekt fragebogen zugewiesen. Existiert ein Data Frame schon und möchte man die darin enthaltenen Daten ergänzen oder modifizieren, dann verwendet man die Funktion fix() *ohne* Zuweisung (diese Vorgehensweise funktioniert auch bei Vektoren, Matrizen und anderen Objekten, jedoch kann die Darstellungsform abweichen). Der Aufruf von fix(fragebogen) ist eine Abkürzung für fragebogen <- edit(fragebogen).

```
> fix(fragebogen)                                            R
```

Es öffnet sich in diesem Fall wieder der Data Editor und man kann alle gewünschten Änderungen durchführen. Wir ersetzen 7 durch 2 für *männlich*. Nach dem Schließen mittels ▮×▮ sind alle Modifikationen in fragebogen enthalten, ohne dass man beim Aufruf eine Zuweisung vornehmen musste. Wir kontrollieren Zeile 3:

```
> fragebogen[3, ]                                            R
```

```
  id sex lalt gross mon date entsch proj i1 i2 i3 i4 i5
3 17   2    2   178 231    3      4    2  2  1  3  2  4
```

Es ist wichtig, die Daten nach der Eingabe zu kontrollieren und gegebenenfalls Fehler auszubessern. Wir werden darauf in Abschnitt 4.4.5 eingehen.

4.2.2 Abspeichern und Einlesen der Daten

.RData Die Daten in fragebogen speichern wir am besten als komprimierte R-Datei (die empfohlene Dateierweiterung ist .RData, wobei ältere Dateien möglicherweise noch auf .rda enden) mittels

```
> save(fragebogen, file = "fragebogen.RData")                    R
```

Wenn wir später auf diese Daten (.RData sowie .rda) zurückgreifen wollen, können wir sie mit der Funktion load() wieder in R einlesen.

```
> load("fragebogen.RData")                                       R
```

Warten Sie bei der Eingabe größerer Datenmengen nicht, bis Sie fertig sind, sondern speichern Sie (ca.) alle 15 Minuten oder wenn Sie eine größere Änderung vorgenommen haben. Das bisher Gespeicherte wird ohnehin überschrieben, es geht also kein Speicherplatz verloren und der Verlust, falls etwas passiert, beträgt maximal eine Viertelstunde. Vergessen Sie auch nicht, die Daten auf einem oder vielleicht sogar zwei weiteren Datenträgern zu speichern. In Zeiten des Cloud-Computing können Sie Ihre Datei auch mit Diensten wie Dropbox o.Ä. sichern. Oft ist es auch eine einfache Lösung, sich die Daten selbst per E-Mail zu schicken.

4.3 Organisation eines Datensatzes – Data Frames

DATA FRAMES sind *die* typische Datenstruktur für statistische Analysen in R. Viele Methoden und Funktionen erwarten einen Data Frame als Input. Ein Data Frame besteht üblicherweise aus mehreren Variablen, die in einer rechteckigen, matrixähnlichen Struktur so angeordnet sind, dass die Spalten Variablen und die Zeilen Beobachtungseinheiten bilden. Die Variablen können sowohl metrisch als auch kategorial sein, müssen aber alle die gleiche Länge haben. Das ist einer der wichtigsten Unterschiede zwischen Matrizen und Data Frames: Erstere *müssen* alle den gleichen Datentyp haben, während die Datentypen in Data Frames *spaltenweise* variieren dürfen. Natürlich könnte man auch mit den Variablen in der Form einzelner Vektoren getrennt arbeiten, aber es ist einfacher, sie zu kombinieren. Ein wichtige, vorteilhafte Eigenschaft von Data Frames ist es also, alle für eine bestimmte Analyse relevanten Variablen in einem Datenobjekt beisammen zu haben.

Wir haben die grundlegende Struktur von Data Frames schon in den vorigen Abschnitten dieses Kapitels kennengelernt. Wir wollen diese Strukturen nun etwas ausführlicher behandeln und einige wichtige Möglichkeiten besprechen, die bei der Organisation von Daten im Zuge einer Datenanalyse auftreten können.

4.3.1 Manipulation einzelner Variablen eines Data Frame

Am Ende von Abschnitt 3.2 haben wir gesehen, wie man einzelne Elemente eines Data Frame mittels [indizieren kann. Die ersten fünf Werte der Variable i1 (in der neunten Spalte) aus fragebogen bekommen wir mit

```
> fragebogen[1:5, 9]                                              R
```

[1] 2 4 2 5 1

Wir wissen bereits, dass man diese Variable auch mit ihrem Namen ansprechen kann, also

```
> fragebogen[1:5, "i1"]                                           R
```

[1] 2 4 2 5 1

Eine weitere Möglichkeit, die uns bei Data Frames zur Verfügung steht, ist das $ Zeichen. Wir extrahieren damit die Variable, die wir hinter dem $ anführen, als einzelnen Vektor. Für diesen spezifizieren wir beispielsweise fünf Werte, die wir anzeigen wollen. Da man einen Vektor extrahiert, gibt es jetzt *kein* Komma innerhalb von [und].

```
> fragebogen$i1[1:5]                                              R
```

[1] 2 4 2 5 1

Alle Werte von i5 hätten wir bekommen, wenn wir [1:5] weggelassen hätten.

Bei der Extraktion bzw. Ersetzung mit $ wird beim Variablennamen sog. *partial matching* verwendet, d.h., man kann den Namen auch abkürzen, solange er eindeutig zuordenbar ist. Statt fragebogen$gross könnte man auch einfach fragebogen$g schreiben, da es keine andere Variable gibt, die mit g beginnt, und diese Angabe somit eindeutig ist. Hingegen bei fragebogen$i ist es nicht eindeutig, da die Variablennamen id oder i1 bis i5 gemeint sein könnten. R gibt in diesem Fall jedoch keinen Fehler, sondern NULL aus, was die Fehlersuche erschwert. Vor allem bei größeren oder „automatisierten" R-Codes sollte man sich daher dieses Umstands bewusst sein.

Natürlich ist es lästig, immer fragebogen schreiben zu müssen, wenn man nur einzelne darin enthaltene Variablen ansprechen will. Leider funktioniert es nicht, einfach nur den Variablennamen zu verwenden:

```
> i1[1:5]                                                         R
```

Error: object 'i1' not found

Wir bekommen eine Fehlermeldung. Eine bequeme Möglichkeit, das zu vermeiden, ist die Funktion attach().

```
> attach(fragebogen)                                              R
```

Mit ihrer Hilfe werden die Variablen, die in fragebogen enthalten sind, zugänglich gemacht und man kann sie direkt ansprechen. Jetzt funktioniert

```
> i1[1:5]
```
R

```
[1] 2 4 2 5 1
```

Die Funktion `attach()` fügt beispielsweise ein Objekt wie Fragebogen dem „Such-pfad" (engl. *search path*) hinzu, d.h., wenn ich `alter` eintippe, durchsucht **R** diverse Orte. Diese „Orte" (Umgebungen, engl. *environments*) kann man sich wie Schach-teln vorstellen, in denen **R** nach `alter` sucht. Eine Auflistung aller Elemente, die sich gegenwärtig im Suchpfad befinden, erhält man mit `search()`:

```
> search()
```
R

```
 [1] ".GlobalEnv"        "fragebogen"        "package:REdaS"
 [4] "package:grid"      "package:stats"     "package:graphics"
 [7] "package:grDevices" "package:utils"     "package:datasets"
[10] "package:methods"   "Autoloads"         "package:base"
```

Wenn man also `alter` eingibt, sucht **R** zuerst in `.GlobalEnv`, der globalen Umgebung, in der alle Objekte standardmäßig abgelegt werden. Dort liegt aber nur das Objekt fragebogen, d.h., **R** findet nichts und geht zur nächsten Schachtel. In `fragebogen` werden wir fündig, d.h., **R** gibt die Werte von `alter` aus. Wäre das Objekt nicht in dieser Umgebung gewesen, hätte **R** bis zum Ende der Elemente im Suchpfad weitergesucht (wenn der Name nirgends auffindbar ist, gibt es einen Fehler). Wenn man Pakete lädt, werden diese auch dem Suchpfad (mit der Namenskonvention `"package:PackageName"`, z. B. das **base** Package als `"package:base"`) hinzugefügt.

Wenn man den direkten Zugriff nicht mehr benötigt, sollte man diesen wieder auf-heben. Ist man sich nicht sicher, ob das Objekt noch im Suchpfad ist, kann man sich jederzeit mit `search()` Klarheit verschaffen. Wir wissen, dass fragebogen im Such-pfad ist, und möchten das Objekt mit `detach()` entfernen.

```
> detach(fragebogen)
```
R

Man beachte, dass „einfache" Modifikationen von Variablen, die mit `attach()` zur Verfügung gestellt sind, sich nicht auf das eigentliche Data Frame auswirken. Hat man, wie oben, mittels `attach(fragebogen)` direkten Zugriff beispielsweise auf die Variable `i1`, so führt ein Befehl wie etwa
```
> i1 <- i1 + 1
```
dazu, dass eine neue Variable (mit gleichem Namen) `i1` (im Workspace, also `.GlobalEnv`, siehe Abschnitt 5.1.1) angelegt wird, die ursprüngliche Variable `i1` im Data Frame `fragebogen`, also `fragebogen$i1`, aber unverändert bleibt. Hingegen führt die Version mit Angabe des Data Frame, wie z. B.
```
> fragebogen$i1 <- i1 + 1
```
zu einer Änderung des Data Frame (die vorher mittels `attach()` zugeordnete Variable `i1` bleibt aber unverändert). Wenn Sie also eine Modifikation im Data Frame beab-sichtigen, verwenden Sie immer die Form
```
> dataframe$variable <- ...
```
Permanent wird die Änderung natürlich nur dann, wenn man das ganze Objekt wieder mit `save()` auf einen Datenträger speichert. Generell gesehen, empfiehlt es

sich, attach() erst dann zu verwenden, wenn man nur noch analysieren, aber keine Datenmodifikationen mehr durchführen will.

Eine handliche Alternative zu attach() ohne die oben beschriebenen Fallstricke ist (bei kleinen Berechnungen) die Funktion with(). Dieser übergibt man als erstes Argument *data* beispielsweise ein Data Frame und als zweites Argument *expr* einen R-Ausdruck. In diesem Ausdruck kann man direkt die Variablen eines Data Frame ansprechen, ohne dieses in den Suchpfad aufnehmen zu müssen. Will man beispielsweise lediglich die Antworten auf die Fragen i1 bis i5 für die ersten 20 Beobachtungen addieren, müsste man ohne attach()

```
> head(fragebogen$i1 + fragebogen$i2 + fragebogen$i3 + fragebogen$i4 +
+     fragebogen$i5, n = 20)
```

[1] 12 11 12 15 12 14 15 8 17 17 19 16 14 11 18 11 14 12 17 21

eingeben. Eine Möglichkeit wäre es, das Objekt mit attach() suchbar zu machen, die Addition auszuführen und dann das Objekt wieder mit detach() aus dem Suchpfad zu entfernen. Mit with() spart man sich jedoch die meiste Tipparbeit und man kann nicht darauf vergessen, den Datensatz wieder mit detach() zu entfernen:

```
> head(with(fragebogen, i1 + i2 + i3 + i4 + i5), n = 20)
```

[1] 12 11 12 15 12 14 15 8 17 17 19 16 14 11 18 11 14 12 17 21

4.3.2 Listen

Listen sind ein zentrales Konzept in R, das viele nützliche Eigenschaften mit sich bringt. Dieser ganze Abschnitt ist „für Nerds" gekennzeichnet, da er technischer ist und man für die Verwendung von R nicht zwingend wissen muss, was Listen sind und wie sie funktionieren. Das heißt, man kann auf Seite 101 vorblättern, jedoch wollen wir dieses Kernkonzept allen Interessierten nicht vorenthalten.

In Kapitel 3, v. a. auf Seite 74, sind verschiedene Datentypen beschrieben worden, die man als Folgen (Vektoren) oder Matrizen anordnen kann. Wir haben jedoch immer festgestellt, dass ein Objekt nur einen Datentyp haben darf, d.h., integer und character werden z. B., wenn sie zusammen auftreten, in character umgewandelt. Solche Objekte nennt man „atomisch" (oder „atomar", engl. *atomic*), vom griechischen Wort für „unteilbar" abgeleitet, da sie einen Datentyp haben und sich nicht weiter unterteilen lassen. Eine LISTE andererseits ist ein „rekursives" (engl. *recursive*) Objekt, d.h. im Umkehrschluss, dass ein solches Objekt in diverse Datentypen teilbar ist. Data Frames, die im vorherigen Abschnitt behandelt wurden, sind ein Spezialfall von Listen, was auch erklärt, warum man in dieser „matrixartigen" Darstellung verschiedene Datentypen mischen kann.

Laienhaft und untechnisch könnte man das Listenkonzept auch mit Schachteln erklären. Angenommen, wir stellen uns Datentypen als CDs, BluRays, Bücher und Teelichter vor – jeder Typ ist, für sich genommen, nicht mehr unterteilbar. Wenn wir alle Elemente in einem Objekt zusammenfassen wollten, nehmen wir eine Schachtel her, in der wir einen Stapel mit CDs, BluRays, Büchern und Teelichtern machen.

Diese Schachtel ist vom Konzept her wie eine Liste in R, da sie unterschiedliche Typen fasst.

Die Bezeichnung „rekursiv" lässt schon durchblicken, dass man Listen auch schachteln kann. Man kann also eine weitere Schachtel nehmen und Teelichter in weiße und bunte trennen. Dadurch wird eine neue Ebene erstellt, wobei auf erster Ebene drei atomische Typen (CDs, BluRays, Bücher) und ein rekursiver Typ sind, welcher sich auf einer zweiten Ebene in die zwei Arten von Teelichtern teilt. Man sieht also, dass, anders als in einer Matrix oder einem Data Frame, jedes Element eine unterschiedliche Anzahl an (Unter-)Elementen haben darf.

Um das etwas technischer zu beschreiben, erstellen wir mit der Funktion list() eine Liste mit einer Sequenz von fünf Zahlen sowie einer Zeichenkette und untersuchen diese gleich mit str().

```
> liste <- list(1:5, c("das", "ist", "das", "zweite", "Element"))
> str(liste)
```

```
List of 2
 $ : int [1:5] 1 2 3 4 5
 $ : chr [1:5] "das" "ist" "das" "zweite" ...
```

```
> liste
```

```
[[1]]
[1] 1 2 3 4 5

[[2]]
[1] "das"     "ist"     "das"     "zweite" "Element"
```

Wenn wir uns den Output der Struktur ansehen, sehen wir, dass wir eine List of 2, also eine Liste mit zwei Unterelementen, erzeugt haben. Das erste Element ist ein Vektor vom Typ integer mit fünf Zahlen und das zweite Element enthält fünf Wörter in einer Folge vom Typ character. Eine Ausgabe der Liste zeigt, dass zuerst [[1]] ausgegeben wird, bevor der Vektor mit den Zahlen folgt und [[2]] vor der Folge von Zeichenketten. Diese Ausgabe mit doppelten eckigen Klammern wird zum Indizieren von Listen verwendet und zeigt in diesem Fall, um welches Listenelement es sich handelt.

Mit der Funktion names() kann man die einzelnen Listeneinträge benennen, z. B.

```
> names(liste) <- c("Zahlen", "Zeichen")
> liste
```

```
$Zahlen
[1] 1 2 3 4 5

$Zeichen
[1] "das"     "ist"     "das"     "zweite" "Element"
```

Nun sehen wir, dass anstatt der Indizes ([[1]]) die Namen mit einem vorgestellten $ angezeigt werden. Die Indizierung mit $ funktioniert gleich wie bei Data Frames, d.h., liste$Zahlen gibt den Vektor der Zahlen aus.

Indiziert man jedoch mit eckigen Klammern, gibt es hier substanzielle Unterschiede (auch zu Data Frames). Einfache eckige Klammern indizieren Listenelemente „als Ganzes" (gekapselt in einer Liste), während doppelte eckige Klammern nur den Listeninhalt indizieren. Wir sehen also, dass

```
> liste[2]
```

```
$Zeichen
[1] "das"      "ist"      "das"      "zweite"  "Element"
```

zwar das zweite Listenelement, aber in einer Liste (in diesem Fall der Länge 1) ausgibt. Doppelte Klammern hingegen (hier mit einer Zeichenkette indiziert; man könnte auch Zahlen verwenden) geben nur den Inhalt beim entsprechenden Index aus, was in diesem Fall ein Vektor des Typs character ist.

```
> liste[["Zeichen"]]
```

```
[1] "das"      "ist"      "das"      "zweite"  "Element"
```

Komplexere Schachtelungen lassen sich mit list() realisieren, wobei man Elemente wie bei c() gleich bei der Definition benennen kann.

```
> schachtel <- list(CDs = c("King Crimson - Discipline",
+         "Allan Holdsworth - I.O.U."),
+     BluRays = "Monty Python and the Holy Grail (1975)",
+     Bücher = "R - Einführung durch angewandte Statistik",
+     Teelichter = list("weiß", c("rot", "dunkelgrün", "gelb")))
> str(schachtel)
```

```
List of 4
 $ CDs        : chr [1:2] "King Crimson - Discipline" "Allan Holdsworth - I.O.U."
 $ BluRays    : chr "Monty Python and the Holy Grail (1975)"
 $ Bücher     : chr "R - Einführung durch angewandte Statistik"
 $ Teelichter:List of 2
  ..$ : chr "weiß"
  ..$ : chr [1:3] "rot" "dunkelgrün" "gelb"
```

Eine Untersuchung der Struktur des Objekts schachtel zeigt, dass es auf der ersten Ebene eine Liste mit vier Elementen ist (List of 4). Da wir die Einträge benannt haben, werden die entsprechenden Namen gleich angezeigt, d.h., das erste Element, CDs, besteht aus zwei Zeichenketten und das zweite und dritte Element sind jeweils eine einzelne Zeichenkette. Das vierte Element ist nun wiederum eine Liste mit zwei Elementen (List of 2), wobei das erste Unterelement nur weiß enthält, während das zweite Unterelement die Farben rot, dunkelgrün sowie gelb enthält. Wir sehen also, dass Listen äußerst flexible Strukturen erlauben.

Die Indizierung von Unterelementen mit eckigen Klammern unterscheidet sich von Vektoren, Matrizen und Data Frames in der Form, dass man mehrere eckige Klammern benötigt (eine pro Ebene) und nicht kommagetrennte Dimensionen hat. Das Element gelb indiziert man also folgendermaßen

```
> schachtel[[4]][[2]][3]
```

```
[1] "gelb"
```

wobei man [[und $ mischen darf

```
> schachtel$Teelichter[[2]][3]
```

```
[1] "gelb"
```

Einfache eckige Klammern können zur Indizierung und Extraktion von Teillisten verwendet werden. Angenommen, wir wollen nur audiovisuelle Medien, so können wir, wie gewohnt, entweder die Elemente 1 und 2 indizieren oder 3 und 4 ausschließen.

```
> CD_BR <- schachtel[-c(3, 4)]
> str(CD_BR)
```

```
List of 2
 $ CDs    : chr [1:2] "King Crimson - Discipline" "Allan Holdsworth - I.O.U."
 $ BluRays: chr "Monty Python and the Holy Grail (1975)"
```

Abschließend soll noch der Zusammenhang zwischen Listen und Data Frames gezeigt werden. Hierfür erstellen wir eine Liste, wobei jedes Listenelement eine Variable darstellt. Wichtig ist hierfür, dass *alle* Listenelemente gleich viele Einträge haben – ansonsten wäre es nicht möglich, die rechteckige matrixartige Struktur eines Data Frame zu bilden. Diese Liste übergeben wir dann der Funktion as.data.frame(), die ein Objekt, wenn möglich, in ein Data-Frame-Objekt umwandelt.

```
> list_df <- list(zahl = 1:2, text = c("alpha", "omega"))
> df_l <- as.data.frame(list_df)
> df_l
```

```
  zahl  text
1    1 alpha
2    2 omega
```

```
> str(df_l)
```

```
'data.frame':       2 obs. of  2 variables:
 $ zahl: int  1 2
 $ text: Factor w/ 2 levels "alpha","omega": 1 2
```

Wir sehen, dass das Data Frame richtig angezeigt wird: Wir haben zwei Variablen (zahl und text) und in der Struktur sehen wir, dass das Ergebnis ein Data Frame mit zwei Beobachtungen auf zwei Variablen ist, wobei die Zeichenketten in einen Faktor umgewandelt wurden – ein Datentyp, der im folgenden Abschnitt behandelt wird.

Will man eine Liste in einen einfachen Vektor (d.h. in ein nicht-rekursives Objekt) umwandeln, so ist die Funktion unlist() das Mittel der Wahl – diese hängt alle

Listeneinträge, egal auf welcher Ebene sie sind, aneinander. In `einsbisneun` haben wir die Zahlen von 1 bis 9, jedoch in einer verschachtelten Listenstruktur.

```R
> einsbisneun <- list(1:3, list(4:6, 7:9))
> str(einsbisneun)
```

```
List of 2
 $ : int [1:3] 1 2 3
 $ :List of 2
  ..$ : int [1:3] 4 5 6
  ..$ : int [1:3] 7 8 9
```

Unlist geht die Liste(n) durch und erzeugt einen Vektor

```R
> unlist(einsbisneun)
```

```
[1] 1 2 3 4 5 6 7 8 9
```

Es ist jedoch Vorsicht geboten, da durch die Zusammenlegung möglicherweise der Datentyp verändert wird, wie bei `unlist(list_df)`.

```R
> unlist(list_df)
```

```
 zahl1  zahl2  text1  text2
   "1"    "2" "alpha" "omega"
```

Da `"alpha"` und `"omega"` vom Typ `character` sind, werden auch die ersten beiden Zahlen in Textelemente umgewandelt.

4.3.3 Faktoren

Ein FAKTOR ist in R ein spezieller Datentyp und wird für kategoriale Variablen verwendet. In Abschnitt 3.2 haben wir Textvektoren für kategoriale Variablen verwendet. Aus verschiedensten Gründen ist es sinnvoll, stattdessen Faktoren zu verwenden. R weiß dann, dass es sich um kategoriale Variablen handelt, und verarbeitet sie entsprechend. Viele R-Funktionen, die wir in den späteren Kapiteln des Buchs besprechen werden, beruhen darauf, dass kategoriale Variablen als Faktoren definiert sind. Es entspricht der Philosophie von R, dass beim Einlesen von Textvektoren aus externen Dateien (siehe auch Abschnitt 5.5.1) diese standardmäßig in Faktoren umgewandelt werden.

Ein wichtige Eigenschaft von Faktoren ergibt sich daraus, dass auch Zahlen als Kategorienwerte einer kategorialen Variable verwendet werden können. Dies ist bei unseren Daten im `fragebogen`-Data-Frame der Fall. Faktoren gewährleisten, dass kategoriale Variablen in R richtig verarbeitet werden. Hat man z. B. kategoriale Daten, deren Kategorien aus den Zahlen 1 bis 3 bestehen

```R
> x <- c(1, 2, 3, 1, 1, 2, 2)
> x
```

```
[1] 1 2 3 1 1 2 2
```

und wandelt diese in einen Faktor um, erhält man

```
> x_fact <- factor(x)
> str(x_fact)
```

```
Factor w/ 3 levels "1","2","3": 1 2 3 1 1 2 2
```

```
> x_fact
```

```
[1] 1 2 3 1 1 2 2
Levels: 1 2 3
```

Im ersten Fall ist x eine simple Folge von Zahlen. Bei x_fact haben wir einen Faktor mit drei Kategorien, was strukturell als Factor w/ 3 levels angezeigt wird, bzw. beim Output des Objekts sehen wir unter den Zahlen die Kategorien unter Levels.

Wir sehen also, dass ein Faktor genau unseren Anforderungen entspricht, nämlich dass man Zahlen für Kategorien verwendet, denen wiederum die Kategoriebezeichnungen wie „Etiketten" (Labels) angeheftet werden. Diese Bezeichnungen kann man gleich bei der Definition mit dem Argument labels festlegen. Wir wollen die Kategorien 1 bis 3 mit den Labels "A", "B" und "C" versehen. Um uns Tipparbeit zu sparen, greifen wir auf die Konstante (siehe Abschnitt 5.11.2) LETTERS zurück, die alle 26 Großbuchstaben des lateinischen Zeichensatzes enthält – wenn wir die ersten drei Elemente indizieren, erhalten wir die gewünschten Elemente A, B und C.

```
> x_fact <- factor(x, labels = LETTERS[1:3])
> x_fact
```

```
[1] A B C A A B B
Levels: A B C
```

Man sieht, dass sich die Werte entsprechend geändert haben.

Ist eine Variable bereits als Faktor definiert, kann man die Darstellung der Labels auf zwei Arten ändern, die aber zum gleichen Ergebnis führen. Man kann einen Faktor als solchen redefinieren, wobei man die Bezeichnungen unter labels entsprechend vergibt.

```
> x_fact1 <- factor(x_fact, labels = c("AA", "BB", "CC"))
> x_fact1
```

```
[1] AA BB CC AA AA BB BB
Levels: AA BB CC
```

Es gibt auch die Funktion levels() (Achtung! *Nicht* labels(), obwohl man Labels verändert), die je nach Gebrauch sowohl die Definition von Labels (Replacement) als auch die Abfrage (Extraction) von Labels ermöglicht. Wir kopieren zunächst x_fact nach x_fact2, weil mit levels(x_fact) die Definition x_fact überschrieben würde, aber wir dieses Objekt noch verwenden wollen.

```
> x_fact2 <- x_fact
> levels(x_fact2) <- c("AA", "BB", "CC")
> x_fact2
```

```
[1] AA BB CC AA AA BB BB
Levels: AA BB CC
```

Wir sehen, dass x_fact1 und x_fact2 identisch sind. Die Labels eines Faktors können wir ebenfalls mit levels() abfragen, zum Beispiel

```
> levels(x_fact)
```

```
[1] "A" "B" "C"
```

Wenn man einen Vektor mit Text in einen Faktor konvertiert, werden die Levels in alphanumerisch sortierter Reihenfolge definiert, d.h.

```
> neinja <- c("nein", "ja", "nein", "vielleicht", "nein", "ja")
> neinja_f1 <- factor(neinja)
> neinja_f1
```

```
[1] nein       ja         nein       vielleicht nein       ja
Levels: ja nein vielleicht
```

Werfen wir einen Blick auf die Struktur, so sehen wir, dass

```
> str(neinja_f1)
```

```
Factor w/ 3 levels "ja","nein","vielleicht": 2 1 2 3 2 1
```

die zugrunde liegenden Zahlen, die also für den Faktor generiert wurden, auf einer Sortierung der Textelemente basieren, womit die offensichtliche Ordnung der Kategorien („nein", „vielleicht", „ja") verloren geht. Um die Ordnung zu erhalten, muss das Argument *levels* *alle* vorkommenden Kategorienamen (ist dies nicht der Fall, werden sie auf NA gesetzt) in entsprechender Reihenfolge erhalten (wir werden das in Abschnitt 6.2 benötigen).

```
> neinja_f2 <- factor(neinja, levels = c("nein", "vielleicht",
+     "ja"))
> str(neinja_f2)
```

```
Factor w/ 3 levels "nein","vielleicht",..: 1 3 1 2 1 3
```

Wir sehen, dass die Levels von neinja_f1 und neinja_f2 sich in ihrer Reihenfolge unterscheiden und auch die Zahlen dahinter anders sind. Die Auswirkung sieht man zum Beispiel, wenn man Tabellierungen erstellt. Die Funktion table() (die in Abschnitt 6.2 genauer beschrieben wird) zählt für jede Kategorie aus, wie oft sie in Daten vorkommt. Wir vergleichen die Tabellierung von neinja_f1 und neinja_f2.

```
> table(neinja_f1)                                                          R
```

```
neinja_f1
      ja      nein vielleicht
       2         3         1
```

```
> table(neinja_f2)                                                          R
```

```
neinja_f2
    nein vielleicht        ja
       3         1         2
```

In der Praxis ist es aber einfacher, Zahlen zu definieren und diesen dann entsprechende Labels zuzuweisen. Hierfür verwendet man in der Funktion factor() idealerweise die Argumente *levels* und *labels*:

```
> zahlen <- c(1, 2, 1, 1, 2, 1, 2, 55, 55, 2, 55)
> zahl_f <- factor(zahlen, levels = c(1, 2, 55), labels = c("nein",    R
+     "viell.", "ja"))
> zahl_f
```

```
 [1] nein  viell. nein  nein  viell. nein  viell. ja    ja    viell.
[11] ja
Levels: nein viell. ja
```

Wir sehen, dass *levels* die entsprechenden Elemente und deren Sortierung im ursprünglichen Vektor festlegt. Da Zahlen bei kategorialen Variablen nur symbolische Bedeutung haben, ist es egal, dass die Zuordnungen nein = 1, vielleicht = 2 und ja = 55 sind. Bei der Definition des Faktors werden die Levels jedoch von 1 aufsteigend codiert. Das Argument *labels* steuert letztlich, welche „Etiketten" den Levels zugeordnet werden.

Zusätzlich zu allgemeinen Faktoren, die ungeordnete Kategorien besitzen (nominal), gibt es in R auch die Möglichkeit, ordinale Variablen entsprechend zu repräsentieren. Hierfür muss man nur bei der Definition mit factor() das Argument *ordered* = TRUE setzen, wodurch ein sog. „Ordered Factor" entsteht. Der Vorteil ist, dass R erkennt, dass das entsprechende Objekt ordinal ist – der Nachteil dabei entsteht jedoch genau daraus, da sich durch diese Zusatzinformation die Verrechnung der Variable teilweise von einem normalen Faktor unterscheidet. Ein Beispiel wäre die Kodierung in Regressionen: Bei Faktoren wird standardmäßig die leicht verständliche und gut interpretierbare Dummy-Kodierung (siehe Seite 365) verwendet, bei Ordered Factors hingegen kommt eine polynomial-orthogonale Kodierung zum Einsatz, die nicht mehr so trivial ist.

Wir müssen unsere Fragebogendaten entsprechend umwandeln, also alle kategorialen Variablen in Faktoren umdefinieren. Wir wollen das beispielhaft für sex tun. Bei der Spezifikation müssen wir darauf achten, dass

■   die Variable sex auch tatsächlich im Data Frame geändert wird, d.h., wir müssen fragebogen$sex oder fragebogen[, "sex"] verwenden und nicht sex allein.

- Außerdem müssen wir bei der Anordnung der Bezeichnungen, hier "w" für *weiblich* (1) und "m" für *männlich* (2), auf die Reihenfolge achten, wie sie im Kodierungsschema (▶ Abbildung 4.2) spezifiziert war.

Die entsprechende Definition lautet

```
> fragebogen$sex <- factor(fragebogen$sex, labels = c("w", "m"))
> head(fragebogen$sex)
```

```
[1] w w m w w m
Levels: w m
```

Ohne eine Angabe von `levels` werden die Labels der Reihe nach den sortierten Elementen des ursprünglichen Vektors zugewiesen.

Die anderen kategorialen Variablen in `fragebogen` müssen wir auch noch in Faktoren umwandeln. Wir verschieben das aber auf später, da wir noch andere Funktionen kennenlernen werden, mit denen man diese Aufgabe lösen kann.

4.3.4 Auswählen von Beobachtungseinheiten (Fällen) mit logischen Operationen

Es kommt manchmal vor, dass man sich bei einer statistischen Analyse auf eine Teilstichprobe beschränken möchte. Man möchte z. B. bei einem bestimmten Verfahren nur Ergebnisse für eine bestimmte Altersgruppe. Dies lässt sich auf einfache Weise dadurch erreichen, dass bei dieser Analyse nur eine Altersteilstichprobe ausgewählt wird. Wir wollen als Beispiel alle Personen in unserem Datensatz auswählen, die jünger als 20 Jahre sind, konkreter, die den zwanzigsten Geburtstag noch nicht gefeiert haben, also jünger als 240 Monate sind.

R erlaubt es, Fälle in Abhängigkeit von einer Bedingung, die man festlegen muss, auszuwählen. Eine Möglichkeit dazu ist der Befehl `subset()` (engl. für *Teilmenge*). Wir erhalten einen neuen Data Frame `fragebogenJ`, der nur Antworten jüngerer Personen enthält, so

```
> fragebogenJ <- subset(fragebogen, mon < 240)
> head(fragebogenJ)
```

```
   id sex lalt gross mon date entsch proj i1 i2 i3 i4 i5
3  17   m    2   178 231    3      4    2  2  1  3  2  4
5  19   w    1   164 225    2      3    2  1  4  2  2  3
6  20   m    1   389 229    4      1    1  5  2  2  1  4
7  23   m    2   181 222    3      2    2  4  2  4  4  1
10 51   w    3   167 232    7      4    1  2  2  5  4  4
13 53   w    3   165 219    7      5    2  5  4  2  1  2
```

In der Spalte ganz links finden sich die Zeilennummern, die durch die Bedingung `mon < 240` ausgewählt wurden. Wir sehen, dass alle Werte von `mon` kleiner als 240 sind. Genau das sagt die Definition `mon < 240`. Wir haben eine logische Operation durchgeführt, deren Ergebnis *wahr* (TRUE) oder *falsch* (FALSE) sein kann. Der Ausdruck `mon < 240` bedeutet: Wenn immer ein Wert in `mon` kleiner als 240 ist, dann ist der Ausdruck TRUE, sonst ist er FALSE. R erstellt einen logischen Vektor (Datentyp: `logical`), der zur Indizierung verwendet wird, und kopiert nur jene Fälle von `fragebogen` nach `fragebogenJ`, für die der Ausdruck TRUE ergibt.

Das Kleiner-Zeichen < ist ein LOGISCHER OPERATOR. Einige der in R definierten logischen Operatoren sind in ▶ Tabelle 4.1 angeführt.

Tabelle 4.1: Logische Operatoren mit Notationskonventionen in Mengenlehre und Logik

R Befehl	Beschreibung	Logik	Mengenlehre
A < B	kleiner als		
A > B	größer als		
A <= B	kleiner oder gleich		
A >= B	größer oder gleich		
A == B	(exakt) gleich		
A != B	(exakt) ungleich		
!A	nicht (Negation, Komplement)	$\neg A$	A^c bzw. $\overline{A}$
A & B	und (Durchschnitt)	$A \wedge B$	$A \cap B$
A | B	oder (Vereinigung)	$A \vee B$	$A \cup B$
xor(A, B)	exklusives oder,	$A \oplus B$ bzw.	$(A \cup B) \setminus (A \cap B)$
	entweder – oder	$A \veebar B$	

Die ersten sechs Operatoren sind wahrscheinlich jedem bekannt. Hier werden einzelne Werte miteinander verglichen und es entsteht ein logischer Wert, entweder TRUE oder FALSE. Falls man einen fehlenden Wert vergleicht, kann man nicht bestimmen, ob die Bedingung zutrifft oder nicht, daher ist das Ergebnis in diesem Fall NA.

Mit der Negation (!) erhält man das Komplement eines Wahrheitswerts, d.h. !TRUE, „nicht wahr" ist also FALSE und umgekehrt. Bei fehlenden Werten kann man wiederum keinen Wahrheitswert feststellen und somit bleibt das Ergebnis NA.

Die letzten drei Operatoren sind sehr wichtig, da sie zur Verknüpfung mehrerer logischer Operatoren verwendet werden. In ▶ Tabelle 4.2 sind zwei Variablen A und B, die jeweils vier Wahrheitswerte enthalten und mit „und", „oder" bzw. „entweder – oder" (exklusives Oder) verknüpft. Die Verknüpfung mit & („und") bedeutet einfach, dass beide Elemente wahr sein müssen, damit das Ergebnis wahr ist. In Spalte A & B sehen wir, dass dies nur in der ersten Konstellation der Fall ist.

Das logische Oder unterscheidet sich maßgeblich vom herkömmlichen Sprachgebrauch. Angenommen, wir stellen die Frage: „Gehen wir heute in die Vorlesung *oder* in ein Café?", dann bedeutet das „entweder – oder". Das logische Oder hingegen bedeutet, dass der eine *oder* der andere Wert wahr sein muss, damit das Ergebnis wahr ist. In Spalte A | B sehen wir, dass das Ergebnis für die ersten drei Verknüpfungen wahr und nur bei FALSE | FALSE auch falsch ist. Das sprachlich implizierte „entweder – oder" wird durch die Funktion `xor()` (*exclusive or*) bereitgestellt und hier sind nur jene Kombinationen wahr, wo jeweils eine der Variablen wahr ist (Spalte `xor(`A, B`)`).

Auslesen der Indizes aus einem logischen Objekt

Wir haben nun ein reichhaltiges Arsenal an logischen Operatoren kennengelernt, die meistens Vektoren zurückgeben, da man meistens ganze Variablen irgendwie vergleicht, z. B. die Größe. Die Abfrage

Tabelle 4.2: Logische Verknüpfungen

A	B	A & B	A | B	xor(A, B)
TRUE	TRUE	TRUE	TRUE	FALSE
TRUE	FALSE	FALSE	TRUE	TRUE
FALSE	TRUE	FALSE	TRUE	TRUE
FALSE	FALSE	FALSE	FALSE	FALSE

```
> str(fragebogen$mon < 240)
```

```
logi [1:100] FALSE FALSE TRUE FALSE TRUE TRUE ...
```

liefert einen logischen Vektor mit 100 Werten, die TRUE, FALSE (oder ggf. NA) sind. Das ist nicht sehr übersichtlich und bei großen Vektoren, aus denen vergleichsweise wenige Elemente ausgewählt, werden auch unökonomisch. Die Funktion which() gibt die Indizes (also Positionen im Vektor) der Werte mit TRUE aus und die Liste wird übersichtlicher:

```
> which(fragebogen$mon < 240)
```

```
 [1]  3  5  6  7 10 13 20 23 28 29 32 39 41 49 55 58 61 62 63 64 67 69 72 81 85
[26] 86 90 96
```

Wir sehen also, dass die Werte von mon an den Stellen 3, 5, 6, 7, ... kleiner als 240 waren. which() kann auch höherdimensionale logische Objekte (z. B. Matrizen, Data Frames etc.) verarbeiten, wobei hier die Option arr.ind = TRUE interessant ist, auf die wir jedoch nicht näher eingehen können.

Wie wir in ▶ Tabelle 4.2 gesehen haben, werden mit & bzw. | zwei Objekte *elementweise* miteinander verknüpft. Die Varianten && und || unterscheiden sich in drei grundlegenden Punkten: (i) Sie vergleichen nur die jeweils ersten Elemente von Objekten, (ii) sie werden von links nach rechts verarbeitet und (iii) die Verarbeitung bricht ab, sobald das Ergebnis feststeht. Da nur einzelne Objekte miteinander verknüpft werden, ist das Resultat auch immer ein einzelner Wahrheitswert (oder ggf. NA).

Ein Spezialfall des == Operators ist die Funktion %in%, die eine intuitivere Version der mächtigen Funktion match() ist. Mit x %in% y kann man beispielsweise prüfen, ob die Elemente eines Vektors x in den Elementen eines anderen Vektors y vorkommen. Das Gute daran ist, dass beide Vektoren unterschiedliche Längen haben können, d.h., man kann z. B. checken, ob "A", "Z" und "B" in einem Vektor aller Großbuchstaben (für die Konstante LETTERS, siehe Abschnitt 5.11.2) vorkommt:

```
> c("A", "Z", "B") %in% LETTERS
```

```
[1] TRUE TRUE TRUE
```

Natürlich sind diese in dem längeren Vektor vorhanden, d.h. alle drei Elemente sind TRUE.

So ein Vergleich wäre „händisch" um einiges aufwendiger, da man alle drei Buchstaben zuerst elementweise mit == prüfen müsste, aber dann vor dem Problem steht, dass man drei Vektoren der Länge 26 mit TRUE an der ersten, zweiten oder letzten Stelle hätte. Dann müsste man die any() Funktion verwenden, die checkt, ob *mindestens ein Element* TRUE ist, und in diesem Fall den Wert TRUE zurückgibt. Das würde dann etwa so aussehen:

```
> c(any("A" == LETTERS), any("Z" == LETTERS), any("B" == LETTERS))
```

```
[1] TRUE TRUE TRUE
```

Gleiches Ergebnis, aber ungleich aufwendiger und fehleranfälliger.

Interessant wird es, wenn man alle Großbuchstaben gegen den Vektor der Elemente "A", "Z" und "B" testen will. Händisch wären das 26 solcher any(...) Konstrukte in einer c() Funktion gekapselt. Einfacher geht es auch hier mit

```
> LETTERS %in% c("A", "B", "Z")
```

```
 [1]  TRUE  TRUE FALSE FALSE FALSE FALSE FALSE FALSE FALSE FALSE FALSE FALSE
[13] FALSE FALSE FALSE FALSE FALSE FALSE FALSE FALSE FALSE FALSE FALSE FALSE
[25] FALSE  TRUE
```

und dieser Vergleich ist auch interessanter, da man mit which(), beispielsweise, auslesen kann, an welchen Stellen die „passenden" Elemente des zweiten Vektors sind:

```
> which(LETTERS %in% c("A", "B", "Z"))
```

```
[1]  1  2 26
```

An dieser Stelle ist es wichtig anzumerken, dass die Reihenfolge der Elemente im rechten Vektor keine Rolle spielt, da nur getestet wird, ob die Elemente im linken Vektor darin vorkommen – aber nicht an welcher Stelle. Die TRUE und FALSE Werte und ihre Positionen im Vektor (Indizes) beziehen sich also nur auf die Reihenfolge des linken Vektors.

Abschließend wollen wir noch die Funktion all() behandeln, die im Gegensatz zu any() testet, ob *alle angegebenen Elemente* TRUE sind. Ist dies der Fall, so kommt TRUE, ansonsten FALSE heraus:

```
> all(c(TRUE, TRUE, TRUE))
```

```
[1] TRUE
```

```
> all(c(TRUE, TRUE, FALSE))
```

```
[1] FALSE
```

Mit diesem Wissen wollen wir nun den Datensatz beispielhaft nicht nur auf jüngere, sondern zusätzlich auf größere Personen einschränken. Dabei definieren wir „größer" als „mindestens 180 cm". Die logische Auswahlbedingung ist dann (mon < 240) & (gross >= 180). Das & ist ein logisches Und, das „sowohl als auch" bedeutet und nur wahr ist, wenn beide Bedingungen zutreffen. Der entsprechende R-Befehl ist

```
> fragebogenJG <- subset(fragebogen, (mon < 240) & (gross >= 180))
> fragebogenJG
```

```
   id sex lalt gross mon date entsch proj i1 i2 i3 i4 i5
6  20   m    1   389 229    4      1       1  5  2  2  1  4
7  23   m    2   181 222    3      2       2  4  2  4  4  1
39 74   m    1   180 228    1      5       1  5  4  5  2  3
86 61   m    3   180 232    2      2       2  5  2  1  3  2
90 28   m    6   189 230    4      1       1  4  4  4  2  2
```

Wir sehen, dass nur mehr wenige Fälle übrig geblieben sind. Außerdem gibt es hier einen Fehler in den Daten – sehen Sie ihn? Man kann also solche logischen Bedingungen auch zur Datenkontrolle verwenden. (Wir werden auf diesen Fehler noch in Abschnitt 4.4.5 eingehen.)

Bei zusammengesetzten logischen Ausdrücken unter Verwendung von *nicht, und, oder* bzw. *entweder – oder* sollte man immer genau auf die Regeln für logische Operationen achten und (wie immer) lieber zu viele als zu wenige Klammern verwenden.

Während bei numerischen (metrischen) Variablen vor allem die Operatoren >, >=, <, <= Verwendung finden, sind bei kategorialen Daten die Operatoren == (Gleichheit) und != (Ungleichheit) wichtig. Als Beispiel wählen wir aus unserem Data Frame fragebogen alle weiblichen Personen und geben wieder die ersten Fälle aus.

```
> fragebogenW <- subset(fragebogen, sex == "w")
> head(fragebogenW)
```

```
   id sex lalt gross mon date entsch proj i1 i2 i3 i4 i5
1  11   w    2   173 266    4      3       2  2  3  3  2  2
2  16   w    3   166 241    5      4       1  4  2  3  1  1
4  18   w    3   154 265    3      5       2  5  3  2  4  1
5  19   w    1   164 225    2      3       2  1  4  2  2  3
8  10   w    6   174 307    4      4       1  2  3  1  1  1
10 51   w    3   167 232    7      4       1  2  2  5  4  4
```

Bei berechneten metrischen Variablen muss man achtgeben, wenn man == verwendet. Da der Computer intern (üblicherweise) mehr Dezimalstellen verwendet, als er bei einer Ausgabe anzeigt, und == hier numerische Gleichheit bedeutet, können Fehler passieren. Zum Beispiel zeigt der Computer als Ergebnis von log(3) die Zahl 1.098612.

```
> log(3)
```

```
[1] 1.098612
```

Verwenden wir diese Zahl 1.098612 dann in einem Vergleich mittels ==

```
> 1.098612 == log(3)
```

[1] FALSE

dann ist das Ergebnis FALSE, weil die interne Darstellung des Computers z. B. 1.098612288668109782108 (je nach Prozessor und Betriebssystem) ist. Bei solchen Variablen ist es besser, nur die Operatoren >, >=, <, <= zu verwenden.

Eine wichtige Anwendung von logischen Operationen tritt bei der Behandlung von fehlenden Werten (NA) auf. Wir wollen zwei Möglichkeiten vorstellen:

- Möchte man den ganzen Data Frame ohne fehlende Werte, d.h., möchte man alle Zeilen weglassen, in denen irgendein Wert NA ist, dann gibt es zwei Möglichkeiten. Die erste ist die Verwendung der Funktion na.omit(), die auf einen Data Frame angewendet wird.

```
> fragebogen_ohneNA <- na.omit(fragebogen)
> dim(fragebogen_ohneNA)
```

[1] 97 13

Die Funktion dim() zeigt uns, dass statt 100 nur mehr 97 Fälle übrig geblieben sind, wir also 3 aufgrund irgendwelcher fehlender Werte verloren haben.

- Die zweite Möglichkeit ist selektiver. Die Funktion is.na() prüft jedes Element, ob es den Wert NA hat (es ist nicht möglich, mit == oder != auf NA zu prüfen). Als Resultat erhält man TRUE, wenn der Wert NA ist, und FALSE, wenn er nicht NA ist. Will man die Werte, die *nicht* NA sind, kann man eine einfache Negation verwenden, z. B. !is.na(x). Hier haben alle Werte, die fehlen, FALSE, während die nicht fehlenden Werte TRUE sind. Zum Beispiel:

```
> x <- c(1, 2, NA, NA, 3)
> is.na(x)
```

[1] FALSE FALSE TRUE TRUE FALSE

Diese Funktion können wir uns zunutze machen, wenn wir nur Fälle weglassen oder anzeigen wollen, die bei bestimmten Variablen fehlende Werte haben. Wollen wir z. B. jene Fälle im Data Frame anzeigen, bei denen die Variable sex fehlende Werte aufweist, dann schreiben wir:

```
> subset(fragebogen, is.na(sex))
```

	id	sex	lalt	gross	mon	date	entsch	proj	i1	i2	i3	i4	i5
25	42	<NA>	4	172	283	1		1	2	5	2	2	3	3
44	33	<NA>	5	168	305	2		1	1	4	4	5	3	2
89	29	<NA>	6	171	283	5		3	1	1	3	4	1	4

Hätten wir nur jene Fälle sehen wollen, bei denen `sex` keinen fehlenden Wert hat, dann hätten wir die Negation `!`, also `!is.na(sex)`, verwendet.

Schließlich wollen wir noch die Möglichkeit zeigen, wie man mit der `subset()` Funktion zusätzlich auch Variablen auswählen kann. Dies geschieht mit der Option `select`, bei der man die auszuwählenden Variablen spezifiziert. Wollen wir z. B. nur die Variablen `date` und `entsch` und diese nur für Männer, dann schreiben wir

```
> fragebogen_DE_M <- subset(fragebogen, sex == "m", select = c(date,
+     entsch))
> head(fragebogen_DE_M)
```

```
   date entsch
3     3      4
6     4      1
7     3      2
9     5      2
14    3      5
17    6      2
```

Die Option `select` ist relativ flexibel. Wir können natürlich, wie beim Indizieren, eine negative Auswahl treffen. Alle Variablen außer `sex` und `mon` werden mittels `select = -c(sex, mon)` ausgewählt.

Es funktioniert (ausnahmsweise bei der Verwendung von Variablennamen) auch die „von−bis"-Spezifikation mittels Doppelpunkt `von:bis`. Wollen wir z. B. nur die Variablen `sex` und `i1` bis `i5`, dann schreiben wir

```
> subset(fragebogen, select = c(sex, i1:i5))
```

4.4 Transformieren der Daten bzw. Erzeugen von neuen Variablen

In diesem Abschnitt werden Methoden beschrieben, wie man Variablen erzeugt. Hierbei geht es vor allem um das (arithmetische) BERECHNEN von Variablen bzw. das UMKODIEREN (Ersetzen) bestimmter Werte einer (alten) Variable durch neue Werte (in einer neuen Variable). Schließlich wird noch gezeigt, wie man diese Variablen in einen bestehenden Data Frame einfügt bzw. Variablen, die schon im Data Frame enthalten sind, ersetzt.

4.4.1 Berechnen neuer Variablen

Das Berechnen neuer Variablen ergibt sich meistens aus Situationen, in denen man solche Variablen in eine Untersuchung einbeziehen will, die sich aus vorhandenen Variablen ableiten lassen. Zwei Beispiele aus unserem Fragebogen (▶ Abbildung 4.1) sollen die Vorgangsweise veranschaulichen.

Zunächst wollen wir das Alter der Befragten, das wir in Monaten erfasst haben, in Jahre umrechnen. Die neue Variable wollen wir `alter` nennen. Zur Erleichterung der

Berechnungen verwenden wir hier `attach()`, um die Variablen in `fragebogen` direkt zugänglich zu machen. Die ersten sechs Werte sind demnach:

```
> attach(fragebogen)
> alter <- mon/12
> alter[1:6]
```

[1] 22.167 20.083 19.250 22.083 18.750 19.083

Allgemein gilt folgendes Schema für die Berechnung von neuen Objekten (Variablen)

Objekt <- numerischerAusdruck

Für eine detailliertere Beschreibung numerischer Ausdrücke siehe Seite 112.

In R stehen uns zum Berechnen von Variablen eine Vielzahl numerischer Funktionen zur Verfügung. Ihre Verwendung wollen wir anhand eines einfachen Beispiels erläutern. Die neue Variable `alter`, die wir eben aus `mon` berechnet haben, ist nicht ganzzahlig. Im Output sieht man die Werte: 22.16667, 20.08333, 19.25 etc. Nun sagt niemand, wenn man nach dem Alter fragt: Ich bin 22.16667 Jahre alt, sondern man würde wohl 22 Jahre sagen. Wenn wir in unseren Daten solche ganzzahligen Werte haben möchten, müssen wir Variablen entsprechend umrechnen.

Numerische Ausdrücke:

Ganz allgemein sind numerische Ausdrücke in R aus einem oder mehreren der folgenden Elemente zusammengesetzt:

- Bereits definierte Variablen
- Zahlen
- Addition (+)
- Subtraktion (–)
- Multiplikation (*)
- Division (/)
- Potenzfunktion (^)
- Ganzzahlige Division (%/%)
- Modulo (Rest einer Division; %%)
- Klammern
- Funktionen

Es gilt „Punkt-vor-Strichrechnung", allerdings empfiehlt es sich immer, geeignet Klammern zu setzen. Besser einmal ein paar Klammern zu viel, als falsche Ergebnisse. Außerdem sollte man an ein paar Ergebniszahlen kontrollieren, ob man den numerischen Ausdruck richtig spezifiziert hat.

In numerischen Ausdrücken können Sie zahlreiche Funktionen verwenden, die numerische Variablen oder Zahlen, aber auch (geschachtelt) Ergebnisse weiterer Funktionen als Argumente verarbeiten. Einige wichtige Funktionen sind:

- `exp()` Exponentialfunktion
- `log()` (Natürlicher) Logarithmus

- `sqrt()` Quadratwurzel
- `abs()` Absolutwert (Betrag)
- `sum()` Summe
- `prod()` Produkt
- `min()` Minimum
- `max()` Maximum
- `sign()` gibt das Vorzeichen von Zahlen zurück
- `round()` gerundeter Wert
- `ceiling()` auf eine ganze Zahl aufgerundeter Wert
- `floor()` auf eine ganze Zahl abgerundeter Wert
- `trunc()` eine ganze Zahl durch Abschneiden der Dezimalstellen
- `factorial()` Fakultät
- `choose()` Binomialkoeffizient
- ...

Wir haben die Wahl, die Dezimalstellen abzuschneiden (mit der Funktion `trunc()`) oder zu runden (mit der Funktion `round()`, wobei man auch noch mittels *digits* die Anzahl der Dezimalstellen angeben kann, auf die gerundet werden soll).

```
> alter <- trunc(mon/12)
> head(alter)
```

[1] 22 20 19 22 18 19

```
> alter_gerundet <- round(mon/12)
> head(alter_gerundet)
```

[1] 22 20 19 22 19 19

```
> alter_gerundet <- round(mon/12, digits = 2)
> head(alter_gerundet)
```

[1] 22.17 20.08 19.25 22.08 18.75 19.08

Als zweites Beispiel zur Berechnung von Variablen soll eine etwas komplexere Aufgabe gelöst werden, die sich bei der Analyse von Fragebögen öfter ergibt.

Beispiel: Erstellung eines Stress-Summenscore (Stress-Index)

In unserem Fragebogen entstammen die letzten fünf Fragen einem längeren Stress-Fragebogen, der messen soll, wie sehr jemand unter Stress leidet und wie er/sie damit umgeht. Die extremen Ausprägungen sind: „Leben unter starkem Zeitdruck, Wettbewerb und Zielgerichtetheit, aber auch Mangel an Erfolgserlebnissen und Freude an geleisteten Tätigkeiten" vs. „keine Getriebenheit, easy going, gute Fähigkeit zu delegieren, entspannt". Eine übliche Vorgangsweise bei solchen Fragebogenskalen ist es, die Werte der einzelnen Items (Fragen) zusammenzuzählen und den Summenscore als zusammenfassenden, beschreibenden Wert zu verwenden. Bei Ansicht unseres Fragebogens sehen wir aber, dass das nicht ohne Weiteres geht, da das Ergebnis keinen Sinn ergeben würde. Hat man bei allen fünf Fragen „trifft sehr zu" mit 1 und „trifft überhaupt nicht zu" mit 5 kodiert, dann bedeutet bei Frage 1: „bei Terminen oder Verabredungen bin ich nie zu spät" ein niedriger Wert hohen Stress, während bei Frage 2: „ich kann gut zuhören, lasse andere zuerst sprechen" ein niedriger Wert auch niedrigen Stress indiziert. Man nennt diese Eigenschaft von Items auch POLUNG. Einfaches Zusammenzählen geht also nicht, wir müssen zunächst bei einigen Items die Polung umkehren (d.h. $1 \rightarrow 5$, $2 \rightarrow 3$, ..., $5 \rightarrow 1$), bevor wir einen sinnvollen Summenscore bilden können. Dazu müssen wir zunächst entscheiden, was ein hoher Summenscore bedeuten soll. Wenn wir wollen, dass ein hoher Wert auch hohen Stress anzeigt, dann passen die Items 2, 4 und 5, wie sie vorliegen. Demnach müssen die Items 1 und 3 *umgepolt* werden, wobei es in diesem Fall eine einfache, allgemeine Formel für die Transformation gibt:

umgepolter Wert = (größter Kat.wert + kleinster Kat.wert) − alter Wert

z. B.:   Item 1 (neu) = 6 − Item 1 (alt)

Wir subtrahieren also die Werte des alten Items von 6 (höchste Kategorie + niedrigste Kategorie = 5 + 1), da die Kategorien von 1 bis 5 nummeriert sind. Hätten wir den Fall, dass die Codierung bei 0 beginnt, also 0 bis 4 statt 1 bis 5, dann würden wir 4 − alter Wert rechnen. In R würde die Berechnung für Variable `i1rec` und `i3rec` also so aussehen (das Suffix `rec` wird häufig für „recodiert" verwendet und zeigt, dass es sich um eine umcodierte, in diesem Fall umgepolte, Variable handelt):

```
> i1rec <- 6 - i1
> i3rec <- 6 - i3
```

Natürlich sollte man immer überprüfen, ob die Berechnung auch korrekt war. In diesem Fall geht das einfach, indem man die alte und neue Variable mit `table()` tabuliert und checkt, ob alle Beobachtungen in der Nebendiagonale (von links unten nach rechts oben) liegen.

```
> table(i1, i1rec)
```

```
     i1rec
i1    1   2   3   4   5
 1    0   0   0   0   7
 2    0   0   0  20   0
 3    0   0  10   0   0
 4    0  33   0   0   0
 5   30   0   0   0   0
```

Hier sehen wir auf den ersten Blick, dass alle Werte, die in i1 1 waren, in i1rec nun 5 sind, usw., d.h., die Umpolung hat fehlerfrei funktioniert.

Nun sind alle Fragen so gepolt, dass sie „in dieselbe Richtung zeigen" und wir den Summenscore (stress) bilden können.

```
> stress <- i1rec + i2 + i3rec + i4 + i5
> head(stress, 10)
```

```
[1] 14  9 14 13 18 12 11 14 11 15
```

Die neue Variable stress beschreibt nun (als Zusammenfassung der fünf Items) die generelle Tendenz einer Person, unter Stress zu stehen. Die Polung ist dabei so gewählt, dass hohe Werte für viel Stress stehen. Natürlich stellt sich die Frage, ob es überhaupt gerechtfertigt ist, einfach fünf Items zu einem „Stress-Index" zusammenzuzählen und damit eine vereinfachte Beschreibung einer Person zu erhalten. Dabei geht es darum, ob alle Items das Gleiche, nämlich Stress, messen und ob die Bildung einer einfachen (ungewichteten) Summe aus den Einzelantworten zulässig ist. Darauf gehen wir in Kapitel 11 detailliert ein.

Manchmal ist es notwendig, kumulative Operationen durchzuführen, z. B. wenn man eine Variable wie „technische Defekte pro Quartal" (dpq) hat. Angenommen diese wäre

```
> dpq <- c(Q1 = 16, Q2 = 22, Q3 = 17, Q4 = 22)
```

so könnte man daran interessiert sein, wie viele Ausfälle es im ersten Quartal, dem ersten und zweiten Quartal usw. gab. Das „händisch" zu berechnen, ist nicht so einfach, jedoch gibt es hierfür die Funktion cumsum():

```
> cumsum(dpq)
```

```
Q1 Q2 Q3 Q4
16 38 55 77
```

Wir sehen also, dass die Quartale in diesem Fall fortschreitend aufsummiert werden. Analog dazu gibt es noch die Funktion cumprod(), die Elemente kumulativ multipliziert, d. h.

```
> cumprod(dpq)
```

```
Q1    Q2    Q3     Q4
16   352  5984 131648
```

Etwas spezieller, jedoch der Vollständigkeit halber erwähnt, sind die Funktionen cummin() und cummax(), die kumulativ das Minimum/Maximum ausgeben. Illustriert an einem Beispielvektor mima wollen wir diese gegenüberstellen:

```
> mima <- c(1, 2, 1, 0, -1, 3, 2, 1)
> rbind(mima, `cummin(mima)` = cummin(mima), `cummax(mima)` = cummax(mima))
```

```
              [,1] [,2] [,3] [,4] [,5] [,6] [,7] [,8]
mima             1    2    1    0   -1    3    2    1
cummin(mima)     1    1    1    0   -1   -1   -1   -1
cummax(mima)     1    2    2    2    2    3    3    3
```

In der zweiten Zeile sehen wir das kumulative Minimum. Der erste Wert ist 1 und bis zum dritten Wert in mima wird dieser nicht unterschritten, daher sind die Werte 1. Auf der vierten Stelle jedoch ist 0, daher ändert sich auch das kumulative Minimum und gleich darauf folgt -1, das bis zum Ende des Vektors nicht „unterboten" wird. Analog ist das Ergebnis von cummax() zu interpretieren.

4.4.2   Unendliche und undefinierte Werte

Zusätzlich zum Wert NA gibt es in R noch zwei andere spezielle Werte, die bei arithmetischen Operationen entstehen können, nämlich Inf (*infinity*; unendliche Werte) und NaN (*not a number*; ein undefinierter Wert). Erstere entstehen z. B., bei $\log(0) = -\infty$ oder der Division einer Zahl ungleich null durch null:

```
> c(log(0), 5/0)
```

```
[1] -Inf  Inf
```

Letztere sind das Ergebnis der Division von null durch sich selbst, oder $\infty - \infty$.

```
> c(0/0, Inf - Inf)
```

```
[1] NaN NaN
```

4.4.3   Umkodieren von Variablen

Im Gegensatz zum „Berechnen" neuer Variablen verwendet man den Begriff UMKODIEREN (oder auch Rekodieren; engl. *recode*) vor allem, um Werte einer Variable zu ändern, Werte zu gruppieren bzw. sie umzugruppieren. Dabei wird an allen Stellen einer Variable, in der ein zu bestimmender Wert auftritt, dieser Wert durch einen anderen ersetzt und das Ergebnis in eine neue Variable gespeichert. Man könnte mit dem Ergebnis auch die alte Variable überschreiben, aber in den meisten Fällen ist das nicht empfehlenswert.

Meistens recodiert man Variablen, um Kategorien neu zu definieren oder Werte zusammenzufassen. Es gibt in R viele Möglichkeiten zur Umkodierung von Variablen – drei davon wollen wir hier besprechen.

Die Funktion ifelse()

Die einfachste Möglichkeit besteht in der Verwendung logischer Ausdrücke (Abschnitt 4.3.4) in der Funktion ifelse(). Als Beispiel definieren wir ein Objekt x, das aus den Zahlen von 1 bis 6 besteht. Wir wollen allen Werten, die kleiner als 4 sind, den Wert "A" und allen anderen "B" zuweisen. Das geht so

```
> x <- 1:6
> x
```

```
[1] 1 2 3 4 5 6
```

```
> ifelse(x < 4, "A", "B")
```

```
[1] "A" "A" "A" "B" "B" "B"
```

Intern geht R hier so vor: Für jedes Element des Vektors x wird geprüft, ob es < 4 ist. Trifft die Bedingung zu (also liefert die logische Operation TRUE), wird der Wert "A", ist dies nicht der Fall, wird der Wert zu "B". Sprachlich ausgedrückt ist dies ein „If−Then−Else"-Konstrukt, also: „*Wenn* x < 4, *dann* "A", *sonst* "B"".

Man kann ifelse() auch schachteln. Will man z. B. für 1 und 2 die Ausgabe "A", für 3 bis 5 die Ausgabe "B" und für 6 die Ausgabe "C", dann schreibt man:

```
> ifelse(x < 3, "A", ifelse(x < 6, "B", "C"))
```

```
[1] "A" "A" "B" "B" "B" "C"
```

Das Prinzip ist gleich wie oben, nur durchlaufen jetzt die Werte, bei denen die erste Bedingung (x < 3) FALSE ist, eine weitere Prüfung (wo vorher "B" war). Dieses zweite ifelse() liefert das Ergebnis analog zu oben. Sprachlich ausgedrückt: „*Wenn* x < 3, *dann* "A", *sonst*: *wenn* x < 6, *dann* "B", *sonst* "C"". Wir brauchen als zweite Bedingung nicht mehr den ganzen Bereich, also größer gleich 3 und kleiner gleich 5, anzugeben, da ohnehin durch die erste Bedingung (x < 3) nur mehr Werte in Frage kommen, die größer oder gleich 3 sind.

Die Funktion recode()

Eine andere Möglichkeit zur Durchführung von Umkodierungen bietet die Funktion recode() aus dem R-Package **car** (Fox und Weisberg, 2011, 2013). Zu Packages und deren Installation siehe Abschnitt 3.1.5. Bevor wir die Funktion recode() verwenden können, müssen wir das Package mit dem Befehl library() laden.

```
> library("car")
```

Der Aufbau von recode() soll an einem einfachen Beispiel illustriert werden. Wir wollen die Werte der Variable sex aus unserem Data Frame fragebogen, die ja mit "m" und "w" kodiert waren, leserlicher machen und stattdessen die Werte "männlich" und "weiblich" verwenden. Das geht so

```
> sex.neu <- recode(sex,
+     recodes = '"m" = "männlich"; "w" = "weiblich"')
```

Das erste Argument ist die Variable, die umkodiert werden soll. Dem zweiten Argument (`recodes`) übergibt man *eine* Zeichenkette mit den Recodierungsregeln. Hier stehen sie unter *einfachen Anführungszeichen*, weil wir in `recodes` Zeichenketten recodieren. Wollte man alles mit doppelten Anführungszeichen schreiben, so müsste man hierfür sog. Escape-Sequenzen (Abschnitt 5.8.1) für die Anführungszeichen innerhalb der Zeichenkette verwenden, da sie sich sonst gegenseitig „aufheben" und zu Fehlern führen würden. Die einzelnen Recodierungsregeln werden durch einen Strichpunkt (;) getrennt. Die ersten Elemente des neuen Objekts sind:

```
> head(sex.neu)
```

```
[1] weiblich weiblich männlich weiblich weiblich männlich
Levels: männlich weiblich
```

Eine einfache und effektive Möglichkeit, um zu prüfen, ob alles geklappt hat, ist es, wieder die alte und die neue Variable gegeneinander zu tabulieren:

```
> table(sex, sex.neu)
```

```
     sex.neu
sex männlich weiblich
  w        0       54
  m       43        0
```

Ganz allgemein werden die Umkodierungsanweisungen `recodes` in einer Zeichenkette spezifiziert, die aus (einem oder) mehreren Bereich/Wert-Paaren bestehen, die als `Bereich = Wert` geschrieben und durch Strichpunkte getrennt werden. Dabei gibt es vier Möglichkeiten, wie diese Bereich/Wert-Paare definiert sein können:

- einzelne Werte, z. B. `1 = "männlich"`
- mehrere Werte, z. B. `c(1, 2, 4) = 1`
- Bereiche, z. B. `3:4 = "mittel"`
  Bei Bereichen kann man auch die „Platzhalter" `lo` bzw. `hi` (*ohne Anführungszeichen,* da sonst z. B. eine Zeichenkette namens `"lo"` gesucht wird) angeben, um den niedrigsten bzw. höchsten Wert einer Variable berücksichtigen zu können, z. B. `lo:3 = 1`.
- die Spezifikation `else` (wieder *ohne Anführungszeichen*), um Werte, die sonst nicht in einem anderen Bereich/Wert-Paar spezifiziert werden, repräsentieren zu können, z. B. `else = "sonstige"`

Als Beispiel wollen wir die Variable `gross`

```
> head(gross)
```

```
[1] 173 166 178 154 164 389
```

so umkodieren, dass für Werte bis 159 cm die Zahl 1, für Werte zwischen 160 bis 174 cm die Zahl 2 und für Werte ab 175 cm die Zahl 3 festgelegt wird. Die neue Variable wollen wir `gross_3` nennen.

```
> gross_3 <- recode(gross, recodes = "lo:159 = 1 ; 160:174 = 2 ; 175:hi = 3")
> head(gross_3)
```

```
[1] 2 2 3 1 2 3
```

Die Variable gross_3 ist, wie auch die Variable gross, numerisch, wird von **R** also als metrische Variable aufgefasst. Aber man könnte sie auch als kategorial auffassen, da sie ja eigentlich die Kategorien „klein", „mittel" und „groß" beschreibt. Es gibt in recode() das Argument *as.factor.result*, das dazu führt, dass das Ergebnis in einen Faktor umgewandelt wird. Will man als Ergebnis einen Faktor, dann spezifiziert man also *as.factor.result* = TRUE. Das neue Objekt ist nun

```
> gross_3 <- recode(gross, recodes = "lo:159 = 1 ; 160:174 = 2 ; 175:hi = 3",
+     as.factor.result = TRUE)
> head(gross_3)
```

```
[1] 2 2 3 1 2 3
Levels: 1 2 3
```

und zur besseren Lesbarkeit könnten wir die Kategorien noch mit levels() entsprechend definieren

```
> levels(gross_3) <- c("klein", "mittel", "groß")
> head(gross_3)
```

```
[1] mittel mittel groß   klein  mittel groß
Levels: klein mittel groß
```

Die Funktion cut()

Die Funktion cut() ist vor allem zum Rekodieren bzw. GRUPPIEREN von metrischen Variablen gedacht. Das Anwendungsszenario wäre beispielsweise, dass man die Kategorien nach einer bestimmten Einteilung der Werte einer Variable vornehmen will. Wir wollen das am Beispiel der Variablen alter, die wir in Abschnitt 4.4.1 berechnet haben, ausprobieren. Den größten und kleinsten Wert von alter können wir mit der Funktion range() (Spannbreite) berechnen.

```
> range(alter)
```

```
[1] 18 27
```

Demnach sind die Personen aus unseren Fragebogendaten zwischen 18 und 27 Jahre alt. Mit cut() teilen wir diesen Bereich z. B. in drei Bereiche (Intervalle) und erzeugen gleichzeitig einen Faktor, den wir alter_3 nennen.

```
> alter_3 <- cut(alter, 3)
> head(alter_3)
```

```
[1] (21,24] (18,21] (18,21] (21,24] (18,21] (18,21]
Levels: (18,21] (21,24] (24,27]
```

```
> str(alter_3)
```

```
Factor w/ 3 levels "(18,21]","(21,24]",..: 2 1 1 2 1 1 1 3 2 1 ...
```

Das Ergebnis mag auf den ersten Blick etwas „einschüchternd" wirken, da die Bereiche mathematisch als Intervalle angegeben sind, aber diese Notationskonvention ist einfach zu verstehen. Angenommen, wir haben einen Zahlenbereich von A bis B, dann gibt es vier mögliche Intervalle. Diese unterscheiden sich darin, ob die Intervallgrenzen zum Wertebereich gehören (geschlossen) oder ob sie nicht dazugehören (offen). Ist die Intervallgrenze im Wertebereich enthalten, so verwendet man eine eckige Klammer, ist dies nicht der Fall, schreibt man eine runde Klammer. Die vier möglichen Intervalle sind demnach das „geschlossene Intervall" $[A, B]$ (die Zahlen von A bis B einschließlich A und B), zwei „halboffene Intervalle" $[A, B)$ und $(A, B]$ (die Zahlen von A bis B, wobei entweder A oder B im Wertebereich liegt) und das „offene Intervall" (A, B) (die Zahlen von A bis B, ohne die Intervallgrenzen).

Wenn wir uns wieder dem Output zuwenden, sehen wir sofort, dass es sich um einen Faktor handelt, da unten die Levels ausgegeben werden. Die drei Intervalle sind Levels: (18,21] (21,24] (24,27], d.h., in der ersten Kategorie sind Leute, die älter als 18 und bis einschließlich 21 sind, usw. Nun sehen wir auch den Nutzen halboffener Intervalle, da dies das Problem vermeidet, dass hier die „Cutpoints" 21 und 24 in die gleiche Kategorie fallen könnten.

Hier wird irreführenderweise eine runde Klammer verwendet, obwohl der Wert 18 dem untersten Intervall zugeordnet wird. Warum das so ist, kann man dem Abschnitt „Details" der Dokumentation (?cut) entnehmen.

Wir sehen uns die ersten Fälle an.

```
> head(data.frame(alter, alter_3))
```

```
  alter alter_3
1    22 (21,24]
2    20 (18,21]
3    19 (18,21]
4    22 (21,24]
5    18 (18,21]
6    19 (18,21]
```

Wir verwenden hier data.frame() statt cbind(), da wir unterschiedliche Datentypen haben und cbind() eine Matrix erzeugen und alle Elemente in den gleichen Datentyp (in diesem Fall integer) umwandeln würde. Dies hätte zur Folge, dass man statt der Labels die Zahlen dahinter sieht.

Ähnlich wie bei factor() kann man auch hier gleich Labels mit dem Argument *labels* vergeben:

```
> alter_3kat <- cut(alter, 3, labels = c("jung", "mittel", "alt"))
> head(alter_3kat)
```

```
[1] mittel jung   jung   mittel jung   jung
Levels: jung mittel alt
```

Natürlich kann man auch selbst Intervalle definieren. Hierzu übergibt man dem Argument *breaks* einen Vektor mit den gewünschten Intervallgrenzen, wobei man bedenken muss, dass die erzeugten Intervalle standardmäßig links offen und rechts geschlossen sind.

Als Beispiel wollen wir eine Variable erzeugen, in der wir das Alter in Monaten (mon) in vier Bereiche teilen. Bei vier Intervallen benötigt man fünf Grenzen: Wir wollen das minimale Alter, 240, 264 und 288 Monate (ca. 20, 22 und 24 Jahre), sowie das maximale Alter verwenden. Die extremen Altersangaben erhalten wir in einem Vektor mit zwei Elementen mittels range() oder wir berechnen Minimum und Maximum mit min() bzw. max() separat. Zuerst erzeugen wir also das Objekt grenzen mit den Intervallgrenzen

```
> grenzen <- c(min(mon), 240, 264, 298, max(mon))
> grenzen
```

```
[1] 219 240 264 298 328
```

das wir dann dem Argument *breaks* von cut() übergeben. Das Ergebnis speichern wir in mon.4 und diesmal sehen wir uns die Elemente von 8 bis 13 an

```
> mon.4 <- cut(mon, breaks = grenzen)
> mon.4[8:13]
```

```
[1] (298,328] (298,328] (219,240] (264,298] (264,298] <NA>
Levels: (219,240] (240,264] (264,298] (298,328]
```

Wir sehen, dass das dreizehnte Element plötzlich <NA> ist (NA ist in kleiner- und größer-Zeichen eingeschlossen, damit man erkennt, dass es sich um ein NA in einem Faktor handelt). Wenn wir dieses Element in mon (mittels mon[13]) suchen, sehen wir, dass der Wert 219, also das Minimum ist. Die unteren Intervallgrenzen sind jedoch immer offen (also ohne diesen Wert), d.h., unser erstes Intervall (219, 240] enthält das Minimum nicht und daher ist es auch <NA>. Um solche Probleme zu vermeiden, könnte man bei der Definition der Intervallgrenzen statt 219 einen kleineren Wert (218, 219.99, ...) wählen. Ein eleganterer Weg ist jedoch die Verwendung des Arguments *include.lowest*, das (nur) die unterste Intervallgrenze miteinschließt. Das gewünschte Resultat erhalten wir also mit

```
> mon.4 <- cut(mon, breaks = grenzen, include.lowest = TRUE)
> mon.4[8:13]
```

```
[1] (298,328] (298,328] [219,240] (264,298] (264,298] [219,240]
Levels: [219,240] (240,264] (264,298] (298,328]
```

und wir sehen, dass das erste Intervall, [219, 240], nun geschlossen ist; alle anderen bleiben halboffen.

Man kann Intervalle auch für (etwa) gleich große Häufigkeiten mithilfe der Funktion quantile() erzeugen. Für Quartilsgrenzen (d.h. vier annähernd gleich große Gruppen) wäre die Spezifikation: *breaks* = quantile(mon, (0:4)/4). Auch hier muss man darauf achten, das Argument *include.lowest* = TRUE zu setzen, da sonst Elemente, die dem Minimum entsprechen, <NA> werden.

4.4.4 Modifikation eines Data Frame

Eine wichtige, aber zeitraubende Aufgabe bei statistischen Auswertungen ist es, Rohdaten in die Form zu bringen, die man dann für konkrete Analysen benötigt. Dazu gehören Datenkontrolle, Transformation von Variablen und ihre Bezeichnungen sowie gegebenenfalls eine Auswahl an Beobachtungen und/oder Variablen für konkrete Analysen. Meistens hat man eine Art „Master-Datensatz", in dem alles Wichtige gespeichert ist und den man dann als Ausgangspunkt für spezifischere Datensätze verwendet.

In diesem Abschnitt werden wir unseren fragebogen Data Frame so modifizieren, dass wir ihn als Master-Datensatz verwenden können. Dazu gehören die Änderung spezieller Variablen, die Vergabe verständlicherer Namen und Labels (bei kategorialen Variablen), die Umwandlung des Datentyps sowie das Hinzufügen von Variablen in einen Data Frame.

Als Erstes entfernen wir das Objekt fragebogen aus dem Suchpfad (falls es dort ist; mit search() kann man das überprüfen) und kopieren fragebogen in ein neues Objekt namens master, mit dem wir dann arbeiten werden.

```
> detach(fragebogen)
> master <- fragebogen
```

Um uns die Dateneingabe zu erleichtern, haben wir bei den kategorialen Variablen nur ganz kurze Bezeichnungen für die einzelnen Werte verwendet. Zunächst wollen wir für sex die Bezeichnungen von "w" auf "weiblich" und "m" auf "männlich" ändern und diese Änderung in master speichern. Wir haben das schon in Abschnitt 4.4.3 gemacht, die so modifizierte Variable heißt sex.neu. Wir müssen also nur mehr sex im Data Frame master durch sex.neu ersetzen. Außerdem wollen wir diese Variable gleich in einen Faktor umwandeln. Eine bequeme Möglichkeit hierzu bietet die Funktion transform().

```
> master <- transform(master, sex = factor(sex.neu))
> head(master$sex)
```

```
[1] weiblich weiblich männlich weiblich weiblich männlich
Levels: männlich weiblich
```

Diese Vorgehensweise hat den gleichen Effekt wie master$sex <- factor(sex.neu). Der große Vorteil von transform() kommt bei der Änderung mehrerer Variablen zum Tragen.

```
> master <- transform(master, entsch = factor(entsch), proj = factor(proj))
```

Wir haben master nicht mit attach() dem Suchpfad hinzugefügt, jedoch können wir *innerhalb der Funktion* direkt auf die Variablen zugreifen, ohne immer master$ schreiben zu müssen. Weiters können wir Variablen in master ändern, hinzufügen oder entfernen.

Strukturell ist das erste Argument von transform() das Objekt, das verändert werden soll, gefolgt von Vorschriften zur Transformation. Diese Vorschriften enthalten zuerst den Namen der Variable im Objekt, ein Gleichheitszeiten und letztlich die Berechnung oder Operation, die dieser Variable zugewiesen werden soll. Wenn wir die Körpergröße in Meter als Dezimalzahl mit zwei Nachkommastellen wollen, schreiben wir daher:

```
> master <- transform(master, gross = round(gross/100, digits = 2))
> head(master[["gross"]])
```

[1] 1.73 1.66 1.78 1.54 1.64 3.89

Da gross schon definiert ist, wird die Variable in diesem Fall überschrieben. Ist der Name noch nicht vorhanden, wird eine neue Variable erzeugt, beispielsweise alter, das wir in Abschnitt 4.4.1 definiert haben. Zusätzlich wollen wir noch eine überflüssige Variable bitte_löschen definieren, die wir später löschen.

```
> master <- transform(master, alter = alter, bitte_löschen = -1)
> head(master$alter)
```

[1] 22 20 19 22 18 19

Diese auf den ersten Blick etwas eigenartige Spezifikation alter = alter bedeutet Folgendes: Das erste alter (links von =) ist der Name der Variable im Data Frame master, das zweite alter (rechts von =) ist der Name der Variable, die wir erzeugt haben, die aber (noch) nicht im Data Frame gespeichert war.

Würden wir jetzt den Data Frame mittels attach(master) der R-Sitzung zuordnen, dann bekämen wir eine Nachricht, dass die Variable alter aus dem Data Frame durch das Objekt alter aus dem Workspace (genau genommen .GlobalEnv, siehe Abschnitt 5.1.1, d.h. das erste Element im Suchpfad) „maskiert" wird. Das bedeutet, dass weiterhin die vorher definierte Variable alter verwendet wird (nennen wir sie *aktiv*) und nicht (wie sonst bei attach()) die Variable alter aus dem Data Frame (siehe auch Abschnitt 4.3.1), die jetzt versteckt ist. Man muss also aufpassen, wenn man Änderungen an alter durchführt, da diese nur die aktive Variable betreffen. Will man alter aus dem Datensatz master, muss man diese in jedem Fall mit master$alter aufrufen. Wenn an dieser z.B. schon vorher Änderungen durchgeführt wurden, die es bei der aktiven Variable nicht gibt, dann wären diese Änderungen nach einem Überschreiben (z.B. mittels transform()) verloren. Falls solche Maskierungen auftreten und man sich nicht sicher ist, vergleicht man am besten die Variable aus dem Data Frame mit der aktiven, z.B. mit einem logischen Vergleich dataframe$var == var. Einen globalen Vergleich kann man mittels all(dataframe$var == var) durchführen, wobei das Resultat TRUE ist, wenn alle Elemente gleich sind, und FALSE, wenn mindestens ein Element unterschiedlich ist.

Wenn man die Maskierung verhindern will, muss man die globale Variable im Workspace löschen. Hierzu empfiehlt es sich, das Objekt zuerst mit detach() zu entfernen, das entsprechende Objekt mit rm(alter) zu löschen und dann den Data Frame mit attach() wieder hinzuzufügen. Wenn alles geklappt hat, sollte das ohne eine Warnung bezüglich einer Maskierung erfolgen.

Wir wollen nun auch noch die anderen kategorialen Variablen in unserem Data Frame zu Faktoren machen. Um zu sehen, welche Variablen noch geändert werden müssen, können wir den Befehl str() (Abschnitt 3.2, Seite 74) verwenden, um die Struktur des Objekts zu untersuchen.

```
> str(master)
```

```
'data.frame':        100 obs. of  15 variables:
 $ id           : num  11 16 17 18 19 20 23 10 66 51 ...
 $ sex          : Factor w/ 2 levels "männlich","weiblich": 2 2 1 2 2 1 1 2 1 2 ...
 $ lalt         : num  2 3 2 3 1 1 2 6 6 3 ...
 $ gross        : num  1.73 1.66 1.78 1.54 1.64 3.89 1.81 1.74 1.83 1.67 ...
 $ mon          : num  266 241 231 265 225 229 222 307 299 232 ...
 $ date         : num  4 5 3 3 2 4 3 4 5 7 ...
 $ entsch       : Factor w/ 5 levels "1","2","3","4",..: 3 4 4 5 3 1 2 4 2 4 ...
 $ proj         : Factor w/ 2 levels "1","2": 2 1 2 2 2 1 2 1 1 1 ...
 $ i1           : num  2 4 2 5 1 5 4 2 5 2 ...
 $ i2           : num  3 2 1 3 4 2 2 3 3 2 ...
 $ i3           : num  3 3 3 2 2 2 4 1 4 5 ...
 $ i4           : num  2 1 2 4 2 1 4 1 2 4 ...
 $ i5           : num  2 1 4 1 3 4 1 1 3 4 ...
 $ alter        : num  22 20 19 22 18 19 18 25 24 19 ...
 $ bitte_löschen: num  -1 -1 -1 -1 -1 -1 -1 -1 -1 -1 ...
```

In der ersten Zeile kann man sehen, dass master ein 'data.frame' ist und 15 Variablen von 100 Fällen (obs. für *observations*) enthält. In den folgenden Zeilen wird (nach dem $) jeweils der Variablenname angegeben, dann von welcher Art (in R-Terminologie „Klasse", auch durch class(), z. B. class(alter), abfragbar) die Variable ist. Wir sehen hier num für numeric und schließlich Factor, wobei die Anzahl der Kategorien bei levels angegeben wird (einige Kategorien werden beispielhaft aufgelistet). Ganz rechts findet man die ersten Werte jeder Variable. Die unsinnige Variable bitte_löschen ist auch noch immer in unserem Datensatz.

Die Variablen lalt und date sind, obwohl nominal, noch numerisch definiert und wir wollen diese jetzt zu Faktoren machen. Außerdem wollen wir bitte_löschen nun wieder aus dem Data Frame entfernen, was durch die Zuweisung von NULL (Abschnitt 3.2) geht.

```
> master <- transform(master,
+     lalt         = factor(lalt),
+     date         = factor(date),
+     bitte_löschen = NULL)
```

Wenn wir mit master erneut str() ausführen, sehen wir, dass die letzte Variable entfernt wurde. Zuletzt wollen wir noch die Kategoriennamen ändern. Das ginge prinzipiell alles auch mit factor() und dem *labels* Argument innerhalb von transform(), allerdings wird dieser sehr lang werden und es ist leicht möglich, dass man sich dabei irrt oder vertippt. In diesem Fall ist die Verwendung der Funktion levels() (siehe Abschnitt 4.3.3) einfacher. Hier muss man darauf achten, die Bezeichnungen in der gleichen Reihenfolge wie im Fragebogen einzugeben.

```
> levels(master$lalt) <- c("älter", "egal", "gleich", "gleich/älter",
+     "gleich/jünger", "jünger")
> levels(master$date) <- c("Abendessen", "Couch", "Disco", "Kino",
+     "Spazieren", "spontan", "Video")
> levels(master$entsch) <- c("Freunde", "Intuition", "Logik", "Moral",
+     "Was?")
> levels(master$proj) <- c("frühzeitig", "Nacht", "Hund")
```

Zum Abschluss speichern wir den adaptierten Datensatz master in der Datei "master.RData". Wenn Sie nur einen Dateinamen ohne Pfad angeben, speichert R die Datei ins Arbeitsverzeichnis. Falls wir uns nicht sicher sind, auf welchen Pfad dieses gerade gesetzt ist, können wir es jederzeit mit getwd() abfragen.

```
> save(master, file = "master.RData")
```

Speichert man Daten mit save(), so muss man das Argument *file* angeben, da das erste Funktionsargument ... beliebig viele zu speichernde Objekte fasst.

4.4.5 Datenkontrolle

Bevor man mit der statistischen Analyse von Daten beginnt, sollte man diese *immer* zuerst auf Korrektheit überprüfen. Bei kleinen Datensätzen, die man vielleicht schon auf Papier erfasst hat, geht das leicht, indem man einfach die eingegebenen Daten mit den Rohdaten vergleicht. Bei größeren Datensätzen kann man zu diesem Zweck diverse statistische Prozeduren verwenden, die eine Übersicht der eingegebenen Daten liefern. Dies kann zum Beispiel bei kategorialen Daten über Häufigkeits- bzw. Kreuztabellen mittels der Funktion table() erfolgen. Bei metrischen Daten wird man neben zusammenfassenden Statistiken verschiedene grafische Methoden, etwa Histogramme mit der Funktion hist(), verwenden.

Die Verwendung dieser Methoden wird in Abschnitt 6.2.1 und Abschnitt 7.1, bzw. in Kapitel 8 noch genauer besprochen. Die Ergebnisse werden dann darauf überprüft, ob die aufgelisteten Werte sinnvoll und plausibel sind. Wichtig dabei ist es jedenfalls, ungewöhnliche Fälle, die vielleicht gar nicht vorkommen können, aufzuspüren.

Eine Funktion, die man verwendet, um schnell und überblicksmäßig Aufschluss über Daten zu gewinnen, ist summary().

```
> summary(master)
```

```
       id              sex           lalt          gross
 Min.   :  1.0   männlich:43   älter      :14   Min.   :1.54
 1st Qu.: 25.8   weiblich:54   egal       :16   1st Qu.:1.66
 Median : 50.5   NA's    : 3   gleich     :22   Median :1.72
 Mean   : 50.5                 gleich/älter :12  Mean   :1.74
 3rd Qu.: 75.2                 gleich/jünger:19  3rd Qu.:1.78
 Max.   :100.0                 jünger     :17   Max.   :3.89
```

```
        mon             date           entsch          proj
 Min.   :219     Abendessen:15   Freunde  :17    frühzeitig:49
 1st Qu.:236     Couch     :15   Intuition:18    Nacht     :51
 Median :264     Disco     :15   Logik    :20    Hund      : 0
 Mean   :266     Kino      :18   Moral    :20
 3rd Qu.:294     Spazieren :10   Was?     :25
 Max.   :328     spontan   :16
                 Video     :11

      i1              i2              i3              i4              i5
 Min.   :1.00    Min.   :1     Min.   :1.00    Min.   :1.00    Min.   :1.00
 1st Qu.:2.00    1st Qu.:2     1st Qu.:3.00    1st Qu.:2.00    1st Qu.:2.00
 Median :4.00    Median :3     Median :4.00    Median :2.00    Median :3.00
 Mean   :3.59    Mean   :3     Mean   :3.86    Mean   :2.29    Mean   :2.91
 3rd Qu.:5.00    3rd Qu.:4     3rd Qu.:5.00    3rd Qu.:3.00    3rd Qu.:4.00
 Max.   :5.00    Max.   :5     Max.   :5.00    Max.   :5.00    Max.   :5.00

     alter
 Min.   :18.0
 1st Qu.:19.0
 Median :21.5
 Mean   :21.8
 3rd Qu.:24.0
 Max.   :27.0
```

Es wird für jede Variable im Data Frame eine kurze Zusammenfassung erzeugt – bei mehreren Variablen (wie bei einem Data Frame) in Blöcken, bei einzelnen zeilenweise. Dabei nimmt R Rücksicht darauf, welche Art von Variable (hier metrisch oder kategorial als Faktor) beschrieben werden soll. Die metrischen, wie etwa mon, erkennt man daran, dass Minimum und Maximum, das arithmetische Mittel (Mean) und noch einige weitere Maßzahlen (auf die wir in Kapitel 8 eingehen) ausgegeben werden. Bei Faktoren werden die Kategorien und ihre Häufigkeiten dargestellt. Auch die Anzahl der NAs wird ausgegeben. Bei der Datenkontrolle werden wir vor allem darauf achten, ob bei metrischen Variablen die Minima und Maxima plausibel sind, bei den Faktoren prüfen wir, ob es Kategorien gibt, die gar nicht vorkommen können.

Wenn wir uns die Ausgabe von summary(master) ansehen, finden wir drei Auffälligkeiten. Bei sex gibt es fehlende Werte: NA's: 3 und bei proj sehen wir, dass niemand die Kategorie Hund angekreuzt hat. Das sind möglicherweise keine Datenfehler.

Gravierender ist aber das Maximum bei gross. Wir finden Max.: 3.89. Eine solche Körpergröße gibt es bei Menschen nicht, also müssen wir sie korrigieren. Falls die Originalfragebögen noch zur Verfügung stehen, können wir dort nachsehen und den richtigen Wert herausfinden. Geht das nicht, werden wir statt 3.89 besser ein NA verwenden und es mittels fix() im Data Frame eintragen.

Bei einem großen Datensatz werden wir mit fix() jedoch schnell an unsere Grenzen stoßen und außerdem sind Änderungen über die Benutzeroberfläche nicht durch Code nachvollziehbar. Eine bessere Idee ist es daher, die Funktion which() zu verwenden. Dieser übergibt man ein logisches Objekt (also eines mit den Werten TRUE und FALSE) und als Ergebnis erhält man einen Vektor mit den Indizes der Elemente, die TRUE sind. Um die Funktionsweise kurz zu illustrieren, sehen wir uns folgendes Beispiel an:

```
> logisch <- c(TRUE, FALSE, FALSE, FALSE, TRUE, TRUE, FALSE, TRUE)
> which(logisch)
```

[1] 1 5 6 8

Das Ergebnis von which() zeigt uns also, dass logisch an den Stellen 1, 5, 6 und 8 TRUE hat. Nun verwenden wir diese Funktion, um die Beobachtungen zu identifizieren, die größer als 2 Meter sind:

```
> which(master$gross > 2)
```

[1] 6

Wir haben gesehen, dass which() ein logisches Objekt benötigt, das durch die logische Operation master$gross > 2 erzeugt wird. Verbal könnte man diesen Befehl so formulieren: „An welchen Stellen in der Variable gross befindet sich ein Wert, der größer ist als 2?"

Das Resultat ist 6, d.h., die Zahl 3.89 findet sich in der 6. Zeile, was man auch in ▶ Abbildung 4.5 sehen kann. Wenn wir dann mittels fix(fragebogen) den Fehler ausbessern wollen, wissen wir schon, wo wir suchen müssen. Die Fragebogennummer, id, können wir natürlich leicht in den Daten nachsehen, wir könnten sie aber auch direkt ausgeben mittels

```
> master[master$gross > 2, "id"]
```

[1] 20

Wir müssen also im Fragebogen mit der id Nummer 20 nachsehen. Der Ausdruck master[, "gross"] > 2 liefert uns, wie oben, die Zeilennummer des gesuchten Elements von master (der erste Index) und "id" spezifiziert die Spalte (siehe auch Abschnitt 4.3.4). which() benötigen wir hier nicht, weil wir ja den Wert von id und nicht die Zeilennummer suchen.

Auf gleiche Weise können wir die Fragebogennummern der fehlenden Werte für die Variable sex eruieren. Der Befehl ist (siehe auch Abschnitt 4.3.4):

```
> master[is.na(master$sex), "id"]
```

[1] 42 33 29

Vergessen Sie nicht, den Data Frame nach Ausbesserungen abzuspeichern. Es gilt, besser zu oft zu sichern, als Arbeit zu verlieren.

4.5 Übungen

1. Erstellen Sie einen Data Frame namens `min.dat` und geben Sie Folgendes ein:

a	ges	gr	gew
21	m	181	69
35	w	173	58
829	m	171	75
2	e	166	69

2. Benennen Sie die Variablen in `Geschlecht`, `Alter`, `Grösse` und `Gewicht` um.

3. Erstellen Sie eine Tabelle der Variable `Geschlecht` und prüfen Sie, ob Eingabefehler vorliegen. Der Wert `e` entstand durch einen Tippfehler, wir nehmen an, dass im Fragebogen „weiblich" stand. Ändern Sie diesen Wert auf `w`.

4. Prüfen Sie die Anzahl der Levels von `Geschlecht` und entfernen Sie Levels, die nicht verwendet werden.

5. Benennen Sie die verbleibenden Levels von `Geschlecht` in „weiblich" für `w` und „männlich" für `m` um.

6. Kontrollieren Sie das Minimum und Maximum des Alters mit `range()`. Offensichtlich hat es grobe Eingabefehler gegeben, die Sie nun folgendermaßen ersetzen: Erstellen Sie eine Variable `auswahl`, die das Ergebnis der logischen Abfrage für „Alter geringer als 20 oder größer als 80" enthält. Wir kennen die wahren Werte nicht, also nutzen Sie die Variable `auswahl`, um die Beobachtungen, deren Altersangaben unter 20 oder über 80 liegen, `NA` zu setzen.

7. Berechnen Sie den Body-Mass-Index (BMI) aller Personen nach der Formel $BMI = m/l^2$ (wobei m für das Gewicht in Kilogramm und l für die Größe in Meter steht) und weisen Sie das Ergebnis der Variable `BMI` in Ihrem Data Frame zu. Geben Sie die Variable aus und runden Sie sie dabei auf eine Nachkommastelle.

8. Verwenden Sie die Funktion `attach()`, um alle Variablen direkt aufrufen zu können.

9. Erstellen Sie ein Balkendiagramm für die Variable `Geschlecht`.

10. Rekodieren Sie die Variable `Grösse` folgendermaßen: Alle Werte unter 170 nennen Sie `klein` und alle größer oder gleich 170 nennen Sie `gross`. Erstellen Sie hiermit eine neue Variable `Grösse_rec` in Ihrem Data Frame und tabulieren Sie sie.

 Datenfiles sowie Lösungen finden Sie auf der Webseite des Verlags.

4.6 R-Befehle im Überblick

`<` `>` `<=` `>=` `==` `!=` Logische Operatoren: „kleiner", „größer", „kleiner-gleich", „größer-gleich", (exakt) „gleich", (exakt) „ungleich" und „nicht".

`&` `&&` `|` `||` `xor(a, b)` Logische Verknüpfungen: „und", „oder", „entweder−
oder". Die einfachen Varianten `&` sowie `|` führen elementweise Vergleiche
durch, während die doppelten Varianten nur das jeweils erste Element verwenden. `xor()` vergleicht immer elementweise.

`%in%` vergleicht, z. B. mit `A %*% B`, alle Elemente von `A` mit den Elementen von `B`.

`[` Für die Verwendung bei Vektoren, Matrizen und Data Frames, siehe Seite 81. Bei
Listen werden damit Unterlisten *als Listen* indiziert und ausgegeben.

`$` dient der Extraktion bzw. Ersetzung von *benannten* Komponenten eines Objekts
(z. B. einer Liste), z. B. `objekt$unterliste`

`[[` indiziert Komponenten, z. B. Unterlisten einer Liste, z. B. `objekt[[1]]` oder
`objekt[["unterliste"]]` bei benannten Komponenten.

`abs(x)` gibt den Absolutbetrag der Werte in x

`all(..., na.rm = FALSE)` testet, ob alle Elemente in ... `TRUE` sind.

`any(..., na.rm = FALSE)` testet, ob mindestens ein Element in ... `TRUE` ist.

`as.data.frame(x)` wandelt das Objekt x in ein Data Frame um.

`attach(what)` fügt ein Objekt dem Suchpfad hinzu und macht dadurch dessen
Unterelemente, z. B. in einem Data Frame `what`, suchbar, so dass man dann
direkt die Variablennamen verwenden kann, ohne den Data Frame angeben zu
müssen (Beispiel: statt `fragebogen$sex` genügt `sex`).

`choose(n, k)` berechnet den Binomialkoeffizienten, „n über k" $\binom{n}{k}$.

`class(x)` gibt an, von welcher Art (in **R**-Terminologie Klasse) das Objekt x ist.
Kann auch verwendet werden, um die Klasse eines Objekts zu definieren, z. B.
`class(x) <- "neueKlasse"`

`cummax(x)` berechnet das kumulative Maximum von x.

`cummin(x)` berechnet das kumulative Minimum von x.

`cumprod(x)` berechnet das kumulative Produkt von x.

`cumsum(x)` berechnet die kumulative Summe von x.

`cut(x, ...)` konvertiert den numerischen Vektor x in einen Faktor. Es werden
dabei die Werte von x in Klassen eingeteilt, ... steht hier für Optionen, deren
Spezifikation die Einteilung steuert.

`detach(name)` entfernt ein Objekt aus dem Suchpfad und hebt somit die direkte Verfügbarkeit von Variablen in `what`, die mittels `attach(what)` bewirkt wurde, wieder auf (Beispiel: statt `sex` muss man wieder `fragebogen$sex` verwenden).

`dim(x)` gibt die Anzahl der Zeilen und Spalten eines Data Frame oder einer Matrix x
an. Hat ein Objekt keine Dimensionen (z. B. ein Vektor), wird `NULL` retourniert.

`edit(name, ...)` öffnet einen Editor. Wenn `name` ein Data Frame (oder eine Matrix)
ist, dann ist es der Dateneditor (Data Editor).

`factor(x = character(), levels, labels = levels, ordered = is.ordered(x))`
x erzeugt einen Faktor aus x, wobei man mit *levels* und *labels* die Ordnung und Bezeichnung der Kategorien steuern kann. *ordered* = TRUE erzeugt einen (ordinalen) „ordered factor".

`factorial(x)`   berechnet die Fakultät von x (x!).

`fix(x, ...)`   ist eine Kurzschreibweise für x <- edit(x), ruft den (Daten) Editor auf und speichert nach Beendigung das geänderte x; siehe edit().

`head(x, ...)`   zeigt die ersten Elemente (standardmäßig 6) von x an.

`hist(x, ...)`   erzeugt ein Histogramm der Werte von x.

`ifelse(test, yes, no)`   ergibt als Resultat ein Objekt (z. B. Vektor oder Matrix), wie es in *test*, einem logischen Ausdruck, verwendet wird. Die Werte des Resultats ergeben sich aus der Spezifikation von *yes* oder *no*, je nachdem, ob *test* TRUE oder FALSE ist. Beispiel: ifelse((1:3) < 2, 10, 20) ergibt 10 20 20.

`Inf`   repräsentiert einen unendlichen Wert ∞ in **R**.

`is.na(x)`   prüft, ob Elemente von x fehlend (NA oder NaN) sind.

`levels(x)`   ermöglicht das Abfragen bzw. Setzen der Kategorien eines Faktors x.

`list(...)`   erstellt aus den unter ... angegebenen Elementen eine Liste.

`load(file)`   lädt Daten aus einer Datei *file*, die mit save() gesichert wurden.

`max(..., na.rm = FALSE)`   gibt den größten Wert aus den unter ... angegebenen Objekten (z. B. einen oder mehrere Vektoren) an.

`min(..., na.rm = FALSE)`   gibt den kleinsten Wert aus den unter ... angegebenen Objekten (z. B. einen oder mehrere Vektoren) an.

`na.omit(object, ...)`   entfernt bei einem Data Frame Zeilen mit fehlenden Werten.

`NA`   zeigt einen fehlenden Wert (NA steht für *not available*) an.

`names(x)`   benennt die Elemente eines Objekts, z. B. bei einem Vektor oder einer Liste.

`NaN`   steht für einen undefinierten numerischen Wert (NaN steht für *not a number*), entsteht z. B. bei 0/0 oder $\infty - \infty$.

`prod(..., na.rm = FALSE)`   ergibt als Resultat das Produkt der Werte aller Objekte, die unter ... angegeben werden.

`range(..., na.rm = FALSE)`   ergibt als Resultat einen Vektor mit dem kleinsten und größten Wert der unter ... angegebenen Objekte (Vektoren, Matrizen, Data Frame etc.)

`recode(var, recodes)`   rekodiert einen Vektor *var* (der numerisch, character oder Faktor sein kann) entsprechend den Spezifikationen, die in *recodes* angegeben werden (Package **car**).

`round(x, digits = 0)`   rundet die Werte in x auf *digits* Nachkommastellen. Ist *digits* = 0 (Voreinstellung), dann wird auf ganze Zahlen gerundet.

`save(..., list = character(), file = stop("'file' must be specified"))` speichert Daten, die entweder kommagetrennt unter `...`, oder als `character` Vektor unter `list` angegeben werden, in der Datei `file`. Diese können mit `load()` wieder eingelesen werden.

`search()` Zeigt den Suchpfad für R-Objekte an – hierbei handelt es sich um geladene Packages sowie Objekte, die mittels `attach()` hinzugefügt wurden.

`sign(x)` Gibt je nach Vorzeichen von Zahlen in x folgende Werte zurück: (i) -1 wenn $x < 0$, (ii) 0 wenn $x = 0$, (iii) 1 wenn $x > 0$

`sqrt(x)` berechnet die Quadratwurzel von x.

`str(object, ...)` zeigt die interne Repräsentation (Struktur) von `object`, das irgendein R-Objekt sein kann.

`subset(x, ...)` ergibt als Resultat einen Ausschnitt von x (üblicherweise Data Frames) nach bestimmten Regeln. Unter `subset` wird ein logischer Ausdruck zur Auswahl der Zeilen (Fälle) angegeben, unter `select` werden die Spalten (Variablen), die ausgegeben werden sollen, spezifiziert.

`sum(..., na.rm = FALSE)` ergibt als Resultat die Summe der Werte aller Objekte, die unter `...` angegeben werden.

`table(...)` dient im einfachsten Fall zur Erstellung einer Häufigkeitsauszählung, d. h., es wird gezählt, wie oft verschiedene Werte in einer Variable (die unter `...` angegeben wird) vorkommen.

`tail(x, ...)` gibt die letzten Elemente (standardmäßig 6) von x an.

`transform(_data, ...)` ermöglicht die Modifikation eines Data Frame. Unter `...` werden einzelne Variablen im Data Frame in der Form `name = wert` angegeben. Es können damit auch neue Variablen im Data Frame erzeugt werden. Die Variablen müssen alle gleiche Länge haben.

`trunc(x, ...)` schneidet Dezimalstellen ab und ergibt ganze Zahlen.

`unlist(x)` erzeugt einen einfachten Vektor aus einer Liste x.

`which(x, arr.ind = FALSE)` ergibt die Indizes für Werte von x, die `TRUE` sind. Beispiel: `which(c(3, 1, 2) == 2)` ergibt 3. Verwendet man Matrizen, kann man eine Zeilen-und-Spalten-Indizierung mit `arr.ind = TRUE` erzeugen.

`with(data, expr, ...)` erlaubt temporären direkten Zugriff auf die Unterelemente des Objekts `data` im Rahmen eines R-Ausdrucks, der in `expr` angegeben wird.

Mehr R

5

ÜBERBLICK

Dieses Kapitel soll Ihnen verschiedene Aspekte von R näherbringen, die den prakti-
schen Umgang mit R betreffen. Zunächst wird die Arbeitsumgebung erläutert, dies
betrifft v. a. die Organisation der Programmoberfläche und die Verbindung zum
Windows-Betriebssystem. Ein eigener Abschnitt behandelt die wichtigsten Elemente
zur Erzeugung von Grafiken. Außerdem werden weiterführende Befehle zur Erstel-
lung eigener Grafiken und fortgeschrittene Pakete wie **grid** *besprochen. Weiters wird*
exemplarisch gezeigt, wie man die Ausgabe für Präsentationen, Berichte oder Publi-
kationen in andere Anwendungen exportieren kann. Der Austausch von Daten bzw.
Dateien mit anderen Programmen, das Verwenden externer Quellen für R-Befehle
sowie das Hilfesystem und Quellen für weitere Informationssuche werden vorgestellt.

Im letzten Abschnitt gibt es noch weiterführende Informationen zu Funktionen,
Objekttypen und -klassen sowie einigen grundlegenden Konzepte in der Program-
mierung (Kontrollfluss usw.).

LERNZIELE

Nach Durcharbeiten dieses Kapitels haben Sie Folgendes erreicht:

- Sie kennen die wesentlichen Elemente der R-Arbeitsumgebung.
- Sie kennen die verschiedenen R-Fenster: R Console, Grafikfenster sowie Daten-/Code-Editor und können damit umgehen.
- Sie wissen, was ein Working Directory (Arbeitsverzeichnis) ist und wie man es abfragt/setzt.
- Sie kennen die wesentlichen Elemente von R-Grafiken. Sie können einfache Grafiken erstellen, weitere Grafikelemente zu ihnen hinzufügen und verschiedene Darstellungsparameter ändern.
- Sie können ein Diagramm mit low-level-Funktionen erstellen und anpassen.
- Sie können mathematische Ausdrücke in R-Grafiken einfügen.
- Sie kennen das **grid** Package und darauf aufbauende Pakete.
- Sie wissen, wie man Text- und Grafik-Output in andere Anwendungen expor-tiert.
- Sie können R-Befehle aus externen und internen Quellen einlesen und aus-führen.
- Sie können Daten aus externen Dateien einlesen und Datendateien erzeugen und exportieren.
- Sie kennen die wichtigsten statistischen Funktionen.
- Sie kennen Funktionen zum Rechnen mit Matrizen.
- Sie können Textelemente in R manipulieren und ausgeben.
- Sie kennen das R-Hilfesystem und verschiedene Suchmöglichkeiten. Sie wis-sen, wo man weitere Informationen finden kann.

■ *Wenn Sie den „Nerd-Abschnitt" durchgearbeitet haben, können Sie:*

– *einfache Funktionen definieren.*

– *Kontrollstrukturen zur bedingten bzw. wiederholten Ausführung von Code erstellen.*

– *mit dem Wissen um die Grundzüge der objektorientierten Programmierung in R selbst einfache Anwendungen programmieren.*

– *Objekttypen und -klassen testen und umwandeln.*

– *Funktionen mit einem oder mehreren Parametern optimieren.*

5.1 Die R-Arbeitsumgebung

In diesem Abschnitt soll kurz die Umgebung, in der Sie mit R arbeiten, beschrieben werden. Wir beschränken uns hierbei auf die Installation unter Windows mit der Anpassung an den SDI-Modus, wie in Abschnitt 3.1.4 ab Seite 56 beschrieben ist. Diese Änderungen sind für die Arbeit mit R praktisch und haben den Vorteil, dass man hauptsächlich mit der R Console arbeitet, wie auch unter anderen Betriebssystemen. In der R CONSOLE geben Sie Befehle ein und erhalten Output. Außerdem geht es um den sogenannten WORKSPACE (v. a. das schon bekannte .GlobalEnv, den Bereich im Hauptspeicher des Computers, in dem alle Aktivitäten stattfinden und dessen Inhalte bis zum Schließen von R vorhanden sind) und schließlich um das sogenannte WORKING DIRECTORY (der Verzeichnispfad, der R zum Lesen und Schreiben externer Dateien zugeordnet ist).

Die R Console

Das zentrale Fenster ist die sogenannte R CONSOLE. Sie ist die „Schaltzentrale", in der Befehle ein- und deren Resultate ausgegeben werden. Wenn man dieses Fenster schließt, dann wird R beendet. Im Prinzip könnten Sie *alles,* was über das Menü steuerbar ist, auch mit R-Befehlen, die Sie in der R Console eingeben, erzielen. Diese Eigenschaft von R ermöglicht es, Aufgaben vollautomatisiert ablaufen zu lassen, ohne die R Console aufrufen und mit R direkt interagieren zu müssen. Darauf werden wir in Abschnitt 5.4 eingehen.

Weitere Fenster, zwischen denen man durch Anklicken oder, unter Windows und Linux, mit Alt + ⇆ wechselt, sind im Folgenden beschrieben.

Das R-Grafikfenster

Wenn man zum ersten Mal eine Grafikfunktion ausführt, öffnet sich ein Grafikfenster (mit dem Fenstertitel **R Graphics: Device 2 (ACTIVE)**, wobei die Information nach dem Doppelpunkt variieren kann) mit der entsprechenden Ausgabe. Werden weitere Grafiken erzeugt, überschreiben diese die alten. Das Grafikfenster bleibt dabei so lange geöffnet, bis man es aktiv schließt oder R beendet. Zur Erstellung von Grafiken siehe Abschnitt 5.2.

Der R Editor

Man kann in diesem Fenster (betitelt mit **R Editor**) R-Befehle von Hand eingeben oder einfügen, aus Dateien einlesen, modifizieren, speichern und an die **R** Console zur Ausführung senden. Dies wird in Abschnitt 5.4 behandelt.

Der Data Editor

Hier können Daten eingegeben und modifiziert werden. Der **R** Dateneditor (betitelt mit **Data Editor**) und seine Bedienung sind in Abschnitt 4.2.1 beschrieben.

Das Menü

Wir wollen nicht im Detail auf die einzelnen Menüpunkte eingehen. Die wichtigsten werden später in den jeweiligen Abschnitten beschrieben. Anzumerken ist, dass sich die Menüs je nach aktivem Fenster ändern.

Über den Menüpunkt **Edit** ▷ **GUI preferences...** lassen sich, wie in Abschnitt 3.1.4 beschrieben, verschiedenste Einstellungen definieren, die das Erscheinungsbild der R-Benutzeroberfläche ändern. Informationen zur Tastensteuerung erhalten Sie über den Menüpunkt **Help** ▷ **Console**.

5.1.1   Der Workspace

Bei der interaktiven Bedienung von **R** erzeugt man Vektoren (z. B. von Zahlen oder Zeichenketten), Matrizen, Data Frames und vieles mehr. Alle diese bezeichnet man in **R** als Objekte. Sie befinden sich im Arbeitsspeicher des Computers und solange **R** läuft, sind sie verfügbar (im vorherigen Kapitel auf Seite 123 haben wir schon die „globale Umgebung", .GlobalEnv, engl. *global environment*, kennengelernt). Wenn man sie nicht speichert (wie das geht, wird gleich weiter hinten besprochen), werden sie beim Beenden von **R** gelöscht. Die Sammlung dieser „flüchtigen" Objekte nennt man WORKSPACE. Mit dem Befehl ls() (oder alternativ objects()) erhält man die Namen der Objekte, die momentan im Workspace gespeichert sind. Wenn Sie z. B. Abschnitt 3.2 bis zum Ende nachvollzogen haben, dann würde ls() folgendes Ergebnis zeigen:

```
> ls()
```
R

```
 [1] "a"           "alter"          "b"        "geschlecht"
 [5] "gewicht"     "gewichtsdaten"  "groesse"  "namen"
 [9] "sex"         "u"              "vektor"   "x"
[13] "X"           "y"              "z"        "Z"
```

Wie bei der Beschreibung der Namenskonventionen auf Seite 88 schon erwähnt, werden Objekte, deren Name mit einem Punkt beginnt, „versteckt". Erst mit dem Argument all.names = TRUE kann man auch diese sehen. Angenommen, wir starten eine neue **R**-Sitzung und erstellen ein Objekt namens .versteckt, so funktioniert ls() folgendermaßen:

```
> .versteckt <- 5
> ls()
```
R

```
character(0)
```

```
> ls(all.names = TRUE)                                                      R
```

```
[1] ".versteckt"
```

Wir sehen also, dass im ersten Fall character(0) ausgegeben wird, was bedeutet, dass ein leerer character-Vektor ausgegeben wird. Wenn wir jedoch alle Namen ausgeben lassen, kommt auch unser Objekt ".versteckt" wieder zum Vorschein.

Um einzelne Objekte aus dem Workspace zu entfernen, kann man rm() verwenden, wobei man die Objektnamen kommagetrennt angibt.

```
> rm(x, Z, gewicht)                                                         R
```

Will man alle (auch versteckte) momentan im Workspace befindlichen Objekte löschen, verwendet man am einfachsten die Menüpunkte Misc ▷ Remove all objects.

Den gesamten Workspace kann man über die Menüpunkte File ▷ Save Workspace... speichern, wobei man dann über einen Windows-Dateidialog eine Datei mit der Endung .RData bestimmen kann. Wenn man R beendet, wird man standardmäßig gefragt, ob man den Workspace sichern will (siehe auch Abschnitt 3.1.3). Antwortet man mit Ja, dann wird der gesamte Workspace im aktuellen Arbeitsverzeichnis (siehe Abschnitt 5.1.2) eine „namenlose" Datei, die nur aus der Endung .RData besteht, angelegt. Gleichzeitig wird noch eine weitere namenlose Datei erzeugt, die nur aus der Endung .Rhistory besteht und die alle in der R-Sitzung eingegebenen Befehle enthält. Auf diese Datei werden wir noch in Abschnitt 5.4.2 näher eingehen.

Die Idee dahinter ist, dass man seine getane Arbeit nicht durch das Schließen von R verliert bzw. einen „Zwischenstand" sichern kann und auch die eingegebenen Befehle noch immer aufrufbar sind (mit den Pfeiltasten ⇧ und ⇩ kann man sie durchblättern). Der Pferdefuß dieser Funktionalität ist jedoch, dass sie *jedes Mal* geladen werden, wenn sie im standardmäßigen Arbeitsverzeichnis (siehe nächster Abschnitt) liegen. Klickt man also einmal versehentlich auf Ja, dann wird genau dieser Workspace bei jedem Start von R geladen und das ist häufig unerwünscht. Um das zu beheben, muss man ins Startverzeichnis gehen und die beiden Dateien .RData und .Rhistory löschen.

Hat man in der vorherigen R-Sitzung das Arbeitsverzeichnis gewechselt, dann wird der dort gespeicherte Workspace nicht automatisch wiederhergestellt. Diesen kann man aber über die Menüpunkte File ▷ Load Workspace... oder mit der Funktion load() laden.

Lädt man einen Workspace nicht zu Beginn einer R-Sitzung, sondern erst später, sollte man darauf achten, keine Objekte zu definieren, die sich auch im gespeicherten Workspace befinden, da sie sonst überschrieben werden. Hat man also z. B. ein Objekt x erzeugt und lädt dann einen Workspace, in dem sich auch ein Objekt x befindet, dann wird das erste überschrieben und x ist jetzt wie im geladenen Workspace definiert.

5.1.2   Working Directory – das Arbeitsverzeichnis

Wenn Sie R starten, dann wird gleichzeitig das ARBEITSVERZEICHNIS (*working directory*) definiert. Das ist das Verzeichnis (Ordner bzw. Pfad), in dem R standardmäßig, d. h. ohne weitere Pfadangabe, Dateien liest oder schreibt. Sie können das aktuelle Arbeitsverzeichnis mittels der Funktion `getwd()` abfragen. Ein Beispiel wäre

```
> getwd()
```

```
[1] "C:/Users/Ruser/Documents"
```

Beachten Sie, dass in R der in Windows verwendete \ (Backslash) *nicht* einfach als Trennzeichen für Laufwerk-, Verzeichnis- und Dateibezeichnungen benutzt werden kann, sondern stattdessen ein / (Schrägstrich bzw. Slash) verwendet werden sollte. Der Grund ist, dass jegliche Pfadangaben in Form einer Zeichenkette gemacht werden müssen und der Backslash innerhalb dieser eine spezielle Funktion hat. Mit Backslashes kann man sog. Escape-Sequenzen definieren, auf die in Abschnitt 5.8.1 näher eingegangen wird. Will man dennoch mit Backslashes arbeiten, so muss man jeden Blackslash verdoppeln, z. B.: `"C:\\Users\\Ruser\\Documents"`. Intern wird dennoch ein Slash verwendet.

Wenn Sie z. B. mit `read.table("fragebogen.dat")` ein Data Frame einlesen wollen, die Datei `fragebogen.dat` sich aber nicht im aktuellen Arbeitsverzeichnis befindet, erhalten Sie eine Fehlermeldung. Nehmen wir an, `fragebogen.dat` befindet sich im Verzeichnis `D:\Data\Work`, dann müsste der entsprechende Befehl `read.table("D:/Data/Work/fragebogen.dat")` lauten.

Der Befehl `dir()` listet Ihnen alle Dateien auf, die sich im aktuellen Arbeitsverzeichnis befinden.

Es empfiehlt sich aus vielerlei Gründen, für verschiedene Aufgabenstellungen auch unterschiedliche Arbeitsverzeichnisse zu verwenden. Sie können das aktuelle Arbeitsverzeichnis über die Menüpunkte **File** ▷ **Change dir…** oder mit dem Befehl `setwd()` ändern. Ein Beispiel wäre

```
> setwd("D:/Data/Work/")
```

Möchten Sie schon direkt beim Aufruf von R ein bestimmtes Arbeitsverzeichnis definiert haben, dann können Sie folgendermaßen vorgehen: In Windows ist das Arbeitsverzeichnis in der Verknüpfung definiert, mit der R durch Anklicken aufgerufen wird (z. B. das R-Icon am Desktop). Wenn Sie mit der rechten Maustaste auf das R-Icon klicken und dann **Eigenschaften** öffnen, dann können Sie den Pfad zum Arbeitsverzeichnis unter **Verknüpfung** und **Ausführen in:** eintragen. Beim Aufruf von R über das R-Icon wird dann automatisch dieses Verzeichnis als Arbeitsverzeichnis festgelegt sein.

5.2 R-Grafik

R ist besonders mächtig, umfangreich und flexibel bei der Erzeugung von Grafiken. Dieser Abschnitt soll einige grundlegende Strukturen zeigen, die dem besseren Verständnis des Aufbaus von Grafiken und ihrer Handhabung dienen sollen. Bei einem ersten Lesen dieses Buchs können Sie diesen Abschnitt überblättern. Sie werden in den Statistikkapiteln auf eine Vielzahl von Grafikfunktionen stoßen, die an den entsprechenden Stellen auch erklärt werden. Vielleicht werden Sie aber dann hierher zurückkommen wollen, um einige Details besser verstehen zu können.

In R gibt es eine Reihe vorgefertigter Grafikfunktionen, die angepasst und modifiziert werden können, es besteht aber auch die Möglichkeit, selbst solche Funktionen zu definieren oder auch Grafiken Schritt für Schritt selbst zu „zeichnen".

Die Grafikbefehle in R können in zwei Hauptgruppen unterteilt werden:

- HIGH-LEVEL PLOTTING FUNCTIONS (Funktionen für vollständige Grafiken): Mit ihnen erstellt man eine komplette Grafik, die meistens mit Achsen, Bezeichnungen, Titel etc. versehen ist. Ihre Auswahl hängt davon ab, welche Art von Daten man wie darstellen möchte.

- LOW-LEVEL PLOTTING FUNCTIONS (Funktionen für einzelne Grafikelemente): Sie dienen hauptsächlich dazu, zu bereits existierenden Grafiken Informationen hinzuzufügen, wie z.B. extra Punkte, Linien, Beschriftungen. Man kann sie aber auch dazu verwenden, eine neue, speziellen Anforderungen entsprechende Grafik Schritt für Schritt zu erstellen.

Zusätzlich dazu gibt es

- GRAFIKPARAMETER: Mit diesen kann man einzelne Aspekte einer Grafik, bzw. „globale" Eigenschaften einer Grafik steuern und modifizieren.

Wir werden auf diese drei wesentlichen Aspekte der Erzeugung von R-Grafiken im Folgenden überblicksmäßig eingehen. Eine komplettere Darstellung ginge weit über den Rahmen dieses Buchs hinaus. An dieser Stelle sei auf das hervorragende Buch von Paul Murrell, *R Graphics* (Murrell, 2011), verwiesen, das Grafiken in R eingehend behandelt. Viele Beispiele samt R-Befehlen findet man in der R Graph Gallery auf der schon erwähnten Webseite *http://gallery.r-enthusiasts.com/*.

5.2.1 High-level Plotting Functions

Diese Funktionen erzeugen vollständige Grafiken, in denen je nach Datenstruktur bestimmte Grafikelemente wie Titel, Achse, Beschriftungen automatisch erzeugt werden und größtenteils anpassbar sind. Die entsprechenden Befehle erzeugen im R-Grafikfenster immer eine neue Grafik, d.h., die alten Inhalte werden (wenn nötig) verworfen.

Wir werden später viele high-level Plotfunktionen kennenlernen, einige wichtige sind: plot(), barplot(), dotchart() und hist().

Die Funktion plot()

Die Funktion plot() produziert verschiedene Arten von Grafiken, die davon abhängen, welche Klasse das erste Argument hat (genau genommen ist plot() eine generische Funktion, Abschnitt 5.11.4). Wir wollen das an einem Beispiel demonstrieren. Wir definieren zwei metrische Variablen x und y sowie einen Faktor f.

```
> x <- c(0.3, 0.3, 0.6, 0.9, 1.3, 2.1, 2.2, 2.6)
> y <- c(0.4, 2, 1.8, 2.3, 0.6, 3, 0.7, 2)
> f <- factor(c(1, 1, 1, 2, 2, 3, 3, 4))
```

Je nach Verwendung von x, y oder f als Argument in plot() entstehen verschiedene Grafiken. Sie sind in ▶ Abbildung 5.1 dargestellt.

plot(x)

> erzeugt einen Indexplot (links oben), in dem Werte von x, dargestellt auf der *y*-Achse, gegen ihren Index (also an welcher Stelle der entsprechende Wert im Vektor steht), dargestellt auf der *x*-Achse, geplottet werden. Zum Beispiel: Der sechste (der Index ist also 6) Wert von x ist 2.1. Daher finden Sie den entsprechenden Punkt, wenn Sie auf der *x*-Achse bei 6 nach oben gehen.

plot(x, y)

> erzeugt einen Scatterplot (Streudiagramm; rechts oben, siehe auch Kapitel 9.1.1). Es werden die Punkte von x gegen y aufgetragen. Dabei wird das erste Argument, hier also x, auf der *x*-Achse und das zweite, also y, auf der *y*-Achse dargestellt. Zum Beispiel: Der sechste Wert von x ist 2.1, der sechste Wert von y ist 3.0. Daher finden Sie den sechsten Punkt bei den Koordinaten 2.1 und 3.0.

plot(f)

> erzeugt ein Balkendiagramm (links unten). Es werden die Häufigkeiten der Kategorien des Faktors f dargestellt. Zum Beispiel: Die Kategorie 1 kommt dreimal vor, daher ist die Höhe des Balkens 3.

plot(f, x)

> erzeugt Boxplots (rechts unten). Hier wird die Verteilung der Werte von x nach den Kategorien von f dargestellt (Boxplots werden in Kapitel 8 und Kapitel 10 behandelt).

Die folgenden Befehle generieren die ▶ Abbildung 5.1. Wir haben hier alle vier Plots in einer Grafik dargestellt. Wie man das macht, wird in Abschnitt 5.2.3 beschrieben.

```
> plot(x)
> plot(x, y)
> plot(f)
> plot(f, y)
```

Die Funktion curve()

Die Funktion curve() wurde schon in Abschnitt 3.2 (Seite 77) verwendet und ist besonders nützlich, wenn es darum geht, (univariate) Funktionen zu visualisieren. curve() folgt diesem Schema:

curve(*expr*, *from*, *to*, *n* = 101, ...)

Das Kernstück dieser Funktion ist das erste Argument, *expr*, da dieses ein Ausdruck einer Funktion von x und somit die zu zeichnende Funktion ist. Um die logistische Funktion $f(x) = \exp(x)/[1 + \exp(x)]$ zu plotten muss der Ausdruck also exp(x)/(1 + exp(x)) sein.

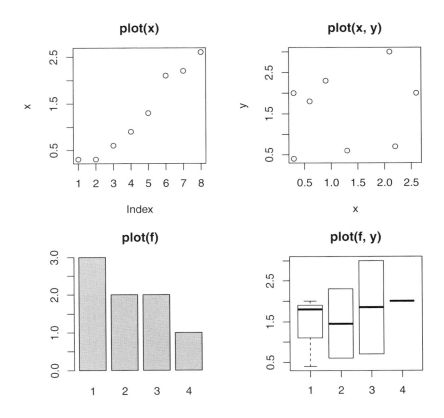

Abbildung 5.1: Verschiedene Anwendungen der plot() Funktion je nach Datentyp

Die Argumente *from* und *to* bestimmen den Bereich, in dem die Funktion gezeichnet werden soll, und *n*, das standardmäßig 101 ist, legt fest, an wie vielen Stellen die Funktion berechnet wird. Stellt man *from* = -1, *to* = 1, *n* = 3, so wird die Funktion nur an $x = \{-1, 0, 1\}$ berechnet und ist wahrscheinlich dementsprechend „unschön", weil kantig. Höhere Werte von *n* führen oft zu schöneren Ergebnissen, jedoch kann das Faktoren wie Dateigröße, Rechenaufwand etc. massiv negativ beeinflussen.

In ► Abbildung 5.2 zeichnen wir die logistische Funktion im Intervall [−5, 5], links mit *n* = 6 und rechts mit *n* = 1001. Abgesehen von den unterschiedlichen Angaben für *n* verwenden wir diesen Code:

```
> curve(exp(x)/(1 + exp(x)), -5, 5)
```

Wir sehen, dass die Darstellung rechts aufgrund der höheren Auflösung entsprechend glatter und schöner ist.

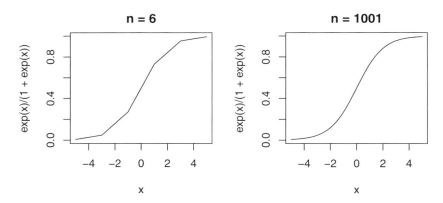

Abbildung 5.2: Zwei Abbildungen einer logistischen Funktion

Nützliche Argumente bei high-level Plotfunktionen

Daten sind immer das erste bzw. die ersten Argumente bei high-level Plotfunktionen. Es gibt aber noch eine Reihe weiterer Argumente bzw. Optionen, deren Spezifikation das Aussehen der erzeugten Grafiken verändert.

Die wichtigsten sind:

`main = "Zeichenkette"`
`sub = "Zeichenkette"`
> Titel und Untertitel eines Plots.

`xlab = "Zeichenkette"`
`ylab = "Zeichenkette"`
> Beschriftungen (*labels*) der horizontalen und vertikalen Achsen.

`ann = TRUE/FALSE`
> steht für *annotation* und unterdrückt, wenn `FALSE`, Titel, Untertitel sowie Beschriftungen der x- und y-Achsen.

`xlim = c(x1, x2)`
`ylim = c(y1, y2)`
> Wertebereich (*limit*) auf den Achsen, in dem geplottet wird. Wenn `x1 > x2`, dann wird die Achse „umgedreht".

`type`   (für Beispiele, siehe ▶ Abbildung 5.3)

> `type = "p"`   zeichnet nur Punkte.

> `type = "l"`   verbindet die Punkte mit Linien, lässt die Punkte aber weg.

> `type = "b"`   zeichnet sowohl Linien als auch Punkte, wobei zwischen beiden Elementen ein Abstand gesetzt wird.

> `type = "o"`   zeichnet sowohl Linien und Punkte ohne Abstand dazwischen (*overplotting*).

> `type = "c"`   zeichnet Linien und „leere Punkte" – wie `type = "b"` ohne Punkte.

> `type = "h"`   zeichnet einen histogrammartigen Plot, d.h., es werden vertikale Linien von $y = 0$ ausgehend gezeichnet.

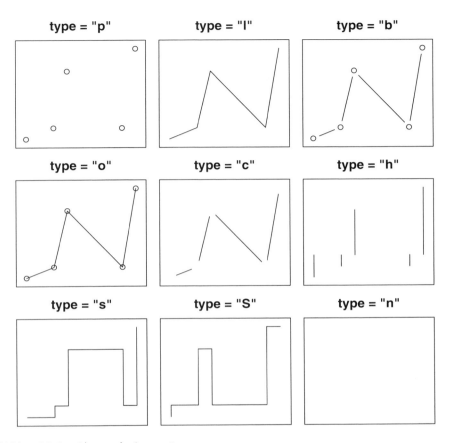

Abbildung 5.3: Auswirkungen des Arguments type

> type = "s" oder "S" zeichnet eine Treppenfunktion, wobei "s" erst beim folgenden Wert auf den entsprechenden y-Wert springt und "S" gleich auf den nächsten y-Wert springt.
>
> type = "n" – es wird ein leerer Plot gezeichnet. Diese Option ist besonders dann nützlich, wenn man eine maßgeschneiderte Grafik durch Hinzufügen spezieller Elemente mittels low-level Plotfunktionen (Abschnitt 5.2.2) zeichnen möchte.

axes = TRUE/FALSE
> unterdrückt die Erzeugung von Achsen. Diese Option ist nützlich, wenn man (wie später beschrieben) das Aussehen der Achsen modifizieren möchte.

xaxs = "r" oder "i"

yaxs = "r" oder "i"
> Steuert die Intervallbreite für den Plot. Standardmäßig wird mit "r" (regular) auf beiden Seiten ein Abstand von 4% der Spannbreite von xlim bzw. ylim hinzugefügt. Die Option "i" (internal) führt dazu, dass kein zusätzlicher Abstand verwendet wird.

log = "Zeichenkette"
>   Verwendet zum Plotten eine logarithmische Achse, wenn "x" oder "y" bzw. beide Achsen logarithmisch mit "xy" oder "yx".

frame.plot = TRUE/FALSE
>   Bestimmt, ob ein Rahmen um den Plot gezeichnet wird.

Wir wollen als Beispiel für die Verwendung der curve() Funktion und einiger Optionen die Logarithmusfunktion für Werte zwischen 1 und 10, wie wir sie schon ganz einfach in Abschnitt 3.2 gezeichnet haben, darstellen. Um den Unterschied zwischen Logarithmen zur Basis 2, *e* und 10 zu zeigen, erstellen wir drei Plots mit curve(), wobei die letzten zwei das Argument add = TRUE besitzen müssen, da diese sonst den vorherigen Plot überschreiben würden. Da log(x, *base* = 2) die größten Werte annimmt, zeichnen wir diese zuerst und setzen folgende Argumente:
(i) mit *lty* soll der natürliche Logarithmus (Basis *e*) durchgehend gezeichnet werden (1), der Logarithmus dualis gestrichelt (2) und der dekadische Logarithmus mit Punkten (3), (ii) die *x*-Achse wird mit *x* und die *y*-Achse mit Werte für log(x) beschriftet (*xlab* = "x", *ylab* = "Werte für log(x)"), (iii) nur *x*-Werte von 1 bis 5 (*xlim* = c(1, 5)) und *y*-Werte von 0 bis 2.5 (*ylim* = c(0, 2.5)) werden dargestellt, (iv) die Grafik wird mit „Logarithmusfunktionen" betitelt, (v) auf der *y*-Achse soll kein zusätzlicher Abstand beim Plot sein (*yaxs* = "i") und (vi) die Linie für den natürlichen Logarithmus soll doppelt so dick sein (*lwd* = 2).

Der entsprechende Befehl mit der Ausgabe in ► Abbildung 5.4 lautet

```
> curve(log(x, base = 2), 1, 10, lty = 2, xlim = c(1, 5), ylim =
+     c(0, 2.5), xlab = "x", yaxs = "i", ylab = "Werte für log(x)",
+     main = "Logarithmusfunktionen")
> curve(log(x), 1, 10, lwd = 2, lty = 1, add = TRUE)
> curve(log(x, base = 10), 1, 10, lty = 3, add = TRUE)
```

R

5.2.2 Hinzufügen von Grafikelementen (low-level plotting functions)

Manchmal produzieren die high-level Plotfunktionen nicht genau das, was man sich gewünscht hat. In diesem Fall greift man auf low-level Plotfunktionen zurück. Es gibt hierbei im Wesentlichen zwei Anwendungsbereiche: (i) Man fügt zu einer Grafik etwas hinzu oder (ii) man erzeugt eine Grafik von Grund auf.

Die wichtigsten low-level Plotfunktionen sind

points(*x*, *y*)
>   zeichnet Punkte an den Koordinaten, die in den Vektoren x und y stehen. Dieser Befehl ist analog zu plot(*x*, *y*, *type* = "p").

lines(*x*, *y*)
>   verbindet die Punkte, deren Koordinaten in den Vektoren x und y stehen. Dieser Befehl ist analog zu plot(*x*, *y*, *type* = "l").

segments(*x0*, *y0*, *x1*, *y1*)
>   zeichnet Linien zwischen den angegebenen Koordinaten von *x0*, *y0* nach *x1*, *y1*.

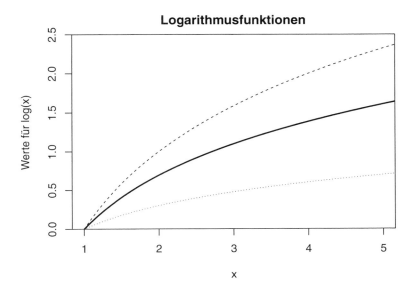

Abbildung 5.4: Mittels `curve()` erzeugte und durch entsprechende Optionen modifizierte Grafik

`arrows(x0, y0, x1, y1, length, angle, code)`
> zeichnet Pfeile zwischen den angegebenen Koordinaten von *x0, y0* nach *x1, y1*. Mit `code` steuert man, ob eine Pfeilspitze bei dem ersten Koordinatenpaar (1), beim zweiten (2) oder bei beiden (3) gezeichnet wird. Die Argumente `length` und `angle` definieren die Länge und den Winkel der Pfeilspitzen.

`polygon(x, y)`
> zeichnet ein Polygon (Vieleck).

`text(x, y, labels)`
> schreibt Text, der im Vektor `labels` steht, an den Koordinaten x und y. Wie `points()`, nur wird anstelle der Punkte Text geplottet.

`mtext(text, side, line)`
> schreibt `text` in den Rand auf Seite `side`.

`abline()`
> wird in Kapitel 8 und Kapitel 9 beschrieben.

`legend()`
> wird in Abschnitt 9 beschrieben.

`title(main, sub)`
> erzeugt Titel und Untertitel.

`axis(side, ...)`
> wird später beschrieben.

`asp` erzwingt ein bestimmtes Seitenverhältnis (engl. *aspect*) des Plots – `asp = 1` beispielsweise führt dazu, dass die Werte auf x- und y-Achse genau gleich groß sind.

Als erstes Beispiel wollen wir eine Grafik modifizieren, die wir in Abschnitt 3.2 erzeugt haben. In ► Abbildung 3.13 wird ein Streudiagramm dargestellt, in dem die Variablen Gewicht und Körpergröße von fünf Personen gegeneinander aufgetragen wurden. Auf den Seiten 71 und 72 hatten wir folgende Variablen definiert

```
> gewicht <- c(56, 63, 80, 49, 75)
> groesse <- c(1.64, 1.73, 1.85, 1.6, 1.81)
> namen <- c("Gerda", "Karin", "Hans", "Doris", "Ludwig")
```

und mittels

```
> plot(groesse, gewicht)
```

die Grafik in ► Abbildung 3.13 erstellt.

Wir wollen diese nun etwas modifizieren, indem wir zu den Punkten zusätzlich die Namen hinzufügen. Man kann eine Grafik leicht mittels der Funktion text() beschriften, d. h. zu einer erstellten Grafik Text hinzufügen. Bei plot() geben die ersten beiden Variablen die Koordinaten der Punkte an, bei text() sind es die Koordinaten, wo ein Text stehen soll. Dieser Text wird mit der Option *labels* spezifiziert. Da die Werte in groesse und gewicht die Koordinaten der Punkte im Plot beschreiben, würde die Beschriftung genau über den Punkten zu liegen kommen. Für solche Fälle gibt es in der Funktion text() die Option *pos*, mit der man durch Angabe einer Zahl von 1 bis 4 angeben kann, ob der Text unterhalb (1), links (2), oberhalb (3) oder rechts (4) der jeweiligen Koordinaten geplottet wird. Wir wählen oberhalb, d. h., *pos* = 3. Durch folgenden Befehl erhalten wir die modifizierte Grafik in ► Abbildung 5.5.

```
> text(groesse, gewicht, labels = namen, pos = 3)
```

Die Grafik hat den kleinen Schönheitsfehler, dass die Punkte rechts oben und links unten sehr nah am Rand liegen und daher die Beschriftung nicht optimal ist. Da die Anwendung von text() aber erst nach plot() erfolgt und die Größe der Grafik dadurch schon festgelegt ist, müssen wir beide Befehle nochmals durchführen, um eine schönere Grafik zu erhalten. Wir würden dazu in plot() durch die Optionen *xlim* und *ylim* den Darstellungsbereich ändern. Versuchen Sie dies als Übung.

Als zweites Beispiel wollen wir eine Grafik quasi von Grund auf erzeugen. Es soll der gleiche Inhalt wie gerade eben dargestellt werden, allerdings wollen wir (i) statt der Punkte die Namen verwenden, (ii) unterhalb der Namen soll der Body-Mass-Index stehen, (iii) damit wir wissen, wie groß und schwer die Personen sind, sollen diese Werte an den Achsen stehen, (iv) die Achsen sollen oben und rechts gezeichnet werden. Das Resultat finden Sie in ► Abbildung 5.6. Diese Grafik ist zugegebenermaßen etwas eigenartig, soll aber nur verschiedene Möglichkeiten demonstrieren.

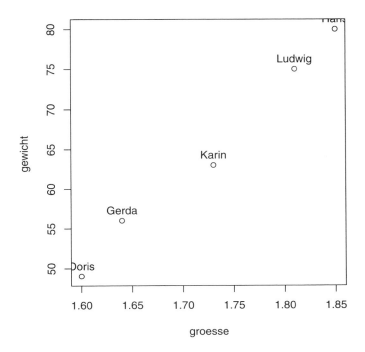

Abbildung 5.5: Mittels `text()` ergänzte Grafik

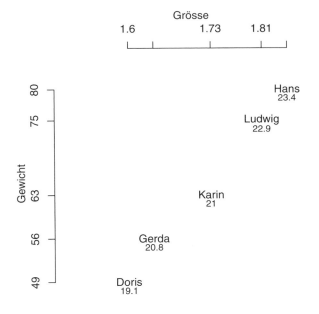

Abbildung 5.6: Mittels `text()` ergänzte Grafik

Die dazu notwendigen Befehle sind:

```
> plot(groesse, gewicht, type = "n", axes = FALSE, ann = FALSE,
+      xlim = c(1.5, 1.9), ylim = c(45, 85))
> text(groesse, gewicht, labels = namen)
> axis(side = 2, at = gewicht, labels = gewicht)
> axis(side = 3, at = groesse, labels = groesse)
> bmi <- round(gewicht/(groesse^2), digits = 1)
> text(groesse, gewicht, labels = bmi, pos = 1, cex = 0.8)
> mtext("Gewicht", side = 2, line = 2)
> mtext("Grösse", side = 3, line = 2)
```

Im Einzelnen passiert Folgendes:

- Zunächst wird mit `plot()` die Grafik erzeugt. Durch `type = "n"` wird sie aber nicht gezeichnet, sondern es werden nur die Bereiche festgelegt, in die dann durch die darauffolgenden Befehle tatsächlich gezeichnet wird. Mit `axes = FALSE` werden die Achsen unterdrückt, mit `ann = FALSE` auch deren Beschriftung. Die Optionen `xlim` und `ylim` definieren den Zeichenbereich.

- Mit `text(groesse, gewicht, labels = namen)` werden die Namen der Personen an die Stellen (zentriert) geschrieben, die durch die Koordinaten in `groesse` und `gewicht` definiert sind.

- Die nächsten beiden Befehle zeichnen die Achsen, bei `side = 2` ist es eine Achse links, bei `side = 3` eine oben (die Nummerierung ist analog zu `pos` wie im vorigen Beispiel). Die Option `at` zeichnet die Achsenstriche (engl. *ticks*) an den Stellen, deren Werte in den angegebenen Vektoren (also `groesse` und `gewicht`) stehen. Die Beschriftung wird (analog) durch `label` definiert. Die Vektoren für `at` und `label` sollten die gleiche Länge haben.

- Als Nächstes rechnen wir den Body-Mass-Index `bmi` aus. Dieser ist definiert als Gewicht (in kg) dividiert durch die quadrierte Körpergröße (in m) und gibt ein Maß, ob jemand normal-, über- oder untergewichtig ist.

- Mittels des darauffolgenden `text()` Befehls schreiben wir die BMI-Werte unterhalb der Namen (`pos = 1`). Das Argument `cex` ist ein sogenannter Grafikparameter (Abschnitt 5.2.3), der die Größe der Beschriftung skaliert, `0.8` sind 80 % der normalen Größe.

- Schließlich verwenden wir noch die Funktion `mtext()`, die es erlaubt, den Achsen ein Label zu geben. Das erste Argument ist der zu plottende Text, `side` gibt wieder die Position an und `line` spezifiziert, um wie viele „Zeilen" der Text von der Achse entfernt ist.

Als drittes Beispiel wollen wir keine Daten darstellen, sondern uns hauptsächlich der Möglichkeiten diverser hilfreicher Funktionen widmen. In ▶ Abbildung 5.7 sehen wir das Resultat der folgenden Codeblöcke. Einige der Grafikparameter sind Vorgriffe auf Abschnitt 5.2.3, werden jedoch erklärt.

Wir wollen mit einem Heptagon (Siebeneck) arbeiten, dessen x- und y-Koordinaten am Einheitskreis (Radius = 1) einfach mit den Kosinus- und Sinuswerten der entsprechenden Winkel berechnet werden können. Dazu erstellen wir als Erstes ein Objekt `winkel`, das den Bereich von 0 bis 360 Grad in 8 Punkte teilt. Der erste und letzte Wert (0 und 360 Grad) ist jeweils redundant, daher entfernen wir den achten Wert und rotieren die Winkel um 90 Grad im Uhrzeigersinn.

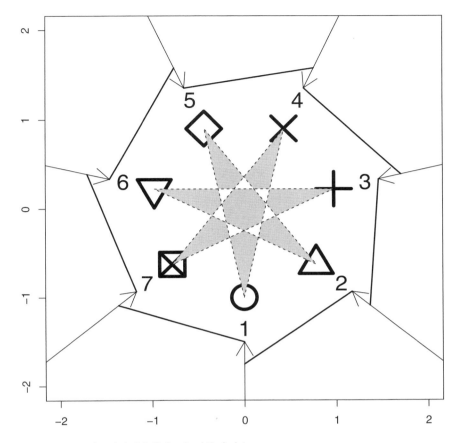

Abbildung 5.7: Anwendungsbeispiele für low-level Plotfunktionen

```
> winkel <- seq(0, 360, length.out = 8)
> winkel <- winkel[-8] - 90
> winkel
```
R

```
[1] -90.000 -38.571  12.857  64.286 115.714 167.143 218.571
```

Nun können wir die Cosinus- und Sinuswerte ausrechnen, jedoch haben wir unsere
Angaben in Grad – um diese in Radianten für die R-Funktionen cos() und sin()
umzurechnen, stellt das Package **REdaS** die Funktion deg2rad() bereit, welche die
Umwandlung einfach macht. Um uns einen Überblick zu verschaffen, sehen wir die
Koordinaten mittels rbind() an.

```
> library("REdaS")
> x <- cos(deg2rad(winkel))
> y <- sin(deg2rad(winkel))
> round(rbind(x, y), 4)
```
R

```
        [,1]    [,2]   [,3]    [,4]    [,5]    [,6]    [,7]
x       0    0.7818 0.9749  0.4339 -0.4339 -0.9749 -0.7818
y      -1   -0.6235 0.2225  0.9010  0.9010  0.2225 -0.6235
```

Als Erstes erstellen wir einen Plot mit den x- und y-Grenzen -2 und 2, wodurch wir einen Punkt bei $\{-2, -2\}$ und den anderen bei $\{2, 2\}$ hätten – durch `type` = "n" werden diese jedoch nicht gezeichnet, aber die Grenzen des Plots werden entsprechend gesetzt (`xlim` und `ylim`). Beschriftungen der Achsen, Titel etc. schalten wir mit `ann` = FALSE ab und wir erzwingen mit `asp` = 1 ein Seitenverhältnis von 1 : 1.

Danach beschriften wir mit `text()` die Ecken des Siebenecks – wir vergrößern den Radius jedoch auf 1.35, indem wir die Werte von x und y damit multiplizieren. Um die Lesbarkeit zu verbessern, verdoppeln wir die Textgröße mit `cex` = 2. Auf dem Einheitskreis fügen wir außerdem die Plotsymbole von `pch` = 1 bis 7 mit einer Linienstärke von `lwd` = 5 hinzu.

```
> plot(c(-2, 2), c(-2, 2), ann = FALSE, type = "n", asp = 1)
> text(x * 1.35, y * 1.35, labels = 1:7, cex = 2)
> points(x, y, cex = 5, lwd = 5, pch = 1:7)
```

Nun erzeugen wir ein Polygon, wobei wir die Punkte so verbinden, dass immer zwei Ecken ausgelassen werden, was zur Folge $\{1, 4, 7, 3, 6, 2, 5\}$ führt. Die neu sortierten Koordinaten speichern wir in x2 und y2 ab, die wir mit `polygon()` verwenden. Um das Polygon mit unterbrochenen Linien zu zeichnen, verwenden wir `lty` = 2 und für die Flächenfarbe verwenden wir ein helles Grau mit `col` = gray(.75) (die Funktion `gray()` nimmt Werte zwischen 0 = Schwarz und 1 = Weiß).

```
> x2 <- x[c(1, 4, 7, 3, 6, 2, 5)]
> y2 <- y[c(1, 4, 7, 3, 6, 2, 5)]
> polygon(x2, y2, lty = 2, col = gray(0.75))
```

Nun zeichnen wir noch Pfeile, die vom dreifachen Radius bis zum 1.5-fachen Radius in die Mitte zeigen. Und abschließend werden noch Segmente eingezeichnet, die gegen den Uhrzeigersinn von einem Punkt (1.75-facher Radius) zum nächsten (1.5-facher Radius) gehen. Damit Endpunkte der Segmente zwischen den unterschiedlichen Winkeln wechseln, müssen wir die Reihenfolge der Endpunkte um ein Element verschieben, was wir dadurch machen können, dass wir zuerst die Elemente von 2 bis 7 nehmen und zum Schluss das erste einsetzen.

```
> arrows(x * 3, y * 3, x * 1.5, y * 1.5)
> segments(1.75 * x, 1.75 * y, 1.5 * x[c(2:7, 1)],
+     1.5 * y[c(2:7, 1)], lwd = 2)
```

Die entstandene Grafik ist zwar an sich kein statistischer Plot, jedoch enthält sie eine große Menge an verschiedenen Befehlen und ihre Anwendungen. Im Analogieschluss können Sie diese low-level Befehle also in Ihren Grafiken einsetzen, um diese entsprechend anzupassen.

5.2.3 Spezielle Einstellungen (Graphical Parameters)

Mithilfe von Grafikparametern lässt sich nahezu jedes Element einer Grafik anpassen. R verwaltet eine große Anzahl solcher Parameter, die verschiedenste Aspekte wie Farben, Linienstärken, Anordnung einzelner Grafiken oder Textausrichtung kontrollieren. Jeder Grafikparameter hat einen Namen (wie z. B. *col* für Farbe) und einen oder mehrere Werte, man spricht auch von *name* = value Repräsentation.

Wenn sich beim Erzeugen einer Grafik zum ersten Mal ein Grafikfenster öffnet, werden die Standardeinstellungen der Grafikparameter wirksam (außer Sie haben diese beim Aufruf schon modifiziert). Grafikparameter können auf zwei Arten gesetzt werden: Erstens durch die Funktion par(), dann bleiben die Einstellungen so lange bestehen, wie Sie sie nicht durch einen weiteren par() Befehl ändern oder bis Sie das Grafikfenster schließen. Zweitens, wenn Sie Grafikparameter im Aufruf von Grafikfunktionen (als zusätzliches Argument, wie z. B. oben *cex*) spezifizieren. Dann ist die Wirksamkeit nur temporär, also auf die Ausführung des jeweiligen Grafikbefehls beschränkt.

Einige wichtige Grafikparameter

Grob gesprochen kann man Grafikparameter in zwei Klassen einteilen:

- einfachste Charakteristika von Grafikelementen, wie Farbe, Linientyp, Linienstärke etc.
- Charakteristika, die übergeordnete Aspekte der Erzeugung von Grafiken betreffen, wie die Generierung von Achsen (Algorithmen zur Bestimmung der Achsenstriche, Beschriftungen etc.), Größe und Anordnung bei multiplen Grafiken, Abstände vom Rand etc.

Es sollen hier nur die wichtigsten und am häufigsten verwendeten Grafikparameter beschrieben werden, eine komplette Auflistung finden Sie in der Hilfe zu par() d. h. wenn Sie z. B. ?par eintippen. In Abschnitt 5.10 wird das R-Hilfesystem beschrieben.

Im Folgenden sehen Sie eine Auswahl an Grafikparametern:

pch definiert den *plotting character*, d. h. jenes Zeichen, das beim Plot von Punkten (z. B. mittels plot() oder points()) verwendet werden kann. Sie können eine Zahl zwischen 0 und 25 verwenden oder aber ein Zeichen wie z. B. einen Buchstaben (z. B. *pch* = "A"), eine Zahl als Zeichenkette (z. B. *pch* = "3") oder "*", "+" etc. eingeben. Wenn Sie den Befehl plot(0:25, *pch* = 0:25) eingeben, erhalten Sie alle Standardsymbole (siehe auch ?points, Abschnitt 'pch' values).

lty spezifiziert den Linientyp (engl. *line type*). Man kann eine Zahl zwischen 0 und 6 angeben (0 ist unsichtbar, 1 ist durchgezogen etc.) oder eine Spezifikation wie z. B. "blank" (unsichtbar), "solid" (durchgezogen), "dashed" (strichliert), "dotted" (punktiert).

lwd spezifiziert die Linienstärke (engl. *line width*). Hier gibt man eine Zahl größer als 0 an, die das Vielfache der Standardstärke festlegt.

cex definiert die Text- oder Symbolgröße als Vielfaches der Standardgröße (engl. *character expansion*).

col definiert die Farbe von Grafikelementen wie Linien, Punkten, Plotsymbolen etc. Man kann die Zahlen von 1 bis 8 für Standardfarben oder einen benannten Farbnamen wie z. B. "red" verwenden. Eine Liste aller 657 möglichen Standardfarbnamen erhalten Sie durch Eingabe von colors() (bzw. in britischem Englisch: colours()). Man kann auch beliebige RGB-Farben erzeugen, indem man der Funktion rgb() Farbwerte zwischen 0 und 1 für *red*, *green* und *blue* (optional auch Transparenz mit *alpha*) angibt, die dann in einen Hexadezimal-Code als Zeichenkette umgewandelt werden. Schwarz erhält man mit rgb(0, 0, 0) ("#000000"), Weiß mit rgb(1, 1, 1) ("#FFFFFF"), Rot mit rgb(1, 0, 0) ("#FF0000"). Graustufen kann man mit gray() (bzw. britisch grey()) erzeugen, wobei man hier eine Zahl von 0 (Schwarz) bis 1 (Weiß) eingibt.

mfrow bzw. *mfcol* für multiple Grafiken (siehe Seite 153).

Permanente Änderungen der Grafikparameter mit der Funktion par()

Die Funktion par() kann auf zwei Arten verwendet werden: Man kann *globale* Grafikparameter setzen und man kann sie abfragen. Wollen Sie z. B. wissen, welcher Linientyp eingestellt ist, können Sie das so abfragen (der Grafikparameter muss dabei in Anführungszeichen gesetzt werden):

```
> par("lty")
```

Wenn Sie den Linientyp auf gestrichelt und die Linienstärke auf doppelt ändern wollen, geht das mittels

```
> par(lty = 2, lwd = 2)
```

Die Verwendung der par() Funktion definiert quasi einen neuen Standardwert, d. h., *alle* nachfolgenden Linien werden auch gestrichelt gezeichnet. Das ist oft unerwünscht, da es auch Auswirkungen auf Elemente hat, die nicht zur Visualisierung der Daten dienen (z. B. würde par(*lwd* = 2) dazu führen, dass auch die Umrandung der Grafik eine doppelt so dicke Linie hat wie normal, usw.).

Meistens will man einige Parameter ändern, dann Grafiken oder Grafikelemente erstellen und schließlich zu den ursprünglichen Einstellungen zurückkehren. Am einfachsten ist es, das Grafikfenster zu schließen (das derzeit aktive Grafikfenster kann mit der Funktion dev.off() geschlossen werden), da Änderungen durch par() nur für das gerade geöffnete Grafikfenster oder für eine unmittelbar nach dem par() Befehl in einem neuen Fenster erstellte Grafik wirksam sind.

Wenn man das Grafikfenster aber nicht schließen will, kann man folgendermaßen vorgehen. Die Funktion par() gibt immer die momentan eingestellten Werte als Liste zurück. Man kann so gleichzeitig neue Werte setzen und dabei die alten abspeichern.

```
> oldpar <- par(lty = "dotted")
```

Wenn wir die derzeitigen Einstellungen mittels par() mit den ursprünglichen in oldpar vergleichen, sehen wir, dass derzeit der Linientyp "dotted" eingestellt ist, während in oldpar$lty die Einstellung "solid" gespeichert ist (wenn wir die Definition par(*lty* = 2, *lwd* = 2) oben nicht eingegeben haben). Die folgenden Linien werden also gestrichelt gezeichnet. Durch den Befehl

```
> par(oldpar)
```
R

bekommen wir die alten Einstellungen zurück.

Beabsichtigen Sie, während einer R-Sitzung öfter die Grafikparameter neu zu setzen, empfiehlt es sich, zu Beginn alle Standardwerte zu speichern. Dies kann man mit dem Befehl def.par <- par(*no.readonly* = TRUE) erreichen. Die Option *no.readonly* = TRUE gibt an, dass nur veränderbare Parameter zurückgegeben werden sollen. Mittels par(def.par) bekommt man dann die ursprünglichen Einstellungen zurück.

Temporäre Änderungen der Grafikparameter

Grafikparameter können bei (fast) jeder Grafikfunktion als zusätzliche Argumente angegeben werden. Das hat den gleichen Effekt wie die Verwendung von par(), mit dem Unterschied, dass das Verhalten nur für den einen Funktionsaufruf geändert wird, ohne die Standardeinstellungen zu modifizieren. So zeichnet z. B. lines(1:2, *col* = "red") eine rote Linie. Beim nächsten Aufruf von lines() wird diese aber wieder schwarz sein. Funktioniert diese Verwendung der Spezifikation von Grafikparametern einmal nicht, dann muss man auf par() zurückgreifen.

Multiple Grafiken

Manchmal möchte man mehrere Grafiken in einer Abbildung darstellen. Wir haben dies schon in ▶ Abbildung 5.1 gesehen. Die entsprechenden (permanenten) Grafikparameter sind *mfrow* bzw. *mfrow*.

Durch ihre Spezifikation definiert man eine „Grafikmatrix" und erlaubt multiple Plots innerhalb einer Grafik. Die Spezifikation erfolgt in der Form c(nr, nc), wobei nr die Anzahl der Zeilen und nc die Anzahl der Spalten festlegt. Zum Beispiel erstellt die Spezifikation par(*mfrow* = c(2, 2)) einen Grafikbereich wie in ▶ Abbildung 5.1. Die Felder werden sukzessive mit einzelnen Plots aufgefüllt (bei *mfrow* zeilenweise, bei *mfcol* spaltenweise). Wenn alle Felder belegt sind, wird eine neue Matrix generiert und es beginnt alles von vorne (der nächste Plot ist dann wieder links oben).

Wie im Beispiel auf Seite 140 wird hier par() verwendet. Will man wieder einzelne Grafiken, kann man (wie dort) die Grafikparameter zurücksetzen oder man definiert par(*mfrow* = c(1, 1)).

Mehr Kontrolle und Flexibilität für multiple Grafiken bieten die Funktionen layout() und split.screen(). Ein Beispiel für Erstere sehen Sie in ▶ Abbildung 5.8.

Mathematische Ausdrücke in Grafiken

In R kann man auch mathematische Ausdrücke und Beschriftungen in Grafiken verwenden. Eine Liste möglicher Ausdrücke mit Anwendungsbeispielen findet sich in der Dokumentation help("plotmath"). Im Gegensatz zu einfachen Beschriftungen werden mathematische Ausdrücke nicht als Zeichenketten, sondern als expression() definiert.

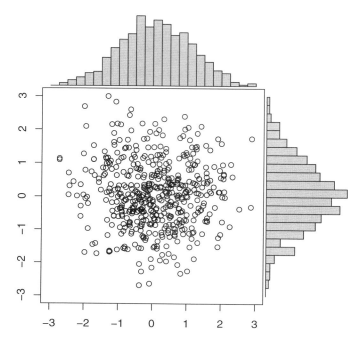

Abbildung 5.8: Mehrere Plots mit `layout()`

$$\hat{\beta} = \left(X^{T}X\right)^{-1}X^{T}y$$

$$\phi = \frac{\sqrt{5} \pm 1}{2}$$

$$\varphi(x \mid \mu, \sigma^2) = \frac{1}{\sqrt{2\pi\sigma^2}} \exp\left[-\frac{(x-\mu)^2}{2\sigma^2}\right]$$

$$E[\boldsymbol{X}] = \int_{-\infty}^{\infty} x\,\varphi(x)\;dx$$

Abbildung 5.9: Einige Anwendungsbeispiele mathematischer Beschriftungen in R-Grafiken

Auf das Konzept von *expressions* können wir nicht näher eingehen, stattdessen werden einige Möglichkeiten für mathematische Notationen beispielhaft beschrieben. Der Code für die Ausdrücke in ▶ Abbildung 5.9 wird nun für alle vier Zeilen erläutert.

Der „goldene Schnitt" ist ein Teilungsverhältnis, das zu einer irrationalen Zahl führt, die häufig als $\phi = (\sqrt{5} \pm 1)/2$ dargestellt wird. Mit `text()` kann man diese Gleichung an den Koordinaten (1, 2) hinzufügen:

```
> text(1, 2, expression(phi == frac(sqrt(5) %+-% 1, 2)))                    R
```

Dieser Ausdruck ist vergleichsweise einfach: phi steht für ϕ, das Gleichheitszeichen ist == und ein Bruch $\frac{a}{b}$ wird in R als frac(a, b) dargestellt. Im Zähler haben wir $\sqrt{5}$, was im Ausdruck sqrt(5) ist und das $\pm$ Zeichen erhält man mit %+-%.

Die Schätzgleichung für eine lineare Regression mittels OLS lautet $\hat{\beta} = \left(X^T X\right)^{-1} \cdot X^T y$. Da die Ausdrücke nun komplexer werden, behandeln wir nur noch diese.

```
> expression(hat(beta) == bgroup("(", X^T * X, ")")^-1 * X^T * y)          R
```

Mit hat(x) setzt man x ein Dach auf, beta erzeugt β und das Gleichheitszeichen kennen wir schon. Der Ausdruck bgroup("(", x, ")") schließt x in skalierbaren Begrenzungszeichen ein, d. h., dass sich die Größe der Klammern in diesem Fall dem Inhalt anpasst. Mit dem Caret ^ stellt man den nachfolgenden Ausdruck hoch, hier das T. Um wieder normal weiterschreiben zu können, schreibt man ein *.

In der dritten Zeile steht die Dichtefunktion der univariaten Normalverteilung.

```
> expression(italic(f) * (paste(x, " | ", mu, ", ", sigma^2)) ==
+     frac(1, sqrt(2 * pi * sigma^2))~~exp *                               R
+     bgroup("[", -frac(group("(", x - mu, ")")^2, 2 * sigma^2), "]"))
```

Das f können wir mit italic(f) kursiv stellen. Danach folgt ein eingeklammerter Ausdruck, in den mehrere Symbole unterschiedlicher Art mit paste() zusammengesetzt werden. Der Ausdruck (paste(x, " | ", mu, ", ", sigma^2)) erzeugt $(x \mid \mu, \sigma^2)$ – innerhalb von paste() kann man Ausdrücke wie sigma^2 mit Zeichenketten wie ", " mischen und somit auch einfach Abstände erzeugen, um etwas Kosmetik zu betreiben. Mit ~~ kann man einen Abstand einfügen, auf den exp mit skalierbaren eckigen Klammern mittels bgroup() folgt. Die anderen Ausdrücke sind schon bekannt.

Als Letztes wollen wir $E[\boldsymbol{X}] = \int_{-\infty}^{\infty} x f(x) \, dx$ notieren.

```
> expression(E * group("[", bolditalic(X), "]") ==
+     integral(x * phantom(.) * italic(f)(x)~~dx, -infinity, infinity))    R
```

Nach dem E setzen wir ein fettes und kursives X mit bolditalic(X) in nicht-skalierbaren Begrenzungen. Im Gegensatz zu bgroup() oben ist die Größe der Begrenzungssymbole bei group() statisch und nicht vom Inhalt abhängig. Nach dem Gleichheitszeichen folgt ein Integral, wobei die Funktion integral(x, a, b) etwas wie $\int_a^b x$ erzeugt. Die Grenzen sind in unserem Fall $\pm\infty$, wobei dieses Zeichen mit infinity erzeugt wird. Im Ausdruck selbst setzen wir den horizontalen Abstand eines „unsichtbaren" Punkts mit phantom(.) zwischen die zwei Ausdrücke und vor dem dx kommt noch ein Abstand mittels ~~.

5.2.4   Weitere Grafikfunktionen und Packages

In diesem Abschnitt sind wir nur auf die eingebauten Grafikfunktionen in **graphics** eingegangen. Damit lassen sich schon unterschiedlichste Abbildungen erzeugen und anpassen, so dass man meistens damit auskommt.

R kann aber viel mehr, beispielsweise bietet das **grid** Package von Murrell (2011) ein Grafiksystem mit einer Fülle an *low-level* Funktionen, die viel mehr Kontrolle und Flexibilität hinsichtlich der Gestaltung von Grafiken erlauben. Mit diesem reichhaltigen Angebot an Funktionen kann man wiederum *high-level* Funktionen schreiben, die „ganze" Plots erstellen und somit einfach anzuwenden sind. Als Beispiel könnte man hier die Funktion `densbox()` aus **REdaS** nennen, die auf **grid** basiert.

Das grid Package

Beispielhaft könnte man einige Funktionalitäten in **grid** folgendermaßen illustrieren. Zuerst laden wir das Package und dann erstellen wir einen `viewport()` – dieser ist wie eine Art „Leinwand" in der Grafik – und fügen diesen zur Grafik mit `pushViewport()` hinzu. Standardmäßig wird ein Viewport zentriert, mit einer Höhe und Breite von je 1 `"npc"` erstellt (was das genau ist, wird gleich erklärt). Mit `clip =` `"off"` schalten wir das sog. *clipping* aus, d. h., Elemente die über den Viewport hinausgehen, werden nicht abgeschnitten. Diese Eigenschaft wird an weitere Viewports „vererbt" (Standard: `clip = "inherit"`).

Eine große Stärke von **grid** ist, dass man eine Vielzahl an Einheiten hat, die man verwenden kann. Diese Einheiten stehen zur Verfügung: `"npc"`, `"cm"`, `"inches"`, `"mm"`, `"points"`, `"picas"`, `"bigpts"`, `"dida"`, `"cicero"`, `"scaledpts"`, `"lines"`, `"char"`, `"native"`, `"snpc"`, `"strwidth"`, `"strheight"`, `"grobwidth"` und `"grobheight"`.

Intuitiv klar sind Maßeinheiten wie `"cm"`, `"mm"` oder `"inches"` (1 Zoll = 2.54 cm). Standardmäßig werden jedoch `"npc"`, *normalized parent coordinates*, verwendet, die auf beiden Achsen von 0 bis 1 gehen. Eine Variante davon sind `"snpc"`, *square normalized parent coordinates*, die selbst bei einer Skalierung der Grafik immer ein Seitenverhältnis von 1 : 1 erzwingen (ähnlich zum Argument `asp = 1` in herkömmlichen Plots). Zur Erstellung von optisch ansprechenden Grafiken gibt es typografische Einheiten wie Punkt (72.27 pt = 1 Zoll), Pica (1 pica = 12 pt), DTP-Punkt (1 bp = 1/72 Zoll) etc. Für komplexe Grafiken sind auch die Maße `"grobwidth"` und `"grobheight"` sehr nützlich, da diese die tatsächliche Größe von Grafikobjekten (`grob`) darstellen.

Mit `grid.rect()` erstellen wir ein Rechteck, das bei 35 und 17.5 mm zentriert und 50 mm breit und 10 mm hoch ist. Damit wir nicht immer die Einheit mittels `unit(x,` `units)`, z. B. `unit(35, "mm")`, spezifizieren müssen, schreiben wir `default.units =` `"mm"`. Die Füllfarbe geben wir mit der Funktion `gpar()` (analog zu `par()` bei konventionellen Grafiken) und dem Argument *gp* an.

Einen kleinen Kreis fügen wir mit `grid.circle()` hinzu, wobei man hier die Mitte mit den Koordinaten x und y setzt und den Radius mit r bestimmt. Die Einheit und Füllfarbe werden wie beim Rechteck gesetzt.

Nun folgen zwei Schleifen, einmal von 0 bis 40 und das andere Mal von 0 bis 4, die Striche in Millimeter- bzw. Zentimeterabständen zeichnen. Wie genau eine for-Schleife funktioniert, wird auf Seite 195 beschrieben, ist hier aber sekundär. Linien zeichnen wir mit `grid.segments()` ein. Zum Schluss folgt noch eine Schleife von 1 bis 4 mit `grid.text()`, die Text in einer 8 pt Schrift setzt.

Das Ergebnis des folgenden Codeblocks ist in ▶ Abbildung 5.10 links dargestellt.

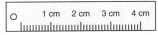
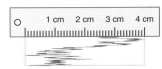

Abbildung 5.10: grid Beispielplot (Teile 1 und 2, skaliert)

```
> library("grid")
> pushViewport(viewport(clip = "off"))
> grid.rect(x = 35, y = 17.5, width = 50, height = 10, default.units = "mm",
+     gp = gpar(fill = gray(0.9)))
> grid.circle(x = 7.5 + 5, y = 15 + 2.5, r = 1, default.units = "mm",
+     gp = gpar(fill = "white"))
> for (i in 0:40) grid.segments(x0 = i + 15, y0 = 12.5, x1 = i +
+     15, y1 = 14.5, default.units = "mm")
> for (i in 0:4) grid.segments(10 * i + 15, 12.5, 10 * i + 15,
+     15.5, default.units = "mm")
> for (i in 1:4) grid.text(label = paste(i, "cm"), x = 10 * i +
+     15, y = 17.5, vjust = 0, default.units = "mm", gp = gpar(fontsize = 8))
```

Nun gehen wir weiter und simulieren zuerst 1 000 standardnormalverteilte Werte (basierend auf dem Seed 5), die wir mittels cumsum() kumulativ aufsummieren und x_rwalk nennen. Mit seq_along() erstellen wir einen Index-Vektor (von 1 bis length(x_rwalk)) namens x_index. Wir erstellen einen neuen Viewport (den wir mit pushViewport() der Grafik hinzufügen), der bei 35 und 7.5 mm zentriert ist und eine Breite/Höhe von 40 × 10 mm hat. Da wir uns schon in einem Viewport befinden, wird der neue ein Unterelement.

Mit *xscale* und *yscale* definieren wir (ähnlich zu *xlim* und *ylim*) die „internen" Koordinaten – diese haben die Einheit "native" und sind jeweils die Spannbreite der entsprechenden Vektoren. Um die Grenzen des Viewports anzuzeigen, zeichnen wir mit grid.rect() ein Rechteck ein, das standardmäßig den ganzen Viewport ausfüllt (die Linienfarbe ist grau). Nun fügen wir den simulierten „Random Walk" mit grid.lines() hinzu, wobei wir die Einheit "native" verwenden können, die für den Viewport definiert wurde. Außerdem ändern wir mit gpar() die Farbe auf "blue" und die Linienstärke auf ein Viertel.

```
> set.seed(5)
> x_rwalk <- cumsum(rnorm(1000))
> x_index <- seq_along(x_rwalk)
> pushViewport(viewport(x = 35, y = 7.5, width = 40, height = 10,
+     xscale = range(x_rwalk), yscale = range(x_index), default.units = "mm"))
> grid.rect(gp = gpar(col = "gray"))
> grid.lines(x_rwalk, x_index, default.units = "native", gp = gpar(lwd = 0.25,
+     col = "blue"))
```

Derzeit befinden wir uns in dem „Unter-Viewport" mit dem grauen Rechteck und der blauen Linie. Um aus diesem Viewport heraus- und eine Ebene nach oben zu

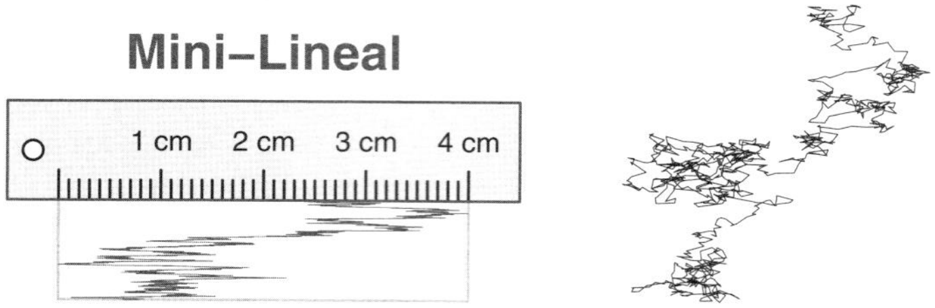

Abbildung 5.11: grid Beispielplot (Ergebnis, Originalgröße)

springen, verwenden wir `popViewport()`. Dort zeichnen wir ein blaues Rechteck um das „Lineal" und fügen den Text `"Mini-Lineal"` bei 35 und 27.5 mm hinzu, wobei wir eine fette 14 pt Schriftart in Blau verwenden. Das Ergebnis der bisherigen Befehle inklusive dem folgenden Codeblock ist in ▸ Abbildung 5.10 rechts dargestellt.

```
> popViewport()
> grid.rect(35, 17.5, 50, 10, default.units = "mm",
+     gp = gpar(col = "blue"))
> grid.text("Mini-Lineal", 35, 27.5, default.units = "mm",
+     gp = gpar(fontsize = 14,
+     fontface = "bold", col = "blue"))
```

Zum Schluss erstellen wir noch eine Matrix `xy_rwalk` mit einem „zweidimensionalen Random Walk", den wir rechts neben dem Lineal zeichnen wollen. Wir erstellen einen Viewport und fügen diesen wie vorhin zur Grafik hinzu. Dann zeichnen wir wieder die Linie mit `grid.lines()` mit einer Linienstärke von 0.25. Um aus beiden Viewports zu springen und die Grafik zu „finalisieren", geben wir `popViewport(n = 2)` ein (ansonsten müssten wir zweimal `popViewport()` angeben).

Die fertige Grafik inklusive dem folgenden Codeblock ist in ▸ Abbildung 5.11 abgebildet. Ungeachtet der Diagrammgröße hat diese die korrekten Maße, da wir hauptsächlich in Millimetern gearbeitet haben (messen Sie nach).

```
> set.seed(5)
> xy_rwalk <- cbind(cumsum(rnorm(1000)), cumsum(rnorm(1000)))
> pushViewport(viewport(85, 17.5, 30, 30, xscale = range(xy_rwalk[,
+     1]), yscale = range(xy_rwalk[, 2]), default.units = "mm"))
> grid.lines(x = xy_rwalk[, 1], y = xy_rwalk[, 2], gp = gpar(lwd = 0.25),
+     default.units = "native")
> popViewport(n = 2)
```

lattice und ggplot2

Das Paket **lattice** von Sarkar (2013, 2008) implementiert sog. Trellis-Plots basierend auf den Ideen von R. A. Becker und W. S. Cleveland (Cleveland, 1993). Viele „Standarddiagramme" sind mittlerweile mit **grid** neu implementiert und erweitert worden (eine Liste gibt es unter `?lattice`). Zusätzlich sind auch komplexere Diagrammtypen,

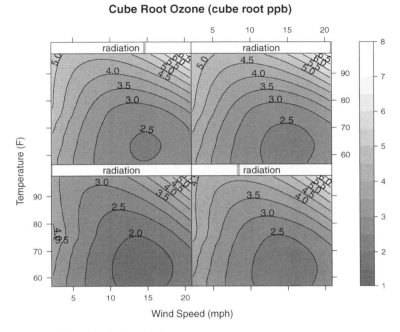

Abbildung 5.12: Beispielgrafik aus lattice: ein Konturplot

wie beispielsweise ein „geschichteter" Konturplot (siehe ▶ Abbildung 5.12), implementiert.

In **ggplot2** (Wickham, 2009; Wickham und Chang, 2013) wurde das Konzept der „Grammar of Graphics" in **R** implementiert. Diese Herangehensweise soll das notwendige technische Hintergrundwissen um grafische Funktionen möglichst gering halten, damit man sich auf das eigentliche Ziel – eine gute Grafik – konzentrieren kann. Diagramme werden meist *inkrementell* (also Stück für Stück) aufgebaut, ohne dass man sich mit allen technischen Details auseinandersetzen muss. Ein Beispielplot aus diesem Paket ist in ▶ Abbildung 5.13 abgebildet.

5.3 Weiterverwenden des R-Outputs

Oft wird man vor der Aufgabe stehen, den in **R** produzierten Output (Text- bzw. Zahlenmaterial oder Grafiken) in ein anderes Dokument zu übernehmen, z.B. um einen Bericht zu schreiben oder eine Präsentation vorzubereiten. Bei Text- bzw. Zahlenmaterial, das in der **R** Console dargestellt wird, kann man einfach die üblichen Bearbeitungsschritte durchführen: markieren, kopieren und dann in der Zielanwendung (z.B. Microsoft Word) einfügen. Meistens wird man dann noch bestimmte Formatierungen durchführen, diese hängen aber davon ab, welches Programm man verwendet und wie das kopierte Material aussehen soll, und werden hier nicht näher beschrieben. Einige Prinzipien zur Erstellung guter Tabellen gibt der ▶ Exkurs 6.2 auf Seite 232.

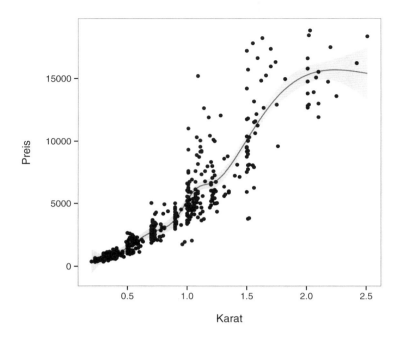

Abbildung 5.13: Beispielgrafik aus ggplot2

Bei Grafiken gibt es mehrere mögliche Vorgehensweisen, je nachdem, ob man (i) die Grafik direkt kopieren oder als Datei speichern möchte und (ii) welches Grafikformat verwendet werden soll.

Direkt kopieren bedeutet, dass man durch Anklicken der Grafik mit der rechten Maustaste und dann **Copy as metafile** oder **Copy as bitmap** die Grafik in die Zwischenablage kopiert. Alternativ kann man auch die Menüs **File ▷ Copy to the clipboard** verwenden. Zur Auswahl stehen jeweils **as a Metafile** oder **as a Bitmap**. Der Vorteil eines Metafile gegenüber Bitmaps ist, dass Sie im Textverarbeitungsprogramm noch die Größe der Grafik ohne Qualitätsverlust ändern können. Aus der Zwischenablage können Sie dann die Grafik im Textverarbeitungsprogramm einfügen.

Will man die Grafik lieber als Datei speichern und als solche in das Textverarbeitungsprogramm einfügen, kann man wie vorher vorgehen, nur dass man jetzt, wenn man die Menüpunkte **File ▷ Save as** verwendet, mehr Grafikformate zur Auswahl hat als über den Rechtsklick auf die Grafik. Verwendet man Textverarbeitungsprogramme wie z. B. Microsoft Word oder LibreOffice Writer, sollte man auch hier Metafiles verwenden. **R** erzeugt bei der Angabe von Metafile ein sogenanntes *enhanced metafile* mit der Dateiendung `.emf`.

Die einfachste Möglichkeit, wenn man eine **R**-Grafik in Microsoft Word oder LibreOffice Writer haben möchte, ist also:

▪ Klicken Sie in **R** mit der rechten Maustaste auf die Grafik und wählen Sie **Copy as metafile**.

- Im Textverarbeitungsprogramm fügen Sie die Grafik auch mittels der rechten Maustaste und **Einfügen** ([Strg] + [V]) wieder ein.

Bevor Sie die Grafik kopieren bzw. abspeichern, sollten Sie die Größe des Grafikfensters in R so ändern, wie Sie es dann in der Zielanwendung haben wollen. Wenn z. B. die Beschriftung zu klein ist, empfiehlt es sich, das Grafikfenster in R zu verkleinern und nach dem Einfügen in die Zielanwendung wieder zu vergrößern. Da sich in R die Größe der Beschriftung durch Veränderung der Fenstergröße nicht ändert, kann man so die Beschriftungsgröße relativ zu den anderen Grafikelementen ändern.

5.4 Einlesen von R-Befehlen

Was manchmal als Nachteil von **R** angeführt wird, nämlich dass das Programm in der Standardversion über keine erweiterte grafische Benutzeroberfläche verfügt, sondern befehlsorientiert ist, erweist sich bei näherem Hinsehen als einer der großen Vorteile. In Programmen, wie z. B. Microsoft Excel, mit umfassender grafischer Benutzeroberfläche, in denen Bearbeitungsschritte in Form von Klicken in Menüs bzw. über Symbole erfolgen, wird man, wenn man bestimmte Arbeitsschritte in leicht veränderter Form wiederholen will, immer wieder von vorne beginnen müssen. Das ist in **R** anders, weil man die Arbeitsschritte als Befehle in Textform verfügbar hat. Wir wollen hier kurz beschreiben, wie man sich diese Eigenschaft zunutze machen kann.

5.4.1 Der R Editor

Anstatt Befehle direkt in der **R** Console einzugeben, kann man dies auch über den **R** Editor bewerkstelligen. Der Vorteil ist, dass man mehrere Befehle auf einmal ausführen kann und dass man diese Befehle auch modifizieren, kopieren und leicht zur späteren Verwendung abspeichern kann.

Wenn Sie im Menü **File** das Untermenü **New script** anklicken, öffnet sich der **R Editor**, ein Fenster, das zunächst leer ist. Wir geben probehalber den Befehl 1:10 ein, ohne die Eingabetaste zu betätigen. Das ist in ► Abbildung 5.14 dargestellt.

Abbildung 5.14: Der R Editor

Wenn Sie jetzt, der Cursor muss noch in der gleichen Zeile stehen, [Strg] + [R] drücken (alternativ können Sie auch die Menüpunkte **Edit** ▷ **Run line or selection** verwenden), erhalten Sie in der **R** Console folgendes Resultat (► Abbildung 5.15).

```
Type 'demo()' for some demos, 'help()' for on-line help, or
'help.start()' for an HTML browser interface to help.
Type 'q()' to quit R.

> 1:10
 [1]  1  2  3  4  5  6  7  8  9 10
>
```

Abbildung 5.15: Ausschnitt des nach R weitergeleiteten Befehls aus dem R Editor

Damit wird die Funktionsweise des **R** Editors klar. Sie können, genauso wie am Command Prompt > Befehle eingeben und diese dann an **R** zur Verarbeitung „schicken". Dies hat mehrere Vorteile:

- Sie können gleich mehrere Befehle auf einmal ausführen (hierzu müssen Sie im Editor die auszuführenden Befehle markieren).

- Sie können die Befehle bearbeiten (z. B. Fehler ausbessern oder zu wiederholende Befehlssequenzen kopieren).

- Sie können den Inhalt des **R** Editors zur späteren Verwendung abspeichern. Dies geschieht über die Menüpunkte File ▷ **Save** bzw. **Save as. . .**, wo Ihnen als Dateiendung .R angeboten wird.

- Sie können solcherart gespeicherte Dateien wiederverwenden, indem Sie diese über die Menüpunkte File ▷ **Open script. . .** R Editor öffnen.

- Über die Menüpunkte Edit ▷ **Run all** können Sie den gesamten Inhalt des **R** Editors zur Ausführung nach **R** weiterleiten.

Wenn Sie Befehlssequenzen erzeugt haben (man nennt das auch R-Code), die Sie zur späteren Verwendung aufheben möchten, empfiehlt es sich, diese ein wenig zu strukturieren. Damit ist gemeint, dass man Kommentare einfügt und durch Leerzeilen bestimmte Teilsequenzen zur besseren Lesbarkeit voneinander trennt.

Das Zeichen # ist in R das Kommentarzeichen, d. h., alles was in einer Zeile hinter # steht, wird von R ignoriert. Leerzeilen sind erlaubt.

Die Befehle, die wir zur Erzeugung der Grafik in ▶ Abbildung 5.5 verwendet haben, könnten beispielsweise als strukturierter und kommentierter Code so aussehen (▶ Abbildung 5.16).

```
R                    Untitled - R Editor              —  □  ×

 File  Edit  Packages  Help
### Beispiel für eine Grafik mit zusätzlichen Textelementen

# Definition der Variablen
gewicht <- c(56, 63, 80, 49, 75)              # Gewicht in kg
groesse <- c(1.64, 1.73, 1.85, 1.60, 1.81)    # Körpergröße in m
namen   <- c("Gerda", "Karin", "Hans", "Doris", "Ludwig")  # Vornamen

# Plot
plot(groesse, gewicht)

# Hinzufügen der Namen zu den Punkten
text(groesse, gewicht, labels = namen)
```

Abbildung 5.16: Strukturierter R-Code im R Editor

5.4.2 Einlesen von R-Skripts (Quellcode)

Ganze Befehlssequenzen, die in einer .R-Datei gespeichert sind, nennt man auch Quellcode (engl. *source code*) und können direkt aus der Datei in R eingelesen werden. Dies geschieht in der R Console über die Menüpunkte File ▷ Source R code.... Sie können auch direkt die Funktion source() mit Angabe einer Datei und ggf. des Pfads source("pfad/datei.R") bzw. über ein Dialogfenster mittels source(file.choose()) verwenden. Die in der entsprechenden Datei enthaltenen Befehle werden dann der Reihe nach abgearbeitet und der Output wird in der R Console bzw. im R-Grafikfenster dargestellt. Sollte in den Befehlen ein Fehler sein, bricht R den Einlesevorgang ab.

Wenn Sie in einem Skript *mehrere* Grafiken erstellen, überschreibt R das Grafikfenster jedes Mal, wenn eine neue Grafik erstellt wird, d. h., wenn das Skript abgearbeitet ist, sehen Sie nur die letzte Grafik. Sie können das vermeiden, indem Sie vor jeder neuen Grafik den Befehl dev.new() einfügen. Mit dev.new() öffnet R ein neues Grafikfenster, in dem dann die danach erzeugte Grafik dargestellt wird. Sie sollten aber nicht zu viele Grafikfenster öffnen, da das dann leicht unübersichtlich wird. Mit dev.list() können Sie sich eine Liste aller offenen Grafikdevices anzeigen lassen und einzelne mit dev.off() schließen.

Sie können R-Code auch direkt aus dem Internet einlesen und ausführen. Dazu verwenden Sie source() und übergeben die Adresse der Funktion url().

```
> source(url("http://statmath.wu.ac.at/data/exmpl.R"))
```
R

Das Resultat sollte so sein wie in ▶ Abbildung 5.17.

Das .Rhistory File

Ein Spezialfall ist die schon in Abschnitt 5.1.1 erwähnte .Rhistory-Datei, in der alle während einer R-Sitzung eingegebenen Befehle (bis zum Zeitpunkt der Speicherung) enthalten sind. Diese Datei eignet sich natürlich sehr gut, um gewisse Befehlssequenzen herauszunehmen und in einem eigenen Skript zu speichern.

Üblicherweise wird man diese Datei nicht direkt einlesen, da man während einer R-Sitzung meist verschiedene Dinge ausprobiert (die man in einem fertigen Skript nicht haben will) und auch Eingaben macht, die zu Fehlern führen (die aber genauso in der .Rhistory-Datei gespeichert sind) und damit einen Abbruch des Einlesevorgangs verursacht. Man wird die .Rhistory-Datei also meistens überarbeiten.

Standardmäßig wird die .Rhistory-Datei gespeichert, wenn Sie R beenden und auf die Frage, ob man den Workspace sichern will, mit Ja antworten (siehe auch Abschnitt 3.1.3). Bis dahin können sich aber viele Befehle angesammelt haben und die Datei wird sehr unübersichtlich. Besser ist es, sie zwischendurch zu speichern, was man über die Menüpunkte File ▷ Save History... erreicht, und sie gleich zu überarbeiten. Zu beachten ist, dass in der .Rhistory-Datei alle Befehle einer R-Sitzung enthalten sind. Wenn man sie mehrmals hintereinander speichert, unterscheiden sie sich nur dadurch, dass neue Befehle enthalten sind, die alten bleiben immer erhalten. Die Speicherung erfolgt also kumulativ.

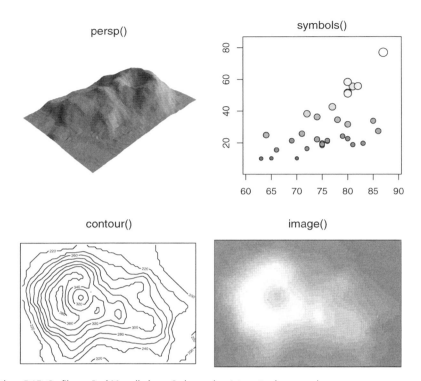

Abbildung 5.17: Grafik von Paul Murrell, deren Code aus dem Internet gelesen wurde

Angenommen, Sie haben eine explorative Analyse gemacht, einiges ausprobiert und wollen Befehle, die Sie für nützlich halten, in einer .R-Datei speichern, können Sie auch die letzten 25 Befehle mit `history()` aufrufen. Es öffnet sich ein Fenster, in dem Sie den entsprechenden Code markieren, kopieren und in einem Texteditor (oder dem **R** Editor) einfügen, bearbeiten und sichern können. Falls Sie mehr als 25 Zeilen Code verwendet haben, können Sie die Anzahl der angezeigten Zeilen mit dem Argument `max.show` auf eine entsprechend größere Zahl setzen.

5.4.3   Direktes Kopieren von R-Code – Einfügen über die Zwischenablage

Ein Vorteil der Verwendung des **R** Editors ist, dass man einen oder mehrere Befehle mit ⌨Strg+⌨R direkt nach **R** zur Ausführung weiterleiten kann. Sie können statt des **R** Editors aber beliebige andere Texteditoren zum Schreiben von **R**-Code verwenden. Wollen Sie dann Befehle in **R** einfügen, ist dies auch mit Kopieren ⌨Strg+⌨C und Einfügen ⌨Strg+⌨V möglich.

Dies ist besonders bei der Verwendung der **R**-Hilfe nützlich (siehe Abschnitt 5.10). Am Ende (nahezu) jeder Hilfe-Seite sind Beispiele aufgelistet, die oft sehr zum Verständnis beitragen. Diese können Sie ganz einfach mit Kopieren und Einfügen ausprobieren. Beim Einfügen klicken Sie einfach irgendwo in die **R** Console und verwenden dann eine der üblichen Möglichkeiten wie z. B. ⌨Strg+⌨V.

Eine weitere nützliche Möglichkeit bietet der Menüpunkt **Edit** ▷ **Paste commands only**, den Sie auch über einen rechten Mausklick erreichen. Sie können damit Befehle einfügen, die durch beliebigen Text vermischt sind. Wichtig dabei ist nur, dass die Befehle hinter dem Command Prompt > am Beginn einer Zeile stehen. Diese Möglichkeit wurde konzipiert, um größere Bereiche des R-Outputs, der in der Konsole steht, kopieren und wieder einfügen zu können. In solchem Output sind natürlich immer die dazugehörigen Befehle auch enthalten und werden dann quasi herausgefiltert. Oft findet man aber im Internet PDF-Dateien, in denen R-Code dargestellt ist. Wie auch in diesem Buch in den R-Kästen steht vor dem Befehl dann oft ein >. Die Funktionalität von **Paste commands only** erlaubt es dann, solche Befehle auch aus externen Dokumenten direkt in R auszuführen.

5.5 Einlesen und Schreiben externer Dateien

In Abschnitt 4.2.1 haben wir besprochen, wie man Daten direkt in R eingeben kann. Bei einfachen und kleinen Datensätzen ist das ein praktikabler Weg. Oft aber sind Daten, die man eingeben möchte, umfangreicher und man möchte diese auch außerhalb von R verwalten. Oder aber Daten stehen überhaupt als File zur Verfügung, das man in R einlesen möchte. Dieser Abschnitt beschreibt, wie man Daten aus externen Quellen in R importieren kann, wobei wir uns auf einige gängige Dateiformate, nämlich Textdateien, CSV- (*comma-separated values*) und SPSS-Dateien, beschränken.

5.5.1 Daten aus Microsoft Excel bzw. LibreOffice Calc

Tabellenkalkulationsprogramme (wie z. B. Microsoft Excel oder LibreOffice Calc) eignen sich gut zur Verwaltung kleinerer bis mittelgroßer Datensätze. Bei sehr großen Datensätzen kommen eher Datenbanksysteme, wie z. B. SQL-Datenbanken, zum Einsatz. Zur Illustration wollen wir kurz zeigen, wie der Datensatz (aus Abschnitt 4.1) in Excel repräsentiert wäre. In ► Abbildung 4.6 sind die im R-Dateneditor eingegebenen Daten dargestellt. Für Excel würde dies wie in ► Abbildung 5.18 aussehen.

	A	B	C	D	E	F	G	H	I	J	K	L	M
1	id	sex	lalt	gross	mon	date	entsch	proj	i1	i2	i3	i4	i5
2	11	w	2	173	266	4	3	2	2	3	3	2	2
3	16	w	3	166	241	5	4	1	4	2	3	1	1
4	17	m	2	178	231	3	4	2	2	1	3	2	4
5	18	w	3	154	265	3	5	2	5	3	2	4	1
6	19	w	1	164	225	2	3	2	1	4	2	2	3
7	20	m	1	389	229	4	1	1	5	2	2	1	4
8	23	m	2	181	222	3	2	2	4	2	4	4	1

Abbildung 5.18: Der Fragebogendatensatz aus Kapitel 4 in Excel (Ausschnitt)

Ein wesentlicher Unterschied der Repräsentation der Daten ist der, dass man in Excel keine Variablen definieren kann, sondern die Namen in der ersten Zeile einfügen muss, wenn man sie später in R direkt zur Verfügung haben möchte. Der zweite Unterschied wird aus der Spalte für die Variable sex ersichtlich. Wir haben in Excel statt der Codes 1 (für „weiblich") und 2 (für „männlich") direkt die Buchstaben w und m eingegeben. Der Grund hierfür ist, dass später beim Einlesen in R jene Variablen, deren Werte aus Zeichenketten bestehen, direkt in Faktoren umgewandelt werden. Dies geschieht bei der Verwendung des R-Dateneditors nicht automatisch.

Achten Sie darauf, dass nur Daten eines bestimmten Typs (numerisch oder Zeichenketten) in einer Spalte vorkommen. Wenn eine Spalte in einer Datei Daten verschiedenen Typs enthält, werden die Datenwerte dieser Spalte später in R in Zeichenketten (und damit in Faktoren) umgewandelt.

Haben wir Daten einmal in Excel fertig eingegeben und abgespeichert, müssen wir die entsprechende Datei in R importieren. In R kann man zwar prinzipiell Daten aus Excel-Dateien (mit der Dateiendung .xls bzw. .xlsx) lesen, einfacher aber ist es, einen Zwischenschritt über Text- oder CSV-Dateien einzulegen. Beiden Datenformaten ist gemeinsam, dass sie nicht in Binärform oder anderweitig kodiert, sondern als sogenannte Textdateien direkt lesbar sind (d.h., sie werden in einem beliebigen Texteditor, wie z.B. Editor bzw. Notepad, lesbar angezeigt).

Aus Excel heraus speichern Sie die Datentabelle durch Anklicken des Menüpunkts **Speichern unter** (F12). Hier wählen Sie als **Dateityp** entweder **Text (Tabstopp-getrennt) (*.txt)** oder **CSV (Trennzeichen-getrennt) (*.csv)**.

Der Unterschied in den beiden Dateiformaten ist folgender. Wenn man die Dateien im Windows-Programm **Editor** öffnet, sieht man die Formatierung für .txt-Dateien (► Abbildung 5.19) bzw. für .csv-Dateien (► Abbildung 5.20).

Bei .txt-Dateien werden die Spalten durch Tabulatoren (die in **Editor** nicht dargestellt werden) getrennt, bei .csv-Dateien (aus deutschen Versionen von Excel) erfolgt die Trennung mit einem Strichpunkt, da das Komma als Dezimaltrennzeichen verwendet wird. Es ist für R egal, welches der beiden Formate man nimmt, man verwendet nur andere Befehle. Der Vorteil des .csv-Formats ist, dass man die Datei direkt im Windows-Explorer anklicken kann und sie dann in Excel geöffnet wird, während die

```
Unbenannt - Editor                                    –  □  ×

Datei  Bearbeiten  Format  Ansicht  ?
id    sex   lalt   gross   mon   date   entsch   proj   i1   i2   i3   i4   i5
11    w     2      173     266   4      3        2      2    3    3    2    2
16    w     3      166     241   5      4        1      4    2    3    1    1
17    m     2      178     231   3      4        2      2    1    3    2    4
18    w     3      154     265   3      5        2      5    3    2    4    1
19    w     1      164     225   2      3        2      1    4    2    2    3
20    m     1      389     229   4      1        1      5    2    2    1    4
23    m     2      181     222   3      2        2      4    2    4    4    1
```

Abbildung 5.19: Der Fragebogendatensatz aus Kapitel 4 als .txt-Datei im Windows Editor (Ausschnitt)

```
Unbenannt - Editor                          –  □  ×

Datei  Bearbeiten  Format  Ansicht  ?
id;sex;lalt;gross;mon;date;entsch;proj;i1;i2;i3;i4;i5
11;w;2;173;266;4;3;2;2;3;3;2;2
16;w;3;166;241;5;4;1;4;2;3;1;1
17;m;2;178;231;3;4;2;2;1;3;2;4
18;w;3;154;265;3;5;2;5;3;2;4;1
19;w;1;164;225;2;3;2;1;4;2;2;3
20;m;1;389;229;4;1;1;5;2;2;1;4
23;m;2;181;222;3;2;2;4;2;4;4;1
```

Abbildung 5.20: Der Fragebogendatensatz aus Kapitel 4 als .csv-Datei im Windows Editor (Ausschnitt)

Darstellung des .txt-Formats in Editor oder aber in Textverarbeitungsprogrammen (wie z. B. Word) besser ist.

Alles bisher Dargestellte gilt in analoger Weise für LibreOffice Calc.

Das Einlesen von Dateien im .csv-Format in R erfolgt mittels der Befehle read.csv2() oder read.csv(). Die erste Version ist für Dateien, die aus einer deutschen Excel-Version stammen, die zweite für die englische Version. Abgesehen davon, dass in der deutschen Excel-Version ein Komma als Dezimalzeichen und nicht der in R benötigte Punkt verwendet wird, unterscheiden sich die Versionen noch bezüglich einiger anderer Eigenschaften. Wir nehmen an, dass die Fragebogen-daten in der Datei fragebogen.csv aus einer deutschen Version stammen, und lesen sie in R so ein:

```R
> fragdat1 <- read.csv2("fragebogen.csv", header = TRUE)
> head(fragdat1)
```

```
   id sex lalt gross mon date entsch proj i1 i2 i3 i4 i5
1  11   1    2   173 266    4      3    2  2  3  3  2  2
2  16   1    3   166 241    5      4    1  4  2  3  1  1
3  17   7    2   178 231    3      4    2  2  1  3  2  4
4  18   1    3   154 265    3      5    2  5  3  2  4  1
5  19   1    1   164 225    2      3    2  1  4  2  2  3
6  20   2    1   389 229    4      1    1  5  2  2  1  4
```

Das erste Argument ist der Dateiname (ggf. inkl. Pfadangabe), das zweite, header = TRUE, gibt an, ob in der ersten Zeile der Datei die Variablennamen angegeben sind (dies ist auch die Voreinstellung). Sollte das nicht der Fall sein, muss man header = FALSE angeben.

Für tabulatorgetrennte Dateien im .txt-Format verwendet man den Befehl read.table().

```R
> fragdat2 <- read.table("fragebogen.txt", header = TRUE, sep = "\t",
+     dec = ",")
> head(fragdat2)
```

```
   id sex lalt gross mon date entsch proj i1 i2 i3 i4 i5
1  11   1    2   173 266    4      3    2  2  3  3  2  2
2  16   1    3   166 241    5      4    1  4  2  3  1  1
3  17   7    2   178 231    3      4    2  2  1  3  2  4
4  18   1    3   154 265    3      5    2  5  3  2  4  1
5  19   1    1   164 225    2      3    2  1  4  2  2  3
6  20   2    1   389 229    4      1    1  5  2  2  1  4
```

Die beiden Optionen sep und dec bedeuten hierbei Folgendes: sep gibt das Zeichen an, durch das die einzelnen Werte voneinander getrennt sind, sep = "\t" bedeutet Tabulator. dec spezifiziert das Zeichen für die Dezimalstelle, bei deutschen Versionen ist dies das Komma bzw. ",".

Bei beiden Varianten ist Folgendes zu beachten:

- Die Funktion read.csv2() (wie auch die englische Variante read.csv()) erzeugt ein Data Frame.
- Beim Einlesen werden character-Variablen standardmäßig automatisch in Fakto-ren umgewandelt.

- Je nachdem, ob die Variablennamen in der ersten Zeile stehen, muss man `header` = TRUE oder `header` = FALSE spezifizieren. Gibt es keine Variablennamen, dann werden die Variablen im erzeugten Dataframe mit den Namen V1, V2 etc. versehen.

Wenn Sie R unter Windows aufrufen, dann befinden Sie sich standardmäßig im Benutzerverzeichnis Eigene Dokumente (Documents), d. h., wenn Sie eine Datei einlesen wollen, erwartet R, dass die Datei in diesem Verzeichnis gespeichert ist. Meistens verwendet man aber ein anderes Verzeichnis. Es gibt nun in R die Möglichkeit, statt des Dateinamens die Funktion file.choose() anzugeben. Es öffnet sich dann ein Dialogfenster, in dem man wie in Windows gewohnt, die zu lesende Datei aussuchen kann. Alternative Möglichkeiten des Zugriffs auf Dateien in anderen Verzeichnispfaden zeigt Abschnitt 5.1.2.

Sie können auch Dateien aus dem Internet einlesen. Statt des Dateinamens geben Sie dann einfach die Internetadresse als Zeichenkette in der Funktion url() an, z. B. können Sie einen kleinen Datensatz von der Statlib-Webseite so einlesen:

```
> read.table(url("http://lib.stat.cmu.edu/datasets/Andrews/T02.1"),
+     header = FALSE)
```

5.5.2 Dateien aus anderen Statistikpaketen (z. B. SPSS)

Es gibt in R unter Verwendung des Package **foreign** (R Core Team, 2013b) die Möglichkeit, Systemdateien aus anderen Statistikpaketen (wie z. B. SPSS, Systat, SAS oder Stata) zu lesen. Wir wollen hier kurz auf SPSS eingehen. Die entsprechende Funktion ist read.spss(). Neben dem Dateinamen der SPSS-Datei mit der Endung .sav sollte die Spezifikation folgender Argumente in Betracht gezogen werden.

- `to.data.frame` = TRUE ist die wichtigste Option. Wenn sie nicht angegeben wird, wird kein Data Frame, sondern eine Liste erzeugt.
- `use.value.labels` = TRUE: Wenn diese Option mit TRUE spezifiziert wird, dann verwendet R die Werte-Labels, wie sie in SPSS definiert sind, und wandelt die entsprechenden Variablen in Faktoren um.
- `use.missings` = TRUE sollte gesetzt werden, damit sog. benutzerdefinierte fehlende Werte (engl. *user-defined missings*), die man in SPSS definieren kann, auch in R korrekt als fehlende Werte gekennzeichnet werden.

Ein Beispiel für das Lesen einer SPSS-Datei, nachdem man das Package **foreign** geladen hat (siehe auch Abschnitt 3.1.5), ist:

```
> library("foreign")
> frag3 <- read.spss("file.sav", to.data.frame = TRUE, use.value.labels = TRUE,
+     use.missings = TRUE)
```

Alternativ kann man auch wie oben in Excel (Abschnitt 5.5.1) vorgehen und zunächst in SPSS ein .csv oder ein tabulatorgetrenntes File erstellen und dieses dann entsprechend einlesen. Manchmal, besonders bei sehr komplexen SPSS-Dateien, erweist sich diese Vorgehensweise als stabiler.

5.5.3 Direktes Kopieren – Einfügen über die Zwischenablage

Eine besonders einfache Möglichkeit, Dateien aus anderen Quellen nach R zu bringen, liefert die Verwendung der ZWISCHENABLAGE (engl. *clipboard*). Sie können hierbei in SPSS oder Excel, aber auch in anderen Programmen (wie etwa auf einer Webseite oder manchmal in einem PDF-File), in denen die Daten in Tabellenform dargestellt sind, so vorgehen:

- Zunächst markieren Sie den benötigten Bereich mit der Maus und verwenden dann **Kopieren** (Menü, Rechtsklick oder ⎡Strg⎤+⎡V⎤). Die Daten sind jetzt in der Zwischenablage.

- In R verwenden Sie die Funktion `read.table()` genauso wie oben beschrieben (also wenn nötig mit den Optionen *header* bzw. *dec*), Sie schreiben aber statt des Dateinamens `"clipboard"`.

Als Beispiel wollen wir die Datei von der Statlib-Webseite, die wir vorher über die Internetadresse eingelesen haben, nun direkt kopieren. In einem Internetbrowser gehen wir zur Adresse *http://lib.stat.cmu.edu/datasets/Andrews/T02.1*, markieren dort die Daten und verwenden z. B. die Tastenkombination ⎡Strg⎤+⎡C⎤ zum Kopieren. In R schreiben wir:

```
> andrews <- read.table("clipboard", header = FALSE)
```

und haben die Daten dann im Data Frame `andrews` zur Verfügung.

Will man einen Vektor über die Zwischenablage einlesen, kann man den `scan()` Befehl verwenden. Auch hier kann man einfach den Dateinamen durch `"clipboard"` ersetzen, wobei man jedoch darauf achten muss, was in der Zwischenablage vorhanden ist. Standardmäßig erwartet `scan()` Zahlen und erzeugt einen Fehler, wenn Text eingefügt wird. Will man also Text einfügen, muss man das Argument *what* auf `"character"` setzen.

```
> scan_zahlen <- scan("clipboard")
> scan_text <- scan("clipboard", what = "character")
```

Der `scan()` Befehl eignet sich auch zur direkten Eingabe von Werten über die Tastatur. Ruft man die Funktion ohne Argumente auf, erscheint anstatt der Eingabeaufforderung 1:. Hier kann man nun einzelne Werte eintippen und nach jedem Wert auf ⎆ (Eingabe) drücken oder mehrere durch mindestens ein Leerzeichen getrennte Zahlen eingeben. Sie können dies aber auch mischen, d. h. ein paar Werte eingeben, dann auf die Eingabe-Taste drücken usw. Wenn Sie fertig sind, müssen Sie nochmals die Eingabe-Taste betätigen, bis eine Information über die Anzahl der eingelesenen Elemente ausgegeben wird und Sie wieder die Eingabeaufforderung sehen. Ein Beispiel ist in ► Abbildung 5.21 zu sehen.

```
> x <- scan()
1: 27 33 83 46
5: 31 7 62
8: 1
9: 2 44
11:
Read 10 items
> |
```

Abbildung 5.21: Ausschnitt aus der R Console nach Eintippen einiger Zahlen, die mit `scan()` dem Vektor x zugewiesen werden

5.5.4 Schreiben von Dateien

In Abschnitt 4.2.2 haben wir schon den Befehl `save()` zum Speichern eines Data
Frame in eine binäre Datei kennengelernt. Will man Daten in für Menschen lesbarer
Form in eine Datei schreiben, also in einer Form, wie man sie mit `read.table()`
wieder einlesen kann, dann verwendet man den Befehl `write.table()`.

Im einfachsten Fall kann man ein Data Frame, z. B. den vorher eingelesenen Datensatz `andrews`, mittels

```
> write.table(andrews, file = "andrews.txt", col.names = TRUE,
+     row.names = FALSE)
```

abspeichern. Das heißt, man erzeugt hier eine Datei `andrews.txt`, die in Windows mit
dem Programm **Editor** geöffnet werden kann. Die Option `row.names` = FALSE unterdrückt das Abspeichern der Zeilennamen, die in diesem Fall nur eine Nummerierung
der Zeilen wären, da wir keine Zeilennamen spezifiziert haben. Wenn Sie Zeilennamen abspeichern, kann es dazu kommen, dass diese keinen eigenen Spaltennamen
bekommen und somit die Spaltennamen nicht mehr mit den tatsächlichen Inhalten übereinstimmen. Es ist daher ratsam, diese prinzipiell nicht mit abzuspeichern.
Hätten wir die Option `col.names` = FALSE gewählt, dann wären die Variablennamen
unterdrückt worden.

Mit einer weiteren Option (analog zu `read.table()`), nämlich `sep` = "\t", können
wir die Ausgabedatei so gestalten, dass man sie in Excel als tabulatorgetrennte Datei
einlesen kann. Arbeitet man mit einer deutschen Version von Excel, so muss man
zusätzlich den Dezimaltrenner auf ein Komma setzen, d. h. `dec` = ",", da sonst ein
Punkt verwendet wird.

Will man eine `.csv`-Datei (für deutsche Excel-Versionen) schreiben, dann muss man
das Trennzeichen Strichpunkt mittels `sep` = ";" und das Dezimalzeichen Komma
mittels `sep` = "," spezifizieren. Der entsprechende R-Befehl wäre also

```
> write.table(andrews, file = "andrews.csv", row.names = FALSE,
+     sep = ";", dec = ",")
```

Die so erzeugte Datei `andrews.csv` können Sie durch Anklicken im Windows-Explorer direkt in Excel öffnen.

Eine etwas bequemere Variante bieten die Befehle `write.csv()` bzw.
`write.csv2()`, bei denen man Trenn- und Dezimalzeichen nicht spezifizieren
muss und die wie bei `read.csv()` bzw. `read.csv2()` für englische bzw. deutsche
Programmvarianten von Excel funktionieren.

5.6   Statistische Funktionen

Eine der größten Stärken von R liegt in der umfassenden Verfügbarkeit statistischer Funktionen. Bei einer Software für Statistik ist das wenig verwunderlich, jedoch punktet R durch die Einfachheit und Vielfältigkeit der Anwendung im Vergleich zu anderen Paketen. Im Folgenden sollen kurz die wichtigsten Funktionalitäten – nämlich zur Simulation, Berechnung der Dichte, Quantile und kumulativer Wahrscheinlichkeiten – erläutert werden. Die Beispiele werden mit der Normalverteilung durchgeführt – andere Verteilungen werden am Ende aufgelistet und können analog verwendet werden.

5.6.1   Die drei Funktionen statistischer Verteilungen

Die meisten statistischen Funktionen, die in R implementiert sind, haben einen Namen wie *norm (siehe ?Normal), wobei statt des * ein Buchstabe für eine spezielle Funktion der Verteilung hinzugefügt wird.

Dichte (d)

Die Wahrscheinlichkeitsdichtefunktion oder Dichtefunktion (*probability density function*, PDF) erhält man, indem man ein d vor den Verteilungsnamen stellt, beispielsweise dnorm(). Diese Funktion hat die Argumente dnorm(x, mean = 0, sd = 1, log = FALSE), das x ist ein Wert, für den die Dichte einer Standardnormalverteilung $\mathcal{N}(\mu = 0, \sigma = 1)$ berechnet wird. Mit dem Argument log kann man die logarithmierte Dichte und somit die Log-Likelihood berechnen. Wenn man die Werte im Intervall $[-5, +5]$ plottet, erhält man Plots wie in ▶ Abbildung 5.22.

```
> par(mfrow = c(1, 2))
> curve(dnorm(x), -5, 5, xlab = "x-Wert", ylab = "Dichte", main = "dnorm(x)")
> curve(dnorm(x, log = TRUE), -5, 5, xlab = "x-Wert", ylab = "log(Dichte)",
+       main = "dnorm(x, log = TRUE)")
```

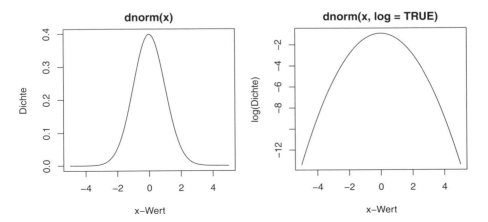

Abbildung 5.22: (Logarithmierte) Dichtefunktion einer Standardnormalverteilung

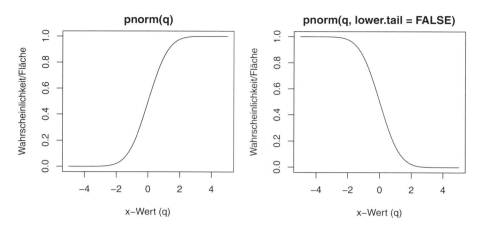

Abbildung 5.23: Kumulative Wahrscheinlichkeitsfunktionen von links und rechts kommend

Kumulative Dichte (p)

Die kumulative Dichtefunktion oder Verteilungsfunktion (*cumulative probability distribution*, CDF) erhält man, indem man ein p vor den Verteilungsnamen setzt. pnorm() hat die Argumente *mean* und *sd*, die Mittelwert und Standardabweichung der Verteilung bestimmen. Das Resultat dieser Funktion ist die kumulative Wahrscheinlichkeit von links bis zu einem Punkt q – setzt man *lower.tail = FALSE* erhält man die Gegenwahrscheinlichkeit, also von rechts kommend bis q. Folgender Code erzeugt die Graphen in ► Abbildung 5.23.

```
> par(mfrow = c(1, 2))
> curve(pnorm(x), -5, 5, xlab = "x-Wert (q)", ylab = "Wahrscheinlichkeit/Fläche",
+     main = "pnorm(q)")
> curve(pnorm(x, lower.tail = FALSE), -5, 5, xlab = "x-Wert (q)",
+     ylab = "Wahrscheinlichkeit/Fläche", main = "pnorm(q, lower.tail = FALSE)")
```

Quantilfunktion (q)

Die Quantilfunktion ist (im einfachsten Fall, bei stetigen Verteilungen) die Umkehrfunktion der kumulativen Dichtefunktion und wird mit dem Präfix q spezifiziert. qnorm() gibt den Wert zurück, unter dem die Fläche p liegt – mit *lower.tail = FALSE* erhält man das Quantil, über dem p liegt. Diese Funktion ist wichtig, wenn man beispielsweise kritische Grenzen für ein Konfidenzintervall sucht: 95% Konfidenz erhält man, indem man links und rechts 2.5% abschneidet, d. h., bei einer Standardnormalverteilung erhält man die bekannten Werte:

```
> qnorm(c(0.025, 0.975))
```

[1] -1.96 1.96

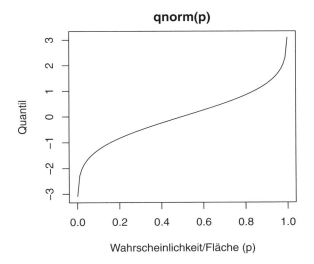

Abbildung 5.24: Quantilfunktion der Standardnormalverteilung

Folgender Code generiert die Grafik in ▶ Abbildung 5.24.

```
> curve(qnorm(x), 0.001, 0.999, xlab = "Wahrscheinlichkeit/Fläche (p)",
+      ylab = "Quantil", main = "qnorm(p)")
```

Zusammenhänge zwischen den Funktionen

Die grundlegende Funktion $f(x \mid \theta)$ jeder statistischen Verteilung ist die Dichtefunktion bei stetigen Variablen (bzw. die Wahrscheinlichkeitsfunktion bei diskreten Variablen). Diese beruht auf den Daten x und den Funktionsparametern θ. Um die kumulative Dichte (bzw. Masse) zu erhalten, muss man die Funktion bis zu einem gewissen Datenpunkt integrieren (bzw. summieren). Will man wissen, wo genau der Punkt ist, unter dem ein gewisser Flächenanteil liegt, benötigt man die Quantilfunktion, die ihrerseits die Umkehrfunktion der kumulativen Dichte/Masse ist.

5.6.2 Erzeugen von (Pseudo-)Zufallszahlen

Eine besonders mächtige Funktionalität von R ist die Erzeugung von Pseudozufallszahlen (*pseudo random number generation*, pRNG). Bei einer Normalverteilung stellt man einfach r vor den Funktionsnamen, so kann man mit der Funktion rnorm() normalverteilte Zufallszahlen erzeugen. Will man beispielsweise 1000 Daten, die $\mathcal{N}(\mu = 1, \sigma = 2)$ verteilt sind, kann man diese mit

```
> set.seed(5)
> normal1000 <- rnorm(1000, mean = 1, sd = 2)
```

erzeugen und eine Berechnung des Mittelwerts und der Standardabweichung zeigt, dass die Ergebnisse sehr knapp an den Simulationsparametern liegen

```
> c(mean(normal1000), sd(normal1000))
```
R

```
[1] 1.0348 2.0240
```

Die verwendete Funktion `set.seed()` ist gleichzeitig die Antwort, warum eingangs von *Pseudo*zufallszahlen gesprochen wurde. Natürlich sind Computer deterministische Maschinen und es kommen (mehr oder minder) ausgefeilte Algorithmen zum Einsatz, die möglichst „gute" Zufallszahlen erzeugen. Der Vorteil, dass der Erzeugungsmechanismus einer Formel folgt, ist, dass man Simulationen reproduzierbar machen kann, und der Schlüssel dazu ist der sog. *seed*. Das ist ein (ganzzahliger) „Startwert" für den Zufallszahlengenerator, d. h., wenn Sie die zwei Zeilen oben eingeben, sollten Sie im Großen und Ganzen dieselben Zahlen mit kleinen Abweichungen je nach Prozessor etc. erhalten.

5.6.3 Verfügbare Verteilungsfunktionen

▶ Tabelle 5.1 enthält eine kleine Liste gängiger Verteilungen. Eine umfassendere Liste von Verteilungen, die in Packages implementiert sind, findet sich hier: *http://cran.r-project.org/web/views/Distributions.html*

Tabelle 5.1: Einige Verteilungen in R (∗ wird für die gewünschte Funktionalität durch d, p, q oder r ersetzt)

	Verteilungen
∗beta()	Betaverteilung
∗binom()	Binomialverteilung
∗cauchy()	Cauchy-Verteilung
∗chisq()	χ^2-Verteilung
∗exp()	Exponentialverteilung
∗f()	*F*-Verteilung
∗gamma()	Gammaverteilung
∗geom()	Geometrische Verteilung
∗hyper()	Hypergeometrische Verteilung
∗lnorm()	Log-Normalverteilung
∗multinom()	Multinomialverteilung
∗nbinom()	Negativ-Binomialverteilung
∗norm()	Normalverteilung
∗pois()	Poissonverteilung
∗t()	*t*-Verteilung
∗unif()	Gleichverteilung
∗weibull()	Weibull-Verteilung

5.7 Rechnen mit Matrizen

Das Rechnen mit Matrizen ist in der Statistik immens wichtig, daher sind auch entsprechende Funktionen in R implementiert, wobei wir auf die wichtigsten kurz eingehen wollen.

5.7.1 Transponieren

Die Funktion t() transponiert eine Matrix (bzw. ein Data Frame), d. h., die Elemente werden so umgeordnet, dass aus Spalten Zeilen werden. Folgendes Beispiel sollte diese Funktionalität demonstrieren.

```
> (A <- matrix(1:6, 2))                                          R
```

```
     [,1] [,2] [,3]
[1,]    1    3    5
[2,]    2    4    6
```

```
> t(A)                                                           R
```

```
     [,1] [,2]
[1,]    1    2
[2,]    3    4
[3,]    5    6
```

Wir sehen, dass A zuerst die Dimension 2×3 und die transponierte Matrix A^T (oder A') dann 3×2 hat.

5.7.2 Matrixmultiplikation

Ein grundlegendes Konzept der Matrixalgebra ist die Multiplikation zweier Matrizen. Angenommen, wir haben zwei Matrizen $\boldsymbol{A}$ und $\boldsymbol{B}$ mit den Dimensionen $n \times m$ und $m \times k$, so können wir diese nur $\boldsymbol{M} = \boldsymbol{AB}$ multiplizieren, da die Spaltenanzahl der ersten Matrix der Zeilenanzahl der anderen entsprechen muss. Das Ergebnis dieser Multiplikation ist dann eine $n \times k$ Matrix. In R verwenden wir den Operator %*% und schreiben A %*% B. Als Beispiel verwenden wir A von vorhin und erstellen noch eine 3×2 Matrix B.

```
> (B <- matrix(11:16, 3))                                        R
```

```
     [,1] [,2]
[1,]   11   14
[2,]   12   15
[3,]   13   16
```

```
> M <- A %*% B
> M
```

```
     [,1] [,2]
[1,]  112  139
[2,]  148  184
```

Wir sehen, dass die entstandene Matrix M nun 2×2 ist.

Für die Spezialfälle $X^T Y$ (t(X) %*% Y) und XY^T (X %*% t(Y)) gibt es die Funktionen crossprod() und tcrossprod(), die etwas effizienter und schneller als die entsprechenden Ausdrücke mit t() und %*% arbeiten.

5.7.3 Matrixinversion

Quadratische Matrizen mit der Dimension $n \times n$ (also mit gleich vielen Zeilen wie Spalten) kann man unter bestimmten Bedingungen mit der Funktion solve() invertieren. Die invertierte Matrix $\boldsymbol{M}^{-1}$ hat die Eigenschaft, dass die Multiplikation $\boldsymbol{MM}^{-1} = \boldsymbol{M}^{-1}\boldsymbol{M} = \boldsymbol{I}$ eine Einheitsmatrix (siehe nächster Abschnitt) ergibt.

```
> Mminus <- solve(M)
> round(M %*% Mminus, 5)
```

```
     [,1] [,2]
[1,]   1    0
[2,]   0    1
```

5.7.4 Lösen von Gleichungssystemen

Allgemein ist solve(Y, Z) eine Funktion zum Lösen von Gleichungssystemen der Form $\boldsymbol{YX} = \boldsymbol{Z}$. Gibt man nur eine quadratische Matrix an, wird für Z eine Einheitsmatrix angenommen, wodurch als Ergebnis $\boldsymbol{X}$ die Inverse berechnet wird.

Als Beispiel wollen wir folgendes Gleichungssystem lösen:

$$\underbrace{\begin{pmatrix} 5 & 2 & 3 \\ 9 & 8 & 1 \\ 7 & 6 & 4 \end{pmatrix}}_{Y} \underbrace{\begin{pmatrix} x_1 \\ x_2 \\ x_3 \end{pmatrix}}_{X} = \underbrace{\begin{pmatrix} 24.5 \\ 48.5 \\ 43.5 \end{pmatrix}}_{Z}$$

Wir definieren also die Matrix Y. Z kann auch als einfache Folge angegeben werden.

```
> (Y <- matrix(c(5, 9, 7, 2, 8, 6, 3, 1, 4), nrow = 3))
```

```
     [,1] [,2] [,3]
[1,]   5    2    3
[2,]   9    8    1
[3,]   7    6    4
```

```
> Z <- c(24.5, 48.5, 43.5)                                                    R
```

Wir lösen das Gleichungssystem mit `solve()`, weisen die Lösung dem Objekt `loesung` zu und geben dieses aus.

```
> (loesung <- solve(Y, Z))                                                    R
```

```
[1] 2.5 3.0 2.0
```

Diese Lösung kann man überprüfen, da **YX** wiederum **Z** ergeben muss, was hier der Fall ist.

```
> Y %*% loesung                                                               R
```

```
     [,1]
[1,] 24.5
[2,] 48.5
[3,] 43.5
```

5.7.5 Spezielle Funktionen für quadratische Matrizen

Quadratische Matrizen (Dimensionen $n \times n$) treten in der Statistik z. B. als Kovarianz- oder Korrelationsmatrizen auf. Bei Ersteren ist die Hauptdiagonale besonders interessant, da hier die Varianzen enthalten sind. Die Funktion `diag()` bietet mehrere Funktionen (siehe auch `?diag`). Unter anderem kann man damit die Elemente der Hauptdiagonale extrahieren

```
> diag(M)                                                                     R
```

```
[1] 112 184
```

aber auch ersetzen

```
> diag(M) <- c(1, 2)                                                          R
> M
```

```
     [,1] [,2]
[1,]    1  139
[2,]  148    2
```

Weiters kann man Einheitsmatrizen (eine quadratische Matrix mit Einsen in der Hauptdiagonale und Nullen außerhalb davon) erstellen, indem man eine ganze Zahl angibt

```
> diag(2)
```

```
     [,1] [,2]
[1,]    1    0
[2,]    0    1
```

oder eine quadratische Matrix mit entsprechenden Einträgen in der Hauptdiagonale bei Angabe eines Vektors

```
> diag(c(-5, 2, 11))
```

```
     [,1] [,2] [,3]
[1,]   -5    0    0
[2,]    0    2    0
[3,]    0    0   11
```

Die Funktionen lower.tri() und upper.tri() dienen der Manipulation der unteren und oberen „Dreiecke" (also unter- bzw. oberhalb der Hauptdiagonale).

Die Determinante einer Matrix erhält man mit det() (determinant() gibt zusätzliche Informationen aus) und eine Eigenwertzerlegung, d. h. Eigenwerte und Eigenvektoren, wie sie z. B. in der Hauptkomponentenanalyse verwendet werden (Kapitel 11), liefert die eigen() Funktion.

5.7.6 Hilfreiche Funktionen für Matrizen

Oft will man zeilen- oder spaltenweise die Summen oder Mittelwerte der Elemente berechnen. In R gibt es hierfür die Funktionen rowSums() und rowMeans() für die zeilenweisen Summen und Mittelwerte. Für die Matrix B von vorhin ergeben sich folgende Ergebnisse

```
> rowSums(B)
```

```
[1] 25 27 29
```

```
> rowMeans(B)
```

```
[1] 12.5 13.5 14.5
```

Will man spaltenweise Berechnungen, verwendet man analog dazu colSums() und colMeans(). Wichtig ist hier zu bemerken, dass das Ergebnis pro Zeile/Spalte NA ist, sobald eines der entsprechenden Elemente fehlt. Um NA-Werte aus der Berechnung auszuschließen, kann man bei allen Funktionen das Argument na.rm = TRUE setzen, jedoch muss man v. a. bei Summen darauf achten, dass das Ergebnis noch sinnvoll ist.

5.7.7 Ein Anwendungsbeispiel: OLS-Schätzer einer Regression

Obwohl diese Funktionen und Beispiele eher „praxisfern" wirken, kann man mit Matrixmultiplikationen und einer Matrixinversion einfach die OLS-Schätzer einer linearen Regression (Abschnitt 9.4.1) errechnen. Die Formel ist

$$\hat{\beta} = (X^T X)^{-1} X^T y \tag{5.1}$$

Erstellen wir ein kleines Beispiel, das wir zuerst mit `lm()` und dann „händisch" berechnen.

```
> y <- c(0, 1, 2, 4)
> X <- cbind(1, c(0, 1, 2, 3), c(1, 3, 2, 4))
> coef(lm(y ~ X[, 2:3]))
```

```
(Intercept)   X[, 2:3]1   X[, 2:3]2
   -0.41667     1.16667     0.16667
```

```
> solve(t(X) %*% X) %*% t(X) %*% y
```

```
        [,1]
[1,] -0.41667
[2,]  1.16667
[3,]  0.16667
```

Die Ergebnisse sind identisch. Äquivalent dazu und effizienter, aber etwas schwieriger zu durchschauen wäre die Berechnung mit `crossprod()` und `tcrossprod()`:

```
> tcrossprod(solve(crossprod(X, X)), X) %*% y
```

```
        [,1]
[1,] -0.41667
[2,]  1.16667
[3,]  0.16667
```

Ganz elegant und effizient wäre es letztlich, die Gleichung aus 5.1 folgendermaßen umzuformen

$$\underbrace{(X^T X)}_{A} \; \underbrace{\hat{\beta}}_{X} = \underbrace{X^T y}_{B}$$

und mit `solve(`A`, `B`)` zu lösen:

```
> solve(crossprod(X, X), crossprod(X, y))
```

```
        [,1]
[1,] -0.41667
[2,]  1.16667
[3,]  0.16667
```

5.8   Erzeugung, Verkettung und Ausgabe von Textelementen

Wir haben schon in den vorherigen Kapiteln und Abschnitten mit Zeichenketten gearbeitet, jedoch gibt es hier weitaus vielfältigere Möglichkeiten zur Manipulation von Textelementen (siehe ?Quotes).

5.8.1 Escapesequenzen

Ein wichtiges Thema, das bis dato unbehandelt geblieben ist, sind ESCAPESEQUENZEN, die sich am einfachsten anhand von Beispielen erklären lassen. In R leitet ein Backslash (\) innerhalb einer Zeichenkette eine solche Escapesequenz ein und damit kann man von Zeilenumbrüchen bis zu akustischen Alarmsignalen alles Mögliche produzieren. Ein naheliegendes Problem stellt sich beispielsweise, wenn man einfache *und* doppelte Anführungszeichen in einer Textkette will. Egal, ob man den ganzen Text in einfachen oder doppelten Anführungszeichen einschließt – beides führt zu Fehlern. Hier kann man die Escapesequenz \' oder \" verwenden, um ein einfaches oder doppeltes Anführungszeichen zu setzen. „Escape" bedeutet also in diesem Zusammenhang, dass der vorangestellte Backslash die eigentliche Funktion des folgenden Zeichens aufhebt, also ' oder " nicht als Zeichen für den Beginn oder das Ende einer Zeichenkette stehen.

```
> ""doppelte" Anführungszeichen"                                    R
```

erzeugt

```
Error: unexpected symbol in """doppelte"
```

da R davon ausgeht, dass das zweite Anführungszeichen die Textkette schon wieder schließt und somit der darauf folgende Text einen Fehler erzeugt. So funktioniert es hingegen:

```
> c("\"doppelte\" Anführungszeichen", "oder 'einfache'",           R
+      "beide \"scheinbar' gemischt!")
```

```
[1] "\"doppelte\" Anführungszeichen" "oder 'einfache'"
[3] "beide \"scheinbar' gemischt!"
```

Zeilenumbrüche kann man einfach mit \n und Tabulatoren (Einrückungen) mit \t einfügen. Der Backslash wird, wie wir schon bei Pfadangaben gesehen haben, mit \\ definiert.

Alle diese Befehle bleiben jedoch als Escapesequenzen in der Zeichenkette vorhanden, solange sie nicht explizit ausgegeben werden (siehe unten).

5.8.2 Textelemente verketten

Die Funktion paste() nimmt als erstes Argument . . . eine beliebige Menge an kommagetrennten Textelementen – aber auch Zahlen – und fügt sie standardmäßig mit Leerzeichen (*sep* = " ") zusammen. Mit *collapse* kann man zusätzlich mehrere Ergebnisse noch einmal verketten. paste0() funktioniert nach demselben Muster, nur dass hier *sep* = "" ist. Oft ist letztere Variante sinnvoll, da man Elemente zusammenfügt und selbst Kontrolle über Leerzeichen haben will, z. B.:

```
> paste("p = ", 0.002, ", also signifikant.")
```

```
[1] "p =  0.002 , also signifikant."
```

```
> paste0("p = ", 0.002, ", also signifikant.")
```

```
[1] "p = 0.002, also signifikant."
```

Wir sehen, dass beim ersten Beispiel zwischen "p = " und der Zahl sowie nach der Zahl und dem folgenden Text Leerzeichen als Separatoren eingefügt werden. Bei paste0() haben wir dieses Problem nicht, dafür müssen wir uns selbst um Leerzeichen kümmern.

Angenommen, wir wollen fünf Zeichenketten von "x_1" bis "x_5" erzeugen, so können wir uns hier viel Tipparbeit sparen:

```
> paste0("x_", 1:5)
```

```
[1] "x_1" "x_2" "x_3" "x_4" "x_5"
```

Will man, dass diese jeweils in einer eigenen Zeile stehen, kann man alle mit *collapse* = "\n" in *einer* Zeichenkette zusammenfassen:

```
> txt1 <- paste0("x_", 1:5, collapse = "\n")
> txt1
```

```
[1] "x_1\nx_2\nx_3\nx_4\nx_5"
```

5.8.3 Textausgabe

Die Funktion cat() verkettet im ersten Argument ... beliebige Elemente wie paste(), erstellt aber keinen character-Vektor, sondern erzeugt eine Ausgabe in der R-Konsole oder schreibt das Ergebnis in eine Datei. Als Standard ist *file* = "", was dazu führt, dass der Output in der Konsole ausgegeben wird. txt1 von vorhin sieht folgendermaßen aus

```
> cat(txt1)
```

```
x_1
x_2
x_3
x_4
x_5
```

und hier sehen wir, dass die Escapesequenzen nun ihren eigentlichen Zweck erfüllen, d. h., "\n" erzeugt Zeilenumbrüche. Wie paste() hat auch diese Funktion ein

Argument *sep* = " ", d. h., bei mehreren Elementen in ... werden Leerzeichen als Trenner verwendet. Mit *sep* = "\n" werden die Elemente in eigenen Zeilen gesetzt.

```
> cat("Einfacher Text", "\tmit einem Tabulator eingerückt",
+     "\"mit Anführungszeichen\"",
+     "\nmit einem zusätzlichen Zeilenumbruch davor ...", sep = "\n")
```

```
Einfacher Text
      mit einem Tabulator eingerückt
"mit Anführungszeichen"

mit einem zusätzlichen Zeilenumbruch davor ...
```

Würden wir hier beispielsweise noch *file* = "textoutput.txt" angeben, so würde R den Output direkt in die Datei textoutput.txt (im Working Directory) schreiben. Mit *append* kann man Text an das Ende einer Datei anhängen, anstatt sie zu überschreiben.

5.9　Entwicklungsumgebungen (IDEs) für R

Für die Verwendung von R sind Entwicklungsumgebungen (engl. *integrated development environments*, IDEs) sehr praktisch. Eine davon, die mittlerweile sehr populär, für alle gängigen Betriebssysteme verfügbar und weit entwickelt ist, nennt sich RStudio und ist hier verfügbar: *http://www.rstudio.com/*.

Im Gegensatz zur „rohen" Version von R sind hier viele Zusatzfeatures wie ein Workspacebrowser (eine Anzeige der Objekte in R) sowie die nahtlose Integration von Konsole, Editor, Plots, Hilfe etc. implementiert. Vor allem im Editor gibt es nützliche Dinge wie das sog. Syntax-Highlighting (Syntaxhervorhebung; Strukturierung des Codes durch unterschiedliche Darstellung diverser Codeelemente) oder die Codevervollständigung (siehe ▸ Abbildung 5.25). Wie in der Abbildung zu sehen, gibt es auch eine kurze Beschreibung der Funktionsargumente, was v. a. am Anfang praktisch ist, wenn man die gängigen Argumente noch nicht intus hat.

Eine weiterführende Beschreibung von RStudio ist an dieser Stelle nicht möglich, jedoch ist das Interface sehr intuitiv und einfach zu erlernen. Außerdem gibt es ein kurzes Video auf der Website (*screencast*), das eine schnelle Einführung in die Bedienung bietet und die implementierten Funktionalitäten erläutert.

5.10　Das R-Hilfesystem und weiterführende Information

Hilfe zu R gibt es in unterschiedlichster Form: Einzelinformation zu Funktionen und Packages, ausführliches Dokumentationsmaterial wie Manuals und Tutorials, Suchmaschinen, Wikis und Hilfe-Foren, Webseiten mit Überblick über Methoden zu einzelnen wissenschaftlichen Fachbereichen und vieles mehr.

Wenn man beginnt, R zu benutzen und zu lernen, kann man sich leicht von dieser Vielfalt überwältigt fühlen. Wir wollen uns daher hier auf einige wichtige Aspekte beschränken, die Sie beim Lesen des Buchs benötigen könnten. Dies betrifft vor allem die Hilfe zu einzelnen Funktionen. Im Laufe der Zeit, wenn Sie ein wenig Erfahrung

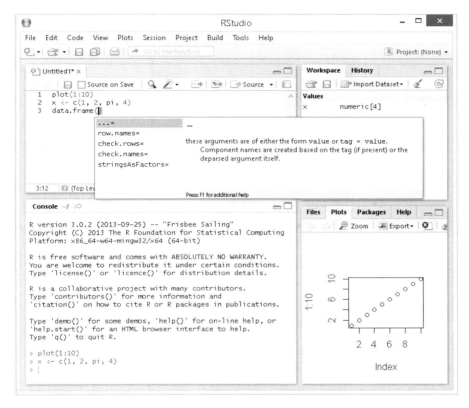

Abbildung 5.25: RStudio (mit offener Codevervollständigung für `data.frame()`)

im Umgang mit **R** gewonnen haben, werden Sie auf komplexeres Informationsmaterial zurückgreifen wollen. Wo Sie dieses finden, beschreiben wir im späteren Teil dieses Abschnitts.

5.10.1 Hilfe zu einzelnen Funktionen und Packages

Die wichtigsten Unterpunkte im Hilfemenü finden Sie im mittleren Bereich (▶ Abbildung 5.26). Wir wollen diese nun etwas genauer besprechen.

Menüpunkt: R functions (text)...

Im Prinzip ist auch dieses Buch als eine Art Hilfe zu **R** konzipiert, es werden Funktionen im Text zu den einzelnen Kapiteln beschrieben und am Ende jedes Kapitels finden Sie eine Zusammenstellung der im jeweiligen Kapitel (neu) verwendeten Funktionen.

Sollten Sie einmal Genaueres zu einer Funktion wissen wollen, z. B. `subset()`, dann klicken Sie auf **R functions (text)...** und schreiben den Namen der Funktion, `subset` (ohne Klammern), in das sich öffnende Fenster. Wichtig ist, dass Sie den Namen der Funktion genau eingeben, also wissen müssen. Sie können alternativ in der **R** Console auch einen der folgenden Befehle eingeben.

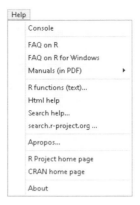

Abbildung 5.26: Das R-Hilfemenü

```
> ?subset          # oder
> help("subset")
```

Es öffnet sich (in allen drei beschriebenen Fällen) eine (lokale) HTML-Seite mit der Hilfe zu subset() (▶ Abbildung 5.27).

Wir wollen diese nun etwas genauer besprechen. Hilfeseiten zu Funktionen in R sind standardisiert und dies sind die wichtigsten Einträge:

- Description ist eine kurze Beschreibung dessen, was die Funktion macht.

- Usage beschreibt, wie die Funktion verwendet wird. Es werden alle Argumente mit etwaigen Standardwerten aufgelistet.

- Arguments beschreibt die Argumente der Funktion und ihre möglichen Werte.

- Details enthält ausführlichere Informationen und oft auch wichtige Hinweise hinsichtlich der Verhaltensweise der Funktion in eventuell auftretenden Spezialfällen.

- Value beschreibt den Output der Funktion, also was in welcher Form von der Funktion erzeugt wird.

- Examples gibt Beispiele zur Verwendung der Funktion. Sie auszuprobieren, ist meist sehr hilfreich. Wie schon beschrieben (Abschnitt 5.4.3), kann man sie leicht mit Kopieren und Einfügen in R laufen lassen. Alternativ können Sie mit der Funktion example(), für unser Beispiel also example("subset"), alles, was unter Examples angeführt ist, auf einmal in R ausführen.

Daneben gibt es manchmal noch:

- Warnings: Hier werden mögliche Fallstricke bei der Verwendung der Funktion bzw. Einschränkungen aufgezeigt.

- See also gibt Links zur Hilfe ähnlicher oder verknüpfter Funktionen.

Die Hilfeseiten sind das Kernstück der Beschreibung einer Funktion. Oft sind sie sehr detailliert und beschreiben technische Details, die normalerweise nicht wichtig sind. Versuchen Sie nicht, alles zu verstehen, sondern beschränken Sie sich auf das, was Sie verstehen bzw. benötigen.

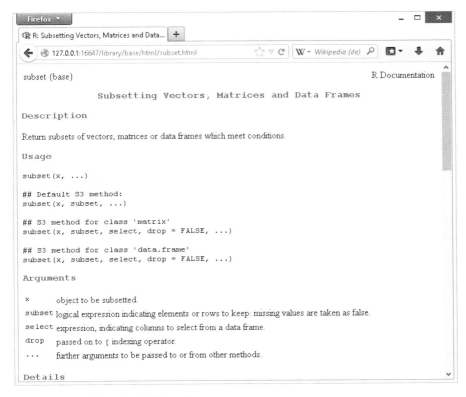

Abbildung 5.27: Ausschnitt eines R-Hilfemenüs

Folgen Sie nicht blindlings den Links im Abschnitt See also in der Erwartung, woanders etwas besser erklärt zu bekommen. Meistens sind die Links dazu da, verwandte Funktionen anzugeben, und helfen eher den schon Versierten. Besser ist es, die Beispiele in Examples auszuprobieren und mit ihnen herumzuspielen.

Menüpunkt: Search help...

Dieser Menüpunkt hilft Ihnen, eine Funktion zu finden, deren Namen Sie nicht oder nur ungenau wissen, oder aber wenn Sie eine Funktion zu einem Begriff suchen. Nehmen wir an, Sie können sich nur an „sub" erinnern. Statt das Hilfemenü zu verwenden, können Sie in der R-Konsole für dieses Beispiel auch Folgendes eingeben

```
> ??sub                 # oder
> help.search("sub")
```

Das Resultat findet sich in ▶ Abbildung 5.28.

Sie finden alle Vorkommen von sub in den Hilfeseiten aller am aktuellen Rechner installierten Packages. Die Namen dieser Packages stehen vor dem doppelten Doppelpunkt ::. Für unser Beispiel finden Sie den Eintrag:

```
base::subset      Subsetting Vectors, Matrices and Data Frames
```

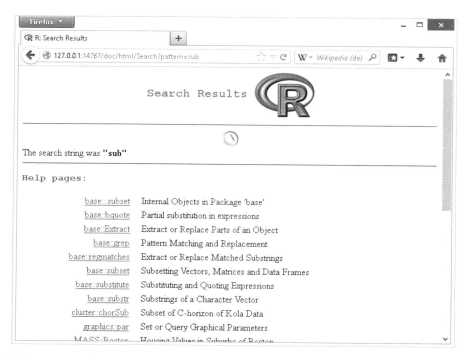

Abbildung 5.28: Ausschnitt eines Resultats von `help.search("sub")`

Hierbei bedeutet `base::`, dass die Funktion `subset()` im **base** Package vorkommt. Das ist eines der Standard-Packages von R, die automatisch installiert werden.

Nachdem Sie jetzt den genauen Namen der gesuchten Funktion wissen, können Sie mit `?funktionsname` (oder den anderen oben beschriebenen Suchmöglichkeiten) die Hilfeseite dieser Funktion aufrufen.

Falls Sie hier eine Fehlermeldung bekommen, dass es keine Dokumentation zu dieser Funktion gibt, dann bedeutet das möglicherweise, dass das Package nicht geladen (oder nicht installiert) ist. Sie müssen in diesem Fall das Package zuerst mit `library()` laden oder Sie verwenden den Befehl `help("funktionsname", package = "packagename")`.

Sie können sich auch die sehr praktische Funktionsweise der Wortergänzung über die Tabulatortaste in R zunutze machen. Wenn Sie (für obiges Beispiel) am Command Prompt `?sub` ⇥ ⇥ eingeben, erhalten Sie alles, was sich im Workspace befindet und beginnend mit `sub` abfragen lässt.

Menüpunkt: search.r-project.org ...

Eine erweiterte Suche, die nicht auf Ihre lokale Installation beschränkt ist, bietet der Menüpunkt **search.r-project.org** .... Hier können Sie, wie in einer Suchmaschine, verschiedene Begriffe eingeben, die dann auf der R-Webseite verarbeitet werden. Durchsucht werden können dort unter anderem alle auf CRAN verfügbaren Packages und dazugehörige Dokumentationen (Functions und Vignettes), Methodenübersichten (Task Views) sowie diverse Hilfe-Foren (R-help).

Nachdem Sie die zu suchenden Begriffe eingegeben haben, öffnet sich die „R Site Search"-Webseite mit ersten Ergebnissen. Durch Anklicken diverser Auswahlpunkte bzw. Auswahlen können Sie das Suchverhalten nach Ihren Vorstellungen gestalten.

Besonders die Archive der R-Help-Foren mit Hunderttausenden Beiträgen erweisen sich als Informationsquelle, wo man (nahezu) jede nur vorstellbare Information zu R findet. Oft gibt es Lösungen für verzwickte Probleme oder Hinweise, wie man solche Lösungen finden kann. Auf der Webseite *https://stat.ethz.ch/mailman/listinfo/r-help* kann man diesem Forum beitreten.

Menüpunkt: Html help

Das Anklicken dieses Menüpunkts öffnet eine (lokale) Informationsseite (▶ Abbildung 5.29). Im Wesentlichen ist hier alles, was Sie sonst auch über das Hilfe-Menü finden, in durchblätterbarem HTML-Format verfügbar, wie z. B. die Manuale, die über das Menü Help ▷ Manuals (in PDF) als PDF-Dokumente gelesen werden können, oder Search (entspricht dem Menüpunkt Search help... bzw. dem Befehl `help.search()`) gibt aber dort zusätzlich eine Liste von Schlüsselwörtern. Zu den interessanten Links gehört auch Packages. Dort kann man detailliertere Information zu den lokal installierten Packages erhalten.

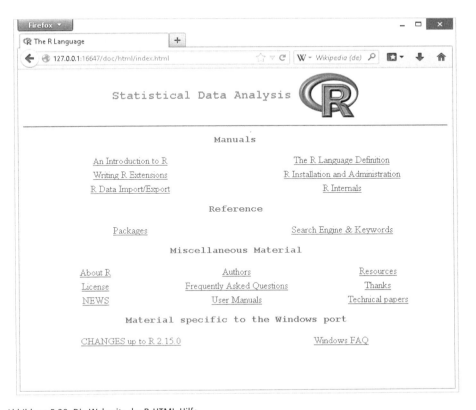

Abbildung 5.29: Die Webseite der R-HTML-Hilfe

Menüpunkt: Apropos...

Hier wird eine Suche angeboten, in der man wie beim Menüpunkt **Search help...** bzw. bei Verwendung der Funktion `help.search()` auch nach Namensteilen suchen kann. Die Suche bezieht sich dabei auf alles, was momentan im Workspace definiert ist. Das sind neben Funktionen und Daten geladener Packages (dazu gehören auch die Funktionen und Datensätze aus den Standard-Packages, die automatisch geladen werden) auch definierte Variablen, Data Frames etc. Sie können eine solche Suche auch über die **R** Console mit dem Befehl `apropos()`, also z. B. `apropos("sub")`, starten.

5.10.2   Dokumente, Webseiten und weiterführende Information

Frequently Asked Questions – FAQs

Im **Help**-Menü gibt es zwei Links zu *Frequently Asked Questions*. **FAQ on R** ist eher allgemein gehalten und behandelt Fragen zu verschiedenen Aspekten von **R**. **FAQ on R for Windows** fokussiert eher die Windows-Implementation von **R**. Obwohl manche Themen sehr spezifische Aspekte behandeln, kann ein Durchsehen auch für Anfänger durchaus hilfreich sein.

Die R Manuals

Über **Help** ▷ **Manuals (in PDF)** können Sie die **R** Manuals bekommen. Die wichtigsten sind **An Introduction to R** sowie **R Data Import/Export**. Diese beschreiben die Funktionsweise von **R** tiefergehender als dieses Buch und eignen sich nur bedingt für Anfänger. Dennoch lohnt es sich, hin und wieder einen Blick hineinzuwerfen. Die anderen Manuals behandeln eher technische Details von **R**, z. B. wie man Packages programmiert und dokumentiert.

Online-Dokumente auf CRAN

Auf der CRAN-Webseite finden Sie in der Navigation links unten unter Documents den Link <u>Contributed</u>. Auf dieser Webseite finden Sie frei verfügbare Dokumente und Bücher (meist in PDF-Form) zu den unterschiedlichsten Themen, manche auch auf Deutsch. Obwohl sich auch da die meisten Texte an eher Fortgeschrittene richten, gibt es auch einiges für Anfänger.

Suche im WWW

Sucht man **R**-Material im Web über Suchmaschinen, bekommt man natürlich viele irrelevante Treffer, weil der Buchstabe „R" eine Vielzahl von Interpretationen zulässt. Besser ist es, spezialisierte Suchmaschinen zu verwenden. Gute Startpunkte sind

- ◼ *http://search.r-project.org* (auch über das **R**-Hilfemenü erreichbar)
- ◼ *http://www.rseek.org*
- ◼ *http://stackoverflow.com/* (ein gutes, offenes Forum für alle möglichen Programmiersprachen)
- ◼ *http://www.dangoldstein.com/search_r.html*

Bücher

Wir wollen hier einige Bücher empfehlen, die als Ausgangspunkt für vertieftes Lernen bzw. als Nachschlagewerke dienen können. Eine sehr ausführliche Darstellung von R und der Verwendung auch fortgeschrittener statistischer Methoden gibt es einerseits in *Discovering Statistics Using* R von Field et al. (2012) oder *The* R *Book* von Michael J. Crawley (2012).

Schon erwähnt haben wir *das* Referenzbuch zu Grafiken, R *Graphics* von Paul Murrell (2011). Das (deutschsprachige) Buch *Programmieren mit* R von Uwe Ligges (2008) legen wir all jenen nahe, die mit R programmieren und die wesentlichen Strukturen von R grundlegender verstehen möchten.

5.11 R für Fortgeschrittene

Dieser Abschnitt ist eine Art „Epilog" zu diesem Kapitel, da ab diesem Punkt ein solides R-Grundwissen, das in den vorherigen Kapiteln vermittelt wurde, unabdinglich ist. Gleichzeitig soll es einen tieferen Einblick „hinter die Kulissen" von R sowie einen Ausblick auf die vielen Möglichkeiten hinsichtlich eigener Erweiterungen bieten. Das Wissen soll in diesem Rahmen jedoch nicht im Stile eines *Programmierhandbuchs* vermittelt werden, sondern auf pragmatische und „untechnische" Art.

Das Ziel dieses Kapitels ist die Einführung in wichtige Konzepte und Grundlagen von R anhand praktischer Beispiele. Es geht weniger um eine umfassende „informatische" Abdeckung von R als eine anwendungsorientierte und exemplarische Darstellung ausgewählter Themengebiete.

Eine detaillierte und umfassende Behandlung dieser Themen, v. a. hinsichtlich der Programmierung von R, finden Sie in den deutschen Büchern von Uwe Ligges (2008) und Rainer Alexandrowicz (2013) bzw. in den englischsprachigen Büchern von Rizzo (2007) und Jones et al. (2009), die viele Anwendungsbeispiele im Bereich *Computational Statistics* enthalten.

5.11.1 Definition kleiner Funktionen

Wie wir gesehen haben, benötigt man in R permanent Funktionen, die unterschiedliche Operationen ermöglichen. Auf Seite 62 haben wir ein generelles Schema zum Aufruf von Funktionen gesehen: der Funktionsname, gefolgt von runden Klammern, in denen die Argumente der Funktion angegeben werden.

Die Definition von Funktionen erfolgt über ein Konstrukt, das wiederum wie eine Funktion aussieht (eigentlich ist `function` ein sog. *keyword*) und naheliegenderweise `function()` heißt. Meistens wird diese einem Objekt zugewiesen, damit man sie über diesen Objektnamen ansprechen kann. Das Schema einer Funktionsdefinition mit einer entsprechenden Zuweisung sieht so aus:

```
funktionsname <- function(arg1, arg2, usw.){
  R_ausdruck
}
```

Wir überlegen uns zuerst einen Funktionsnamen, wobei wir hier vorsichtiger sein müssen als bei Objekten, die z. B. eine Folge von Zahlen enthalten, denn wenn wir eine Funktion mit dem Namen `length` definieren, landet diese in `.GlobalEnv`, d. h. an erster Stelle des Suchpfads, wodurch die anderen Packages nicht mehr nach dieser Funktion durchsucht werden.

Diesem Objekt folgt eine Zuweisung der Definition mit `function()`, wobei die angegebenen Argumente gleichzeitig die Argumente der Funktion sind, und danach folgt ein theoretisch beliebig langer R-Ausdruck.

Innerhalb der geschwungenen Klammern kann man mit den Argumenten der Funktion Berechnungen erstellen, neue Objekte erstellen, bis man schließlich beim gewünschten Resultat angekommen ist, das die Funktion dann „zurückgibt". Wenn eine Funktion nur aus einem Befehl besteht, kann man die geschwungenen Klammern weglassen, jedoch ist es sicherer, sie auch hier zu setzen, da man eventuell später den Code erweitert und ohne die geschwungenen Klammern nur der erste Befehl verwendet wird. Erstellt man einen „Codeblock" innerhalb von geschwungenen Klammern, so spricht man auch von einer *compound expression*.

Beginnen wir mit einer einfachen Funktion, die $(x \cdot y)^z$ berechnen soll. Wir nennen die Funktion `fun1()`, als Argumente benötigen wir x, y und z, die wir kommagetrennt in die runden Klammern schreiben, und danach folgt der Ausdruck, der die Berechnung durchführt. Um die Funktion zu überprüfen, setzen wir die Zahlen, $x = 2$, $y = 3$ und $z = 4$ ein, und führen die Berechnung auch einmal händisch durch.

```
> fun1 <- function(x, y, z) {
+     (x * y)^z
+ }
> fun1(2, 3, 4)
```

```
[1] 1296
```

```
> (2 * 3)^4
```

```
[1] 1296
```

Funktionen kann man hervorragend nutzen, um sich Tipparbeit zu sparen oder Fehlern vorzubeugen. Angenommen, wir wollen einen Vektor mit Mittelwert, Standardabweichung, Median und Interquartilsdistanz einer metrischen Variable berechnen, so wäre dies einerseits immer ein langer Code und andererseits fehleranfällig. Als Beispiel fungiert hier ein Vektor `x100`, der die ganzen Zahlen von 0 bis 100 enthält und für den wir den Ergebnisvektor händisch erstellen:

```
> x100 <- 0:100
> c(mean(x100), sd(x100), median(x100), IQR(x100))
```

```
[1] 50.0 29.3 50.0 50.0
```

Nun definieren wir eine Funktion `msmi()`, die diesen Vektor erstellt und zusätzlich Namen vergibt, damit wir auf Anhieb wissen, was die jeweilige Zahl bedeutet.

```
> msmi <- function(x) {
+     c(Mittelw. = mean(x), Std.abw. = sd(x), Median = median(x),
+         IQD = IQR(x))
+ }
> msmi(x100)
```

```
Mittelw. Std.abw.   Median      IQD
   50.0     29.3     50.0     50.0
```

Mit dieser kleinen Funktion sparen wir uns in weiterer Folge viel Arbeit, denn anstatt immer den langen Codeblock schreiben zu müssen, können wir einfach die Funktion mehrmals aufrufen:

```
> msmi(-1000:1000); msmi(-100:100); msmi(-10:10)
```

```
Mittelw. Std.abw.   Median      IQD
   0.00   577.78     0.00  1000.00
```

```
Mittelw. Std.abw.   Median      IQD
  0.000   58.168    0.000  100.000
```

```
Mittelw. Std.abw.   Median      IQD
 0.0000   6.2048   0.0000  10.0000
```

Sichtbarkeit von Objekten (Scope)

Was passiert, wenn wir ein Objekt `resultat` im Workspace haben, aber ein Objekt `resultat` in einer Funktion verwenden? Variablen, die wir innerhalb einer Funktion verwenden oder definieren, gelten nur im Rahmen (engl. *frame*) der Funktion. Bei komplexeren Funktionen wird man wahrscheinlich einige Hilfsobjekte im Zuge einer Berechnung erzeugen. Prinzipiell gilt jedoch: Was in der Funktion passiert, bleibt in der Funktion – bis auf das letzte erzeugte Objekt bzw. den letzten Ausdruck. In unserem Fall war das einfach zu erkennen, da wir bis dato nur einen Ausdruck innerhalb der Funktion ausgeführt haben.

Bei längeren und komplexeren Funktionen sollte man zur besseren Lesbarkeit das Objekt mit dem Resultat mit `return()` explizit zurückgeben. Die Funktion darf nur ein Objekt beinhalten, d.h., bei mehreren Elementen muss man einen Vektor, eine Liste oder Ähnliches verwenden. Verwendet man `return()`, muss man jedoch aufpassen, denn dadurch wird die Funktion sofort beendet und das jeweilige Objekt ausgegeben. D.h., Code nach `return()` wird nicht mehr ausgeführt, insofern sollte man diesen Aufruf ans Ende der Definition stellen.

Als Beispiel speichern wir ein Objekt `resultat` ab und erstellen eine Funktion `fun2()`, die $x + y$ berechnet, intern dem Objekt `resultat` zuweist und dieses dann mit `return()` zurückgibt. Danach sehen wir uns an, ob `resultat` durch die Ausführung der Funktion verändert wurde:

```
> (resultat <- 1:5)
```

```
[1] 1 2 3 4 5
```

```
> fun2 <- function(x, y) {
+     resultat <- x + y
+     return(resultat)
+ }
> fun2(2, 3)
```

[1] 5

```
> resultat
```

[1] 1 2 3 4 5

Wir sehen also, dass das Objekt resultat innerhalb der Funktion nicht mit dem gleichnamigen Objekt in .GlobalEnv in Konflikt kommt. Es ist aber möglich, innerhalb der Funktion auf globale Variablen zuzugreifen. Sofern diese nicht in der Funktion definiert sind, kann man folgendermaßen vorgehen: Angenommen, wir definieren ein Objekt basis als 5, das dann in einer neuen Funktion fun3() (basis^{zahl}) verwendet wird, so hat dies Einfluss auf das Ergebnis von fun3():

```
> basis <- 5
> fun3 <- function(zahl) {
+     basis^zahl
+ }
> fun3(2)
```

[1] 25

```
> basis <- 10
> fun3(2)
```

[1] 100

Wir haben hier zwei Mal den identischen Funktionsaufruf, fun3(2), ausgeführt, jedoch ist durch die (veränderte) globale Variable basis das erste Ergebnis $5^2 = 25$, während das zweite $10^2 = 100$ ist.

5.11.2 Konstanten in R

R ist standardmäßig mit einigen mehr oder minder wichtigen Konstanten ausgestattet (siehe ?Constants). Eine wichtige, nämlich pi, haben wir schon verwendet. Auch die Objekte letters und LETTERS sind praktische Tools, um Dinge zu „etikettieren". In month.abb und month.name finden sich die (abgekürzten) englischen Monatsnamen. Verwendet werden die Konstanten einfach, indem sie im Code eingegeben und ggf. mittels [ausgewählt werden:

```
> pi
```

[1] 3.1416

```
> letters                                                                    R
```

```
[1] "a" "b" "c" "d" "e" "f" "g" "h" "i" "j" "k" "l" "m" "n" "o" "p" "q" "r" "s"
[20] "t" "u" "v" "w" "x" "y" "z"
```

```
> month.name[9:11]                                                           R
```

```
[1] "September" "October"   "November"
```

5.11.3 Kontrollstrukturen (Control Flow)

Sogenannte KONSTROLLSTRUKTUREN (siehe ?Control) steuern den Ablauf von Programmen und sind speziell innerhalb von Funktionen unverzichtbar. Mit ihnen kann man beispielsweise abhängig von bestimmten Bedingungen unterschiedliche Codeblöcke ausführen oder man kann Operationen repetitiv ausführen. Durch diese Eigenschaften sind die folgenden Konstrukte auch für die Arbeit außerhalb von Funktionsdefinitionen interessant, da z. B. „Schleifen" gewisse Operationen mehrfach ausführen können und man sich dadurch einerseits Tipparbeit erspart und andererseits auch Fehler vermeiden kann.

Bedingungen: Wenn – dann – sonst – …

Ein wichtiges Konstrukt ist die Steuerung des Kontrollflusses mittels if, das Code nur ausführt, wenn eine Bedingung zutrifft. Auf Seite 116 haben wir schon die Funktion ifelse(*test*, *yes*, *no*) kennengelernt und mit ihr gearbeitet. Wir haben gesehen, dass entweder der Code in *yes* oder *no* ausgeführt wurde, wenn die Bedingung in *test* wahr bzw. falsch war. Diese Funktion ist ein Spezialfall eines allgemeineren Konstrukts für kleine Anwendungen.

Bedingte Ausführung von Codeblöcken kann man mit if und ggf. else bzw. Kombinationen davon erzielen. In seiner einfachsten Form kann das if verwendet werden und einen Ausdruck auszuführen, falls die Bedingung zutrifft, was zu folgender Struktur führt:

```
if(logischer Wert){ expr }
```

Zuerst steht if, gefolgt von runden Klammern, in denen eine Operation ausgeführt wird, die entweder TRUE oder FALSE ergibt. Wichtig ist hier zu beachten, dass es exakt ein Wert sein muss und kein Wert außer TRUE oder FALSE zulässig ist (NAs etc.). *Wenn* die Operation TRUE ergibt, wird der Code danach ausgeführt – ansonsten passiert nichts, da wir noch kein else angegeben haben. Wie bei der Funktionsdefinition oben könnte man die geschwungenen Klammern weglassen, wenn man nur einen Ausdruck nach if ausführen will, jedoch ist es auch hier sicherer, eine *compound expression* zu verwenden, falls man den Code später erweitert.

Solche einfachen „wenn → dann" Bedingungen kann man in Funktionen beispielsweise verwenden, um zu testen, ob der Inhalt eines Arguments in der Funktion verwendet werden kann oder nicht. Gibt man dem Argument *zahl* bei fun3() eine Zeichenkette, so führt dies bei der Ausführung von basis^zahl zu einem Fehler, der in diesem Fall „non-numeric argument to binary operator" lauten würde. Für Leute, die mit R noch nicht so versiert sind, wäre diese Fehlermeldung möglicherweise kryptisch. Um Usern der Funktion das Leben zu erleichtern, könnte man also eine angepasste Fehlermeldung ausgeben, indem man folgenden Code vor der eigentlichen Berechnung einfügt:

```
> fun3 <- function(zahl){
+     if(!is.numeric(zahl)){ stop("\"zahl\" muss eine zahl sein.") }
+     basis^zahl
+ }
> fun3("dreizehn")
```

Error in fun3("dreizehn") : "zahl" muss eine zahl sein.

Wir haben nun der Funktion fun3 für das Argument zahl "dreizehn" übergeben und eine Fehlermeldung erhalten, *bevor* versucht wurde, eine Berechnung mit dem Textelement durchzuführen. In diesem Fall war die Testbedingung durch die Negation des Resultats von is.numeric() definiert. Diese Funktion testet, ob ein Objekt numerisch ist, was hier konkret bedeutet, dass es im Falle der Typen integer oder numeric wahr ist. Ist das Objekt also *nicht* numerisch soll es einen Fehler geben. Wir testen das und es kommt folgerichtig FALSE heraus – damit sich die Funktion jedoch so verhält, wie wir es wollen, müssen wir den Ausdruck negieren, da Code nach if nur zur Ausführung kommt, wenn die Bedingung wahr ist. Daher ist die Bedingung in verbalisierter Form: „Wenn zahl nicht numerisch ist, dann …" Und dieses „dann" besteht hier aus der Funktion stop(), die eine Funktion an jeder Stelle beendet und eine optionale Textkette, wie in unserem Fall "\"zahl\"muss eine zahl sein." ausgibt.

Gibt man nur if an, so wird der Code danach ausgeführt, wenn die Bedingung wahr ist, ansonsten passiert im wahrsten Sinne des Wortes „nichts" und die weiteren Ausdrücke werden ausgeführt. Oft will man jedoch auch eine Alternative spezifizieren, die eintreten soll, wenn die Bedingung nicht zutrifft. Zu diesem Zweck kann man else verwenden, wodurch das Schema entsprechend erweitert wird:

```
if(logischer Wert){ expr } else { alt.expr }
```

Es wird wieder eine Operation durchgeführt, die TRUE oder FALSE liefert, jedoch wird hier im Falle TRUE der Ausdruck expr ausgeführt, *ansonsten* die angegebene Alternative alt.expr.

Schließlich kann man Strukturen mit if und else auch verknüpfen und somit mehrere „Tests" nacheinander durchführen und entsprechenden Code bedingt ausführen. Spätestens hier beginnt es unübersichtlich zu werden und man sollte sich daher darum kümmern, dass der Code strukturiert ist. Eine mögliche Konvention wäre:

```
if(test1){            # erste Bedingung
  expr1               # wenn die erste Bedingung zutrifft
} else if(test2){     # sonst zweite Bedingung
  expr2               # wenn die zweite Bedingung zutrifft
} else if(test3){     # sonst dritte Bedingung
  expr3               # wenn die dritte Bedingung zutrifft
} else {              # sonst
  expr4               # wenn keine Bedingung zutrifft
}
```

Wir sehen, dass dieses Schema einerseits gut lesbar und andererseits sehr flexibel ist. Bei der Anwendung auf Seite 116 haben wir eine Schachtelung von `ifelse()` der Form `ifelse(test1, expr1, ifelse(test2, expr2, expr3))` gehabt, was schnell unübersichtlich wird, da diese Funktion nur für kleine Bedingungen konzipiert ist. Obwohl wir mit `if` und `else` theoretisch beliebig viele Bedingungen aneinanderreihen können, sieht man genau, welche Bedingung wo getestet wird und was die entsprechende Konsequenz im Code wäre.

Eine weitere Möglichkeit, den Programmfluss zu steuern, v. a. bei Argumenten, die als „Schalter" fungieren, bietet `switch()`.

```
switch(EXPR, ...)
```

Das erste Argument *EXPR* ist entweder eine Zeichenkette oder eine Zahl, die zu einer Ganzzahl konvertiert wird. Unter `...` reiht man kommagetrennt Alternativen und ihre entsprechenden Ausdrücke an.

```
switch("ausdruck",
        "alt1" = { expr1 },
        "alt2" = { expr2 },
        "alt3" = { expr3 },
        { optionale_expr }
)
```

Wir sehen, dass je nach dem Inhalt von `"ausdruck"` eine der (idealerweise benannten) Alternativen ausgeführt wird. Die geschwungenen Klammern, die *compound expressions* beinhalten, können weggelassen werden, jedoch muss man darauf achten, dass nur noch ein einzelner Ausdruck pro Alternative angegeben wird. Falls es bei keiner Alternative eine Übereinstimmung gibt, kann ein letzter, unbenannter Ausdruck als „Default" angegeben werden – fehlt dieser, gibt `switch()` `NULL` zurück.

Ist *EXPR* keine Zeichenkette, wird versucht, das Objekt in eine Ganzzahl zu konvertieren – ist dies möglich wird die Alternative an jener Stelle ausgeführt, die *EXPR* spezifiziert. Die Möglichkeit eines „Defaults" gibt es hier nicht; kann keine Ganzzahl erzeugt werden, führt dies zu einem Fehler.

Schleifen und wiederholte Ausführungen

Manchmal will man komplexe Ausdrücke, beispielsweise für jede Zeile einer Matrix, ausführen. Oder es geht um Optimierungsmethoden, wie z. B. die, in der Statistik allgegenwärtige, Maximierung der Likelihood durch iterative Verfahren. Für solche Approximationsverfahren, die schrittweise gegen eine Lösung konvergieren, benötigt man Schleifen, die aber beispielsweise entweder nach einer vorgegebenen Zahl an Iterationen oder mit der Unterschreitung einer kritischen Grenze enden sollen.

Nehmen wir an, wir haben eine Datenmatrix von fünf Beobachtungen (Zeilen) auf drei Items (Spalten) mit Antworten von 0 bis 10, die in einer gewichteten Summe (Gewichte pro Spalte: {1, .5, .3}) zusammengefasst werden sollen. Will man mit Schleifen arbeiten, so bietet sich hier `for` an, da man damit mit einer Iterationsvariable einen definierten Bereich durchlaufen kann. Der Code ist dabei folgendermaßen aufgebaut:

```
for(iter_var in werte){
    expr
}
```

Das Objekt `iter_var` durchläuft also alle Werte, die in `werte` definiert wurden, wobei der Code in `expr` naheliegenderweise mit diesen arbeiten wird. Für unser Beispiel benötigen wir also die Zeilenindizes, da wir zeilenweise gewichtete Werte summieren wollen. Wichtig ist hier auch, dass man eine Ergebnisvariable initialisiert (siehe Abschnitt 5.11.6), d. h. in diesem Fall einen Vektor, der die Ergebnisse letztlich beinhaltet, da die Ausführung in der Schleife nicht zwangsläufig Zuweisungen macht.

Zuerst möchten wir uns aber die Funktionsweise der Schleife an einem einfachen Beispiel ansehen. Wir nennen die Iterationsvariable `random_names` und übergeben dieser eine Folge an Zeichenketten. Als Ausdruck soll in jeder Iteration `writeLines(random_names)` ausgeführt werden, was zu folgenden Ergebnissen führt:

```R
> for(random_names in c("Lisa", "Gisela", "Horst")){
+    writeLines(random_names)
+ }
```

```
Lisa
Gisela
Horst
```

Wir sehen also, dass in jeder Iteration der jeweilige Name ausgegeben wurde. Da wir keine Zuweisung definiert haben, verabschieden sich diese Werte jedoch ins Nirwana (`random_names` bleibt mit dem letzten Wert im Workspace).

Wir wollen aus einer 5×3 Matrix jedoch zeilenweise (über alle Spalten) gewichtete Summen bilden, d. h., das Resultat wird ein Vektor mit fünf Elementen sein. Diesen müssen wir „initialisieren", d. h. einfach nur definieren. Idealerweise macht man sich gleich Gedanken, welcher Datentyp benötigt wird, und kann dann mit Funktionen wie `integer()`, `numeric()` oder ggf. `character()` entsprechende Vektoren definieren. In unserem Fall haben wir eine Matrix `w_testmt`, die zufällig generiert wurde. Die Resultate wollen wir in einem numerischen Vektor `w_colsum` speichern, der so viele Elemente hat, wie `w_testmt` Zeilen besitzt.

```R
> w_testmt <- matrix(c(2, 3, 6, 3, 9, 10, 2, 0, 3, 8, 2, 9, 10,
+    8, 7), nrow = 5)
> w_colsum <- numeric(nrow(w_testmt))
> w_testmt
```

```
     [,1] [,2] [,3]
[1,]    2   10    2
[2,]    3    2    9
[3,]    6    0   10
[4,]    3    3    8
[5,]    9    8    7
```

```R
> w_colsum
```

```
[1] 0 0 0 0 0
```

Wir sehen, dass `numeric(length)` einen Vektor mit *length* Nullen generiert. Nun wollen wir mit den Gewichtungen oben in der Schleife die Werte berechnen und an der korrekten Stelle von `w_colsum` einfügen:

```R
> for (i in 1:5) {
+     w_colsum[i] <- sum(w_testmt[i, ] * c(1, 0.5, 0.3))
+ }
> w_colsum
```

```
[1]  7.6  6.7  9.0  6.9 15.1
```

Rechnen wir das Ergebnis für die erste Zeile nach, so sehen wir, dass es korrekt ist: $2 \cdot 1 + 10 \cdot 0.5 + 2 \cdot 0.3 = 2 + 5 + 0.6 = 7.6$.

Natürlich kann man solche `for`-Schleifen auch beliebig schachteln, jedoch wird die Ausführung dadurch dramatisch verlangsamt. In R sind außerdem effizientere Tools, speziell aus der Familie an `apply` Funktionen, vorhanden, die auf solche Szenarien ausgelegt sind. Leider können wir auf diese nicht näher eingehen, aber es lohnt sich, Funktionen wie `apply()`, `lapply()`, `sapply()`, `tapply()`, `mapply()`, `outer()`, `combn()` (sprich: „apply", „ell-apply", „ess-apply", „tee-apply", ...) anzusehen.

Wenn man Schleifen benötigt, die nicht eine a priori definierte Menge durchlaufen sollen oder können, so bieten sich die Konstrukte `while` und `repeat` an. Schematisch haben sie folgende Form:

```
while(bedingung){              repeat{
    Ausdruck                      Ausdruck
}                             }
```

Es fällt sofort auf, dass `while` an eine Bedingung geknüpft ist, während `repeat` für sich steht. Der Unterschied ist also, dass `while` den angeführten Ausdruck nur wiederholt, solange die Bedingung wahr ist – ist die Bedingung eingangs `FALSE`, so wird der Ausdruck überhaupt nicht ausgeführt.

Bei `repeat` hingegen wird der nachfolgende Ausdruck auf unbestimmte Zeit ausgeführt. Um zu einem Ergebnis zu gelangen, muss man also selbst intervenieren und die Ausführung an einem bestimmten Punkt beenden. Am einfachsten baut man eine Bedingung mittels `if` ein, die bei der Erfüllung gewisser Kriterien `break` ausführt. Die „Keywords" `break` und `next` können in Schleifen verwendet werden, um entweder aus der derzeitigen Schleife auszusteigen bzw. die derzeitige Iteration zu überspringen.

Als Beispiel wollen wir das Minimum der Funktion $f(x) = x^4$ berechnen. Extremwerte zeichnen sich dadurch aus, dass sie eine Steigung von 0 haben – die Steigung einer Kurve ist die erste Ableitung einer Funktion, d. h. $f'(x) = 4x^3$.

Die Nullstellensuche können wir iterativ einfach durch das Newton-(Raphson)-Verfahren finden, das eine Annäherung einer Funktion $g(y)$ generell folgendermaßen erzielt:

$$y_i = y_{i-1} - \frac{g(y_{i-1})}{g'(y_{i-1})} \tag{5.2}$$

Der neue Wert y in der Iteration i ergibt sich durch den vorherigen Wert (y_{i-1}) abzüglich des Quotienten aus dem Funktionswert durch den Wert der ersten Ableitung an dieser Stelle. Zu Beginn müssen wir der Funktion noch einen Startwert (y_0) vorgeben, von dem aus die erste Iteration $i = 1$ ausgehen kann.

Da wir jedoch an der Nullstelle der ersten Ableitung interessiert sind, benötigen wir $x_i = x_{i-1} - f'(x_{i-1})/f''(x_{i-1})$. Die zweite Ableitung ist in diesem Fall $f''(x) = 12x^2$, also kann man den Quotienten der Ableitungen folgendermaßen vereinfachen: $(4x^3)/(12x^2) = x/3$.

Für diese Optimierung benötigen wir nun zwei Objekte, nämlich eines, das den alten `x_alt` und ein anderes, das den neuen x-Wert `x_neu` beinhaltet. In einer `while`-Schleife können wir die Abbruchbedingung $|x_{alt} - x_{neu}| < 10^{-10}$ definieren, d. h., wenn die absolute Differenz der neuen und alten Werte kleiner als 10^{-10} ist, brechen wir ab. Für `while` müssen wir die Ungleichung umdrehen, da sie, so lange das Genauigkeitskriterium *nicht* erfüllt ist, laufen soll.

Bei dieser Optimierung ist es wichtig, dass man den Startwert in `x_neu` gibt und `x_alt` (mit einem anderen Wert als in `x_neu`) initialisiert, da die Bedingung erfüllt sein muss, um die `while`-Schleife zu „starten". In der Schleife übergibt man den neuen Wert dem alten Objekt und berechnet einen neuen Wert, der dann durch die `while`-Schleife geprüft wird. Diese zwei Zeilen werden so lange durchlaufen bis entweder das definierte Genauigkeitskriterium unterschritten wird oder man als User die Ausführung mit ⌈Esc⌉ abbricht.

```
> x_neu <- 5
> x_alt <- 0
> while (abs(x_alt - x_neu) >= 1e-10) {
+     x_alt <- x_neu
+     x_neu <- x_alt - x_alt/3
+ }
> c(ergebnis = x_neu, differenz = abs(x_alt - x_neu))
```

```
ergebnis   differenz
1.3599e-10 6.7993e-11
```

In unserem Fall konvergiert das Verfahren sehr rasch und wir bekommen als Ergebnis `1.3599e-10`, da die absolute Differenz der alten und neuen x-Werte unter das definierte Kriterium gefallen ist.

Wenn eine Optimierung lange dauert, obwohl wenige Parameter und Daten beteiligt sind, kann es sein, dass man z. B. den Quotienten addiert anstatt subtrahiert. Das führt natürlich dazu, dass es keine Konvergenz gibt, insofern beginnt für den Rechner eine (zumindest theoretisch) „unendliche Geschichte" und man muss die Ausführung unterbrechen oder R gänzlich terminieren.

Natürlich kann man auch in jeder Iteration eine Ausgabe machen, was speziell bei der Fehlersuche (Debugging) praktisch ist. Zur Demonstration vollziehen wir dieselbe Optimierung nochmals, nur diesmal verwenden wir `repeat` und geben bei jeder Iteration einen Text aus. Da `repeat` einen benutzerdefinierten Abbruch benötigt, um nicht ewig zu laufen, spezifizieren wir nun mit `if` die erwünschte Genauigkeit, jedoch ist die Ungleichung – anders als bei `while` – so wie eingangs formuliert, d. h. *wenn* die Differenz kleiner als 10^{-10} ist, soll die Schleife mit `break` beendet werden.

Neu ist hier auch das Objekt `iter`, das die Iterationen „mitzählt". Wir initialisieren es mit 0 und zählen in jeder Iteration um 1 hinauf – in R wird einfach das alte Objekt durch das um 1 erhöhte überschrieben.

```
> iter <- 0
> x_neu <- x_alt <- 5
> repeat {
+     iter <- iter + 1
+     cat("Iteration:", iter, "\n")
+     x_alt <- x_neu
+     x_neu <- x_alt - x_alt / 3
+     if(abs(x_alt - x_neu) < 1e-10) break
+ }
```

```
Iteration: 1
Iteration: 2
#... hier ist Output ausgelassen ...#
Iteration: 60
```

Hier sehen wir schon, dass es 60 Iterationen gebraucht hat, bis unser Genauigkeitskriterium vom Startpunkt $x_0 = 5$ aus unterschritten wurde. Das Ergebnis ist natürlich gleich wie vorhin.

```
> iter
```

```
[1] 60
```

```
> c(ergebnis = x_neu, differenz = abs(x_alt - x_neu))
```

```
 ergebnis  differenz
1.3599e-10 6.7993e-11
```

Ergebnis und Differenz sind gleich wie bei der Optimierung mit `while`.

5.11.4 Objektorientiertes Programmieren (OOP), generische Funktionen und Methoden

R ist eine Programmiersprache, in der das Konzept des OBJEKTORIENTIERTEN PROGRAMMIERENS (OOP) eine zentrale Rolle spielt. Prinzipiell ist, wie wir schon gesehen haben, alles ein Objekt (Vektoren, Matrizen, Data Frames, Funktionen, ...).

Klassen

Jedes Objekt hat abgesehen vom Datentyp und dem „Mode" auch eine KLASSE, d. h. ein abstrahiertes Schema, nach dem das Objekt aufgebaut ist. Wir haben schon, ohne es zu wissen, mit verschiedenen Klassen gearbeitet.

Erzeugen wir beispielsweise einen Vektor mit ganzen Zahlen von 1 bis 10, einen Faktor mit den Buchstaben von "a" bis "j", eine Matrix mit den Zahlen von 0.5 bis 5 in 0.5-Schritten, ein Data Frame mit dem gerade definierten Vektor und dem Faktor und eine Liste mit dem Vektor und der Matrix.

```
> c_vk <- 1:10
> c_fa <- factor(letters[1:10])
> c_ma <- matrix((1:10)/5, nrow = 2, ncol = 5)
> c_df <- data.frame(c_vk, c_fa)
> c_li <- list(c_vk, c_ma)
```

Nun können wir mit `class()` die Klasse der Objekte und mit `typeof()` die interne Repräsentation in **R** abfragen. Exemplarisch wäre dies für den Faktor `c_fa`:

```
> c(class(c_fa), typeof(c_fa))
```

```
[1] "factor"  "integer"
```

Wir sehen also, dass die Klasse `"factor"` und die interne Repräsentation `"integer"` ist. Für alle Objekte erhalten wir folgendes Ergebnis:

```
      class()       typeof()
c_vk  "integer"     "integer"
c_fa  "factor"      "integer"
c_ma  "matrix"      "double"
c_df  "data.frame"  "list"
c_li  "list"        "list"
```

Der Vektor `c_vk` hat nur ganze Zahlen und ist daher ein Objekt der Klasse `"integer"` und intern auch als `"integer"` repräsentiert. Beim Faktor `c_fa` wird es schon spannender, da hier die Klasse `"factor"` ist, der Typ jedoch `"integer"`. Das liegt daran, dass ein Faktor Kategorien als ganze Zahlen widerspiegelt, die dann mit Labels versehen werden. Letzteres macht das Konzept eines Faktors aus und unterscheidet ihn von einfachen ganzen Zahlen wie in `c_vk`.

Die Matrix `c_ma` ist, wie wir schon früh gesehen haben, eigentlich nur eine Zahlenfolge, die in Dimensionen strukturiert wird. Da hier Dezimalzahlen vorkommen, ist der Typ `"double"` (synonym für `"numeric"`), die Klasse ist jedoch `"matrix"`.

Zum Schluss haben wir ein Data Frame `c_df` und eine Liste `c_li`. Auf Seite 100 haben wir schon gesehen, dass Data Frames eigentlich Listen sind, daher haben beide Objekte den Typ `"list"`. Das Data Frame hat jedoch die Klasse `"data.frame"`, während die Liste `"list"` ist.

Generische Funktionen und Methoden

So wie wir schon mit Klassen gearbeitet haben, sind uns GENERISCHE FUNKTIONEN auch schon zuhauf untergekommen. Zwei davon wären `print()` oder `plot()`. Wie wir bereits auf Seite 65 gesehen haben, wird bei jeder Ausgabe von Objekten implizit `print()` verwendet. Die Art der Ausgabe hat sich jedoch je nach Typ geändert – einmal war es ein Vektor von Zahlen, dann ein Faktor, eine Matrix oder ein Data Frame.

Eine generische Funktion ist quasi eher ein „allgemeines Konzept", das im Falle von `print()` einfach bedeutet: „Gib das Objekt aus." *Wie* die Ausgabe dann konkret aussieht, bestimmt die Klasse des Objekts, das der generischen Funktion übergeben wird. Je nach Klasse wird letztlich eine passende METHODE aufgerufen.

Der Vorteil der OOP liegt also unter anderem darin, dass man sich nicht eine Unmenge an Funktionsnamen für die Ausgabe von unterschiedlichen Objektklassen merken muss, sondern print() verwenden kann und dies mit großer Wahrscheinlichkeit einen sinnvollen – an die Art des Objekts angepassten – Output erzeugt.

Methoden für generische Funktionen bzw. Objektklassen kann man mit der Funktion methods() ausgeben lassen. Für print() gibt es fast 180 Methoden, bei plot() ist die Zahl überschaubarer, daher sehen wir uns diese an:

```
> methods(generic.function = "plot")                                    R
```

```
 [1] plot.acf*          plot.data.frame*    plot.decomposed.ts*
 [4] plot.default       plot.dendrogram*    plot.density
 [7] plot.ecdf          plot.factor*        plot.formula*
[10] plot.function      plot.hclust*        plot.histogram*
[13] plot.HoltWinters*  plot.isoreg*        plot.lm
[16] plot.medpolish*    plot.mlm            plot.ppr*
[19] plot.prcomp*       plot.princomp*      plot.profile.nls*
[22] plot.spec          plot.stepfun        plot.stl*
[25] plot.table*        plot.ts             plot.tskernel*
[28] plot.TukeyHSD

 Non-visible functions are asterisked
```

Hier sehen wir beispielsweise, dass plot.data.frame() aufgerufen wird, wenn wir plot() mit einem Data Frame ausführen. Bei einem Faktor hingegen wird plot.factor() verwendet, bei einer Tabelle ist es plot.table(). Das ist auch der Grund, warum plot() auf Seite 139 mit unterschiedlichen Objekten zu unterschiedlichen Grafiken führt. Der Hinweis Non-visible functions are asterisked bedeutet, dass diese Funktionen nicht „exportiert" wurden, d. h. in einem Package liegen und hauptsächlich intern aufgerufen werden.

Offensichtlich ist das Schema, nach dem die Methoden benannt werden, Folgendes:

> *generischeFunktion . klassenName*
>
> z. B.:   plot . data.frame
>   plot . factor
>   plot . table

Mit methods() kann man umgekehrt auch Methoden für eine bestimmte Klasse ausgeben lassen. Für die Klasse "matrix" erhalten wir

```
> methods(class = "matrix")                                             R
```

```
 [1] anyDuplicated.matrix  as.data.frame.matrix  as.raster.matrix*
 [4] boxplot.matrix        determinant.matrix    duplicated.matrix
 [7] edit.matrix*          head.matrix           isSymmetric.matrix
[10] relist.matrix*        subset.matrix         summary.matrix
[13] tail.matrix           unique.matrix

 Non-visible functions are asterisked
```

und sehen, dass es beispielsweise eine Methode namens `head.matrix()` gibt, was auch der Grund ist, warum bei der Verwendung von `head()` mit einer Matrix die ersten sechs Zeilen und nicht Elemente ausgegeben werden, wie bei einem Vektor.

Natürlich kann man selbst eigene Klassen definieren und für diese wiederum Methoden bestehender generischer Funktionen implementieren bzw. sogar selbst neue generische Funktionen erzeugen. Diese Prinzipien der OOP machen also die gute Handhabbarkeit von große Flexibilität von **R** aus.

5.11.5   Funktionsdefinitionen und Objektorientierung

Mit dem Grundwissen über Funktionen, Klassen und Methoden können wir nun letztlich zu Demonstrationszwecken eine neue Funktion schreiben, die eine neue, von uns definierte, Objektklasse erzeugt und mit Methoden generischer Funktionen bearbeitet werden kann. Angenommen, wir wollen simulierte Werte aus einer Normalverteilung und ihre Kennzahlen den Simulationsparametern gegenüberstellen, so können wir eine Klasse `norm_check` definieren. Konstruiert man Klassen, so überlegt man sich (am besten vorher) eine Art „Bauplan", nach dem das Objekt aufgebaut ist. Bei diesem Fall liegt es nahe, die Simulationsparameter und die damit generierten Daten in das Objekt zu speichern. Eine neue Funktion `sim_check()` erzeugt also ein Objekt der Klasse `norm_check`. Die Funktion `class()` kann nicht nur zum Auslesen der Klasse, sondern auf zur Definition dieser verwendet werden.

```
> sim_check <- function(n, mean, sd) {
+     ergebnis <- list(d = rnorm(n, mean, sd), n = n, mu = mean,
+         sigma = sd)
+     class(ergebnis) <- "norm_check"
+     return(ergebnis)
+ }
```

Erstellen wir nun ein Objekt mit dieser Funktion, so findet sich keine `print()` Methode für diese Klasse und es wird auf die Methode für Listen zurückgegriffen, da wir eine solche erstellt haben.

```
> set.seed(5)
> ndist1 <- sim_check(n = 5, mean = 0, sd = 1)
> class(ndist1)
```

```
[1] "norm_check"
```

```
> str(ndist1)
```

```
List of 4
 $ d    : num [1:5] -0.8409 1.3844 -1.2555 0.0701 1.7114
 $ n    : num 5
 $ mu   : num 0
 $ sigma: num 1
 - attr(*, "class")= chr "norm_check"
```

```
> ndist1                                                                    R
```

```
$d
[1] -0.840855  1.384359 -1.255492  0.070143  1.711441

$n
[1] 5

$mu
[1] 0

$sigma
[1] 1

attr(,"class")
[1] "norm_check"
```

Es wird aber nicht nur eine Liste ausgegeben, sondern am Ende steht attr(,"class") mit dem Inhalt [1] "norm_check". Das ist ein sog. Attribut, ein Konzept, das wir nicht vertiefen können, das in diesem Fall die Information über die Klasse beinhaltet.

Der Output ist nicht schön, daher wollen wir eine geeignete print() Methode schreiben. Die Definition funktioniert im einfachsten Fall so, dass man eine Funktion namens *generischeFunktion.klassenName* erzeugt. Bei den Argumenten muss man aufpassen, da eine Methode dieselben Argumente wie die generische Funktion haben *muss* (man kann natürlich weitere hinzufügen). In diesem Fall sehen wir uns ?print an, wo beschrieben ist, dass die Argumente *x* und ... vorkommen müssen. Zur Ausgabe verwenden wir die Funktionen aus Abschnitt 5.8.

```
> print.norm_check <- function(x, ...) {                                    R
+     cat(paste0("Check of ", x$n, " generated Observations\n"))
+     cat(paste0("  Mu = ", x$mu, ";        Simulated Mean = ",
+         round(mean(x$d), 5), "\n"))
+     cat(paste0("Sigma = ", x$sigma, "; Simulated Std. Dev. = ",
+         round(sd(x$d), 5), "\n"))
+ }
```

Nun geben wir einfach ndist1 ein, wodurch die print() Funktion aufgerufen wird und diese die entsprechende Methode verwenden sollte.

```
> ndist1                                                                    R
```

```
Check of 5 generated Observations
  Mu = 0;        Simulated Mean = 0.21392
Sigma = 1; Simulated Std. Dev. = 1.31386
```

Alles funktioniert, wie wir es geplant haben, und wir können auch sim_check() ohne Zuweisung verwenden, wodurch die print() Methode aufgerufen wird, da ein Objekt der Klasse norm_check retourniert wird:

```
> set.seed(5)
> sim_check(n = 1000, 0, 1)
```

```
Check of 1000 generated Observations
   Mu = 0;       Simulated Mean = 0.0174
Sigma = 1; Simulated Std. Dev. = 1.01202
```

5.11.6 Initialisieren von Objekten

Wir haben den Begriff der Initialisierung von Objekten oder Variablen schon öfter gehört, aber noch nicht näher behandelt, da R im Gegensatz zu anderen Programmiersprachen hier sehr flexibel ist. Üblicherweise muss man in Programmiersprachen eine Variable initialisieren, d. h. zumindest angeben, welchen Typ und wie viele Dimensionen sie hat und, sofern man das zu dieser Zeit schon weiß, wie viele Elemente benötigt werden. Die einfachen Datentypen kann man mit den Funktionen raw(), logical(), integer(), numeric() (oder synonym double()), complex() und character() erzeugen, wobei das Argument *length* standardmäßig auf 0 gesetzt ist, d. h., es entsteht eine leere Folge des entsprechenden Typs:

```
> numeric()
```

```
numeric(0)
```

```
> character()
```

```
character(0)
```

Gibt man für *length* eine Zahl an, so erhält man eine Folge von *length* Elementen des Typs, die entweder 0 oder bei character "" sind:

```
> numeric(5)
```

```
[1] 0 0 0 0 0
```

```
> character(10)
```

```
[1] "" "" "" "" "" "" "" "" "" ""
```

Das ist nützlich, wenn man einen Ergebnisvektor in einer for-Schleife verwendet, in der jede Iteration einen Wert ersetzt.

Angenommen, man will eine Fibonaccifolge (beginnt mit 0 und 1 und die weiteren Werte sind immer die Summe der zwei vorherigen) bis n = 45 erstellen, so könnte man dies mit

```
> n <- 45
> res1 <- c(0, 1)
> for (i in 3:n) {
+     res1 <- c(res1, res1[i - 2] + res1[i - 1])
+ }
> head(res1)
```

[1] 0 1 1 2 3 5

machen, was aber nicht elegant und äußerst ineffizient ist (res1 wird z. B. in jeder Iteration zuerst mit dem neuen Wert verkettet und dann überschrieben). Besser ist es, man initialisiert vorher einen Vektor, da man ja schon weiß, wie viele Zahlen man haben will, und ersetzt dann nur noch schrittweise die Werte.

```
> n <- 45
> res2 <- integer(n)
> res2[2] <- 1    # res2[1] ist 0, daher nur den res2[2] ändern
> for (i in 3:n) {
+     res2[i] <- res1[i - 2] + res1[i - 1]
+ }
> head(res2)
```

[1] 0 1 1 2 3 5

5.11.7 Testen und Konvertieren von Typen und Klassen

Implizite Typumwandlung

Auch hier ist R im Vergleich zu anderen Programmiersprachen äußerst „kulant", denn, wie wir schon gesehen haben, konvertiert R gemischte Datentypen ggf. automatisch in einen passenden, z. B.:

```
> str(c(1L, 3.5))
```

num [1:2] 1 3.5

Der, durch das folgende L, explizit als integer ausgewiesene Wert 1 wird in einer Folge mit dem numeric Wert 3.5 automatisch auch in den Datentyp numeric umgewandelt. In einer Sprache wie C würde man einen Fehler erhalten, wenn man ganze und Gleitkommazahlen mischt – dort wäre ein sog. „Typecast" (Typumwandlung, auch engl. *coercion*) notwendig, damit man die Zahlen miteinander verwenden kann.
Noch dramatischer ist das Beispiel:

```
> str(c(1L, 3.5, "xyz"))
```

chr [1:3] "1" "3.5" "xyz"

Hier erkennt R, dass 1 zwar wieder als integer definiert ist, da jedoch eine Zeichenkette vorkommt, werden alle Elemente umgewandelt, damit die Folge vom Typ character ist.

Testen von Typen und Klassen

R enthält eine Unmenge an Funktionen zum Testen, ob Objekte von einer bestimmten Klasse oder einem bestimmten Datentyp sind. Das Schema dahinter ist immer is.*(), wobei * durch den zu testenden Typ oder die zu testende Klasse ersetzt wird, also für die einfachen Datentypen: is.raw(), is.logical(), is.integer(), is.numeric() oder synonym is.double(), is.complex() und is.character(), z. B.:

```
> is.numeric("... hier könnte Ihr Text stehen ...")
```

```
[1] FALSE
```

liefert FALSE, da das Objekt vom Typ character ist. Auch hier ist **R** wieder etwas „nachsichtig", da integer Typen auch als numeric angesehen werden, da man sie durch Typumwandlung zu solchen machen kann. Umgekehrt ist dies jedoch nicht der Fall, da Gleitkommazahlen bei der Umwandlung potenziell Information verlieren:

```
> is.numeric(3.5)
```

```
[1] TRUE
```

```
> is.numeric(5L)
```

```
[1] TRUE
```

```
> is.integer(3.5)
```

```
[1] FALSE
```

Bei Klassen und rekursiven Datentypen ist das Prinzip gleich, nur dass man nun Funktionen wie is.matrix(), is.list(), is.data.frame(), is.factor() etc. verwendet. Erstellen wir ein Data Frame mit einer numerischen Variable num und einem Faktor fct. Testet man, ob bspDF eine Liste und ein Data Frame ist, so erhält man beides mal TRUE, denn ein Data Frame ist eine Klasse des rekursiven Typs list.

```
> bspDF <- data.frame(num = 1.5, fct = factor("Level A"))
> c(is.list(bspDF), is.data.frame(bspDF))
```

```
[1] TRUE TRUE
```

Natürlich kann man auch die Unterelemente einer Liste (hier des Data Frame) testen, z. B.:

```
> with(bspDF, rbind(
+     "numeric?" = c(num = is.numeric(num), fct = is.numeric(fct)),
+     "factor?" = c(is.factor(num), is.factor(fct))))
```

```
            num    fct
numeric?   TRUE FALSE
factor?    FALSE  TRUE
```

Hier sieht man schön, dass die beiden Tests `is.numeric()` in der ersten Zeile bei `num` wahr ergeben und beim Factor `fct` falsch sind, während in der zweiten Zeile beim Test mit `is.factor()` das numerische Element FALSE und der Faktor TRUE ist.

Explizite Typumwandlung

Natürlich kann man Objekte auch *explizit* in andere Typen, Klassen etc. konvertieren. Das Schema ist nun `as.*()`, wobei * wieder durch den entsprechenden Namen ersetzt wird – bei den einfachen Datentypen: `as.raw()`, `as.logical()`, `as.integer()`, `as.numeric()` oder synonym `as.double()`, `as.complex()` und `as.character()`, z. B.:

```R
> as.character(5L)
```

```
[1] "5"
```

```R
> as.raw(123)
```

```
[1] 7b
```

```R
> as.logical(-2:2)
```

```
[1] TRUE  TRUE FALSE TRUE  TRUE
```

Der ganzzahlige Wert wird zu `"5"`, die Zahl 123 wird in `raw` zu `7b` und die Zahlen von −2 bis 2 werden alle TRUE bis auf 0, das FALSE repräsentiert.

Bei solchen expliziten Umwandlungen muss man jedoch Acht geben, v. a. wenn man von einem hierarchisch höheren Typ in einen niedrigeren konvertiert. Von numeric auf integer gehen möglicherweise Kommastellen verloren oder bei einer zu kleinen/großen Zahl als numeric kommt es bei der Umwandlung in eine Ganzzahl auch möglicherweise zu NAs:

```R
> as.integer(3.9)
```

```
[1] 3
```

```R
> as.integer(2^64)
```

```
[1] NA
Warning message:
NAs introduced by coercion
```

Bei Objektklassen funktioniert es wieder wie gehabt, z. B. mit `as.matrix()`, `as.list()`, `as.data.frame()`, `as.factor()`, ...

```
> as.list(bspDF)
```

```
$num
[1] 1.5

$fct
[1] Level A
Levels: Level A
```

```
> as.matrix(bspDF)
```

```
     num   fct
[1,] "1.5" "Level A"
```

Hier haben wir das Beispiel-Data-Frame bspDF von vorhin einmal in eine Liste und einmal in eine Matrix konvertiert. Bei der Liste geht an sich wenig bis keine Information verloren, da ein Data Frame ja vom Datentyp her eine Liste ist, d. h., in den Listenelementen haben wir weiterhin eine numerische Variable und einen Faktor. Problematisch wird es hingegen bei der Umwandlung in eine Matrix, da diese nur *einen* nicht-rekursiven Datentyp haben kann, in diesem Fall ist das character (aufgrund der Labels des Faktors), d. h., auch die Zahl 1.5 wird zu "1.5".

Bei der Konversion von Klassen wird es spannend, da sich hier dann auch die verwendeten Methoden ändern. Als Beispiel erstellen wir einen Datensatz bspDF2, aus dem wir eine Häufigkeitstabelle tab2 erstellen:

```
> bspDF2 <- data.frame(gruppe = factor(rep(c("A", "B"), each = 50)),
+     merkmal = factor(rep(c("X", "Y", "Z"), c(20, 40, 40))))
> tab2 <- table(bspDF2)
> tab2
```

```
      merkmal
gruppe  X  Y  Z
     A 20 30  0
     B  0 10 40
```

Wir sehen nun, mit welchen Häufigkeiten ein Merkmal (X, Y, Z) in den Gruppen A und B vorhanden ist. Das ist an sich nicht so kompliziert und wir können die Tabelle auch als Matrix erstellen:

```
> mat2 <- matrix(c(20, 0, 30, 10, 0, 40), nrow = 2)
> dimnames(mat2) <- list(gruppe = c("A", "B"), merkmal = c("X",
+     "Y", "Z"))
> mat2
```

```
      merkmal
gruppe  X  Y  Z
     A 20 30  0
     B  0 10 40
```

Der Output ist identisch, jedoch unterscheiden sich die Objekte hinsichtlich ihrer Klassen, wie wir mit class() sehen:

```
> c(class(tab2), class(mat2))                                            R
```

```
[1] "table"   "matrix"
```

Das bedeutet, dass auch generische Funktionen unterschiedliche Methoden verwenden werden. summary() liefert vollständig unterschiedliche Ergebnisse:

```
> summary(tab2)                                                         R
```

```
Number of cases in table: 100
Number of factors: 2
Test for independence of all factors:
        Chisq = 70, df = 2, p-value = 6.3e-16
```

```
> summary(mat2)                                                        R
```

```
      X             Y             Z
Min.   : 0   Min.   :10   Min.   : 0
1st Qu.: 5   1st Qu.:15   1st Qu.:10
Median :10   Median :20   Median :20
Mean   :10   Mean   :20   Mean   :20
3rd Qu.:15   3rd Qu.:25   3rd Qu.:30
Max.   :20   Max.   :30   Max.   :40
```

Wir sehen, dass tab2 als table-Objekt als summary() eine Beschreibung der Fälle und Variablen, sowie einen χ^2-Test ausgibt. Die Matrix mat2 hingegen gibt nur spaltenweise numerische Zusammenfassungen der Häufigkeiten aus, die nicht sehr sinnvoll sind.

Hier ist es sinnvoll, die Klasse mit as.table() umzuwandeln, d. h.

```
> mat2tab <- as.table(mat2)                                            R
> class(mat2tab)
```

```
[1] "table"
```

Nun können wir auch mit diesem Objekt die Vorteile eines table-Objekts nutzen und z. B. ein Data Frame erstellen, wie man es für log-lineare Modelle (siehe Kapitel 13) benötigt:

```
> as.data.frame(mat2tab)                                               R
```

```
  gruppe merkmal Freq
1      A       X   20
2      B       X    0
3      A       Y   30
4      B       Y   10
5      A       Z    0
6      B       Z   40
```

Die Funktion erkennt, dass es sich um eine Tabelle handelt, d. h., die Inhalte der Zellen sind Häufigkeiten, daher werden diese in einer Variablen `Freq` (für *frequencies*) gespeichert, während die Ausprägungen der Dimensionen in den Variablen `merkmal` und `gruppe` als Faktoren angeführt sind.

5.11.8 Optimierung

R bietet viele verschiedene Verfahren zur Optimierung an. Will man eine Funktion mit nur einem Parameter optimieren, so empfiehlt sich die Funktion `optimize()` (synonym `optimise()`). Bei mehreren Parametern gibt es die allgemeinen Optimierungsfunktionen `optim()` oder `nlm()`.

Angenommen, wir wollen die Hälfte des oberen Bereichs einer Sinuskurve (also von $x = 0$ bis $x = 90° = \pi/2$) mit einer horizontalen Geraden (über 0 auf der y-Achse) so abschneiden, dass die Fläche unter der Kurve bis zum Schnittpunkt (A_1) gleich der Fläche ab dem Schnittpunkt (A_2) ist, so würde das Ergebnis wie in ▶ Abbildung 5.30 oben aussehen. Wir wollen also, dass folgende Gleichung gilt (x ist in Radianten angegeben, d. h., $\pi/2$ sind 90°):

$$[1 - \cos(x)] = \left[\frac{\pi}{2} - x\right] \sin(x) \tag{5.3}$$

Anders gesagt wollen wir folgende Funktion von x minimieren:

$$f(x) = \left\{[1 - \cos(x)] - \left[\frac{\pi}{2} - x\right] \sin(x)\right\}^2 \tag{5.4}$$

Diese Kurve ist in ▶ Abbildung 5.30 unten eingezeichnet, und wir sehen, dass im relevanten Bereich (zwischen 0 und $\pi/2$) zwei Minima vorhanden sind. Jenes bei $x = 0$ ist jedoch nicht gesucht, d. h., mit diesem Wissen können wir die Intervallgrenzen für die Minimierung entsprechend angeben.

Der Optimierer `optimize()` benötigt als erstes Argument `f` eine Funktion, die als erstes Argument `x` hat und als zweites Argument *interval* einen Vektor mit zwei Zahlen. Wir können also eine Funktion `opt_fun1()` mit der Definition aus Gleichung 5.4 definieren und das Intervall mit 0.1 und 3 festlegen.

```
> opt_fun1 <- function(x) {
+     ((1 - cos(x)) - (pi/2 - x) * sin(x))^2
+ }
> op1res <- optimize(opt_fun1, c(0.1, pi/2))
> op1res
```

```
$minimum
[1] 1.0148

$objective
[1] 2.8233e-10
```

Als Ergebnis erhalten wir eine Liste mit den Einträgen `minimum`, was unserem gesuchten x von ca. 1.015 entspricht, und dem Funktionswert an dieser Stelle. Der Funktionswert von `objective` zeigt, dass das Ergebnis (d. h. die quadrierte Differenz der Flächen) ca. $1.38 \cdot 10^{-10}$ und somit sehr nahe bei 0 ist.

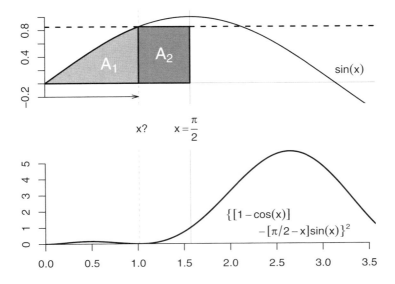

Abbildung 5.30: Optimierung einer Funktion mit einem Parameter

Als Beispiel für die Optimierung mit zwei Parametern ziehen wir 1000 Beobachtungen aus einer Normalverteilung mit $\mu = 1$ und $\sigma^2 = 4$ ($\sigma = \sqrt{4} = 2$) – als Test berechnen wir auch gleich Mittelwert, Standardabweichung und Varianz.

```r
> set.seed(11)
> zuf_normv <- rnorm(n = 1000, mean = 1, sd = 2)
> c(MW = mean(zuf_normv), SD = sd(zuf_normv), VAR = var(zuf_normv))
```

```
     MW     SD    VAR
 1.0176 1.9925 3.9699
```

Wir sehen, dass die simulierten Werte sehr nahe an den Vorgaben liegen, und möchten die Parameter μ und σ nun per Maximum-Likelihood schätzen. Die Likelihood-Funktion ist in diesem Fall $L(\mu, \sigma \mid x) = \prod \phi(x \mid \mu, \sigma)$, wobei x für die Daten und $\phi(\cdot)$ für die Dichtefunktion der Normalverteilung stehen. Letztere haben wir schon in Abschnitt 5.6 kennengelernt und die R-Funktion dafür ist `dnorm()`.

In ► Abbildung 5.31 ist die logarithmierte Likelihood für die Parameterkombinationen von μ in -4 bis 4 und $\log(\sigma)$ von 0 bis 2 als Konturplot dargestellt. Die Linien sind ähnlich wie Höhenlinien auf einer Landkarte zu interpretieren und die Likelihood-Werte sind farblich von „weiß" (hoch) bis „schwarz" (gering) dargestellt. Das spätere Ergebnis der Optimierung ist hier schon im Schnittpunkt der beiden Linien eingezeichnet und wir sehen, dass es am „Gipfel" der Likelihood-Funktion liegt.

Für die Optimierung müssen wir noch ein paar Hindernisse überwinden. Die Berechnung der Likelihood ergibt in den meisten Fällen numerische Probleme, da einzelne Dichtewerte in der Regel klein sind und durch die wiederholte Multipli-

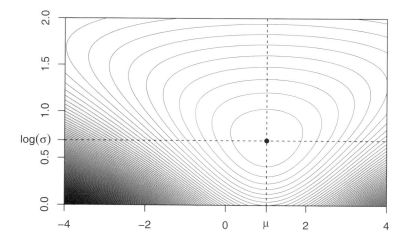

Abbildung 5.31: Optimierung einer Funktion mit zwei Parametern

kation zu extrem kleinen Werten führen. Für die Simulationsparameter, die ja sehr nahe am Maximum liegen, ist die Likelihood nicht mehr berechenbar, da sie 0 wird:

```
> prod(dnorm(zuf_normv, mean = 1, sd = 2))
```
R

```
[1] 0
```

Üblicherweise verwendet man daher die sog. Log-Likelihood, die zwei Vorteile mit sich bringt: (1) Die kleinen Werte werden durch den Logarithmus in relativ gut handhabbare negative Zahlen transformiert und (2) aus dem Produkt wird eine Summe[1]. Formal ist die Log-Likelihood also $\log\left(\mathrm{L}(\mu, \sigma \mid \boldsymbol{x})\right) = \ell(\mu, \sigma \mid \boldsymbol{x}) = \sum \log\left(\phi(x \mid \mu, \sigma)\right)$.

Die letzte Hürde ist die Funktionsdefinition. Optimierer *minimieren* üblicherweise, d. h., um die Log-Likelihood zu maximieren, können wir einfach das Vorzeichen umdrehen (d. h., wir minimieren die negative Log-Likelihood). Ein Problem bei der Schätzung der Varianz ist, dass diese sinnvollerweise positiv sein muss, was Optimierer jedoch nicht „wissen" – ein einfacher Ausweg ist hier die Verwendung der Exponentialfunktion, die von $-\infty$ bis ∞ Werte von 0 bis ∞ annimmt. Wir schätzen also die logarithmierte Standardabweichung (daher auch $\log(\sigma)$ in ▶ Abbildung 5.31).

Funktionen für optim() müssen so definiert sein, dass ihr erstes Argument x ein Vektor aller Parameter ist und nur ein Wert zurückgegeben werden darf. Weitere Argumente können nach Belieben gesetzt werden, wir verwenden hier daten, um später die Daten in zuf_normv zu referenzieren.

In der Funktion berechnen wir also die logarithmierten Dichten für alle Werte, gegeben die jeweiligen Parameter aus dem Objekt x mittels dnorm(x = daten, *mean* = x[1], *sd* = exp(x[2]), *log* = TRUE), wobei der Parameter für die Standardabweichung mit exp(x[2]) entsprechend transformiert wird. Mit sum() addieren wir alle einzelnen Werte und das Minus dreht das Vorzeichen um, wodurch wir die negative Log-Likelihood erhalten, die minimiert wird.

---

1 Die Rechenregel hierbei ist $\log(a \cdot b \cdot \ldots \cdot z) = \log(a) + \log(b) + \cdots + \log(z)$.

```
> opt_fun2 <- function(x, daten) {
+     -sum(dnorm(x = daten, mean = x[1], sd = exp(x[2]), log = TRUE))
+ }
```

Wir rufen den Optimierer mit `optim()` auf, wobei wir als Erstes die Startwerte mit *par* bei $\mu = 0$ und $\log(\sigma) = 0$ setzen (die Benennung der Startwerte ist nicht zwingend notwendig, erleichtert aber die Interpretation der Ergebnisse). Danach übergeben wir dem Argument *fn* unsere Funktion, setzen das Funktionsargument *daten* auf unseren Vektor *zuf_normv* und geben als Optimierungsmethode *method* = "BFGS" (ein üblicherweise guter und robuster Optimierungsalgorithmus) an.

```
> op1res <- optim(par = c(mu = 0, logsigma = 0), fn = opt_fun2,
+     daten = zuf_normv, method = "BFGS")
> str(op1res)
```

```
List of 5
 $ par        : Named num [1:2] 1.018 0.689
  ..- attr(*, "names")= chr [1:2] "mu" "logsigma"
 $ value      : num 2108
 $ counts     : Named int [1:2] 33 11
  ..- attr(*, "names")= chr [1:2] "function" "gradient"
 $ convergence: int 0
 $ message    : NULL
```

Das Ergebnis ist eine Liste mit mehreren Elementen. Der Eintrag convergence gibt einen Code aus, ob die Optimierung funktioniert hat – 0 bedeutet, dass es keine Probleme gegeben hat (siehe ?optim). Unter counts sieht man, dass unsere Funktion 33 Mal aufgerufen wurde. value ist der Funktionswert mit den Parametern unter par, also unsere *negative* Log-Likelihood: 2108. Das eigentliche Ergebnis der Optimierung, also unsere Parameter, ist unter par. Vergleichen wir den Mittelwert mit dem Ergebnis der Optimierung, so sehen wir, dass wir sehr nahe an diesem Wert liegen.

```
> c(mean(zuf_normv), op1res$par[1])
```

```
          mu
1.0176 1.0176
```

Bei der Varianz/Standardabweichung gibt es leichte Unterschiede, da die Berechnung mittels var() bzw. sd() eine bias-korrigierte Formel verwendet, die $n - 1$ im Nenner hat (siehe Seite 312). Dennoch ist die Abweichung bei unseren 1 000 Beobachtungen äußerst klein:

```
> c(sd(zuf_normv), exp(op1res$par[2]))
```

```
        logsigma
1.9925   1.9915
```

5.12 Übungen

1. Besuchen Sie die Companion Webseite zu diesem Buch und laden Sie die Dateien `bspdat.csv` und `bspcode.R` herunter.

2. Setzen Sie Ihr Working Directory auf das Verzeichnis, in dem Sie die Dateien gespeichert haben.

3. Lesen Sie den Datensatz aus der Datei `bspdat.csv` ein und speichern Sie ihn in einem Objekt namens `bspdat`.

4. Untersuchen Sie die Struktur des Datensatzes mit `head()` und `str()`.

5. Der Data Frame bspdat enthält eine Variable `female` mit den Werten 1 für „weiblich" und 0 für „männlich". Fügen Sie dem Datensatz eine neue Variable namens `Geschlecht` hinzu, wozu Sie `female` verwenden. `Geschlecht` soll ein Faktor sein mit den Werten `"männlich"` bzw. `"weiblich"`.

6. Stellen Sie mit `par()` ein, dass zwei Plots in einer Zeile erzeugt werden, und erstellen Sie links ein Streudiagramm mittels `plot()` für „Größe" und „Gewicht", wobei Sie mit `subset()` nur Frauen auswählen. Rechts machen Sie das Gleiche, wobei Sie hier nur Männer plotten.

7. Verwenden Sie `source()`, um die Datei `bspcode.R` auszuführen.

8. Woran liegt es, wenn der erzeugte Plot bei Ihnen nur die Hälfte des Fensters ausfüllt? Ist dies bei Ihnen der Fall, so schließen Sie das Grafikfenster und führen Sie `bspcode.R` nochmals aus.

9. Fügen Sie an den Koordinaten (190, 60) einen beliebigen Text ein.

10. Speichern Sie die Grafik als Metafile mit der Endung `.emf` ab.

 Datenfiles sowie Lösungen finden Sie auf der Webseite des Verlags.

5.13 R-Befehle im Überblick

`?topic` ruft eine Hilfeseite auf und ist eine Kurzschreibweise für `help(topic)`, z. B.: `?subset`

`??pattern` Ist eine Kurzschreibweise für `help.search(pattern)`, das die Hilfe nach einem angegeben Wort oder Text (in Anführungszeichen) durchsucht.

`#` ist das Kommentarzeichen in R, d. h., alles nach der Raute bis zum Zeilenende wird ignoriert. Deren Verwendung sollte man sich angewöhnen, damit man später gleich sieht, wozu man etwas in den Code gegeben hat, und andererseits kann man damit auch größere Codedateien etwas strukturieren.

`%*%` steht für eine Matrixmultiplikation, das Produkt zweier Matrizen A und B kann also mit `A %*% B` errechnet werden (vorausgesetzt, die Dimensionen der Matrizen sind passend).

`abline(a = NULL, b = NULL, h = NULL, v = NULL)` zeichnet eine Gerade, wobei man entweder (i) den vertikalen Abstand bei $x = 0$ sowie Steigung mit a und b (nach der Formel $y = b \cdot x + a$) angeben kann oder (ii) eine horizontale Linie mit h bzw. (iii) eine vertikale mit v spezifizieren kann.

`apropos(what)` sucht nach Objekten im Workspace. `what` kann Teil des Namens des gesuchten Objekts sein. Beispiel: `apropos("sub")`

`arrows(x0, y0, x1 = x0, y1 = y0, length = 0.25, angle = 30, code = 2)` Zeichnet Pfeile ein, wobei man entweder *x0*, *y0 und x1*, *y1* für die Koordinaten von Schaft und Spitze angeben kann bzw. nur *x0* und *y0* verwenden kann, wobei hier die Koordinaten für Schaft und Spitze abwechselnd aus den angegebenen Vektoren genommen werden. *length* und *angle* steuern Länge und Winkel der Pfeilspitze.

`axis(side, at = NULL, labels = TRUE)` fügt einem Plot an einer bestimmten Seite *side* (von 1 bis 4: unten, links, oben, rechts) eine Achse hinzu und hat viele Einstellungsmöglichkeiten.

`barplot(height, ...)` erstellt ein Balkendiagramm mit horizontalen oder vertikalen Balken, siehe Seite 82.

`break` bricht aus einer `for`-, `while`- oder `repeat`-Schleife aus und beendet deren Ausführung.

`cat(..., file = "", sep = " ")` gibt Text unter ... mit *sep* getrennt aus. Falls *file* nicht "" ist, wird der Output in eine Datei geschrieben, ansonsten in der Konsole angezeigt.

`class(x)` kann verwendet werden, um die Klasse eines Objekts *x* abzufragen oder zu definieren.

`colMeans(x, na.rm = FALSE, dims = 1L)` errechnet die Spaltenmittelwerte (Mittelwerte pro Spalte, über alle Zeilen) für *x*.

`colors(distinct = FALSE)` erzeugt einen Vektor mit allen Farbnamen, die **R** standardmäßig kennt (britische Schreibweise: `colours()`).

`colSums(x, na.rm = FALSE, dims = 1L)` errechnet die Spaltensummen (Summen pro Spalte, über alle Zeilen) für *x*.

`curve(expr, from = NULL, to = NULL, n = 101, add = FALSE)` Zeichnet den Graphen einer Funktion $f(x)$, die in *expr* als Ausdruck angegeben werden muss, von *from* bis *to*. *n* bestimmt, an wie vielen Stellen zwischen *from* und *to* die Funktion berechnet wird – höhere Werte können bei komplexen Funktionen bessere Ergebnisse liefern.

`deg2rad(d)` Konvertiert Winkel d folgendermaßen von Grad in Radianten: $r = d \cdot \pi/180$ (Package **REdaS**).

`dev.list()` gibt eine Liste der offenen Grafikdevices aus. An erster Stelle steht immer das „null device", das stets offen ist.

`dev.new(...)` erzeugt ein neues Grafikfenster.

`dev.off(which = dev.cur())` schließt das Grafikdevice *which*, standardmäßig ist dies das aktive `dev.cur()`.

`diag(x = 1)` extrahiert oder ersetzt die Diagonalelemente einer Matrix. Ist *x* eine ganze Zahl, wird eine $x \times x$ Identitätsmatrix erstellt. Definiert man *x* als Vektor, so wird eine quadratische Matrix mit den Werten von *x* in der Diagonale erstellt.

`dnorm(x, mean = 0, sd = 1, log = FALSE)` berechnet die Dichte einer Normalverteilung mit einem Mittelwert von $\mu = mean$ und einer Standardabweichung von $\sigma = sd$ bei x. Setzt man `log = TRUE`, erhält man die logarithmierte Dichte.

`dir(path = ".")` erzeugt einen Vektor mit allen Dateien, die im Verzeichnispfad `path` gefunden werden. `path = "."` definiert das aktuelle Working Directory.

`dotchart(x)` erzeugt einen Cleveland Dot Plot der Werte in x.

`else` siehe `if`.

`example(topic)` führt den gesamten R-Code aus, der im Examples-Abschnitt auf einer Hilfeseite zu finden ist, außer der Code ist mit `dontrun` speziell „auskommentiert" (dieser kann mit `run.dontrun = TRUE` ausgeführt werden).

`file.choose(new = FALSE)` öffnet einen File-Dialog, um eine Datei auswählen zu können.

`for(var in seq)` erzeugt eine `for`-Schleife mit der Iterationsvariable `var`, die alle Werte von `seq` durchläuft.

`function()` definiert eine Funktion in R, wobei man die Argumente selbst in den Klammern definiert und die Anweisung für die Funktion `function()` folgt.

`getwd()` gibt den gesamten Pfad des aktuellen Working Directory an.

`gray(level, alpha = NULL)` erzeugt den Hexadezimalcode für eine Grauschattierung, wobei `levels` Zahlen von 0 (schwarz) bis 1 (weiß) nehmen. `alpha` steuert die Transparenz (britische Schreibweise: `grey()`).

`help(topic)` öffnet eine Hilfeseite zu `topic`.

`help.search(pattern)` durchsucht die Dokumentation (Hilfeseiten) nach `pattern` (einer Zeichenkette), wobei ungefähre Einträge gesucht werden.

`hist(x, ...)` erzeugt ein Histogramm der Werte in x.

`history(max.show = 25, reverse = FALSE, pattern, ...)` gibt die letzten `max.show` (Standard: 25) Zeilen aus, die in der aktuellen R-Session eingegeben wurden. `max.show = Inf` zeigt die vollständige History.

`if(cond)` testet die Bedingung in `cond` und führt den darauf folgenden Ausdruck ggf. aus. Kann auch mit `else` und wiederum weiteren `if`-Bedingungen verkettet werden.

`library(package)` lädt ein Package, siehe Seite 83.

`legend(x, y = NULL, legend)` fügt einer Grafik eine Legende hinzu.

`lines(x, ...)` fügt einem Plot Linien hinzu, x und y sind Vektoren, ... sind weitere Parameter. Wird nur x spezifiziert, dann werden die Werte von x auf der y-Achse aufgetragen, auf der x-Achse die Werte 1 bis Anzahl der Elemente in x. Sonst werden Punkte mit den Koordinaten in x und y der Reihe nach verbunden. Unter ... kann man weitere Grafikparameter (z.B. aus `par()`) spezifizieren.

`lower.tri(x, diag = FALSE)` erstellt eine logische Matrix (also mit den Werten `TRUE` und `FALSE`) aller Elemente, die unterhalb der Hauptdiagonale liegen.

`ls(name)` ergibt einen Vektor, in dem alle während einer R-Sitzung erzeugten Daten und Funktionen aufgelistet sind.

`methods(generic.function, class)` zeigt entweder mit `generic.function` alle implementierten Methoden für eine generische Funktion wie `print` oder `plot` an oder listet alle Methoden auf, die für eine Klasse `class` definiert sind.

`mtext(text, side = 3, line = 0)` fügt Text auf einer Seite eines Plots hinzu. Die Seiten, `side`, sind: unterhalb (1), links (2), oberhalb (3) oder rechts (4).

`next` beendet die Bearbeitung der derzeitigen Iteration einer `for`-, `while`- oder `repeat`-Schleife und springt zur nächsten Iteration.

`numeric(length = 0L)` erstellt ein Objekt vom Typ `numeric` mit `length` Nullen.

`objects(name)` wie `ls()`

`par(..., no.readonly = FALSE)` ist zum Setzen und Abfragen von Grafikparametern. Will man einen Grafikparameter abfragen, dann gibt man ihn an der Stelle ... unter Hochkommata an, z. B. `par("lty")`, um den aktuellen Linientyp abzufragen. Will man einen Grafikparameter setzen, dann ist ... von der Form `name = wert`. Wenn man z. B. den Linientyp in punktiert ändern will, schreibt man `par("lty" = "dotted")`. Eine Liste aller Grafikparameter und ihrer aktuellen Werte erhält man mit `par()` (ohne Argument).

`paste(..., sep = " ", collapse = NULL)` fügt Elemente unter ... zu character Elementen zusammen, wobei diese standardmäßig mit `sep = " "` (Leerzeichen) getrennt sind. `collapse` verkettet zum Schluss noch alle Elemente in einem Objekt mit einer angegebenen Textfolge.

`paste0(..., collapse = NULL)` wie `paste()`, nur standardmäßig mit `sep = ""`

`plot(x, y, ...)` ist die Standardfunktion, um R-Objekte zu plotten. Im einfachsten Fall werden Punkte an den Koordinaten x und y gezeichnet, weitere Parameter kann man unter ... spezifizieren. Wird nur x spezifiziert, dann werden die Werte von x auf der y-Achse aufgetragen, auf der x-Achse die Werte 1 bis Anzahl der Elemente in x.

`pnorm(q, mean = 0, sd = 1, lower.tail = TRUE, log.p = FALSE)` die kumulative Dichtefunktion für eine Normalverteilung mit $\mu = mean$ und $\sigma = sd$ gibt den Flächenanteil unter der Kurve (Wahrscheinlichkeit) bis zum Punkt q, von links kommend aus. Setzt man `lower.tail = FALSE`, erhält man die Fläche von rechts bis q und mit `log.p = TRUE` gibt die Funktion die logarithmierte Wahrscheinlichkeit zurück.

`points(x, ...)` fügt einem Plot Punkte hinzu. x und y sind Vektoren und spezifizieren die Koordinaten, ... sind weitere Parameter. Wird nur x spezifiziert, dann werden die Werte von x auf der y-Achse aufgetragen, auf der x-Achse die Werte 1 bis Anzahl der Elemente in x. Sonst werden Punkte mit den Koordinaten in x und y der Reihe nach gezeichnet. Unter ... kann man Grafikparameter spezifizieren. Siehe auch `lines()`.

`polygon(x, y = NULL, border = NULL, col = NA, lty = par("lty"))` verbindet die Punkte x und y zu einem Vieleck. Mit `border = NA` kann man die Randlinien unterdrücken und `col` gibt die Füllfarbe an.

`print(x, ...)` ist die Standardfunktion zur Ausgabe von Objekten x aller Art. `print()` ist eine generische Funktion, d. h., je nach Klasse des Objekts x kommen unterschiedliche Methoden zum Einsatz.

`qnorm(p, mean = 0, sd = 1, lower.tail = TRUE, log.p = FALSE)` die Quantil-funktion für eine Normalverteilung mit $\mu = mean$ und $\sigma = sd$ gibt das Quantil zurück, unter dem ein Flächenanteil von p, von links kommend, liegt. p muss zwischen 0 und 1 sein. `lower.tail = FALSE` gibt das Quantil zurück, über dem die Fläche p liegt, und mit `log.p = TRUE` interpretiert die Funktion p als logarithmierte Wahrscheinlichkeit; in diesem Fall muss p zwischen $-\infty$ und 0 liegen.

`rad2deg(r)` konvertiert Winkel r folgendermaßen von Radianten in Grad: $d = r \cdot 180/\pi$ (Package **REdaS**).

`read.csv(file)` liest eine comma-separated Datei ein, die aus einer englischen Version von Microsoft Excel oder LibreOffice Calc stammt, und erzeugt dabei ein Data Frame.

`read.csv2(file)` liest eine comma-separated Datei ein, die aus einer deutschen Version von Microsoft Excel oder LibreOffice Calc stammt und erzeugt dabei ein Data Frame.

`read.spss(file, to.data.frame = FALSE)` liest eine SPSS-Datei ein und erzeugt dabei ein Data Frame (Package **foreign**).

`read.table(file, header = FALSE, sep = "", quote = "\"'",dec = ".")` liest eine Datei im Tabellenformat ein und erzeugt dabei ein Data Frame.

`repeat` wiederholt einen Ausdruck so lange, bis dieser mittels `break` oder ggf. `stop()` beendet wird.

`return()` beendet eine Funktion und gibt *ein* Objekt zurück.

`rgb(red, green, blue, alpha)` erzeugt Hexadezimalcodes vom Typ `character` für Farben im (additiven) RGB-Farbraum (Rot-Grün-Blau). Die Werte für `red`, `green` und `blue` sind üblicherweise in [0, 1], außer man erhöht den Wert von `maxColorValue`. `alpha` steuert die Transparenz, wobei 0 vollkommen durchsichtig und 1 (bzw. `maxColorValue`) opak ist.

`rm(..., list = character())` löscht (kommagetrennt) Objekte, die in einer **R**-Sitzung definiert wurden. Mit `list` kann man auch einen Textvektor der zu entfernenden Objekte angeben, z. B.: `rm(list = ls())` löscht alle (sichtbaren) Objekte.

`rnorm(n, mean = 0, sd = 1)` erzeugt n (pseudo)zufällige Daten, die auf einer Normalverteilung mit $\mu = mean$ und $\sigma = sd$ basieren.

`rowMeans(x, na.rm = FALSE, dims = 1L)` errechnet die Zeilenmittelwerte (Mittelwerte pro Zeile, über alle Spalten) für x.

`rowSums(x, na.rm = FALSE, dims = 1L)` errechnet die Zeilensummen (Summen pro Zeile, über alle Spalten) für x.

`seq(...)` erzeugt eine Sequenz der Zahlen `from` bis `to` in Schritten von `by`. Statt `by` kann man auch `length.out` spezifizieren. Dann hat der resultierende Vektor die unter `length.out` angegebene Länge, wobei die Schrittweite in diesem Fall automatisch bestimmt wird.

`set.seed(seed, kind = NULL, normal.kind = NULL)` *seed* nimmt eine ganze Zahl (Typ: `integer`) an, die als Startwert für den Zufallszahlengenerator dient.

`scan(file = "", what = double())` liest Daten in einen Vektor ein, indem man sie entweder händisch eintippt, `file = "clipboard"` spezifiziert, um sie aus der Zwischenablage zu lesen, oder aus einer Datei. Mit *what* steuert man, welcher Datentyp eingegeben wird. Für alle Argumente, siehe `?scan`.

`segments(x0, y0, x1 = x0, y1 = y0)` zeichnet Linien ein, wobei man entweder *x0*, *y0* und *x1*, *y1* für die Koordinaten der Endpunkte bzw. nur *x0* und *y0* angeben kann, wobei hier die Koordinaten der Endpunkte abwechselnd aus den angegebenen Vektoren genommen werden.

`setwd(dir)` setzt das Working Directory auf *dir*. Als Trennzeichen für Laufwerk-, Verzeichnis- und Dateibezeichnungen benutzt man / (oder in Windows alternativ einen doppelten Backslash). Beispiel: `setwd("D:/Data")`

`solve(a, b, ...)` löst ein Gleichungssystem a `%*%` x = b nach x. Gibt man nur a an, wird für b eine Identitätsmatrix angenommen, d. h., das Ergebnis ist die Inverse von a.

`source(file)` liest R-Code aus einer Datei (*file*) und führt ihn aus. Für alle Argumente, siehe `?source`.

`stop(..., call. = TRUE, domain = NULL)` bricht eine Funktion an jeder beliebigen Stelle ab und gibt ggf. unter ... als Fehlerinformation aus.

`switch(EXPR, ...)` vergleicht Text in *EXPR* mit folgenden Wertepaaren und wählt ggf. eines davon aus. Ist *EXPR* eine Zahl, so funktioniert diese als Index für die Wertepaare.

`t(x)` transponiert eine Matrix oder ein Data Frame.

`text(x, ...)` fügt Zeichenketten, die unter *labels* spezifiziert werden, einem Plot hinzu. Siehe auch `points()`. `lines()`.

`title(main = NULL, sub = NULL, xlab = NULL, ylab = NULL)` fügt einem Plot Titel und Untertitel hinzu. Unter ... kann man Grafikparameter spezifizieren.

`typeof(x)` gibt Auskunft über den R-internen Typ eines Objekts *x*.

`upper.tri(x, diag = FALSE)` erstellt eine logische Matrix (also mit den Werten `TRUE` und `FALSE`) alles Elemente, die oberhalb der Hauptdiagonale liegen.

`url(description)` kann beispielsweise in `source()` verwendet werden, um sicherzustellen, dass URLs (*uniform resource locators*), z. B.: *http://...* Links, korrekt verwendet werden.

`while(cond)` führt einen Ausdruck nur so lange aus, bis die Bedingung *cond* `FALSE` liefert. Ist *cond* vor der ersten Iteration `FALSE`, wird der Ausdruck gar nicht ausgeführt.

`write.table(x, file = "", sep = " ", dec = ".", row.names = TRUE, col.names = TRUE)` dient zur Erzeugung von Dateien im Textformat, *x* ist hierbei (vorzugsweise) eine Matrix oder ein Data Frame, kann aber auch ein Vektor sein. Für alle Argumente, siehe `?write.table`.

`write.csv(...)` schreibt eine comma-separated Datei zum Einlesen in einer englischen Version von Excel.

`write.csv2(...)` schreibt eine comma-separated Datei zum Einlesen in einer deutschen Version von Excel.

TEIL II

Kategoriale Daten

Eine kategoriale Variable

6

ÜBERBLICK

*Kategoriale Daten entstehen durch die Klassifikation von Beobachtungen in Katego-
rien. Meistens wird die interessierende Information dadurch gewonnen, dass aus-
gezählt wird, wie oft bestimmte Kategorien vorkommen. Dadurch können Häufigkeitsverteilungen und Prozentsätze berechnet werden. Dieses Kapitel beschäftigt sich
damit, wie man prüfen kann, ob beobachtete Häufigkeiten mit bestimmten Annahmen übereinstimmen. Es werden die Grundlagen statistischen Testens besprochen.
Außerdem wird behandelt, wie man für einen Prozentsatz, den man aus einer Stichprobe gewonnen hat, Bereiche ermittelt, von denen man annehmen kann, dass sie mit
einer bestimmten Sicherheit den wirklichen Prozentsatz, wie er in der Population vorkommt, enthalten. Dieses Kapitel legt die Basis zum Verständnis der Inferenz- oder
schließenden Statistik.*

LERNZIELE

Nach Durcharbeiten dieses Kapitels haben Sie Folgendes erreicht:

- Sie wissen, was absolute und relative sowie beobachtete und erwartete Häufigkeiten sind, und können diese in R berechnen, tabellieren und in Form von
  Balken- und Kreisdiagrammen grafisch darstellen.

- Sie wissen, was eine Null- und Alternativhypothese ist und was Testen von
  Hypothesen bedeutet. Sie können ein- und zweiseitige Hypothesen unterscheiden und formulieren.

- Sie sind in der Lage, ein Signifikanzniveau festzulegen und einen p-Wert beim
  Testen einer Hypothese zu beurteilen.

- Sie können in R einen Chi-Quadrat-Test sowie einen Binomialtest bei verschiedenen Problemstellungen berechnen. Dabei sind Sie in der Lage, das
  Ergebnis technisch und inhaltlich zu interpretieren.

- Sie kennen die Bedeutung der Begriffe Schwankungsbreite und Konfidenzintervall und können solche in R erstellen und grafisch darstellen.

6.1   Einleitung

Kategoriale Information erhält man, wenn man etwas (ein Merkmal oder Charakteris-
tikum) an verschiedenen Personen, Unternehmen, Pflanzen etc. (also Beobachtungseinheiten) erhebt, das in eine von mehreren Kategorien fällt. Dieser Prozess kann
unterschiedlich verlaufen. Die Kategorien können schon von vornherein feststehen
und man braucht seine Beobachtungen nur mehr entsprechend zuzuordnen. Oder
aber man sammelt die Information zunächst in freier Form (z.B. offene Fragen in
einem Fragebogen), um anschließend nach einem Kategorisierungsschema (das man
eventuell erst entwickeln muss) diese Kategorien den Beobachtungen zuzuteilen.
Diese beiden Vorgänge könnte man auch als KLASSIFIKATION bezeichnen.

Etwas anders verläuft der Prozess der AGGREGATION. Der Begriff kommt aus dem Lateinischen *„aggregatio"* und bedeutet „Anhäufung" oder „Vereinigung". Hier werden schon vorhandene Daten in einfachere, zusammenfassende Strukturen transformiert. Die Körpergröße von Personen, die man möglicherweise in cm gemessen hat, könnte man beispielsweise zu drei Kategorien aggregieren, nämlich „klein", „mittel" und „groß". Oder, bei zugrunde liegender kategorialer Information, kann man z. B. die Berufe „Tischler", „Maurer" etc. in der Berufskategorie „Handwerker" zusammenfassen. Das Resultat einer Aggregation ist also oft eine Kategorisierung einer Variable. Im Extremfall, besonders bei metrischen Daten, kann aber auch eine einzelne Maßzahl das Ergebnis sein, wenn z. B. die durchschnittliche Geburtenrate für ein Land bestimmt wird. Der ▶ Exkurs 6.1 illustriert am Beispiel von Berufen in Deutschland solche Vorgänge.

Wenn man nun kategoriale Daten erhoben oder mittels Klassifikation bzw. Aggregation gewonnen hat, geht es darum, diese Information in geeigneter Weise aufzubereiten, um die enthaltene Information erfassen, untersuchen und weitervermitteln zu können. Der Vorgang hierbei ist die Auszählung oder Tabulierung; d. h., man zählt ab, wie oft Kategorie 1, Kategorie 2 etc. insgesamt vorkommen. Das Resultat dieser Auszählung ist eine Häufigkeitstabelle, da sie für jede Kategorie deren *(absolute) Häufigkeiten* enthält.

(Absolute) Häufigkeit

Die Zahl, die durch Abzählen einer bestimmten Kategorie (einer Variablen in den Daten) entsteht.

Eng verbunden mit dem Begriff der absoluten Häufigkeit ist die

---

(Absolute) Häufigkeitsverteilung

Eine Zusammenstellung (tabellarisch oder grafisch), wie oft einzelne Kategorien einer Variable in einer Stichprobe (bzw. der Population) vorkommen.

Bezieht man die absolute Häufigkeit auf die Gesamtanzahl aller Beobachtungen, dann erhält man *relative Häufigkeiten* oder *Anteile*.

Relative Häufigkeit oder Anteil

$$\text{relative Häufigkeit einer Kategorie} = \frac{\text{absolute Häufigkeit einer Kategorie}}{\text{Gesamtzahl an Beobachtungen}}$$

Anteile werden oft als Prozentsätze (also als Anteile von 100; Hundertstel) angegeben, d. h.

> **Prozent**
>
> Prozentsatz einer Kategorie = 100 × relative Häufigkeit

Während Angaben von Anteilen als Prozent dargestellt leichter zu lesen und auch allgemein üblich sind, hat die Darstellung mittels relativer Häufigkeiten den Vorteil, dass dadurch deren enge Verwandtschaft mit Wahrscheinlichkeiten (ebenfalls zwischen 0 und 1) ausgedrückt wird. Relative Häufigkeiten liefern (wenn zusätzlich die Gesamtzahl von Beobachtungen angegeben wird) die bedeutsamste Information, die man aus Daten gewinnen kann. Dies gilt nicht nur für kategoriale Daten. Auf diese Punkte werden wir später noch eingehen.

Exkurs 6.1   Wie kommt kategoriale Information zustande?

Beispiel: Berufe in Deutschland

Die simple Frage *„Was arbeiten die Menschen eigentlich so?"* ist gar nicht so einfach zu beantworten. Mögliche Quellen, wo man die entsprechende Information herbekommen könnte, sind die nationalen statistischen Behörden, für Deutschland das Statistische Bundesamt (*http://www.destatis.de*), für Österreich Statistik Austria (*http://www.statistik.at*), für die Schweiz das Bundesamt für Statistik (*http://www.bfs.admin.ch*) oder Eurostat als europäische Institution (*http://epp.eurostat.ec.europa.eu/*). Man könnte von einer dieser Quellen für Deutschland (2005) etwa folgende Grafik finden:

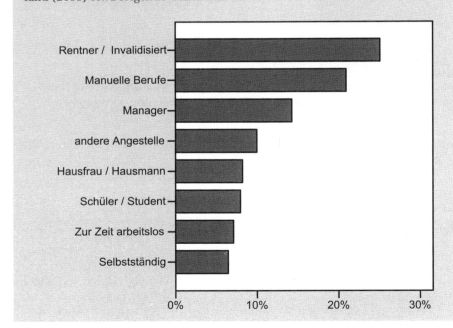

Die Grafik gibt einen guten Überblick, wie viel Prozent der Deutschen welcher Art von Tätigkeit nachgehen. Dieser Überblick ist allerdings aus zwei Gründen recht ungenau. Wenn wir wissen wollten, wie viele Personen *tatsächlich* selbstständig sind, müssten wir zunächst wissen, wie viele Personen insgesamt zur Erstellung der Grafik herangezogen worden waren (Kinder scheinen jedenfalls nicht dabei gewesen zu sein). Und zweitens kann man die angegebenen Prozentsätze nur ungefähr ablesen. Versuchen wir es dennoch. An anderer Stelle findet man auf der Webseite des deutschen statistischen Bundesamts, dass es im Jahr 2005 ca. 82 438 000 Einwohner in Deutschland gab, davon 11 649 800 Kinder und Jugendliche unter 16 Jahren. Für unsere Berechnung müssten wir als Gesamtzahl 70 788 200 verwenden. Laut Grafik sind etwa 7% selbstständig, insgesamt gab es also 2005 knapp 5 Millionen Selbstständige.

Wir sehen hier zwei verschiedene Arten der Angabe von Zahlen im Zusammenhang mit kategorialer Information, nämlich einerseits *(absolute) Häufigkeiten* (wie oft ist eine Kategorie insgesamt vorgekommen) und andererseits *relative Häufigkeiten* (Anteile, hier Prozentsätze; d. h.: in welchem relativen Ausmaß kam eine bestimmte Kategorie im Verhältnis zu allen anderen Kategorien vor). Das eine Mal bezieht sich die Information nur auf eine bestimmte Kategorie (ohne die anderen zu berücksichtigen), das andere Mal erhält man indirekt auch Information über weitere Kategorien. Auf diese Unterscheidung werden wir noch näher eingehen. Der vorherigen Grafik kann man entnehmen, dass ca. 10% als *andere Angestellte* bezeichnet werden. Was ist darunter zu verstehen?

Aus den bisherigen Angaben ist dies nicht ohne Weiteres ersichtlich. Wir können annehmen, dass unter diesem Begriff eine größere Zahl von weniger häufig auftretenden Kategorien zusammengefasst wird. Solche Zusammenfassungen dienen der Übersichtlichkeit und der einfacheren Kommunizierbarkeit von wichtigen Informationsbestandteilen. Allerdings geht dabei natürlich ein Teil der ursprünglich vorhandenen Information verloren.

Tatsächlich wurde bei der Datenerhebung genauer gefragt.

1. Hausfrau/Hausmann und verantwortlich für den Haushaltseinkauf und den Haushalt (ohne anderweitige Beschäftigung)

2. Schüler/Student

3. zurzeit arbeitslos

4. Rentner/Pensionär/Frührentner/Invalidisiert

5. Landwirt

6. Fischer

7. freie Berufe (Rechtsanwalt, Arzt, Steuerberater, Architekt usw.)

8. Ladenbesitzer, Handwerker usw.

9. selbstständige Unternehmer, Fabrikbesitzer (Alleininhaber, Teilhaber)

10. freie Berufe im Angestelltenverhältnis (angestellte Ärzte, Anwälte, Steuerberater, Architekten usw.)

11. leitende Angestellte/Beamte, Direktor oder Vorstandsmitglied

12. mittlere Angestellte/Beamte (Bereichsleiter, Abteilungsleiter, Gruppenleiter, Lehrer, Technischer Leiter)

13. sonstige Büroangestellte/Beamte

14. Angestellte/Beamte ohne Bürotätigkeit mit Schwerpunkt Reisetätigkeit (Vertreter, Fahrer)

15. Angestellte/Beamte ohne Bürotätigkeit, z. B. im Dienstleistungsbetrieb (Krankenschwester, Bedienung in Restaurant, Polizist, Feuerwehrmann)

16. Meister, Vorarbeiter, Aufsichtstätigkeit

17. Facharbeiter

18. sonstige Arbeiter

In der Grafik auf Seite 226 wurden die Kategorien 13 und 14 unter **andere Angestellte** zusammengefasst. Die mit etwa 15 % relativ stark vertretene Gruppe der **Manager** umfasste die Kategorien 10 bis 12. Doch selbst diese feinere Gruppierung (wie sie in der Eurobarometerumfrage verwendet wird) kann in noch detailliertere Kategorien aufgeschlüsselt werden. So verwendet die deutsche Bundesagentur für Arbeit die vom deutschen statistischen Bundesamt entwickelte Berufssystematik, die auf der untersten Ebene 29 000 Berufsbezeichnungen definiert. Anhand dieses Beispiels können wir einige Grundüberlegungen anstellen. Die Beobachtungseinheiten sind hier einzelne Personen. Die Variable, die beobachtet (bzw. aufgezeichnet) wurde, könnte man mit „berufliche Tätigkeit" bezeichnen. Die Ausprägung dieser Variable ist kategorial, d. h., es wurde jede einzelne Person gefragt, in welche der vorher festgelegten Kategorien sie fällt. Die Daten könnten folgendermaßen aussehen.

Person	Berufstätigkeit
1	Mittlere Angestellte/Beamte
2	Rentner/Invalidisiert
3	Hausfrau/Hausmann
4	Leitende Angestellte/Beamte
5	Mittlere Angestellte/Beamte
6	Sonstige Arbeiter
7	Rentner/Invalidisiert
⋮	⋮

Diese fiktive Liste enthält Einzelinformationen über die Art der Beschäftigung. Solch eine Liste nennt man Rohdatenliste und so ähnlich könnte auch eine Computerdatei aussehen, mittels derer die vorangegangene Grafik erstellt wurde. In dieser Art der Datendarstellung ist natürlich die meiste Information zu finden, zumal ja der Beruf jeder einzelnen Person verzeichnet ist. Allerdings kann man sich leicht vorstellen, wie lang diese Liste ist. Man muss daher die Daten reduzieren bzw. zusammenfassen, um die darin enthaltene Information untersuchen und weitervermitteln zu können.

6.2 Kommen alle Kategorien gleich häufig vor?

Fallbeispiel 1: Der „blaue Montag"

Datenfile: `kstand.dat`

In einer repräsentativen Studie (frei nach einem Bericht des österreichischen Wirtschaftsforschungsinstituts, 2008) wurde erhoben, an welchem Wochentag der letzte Krankenstand bei 300 Beschäftigten begann. Die folgende Häufigkeitstabelle zeigt, wie viele Personen an den einzelnen Wochentagen in Krankenstand gingen.

Mo	Di	Mi	Do	Fr	Sa	So
96	60	51	45	30	9	9

Man sieht, dass die meisten Krankenstände an einem Montag begannen, gefolgt von Dienstag und Mittwoch. Samstag und Sonntag sind die Häufigkeiten deutlich geringer. Es stellt sich die Frage, ob tatsächlich eine größere Gefahr besteht, am Wochenbeginn zu erkranken, oder ob diese Häufungen nur zufällig sind.

Gibt es Wochentage, an denen man eher erkrankt, oder ist es an allen Wochentagen gleich riskant zu erkranken?

Bevor wir uns überlegen, wie man diese Frage beantworten kann, wollen wir einige Prinzipien besprechen, die bei der Analyse von Daten bzw. Fragestellungen grundsätzlich beachtet werden sollten.

Im Beispiel des Krankenstandbeginns an einzelnen Wochentagen ist die Grundstruktur der Daten relativ einfach – es gibt (nur) eine Variable, WOCHENTAG, die die Werte MO bis SO annehmen kann. Trotzdem sind die Rohdaten sehr unübersichtlich. Nach Einlesen der Datei kstand.dat in den Data Frame kstand ermöglichen wir den direkten Zugriff auf die Variablennamen in diesem Data Frame mittels attach() und sehen wir uns die ersten 50 Fälle (von 300) an.

```
> data("kstand")    # oder:   kstand <- read.table("kstand.dat", header = TRUE)
> attach(kstand)
> WOCHENTAG[1:50]
```

```
 [1] MO DO DO DO DI MO DI MO MO DI DO DI MO MO MI MI MO DI MO SO FR
[22] MI MI DI MO SO FR FR DO MI MI DO MO FR DI FR MO DO MI MO MO SO
[43] DO MO MI MO DI MO FR DI
Levels: DI DO FR MI MO SA SO
```

Hier haben wir zwar die maximal zur Verfügung stehende Information, allerdings ist diese so nicht greif- geschweige denn kommunizierbar. Wir benötigen also Methoden, wie wir die Inhalte kompakt darstellen können, ohne zu viel Information zu verlieren. Dies kann anhand von Grafiken oder numerischen Zusammenfassungen (z. B. Tabellen) geschehen. Die entsprechenden Methoden werden unter dem Begriff

„Datenbeschreibung" oder „deskriptive (beschreibende) Statistik" zusammengefasst und bestehen, je nach Datentyp, aus spezifischen Verfahren. Numerische und grafische Beschreibung der Daten sollten immer der Ausgangspunkt bei der Analyse von Daten sein.

6.2.1 Numerische Beschreibung

Bei einer kategorialen Variable zählen wir aus, wie häufig jede Kategorie auftritt, und erhalten die absoluten Häufigkeiten pro Kategorie in einer Häufigkeitstabelle. Dividieren wir diese durch die Gesamtanzahl an Beobachtungen, erhalten wir die relativen Häufigkeiten. Wir können beide in Tabellenform darstellen und erhalten eine übersichtliche numerische Beschreibung des Datenmaterials, aus der schon einige Aspekte zur Beantwortung der Fragestellung ablesbar sind. In R würden wir folgendermaßen vorgehen:

Eine einfache Häufigkeitstabelle erhalten wir mittels

```
> table(WOCHENTAG)
```

```
WOCHENTAG
DI DO FR MI MO SA SO
60 45 30 51 96  9  9
```

Die relativen Häufigkeiten errechnet man, indem die Anzahl der Beobachtungen in jeder Kategorie durch die Gesamtanzahl der Beobachtungen dividiert wird (die Gesamtanzahl entspricht der Länge des Datenvektors):

```
> table(WOCHENTAG)/length(WOCHENTAG)
```

```
WOCHENTAG
   DI   DO   FR   MI   MO   SA   SO
0.20 0.15 0.10 0.17 0.32 0.03 0.03
```

Für diese Berechnung gibt es auch eine eigene Funktion, prop.table(), die, wie wir noch sehen werden, einiges mehr kann.

```
> prop.table(table(WOCHENTAG))
```

```
WOCHENTAG
   DI   DO   FR   MI   MO   SA   SO
0.20 0.15 0.10 0.17 0.32 0.03 0.03
```

Prozentwerte erhalten wir, indem wir die relativen Häufigkeiten mit 100 multiplizieren:

```
> 100 * prop.table(table(WOCHENTAG))
```

```
WOCHENTAG
DI DO FR MI MO SA SO
20 15 10 17 32  3  3
```

Wollten wir alles in einer Tabelle darstellen, würden wir noch etwas „Kosmetik" betreiben.

Zunächst wollen wir die Wochentage, die beim Einlesen standardmäßig alphabetisch nach ihren Namen sortiert wurden, in der „richtigen" Reihenfolge darstellen. Dazu müssen wir die levels des Faktors WOCHENTAG in die richtige Reihenfolge bringen. Dies geschieht, indem wir mit factor() einen neuen Faktor wtag mit den entsprechenden Eigenschaften definieren (wir könnten auch den Variablennamen Wochentag verwenden, weil R ja Groß- und Kleinschreibung unterscheidet, aber so ersparen wir uns Tipparbeit). Danach benötigen wir das Objekt kstand nicht mehr im Suchpfad und können es mit detach() entfernen.

Wenn man mittels attach() ein Data Frame einer R Session zuordnet, also dann direkt die Variablennamen verwenden kann, ohne das Data Frame angeben zu müssen, dann sollte man nicht vergessen, diese Zuordnung mittels detach() wieder aufzuheben. Der Grund dafür ist, dass eventuell zwei gleiche Variablennamen in zwei verschiedenen Data Frames verwendet werden und nur jener aus dem zuletzt zugeordneten Data Frame zur Verfügung steht. R gibt dann zwar eine Meldung aus, trotzdem kann das leicht zu Fehlern führen, die man besser vermeidet.

```
> wtag <- factor(WOCHENTAG, levels = c("MO", "DI", "MI", "DO",
+     "FR", "SA", "SO"))
> detach(kstand)
```

Dann erstellen wir die Vektoren mit den absoluten und relativen Häufigkeiten sowie den Prozentwerten (in absH, relH und proz).

```
> absH <- table(wtag)
> relH <- prop.table(table(wtag))
> proz <- 100 * relH
```

Schließlich wollen wir nicht alle Kommastellen anzeigen und runden daher relH auf zwei Kommastellen und machen proz ganzzahlig (Rundung auf 0 Kommastellen). Für die tabellarische Darstellung hängen wir zuletzt die entsprechenden Vektoren mit cbind() aneinander.

```
> relH <- round(relH, digits = 2)
> proz <- round(proz, digits = 0)
> cbind(absH, relH, proz)
```

```
   absH relH proz
MO   96 0.32   32
DI   60 0.20   20
MI   51 0.17   17
DO   45 0.15   15
FR   30 0.10   10
SA    9 0.03    3
SO    9 0.03    3
```

Die ersten beiden Spalten zeigen die absoluten und relativen Häufigkeiten, die dritte die Prozentwerte für die Anzahl begonnener Krankenstände an den einzelnen Wochentagen. Man sieht, dass speziell an Montagen eine Häufung auftritt, während sich die Zahlen im weiteren Wochenverlauf zusehends verringern.

Diese Tabelle ist sehr spartanisch gehalten und würde in dieser Form auch nicht in einer Publikation oder Präsentation verwendet werden (▶ Exkurs 6.2 zeigt einige Prinzipien zur Erstellung guter Tabellen). Für eine erste Analyse reicht es aber und man kann ja den R-Output leicht in Textverarbeitungsprogramme (wie z. B. Microsoft Word oder LibreOffice Writer) exportieren, um dann das Aussehen der Tabelle zu modifizieren. Dies wird in Abschnitt 5.3 beschrieben.

Exkurs 6.2   Einige Prinzipien zur Erstellung guter Tabellen

Will man kategoriale Information in Form von Zahlenmaterial geeignet präsentieren, so wird man den R-Output nicht direkt verwenden, sondern noch ein wenig überarbeiten. Folgende Punkte sollte man beachten:

- Eine Tabelle sollte für sich allein stehen können, d. h., alles Wichtige sollte ohne weitere Erklärung verständlich sein.
- Angabe eines geeigneten Titels und der Datenquelle
- Benennung der Kategorien
- Variablen mit ungeordneten Kategorien kann man ggf. nach ihrer Häufigkeit ordnen.
- Die Angabe der Gesamtanzahl von Beobachtungen ist besonders wichtig, wenn man *nur* mit relativen Häufigkeiten bzw. Prozenten arbeitet (steigert die Glaubwürdigkeit und Nachvollziehbarkeit)! Hört man die Produktempfehlung „9 von 10 Konsumenten" ist die Preisfrage: Wie viele waren es insgesamt? 1000, 100 oder nur 10?
- Zahlen entsprechend runden (Nachkommastellen nur angeben, wenn sie für das Verständnis der Größenordnung wichtig sind)
- Sehr große Tabellen eventuell in Teiltabellen zerlegen
- Keine vertikalen Linien zeichnen

Die folgende Tabelle soll diese Prinzipien illustrieren (die Daten stammen aus einer Kriminalstatistik des Staates New Jersey, aus dem Jahr 2005).

Verteilung begangener Morde nach Wochentagen in New Jersey, 2005[a]

	Sonntag	Montag	Dienstag	Mittwoch	Donnerstag	Freitag	Samstag	Gesamt
Häufigkeit	53	42	51	45	36	37	65	329
Prozent	16%	13%	16%	14%	11%	11%	20%	

a. Quelle: http://www.njsp.com/

6.2.2   Grafische Beschreibung

Der Spruch „Ein Bild sagt mehr als tausend Worte" ist sehr abgedroschen – trotzdem stimmt er. Gerade dann, wenn Information klar gemacht und vermittelt werden soll, ist eine gute grafische Darstellung besonders wichtig. Bei kategorialen Daten haben sich einige Methoden bewährt, die hier beschrieben werden sollen.

Balkendiagramm (Bar Chart)

Diese Darstellungsweise ist wohl die wichtigste grafische Methode bei kategorialen Daten. Bei einem Balkendiagramm werden (üblicherweise) die Kategorien auf der x-Achse und die absoluten oder relativen Häufigkeiten auf der y-Achse aufgetragen, wobei die Höhe der einzelnen Balken den Häufigkeiten in den einzelnen Kategorien entspricht. Um zu veranschaulichen, dass die darzustellende Variable kategorial ist, lässt man einen kleinen Leerraum zwischen den Balken (man macht dies im Gegensatz zu einem sogenannten Histogramm, das wir später besprechen werden). Manchmal findet man die beiden Achsen auch vertauscht vor (▶ Exkurs 6.1), was aber an der Information, die man aus solch einer Grafik ablesen kann, nichts ändert.

Für unser Beispiel des Beginntags von Krankenständen erzeugt man ein Balkendiagramm in R folgendermaßen:

```
> barplot(absH)
```
R

Am Balkendiagramm in ▶ Abbildung 6.1 sieht man (vielleicht noch besser als in der Häufigkeitstabelle), dass an Montagen die meisten Krankenstände beginnen, es dann über die Arbeitswoche einen relativ starken Abfall gibt und am Samstag und Sonntag die wenigsten Krankenstände beginnen.

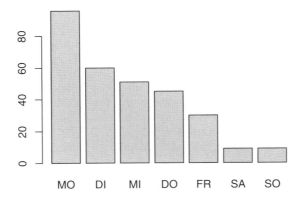

Abbildung 6.1: Balkendiagramm für Krankenstandsbeginn nach Wochentagen

Kreisdiagramm (Pie Chart)

Häufig begegnet man auch einer anderen Form der grafischen Beschreibung einfacher kategorialer Information, den Kreisdiagrammen (auch Torten- oder Kuchendiagramme). Hierbei werden die Daten in Kreisform dargestellt. Die Kategorieanteile werden durch Kreissegmente abgebildet, wobei deren Flächen (bzw. die Kreisbögen außen) proportional zu den relativen Häufigkeiten bzw. Prozenten sind. Standardmäßig gibt R nur das Kreisdiagramm und die Werte für die Kategorien aus.

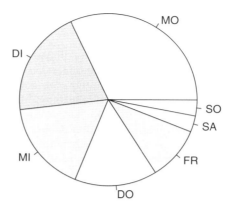

Abbildung 6.2: Kreisdiagramm für die Anzahl von begonnenen Krankenständen nach Wochentagen

Für die Daten aus unserem Beispiel erzeugt man in R ein Kreisdiagramm (▶ Abbildung 6.2) mit

```
> pie(absH)
```
R

Obwohl sie relativ beliebt sind, haben Kreisdiagramme doch eine Reihe von Nachteilen. Anders als beim Balkendiagramm kann man die tatsächlichen Häufigkeiten nicht ablesen und Unterschiede sind nur schwer zu erkennen, außer sie sind sehr groß. Man sollte zumindest Häufigkeiten oder Prozente hinzufügen, um zu einer geeigneteren Darstellung (▶ Abbildung 6.3) zu kommen. Selbstdefinierte Beschriftungen werden im pie() Befehl über die Option *labels* spezifiziert. Hier haben wir die neuen Beschriftungen mittels paste() zusammengestellt und das Resultat in lab gespeichert. Außerdem fordern wir hier noch mit *clockwise* = TRUE an, dass die Kategorien im Uhrzeigersinn ausgegeben werden. Die adaptierte Grafik erhält man mit

```
> lab <- paste0(names(absH), "\n(", proz, "%)")
> pie(absH, labels = lab, clockwise = TRUE)
```
R

Zu erwähnen ist noch, dass die Beschriftungen, wie wir sie für das Kreisdiagramm in ▶ Abbildung 6.3 angebracht haben, in analoger Weise auch für Balkendiagramme möglich sind. Notwendig sind sie dort aber nicht unbedingt, weil durch die Achsenbeschriftungen die relevante Information schon mitgeliefert wird.

Im Vergleich zu Kreisdiagrammen sind Balkendiagramme (▶ Abbildung 6.1) viel lesbarer und informativer, weil Längen besser wahrgenommen werden können als Winkel, Flächen oder Kreisbögen. Sog. „explodierte" Tortendiagramme, bei denen die Kreissegmente konzentrisch nach außen verschoben werden und somit nicht mehr aneinandergrenzen, erschweren die Interpretation ebenfalls. Katastrophal wird es, wenn solche Kreisdiagramme dreidimensional dargestellt werden, da durch

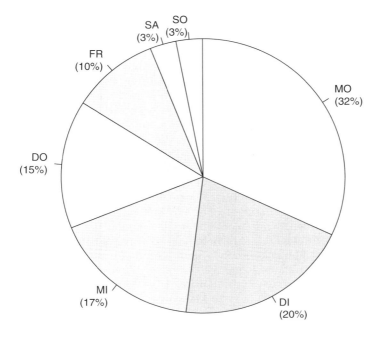

Abbildung 6.3: Modifiziertes Kreisdiagramm mit Beschriftung

die perspektivische Verzerrung Winkel, Flächen oder die Kreisbögen nicht mehr proportional zu den Daten sind. Diese Art von „Eye-Candy" ist leider äußerst kontraproduktiv.

6.2.3 Statistische Analyse der Problemstellung

Nachdem wir nun besprochen haben, wie die Information, die in den Daten steckt, numerisch und grafisch beschrieben werden kann, wollen wir uns der Beantwortung der eigentlichen Problemstellung zuwenden. Die Frage ist, ob es bestimmte Wochentage gibt, an denen Krankenstände häufiger beginnen als an anderen, oder ob sich der Beginn über die Wochentage gleich verteilt.

Um diese Frage mittels statistischer Methoden beantworten zu können, benötigen wir das Konzept der ERWARTETEN RELATIVEN HÄUFIGKEITEN und der ERWARTETEN (ABSOLUTEN) HÄUFIGKEITEN. *Beobachtete Häufigkeiten* (absolut oder relativ) entstehen durch Abzählen, *erwartete* Häufigkeiten sind solche, die man – unter bestimmten Annahmen – erwarten würde. In ► Exkurs 6.3 wird dieses Konzept anhand der Idee des *fairen Würfels* erläutert.

Exkurs 6.3 Der „faire Würfel"

Ein Würfel wird dann als „fair" bezeichnet, wenn alle sechs Seiten gleich häufig auftreten oder, mit anderen Worten, wenn die Wahrscheinlichkeit für jede der möglichen Seiten 1 bis 6 gleich groß ist. Die Erfahrung zeigt uns, dass wir nicht damit rechnen können, dass bei sechsmaligem Würfeln als Resultat alle sechs Augenzahlen je einmal vorkommen. Allerdings, wenn wir nicht nur sechs Mal, sondern viel öfter würfeln, wie das auch bei Gesellschaftsspielen der Fall ist, dann erwarten wir schon, dass alle Seiten am Ende ungefähr gleich oft aufgetreten sind. Würden wir immer längere Serien würfeln, also 10 000 Mal, 100 000 Mal etc., dann sollten die Prozentsätze des Auftretens der einzelnen Augenzahlen immer ähnlicher werden und wir könnten sagen, dass der Würfel fair ist. Das setzt aber voraus, dass der Würfel verschiedene Voraussetzungen erfüllt, nämlich vollkommen gleichmäßige Beschaffenheit des Materials, aus dem er hergestellt ist, exakt gleiche Kantenlängen (nicht nur auf den hundertstel Millimeter genau) etc. Solch einen Würfel gibt es natürlich nicht, aber man kann einen herstellen, bei dem diese Abweichungen nur sehr klein und daher vernachlässigbar sind. Bei manchen Würfeln kann einem aber schon der Verdacht kommen, dass er nicht fair ist. Wie könnten wir das nun prüfen? Die Antwort ist „Ausprobieren". Nehmen wir einmal an, wir hätten 30 Mal gewürfelt und uns die Häufigkeiten für die einzelnen Seiten wie folgt notiert:

gewürfelte Augenzahl	1	2	3	4	5	6
beobachtete Häufigkeit	3	8	4	5	6	4

Unter der Annahme, dass der Würfel fair ist, hätten wir eigentlich erwartet, dass jede Seite gleich häufig, nämlich zu 1/6 bzw. zu 16.6̇% aufgetreten wäre. Diese erwarteten Anteile nennt man auch ERWARTETE RELATIVE HÄUFIGKEITEN. Multipliziert man sie mit der Gesamtanzahl der Würfe, hier mit 30, so erhält man die ERWARTETEN (ABSOLUTEN) HÄUFIGKEITEN. Demnach hätten wir je 5 Mal die Augenzahlen 1 bis 6 erwartet und nicht 3, 8, 4, …. Diese Abweichungen schreiben wir dem Zufall zu. Stutzig hätte uns womöglich gemacht, wenn z.B. die Seite mit 6 dreißig Mal und die anderen Seiten kein einziges Mal vorgekommen wären. Aber ab wann sollte uns die Sache verdächtig vorkommen? Diese Frage wollen wir versuchen zu beantworten.

Für unsere Fragestellung wollen wir die Annahme prüfen, ob sich der Krankenstandsbeginn gleichmäßig über die Wochentage verteilt. Unter dieser Annahme müssten von den insgesamt 300 Beginntagen $300/7 \cong 43.9$ an jedem Wochentag auftreten, wir würden also rund 44 an jedem Tag *erwarten*.

In R können wir eine Tabelle mit drei Spalten erzeugen. In der ersten (absH) finden wir die tatsächlich beobachteten Häufigkeiten für die einzelnen Wochentage, in der nächsten (erwH) die erwarteten Häufigkeiten und in der letzten (residuum) die Differenz der ersten beiden Spalten.

```
> erwH <- rep(300/7, 7)
> residuum <- absH - erwH
> erwH <- round(erwH, digits = 1)
> residuum <- round(residuum, digits = 1)
> cbind(absH, erwH, residuum)
```
R

```
   absH erwH residuum
MO   96 42.9     53.1
DI   60 42.9     17.1
MI   51 42.9      8.1
DO   45 42.9      2.1
FR   30 42.9    -12.9
SA    9 42.9    -33.9
SO    9 42.9    -33.9
```

Wir sehen, dass die Differenzen zwischen -33.9 und 53.1 liegen. Wie beim fairen Würfel können wir uns nun fragen, ob diese Abweichungen zufällig zustande gekommen sind oder ob mehr dahinter steckt. Je größer die Abweichungen insgesamt sind, desto weniger werden wir an Zufall glauben. Sind sie groß genug, dann werden wir die Frage verneinen, dass die Beginntage der Krankenstände gleichmäßig verteilt sind. Aber wo ist die Grenze zwischen *rein zufällig* und nicht mehr *durch Zufall* erklärbar? Hier kann uns die Statistik weiterhelfen.

Exkurs 6.4 Statistische Tests – Hypothesen – *p*-Wert Was ist noch Zufall und was nicht mehr?

Am Beginn steht immer eine Fragestellung, z. B. ob ein Würfel fair ist. Die Methode, die man verwendet, um solch eine Frage zu beantworten, nennt man STATISTISCHEN TEST. Es gibt zwei mögliche Ergebnisse: Wir glauben entweder

- der Würfel ist fair oder
- der Würfel ist nicht fair.

Diese beiden Statements nennt man STATISTISCHE HYPOTHESEN. Die sogenannte NULLHYPOTHESE (auch mit H_0 bezeichnet) lautet:

- der Würfel ist fair, d. h.
  H_0: alle Augenzahlen beim Würfeln sind gleich wahrscheinlich.

Das logische Gegenteil ist die ALTERNATIVHYPOTHESE (oder H_A, teilw. auch H_1), die uns helfen soll, solche Annahmen zu überprüfen. Sie lautet:

- der Würfel ist *nicht* fair, d. h.
  H_A: zumindest eine Augenzahl ist wahrscheinlicher als die anderen.

Ein STATISTISCHER TEST hilft uns, eine Entscheidung zugunsten der Null- oder der Alternativhypothese zu treffen. Man kann dabei eine Wahrscheinlichkeit angeben, ob beobachtete Daten für die Nullhypothese sprechen. Diese Wahrscheinlichkeit bezeichnet man als *p*-WERT. Die Entscheidungsregel lautet:

- Ist der p-Wert klein, glaubt man nicht an die Nullhypothese. Es ist wahrscheinlicher, dass die Alternativhypothese zutrifft, d. h., der Würfel ist *nicht fair*.

- Ist der p-Wert groß, glaubt man weiterhin an die Nullhypothese. Man bleibt also bei der Annahme der Nullhypothese, d. h., der Würfel ist *fair*.

Im ersten Fall sagt man, *die Nullhypothese wird verworfen* (zugunsten der Alternativhypothese) bzw. die Alternativhypothese wird akzeptiert – im zweiten Fall sagt man, *die Nullhypothese wird beibehalten*. Wichtig ist es, dass die Nullhypothese nicht bewiesen werden kann.

Wann ist ein p-Wert groß bzw. klein?

Dies ist keine statistische Frage, sondern eine Frage der Irrtumswahrscheinlichkeit, die man bereit ist einzugehen. Üblicherweise hat sich ein Vergleichswert von .05 (5%) oder .01 (1%) eingebürgert (generell lässt man bei Wahrscheinlichkeiten, da diese nur zwischen 0 und 1 liegen können die führende Null weg). Diese Wahrscheinlichkeit wird mit α bezeichnet und wird auch SIGNIFIKANZNIVEAU genannt. Ein Wert von .05 besagt, dass man sich in einem von 20 Fällen irrt und dass man die Nullhypothese verwirft, obwohl sie eigentlich zutreffend ist. Das heißt, wenn man sehr viele Versuche mit einem fairen Würfel durchführen würde, dann käme man in 5% zufällig zu dem Ergebnis, dass der Würfel nicht fair ist, obwohl das eigentlich nicht stimmt (Abschnitt 6.8).

Exkurs 6.5   (Fehl)Entscheidungen bei Hypothesentests

Je kleiner man α also wählt, desto geringer ist die Irrtumswahrscheinlichkeit, die Nullhypothese zu Unrecht zu verwerfen. Das wirft natürlich die Frage auf, warum man diesen Wert nicht generell auf ein Minimum setzt.

Beim Hypothesentesten können folgende vier Szenarien auftreten:

	Testergebnis	
„Realität"	H_0	H_A
H_0	$1 - \alpha$	α
H_A	β	$1 - \beta$

Diese Tabelle zeigt in den Zeilen, welche Hypothese tatsächlich richtig ist, und in den Spalten, zu welcher Entscheidung wir durch den statistischen Test gelangt sind. Die zwei Resultate in der ersten Zeile haben wir schon behandelt, d. h., wir setzen das Signifikanzniveau α fest und vergleichen den errechneten p-Wert damit. Dadurch haben wir eine Wahrscheinlichkeit α, einen sog. FEHLER 1. ART (*type I error*) zu begehen, d. h. die Nullhypothese fälschlicherweise abzulehnen. Die Wahrscheinlichkeit, dass wir die Nullhypothese richtigerweise beibehalten, hängt mit $1 - \alpha$ von dieser Irrtumswahrscheinlichkeit ab.

Die zweite Zeile hingegen bereitet uns mehr Kopfzerbrechen, da hier der FEHLER 2. ART (*type II error*) mit einer Wahrscheinlichkeit β auftritt. Dieser Fehler führt dazu, dass man die Nullhypothese zu Unrecht beibehält und somit eventuell einen Effekt übersieht. Problematisch an dieser Situation ist nun, dass man – im Gegensatz zu α – die Auftretenswahrscheinlichkeit β nicht so einfach direkt steuern kann. Erschwerend kommt auch hinzu, dass eine Verkleinerung von α meist mit einer Erhöhung von β einhergeht, was die Frage beantwortet, warum man α nicht immer so gering wie möglich wählt.

Mittlerweile gibt es zahlreiche Artikel und Publikationen, die sich v. a. mit der Zelle $1 - \beta$, der sog. statistischen POWER, also die Wahrscheinlichkeit, die Alternativhypothese zu Recht anzunehmen, beschäftigen. Diese nimmt oft einen „Umweg" über die sog. EFFEKTSTÄRKE (*effect size*), also den Effekt, der mit einem bestimmten Studiendesign erfassbar ist, und bezieht auch die Stichprobengröße mit ein.

Man könnte sich H_0 und H_A als zwei Verteilungen vorstellen, wobei die Alternativhypothese nicht bekannt und daher gestrichelt dargestellt ist. Bei einer gewissen Effektstärke (ϵ), also dem wahren Unterschied zwischen μ_0 und μ, und gewähltem α (dunkelgraue Fläche) ergibt sich ein kritischer Wert $z_{1-\alpha}$, der gleichzeitig β festlegt. Je kleiner α gewählt wird, desto höher ist jedoch β, also die Wahrscheinlichkeit, einen Fehler 2. Art zu begehen. Die Fläche von H_A rechts des kritischen Werts ist die Power $(1 - \beta)$, also die Wahrscheinlichkeit, dass man die Nullhypothese zu Recht ablehnt.

Will man diese bei fixem α und ϵ steigern, könnte man beispielsweise die Stichprobengröße erhöhen, wodurch die Varianz der Kurven abnimmt und sich somit die Flächenanteile verändern. Der kritische Wert „wandert" nach links und

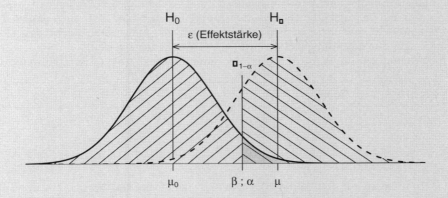

die Power wird größer. In der Versuchsplanung kann man versuchen, a priori „ideale" Bedingungen zu schaffen, indem man beide Fehlerraten und die Effektstärke festlegt und dann die notwendige Stichprobengröße berechnet, die man letztlich erheben müsste.

Bei „heiklen" Fragestellungen, z. B. in der Medizin, sollte man sich also entsprechend einlesen, um die Planung, Durchführung und Analyse *lege artis* vornehmen zu können.

Wir haben nun also Differenzen zwischen den beobachteten Häufigkeiten und den Häufigkeiten, die wir unter der Nullhypothese erwarten würden, errechnet. Aus diesen Differenzen können wir uns eine einzelne Maßzahl ableiten, welche die gesamte

Abweichung beziffert. Ist die Abweichung groß, soll auch die Maßzahl groß sein und umgekehrt. Es gäbe natürlich verschiedene Möglichkeiten, solch eine Maßzahl zu konstruieren, die wichtigste stammt aber von Karl Pearson. Wir wollen sie dem allgemeinen Sprachgebrauch nach Pearsons X^2 nennen.

Berechnung von X^2 bei eindimensionalen Häufigkeitsverteilungen

$$X^2 = \sum_{j=1}^{J} \frac{(o_j - e_j)^2}{e_j} \tag{6.1}$$

- o_j ... beobachtete Häufigkeit für die Kategorie j (o steht für *observed*)
- e_j ... erwartete Häufigkeit für die Kategorie j (e steht für *expected*)
- J ... Gesamtanzahl der Kategorien

Der X^2-Wert gibt uns Auskunft über die Größe der Abweichungen zwischen erwarteten und beobachteten Häufigkeiten. Die Formel 6.1 definiert also X^2 als die Summe aller quadrierten, um die erwarteten Häufigkeiten gewichteten, Differenzen $o_j - e_j$. Es ist wichtig, die Differenzen zu quadrieren, da diese positiv und negativ sind und sich daher durch eine Summierung gegenseitig aufheben könnten. Dadurch ist also sichergestellt, dass X^2 mit der Größe der Abweichungen steigen muss. Für unser Beispiel ist dieser Wert, wie wir gleich sehen werden, $X^2 = 131.76$. Nun sollte uns dieser Wert einen Anhaltspunkt darüber geben, ob die Abweichungen zwischen den erwarteten und den beobachteten Häufigkeiten „auffällig" sind (man sagt auch *statistisch signifikant* bzw. *bedeutsam* in dem Sinn, dass man eher nicht daran glaubt, dass sich der Krankenstandsbeginn gleichmäßig über die Wochentage verteilt).

In R können wir die Berechnung mit der Funktion `chisq.test()` durchführen:

```
> chisq.test(table(wtag))
```

```
        Chi-squared test for given probabilities

data:  table(wtag)
X-squared = 131.76, df = 6, p-value < 2.2e-16
```

Im Output finden wir drei Zahlen. Die erste, `X-squared`, hat den Wert 131.76 und entspricht unserem X^2 aus der Formel 6.1. Der zweite Wert, `df`, gibt die FREIHEITSGRADE (*df* von *degrees of freedom*) an und ist in diesem Fall 6 (Anzahl der Kategorien minus 1, $df = J - 1$). Die dritte Zahl, `p-value`, ist hier die wichtigste. Sie gibt eine Wahrscheinlichkeit an und liegt daher zwischen 0 und 1. Der p-Wert zeigt (sehr vereinfacht gesagt), wie plausibel unsere Annahme ist, dass die Beginntage von Krankenständen gleichmäßig auf alle Wochentage verteilt sind (Nullhypothese). Diese Zahl ist hier mit $< 2.2e{-}16$ extrem klein[1], d. h., die Nullhypothese ist sehr unplausibel. Eine Interpretation des Ergebnisses könnte so aussehen.

---

1 R verwendet bei sehr kleinen oder sehr großen Zahlen (was sehr klein oder groß ist, hängt von den Programmeinstellungen ab) die Exponentialdarstellung. Dabei bedeutet z. B. $1.0e{+}3 = 1.0 \cdot 10^3 = 1\,000$ oder wie in unserem Beispiel $2.2e{-}16 = 2.2 \cdot 10^{-16} = 0.000\,000\,000\,000\,000\,22$. Es „rutscht" also das Dezimalzeichen im ersten Beispiel um drei Stellen nach rechts und im zweiten um 16 Stellen nach links.

Fallbeispiel 1: Der „blaue Montag": Interpretation

Die Nullhypothese, dass der Beginn von Krankenständen an allen Wochentagen gleich häufig vorkommt, musste auf Grund eines Chi-Quadrat-Tests verworfen werden ($X^2 = 131.76$, $df = 6$, $p < .001$). Die Daten weisen darauf hin, dass der Beginn eines Krankenstands an verschiedenen Wochentagen unterschiedlich häufig auftritt. Die meisten Krankenstände beginnen an Montagen, gefolgt von Dienstag und Mittwoch. Am Wochenende sind die Häufigkeiten sehr gering.

Die letzte Ausgabe und die Schlussfolgerungen, die wir daraus gezogen haben, bedürfen einiger zusätzlicher Erläuterungen. In Abschnitt 6.8 am Ende dieses Kapitels werden die theoretischen Grundlagen ausführlicher beschrieben.

Zunächst ist Ihnen vielleicht der Unterschied aufgefallen, dass wir die beiden Begriffe X^2 (X-Quadrat) und χ^2 (Chi-Quadrat) verwendet haben. Der Grund ist, dass man zwischen X^2, einer Zahl, die aus beobachteten Daten errechnet wurde, und χ^2, einer theoretischen Größe, unterscheiden sollte (eine ausführlichere Erklärung gibt der erwähnte Abschnitt 6.8).

Der Begriff Freiheitsgrade wird uns noch öfter begegnen. Vereinfacht gesagt dienen Freiheitsgrade dazu, den p-Wert zu bestimmen. Freiheitsgrade werden auch im Abschnitt 6.8 näher erklärt.

Der dritte Begriff, `p-value` oder p-Wert, ist wie erwähnt der wichtigste Wert, wenn es darum geht, eine (statistische) Fragestellung zu beantworten bzw. die Gültigkeit einer Annahme zu evaluieren. Wir haben hier nicht den Wert `< 2.2e-16`, der in der Ausgabe stand, verwendet, sondern $p < .001$. Das ist eine Geschmacksfrage, aber der leichteren Lesbarkeit halber haben wir uns für die obige Variante entschieden. Der angegebene Wert heißt ja, dass in weniger als 1 von 1000 Fällen ein solches oder noch extremeres Ergebnis zufällig zu erwarten ist, und das deutet ja schon an, dass die Gültigkeit der Nullhypothese sehr unplausibel ist. Wichtig ist es, dass man nicht $p = 0$ schreibt (auch wenn man durch Rundung auf so ein Ergebnis käme), da dies bedeuten würde, dass die Abweichung $X^2 = \infty$ unendlich groß ist.

Exkurs 6.6 Wie interpretiert man ein Ergebnis?

Zweck einer Interpretation ist das Zusammenführen von technischen Ergebnissen eines statistischen Verfahrens mit den inhaltlichen Aspekten der Fragestellung, für die man die statistische Methode verwendet hat. Es gibt keine exakten, universalen Regeln, wie man ein Ergebnis interpretiert. Die genaue Länge und Form hängen davon ab, für welchen Zweck man eine Interpretation erstellt. Manche wissenschaftliche Zeitschriften oder Institutionen geben gewisse Formvorlagen oder Richtlinien vor. Im Allgemeinen sollte eine Interpretation zwei Teile beinhalten, einen technischen und einen inhaltlichen.

■ TECHNISCHE INTERPRETATION: Hier wird oft die Nullhypothese (eventuell auch Alternativhypothese) formuliert, welches statistische Verfahren (eventuell auch warum) angewendet wurde. Ebenso gibt man Kennzahlen des speziellen statistischen Verfahrens und den p-Wert sowie das Signifikanzniveau (α) an. Es sollte auch erwähnt werden, ob die Nullhypothese verworfen oder beibehalten wird.

> ■ **INHALTLICHE INTERPRETATION:** Was bedeutet das technische Ergebnis für die eigentliche Fragestellung? Die Fragestellung wird beantwortet und es werden wichtige beschreibende Fakten (deskriptive Erkenntnisse, wie z. B. Prozentsätze) angegeben.
>
> Je nach Fragestellung und Methode wird eine Interpretation anders aussehen. Beispiele können Sie den Kästen **Interpretation** entnehmen, die immer am Ende der Analyseabschnitte in diesem Buch angeführt werden.

Das Ergebnis des Fallbeispiels 1, wie wir es bisher analysiert haben, deutet darauf hin, dass sich zu Wochenbeginn mehr Leute krankschreiben lassen als während des Rests der Woche. Ist das also ein Beleg für den „blauen Montag"? Ganz so einfach wird es wohl nicht sein. Es wurde bisher nicht in Betracht gezogen, dass man auch am Wochenende erkranken kann, die Krankenstandsmeldung aber erst zu Wochenbeginn erfolgt. Dies soll im Folgenden berücksichtigt werden.

> ## Fallbeispiel 1: Der „blaue Montag" (Teil 2)
>
> Wenn man am Wochenende erkrankt, wird die Krankschreibung möglicherweise erst am Montag oder wegen eines Arztbesuchs erst am Dienstag erfolgen. Teilt man die Woche in zwei Hälften, von Samstag bis Dienstag und von Mittwoch bis Freitag, könnte man die These des „blauen Montags" besser überprüfen.
>
> ### Gibt es Unterschiede in der Anzahl der Krankenstandsmeldungen zwischen der ersten und der zweiten Wochenhälfte?

Diese Frage lässt sich auf Grund der bisherigen Überlegungen leicht beantworten, wir müssen nur die Daten (die erhobenen Wochentage) in zwei Kategorien einteilen und dann den Test anstatt für die einzelnen Wochentage nun für die Wochenabschnitte durchführen. In R würden wir folgendermaßen vorgehen:

Zunächst erzeugen wir eine neue Variable `whaelfte` mittels der Funktion `ifelse()`. Diese Funktion erlaubt die Erstellung einer neuen Variable mit zwei Werten, je nachdem, ob eine Bedingung erfüllt ist oder nicht. In unserem Beispiel wird für jeden Wert von `wtag` geprüft, ob er in der Menge der Werte SA bis DI enthalten ist (Operator `%in%`). Wenn ja, dann hat die neue Variable `whaelfte` den Wert `"SA-DI"`, wenn nein, dann `"MI-FR"`.

```
> whaelfte <- ifelse(wtag %in% c("SA", "SO", "MO", "DI"), "SA-DI",
+     "MI-FR")
```
R

Eine Darstellung der Häufigkeiten sowie den Chi-Quadrat-Test erhalten wir mittels

```
> table(whaelfte)
```
R

```
whaelfte
MI-FR SA-DI
  126   174
```

```
> chisq.test(table(whaelfte))                                          R

        Chi-squared test for given probabilities

data:  table(whaelfte)
X-squared = 7.68, df = 1, p-value = 0.005584
```

Fallbeispiel 1: Der „blaue Montag": Interpretation (Teil 2)

Der Chi-Quadrat-Test ergab, dass die Nullhypothese, nach der Krankenstände in den beiden Wochenhälften gleich häufig beginnen, verworfen werden musste ($X^2 = 7.68$, $df = 1$, $p = .006$). Die Daten weisen darauf hin, dass der Beginn eines Krankenstands in den beiden Wochenhälften unterschiedlich häufig auftritt. In der Wochenhälfte von Samstag bis Dienstag gibt es mehr Krankschreibungen als von Mittwoch bis Freitag.

Nicht berücksichtigt wurde, dass die beiden Wochenhälften unterschiedlich viele Tage umfassen. Wie man so etwas in eine Analyse miteinbezieht, wird im nächsten Abschnitt behandelt.

6.3 Entsprechen Häufigkeiten bestimmten Vorgaben?

Im Abschnitt 6.2 haben wir uns mit der Frage beschäftigt, ob beobachtete Häufigkeiten für Kategorien einer Variable mit der Hypothese in Einklang stehen, dass „in Wirklichkeit" alle Kategorien gleich wahrscheinlich sind. Wir wollen diese Problemstellung nun insofern erweitern, als die Anteile für Kategorien unterschiedlich spezifiziert sein können. Nehmen wir an, eine Variable hätte drei Kategorien. Wir könnten prüfen, ob alle Kategorien zu je $1/3 = 33.\dot{3}\%$ vorkommen. Nun wollen wir den Fall untersuchen, ob zum Beispiel in der ersten Kategorie 50 %, in der zweiten 35 % und in der dritten 15 % vorkommen. Die dabei gestellte statistische Frage ist, ob die Anteile von einzelnen Kategorien in einer Stichprobe den tatsächlichen Anteilen in der Population entsprechen. Wie wir sehen werden, ist die statistische Methode zur Beantwortung solcher Fragen sehr ähnlich zum ersten Abschnitt. Eine typische Anwendung, wie sie in der Praxis häufig vorkommt, wird in Fallbeispiel 2 dargestellt.

Fallbeispiel 2: Repräsentativität einer Stichprobe

Eine Meinungsforscherin hat an 200 zufällig ausgewählten Telefonteilnehmern in Österreich eine Telefonumfrage zum Thema einer „erwünschten Gesetzesmaßnahme zur speziellen Förderung von Familien mit Kindern" durchgeführt. Aus Angaben der Statistik Austria für 2007 weiß sie, dass die insgesamt etwa 2.31 Millionen Familien sich folgendermaßen aufteilen: 31.2 % Ehepaare ohne Kinder, 42.4 % Ehepaare mit Kindern, 7.3 % Lebensgemeinschaften ohne Kinder, 6.1 % Lebensgemeinschaften mit Kindern und 13 % alleinerziehende Elternteile. Die Meinungsforscherin will wissen, ob ihre Stichprobe repräsentativ bezüglich der

Familienstruktur war, d. h., ob die Anteile der verschiedenen Arten von Familien in ihrer Telefonstichprobe mit den (bekannten) Anteilen aller österreichischen Familien übereinstimmen. In ihrer Stichprobe konnte sie folgende Häufigkeiten feststellen:

Familientyp	Häufigkeit	Prozent
Ehepaare ohne Kinder	42	21%
Ehepaare mit Kindern	98	49%
Lebensgemeinschaft ohne Kinder	6	3%
Lebensgemeinschaft mit Kindern	20	10%
Alleinerziehende Elternteile	34	17%
Gesamt	200	100%

Ist die Stichprobe repräsentativ für die Population bezüglich der Familienstruktur?

Wie schon zuvor in Abschnitt 6.2 beginnen wir die Analyse mit einer Darstellung der Daten.

6.3.1 Numerische und grafische Beschreibung

Wir wollen, wie vorhin, eine Häufigkeitstabelle erstellen. Da wir jedoch kein Datenfile haben, müssen wir diese selbst erzeugen. Zunächst wollen wir mit der schon bekannten Funktion c() die Variable mit den beobachteten Häufigkeiten, FbeobH, erzeugen, wobei wir die Bezeichnungen für die einzelnen Kategorien gleich mitdefinieren können. Wir können auch gleichzeitig den einzelnen Elementen dieses Vektors Namen zuordnen, anstatt diese später mit names() zu setzen. In unserem Beispiel sind die Namen in Anführungszeichen gesetzt, was im Allgemeinen nicht zwingend notwendig ist, jedoch verwenden wir Leerzeichen, was ohne Anführungszeichen zu Fehlern führen würde.

```
> FbeobH <- c("Ehepaare ohne Kinder" = 42,
+             "Ehepaare mit Kindern" = 98,
+             "Lebensgemeinschaft ohne Kinder" = 6,
+             "Lebensgemeinschaft mit Kindern" = 20,
+             "Alleinerziehende Elternteile" = 34)
```

Wenn wir uns das erste Objekt, das wir verwendet haben, genauer ansehen

```
> str(table(kstand$WOCHENTAG))
```

```
'table' int [1:7(1d)] 60 45 30 51 96 9 9
- attr(*, "dimnames")=List of 1
  ..$ : chr [1:7] "DI" "DO" "FR" "MI" ...
```

sehen wir, dass es die Klasse table hat, da es durch die Funktion table() aus den Rohwerten erzeugt wurde. Als kleine Finesse können wir unseren Vektor mit as.table() explizit als Tabelle deklarieren (ist für diese Anwendung jedoch nicht zwingend erforderlich).

```
> FbeobH <- as.table(FbeobH)
```

Nun erzeugen wir noch einen Vektor mit den dazugehörigen Prozentwerten.

```
> FbeobP <- 100 * prop.table(FbeobH)
```

Wenn wir eine Tabelle aus diesen beiden Variablen erzeugen wollen, bietet es sich an, eine Matrix zu erstellen (wir wollen sie famtyp nennen) und den beiden Spalten noch einen Namen zu geben.

```
> famtyp <- cbind(FbeobH, FbeobP)
> colnames(famtyp) <- c("Häufigkeit", "Sample %")
> famtyp
```

	Häufigkeit	Sample %
Ehepaare ohne Kinder	42	21
Ehepaare mit Kindern	98	49
Lebensgemeinschaft ohne Kinder	6	3
Lebensgemeinschaft mit Kindern	20	10
Alleinerziehende Elternteile	34	17

Diese Tabelle entspricht jener aus Fallbeispiel 2. Sie enthält zwar die gesamte Information zur Stichprobe, aber hinsichtlich der Fragestellung wäre es günstiger, auch noch die Zahlen aus der gesamten österreichischen Bevölkerung hinzuzufügen. Man bekäme dann gleich einen Eindruck, wie ähnlich oder unähnlich die Prozente aus der Population und der Stichprobe sind.

Wir fügen also die Prozentwerte der Population zu der Tabelle hinzu. Dazu definieren wir eine Variable FpopP, tragen dort die Werte ein, wie sie im Fallbeispiel 2 angegeben sind, und fügen sie zu der Matrix famtyp mittels cbind() hinzu (auch diese Spalte wird benannt und enthält ein Leerzeichen, daher muss man Anführungszeichen verwenden).

```
> FpopP <- c(31.2, 42.4, 7.3, 6.1, 13)
> famtyp <- cbind(famtyp, "Pop. %" = FpopP)
> famtyp
```

	Häufigkeit	Sample %	Pop. %
Ehepaare ohne Kinder	42	21	31.2
Ehepaare mit Kindern	98	49	42.4
Lebensgemeinschaft ohne Kinder	6	3	7.3
Lebensgemeinschaft mit Kindern	20	10	6.1
Alleinerziehende Elternteile	34	17	13.0

Man erkennt, dass sich die Prozentsätze unterscheiden. Es fällt auf, dass generell Familien mit Kindern stärker in der Stichprobe vertreten sind als jene ohne Kinder.

Da die Umfrage zum Thema einer Gesetzesmaßnahme zur speziellen Förderung von Familien mit Kindern stattfand, könnte eventuell die Bereitschaft zur Beantwortung bei solchen Personen größer gewesen sein, die in einer Familie mit Kindern leben. Auch die Wahrscheinlichkeit, solche Personen eher zu Hause am Festnetz zu erreichen, könnte eine Rolle gespielt haben.

Darstellung verschiedener Variablen in einer Grafik

Zur grafischen Beschreibung der Daten aus Fallbeispiel 2 bieten sich GRUPPIERTE BALKENDIAGRAMME an. Sie sind eine Erweiterung der Balkendiagramme aus Abschnitt 6.2.2. Bei gruppierten Balkendiagrammen werden mehrere kategoriale Variablen gleichzeitig oder eine kategoriale Variable aufgeschlüsselt nach verschiedenen Gruppen dargestellt (im Detail gehen wir darauf in Kapitel 9 ein).

In R erhalten wir ein gruppiertes Balkendiagramm ganz einfach, indem wir zu dem vorher schon in Abschnitt 6.2.2 beschriebenen Befehl `barplot()` die Option *beside* = TRUE hinzufügen. Natürlich müssen wir auch die beiden Vektoren für Stichprobenprozent und Populationsprozent, die in der Matrix `famtyp` in den Spalten 2 und 3 stehen, angeben. Schließlich erzeugen wir noch eine Legende mit der Option *legend* und skalieren die *y*-Achse mittels *ylim*, um Platz für die Legende zu schaffen.

```
> barplot(famtyp[, 2:3], beside = TRUE, legend = rownames(famtyp),
+     ylim = c(0, 70))
```

Das so hergestellte gruppierte Balkendiagramm findet sich in ▸ Abbildung 6.4. Für Publikationen, Berichte oder Präsentationen könnte man diese Grafik noch schöner machen, z. B. die Schriftgrößen ändern. Gerade was die Erzeugung hochwertiger Grafiken betrifft, ist R sehr mächtig. Eine detaillierte Darstellung aller Möglichkeiten würde den Rahmen sprengen (einige finden sich in Abschnitt 5.2).

▸ Abbildung 6.4 ist zum Vergleich der Prozentsätze aus der Stichprobe und der Population dennoch ganz gut geeignet. Man kann sehr schön die Unterschiede und deren Größenordnung erkennen. Es verstärkt sich der Eindruck, den wir schon aus der Tabelle auf Seite 245 gewonnen haben. In der Stichprobe sind jene Befragten überproportional vertreten, die in Familien mit Kindern leben. Gegenteiliges gilt für Ehepaare ohne Kinder, die in der Stichprobe unterrepräsentiert sind. Die Frage ist jetzt, sind diese Unterschiede bedeutsam oder nur auf Zufall zurückzuführen?

6.3.2 Statistische Analyse der Problemstellung

Ganz ähnliche Überlegungen, wie wir sie schon in Abschnitt 6.2.3 angestellt haben, treffen auch hier zu. Allerdings ist die Annahme jetzt nicht, dass alle Kategorien gleich häufig vorkommen (Nullhypothese), sondern dass sie in bestimmter Weise festgelegt sind. In unserem Beispiel, der Frage nach Repräsentativität der Stichprobe, sind die festgelegten Anteile jene der Familientypen in der Population. Wir können zwar die Formel (6.1) verwenden, aber wir müssen die erwarteten Häufigkeiten anders bestimmen.

Wir kennen die Anteile in der Population, nämlich 0.312 für Ehepaare ohne Kinder, 0.424 für Ehepaare mit Kindern etc. Aus diesen können wir jene Häufigkeiten bestimmen, die wir erwarten würden, wenn in der Stichprobe der 200 Personen die

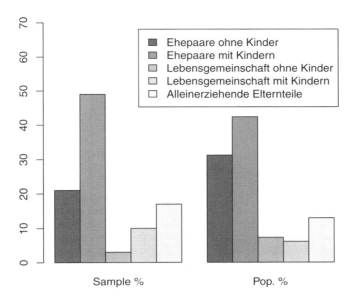

Abbildung 6.4: Gruppiertes Balkendiagramm für die Prozentwerte aus einer Stichprobe und der Population

Stichprobenhäufigkeiten mit den Populationswerten übereinstimmen würden. Dazu müssen wir lediglich die Populationsanteile mit der Stichprobengröße $n = 200$ multiplizieren. Wenn wir eine – bezüglich der Familienstruktur – repräsentative Stichprobe hätten, dann müssten beispielsweise $200 \times 0.312 = 62.4$, also ca. 62 Befragte, der Kategorie „Ehepaare ohne Kinder" angehören. Allgemein gilt

Berechnung von erwarteten Häufigkeiten

$$e_j = n\,\pi_j \tag{6.2}$$

- e_j ... erwartete Häufigkeit für die Kategorie j
- n ... Stichprobengröße
- π_j ... relative Häufigkeit in der Population
  (Wahrscheinlichkeit für Kategorie j)

Die weiteren Schritte sind analog zu Abschnitt 6.2.3. Wenn die Abweichungen zwischen beobachteten und erwarteten Häufigkeiten zu groß werden, verwerfen wir die Nullhypothese, dass die beobachteten Werte mit den erwarteten übereinstimmen. Die Abweichungen werden dann nicht mehr dem Zufall zugeschrieben, sondern man glaubt an einen systematischen Unterschied.

Die Berechnung des χ^2-Tests erfolgt wieder mit chisq.test(), wobei es folgende Abweichungen zum Code auf Seite 240 gibt: (i) die Variable famtyp[, 1] enthält schon tabellierte Werte (Häufigkeiten), daher ist table() nicht notwendig, (ii) die erwarteten relativen Häufigkeiten (R checkt, ob diese sich zu 1 summieren und gibt einen Fehler aus, wenn dies nicht der Fall ist) müssen als Argument p angegeben werden.

```
> chisq.test(famtyp[, 1], p = prop.table(famtyp[, 3]))                    R
```

```
        Chi-squared test for given probabilities

data:  famtyp[, 1]
X-squared = 21.238, df = 4, p-value = 0.000284
```

Wie wir am p-Wert sehen, ist die Plausibilität der Nullhypothese sehr klein. Daher verwerfen wir die Annahme, dass die Stichprobenanteile der einzelnen Familientyp-kategorien jenen in der Population entsprechen.

Fallbeispiel 2: Repräsentativität: Interpretation

Der Chi-Quadrat-Test zur Überprüfung der Nullhypothese, dass die Häufigkeiten für die Familienarten in der Stichprobe jenen in der Population entsprechen, zeigt ein signifikantes Ergebnis ($X^2 = 21.2$, $df = 4$, $p < .001$). Demnach ist nicht davon auszugehen, dass die Stichprobe bezüglich der Familienarten repräsentativ ist. Familien mit Kindern sind stärker in der Stichprobe vertreten als in der Population.

Am Ende von Abschnitt 6.2 vorhin, als wir die Beginntage von Krankenständen untersuchten, hatten wir gemutmaßt, dass das signifikante Ergebnis beim Vergleich der beiden Wochenhälften möglicherweise darauf zurückzuführen ist, dass die beiden Wochenhälften einmal drei und einmal vier Tage umfassten. Nun haben wir das notwendige statistische Wissen, um den Test für diese Fragestellung anzupassen. Anstatt anzunehmen, dass die erwarteten Häufigkeiten der Krankenstandsmeldungen in den beiden Wochenhälften genau gleich sind, spezifizieren wir die erwarteten Anteile proportional zur Anzahl der Tage in den beiden Wochenhälften, also 3/7 für "MI-FR" und 4/7 für "SA-DI". Wir erhalten den adaptierten Test mit

```
> chisq.test(table(whaelfte), p = c(3/7, 4/7))                          R
```

```
        Chi-squared test for given probabilities

data:  table(whaelfte)
X-squared = 0.09, df = 1, p-value = 0.7642
```

Das Ergebnis hat sich dramatisch verändert. Der X^2-Wert ist nun sehr klein, was auf eine große Übereinstimmung von beobachteten und erwarteten Häufigkeiten hindeutet, und der p-Wert ist groß geworden. Insgesamt gibt es also wenig Evidenz dafür, dass Erkrankungen sich zu Wochenbeginn häufen (es spricht also nicht sehr viel für den berühmten „blauen Montag").

Die Interpretation dieses Ergebnisses könnte folgendermaßen lauten: Der Chi-Quadrat-Test ergab, dass die Nullhypothese, nach der die Häufigkeiten des Beginns von Krankenständen proportional zur Anzahl der Tage in den beiden Wochen-hälften ("MI-FR" und "SA-DI") verteilt sind, beizubehalten ist ($X^2 = 0.09$, $df = 1$, $p = .764$). Demnach gibt es in keiner der beiden Wochenhälften überproportional viele Krankschreibungen.

6.4 Hat ein Prozentsatz (Anteil) einen bestimmten Wert?

Bisher haben wir untersucht, wie man analysieren kann, ob Häufigkeiten bzw. Anteile mehrerer Kategorien bestimmten Vorgaben entsprechen. Jetzt wollen wir uns auf einzelne Kategorien konzentrieren.

Fallbeispiel 3: Glaube an paranormale Phänomene

Im Jahr 2005 führte das Gallup Institut eine telefonische Umfrage an 1008 repräsentativ ausgewählten Amerikanern zum Thema „paranormale Phänomene" durch. Zu insgesamt zehn solcher Phänomene sollten die Befragten angeben, ob sie an deren Existenz glaubten. Die folgende Tabelle gibt eine Übersicht über die Phänomene und die Prozentsätze derer, die an ihre Existenz glaubten.

Glaube an ...	Prozent
Außersinnliche Wahrnehmung	41%
Häuser, in denen es spukt	37%
Geister	32%
Telepathie	31%
Hellsehen	26%
Astrologie	25%
Totenbeschwörung	21%
Hexen	21%
Reinkarnation	20%
Spiritismus	9%

Eine Analyse der Einzelergebnisse ergab, dass 73% an zumindest eines dieser Phänomene glaubten. Aus einer ähnlichen Untersuchung aus dem Jahr 2001 war bekannt, dass damals 76% an zumindest eines dieser Phänomene glaubten. Das Gallup Institut interpretiert dies als leichten Rückgang (Quelle: *http://www.gallup.com/poll/16915/three-four-americans-believe-paranormal.aspx*).

War der Glaube an paranormale Phänomene bei Amerikanern zwischen 2001 und 2005 rückläufig?

Wenn man die Daten einer einzelnen Kategorie analysieren möchte, dann kann man im Wesentlichen die gleichen Methoden verwenden wie in den vorhergehenden Abschnitten 6.2.3 und 6.3.2. Man muss sich nur vor Augen halten, dass es für diese einzelne Kategorie eigentlich zwei Möglichkeiten gibt, nämlich *„glaube daran"* bzw. *„glaube nicht daran"*. Wenn man also eine einzelne Kategorie untersucht, dann verhält sich diese wie eine „neue" Variable mit zwei Kategorien; z.B.: Wenn 21% an „Nekromantie" glauben, dann tun 79% der Personen dies nicht, wobei auch bekannt ist, dass die Stichprobe aus $n = 1008$ Personen besteht, womit man alle notwendigen Informationen zur Beantwortung der Einzelfragen hat.

Auf das Fallbeispiel 3 übertragen bedeutet dies *„Glaube an zumindest ein paranormales Phänomen"* und *„Glaube an keines"*.

Numerische und grafische Beschreibung

Zur numerischen Beschreibung wird es wohl genügen, eine Häufigkeitstabelle wie in Abschnitt 6.2.1 zu erstellen oder die Zahlen einfach anzugeben.

Als grafische Darstellung bietet sich wieder ein Balkendiagramm an. In Analogie zu Abschnitt 6.2.2 kann es folgendermaßen erstellt werden. Das Resultat findet sich in ▸ Abbildung 6.5.

```
> para <- c(ja = 0.73, nein = 1 - 0.73)
> barplot(para)
```
R

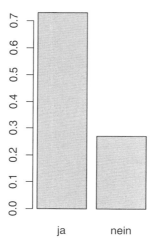

Abbildung 6.5: Balkendiagramm für Glaube an paranormale Phänomene

Etwas schöner wird die Grafik, wenn man einige Plotparameter adaptiert: Mittels `ylim = c(0, 1)` skaliert man die *y*-Achse auf das Intervall 0 bis 1, durch `width = c(0.5, 0.5)` kann man die Balken etwas schmäler machen. Das geht aber nur in Kombination mit einer Änderung der Achsenskalierung der horizontalen Achse, die wir mit `xlim = c(0, 1.5)` spezifizieren. Der folgende Code liefert die modifizierte Grafik in ▸ Abbildung 6.6.

```
> barplot(para, ylim = c(0, 1), width = c(0.5, 0.5), xlim = c(0,
+     1.5))
```
R

Allerdings interessiert uns für die Fragestellung eigentlich nur die Kategorie `ja`. Dazu könnte man ein GESTAPELTES BALKENDIAGRAMM verwenden (diese werden in Abschnitt 7.1.2 genauer erklärt). Und man möchte vielleicht auch noch die 76%-Rate aus dem Jahr 2001 miteinbeziehen. Das Resultat könnte so aussehen wie in ▸ Abbildung 6.7. Die dazu notwendigen R-Befehle sind

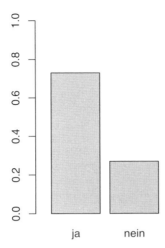

Abbildung 6.6: Modifiziertes Balkendiagramm für Glaube an paranormale Phänomene

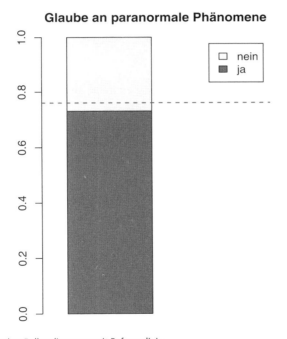

Abbildung 6.7: Gestapeltes Balkendiagramm mit Referenzlinie

```
> barplot(as.matrix(para), ylim = c(0, 1), width = 0.2, xlim = c(0,
+     0.5), legend = names(para), main = "Glaube an paranormale Phänomene")
> abline(h = 0.76, lty = 2, col = "blue", lwd = 1.5)
```

R

Neben den vorher schon beschriebenen Optionen `ylim`, `width` und `xlim` werden noch `legend` und `main` verwendet. Mit `legend` = names(para) kann man eine Legende für die Kategorien der gezeichneten Variable anfordern und mit `main` wird ein Titel ausgegeben.

Die gestrichelte Linie zeichnen wir mit der `abline()` Funktion. Da sie nur horizontal ist, verwenden wir die Spezifikation mit dem Argument `h`, das aus der Nullhypothese als 76% = 0.76 bekannt ist. Schließlich soll die Linie noch gestrichelt (*line type*; `lty` = 2, alternativ dazu hätte man auch `"dashed"` angeben können) und blau (*color*; `col` = `"blue"`) sein und außerdem möchten wir sie ein wenig dicker (*line width*; `lwd` = 1.5, d. h. 1.5× so dick wie die Standardlinienstärke).

Man sieht, dass sich die Zustimmungsrate zur Existenz paranormaler Phänomene nicht sehr verändert hat. Die entsprechende statistische Methode im nächsten Abschnitt wird uns darüber Aufschluss geben, ob diese Rate tatsächlich niedriger ist oder nicht.

6.4.1   Statistische Analyse der Problemstellung

Die Frage, die wir untersuchen wollen, lautet: „War der Glaube an paranormale Phänomene bei Amerikanern zwischen 2001 und 2005 rückläufig?" Übersetzt in eine statistische Fragestellung, könnte man das auch so formulieren: „Ist die relative Häufigkeit des Glaubens an die Existenz mindestens eines Phänomens im Jahr 2005 (in Wirklichkeit) niedriger als die entsprechende relative Häufigkeit aus dem Jahr 2001?"

Als statistische Hypothesen formuliert:

- Nullhypothese H_0: $\pi \geq .76$
  Die relative Häufigkeit der Zustimmung 2005, π, entspricht der relativen Häufigkeit der Zustimmung 2001 ($\pi_0 = .76$).

- Alternativhypothese H_A: $\pi < .76$
  Die relative Häufigkeit der Zustimmung 2005, π, ist kleiner als die relative Häufigkeit der Zustimmung 2001 ($\pi_0 = .76$).

Allgemein würde man schreiben:

Hypothesen beim Test eines Anteils

H_0: $\pi = \pi_0$ (Nullhypothese)

H_A: $\pi \neq \pi_0$ (Alternativhypothese)

- π ... die unbekannte tatsächliche relative Häufigkeit der Zustimmung 2001. Da wir sie nicht kennen, aber etwas über sie wissen wollen, verwenden wir für sie bei der Berechnung r, die beobachtete relative Häufigkeit aus der Stichprobe.

- π_0 ... der Wert, den wir kennen (oder zumindest festlegen) und gegen den wir prüfen wollen. In unserem Beispiel ist er $\pi_0 = .76$.

Die statistische Problemstellung ist von der Idee her gleich, wie wir sie schon in Abschnitt 6.2.3 kennengelernt haben:

- Wir gehen davon aus, dass in Wirklichkeit die relative Häufigkeit der Zustimmung 2005 jener aus dem Jahr 2001 entspricht, dass also tatsächlich H_0 gilt.

- Wir sammeln Daten aus einer Stichprobe (für das Jahr 2005), berechnen die relative Häufigkeit r (sie ist die beste Information, die wir für das unbekannte π haben) und vergleichen sie mit jener Zahl, die wir kennen, nämlich 0.76. Allgemein können wir π_0 statt 0.76 einsetzen.

- Da wir ja eine Zufallsstichprobe verwenden, wird r nicht genauso groß wie π sein, sondern ein wenig abweichen. Wenn die Abweichung aber zu groß wird, dann werden wir nicht glauben, dass H_0 gilt, sondern eher H_A.

- Die Prüfmethode zur Entscheidung, welche der beiden Hypothesen zutrifft, ist wiederum ein statistischer Test.

Im Unterschied zum χ^2-Test aus Abschnitt 6.2.3 und Abschnitt 6.3.2, wo wir (beobachtete und erwartete) *absolute* Häufigkeiten verglichen haben, beschäftigen wir uns jetzt mit Anteilen, d. h. *relativen* Häufigkeiten. Auch hier haben wir beobachtete, nämlich r, und erwartete, nämlich π_0.

Die Tests, die wir jetzt verwenden werden, heißen EIN-STICHPROBEN-TEST FÜR ANTEILE bzw. BINOMIALTEST. Beide Tests prüfen die gleiche Nullhypothese, unterscheiden sich aber in den Details ihrer Berechnung (und bezüglich ihrer mathematisch-statistischen Eigenschaften). Doch dazu später mehr.

Aus den Angaben von Gallup (siehe Fallbeispiel 3) wissen wir nur, dass 73% von $n = 1008$ Befragten zumindest an ein paranormales Phänomen glauben. Wir multiplizieren also die relative Häufigkeit 0.73 mit 1 008 (der Stichprobengröße) und runden, um die beobachtete Häufigkeit zu erhalten.

```
> beobH <- round(0.73 * 1008)
> beobH
```
R

```
[1] 736
```

Für unsere Berechnung müssen wir in der Funktion `prop.test()` folgende fünf Argumente spezifizieren:

- Das erste Argument x muss die beobachtete Häufigkeit des Werts (der Kategorie) sein, die wir überprüfen wollen.

- Das zweite Argument n ist die Stichprobengröße.

- Das dritte Argument, p, ist der Anteil, gegen den wir prüfen wollen, also jener der Nullhypothese bzw. π_0. In unserem Fall ist das $p = .76$

- Dann geben wir an, ob es sich um einen zwei- oder einseitigen Test handelt (die Begriffe *zweiseitig* bzw. *einseitig* werden in ▶ Exkurs 6.7 besprochen). Je nach Fragestellung spezifizieren wir für `alternative` entweder "less" oder "greater" bzw. "two.sided" (die Voreinstellung, die verwendet wird, wenn man nichts angibt). Hier verwenden wir "less", weil wir ja prüfen wollen, ob sich die Zustimmung verringert hat.

- Schließlich setzen wir noch `correct` = FALSE. Diese Option ist standardmäßig auf TRUE gesetzt und würde bei der Berechnung eine Kontinuitätskorrektur verwenden. Eine solche ist dann sinnvoll, wenn die zu prüfende Variable eigentlich metrisch ist und nur durch Gruppierung der Werte kategorial gemacht wurde. Das ist hier aber nicht der Fall, da die Variable „Glaube an paranormale Phänomene" an sich kategorial ist.

- Mit `conf.level` könnte man noch den „Grad der Konfidenz" $(1 - \alpha)$ steuern, jedoch ist dies standardmäßig 0.95, also $\alpha = 5\%$.

```
> prop.test(x = beobH, n = 1008, p = 0.76, alternative = "less",
+     correct = FALSE)
```

```
        1-sample proportions test without continuity correction

data:  beobH out of 1008, null probability 0.76
X-squared = 4.9212, df = 1, p-value = 0.01326
alternative hypothesis: true p is less than 0.76
95 percent confidence interval:
 0.00000 0.75252
sample estimates:
       p
0.73016
```

Neben den Angaben, welche Variablen bzw. Werte wir in der Funktion angegeben haben, finden wir den Wert, den wir für die H_0 spezifiziert haben (null probability 0.76), sowie neben X^2 und df den p-Wert. Dieser ist $p = .01326$ und damit wesentlich kleiner als $\alpha = .05$. Wir verwerfen daher die Nullhypothese. Zur weiteren Information gibt R auch noch die Spezifikation für die Alternativhypothese (alternative hypothesis: true p is less than 0.76) sowie die relative Häufigkeit aus der Stichprobe (sample estimates) aus. Die weitere Ausgabe (95 percent confidence interval) bezieht sich auf eine andere inferenzstatistische Methode, die wir in Abschnitt 6.5 behandeln werden.

Fallbeispiel 3: Paranormale Phänomene: Interpretation

Der Ein-Stichproben-Test zur Überprüfung der Nullhypothese, dass der Anteil der Amerikaner, die an die Existenz von paranormalen Phänomenen glauben, kleiner als 76% ist, erbrachte ein signifikantes Ergebnis ($p = .013$). Demnach besteht Evidenz dafür, dass sich der Anteil jener, die an zumindest ein erhobenes übersinnliches Phänomen glauben, zwischen 2001 und 2005 (wenn auch nicht stark, aber dennoch nachweislich) verringert hat.

Es gibt, wie oben erwähnt, einen zweiten Test, den man zur Beantwortung der formulierten Nullhypothese verwenden kann, den Binomialtest. Während die Funktion `prop.test()` die Berechnung über die χ^2-Verteilung durchführt, verwendet der Binomialtest die sog. Binomialverteilung zur Berechnung der Wahrscheinlichkeit für das Zutreffen von Null- bzw. Alternativhypothese. Dieser Test berechnet die „exakten" Wahrscheinlichkeiten und ist bei kleinen Stichproben zu bevorzugen. Allerdings kann bei großen Stichproben der Rechenaufwand erheblich werden und dann ist es einfacher, Methoden zu verwenden, die den p-Wert (möglichst genau) approximieren. Je größer die Stichprobe ist, umso besser ist die Approximation (eine Faustregel besagt, dass der Wert sowohl von $n \cdot \pi_0$ als auch $n \cdot (1 - \pi_0)$ größer als 10 sein soll). Die Approximationen beruhen auf der Grundidee, den p-Wert so zu berechnen, als ob man unendlich viele Stichproben gezogen hätte. Man nennt den p-Wert, der auf einer Approximation beruht, auch asymptotischen p-Wert. Die Grundideen hierfür werden im Abschnitt 6.8 erläutert.

In unserem Beispiel ist die Stichprobe relativ groß und daher ist das Ergebnis des (asymptotischen) Ein-Stichproben-Tests recht genau. Zur Illustration wollen wir dennoch auch den (exakten) Binomialtest anwenden. Die Spezifikation und auch der Output unterscheiden sich nicht wesentlich. Statt `prop.test()` verwendet man `binom.test()`.

```
> binom.test(x = beobH, n = 1008, p = 0.76, alternative = "less")                R
```

```
        Exact binomial test

data:  beobH and 1008
number of successes = 736, number of trials = 1008, p-value = 0.01542
alternative hypothesis: true probability of success is less than 0.76
95 percent confidence interval:
 0.00000 0.75313
sample estimates:
probability of success
              0.73016
```

Exkurs 6.7   Ein- und zweiseitige Alternativhypothesen

Die Nullhypothese ist der Ausgangspunkt eines statistischen Tests. Diese lautet (sinngemäß) immer $H_0 : \pi = \pi_0$ und legt die Annahme fest, gegen die wir erhobene Daten prüfen wollen. In diesem Fall, dass der relevante Parameter π gleich einem, unter der Nullhypothese, erwarteten Wert π_0 ist.

Meistens ist das Ziel einer Analyse jedoch das Verwerfen der Nullhypothese. Die eigentlich interessierende Fragestellung wird (meistens) als Alternativhypothese formuliert. Es werden zwei Arten von Alternativhypothesen unterschieden:

ZWEISEITIGE ALTERNATIVHYPOTHESE

■ $H_A: \pi \neq \pi_0$
Die Erfolgsrate der neuen Methode ist *ungleich* als der erwartete Wert, jedoch legt man sich nicht fest, ob die Abweichung kleiner oder größer ist.

EINSEITIGE ALTERNATIVHYPOTHESEN

Bei einseitigen Alternativhypothesen, auch „gerichtete Hypothesen" genannt, geht die Frage immer in eine bestimmte Richtung:

■ $H_A: \pi < \pi_0$
Die Erfolgsrate der neuen Methode π ist kleiner als unter der Nullhypothese erwartet (π_0).

Diese Festlegung könnte von Skeptikern stammen.

■ $H_A: \pi > \pi_0$
Die Erfolgsrate π ist größer als unter der Nullhypothese erwartet (π_0).

Diese Frage könnte z. B. jemand stellen, der Argumente für die Überlegenheit einer neuen Methode sucht.

In beiden Fällen setzt die einseitige Formulierung der Alternativhypothese ein gewisses Vorwissen oder eine bestimmte Absicht voraus – Letzteres kann mitunter „manipulative" Aspekte haben. Oft weiß man aber nicht, in welche Richtung die Sache läuft. Es ist dann besser, wie oben, die Alternativhypothese zweiseitig zu formulieren.

Es hängt letztlich von der Fragestellung ab, welche der drei Möglichkeiten man wählt. Man muss sich aber für eine entscheiden – keinesfalls sollte man alle drei prüfen. Ohne triftige Gründe für eine gerichtete Formulierung der Alternativhypothese wird üblicherweise zweiseitig getestet.

6.5   In welchem Bereich kann man einen Prozentsatz (Anteil) erwarten?

Fallbeispiel 4: Die Sonntagsfrage

Auf der Webseite *http://www.statista.org* fand sich im Herbst 2008 das Ergebnis einer Meinungsumfrage, in der die Stimmungslage der deutschen Bevölkerung zu den politischen Parteien erhoben wurde.

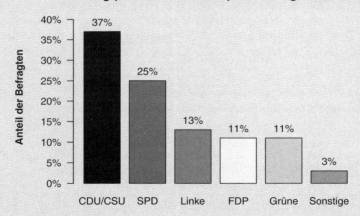

Welche Partei würden Sie wählen, wenn am kommenden Sonntag (16. November 2008) Bundestagswahl wäre?

Deutschland; ab 18 Jahre; Wahlberechtigte; 1.000 Befragte
© Statista.org 2008; Quelle: Infratest dimap

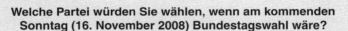

Wie wird die nächste Bundestagswahl ausgehen?

Oft findet man in den Medien Grafiken oder Angaben im Text, wo Prozentwerte zu irgendeinem Sachverhalt berichtet werden. Zum Beispiel: „Eine Studie der IASO

(International Association for the Study of Obesity) für 2007 ergab, dass dreiviertel der Männer und 59% der Frauen in Deutschland übergewichtig sind." Diese Zahlen werden so dargestellt, als handelte es sich um Fakten. Nicht berichtet wird aber, ob die Daten aus einer Stichprobe stammen und wie groß diese war. Es ist nicht anzunehmen, dass man das Gewicht aller Deutschen festgestellt hat. Aber wie verlässlich sind solche Zahlen? Wir wollen diese Problematik anhand eines prominenten Beispiels, der „Sonntagsfrage", im Fallbeispiel 4, diskutieren.

Das Ergebnis der Umfrage aus Fallbeispiel 4 ergab, dass CDU/CSU mit 37% gegenüber der SPD mit 25% vorne liegt und Linke mit 13%, FDP und Grüne mit jeweils 11% nahezu gleich viel Zustimmung erhielten. Alle anderen Gruppierungen kamen zusammen auf 3%. Was bedeuten diese Zahlen? Es gibt einige Gründe, warum man diese Zahlen nicht für bare Münze nehmen sollte. Erstens sind sie nicht das Ergebnis einer Wahl, sondern einer Umfrage, die Monate vor der nächsten Wahl stattgefunden hat. Es kann sich also noch einiges ändern. Zweitens beinhalten Umfragen immer gewisse Unschärfen. Wichtige Ursachen für Ungenauigkeiten liegen unter anderem im Anteil an Unentschlossenen, Nicht- und Ungültig-Wählern und solchen, die nicht ehrlich antworten. Der wichtigste Grund aber, warum wir nicht erwarten dürfen, dass diese Zahlen genau stimmen, liegt darin, dass nur eine Stichprobe befragt wurde. Selbst unter der Annahme, dass die Stichprobe repräsentativ ist (dass sie also ein wirkliches Abbild der deutschen Wählerschaft darstellt), alle ehrlich geantwortet haben und niemand mehr seine Meinung ändert, muss man mit gewissen Ungenauigkeiten rechnen, wenn man das Wahlergebnis vorhersagen wollte.

Der Grund hierfür sind Stichprobenschwankungen. Hätten die Meinungsforscher andere 1000 Personen ausgewählt und befragt, wäre das Ergebnis sicherlich ein anderes gewesen. Die gleichen Überlegungen haben wir schon angestellt, als wir uns fragten, ob alle Seiten eines Würfels gleich häufig auftreten. Bei wenigen Versuchen können wir nicht erwarten, dass alle Seiten gleich häufig gewürfelt werden, auch wenn der verwendete Würfel fair ist. Genauso verhält es sich mit Stichproben bei Meinungsumfragen. Es werden nicht alle Parteipräferenzen mit dem gleichen Prozentsatz wie in der Bevölkerung vorkommen. Allerdings wird man, wie auch beim Würfeln, genauere Ergebnisse bekommen, je mehr Personen man befragt, d. h. je größer die Stichprobe ist. Wir benötigen also eine Methode, um bestimmen zu können, wie genau das Ergebnis einer Meinungsumfrage ist. Diese Methode nennt man Bestimmen von KONFIDENZINTERVALLEN oder VERTRAUENSBEREICHEN. In den Medien findet man auch oft den Begriff SCHWANKUNGSBREITE. Hinter dieser Methode stecken einige nicht ganz einfache mathematisch-statistische Überlegungen (ähnlich wie in Abschnitt 6.8), allerdings kann man Schwankungsbreiten relativ leicht ausrechnen.

Berechnung von Schwankungsbreiten für Anteile

$$c_j = |z_{\alpha/2}| \cdot \sqrt{\frac{r_j\,(1 - r_j)}{n}} \qquad (6.3)$$

- c ... Schwankungsbreite für Anteil der Kategorie j (in eine Richtung)
- r ... relative Häufigkeit (Anteil) der Kategorie j
- n ... Stichprobengröße (Gesamtanzahl von Befragten)
- $z_{\alpha/2}$ ... Faktor zur Festlegung des Konfidenzniveaus $(1 - \alpha)$

Am größten ist die Schwankungsbreite, wenn eine Kategorie einen Anteil von 50% hat, da im Zähler des Bruchs die Wahrscheinlichkeit r_j mit ihrer Gegenwahrscheinlichkeit $1 - r_j$ multipliziert wird. Ein Konfidenzintervall (Vertrauensbereich) besteht aus zwei Zahlen, die einen Bereich festlegen. Die obere Zahl (Grenze) erhält man, wenn man die Schwankungsbreite c_j zu der relativen Häufigkeit r_j für die jeweilige Kategorie j dazuzählt, die untere Zahl, wenn man sie abzieht.

Konfidenzintervall (Vertrauensbereich) für Anteile

$$\text{Konfidenzintervall:} \quad [\, r_j - c_j \,;\, r_j + c_j \,] \tag{6.4}$$

Welche Bedeutung haben nun Schwankungsbreiten? Sie geben an, wie stark die aus einer Stichprobe errechneten Prozentsätze aufgrund von Zufallseinflüssen schwanken können. Und Konfidenzintervalle? Sie geben mit einer bestimmten Plausibilität (oder Sicherheit) an, zwischen welchen Grenzen der tatsächliche Anteil in der Population zu erwarten ist.

Das Konfidenzniveau wird in Prozent angegeben, üblicherweise 95% oder 99% und hängt wieder mit der Fehlerhäufigkeit α zusammen, d.h., man errechnet das Konfidenzniveau als $1 - \alpha$. Für die Konstruktion dieses Konfidenzintervalls gehen wir von einer Standardnormalverteilung aus, daher suchen wir uns den Faktor zur Berechnung des Intervalls als $z_{\alpha/2}$ aus, d.h., das ist der Wert z über und unter dem jeweils $\alpha/2$ der Fläche liegen. Da wir links und rechts jeweils die Hälfte von α abschneiden, bleibt uns in der Mitte ein Bereich von $1 - \alpha$ übrig, das ist letztlich das Konfidenzintervall. In Abschnitt 5.6.1 auf Seite 172 haben wir schon die Quantilfunktion der Normalverteilung, `qnorm()`, kennengelernt, die uns die Werte (Quantile) ausgibt unter/über denen ein gewisser Flächenanteil p liegt. Für ein symmetrisches 95% Konfidenzintervall benötigen wir also die Flächenanteile $\alpha/2 = 2.5\%$ und $1 - \alpha/2 = 97.5\%$.

```R
> qnorm(c(0.025, 0.975))
```

```
[1] -1.96  1.96
```

Wir sehen, dass die Werte bis auf das Vorzeichen gleich und ca. 1.96 sind (damit uns das Vorzeichen nicht in die Quere kommt, nehmen wir in Formel 6.3 den Betrag des Werts $z_{\alpha/2}$). Wollten wir mehr „Konfidenz", z. B. 99%, so vergrößert sich der Faktor und somit auch das Intervall:

```R
> qnorm(c(0.005, 0.995))
```

```
[1] -2.5758  2.5758
```

Wie würden die 95%-Konfidenzintervalle für die Parteienzustimmung aussehen? In R kann man die schon im vorigen Abschnitt behandelten Funktionen `prop.test()` zur Berechnung asymptotischer und `binom.test()` zur Berechnung exakter Konfidenzintervalle verwenden. Für CDU/CSU (37% Zustimmung) wäre das

```
> prop.test(370, 1000, conf.level = 0.95, correct = FALSE)                  R
```

```
        1-sample proportions test without continuity correction

data:  370 out of 1000, null probability 0.5
X-squared = 67.6, df = 1, p-value < 2.2e-16
alternative hypothesis: true p is not equal to 0.5
95 percent confidence interval:
 0.34063 0.40037
sample estimates:
   p
0.37
```

Im Output findet man das Konfidenzintervall unter 95 percent confidence interval mit ca. 0.34 und 0.401. Der Anteil der CDU/CSU (wie wir ihn ja spezifiziert haben) steht unter sample estimates.

Die Funktion binom.test() liefert ein sehr ähnliches Ergebnis.

Wenn wir für alle Parteien Konfidenzintervalle bestimmen (und eventuell auch in einer Tabelle bzw. einer Grafik darstellen) wollen, sind die beiden Funktionen prop.test() und binom.test() weniger geeignet. Wir können aber sehr einfach unter Benutzung von Formel 6.4 die Konfidenzintervalle selbst berechnen. Wir erstellen einen Vektor mit den Parteianteilen ProzP und berechnen die oberen und unteren Grenzen untP bzw. obP.

```
> relHP<-c("CDU/CSU" = .37, "SPD" = .25, "Linke" = .13,
+       "Grüne" = .11, "FDP" = .11, "Sonstige" = .03)
> cP <- 1.96 * sqrt((relHP * (1 - relHP))/1000)           R
> untP <- relHP - cP
> obP <- relHP + cP
```

Zur Darstellung in Tabellenform erstellen wir eine Matrix matCIP, die wir noch mit Beschriftungen versehen wollen.

```
> matCIP <- cbind(untP, relHP, obP)
> colnames(matCIP) <- c("untere Grenze", "Anteil", "obere Grenze")    R
> round(matCIP, digits = 3)
```

	untere Grenze	Anteil	obere Grenze
CDU/CSU	0.340	0.37	0.400
SPD	0.223	0.25	0.277
Linke	0.109	0.13	0.151
Grüne	0.091	0.11	0.129
FDP	0.091	0.11	0.129
Sonstige	0.019	0.03	0.041

Im R-Package **REdaS** gibt es die Funktion freqCI(), die uns hier viel Arbeit erspart. Dieser übergibt man entweder einen Vektor oder Faktor mit den Einzelbeobachtungen oder die *absoluten* Häufigkeiten als table-Objekt. Mit *levels* wählt man die gewünschten Konfidenzniveaus – wir fordern 95% und 99% an.

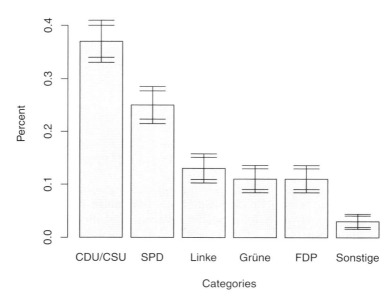

Abbildung 6.8: Parteienanteile und Konfidenzintervalle

```
> absHP <- 1000 * relHP
> library("REdaS")
> sonntagCI <- freqCI(x = as.table(absHP), level = c(0.95, 0.99))
> sonntagCI
```

```
          0.5% 2.5% Estimate 97.5% 99.5%
CDU/CSU     33   34       37    40    41
SPD         21   22       25    28    29
Linke       10   11       13    15    16
Grüne        8    9       11    13    14
FDP          8    9       11    13    14
Sonstige     2    2        3     4     4
```

In dieser Tabelle haben wir nun in der mittleren Spalte die Anteile der jeweiligen Partei und von innen nach außen die Intervallgrenzen für 95% und 99% Konfidenz. Bei der SPD sehen wir, dass das 95%-KI im Intervall [22, 28] liegt, während das 99%-KI mit [21, 29] etwas breiter ist.

Ein weiterer Vorteil dieser Funktion ist auch die implementierte Methode für die generische Funktion barplot(), d.h., wir können folgenden Code verwenden, um die Ergebnisse direkt zu plotten. Das Ergebnis sehen wir in ▶ Abbildung 6.8.

```
> barplot(sonntagCI)
```

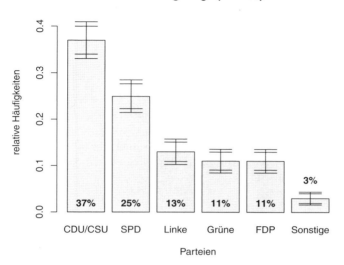

Abbildung 6.9: Modifizierte Grafik: Parteienanteile und Konfidenzintervalle

Diese rudimentäre Ausgabe kann man weiter anpassen, indem man Titel und Achsenbeschriftungen mit `main`, `xlab` und `ylab` definiert. Wie die meisten `barplot()` Methoden gibt auch diese die x-Koordinaten der Balkenmitten *unsichtbar* zurück, d. h., wenn man die Funktion aufruft und ihre Werte einem Objekt zuweist, so wird einerseits eine Grafik erstellt, aber andererseits erhält das Objekt einen Vektor mit den Koordinaten. Diese kann man dann beispielsweise mit `text()` verwenden, um die Prozentwerte hinzuzufügen. Die y-Koordinaten sind immer 0, außer bei den sonstigen, dort würde das zu unschönen Überschneidungen führen, daher wurde dieser Wert auf .05 erhöht. `pos` mit dem Wert 3 zeichnet die Textelemente oberhalb der Koordinaten und `font` = 2 verwendet eine fette Schriftart. Dieser Code erzeugt die Grafik in ▶ Abbildung 6.9.

```
> bp <- barplot(sonntagCI, main = "Sonntagsfrage (n = 100)",
+    xlab = "Parteien", ylab = "relative Häufigkeiten")
> text(bp, c(0, 0, 0, 0, 0, 0.05), labels = paste0(round(100 *
+    relHP), "%"), pos = 3, font = 2)
```

Betrachten wir ▶ Abbildung 6.9 nun etwas eingehender. Wir sehen, dass das Ergebnis ein Balkendiagramm ist, wobei die relativen Häufigkeiten zur Erstellung verwendet wurden. Weiters finden sich um jeden Anteil zwei Intervalle, wobei das schmälere 95% und das breitere jeweils 99% Konfidenz hat.

Beim Betrachten der Konfidenzintervalle im Output auf Seite 259 und der Grafik in ▶ Abbildung 6.9 fallen einige Dinge auf. Die unteren Grenzen für die CDU/CSU liegen höher als die oberen Grenzen für die SPD. Das bedeutet, dass die CDU/CSU eindeutig vor der SPD liegt, denn die Intervalle überlappen sich nicht. Genauso eindeutig liegt die SPD vor den anderen Parteien. Für diese kann man aber nicht sagen, welche mehr bevorzugt wird. Die Linken liegen zwar um zwei Prozentpunkte vor den Grünen und der FPD, allerdings überlappen sich die Konfidenzintervalle hier und dieser scheinbare Vorzug in der Wählergunst kann sich auf Zufall (durch die spezifische Stichprobe bedingt) zurückführen lassen.

Fallbeispiel 4: Sonntagsfrage: Interpretation

Die 95%-Konfidenzintervalle für die Parteienzustimmung ergaben, dass die CDU/CSU klar vorne liegt. An zweiter Stelle folgt die SPD, die wiederum klar vor den anderen Parteien positioniert ist. Zwischen Linken, Grünen und FDP gibt es keine Unterschiede.

6.6   Zusammenfassung der Konzepte

Ein kategoriale Variable entsteht, indem man Beobachtungen nach bestimmten Kategorien klassifiziert.

- Häufigkeiten erhält man durch Auszählen, wie oft eine bestimmte Kategorie vorkommt. Daraus lassen sich relative Häufigkeiten oder Anteile bzw. Prozentsätze berechnen.

- Eine Häufigkeitsverteilung ist die tabellarische oder grafische Zusammenstellung der Häufigkeiten aller Kategorien einer Variable.

- Balken- bzw. Kreisdiagramme dienen zur grafischen Repräsentation der Häufigkeiten bzw. Prozentsätze, mit denen einzelne Kategorien vorkommen.

- Null- und Alternativhypothese: Annahmen, die man beim statischen Testen treffen muss. Das Resultat des Tests legt mit einer bestimmten Wahrscheinlichkeit (p-Wert) nahe, welche der beiden Hypothesen zutrifft.

- Signifikanzniveau: Wahrscheinlichkeit, mit der man eine Nullhypothese verwirft, obwohl sie in Wirklichkeit zutrifft.

- Chi-Quadrat-Test auf Gleichverteilung: prüft, ob alle Kategorien gleich wahrscheinlich sind.

- Chi-Quadrat-Test auf spezifizierte (vorgegebene) Verteilung: prüft, ob Häufigkeiten bzw. Prozentsätze bestimmten Vorgaben entsprechen.

- Test eines Anteilswerts: Damit kann ermittelt werden, ob ein Prozentsatz kleiner, größer oder anders als ein bestimmter angenommener Wert ist.

- Konfidenzintervall für Anteile: ist der Bereich, in dem der wirkliche Wert (der Wert in der Population) eines Prozentsatzes mit einer bestimmten Sicherheit erwartet werden kann.

6.7 Übungen

1. **Der gefährlichste Wochentag in New Jersey**

   Die Kriminalstatistik für den US-Bundesstaat New Jersey im Jahr 2003 gab unter anderem die Zahl begangener Morde an einzelnen Wochentagen an. Die folgende Häufigkeitstabelle zeigt, wie viele Morde an den einzelnen Wochentagen verübt wurden.

So	Mo	Di	Mi	Do	Fr	Sa
53	42	51	45	36	37	65

   Man sieht, dass die meisten Morde an Samstagen begangen wurden, gefolgt von Sonntag und Dienstag. Donnerstag und Freitag sind die Häufigkeiten geringer. Es stellt sich die Frage, ob tatsächlich eine größere Gefahr an Wochenenden bzw. am Dienstag besteht oder ob diese Häufungen nur zufällig sind.

   Gibt es gefährlichere Wochentage oder ist es an allen Wochentagen gleich gefährlich, ermordet zu werden?

2. **Lottozahlen in Österreich 2007 und 2008**

   In Österreich ist Lotto sehr beliebt. Sechs Zahlen plus Zusatzzahl werden von einer Maschine aus der Menge der Zahlen von 1 bis 45 gezogen. Natürlich erwartet man, dass jede Zahl die gleiche Wahrscheinlichkeit hat, gezogen zu werden. Im Datenfile sind die Ziehungshäufigkeiten für alle 45 Lottozahlen des österreichischen Lottos für die Jahre 2007 und 2008 gegeben. Kann man aus den Daten schließen, dass der Mechanismus, mit dem die Lottozahlen ermittelt werden, fair ist, d. h., dass für alle Zahlen die Auswahlwahrscheinlichkeit gleich ist?

   Daten: `lotto0708.dat`
   Variablen: `lottozahl`, `h2007`, `h2008`

3. **Multiple-Choice-Prüfung**

   Georg steht vor einer Prüfung, die als Multiple-Choice-Prüfung durchgeführt wird. Wie üblich hat Georg keine Ahnung vom Prüfungsstoff und er hofft, die Prüfung durch reines Raten zu bestehen. Allerdings hat Georg eine frühere Prüfung desselben Prüfers mit markierten richtigen Antworten erhalten. Diese richtigen Antworten sind im Datenfile enthalten. Verteilt der Prüfer die richtigen Antworten zufällig über alle fünf Auswahlmöglichkeiten?

   Daten: `mchoice.dat`
   Variable: `richtig`

4. **Notenverteilung**

   Die Noten, die von einem BW-Professor vergeben werden, folgten bisher einer symmetrischen Verteilung: 5% Sehr gut, 25% Gut, 40% Befriedigend, 25% Genügend und 5% Nicht genügend. Dieses Jahr wird eine Stichprobe von 150 Noten gezogen. Kann man daraus schließen (5% Signifikanzniveau), dass sich die Notenverteilung dieses Jahr von der früherer Jahre unterscheidet?

   Daten: `noten.dat`
   Variable: `note`

5. **Autoklasse und Unfallhäufigkeit**

Zulassungsdaten aus einem Land zeigen, dass 15% der Autos Kleinwagen, 25% Kompaktmodelle, 40% Mittelklassemodelle und der Rest größere oder Sondermodelle sind. Eine Zufallsstichprobe von Verkehrsunfällen mit Autos wird gezogen. Kann man schließen, dass bestimmte Größenklassen von Autos häufiger in Verkehrsunfälle verwickelt sind, als es die Zulassungszahlen vermuten lassen?

Daten: `unfaelle.dat`
Variable: `auto`

6. **Fehlerrate bei Lügendetektoren**

Nach wie vor gibt es in den USA Bemühungen, den perfekten Lügendetektor zu entwickeln. Neuere Ansätze stammen von Pavlidis et al. (2002) die versuchten, mit einer hochauflösenden, temperatursensiblen Kamera aus Gesichtsaufnahmen Lügen zu entdecken. Rosenfeld (2002) verwendete sogenannte ERPs (ereigniskorrelierte Potenziale), bestimmte Gehirnaktivitätssignale, die mittels an der Kopfhaut angebrachten Elektroden gemessen werden. Er untersuchte Studierende, die unter anderem Sätze, wie *Verwenden Sie einen gefälschten Ausweis?* vorlesen mussten. Es wurde erwartet, dass bei Studierenden, die tatsächlich einen gefälschten Ausweis verwenden, ein entsprechendes Hirnsignal auftritt. Von insgesamt $N = 17$ „Schuldigen" wurden 13 (77%) richtig erkannt. Bei einer vergleichbaren Studie des amerikanischen Verteidigungsministeriums wurden 75% der „Schuldigen" mithilfe eines traditionellen klassischen Lügendetektors (Polygraphen) richtig erkannt.

Liefert der neue Lügendetektor bessere Ergebnisse als der traditionelle?

7. **Konzentrationsleistung von Studierenden**

Bei einem Konzentrationstest kann man 0 bis 50 Punkte erzielen. Es ist bekannt, dass 15% der Personen mehr als 40 Punkte erzielen. Der Test wurde an 200 zufällig ausgewählten Studierenden durchgeführt. Kann man aus den Ergebnissen schließen, dass Studierende besser abschneiden als die Gesamtbevölkerung (1% Signifikanzniveau)?

Daten: `ktest.dat`
Variable: `punkte`

 Datenfiles sowie Lösungen finden Sie auf der Webseite des Verlags.

6.8   Vertiefung: Die Chi-Quadrat-Verteilung oder wie entsteht ein *p*-Wert?

Im ▶ Exkurs 6.3 in Abschnitt 6.2.3 haben wir zwischen beobachteten und erwarteten Häufigkeiten unterschieden und einen Wert X^2 berechnet, der die Größe der Abweichungen zwischen den beiden beschreibt. Auf Basis dieses X^2 hat R dann eine Wahrscheinlichkeit, den *p*-Wert, ausgegeben, der besagt, wie sehr die Abweichung für oder gegen die Nullhypothese spricht.

Wie kommt nun so ein *p*-Wert zustande? Stellen wir uns Folgendes vor: Der „faire" Würfel aus ▶ Exkurs 6.3 wird 30 Mal geworfen. Aufgrund der beobachteten Häufigkeiten berechnen wir einen X^2-Wert und notieren ihn. Nun werfen wir den Würfel nochmals 30 Mal (Durchgang 2), berechnen wieder den X^2-Wert und notieren auch ihn. Da der Zufall im Spiel ist, werden die beiden X^2-Werte kaum gleich groß sein. Was uns aber bei diesem (zugegebenermaßen seltsamen) Spiel interessiert, ist, welche Werte X^2 überhaupt annehmen kann. Wir setzen also das Spiel fort und würfeln ein drittes Mal 30 Mal und berechnen und notieren wieder den neu berechneten X^2-Wert. Den ganzen Vorgang führen wir sehr lange fort, sagen wir 10 000 Mal. Nun bekommen wir natürlich einen ganz guten Eindruck davon, welche X^2-Werte überhaupt vorkommen und wie oft sie vorkommen (die Tabelle zeigt einen kleinen Ausschnitt aus den 10 000 Versuchen). Wir erhalten eine Verteilung der X^2-Werte (solch eine Verteilung nennt man in der Statistik *sampling distribution*).

Tabelle 6.1: Ausschnitt aus 10 000 Durchgängen, in denen 30 Mal mit einem „fairen" Würfel gewürfelt wurde. Angegeben werden für jeden Durchgang der X^2-Wert und die beobachteten Häufigkeiten für die einzelnen Augenzahlen.

		Augenzahl					
Durchgang	X^2	1	2	3	4	5	6
⋮							
342	6.0	3	7	1	6	7	6
343	12.4	2	3	2	5	11	7
344	2.8	7	5	3	7	4	4
345	6.4	4	6	9	3	6	2
346	7.6	1	9	3	5	6	6
⋮							

Man kann jetzt bestimmte Aussagen machen, wie z. B. 75% aller X^2-Werte waren kleiner als sagen wir 6.6 oder 5% waren größer als 11.1. Diese letzte Aussage ist der springende Punkt. Wir haben einen „fairen" Würfel geworfen und in 5% der Fälle ergab das Resultat des Würfelns einen X^2-Wert, der größer als 11.1 war. Wie könnte das Ergebnis so eines Würfeldurchgangs aussehen, für das der X^2-Wert größer als 11.1 war. In ▶ Tabelle 6.1 finden wir ein solches bei Durchgang 343. Besonders auffällig ist, dass die Augenzahl 5 elfmal vorkam. Das ist doppelt so viel, wie man erwartet hätte. Ein so extremes Ergebnis ist also möglich, aber sehr unwahrscheinlich, es kommt in weniger als 5% der Durchgänge vor.

Jeder Durchgang entspricht dem Ziehen einer Stichprobe vom Umfang $n = 30$. Wir haben also 10 000 Stichproben gezogen. In der Praxis haben wir (meistens) nur eine Stichprobe, mehr Information steht nicht zur Verfügung. Sie muss uns aber helfen, eine Fragestellung zu testen. Hätten wir ein Ergebnis wie in Durchgang 343 bekommen, hätten wir die Nullhypothese (der Würfel ist fair) verworfen, weil der X^2-Wert in weniger als 5% auftritt, also sehr unwahrscheinlich ist. Wäre hingegen ein Ergebnis wie in Durchgang 344 eingetreten, dann hätten wir die Nullhypothese nicht verworfen und weiterhin an die „Fairness" des Würfels geglaubt.

Als Grenze haben wir 11.1 festgelegt, das war jener Wert, über dem nur mehr 5% der gesammelten X^2-Werte auftraten. Diese Grenze basierte auf 10 000 Durchgängen. Falls wir nur 20 Durchgänge gemacht hätten, dann wäre diese Grenze der größte aufgetretene X^2-Wert gewesen. Es ist intuitiv klar, dass je mehr Durchgänge zur Bestimmung dieser Grenze gemacht werden, diese umso genauer wird. Am besten, es wären unendlich viele Durchgänge. Für 100, 10 000 und unendlich viele Durchgänge ist die Verteilung der X^2-Werte in ▶ Abbildung 6.10 dargestellt.

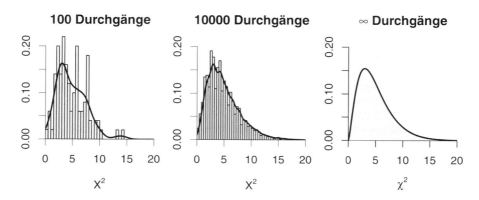

Abbildung 6.10: Sampling

Das ist natürlich in der Praxis nicht möglich, aber die mathematische Statistik kann dieses Problem lösen (die Idee dabei ist, den Grenzwert zu bestimmen, wenn die Anzahl der Durchgänge gegen unendlich und auch die Stichprobengröße, also aus wie viel Mal würfeln ein Durchgang besteht, gegen unendlich gehen).

Das Resultat ist eine theoretische Verteilung, die sogenannte χ^2-Verteilung (χ ist der griechische Buchstabe *chi*, das „ch" wird wie in „Sprache" ausgesprochen). In ▶ Abbildung 6.10 rechts ist eine spezielle χ^2-Verteilung dargestellt, nämlich eine für 5 Freiheitsgrade. Für einen bestimmten X^2-Wert kann man damit ausrechnen, wie groß die Wahrscheinlichkeit ist, einen solchen oder noch größeren zu bekommen. Diese Wahrscheinlichkeit ist der p-Wert oder die Signifikanz. Sie entspricht der Fläche unter der χ^2-Kurve, die ab dem X^2-Wert rechts noch übrig bleibt.

Je nach Anzahl der Kategorien, die man beobachtet, hat die χ^2-Verteilung unterschiedliche Form. Dies wird durch die Freiheitsgrade (*df*, *degrees of freedom*) ausgedrückt. Je höher die Anzahl der Freiheitsgrade, umso symmetrischer wird die χ^2-Verteilung und umso mehr rückt ihr Gipfel nach rechts. Die mathematisch-statistische Bedeutung von Freiheitsgraden ist nicht ganz einfach zu erklären, aber man kann sich Folgendes vorstellen: Man weiß z. B., dass die Summe aus drei Zahlen 10 ergibt, d. h. $x_1 + x_2 + x_3 = 10$. Wie viele der drei x-Werte kann man frei wählen? Man könnte z. B. für x_1 die Zahl 3 wählen. Dann blieben noch zwei weitere Zahlen, die in der Summe 7 ergeben müssen, damit sich die Gesamtsumme 10 ergibt. Wählen wir nun noch für x_2 die Zahl 5, dann haben wir damit auch automatisch $x_3 = 2$ festgelegt. Wir können also zwei Zahlen frei wählen, die dritte ist aufgrund der vorgegebenen Gesamtsumme festgelegt. Wir haben in diesem Beispiel zwei Freiheitsgrade oder $df = 2$. Bei einfachen kategorialen Daten ist die Anzahl der Freiheitsgrade immer die Anzahl der Kategorien minus 1. Beim Würfelbeispiel ist also $df = 5$.

6.9 R-Befehle im Überblick

`attach(what, pos = 2L)` ordnet einen Data Frame `what` einer **R**-Session zu, so dass man dann direkt die Variablennamen verwenden kann, ohne den Data Frame angeben zu müssen (Beispiel: statt `kstand$WOCHENTAG` genügt `WOCHENTAG`).

`barplot(height, ...)` erzeugt ein Balkendiagramm. Wie bei `prop.table()` sollten in `height` schon Häufigkeiten enthalten sein. Ist `height` eine Matrix, dann wird ein gestapeltes Balkendiagramm ausgegeben, außer man verwendet die Option `beside` = FALSE, dann werden die Balken nebeneinander dargestellt. Siehe Seite 82.

`binom.test(x, n, p = 0.5, alternative = c("two.sided", "less", "greater"), conf.level = 0.95)` berechnet einen exakten Binomialtest. Die Argumente sind gleich wie bei `prop.test()`.

`cbind(..., deparse.level = 1)` Vektoren werden nebeneinander, spaltenweise zusammengefügt (von links nach rechts, c in `cbind()` steht für *columns*), es entsteht eine Matrix, siehe Seite 82.

`chisq.test(x, y = NULL, correct = TRUE, p = rep(1/length(x), length(x)))` berechnet einen χ^2-Test für die Häufigkeiten in x. Spezifiziert man keine Werte für p, so wird gegen eine Gleichverteilung getestet.

`detach(name, pos = 2L)` hebt die Zuordnung von `name` = what mittels `attach(what)` wieder auf (Beispiel: statt `WOCHENTAG` muss man wieder `kstand$WOCHENTAG` verwenden).

`factor(x = character())` definiert einen Faktor aus der Variable x. Die Reihenfolge der Kategorien kann durch die Option `levels` festgelegt werden (siehe auch Abschnitt 6.2.1).

`pie(x, labels = names(x), clockwise = FALSE)` erzeugt ein Kreisdiagramm für die Häufigkeiten in x. Mit der Option `labels` = text kann man für jede Kategorie eine Beschriftung festlegen (`text` ist ein Character-Vektor mit gleich vielen Elementen wie x), mittels `clockwise` = TRUE ordnet man die Kategorien im Uhrzeigersinn an.

`prop.test(x, n, p = NULL, alternative = c("two.sided", "less", "greater"))` berechnet einen approximativen Binomialtest. Dabei ist x die beobachtete (absolute) Häufigkeit der zu testenden Kategorie, n die Stichprobengröße und p der Wert für die Nullhypothese (default ist p = 0.5). Man kann auch noch mit `alternative` die Alternativhypothese festlegen: Mögliche Optionen sind `"less"`, `"greater"` oder `"two.sided"` (default).

`prop.table(x, margin = NULL)` errechnet relative Häufigkeiten. Zu beachten ist hierbei, dass x schon Häufigkeiten enthalten sollte. Man wird also üblicherweise den Befehl `x <- table(a)` vorher ausführen. Versuchen Sie probehalber `prop.table(c(1, 1, 1, 2))` und `prop.table(table(c(1, 1, 1, 2)))`.

`rep(x, ...)` erzeugt einen Vektor, in dem die Elemente von x n-Mal wiederholt werden (Beispiel: `rep(c(1, 3), 2)` ergibt 1, 3, 1, 3. Hingegen kann man statt n auch die Option `each` verwenden. `rep(c(1, 3), each = 2)` ergibt dann 1, 1, 3, 3).

`round(x, digits = n)` rundet x auf n Dezimalstellen, der Default-Wert ist 0.

`sqrt(x)` ergibt die Quadratwurzel der Werte von x.

`sum(..., na.rm = FALSE)` ergibt die Summe aller Elemente von x.

`table(...)` dient zur Erstellung einer Häufigkeitsauszählung, d. h., es wird gezählt, wie oft verschiedene Werte in `a` vorkommen. Meistens wird dieser Befehl nur für kategoriale Variablen sinnvoll sein.

`text(x, ...)` dient zum Einfügen von Text in eine schon vorhandene Grafik. Dabei sind x und y die Koordinaten der Punkte, wo die Texte im Character-Vektor `labels` (zentriert) ausgegeben werden. Auch für die Funktion `text()` gibt es eine Menge weiterer Optionen, hier mit ... bezeichnet.

Mehrere kategoriale Variablen

7

ÜBERBLICK

In diesem Kapitel besprechen wir Methoden zur Untersuchung von Datensätzen mit mehreren kategorialen Variablen. Dabei geht es nicht darum, jede Variable für sich zu untersuchen; das war schon Thema des vorigen Kapitels. Unser Interesse ist es, das gemeinsame Auftreten dieser Variablen, meist sind es nur zwei, zu beschreiben und zu analysieren.

Im ersten Abschnitt werden die bivariaten kategorialen Daten mit Kreuztabellen und daraus abgeleiteten Konzepten beschrieben. In den nächsten zwei Abschnitten untersuchen wir, ob es Unterschiede in der Verteilung einer Variablen in mehreren Gruppen gibt. Fragen nach dem Zusammenhang zwischen den zwei Variablen gehen wir in den folgenden zwei Abschnitten nach. Veränderungen von Anteilen schließen dieses Kapitel ab.

LERNZIELE

Nach Durcharbeiten dieses Kapitels haben Sie Folgendes erreicht:

- Sie wissen, wie die gemeinsame Information aus zwei kategorialen Variablen gewonnen wird und numerisch und grafisch präsentiert werden kann. Sie können in R Kreuztabellen und Tabellen mit relativen Häufigkeiten berechnen und dazu passende Balkendiagramme, Mosaikplots oder Spineplots erstellen.

- Sie verstehen den Vergleich von beobachteten und erwarteten Häufigkeiten beim Chi-Quadrat-Test und können die Folgen des Testergebnisses für Null- und Alternativhypothese ableiten.

- Sie sind in der Lage, verschiedene Anwendungsgebiete des Chi-Quadrat-Tests zu erkennen, den Test in R zu berechnen und das Ergebnis technisch und inhaltlich zu interpretieren.

- Sie verstehen die Idee der Assoziationsmessung mit Odds-Ratios und wenden sie mit R richtig an.

- Sie erkennen, wann abhängige Stichproben vorliegen, und können den passenden Test in R berechnen und sein Ergebnis interpretieren.

7.1 Beschreibung mehrerer kategorialer Variablen

Fallbeispiel 5: Interesse an Wellness

Datenfile: `wellness.csv`

Eine Befragung einer regionalen Tourismusgesellschaft unter etwas mehr als 500 Personen, die innerhalb der letzten fünf Jahre mindestens einmal Urlaub in dieser Region gemacht hatten, befasste sich auch mit dem Interesse an Wellness-Angeboten.

Eine Unterscheidung zwischen den Antworten von Frauen und Männern ergibt:

	Interesse an Wellness		
Geschlecht	kaum	etwas	stark
Frau	68	130	84
Mann	137	72	26

Wie kann die Stichprobe numerisch und grafisch beschrieben werden?

7.1.1 Numerische Beschreibung

Die zwei kategorialen Variablen *Interesse* (mit den drei Kategorien *kaum*, *etwas*, *stark*) und *Geschlecht* (mit den zwei Kategorien *Frau*, *Mann*) wurden an insgesamt 517 Befragten erhoben.

Allgemein sind zwei kategoriale Variablen A (mit I Kategorien a_1, a_2 bis a_I) und B (mit J Kategorien b_1 bis b_J) gegeben.

Absolute Häufigkeiten

> Die Auszählung der Häufigkeiten aller Kombinationen von Kategorien führt zu einer KREUZTABELLE (oder auch KONTINGENZTAFEL).
>
> Die Elemente einer Kreuztabelle nennt man ZELLEN, sie enthalten die beobachteten Häufigkeiten, wie oft a_i und b_j gemeinsam in der Stichprobe aufgetreten sind.

Diese beobachteten Häufigkeiten werden in einer Matrix (rechteckiges Zahlenschema) zusammengefasst. Diese Matrix hat so viele Zeilen, wie der Faktor A Kategorien hat; die Kategorienzahl von B entspricht der Spaltenzahl. Aus dem Doppelindex ij werden zuerst der Zeilenindex i, dann der Spaltenindex j abgeleitet (so bedeutet etwa o_{32} das Element in Zeile 3 und Spalte 2).

Ergänzt wird diese Matrix meist noch um die Zeilen- ($o_{i+} = o_{i1} + o_{i2} + \cdots + o_{iJ}$) und Spaltensummen ($o_{+j} = o_{1j} + o_{2j} + \cdots + o_{Ij}$), die die zwei RANDVERTEILUNGEN bestimmen.

	b_1	b_2	$\cdots$	b_J	Summe
a_1	o_{11}	o_{12}	$\cdots$	o_{1J}	o_{1+}
a_2	o_{21}	o_{22}	$\cdots$	o_{2J}	o_{2+}
$\vdots$	$\vdots$	$\vdots$	$\ddots$	$\vdots$	$\vdots$
a_I	o_{I1}	o_{I2}	$\cdots$	o_{IJ}	o_{I+}
Summe	o_{+1}	o_{+2}	$\cdots$	o_{+J}	$o_{++} = n$

Im Output für das Wellness-Beispiel geben die Zeilen die zwei Geschlechter, die Spalten die drei Interessenskategorien an. Die eigentliche Kreuztabelle ist also eine Matrix mit zwei Zeilen und drei Spalten (oder kurz eine 2×3-Matrix).

Eine einfache Auszählung für insgesamt alle sechs Kategorienkombinationen erhält man nach dem Einlesen der Daten und der Aufbereitung der beiden Variablen, die im Datenfile nur mit Zahlenwerten (also ohne Labels) gespeichert sind.

```
> wellness <- read.csv2("wellness.csv", header = TRUE)
> attach(wellness)
> geschlecht <- factor(geschlecht, labels = c("Frau", "Mann"))
> interesse <- factor(interesse, labels = c("kaum", "etwas", "stark"))
> detach(wellness)
> table(geschlecht, interesse)
```

```
           interesse
geschlecht kaum etwas stark
      Frau   68   130    84
      Mann  157    52    26
```

Die erste Variable (hier `geschlecht`) bestimmt die Zeilen, die zweite (`interesse`) die Spalten. Die Eintragungen bedeuten etwa, dass 68 der Befragten Frauen waren, die kaum Interesse an Wellness-Angeboten zeigten.

Die Ergänzung um die Randsummen geschieht durch:

```
> addmargins(table(geschlecht, interesse))
```

```
           interesse
geschlecht kaum etwas stark Sum
      Frau   68   130    84 282
      Mann  157    52    26 235
      Sum   225   182   110 517
```

In dieser erweiterten Kreuztabelle geben die Spaltensummen an, wie die Aufteilung auf die drei Interessenskategorien ist. Die Zeilensummen geben an, wie viele Frauen und wie viele Männer befragt wurden.

Die Wahl, welche Variable zur Definition der Zeilen und welche für die Spalten herangezogen wird, ist im Prinzip frei. Lange Tabellen (also mit vielen Zeilen, aber mit wenig Spalten) machen sich in Berichten nicht gut, sind aber manchmal nur schwer vermeidbar. Hinweise zur Gestaltung von Tabellen sind im Abschnitt 6.2 zu finden (▶Exkurs 6.2).

Relative Häufigkeiten

In einer Kreuztabelle sind absolute Häufigkeiten eingetragen. Anders als im vorigen Kapitel ist bei der Angabe und Interpretation relativer Häufigkeiten Sorgfalt angebracht. Je nachdem, was als Vergleichswert verwendet wird, unterscheidet man:

- GESAMTPROZENT
  Die beobachteten Häufigkeiten (o_{ij}) werden in Relation zur Gesamtzahl der Beobachtungen (n) gestellt. Die Gesamtsumme aller relativen Häufigkeiten ist 1 ($= 100\%$).

$$r_{ij} = \frac{o_{ij}}{n}$$

In R unterstützt der Befehl `prop.table()` die Berechnung relativer Häufigkeiten. Gibt man neben der Kreuztabelle kein weiteres Argument an, werden Gesamtprozent berechnet.

```
> tabwellness <- table(geschlecht, interesse)
> prop.table(tabwellness)
```

```
          interesse
geschlecht    kaum   etwas    stark
      Frau 0.13153 0.25145 0.16248
      Mann 0.30368 0.10058 0.05029
```

Somit waren ca. 13 Prozent der Befragten Frauen, die kaum Interesse an Wellness-Angeboten hatten.

■ ZEILENPROZENT

Vergleichswert für die beobachteten Häufigkeiten (o_{ij}) ist die jeweilige Zeilensumme (o_{i+}). Zeilensummen dieser relativen Häufigkeiten ergeben 1 (= 100%).

$$r_{j\,|\,i} = \frac{o_{ij}}{o_{i+}}$$

Für Zeilenprozent muss im Befehl `prop.table()` als zweites Argument 1 festgelegt sein.

```
> prop.table(tabwellness, 1)
```

```
          interesse
geschlecht    kaum   etwas    stark
      Frau 0.24113 0.46099 0.29787
      Mann 0.66809 0.22128 0.11064
```

24 Prozent aller Frauen hatten kaum Interesse an Wellness-Angeboten.

■ SPALTENPROZENT

Vergleichswert für die beobachteten Häufigkeiten (o_{ij}) ist die jeweilige Spaltensumme (o_{+j}). Spaltenweise summiert ergeben diese relativen Häufigkeiten 1 (= 100%).

$$r_{i\,|\,j} = \frac{o_{ij}}{o_{+j}}$$

Spaltenprozent erhält man mit dem Befehl `prop.table()`, wenn als zweites Argument der Wert 2 angegeben ist.

```
> prop.table(tabwellness, 2)
```

```
          interesse
geschlecht    kaum   etwas    stark
      Frau 0.30222 0.71429 0.76364
      Mann 0.69778 0.28571 0.23636
```

30 Prozent der Befragten, die kaum Interesse an Wellness-Angeboten hatten, waren Frauen.

Sowohl Zeilen- als auch Spaltenprozent sind BEDINGTE RELATIVE HÄUFIGKEITEN. Es wird nicht auf die gesamte Stichprobe Bezug genommen, sondern nur auf einen Teil, nämlich jenen, der eine bestimmte Bedingung erfüllt. Bei Zeilenprozent ($r_{j|i}$) ist das jener Teil der Stichprobe, der in derselben Zeilenkategorie (i) liegt. Für Spaltenprozent ($r_{i|j}$) erfolgt die Einschränkung auf eine bestimmte Spaltenkategorie (j).

7.1.2 Grafische Beschreibung

Sind schon bei einer kategorialen Variablen Kreis- und vor allem Balkendiagramme hilfreich, um einen Überblick über die Häufigkeitsverteilung zu gewinnen, so ist das bei bivariaten kategorialen Daten noch weit stärker der Fall. Zur grafischen Beschreibung des Datensatzes eignen sich BALKENDIAGRAMME. Um die Gruppen gut beschreiben zu können, werden die Balken entweder in Gruppen nebeneinander gestellt – GRUPPIERTE BALKENDIAGRAMME – oder die Balken einer Gruppe übereinandergestapelt – GESTAPELTE BALKENDIAGRAMME.

Balkendiagramme mit absoluten Häufigkeiten

Nimmt man als Balkenhöhen bzw. als Höhen der Balkenbestandteile die Werte der Kreuztabelle, entstehen Balkendiagramme mit absoluten Häufigkeiten. Dabei entsprechen die Balken den Spalten der Kreuztabelle. Will man die Zeilen als Balken darstellen, muss die Tabelle transponiert werden (t()).

Zuerst speichern wir die Kreuztabelle in tabwellness. Dann ändern wir mit dem Befehl par() die Grafikparameter so, dass zwei Abbildungen nebeneinander stehen können (*mfrow* = c(1, 2) bedeutet, dass eine Matrix mit Abbildungen aus 1 Zeile und 2 Spalten entstehen soll). Mit dem ersten Aufruf von barplot() wird ein gruppiertes Balkendiagramm (*beside* = TRUE) so erstellt, dass die drei Spalten der Kreuztabelle den drei Gruppen im Balkendiagramm entsprechen. Der zweite Aufruf von barplot mit der Option (*beside* = FALSE) führt zu einem gestapelten Balkendiagramm. Da wir die Tabelle transponiert haben (t(tabwellness)), werden für die einzelnen Zeilen der ursprünglichen Kreuztabelle gestapelte Balken angezeigt.

```
> tabwellness <- table(geschlecht, interesse)
> par(mfrow = c(1, 2))
> barplot(tabwellness, main = "Gruppiertes Balkendiagramm", beside = TRUE,
+     legend = TRUE)
> barplot(t(tabwellness), main = "Gestapeltes Balkendiagramm",
+     beside = FALSE, legend = TRUE)
```

Im gruppierten Balkendiagramm (▸ Abbildung 7.1 links) bilden die drei Interessensabstufungen die drei Gruppen. Innerhalb jeder Gruppe wird die Aufteilung auf Frauen und Männer durch je einen Balken dargestellt. Im gestapelten Balkendiagramm (▸ Abbildung 7.1 rechts) ist je ein Balken für Frauen und Männer vorhanden, die drei Schichten jedes Balkens spiegeln die Interessensverteilung innerhalb der zwei Geschlechtergruppen wider.

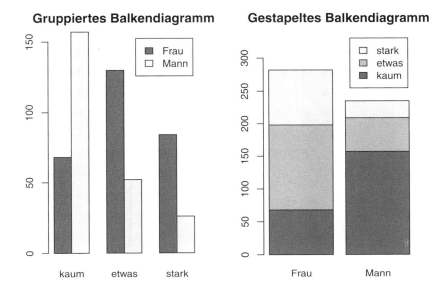

Abbildung 7.1: Balkendiagramme mit absoluten Häufigkeiten

Balkendiagramme mit relativen Häufigkeiten

Kommen entweder die Zeilen- oder Spaltenprozentangaben als Höhen der einzelnen Balkenbestandteile vor, entstehen gestapelte Balkendiagramme mit gleich hohen Balken (die Balkenhöhe ist jeweils 100%).

```
> par(mfrow = c(1, 2))
> barplot(t(prop.table(tabwellness, 1)), main = "Zeilenprozent",
+     legend = TRUE, xlim = c(0, 4))
> barplot(prop.table(tabwellness, 2), main = "Spaltenprozent",
+     legend = TRUE, xlim = c(0, 6))
```

Ohne Setzen der Option *legend* = TRUE wird keine Legende erstellt. Es kann leicht vorkommen, dass die Legende teilweise von einem Balken bedeckt wird. Will man das verhindern, kann mit der Option *xlim* gespielt werden.

In beiden gestapelten Balkendiagrammen (▶ Abbildung 7.2) sind die Balken auf eine Höhe von 1.0 (= 100%) hochgezogen. Die einzelnen Schichten der Balken zeigen entweder die Zeilen- oder Spaltenprozente an. Sollen in diesem Beispiel Männer und Frauen hinsichtlich ihres Interesses an Wellness-Angeboten verglichen werden, so ist dazu ein gestapeltes Balkendiagramm, das den Zeilenprozenten entspricht, am besten geeignet. Bei diesem stehen die zwei Balken für Frauen bzw. Männer, die Unterteilung der Balken erfolgt nach den relativen Häufigkeiten für die drei Interessenskategorien. Die Legende hilft bei der Interpretation der einzelnen Balkenteile.

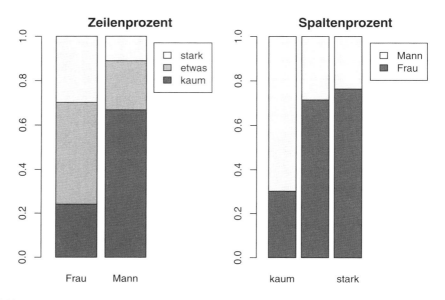

Abbildung 7.2: Balkendiagramme mit relativen Häufigkeiten

Spine- und Mosaikplot

Ähnlich einem gestapelten Balkendiagramm mit relativen Häufigkeiten sind SPINE-PLOT und MOSAIKPLOT.

```
> par(mfrow = c(1, 2))
> spineplot(tabwellness, main = "Spineplot")
> mosaicplot(tabwellness, main = "Mosaikplot")
```

R

Bei beiden Plots (▸ Abbildung 7.3) sind die Balken nicht gleich breit. Die unterschiedlichen Balkenbreiten sind proportional zu den Anzahlen befragter Frauen und befragter Männer. Beim Spineplot sind die Balkenteile ohne Zwischenraum übereinandergestapelt, die Skala auf der rechten Seite hilft bei der Interpretation. Mosaikplots können aber auf drei- und vierdimensionale Kreuztabellen erweitert werden.

Fallbeispiel 5: Wellness: Interpretation der Beschreibungen

Die Kreuztabelle gibt die Auszählung der insgesamt sechs Kategorienkombinationen wieder. Von den relativen Häufigkeitstabellen gestattet die mit Zeilenprozentangaben den besten Vergleich über das Interesse an Wellness-Angeboten bei Frauen und Männern. Nur ca. ein Viertel der Frauen hat kaum Interesse an Wellness-Angeboten, bei Männern beträgt dieser Anteil ziemlich genau zwei Drittel.

Sowohl das Balkendiagramm mit Zeilenprozent (▸ Abbildung 7.2) als auch Spineplot beschreiben diesen Sachverhalt grafisch (▸ Abbildung 7.3).

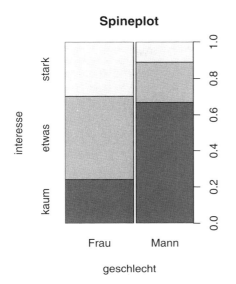
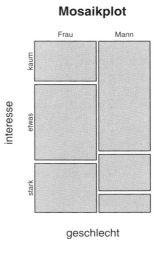

Abbildung 7.3: Spine- und Mosaikplot

Während bei der Definition der Kreuztabelle die Zuordnung der Variablen zu Zeilen und Spalten mehr oder weniger beliebig ist, soll bei der Angabe für die gestapelten Balkendiagramme jene Variable für die x-Achse angegeben werden, die die unterschiedlichen Gruppen definiert (im vorigen Beispiel ist das die Variable geschlecht mit den zwei Gruppen *Frau* und *Mann*).

7.2 Ist die Verteilung von Häufigkeiten in verschiedenen Gruppen gleich?

Fallbeispiel 6: Freizeit und Beziehung

Datenfile: freizeit.csv

In einer Arbeit an der WU Wien wurden Personen im Alter zwischen 25 und 39 Jahren zu ihrem Freizeitverhalten befragt. Die Hauptaktivitäten in der Freizeit wurden einer von vier Kategorien zugeordnet:

- Erlebnisorientiert: Reisen, Unterhaltung, Sport, Restaurantbesuche
- Engagement: Vereine, Politik, ehrenamtliche Tätigkeiten

- Kultur: künstlerische und musische Tätigkeiten, Besuch von Museen, Ausstellungen, Theatern und Opern
- Soziales: Besuch bei Freunden und Verwandten

Freizeitaktivitäten erfordern Zeit, Geld, interessierte und/oder verständnisvolle Partner. Daher wurde auch die Lebenssituation in der Form berücksichtigt, dass gefragt wurde, ob jemand ohne festen Partnerschaft lebt und wenn ja, ob es Kinder zu betreuen gibt oder nicht.

Gibt es Unterschiede in den Freizeitaktivitäten je nach Beziehungsstatus?

Für dieses Beispiel lesen wir zuerst die Daten ein, vergeben Labels für die Kategorien und erstellen eine Kreuztabelle mit den Randhäufigkeiten.

```
> freizeit <- read.csv2("freizeit.csv", header = TRUE)
> attach(freizeit)
> beziehung <- factor(beziehung, labels = c("Single", "Paar_ohne_K",
+     "Paar_mit_K"))
> aktivitaet <- factor(aktivitaet, labels = c("Erlebnis", "Engagement",
+     "Kultur", "Soziales"))
> detach(freizeit)
> tabfreizeit <- table(beziehung, aktivitaet)
> addmargins(tabfreizeit)
```

```
              aktivitaet
beziehung     Erlebnis Engagement Kultur Soziales Sum
  Single           29          4      8       17  58
  Paar_ohne_K      30         20     21       28  99
  Paar_mit_K       27         28     17       50 122
  Sum              86         52     46       95 279
```

Ein Bild der Stichprobe machen wir uns anhand eines Balkendiagramms (► Abbildung 7.4). Da wir die drei Gruppen als Zeilen der Kreuztabelle definieren, berechnen wir für das Balkendiagramm Zeilenprozente prop.table(tabfreizeit, 1) und lassen uns diese Zeilen als Balken darstellen.

```
> barplot(t(prop.table(tabfreizeit, 1)), legend = TRUE, xlim = c(0,
+     5.5))
```

Allgemein wird eine kategoriale Variable (es ist die abhängige oder Responsevariable) in zwei oder mehreren Gruppen beobachtet. Die Fragestellung lautet: Gibt es Unterschiede in der Verteilung dieser kategorialen Variablen in den Gruppen? Im CHI-QUADRAT-HOMOGENITÄTSTEST (oder kurz HOMOGENITÄTSTEST) erfolgt die Aufteilung der Fragestellung in eine Null- und eine Alternativhypothese:

- H_0: Die Verteilung der abhängigen Variablen ist in allen Gruppen gleich.
- H_A: Zumindest zwei Gruppen unterscheiden sich in dieser Verteilung.

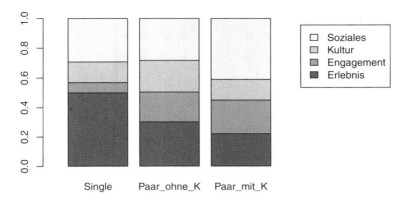

Abbildung 7.4: Balkendiagramm der Freizeitaktivitäten

Als Maßzahl dient wie im vorigen Kapitel das Pearson X^2 mit der Idee, beobachtete und erwartete Häufigkeiten zu vergleichen.

In der Kreuztabelle haben wir die Matrix der beobachteten Häufigkeiten o_{ij} gegeben (die Notation ist – bedingt durch den Doppelindex – etwas komplizierter). Dieser Matrix wird die Matrix (mit gleich vielen Zeilen und Spalten) der erwarteten Häufigkeiten e_{ij} gegenübergestellt, deren Eintragungen unter der Annahme der Nullhypothese berechnet werden.

Exkurs 7.1 Berechnung erwarteter Häufigkeiten

Zur Berechnung der erwarteten Häufigkeiten unter der Annahme, dass die Nullhypothese zutrifft, sind nur die Randsummen der Kreuztabelle notwendig. Angenommen, eine abhängige Variable *A* mit den Kategorien *A1*, *A2* und *A3* sei in den zwei Gruppen *B1* und *B2* beobachtet worden und habe in einer Kreuztabelle folgende Randsummen ergeben:

Faktor A	Faktor B		gesamt
	B1	B2	
A1			60
A2			150
A2			90
gesamt	100	200	300

In Gruppe *B1* sind 100 ($= o_{+1}$), in *B2* 200 ($= o_{+2}$) Beobachtungen.

Eine Schätzung für den Anteil von Kategorie *A1* an allen Beobachtungen aus der Stichprobe wäre: $60/300 = 0.2$ ($= o_{1+}/n$).

Angenommen, die Anteile für *A1* sind in beiden Gruppen gleich (H_0), wie viele der 100 Beobachtungen von *B1* würden wir in Kategorie *A1* erwarten?

$$100 \cdot 0.2 = 20 = 100 \cdot \frac{60}{300} = \frac{o_{+1} \cdot o_{1+}}{n}$$

Die analoge Berechnung für die 200 Beobachtungen von *B2* ergibt:

$$200 \cdot 0.2 = 40 = 200 \cdot \frac{60}{300} = \frac{o_{+2} \cdot o_{1+}}{n}$$

Für die zwei restlichen Zeilen können die Werte ähnlich bestimmt werden und folgende Gesetzmäßigkeit lässt sich ableiten.

Die erwarteten Häufigkeiten sind das Produkt der zugehörigen Randsummen dividiert durch den Stichprobenumfang.

Faktor A	Faktor B		gesamt
	B1	B2	
A1	20	40	60
A2	50	100	150
A2	30	60	90
gesamt	100	200	300

Die im Exkurs abgeleitete Berechnung lautet rein formal:

Berechnung erwarteter Häufigkeiten

$$e_{ij} = \frac{o_{i+} \cdot o_{+j}}{n} \tag{7.1}$$

- o_{i+} ... *i*-te Zeilensumme
- o_{+j} ... *j*-te Spaltensumme
- n ... Stichprobenumfang

Die Berechnung der zu $o_{11} = 29$ entsprechenden erwarteten Häufigkeit ergibt $e_{11} = 58 \cdot 86/279 = 17.88$.

Analog könnten die anderen Eintragungen für die Matrix der erwarteten Werte bestimmt werden. Man gelangt zu folgender Matrix:

```
             aktivitaet
beziehung      Erlebnis Engagement Kultur Soziales
   Single         17.83      10.81   9.56    19.75
Paar_ohne_K       30.52      18.45  16.32    33.71
Paar_mit_K        37.61      22.74  20.11    41.54
```

Die Berechnung des Pearson-X^2 geschieht wie im vorigen Kapitel durch Vergleich der beobachteten und erwarteten Häufigkeiten, in der Formel treten wegen der zwei Indizes zwei Summenzeichen auf.

Berechnung von X^2 aus Kreuztabellen

$$X^2 = \sum_{i=1}^{I} \sum_{j=1}^{J} \frac{(o_{ij} - e_{ij})^2}{e_{ij}} \tag{7.2}$$

- o_{ij} ... beobachtete Häufigkeit für die Kategorienkombination i und j
- e_{ij} ... erwartete Häufigkeit für die Kategorienkombination i und j
- I, J ... Gesamtanzahl der Kategorien der beiden Faktoren

Für das Beispiel der Freizeitaktivitäten bedeutet es rechnerisch:

$$X^2 = \frac{(29 - 17.88)^2}{17.88} + \frac{(4 - 10.81)^2}{10.81} + \cdots = 20.71$$

Stimmen – im Extremfall – beobachtete und erwartete Häufigkeiten exakt überein, ist $X^2 = 0$. Sind die Unterschiede nur gering, ist auch der X^2-Wert (relativ) klein. Kleine Werte sprechen also für H_0, große Werte eher dagegen. Die Grenze, ab der ein X^2-Wert als so groß angesehen wird, dass H_0 verworfen wird, geben Werte einer χ^2-Verteilung mit $df = (I - 1) \cdot (J - 1)$ Freiheitsgraden an (siehe auch Appendix 6.8 zum vorigen Kapitel).

```
> chisq.test(tabfreizeit, correct = FALSE)                              R


        Pearson's Chi-squared test

data:  tabfreizeit
X-squared = 20.706, df = 6, p-value = 0.002071
```

Der Testoutput enthält die wesentlichen Angaben zum Test.

- Der X^2-Wert (X-squared) beträgt rund 20.706.
- Die Angabe zu den Freiheitsgraden (df $= (3 - 1) \cdot (4 - 1) = 6$).
- Der p-Wert (p-value) ist mit 0.00207 relativ klein.

Fallbeispiel 6: Freizeit: Interpretation des Tests

Ein Homogenitätstest zur Überprüfung gleicher Verteilung der Hauptaktivitäten in der Freizeit zeigt ein signifikantes Ergebnis ($X^2 = 20.71$, $df = 6$, $p = 0.002$).

Die Nullhypothese gleicher Verteilung muss verworfen werden. Singles, Paare mit und Paare ohne Kinderbetreuungsaufgaben teilen ihre Freizeitaktivitäten nicht gleich auf die vier Aktivitätsgruppen auf.

Das gestapelte Balkendiagramm (▶ Abbildung 7.4) zeigt, dass Aktivitäten, die in der Kategorie Erlebnis zusammengefasst sind, überproportional von Singles, Aktivitäten, die unter Soziales fallen, eher von Nichtsingles mit zu betreuenden Kindern verfolgt werden.

Mit der Option `correct = FALSE` wird das Pearson-X^2 wie oben beschrieben bestimmt. Die voreingestellte Stetigkeitskorrektur nach Yates wird dadurch unterdrückt. Bei dieser gehen nicht die Differenzen $(o_{ij} - e_{ij})$, sondern die korrigierten Differenzen $(|o_{ij} - e_{ij}| - 0.5)$ in die Berechnung von X^2 ein.

7.3 Unterscheiden sich Anteile in zwei oder mehreren Gruppen?

In diesem Abschnitt vergleichen wir Anteile in zwei oder mehreren Gruppen. Das kann als Sonderfall des vorigen Abschnitts aufgefasst werden und mit dem Homogenitätstest überprüft werden.

Bei geringem Stichprobenumfang ist der Fisher-Test die bessere Wahl. Diesen stellen wir am Ende dieses Abschnitts vor.

Fallbeispiel 7: Rauchverhalten Jugendlicher

In der OECD-Studie „Society at a Glance, OECD Social Indicators." (OECD, 2009) wurde auch das Risikoverhalten (Konsum von Alkohol, Nikotin, illegaler Drogen etc.) Jugendlicher untersucht. Danach rauchen in Deutschland 25% der 15-Jährigen regelmäßig, in Österreich 30% und in der Schweiz 18%.

Unterscheiden sich die Anteile der jugendlichen Raucher in den drei Ländern?

Die Fragestellung ist natürlich so zu verstehen, dass nach signifikanten Unterschieden gefragt wird. Zur Beantwortung fehlen noch Angaben zu der Anzahl Befragter in den drei Ländern. In der Veröffentlichung der Studie sind keine absoluten Zahlen zu den einzelnen Jahrgängen enthalten. Unter der Annahme, dass die Anzahl Befragter in allen Jahrgängen gleich ist, können wir die Anzahl Raucher und Nichtraucher in den drei Länderstichproben bestimmen (► Tabelle 7.1).

Tabelle 7.1: Rauchverhalten 15-Jähriger

	Raucher	Nichtraucher	Gesamt	% Raucher
Deutschland	75	225	300	25
Österreich	60	140	200	30
Schweiz	36	164	200	18

Die Fragestellung führt zu einer wichtigen Anwendung des Homogenitätstests, nämlich zum Vergleich von Anteilen in mehreren Gruppen, hier in den drei Ländern.

7.3.1 Eingabe einer Tabelle

Meist wird in der Statistik von Einzeldaten ausgegangen. Kommen nur eine oder zwei kategoriale Variablen vor, werden die Datensätze oft nur in Tabellen, in diesem Kapitel in Form von Kreuztabellen, präsentiert. Wie kann die Information aus der Tabelle mit den Raucherdaten (▶ Tabelle 7.1) schnell für R verfügbar gemacht werden?

Eine Möglichkeit ist, die Tabelle in Form einer Matrix einzugeben, die Beschriftung von Zeilen und Spalten ersetzt die Labels der einzelnen Kategorien. Eingegeben wird nur die eigentliche Kreuztabelle, also nur die ersten zwei Spalten.

```
> tabrauchen <- matrix(c(75, 225, 60, 140, 36, 164), byrow = TRUE,
+      nr = 3)
> rownames(tabrauchen) <- c("D", "A", "CH")
> colnames(tabrauchen) <- c("Ja", "Nein")
> spineplot(tabrauchen, main = "Rauchverhalten Jugendlicher", xlab = "Land",
+      ylab = "Raucht")
```

7.3.2 Vergleich der Anteile

Der Homogenitätstest hilft bei der Beantwortung der Frage, ob die Unterschiede signifikant sind.

```
> chisq.test(tabrauchen, correct = FALSE)
```

```
        Pearson's Chi-squared test

data:  tabrauchen
X-squared = 7.8931, df = 2, p-value = 0.01932
```

Fallbeispiel 7: Rauchen: Interpretation des Anteilstests

Um die Anteile jugendlicher Raucher in drei Ländern zu vergleichen, wurde ein Homogenitätstest angewendet.

Das Ergebnis ($X^2 = 7.89$, $df = 2$, $p = 0.019$) besagt, dass es signifikante Unterschiede in den Anteilen jugendlicher Raucher gibt.

In Österreich ist dieser Anteil am höchsten, in der Schweiz am geringsten (▶ Abbildung 7.5).

In diesem Beispiel wurden drei Gruppen (Länder) verglichen. Den Sonderfall, dass die Anteile von zwei Gruppen verglichen werden, nennt man ZWEI-STICHPROBEN-ANTEILSTEST.

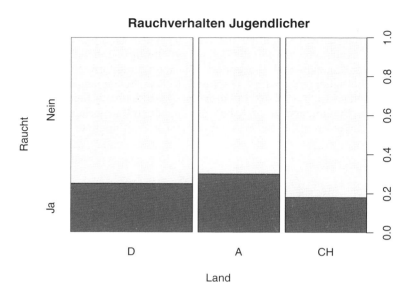

Abbildung 7.5: Rauchverhalten Jugendlicher: Spineplot

7.3.3 Exakter Test nach Fisher

Fallbeispiel 8: Doppelbesteuerungsabkommen vor dem VwGH

Doppelbesteuerungsabkommen (DBA) zwischen Staaten sollen verhindern, dass Personen (auch juristische Personen), die in mehreren Staaten Einkommen beziehen, diese mehrfach versteuern müssen. Trotz (oder wegen) solcher Abkommen kann es aber auch zu unklaren steuerrechtlichen Situationen kommen, die durch alle verwaltungsrechtlichen Instanzen gehen.

In diesem Beispiel sollen die Entscheidungen des Verwaltungsgerichtshofs (VwGH) der Republik Österreich aus den Jahren 2000 bis 2004 zum Thema DBA-Recht untersucht werden.

	Entscheidung	
Vertretung	Abweisung	Aufhebung
Rechtsanwalt	17	12
Wirtschaftsprüfer	3	4

Unterscheiden sich die Erfolgsaussichten von Beschwerden je nachdem, ob Rechtsanwälte oder Wirtschaftsprüfer die Beschwerde vertreten?

Die Zusammenfassung für beide Vertretungsformen ist eine Kreuztabelle mit nur zwei Zeilen und zwei Spalten. Solche minimalen Kreuztabellen werden auch VIERFELDER-TAFELN oder 2 × 2-TAFELN genannt.

Die Auswertung mit dem Homogenitätstest ist wegen niedriger erwarteter Häufigkeiten nicht zu empfehlen. Vor allem für die Eintragungen in der unteren Zeile wären die Werte recht niedrig (die Faustregel lautet: die erwarteten Häufigkeiten sollten über 5 liegen).

Einen Ausweg bietet der EXAKTE TEST NACH FISHER. Bei diesem werden alle denkbaren Kreuztabellen mit denselben Randsummen wie in der Stichprobe bestimmt, die mindestens so stark wie die der Stichprobe gegen die Nullhypothese sprechen.

Die Formulierung der Alternativhypothese in R verwendet den Begriff des Odds-Ratio, auf das wir erst in einem späteren Abschnitt (Abschnitt 7.5) genauer eingehen. Ein Odds-Ratio von 1 bedeutet gleiche Anteile in beiden Gruppen, ein Odds-Ratio größer (bzw. kleiner) 1 bedeutet, dass der Anteil für Abweisung in der ersten Gruppe (also RA) höher (bzw. geringer) ist als in der zweiten Gruppe.

```
> dba <- matrix(c(17, 12, 3, 4), nr = 2, byrow = TRUE)
> rownames(dba) <- c("RA", "WP")
> colnames <- c("Abweisung", "Aufhebung")
> fisher.test(dba)
```
R

```
        Fisher's Exact Test for Count Data

data:  dba
p-value = 0.675
alternative hypothesis: true odds ratio is not equal to 1
95 percent confidence interval:
 0.26046 15.08156
sample estimates:
odds ratio
   1.8552
```

Fallbeispiel 8: DBA: Interpretation des Fisher-Tests

In der Stichprobe hat es bei vier von sieben Beschwerden, die durch Wirtschaftsprüfer vertreten wurden, eine Aufhebung des Steuerbescheids gegeben, also bei mehr als 50%. Bei Rechtsanwälten liegt diese Quote eindeutig unter 50%.

Dieser beobachtete Unterschied ist aber nach dem eingesetzten Fisher-Test nicht signifikant (p-Wert: 0.675).

Obwohl in der Stichprobe Wirtschaftsprüfer bei VwGH-Beschwerden in DBA-Angelegenheiten besser abschneiden, ist der Unterschied zu Rechtsanwälten nicht signifikant.

Der Fisher-Test ist nicht auf 2 × 2-Tabellen beschränkt, sondern kann auf Kreuztabellen mit mehr als zwei Zeilen und/oder Spalten erweitert werden.

7.4   Sind zwei kategoriale Variablen unabhängig?

In den zwei vorigen Abschnitten 7.2 und 7.3 wurden Unterschiede einer abhängigen Variablen zwischen Gruppen überprüft. In diesem Abschnitt sind keine Gruppen vorgegeben, die Aufteilung in eine abhängige und eine Gruppenvariable ist nicht gegeben. Ziel ist die Untersuchung, ob eine Beziehung zwischen den Variablen besteht.

Fallbeispiel 9: Gentechnik und Atomenergie

Datenfile: `technologie.csv`

In einer Projektarbeit an der WU Wien erhoben Studierende im Sommersemester 2005 die Einstellung zu mehreren technologischen Themen. Die Einstellung zu diesen Themen wurde bei ca. 200 Personen auf einer 5-teiligen Likertskala (*sehr negativ, eher negativ, neutral, eher positiv, sehr positiv*) erhoben.

Unter den Themen waren auch die in Österreich eher negativ vorbesetzten Technologien Atomenergie zur Energiegewinnung und Gentechnik. Gentechnik wurde weiter untergliedert in mehrere Anwendungen, hier beziehen wir uns auf die Frage nach Gentechnik in der Medizin.

	Einstellung zur Atomenergie				
zur Gentechnik	sehr neg.	eher neg.	neutral	eher pos.	sehr pos.
sehr negativ	40	2	5	0	0
eher negativ	18	5	9	4	2
neutral	6	9	7	5	3
eher positiv	11	7	3	0	2
sehr positiv	7	4	10	7	2

Ist die Einstellung zum Einsatz der Gentechnik in der Medizin unabhängig von der Einstellung zur Atomenergie?

7.4.1   Datenaufbereitung

Likertskalen sind ordinale Skalen, folglich liegen hier zwei ordinale Variablen vor. Ordinale Variablen werden meist den kategorialen Variablen zugeordnet, obwohl es einige Methoden speziell für ordinale Variablen gibt.

Auch wir lassen die Ordnung innerhalb der Kategorien unberücksichtigt, umso mehr, als wegen des geringen Stichprobenumfangs eine Aggregation innerhalb beider Variablen notwendig ist. Es haben nämlich sowohl zur Atomenergie als auch zur Gentechnik wenig Personen eine eher oder sehr positive Einstellung gezeigt. Daher werden wir die 5-stufige Likertskala auf eine 3-stufige Skala reduzieren; die Kategorien *sehr positiv* und *eher positiv* wurden zur Kategorie *pro*, die Kategorien *sehr negativ* und *eher negativ* zur Kategorie *contra* zusammengefasst (▶ Tabelle 7.2).

Tabelle 7.2: Umkodierung

alte Labels	alte Werte		neue Werte	neue Labels
sehr negativ	1	→	1	contra
eher negativ	2	→	1	
neutral	3	→	2	neutral
eher positiv	4	→	3	pro
sehr positiv	5	→	3	

Nach dem Einlesen der Daten stehen die 5-stufigen Likertitems `atomenergie` und `gentechnik` bereit. Diese werden mit der Funktion `cut()` in die Variablen `atom` und `gent` umkodiert (eine andere Möglichkeit bietet `ifelse()` Abschnitt 6.2). Mit `cut(atomenergie, c(0, 2, 3, 5))` wird für jede Beobachtung überprüft, ob die Einstellung zur Atomenergienutzung zahlenmäßig im Bereich (0, 2], (2, 3] oder (3, 5] liegt. Das passende Intervall wird der neuen Variablen `atom` zugewiesen. Analog wird `gentechnik` in `gent` umkodiert. Im Anschluss werden die neuen Variablen mit neuen Labels versehen. Kreuztabellen – hier erstellen wir nur die für Atomenergie – helfen bei der Überprüfung des Umkodierens.

```R
> technologie <- read.csv2("technologie.csv", header = TRUE)
> attach(technologie)
> atom <- cut(atomenergie, c(0, 2, 3, 5))
> atom <- factor(atom, labels = c("contra", "neutral", "pro"))
> gent <- cut(gentechnik, c(0, 2, 3, 5))
> gent <- factor(gent, labels = c("contra", "neutral", "pro"))
> table(atom, atomenergie)
```

```
        atomenergie
atom       1  2  3  4  5
  contra  47 38  0  0  0
  neutral  0  0 30  0  0
  pro      0  0  0 23 30
```

7.4.2 Unabhängigkeitstest

Uns interessiert, ob es eine Beziehung zwischen der Einstellung zur Atomenergie und der zur Gentechnik gibt.

Von einer Beziehung zwischen zwei Variablen spricht man, wenn das Wissen über die Ausprägung einer Variable (z. B. jemand ist gegen Atomenergie) hilft, die Ausprägung der anderen Variablen vorherzusagen (z. B. jemand ist dann eher gegen Gentechnik). Existiert eine solche Beziehung nicht, spricht man in der Wahrscheinlichkeitstheorie von Unabhängigkeit.

Den zugehörigen Test nennt man CHI-QUADRAT-UNABHÄNGIGKEITSTEST oder kurz UNABHÄNGIGKEITSTEST. Er arbeitet mit dem Hypothesenpaar:

- H_0: Die beiden Variablen sind unabhängig.
- H_A: Die beiden Variablen sind nicht unabhängig.

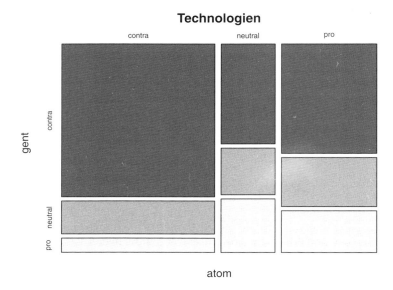

Abbildung 7.6: Einstellung zu Technologien: Mosaikplot

Technisch ist er identisch mit dem Homogenitätstest. Den beobachteten werden die erwarteten Häufigkeiten gegenübergestellt, deren Berechnung geschieht nach Formel 7.1 (auf eine Begründung verzichten wir hier).

Der Vergleich dieser Häufigkeiten führt zu einem X^2-Wert, der anhand einer passenden χ^2-Verteilung beurteilt wird.

Wir erstellen einen Mosaikplot (mit der Option `color` = TRUE etwas farbiger) und rufen den Unabhängigkeitstest auf.

```
> tabtech <- table(atom, gent)
> mosaicplot(tabtech, main = "Technologien", color = TRUE)
> chisq.test(tabtech, correct = FALSE)
```
R

Fallbeispiel 9: Technologien: Interpretation (Teil 1)

Um die Unabhängigkeit der Einstellung zu Gentechnologie und der zu Atomkraft zu überprüfen, wurde ein Unabhängigkeitstest eingesetzt.

Das Ergebnis ist signifikant ($X^2 = 12.37$, $df = 4$, $p = 0.015$). Die Nullhypothese der Unabhängigkeit wird daher verworfen.

Die Einstellungen zu Gentechnologie und zu Atomkraft sind nicht unabhängig.

Eine Frage, die unmittelbar auf diese Interpretation folgt, ist: Wenn die Annahme der Unabhängigkeit nicht aufrechterhalten werden kann, welche Art von Abhängigkeit liegt vor?

Zur Untersuchung der Abhängigkeit gibt es zwei einfache Zugänge, die in **R** leicht zu beschreiten sind. Es kann auf einzelne Teile von Funktionen zugegriffen werden, etwa beim Chi-Quadrat-Test auf beobachtete und erwartete Häufigkeiten, Residuen etc.

■ Untersuchung der Differenzen zwischen beobachteten und erwarteten Häufigkeiten $o_{ij} - e_{ij}$

```
> test <- chisq.test(tabtech, correct = FALSE)
> diff <- test$observed - test$expected
> round(diff, digits = 3)
```

```
          gent
atom      contra neutral     pro
  contra   9.851  -3.202  -6.649
  neutral -4.464   0.929   3.536
  pro     -5.387   2.274   3.113
```

Große Abweichungen von beobachteten zu erwarteten Häufigkeiten treten hauptsächlich in den Zeilen 1 und 3, dort jeweils in den Spalten 1 und 3 auf. Die gleiche Einstellung zu beiden Themen ist überrepräsentiert. Positive Einstellung zur einen Technologie bei negativer Einstellung zur anderen Technologie ist hingegen seltener, als man es bei Unabhängigkeit erwarten würde.

■ Werden diese Differenzen auf die Größe der erwarteten Häufigkeiten bezogen, gelangen wir zu den Residuen:

$$r_{ij} = \frac{o_{ij} - e_{ij}}{\sqrt{e_{ij}}}$$

Die quadrierten und aufsummierten Residuen ergeben X^2.

```
> round(residuals(test), digits = 3)
```

```
          gent
atom      contra neutral     pro
  contra   1.327  -0.772  -1.869
  neutral -1.012   0.377   1.673
  pro     -0.919   0.694   1.109
```

Die Residuen zeigen, dass die Abweichung in Zeile 1 und Spalte 3 (gegen Atomenergie, für Gentechnik) am stärksten bewertet wird. Das Vorzeichen gibt an, dass die beobachtete kleiner als die erwartete Häufigkeit ist. Da die erwartete Häufigkeit für diese Zelle klein ist, hat diese Differenz den stärksten Einfluss auf den X^2-Wert.

Fallbeispiel 9: Technologien: Interpretation (Teil 2)

Der Unabhängigkeitstest hat auf Abhängigkeiten in der Einstellung zu den beiden Technologien schließen lassen. Die genauere Untersuchung von beobachteten und erwarteten Häufigkeiten lässt den Schluss zu:

   Zustimmung zu beiden – aber auch Ablehnung beider – Technologien ist überdurchschnittlich oft anzutreffen.

7.5   Unterscheidet sich das Risiko in zwei Gruppen?

In diesem Abschnitt stellen wir eine Maßzahl vor, mit der der Zusammenhang in einer 2×2-Tabelle angegeben werden kann. Der Signifikanztest für diese Maßzahl ist eine Alternative zum Anteilstest (Abschnitt 7.3).

Fallbeispiel 10: Aufklärungsrate bei Verbrechen

In den Veröffentlichungen des deutschen Bundeskriminalamts ist in der Kriminalstatistik unter anderem die Aufklärungsquote für verschiedene Delikte zu finden (*www.bka.de*). Aufgliederungen erfolgen für die einzelnen Länder und Städte mit mehr als 200000 Einwohnern.

Wenn wir Hamburg als Vertreter einer Großstadt mit Mönchengladbach als Vertreter einer mittelgroßen Stadt vergleichen wollen, gelangen wir auf Basis der Daten für 2008 zu:

	Raubdelikte	Aufklärungsquote
Hamburg	3005	41.5
Mönchengladbach	251	45.4

Unterscheidet sich die Aufklärungsquote bei Raub zwischen Hamburg und Mönchengladbach?

Eine Methode, die Fragestellung zu untersuchen, ist der Anteilstest (Abschnitt 7.3). Damit wird untersucht, ob in der Stichprobe die Unterschiede in den Anteilen so groß sind, dass die Nullhypothese mit der Annahme gleicher Anteile verworfen werden muss.

Oft geht das Interesse über die Frage nach Signifikanz hinaus, man möchte die Stärke des Zusammenhangs messen.

7.5.1 Odds-Ratio

Exkurs 7.2 — Assoziation in 2 × 2-Tabellen

Nach Assoziation zwischen zwei Variablen wird gesucht, wenn eine Fragestellung der Art **je/desto** vorliegt. Sinnvoll ist Assoziation also bei ordinalen Variablen, etwa im Beispiel zum Thema Atomenergie/Gentechnik.

In 2 × 2-Tabellen soll Assoziation die Stärke des Zusammenhangs (bei Unabhängigkeitstests) oder den Grad des Unterschieds zwischen zwei Gruppen (bei Homogenitätstests) beschreiben.

X^2-Werte erfüllen diese Aufgabe nicht. Dies zeigt die folgende Tabelle mit drei hypothetischen Datensätzen. Jeweils ist der Prozentsatz in B1 52% (26/50) für A1 und 48% (24/50) für A2, in Gruppe B2 sind die beiden Prozentsätze vertauscht. Die Unterschiede zwischen den beiden Gruppen sind also eher gering.

	$n=100$			$n=1000$			$n=10000$		
	B1	B2	$\sum$	B1	B2	$\sum$	B1	B2	$\sum$
A1	26	24	50	260	240	500	2600	2400	5000
A2	24	26	50	240	260	500	2400	2600	5000
$\sum$	50	50	100	500	500	1000	5000	5000	10000
	$X^2 = 0.16$			$X^2 = 1.6$			$X^2 = 16$		
	$p = 0.689$			$p = 0.206$			$p < 0.001$		

Je höher der Stichprobenumfang, desto höher der X^2-Wert. Für $n = 100$ und $n = 1\,000$ ist das Ergebnis nicht signifikant, bei $n = 10\,000$ ist es hoch signifikant.

Der X^2-Wert besagt nur, dass es einen möglicherweise signifikanten Zusammenhang zwischen zwei Variablen gibt. Es ist keine Aussage, dass der Zusammenhang stark ist oder sich die Anteile in zwei Gruppen stark unterscheiden. Als Assoziationsmaß ist der X^2-Wert also nicht geeignet.

Ein durchaus gangbarer Weg ist, die Differenz zwischen den Anteilen als Maß heranzuziehen. Im obigen Beispiel wäre der Unterschied jeweils 4% (= 52% − 48%), unabhängig vom Stichprobenumfang.

Ebenso vernünftig und brauchbar ist der Ansatz, das Verhältnis der Anteile zu bilden, also 0.52/0.48 = 1.083, wiederum unabhängig vom Stichprobenumfang.

Ein anderes und weit verbreitetes Maß wird im Folgenden vorgestellt. Es stammt aus dem englischsprachigen Raum, in dem Wetten üblicher sind und damit verbunden das Bewerten der zugehörigen Quoten bekannter ist.

> Die ODDS für eine bestimmte Kategorie ist das Verhältnis der Häufigkeiten dieser Kategorie und der Häufigkeit für die andere Kategorie.
>
> Das ODDS-RATIO in einer 2 × 2-Tabelle ist das Verhältnis der Odds von Spalte 1 und Spalte 2.
>
> Statt Odds wird im Deutschen auch der Begriff CHANCE verwendet, statt Odds-Ratio CHANCENVERHÄLTNIS.

Für das Fallbeispiel 10 müssen aus den Angaben zur Anzahl von Delikten und der Aufklärungsquote die aufgeklärten und nicht aufgeklärten Fälle ermittelt werden (▶ Tabelle 7.3). Mit diesen Angaben können wir Odds und Odds-Ratio leicht berechnen.

Tabelle 7.3: Aufklärungsquoten bei Raub

	Aufklärungsquote	Raubdelikte	Delikt aufgeklärt? Ja	Nein
Hamburg	41.5	3005	1247	1758
Mönchengladbach	45.4	251	114	137

- Die Odds für Hamburg sind 1247/1758 = 0.709, für Mönchengladbach 114/137 = 0.832.
- In beiden Städten sind die Odds unter 1, weil es jeweils weniger aufgeklärte als nicht aufgeklärte Raubdelikte gab.
- Das Odds-Ratio beträgt

$$OR = \frac{1247/1758}{114/137} = 0.852$$

- Da der Wert unter 1 liegt, ist in Hamburg die Aufklärungsquote bei Raub geringer als in Mönchengladbach.

Odds dürfen nicht mit Wahrscheinlichkeiten verwechselt werden. Die (aus der Stichprobe geschätzte) Wahrscheinlichkeit für die Aufklärung eines Raubs in Hamburg wäre 1247/(1247 + 1758) = 0.415. Wahrscheinlichkeiten liegen *immer* zwischen 0 und 1. Odds können auch Werte größer 1 annehmen.
Die Aufklärungsquoten in der Kriminalstatistik des BKA sind die Anteile aufgeklärter Kriminalfälle.

Eigenschaften des Odds-Ratio

- Das Odds-Ratio ist auch das Verhältnis des Produkts der Diagonalelemente zum Produkt der Gegendiagonalelemente.

$$OR = \frac{1247/1758}{114/137} = \frac{1247 \cdot 137}{1758 \cdot 114} = 0.852$$

Aufgrund dieser Eigenschaft taucht das Odds-Ratio in der englischsprachigen Literatur auch als CROSS-PRODUCT-RATIO auf.

- Odds-Ratios können theoretisch alle nichtnegativen Werte annehmen.
- Ist das $OR = 1$, so ist das gleichbedeutend damit, dass die Odds in beiden Gruppen gleich sind. Der Wert von $OR = 1$ kann also als Vergleichswert für Unabhängigkeit (bzw. Homogenität der beiden Gruppen) herangezogen werden.
- Ist $OR > 1$, so sind die Odds für Gruppe 1 höher.
- Ist $OR < 1$, so sind die Odds für Gruppe 1 niedriger und für Gruppe 2 höher.
- Odds-Ratios weit entfernt von 1 bedeuten einen stärkeren Zusammenhang als ein Wert dazwischen. Ein OR von 4 steht für einen stärkeren Zusammenhang als ein OR von 2 (ebenso tut dies ein OR von 0.3 verglichen mit einem OR von 0.5).
- Werden entweder Zeilen oder Spalten vertauscht, so ändert sich das Odds-Ratio auf den Kehrwert.

  Hätte man im obigen Beispiel die Zeilen (Städte) vertauscht, wäre man zu einem $OR = 1/0.852 = 1.174$ gelangt. Die Folge in der Interpretation: Die Odds für Aufklärung eines Raubs sind in Mönchengladbach etwas größer als in Hamburg.
- Werden sowohl Zeilen als auch Spalten vertauscht, so ändert sich das Odds-Ratio nicht.

7.5.2 Odds-Ratio-Test

Die Frage, ob sich Odds in zwei Gruppen unterscheiden, ist die Basis für den ODDS-RATIO-TEST, der mit dem Hypothesenpaar arbeitet:

- H_0: Das Odds-Ratio hat in der Grundgesamtheit den Wert 1 (entspricht gleichen Chancen in beiden Gruppen).
- H_A: Das Odds-Ratio ist ungleich 1 (unterschiedliche Odds in den Gruppen).

Der Test nutzt die Eigenschaft, dass die logarithmierten Odds-Ratios, die LOG-ODDS-RATIOS), asymptotisch (also für große Stichproben) normalverteilt sind.

Die Berechnung des Odds-Ratio und den zugehörigen Test führen wir mit der Funktion odds_ratios() aus dem Package **REdaS** aus. Diese Funktion erwartet als Eingabe Variablen, aus denen eine Kreuztabelle erstellt werden kann, oder direkt die Kreuztabelle. Wir füllen eine Matrix mit den Daten aus ▶ Tabelle 7.3 und machen diese mit as.table() als Argument für odds_ratios() geeignet.

```
> aufklaerung <- matrix(c(1247, 1758, 114, 137), nr = 2, byrow = TRUE)
> oraufkl <- odds_ratios(as.table(aufklaerung))
> summary(oraufkl)
```
R

```
        Odds Ratios

    A    B
A 1247 1758
B  114  137


Odds-Ratio = 0.852
Log(Odds-Ratio) = -0.16, Standard Error = 0.132
z-value = -1.209, p-value = 0.227
```

Somit liegen folgende Informationen vor:

- Die Ausgangstabelle hat in unserem Beispiel sowohl die Zeilen als auch die Spalten mit A und B beschriftet. Mit etwas mehr Aufwand (etwa mit der Funktion `dimnames()`) hätten wir die Zeilen und Spalten passend beschriften können.
- Odds-Ratio: 0.852
- Log-Odds-Ratio: $\ln(0.852) = -0.160$
- Geschätzte Standardabweichung des Log-Odds-Ratio: 0.132
- Wert der Teststatistik: $z = -1.209$
- p-Wert des Odds-Ratio-Tests: $p = .227$

Fallbeispiel 10: Aufklärungsrate: Interpretation des Odds-Ratio-Tests

Der Odds-Ratio-Test zum Vergleich der Aufklärungsraten bei Raub zwischen Hamburg und Mönchengladbach zeigt mit einem p-Wert von 0.227 ein nicht signifikantes Ergebnis an.

Zwar ist in der Stichprobe die Aufklärungsrate bei Raub in Mönchengladbach (stellvertretend für eine mittelgroße Stadt gewählt) höher als in der Großstadt. Man kann daraus aber nicht schließen, dass generell die Aufklärungsquote höher ist.

7.6   Wie kann man Veränderungen von Anteilen testen?

In diesem Abschnitt wollen wir untersuchen, wie und ob sich Anteile verändern. Bevor wir überstürzt einen Chi-Quadrat-Test aufrufen, werfen wir einen Blick auf die Datenlage.

7.6.1   Unabhängige und abhängige Stichproben

Fallbeispiel 11: Image von Fernsehsendern

Datenfile: `tvimage.csv`

In einer Umfrage im Mai 2008, knapp vor der Fußball-EM in Österreich und der Schweiz, wurden 229 Personen (mit Kabel-TV- oder Satelliten-TV-Empfang) im Raum Wien zu ihrem TV-Sehverhalten befragt.

Ein Teil dieser Umfrage zielte darauf ab, Eigenschaften (aktuell, kritisch, informativ, sensationslüstern, etc.) von Fernsehsendern herauszufiltern. Wir beschränken uns hier auf eine Eigenschaft, nämlich Aktualität, bei den zwei privaten Sendern Pro7 und RTL.

Unterscheiden sich die zwei Sender in der Einschätzung der Seher bezüglich Aktualität?

```
> tvi <- read.csv2("tvimage.csv", header = TRUE)
> attach(tvi)
> aktualitaet <- c("nicht aktuell", "aktuell")
> aktuell_Pro7 <- factor(aktuell_Pro7, labels = aktualitaet)
> aktuell_RTL <- factor(aktuell_RTL, labels = aktualitaet)
> detach(tvi)
> table(aktuell_Pro7, aktuell_RTL)
```

```
                aktuell_RTL
aktuell_Pro7   nicht aktuell aktuell
nicht aktuell             93      42
aktuell                   36      58
```

Die Hauptdiagonale der Kreuztabelle gibt an, dass 93 Personen beide Sender als nicht aktuell und 58 Personen beide als aktuell eingestuft haben.

Die Gegendiagonale ist interessanter. 36 Personen haben Pro7 als aktuell und gleichzeitig RTL als nicht aktuell eingestuft. Die gerade gegenteilige Einstufung haben 42 Personen abgegeben.

Es liegen zwei kategoriale Variablen vor, beide mit denselben zwei Kategorien (in diesem Beispiel *nicht aktuell – aktuell*, fast immer in der Art *Ja – Nein, Richtig – Falsch, Trifft zu – Trifft nicht zu* etc.).

Die Fragestellung lautet: Ist der Anteil für eine bestimmte Kategorie (hier: *aktuell*) gleich in allen Variablen?

Wäre die Fragestellung, ob die Bewertung der Aktualität des einen Senders mit der Bewertung des anderen Senders zusammenhängt, könnte der Unabhängigkeitstest eingesetzt werden. Da die Frage aber auf Unterschiede in den Anteilen abzielt, ist dieser Test nicht die passende Methode. Die Methoden aus dem Abschnitt 7.3 kommen aber auch nicht in Frage, da dort unabhängige Stichproben vorausgesetzt werden (eine Beobachtung ist nur in einer von mehreren Gruppen, die verglichen werden).

Weil die Variablen an denselben Beobachtungseinheiten beobachtet wurden, liegen keine unabhängigen Stichproben vor. Man spricht auch von ABHÄNGIGEN STICHPROBEN, VERBUNDENEN STICHPROBEN oder GEPAARTEN STICHPROBEN.

Der häufigste Fall, bei dem Daten dieser Art auftreten, ist die mehrfache Messung einer Variablen, z. B. einmal **vor** und einmal **nach** einem bestimmten Ereignis. Etwa, ob sich die Präferenz für eine Partei nach einem TV-Duell der SpitzenkandidatInnen geändert hat. Die Fragestellung ist dann die nach einer Veränderung in den Anteilen.

7.6.2 McNemar-Test

Hätte man 229 Personen zum einen und weitere 229 Personen zum anderen Programm befragt, wäre die Fragestellung leicht mit dem Anteilstest aus diesem Kapitel (Abschnitt 7.3) zu beantworten.

Hier liegen aber keine unabhängigen Stichproben vor. Pro Person gibt es je eine Einstufung von Pro7 und eine von RTL.

Wenn ein Sender in Bezug auf Aktualität besser beurteilt wird als der andere, sollten deutlich mehr Personen diesen als gut und den anderen als nicht gut beurteilt haben. Personen, die beide Sender gleich beurteilt haben, tragen nichts zur Bewertung der Unterschiede zwischen den beiden Sendern bei.

Unter der Nullhypothese keiner Unterschiede zwischen den beiden Sendern wäre der Anteil der Personen, die Pro7 als aktuell, RTL aber als nicht aktuell beurteilen, unter all jenen mit unterschiedlicher Einstufung der beiden Sender 50%.

Im sog. MCNEMAR-TEST wird mit den Gegendiagonalelementen aus der 2×2-Kreuztabelle ein Anteilstest auf die Vorgabe von 50% (also $\pi_0 = 0.5$) gerechnet (Abschnitt 6.4). In der Voreinstellung wird eine Stetigkeitskorrektur bei der Berechnung der Teststatistik durchgeführt, die mit `correct = FALSE` abgestellt werden kann.

```
> mcnemar.test(table(aktuell_Pro7, aktuell_RTL), correct = FALSE)                R
```

```
        McNemar's Chi-squared test

data:  table(aktuell_Pro7, aktuell_RTL)
McNemar's chi-squared = 0.4615, df = 1, p-value = 0.4969
```

Fallbeispiel 11: Image: Interpretation des McNemar-Tests

Zur Untersuchung, ob Personen eher RTL oder Pro7 aktuell einstufen, kam ein McNemar-Test zur Anwendung. Dieser zeigt ein nicht signifikantes Ergebnis an ($p = 0.497$).

Obwohl in der Stichprobe mehr Personen RTL in Bezug auf Aktualität besser eingeschätzt haben als Pro7, kann nicht auf signifikante Unterschiede geschlossen werden.

7.7   Zusammenfassung der Konzepte

Die Beschreibung der gemeinsamen Verteilung von zwei kategorialen Variablen führt zu Kreuztabellen. Bei der Angabe relativer Häufigkeiten ist darauf zu achten, worauf sich die Angaben beziehen. Grafische Beschreibungen sind meist in Form von Balkendiagrammen realisiert.

Tests im Zusammenhang mit Kreuztabellen basieren meist auf dem Vergleich von beobachteten und erwarteten Häufigkeiten, die Teststatistik folgt (asymptotisch) einer Chi-Quadrat-Verteilung.

- Kreuztabelle: numerische Beschreibung der gemeinsamen Verteilung zweier kategorialer Variablen

- Balkendiagramme: grafische Beschreibung kategorialer Daten. Für Informationen aus Kreuztabellen werden gestapelte oder gruppierte Balkendiagramme eingesetzt.

- Homogenitätstest: Test zur Überprüfung, ob die Verteilung einer kategorialen Variablen in mehreren Gruppen gleich ist

- Unabhängigkeitstest: Test zur Überprüfung, ob zwei kategoriale Variablen unabhängig sind

- Zwei-Stichproben-Anteilstest: Test, ob sich Anteile in zwei Gruppen unterscheiden

- Odds-Ratio: Verhältnis von Chancen in zwei Gruppen
- McNemar-Test: Test, ob sich Anteile in zwei abhängigen Stichproben unterscheiden

7.8 Übungen

1. **Reisebegleitung im Haupturlaub**

   In einer Stichprobe ergab die Aufteilung in Männer und Frauen, die in Urlaub fahren, folgende Tabelle:

Reisebegleitung	Frau	Mann
PartnerIn	2273	2418
Familienurlaub	1212	1023
Gruppenurlaub	960	744
Allein	454	325
Anderes	151	93

   - Erstellen Sie ein Datenfile mit den Daten obiger Tabelle!
   - Ist die Reisebegleitung bei Frauen und Männern unterschiedlich?

2. **Spaß am Sex bei Ehepartnern**

   In einer amerikanischen Untersuchung, 1987 (Quelle: Agresti, 2013, adaptiert), wurde beiden Ehepartnern unter anderem die folgende Frage gestellt: „Sex macht mir und meinem Partner Spaß (1) nie oder selten (2) manchmal (3) sehr oft oder immer". Die folgenden Daten beschreiben die Häufigkeiten der Antworten, kreuzklassifiziert nach den Antworten der Ehefrauen und Ehemänner.

		Ehefrau		
Ehemann	selten	manchmal	oft	gesamt
selten	7	7	5	19
manchmal	2	8	10	20
oft	3	13	36	52
gesamt	12	28	51	91

   - Gibt es einen Zusammenhang zwischen den Antworten der Ehepartner?
   - Wenn ja, wie ist der Zusammenhang?

3. **Waffenregistrierung und Einstellung zur Todesstrafe**

   In den USA wurden im Rahmen des 1982 General Social Survey Einstellungen zu Waffenregistrierung und Todesstrafe erhoben (aus Agresti 2013).

	Todesstrafe	
Waffenregistrierung	dafür	dagegen
dafür	784	236
dagegen	311	66

   - Gibt es einen Zusammenhang zwischen den Einstellungen zu diesen Themen?
   - Wenn ja, wie ist der Zusammenhang?

4. **Lehrveranstaltungsbesuch**

Der Besuch von Lehrveranstaltungen kostet Zeit und wird von Studierenden gern auf das Notwendigste beschränkt. Allerdings wird durch aktive geistige Präsenz im Hörsaal ein Grundstein zur Erfassung und zum Verständnis der Lehrinhalte gelegt. Dieses Verständnis ist in gewissen Fächern durch Selbststudium allein nur schwer zu erlangen.

In einem Kurs mit 170 Teilnehmern soll untersucht werden, ob Unterschiede im Prüfungsergebnis zwischen jenen Studierenden, die regelmäßig die Kurse besucht haben, und jenen, die nur im Selbststudium gearbeitet haben, existieren. Ein Ergebnis, bei dem nur zwischen Bestehen und Nichtbestehen der Prüfung unterschieden wird, ist in folgender Tabelle zusammengefasst:

	Kurs + Vorbereitung	nur Selbststudium
bestanden	79	55
nicht bestanden	12	24

- Man bestimme das Odds-Ratio für das Bestehen der Prüfung bei Kursbesuch im Vergleich zu Selbststudium.
- Man bestimme ein Konfidenzintervall für dieses Odds-Ratio! Kann daraus geschlossen werden, dass die Chancen nicht gleich sind?

5. **Sonntagsfrage**

500 Personen wurden einmal zwei Monate vor einer Wahl über ihre Parteipräferenz befragt. Die 356 Anhänger der beiden größten Parteien wurden am Tag nach einer TV-Konfrontation (zehn Tage vor der Wahl) der beiden SpitzenkandidatInnen noch einmal befragt. In der folgenden Tabelle sind die Parteipräferenzen dieser 336 Personen zu den zwei Befragungszeitpunkten zusammengefasst:

	nach TV-Konfrontation	
2 Monate vor Wahl	Partei A	Partei B
Partei A	120	11
Partei B	23	182

- Hat es eine signifikante Änderung in den Anteilen gegeben und wenn ja, in welche Richtung?
- Hat es eine *wesentliche* Änderung in den Mehrheitsverhältnissen gegeben?

6. **TV-Sender und politische Unabhängigkeit**

Im Fallbeispiel 11 untersuchten wir Befragungsergebnisse von 229 Personen zur Einschätzung der Aktualität von TV-Sendern.

Im Datenfile `tvimage.csv` sind auch die Einschätzungen der Befragten zur politischen Unabhängigkeit der TV-Sender enthalten (`polunab_ORF1`, `polunab_Pro7` und `polunab_RTL`).

- Unterscheiden sich ORF1 und RTL in der Einschätzung zu politischer Unabhängigkeit?

Datenfiles sowie Lösungen finden Sie auf der Webseite des Verlags.

7.9   R-Befehle im Überblick

`addmargins(A)`   ergänzt eine Tabelle oder eine Matrix *A* um Randhäufigkeiten.

`as.matrix(x, ...)`   versucht, ein Objekt *x* in die Klasse `matrix` zu konvertieren, siehe Seite 207.

`as.table(x, ...)`   versucht, ein Objekt in die Klasse `table` umzuwandeln, siehe Seite 209.

`barplot(height, ...)`   erzeugt ein Balkendiagramm mit Balkenhöhen aus der Tabelle *height*. Mit der Option *beside* = `TRUE` werden die Balken nebeneinander dargestellt. Mit der Option *legend* = `TRUE` wird eine Legende zur Identifikation der Balkenteile angefügt. Siehe Seite 82.

`chisq.test(x, correct = TRUE, p = rep(1/length(x), length(x)))`   berechnet einen χ^2-Test, in diesem Kapitel für eine Kreuztabelle *x*. Mit der Option *correct* = `FALSE` wird die sog. Yates-Korrektur unterdrückt.

`colnames(x)`   setzt oder fragt die Spaltennamen einer Matrix oder eines Data Frame *x* ab. Siehe Seite 82.

`cut(x, ...)`   teilt den Bereich von *x* in Intervalle und vergibt Namen entsprechend den Intervallen, in die die Beobachtungen fallen.

`dimnames(x)`   setzt oder fragt die Dimensionsnamen eines Objekts *x* ab.

`fisher.test(x, alternative = "two.sided")`   berechnet den exakten Test nach Fisher zur Unabhängigkeit von Zeilen und Spalten einer Kreuztabelle *x*.

`matrix(data = NA, nrow = 1, ncol = 1, byrow = FALSE, dimnames = NULL)`   erstellt aus den in *data* enthaltenen Werten eine Matrix.

`mcnemar.test(x, y = NULL, correct = TRUE)`   berechnet den McNemar-Test für eine 2 × 2-Tabelle *x*.

`mosaicplot(x, ...)`   erstellt für eine Tabelle *x* einen Mosaikplot.

`odds_ratios(x)`   berechnet das Odds-Ratio und das Log-Odds-Ratio aus einer 2 × 2-Tabelle *x* (**REdaS**).

`prop.table(x, margin = NULL)`   errechnet relative Häufigkeiten für eine Tabelle *x*. Wird für *margin* nichts spezifiziert, werden Gesamtprozent berechnet. Wird 1 angegeben, sind es Zeilenprozent; für 2 Spaltenprozent.

`residuals(object, ...)`   gibt die Residuen eines Modells bzw. Tests *object* aus.

`spineplot(x, ...)`   gibt für eine Tabelle *x* einen Spineplot aus.

`t(x)`   transponiert eine Matrix oder einen Data Frame *x*, es werden also Zeilen als Spalten angeschrieben.

`table(...)`   dient der Häufigkeitsauszählung, in diesem Kapitel immer zur Generierung einer Kreuztabelle eingesetzt.

TEIL III

Metrische Daten

Eine metrische Variable

8

ÜBERBLICK

Wir sprechen von METRISCHEN *Variablen, wenn Beobachtungen nach Festlegen der Maßeinheit sinnvoll durch Zahlen repräsentiert und umgekehrt diese Zahlen klar interpretiert werden können. Differenzen von Variablenwerten haben eine Bedeutung (mindestens Intervallskala).*

DISKRETE *metrische Variablen liegen vor, wenn die Messung in nicht mehr weiter unterteilbaren Einheiten erfolgt. Meist sind es Zählvariablen mit ganzen Zahlen als Werten. Typische Beispiele sind etwa Anzahl Geschwister oder Dauer eines Krankenstands (in Tagen gemessen).*

STETIGE *metrische Variablen werden in beliebig teilbaren Einheiten gemessen und können zumindest in bestimmten Bereichen der reellen Zahlenachse im Prinzip jeden Wert annehmen. Viele Beispiele, bei denen die Messung mit physikalischen Messgeräten erfolgt, fallen darunter, etwa Körpergewicht und -größe, Wartezeit vor einem Bankschalter.*

Fast alle der hier vorgestellten Methoden und Verfahren benötigen keine genaue Unterscheidung zwischen diskret und stetig. Einzige Ausnahme sind diskrete Variablen, die nur wenig Werte annehmen können (etwa Geschwisterzahl, Alter in Jahren bei Volksschulkindern etc.).

LERNZIELE

Nach Durcharbeiten dieses Kapitels haben Sie Folgendes erreicht:

- Sie verstehen, was mit unterschiedlichen Maßzahlen beschrieben wird, und können diese Maßzahlen mit R berechnen. Sie kennen die wichtigsten Verteilungsformen.

- Sie können die Verteilung einer metrischen Variablen mit Tabellen, Histogrammen und Boxplots beschreiben.

- Sie können überprüfen, ob eine bestimmte Verteilung – speziell eine Normalverteilung – vorliegt.

- Sie sind in der Lage, den Mittelwert über ein Konfidenzintervall zu schätzen und gegen einen vorgegebenen Wert zu testen.

- Diese Aufgaben mit R zu erledigen, stellt kein Problem für Sie dar. Den erhaltenen Output können Sie verstehen und gut zur Beantwortung von Fragestellungen verwenden.

8.1 Wie kann man die Verteilung einer metrischen Variablen beschreiben?

Unter dem Begriff VERTEILUNG fassen wir mehrere Aspekte zusammen:

- In welchem Bereich liegen die Daten?
- Wo innerhalb dieses Bereichs sind die Daten stärker, wo schwächer vertreten?
- Gibt es ein Zentrum der Daten oder mehrere Zentren oder gar keines?
- Variieren die Daten stark oder nur wenig?
- Liegen die Daten symmetrisch um einen Wert?

Fallbeispiel 12: Verfahrensdauer am Verwaltungsgerichtshof

Datenfile: `vwgh.csv`

Gegen Abgabenbescheide von Behörden kann Berufung eingelegt werden. In Österreich ist die Berufungsbehörde 2. Instanz der Verwaltungsgerichtshof (VwGH). In einer Studie (Hornik et al, 2008) wurden alle Entscheidungen des VwGH zwischen 2000 und 2004 in Abgabensachen untersucht.

Ein Gegenstand der Untersuchung war die Zeit, die zwischen Einbringung der Beschwerde bis zur Entscheidung im VwGH vergeht. Insgesamt wurden 3827 Entscheidungen untersucht.

Wie kann die Verteilung der Verfahrensdauern in der Stichprobe beschrieben werden?

8.1.1 Klassifizieren, Tabellen und Histogramme

Histogramme und Klassifizieren

Im Datenfile sind die Verfahrensdauern vor dem VwGH in der Variablen `dauer3` enthalten. In einigen Fällen konnte das Datum der Einbringung der Beschwerde beim VwGH nicht erhoben werden. In diesen Fällen hat die Variable den Wert −9999.

Nach dem Einlesen der Daten schließen wir die Fälle aus, zu denen keine Dauer vor dem VwGH bekannt ist, und benennen die Variable neu mit `vwghdauer`. Anschließend lassen wir für diese Variable ein Histogramm erstellen.

```
> vwgh <- read.csv2("vwgh.csv", header = TRUE)
> vwghdauer <- with(vwgh, dauer3[dauer3 != -9999])
> hist(vwghdauer)
```

Das Erscheinungsbild (▶ Abbildung 8.1) ist auf den ersten Blick ähnlich dem von Balkendiagrammen (Abschnitt 6.2.2), die Höhe der Balken korrespondiert mit den Häufigkeiten für die jeweiligen Klassen.

Ein Unterschied ist, dass die Balken ohne Zwischenraum nebeneinander stehen. Grund dafür ist, dass eine metrische Variable zur Definition der x-Achse dient und nicht wie beim Balkendiagramm eine kategoriale. Die dem Histogramm zugrunde liegende Klassifizierung der Variablenwerte hat zu direkt benachbarten Klassen geführt.

Hier kommen auf 1000 Einheiten auf der x-Achse jeweils fünf Klassen, also umfasst jede 200 Tage. Somit steht die erste Klasse für Verfahrensdauern bis zu 200 Tagen, die zweite Klasse für Verfahrensdauern von mehr als 200, aber höchstens 400 Tagen usw.

Die Beschriftung der y-Achse bedeutet, dass die Höhe der Balken absolute Häufigkeiten der einzelnen Klassen anzeigen. In die Klasse mit höchstens 200 Tagen Verfahrensdauer fallen also etwas weniger als 800 Beobachtungen.

Die Auswahl der Klassenanzahl sowie der Klassengrenzen kann man entweder R überlassen oder selbst treffen. So sind in diesem Beispiel in den ersten zwei Klassen sehr viele Beobachtungen, in den letzten nur sehr wenige. Dort wo viele Beobach-

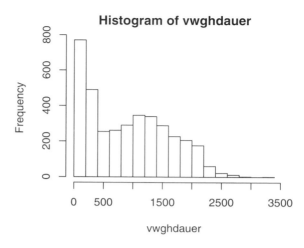

Abbildung 8.1: Histogramm mit konstanten Klassenbreiten

tungen liegen, wäre eine feinere Klasseneinteilung wünschenswert. Für die langen Verfahrensdauern wäre eine gröbere Einteilung ausreichend.

In R kann dies durch einen Vektor, in dem die Klassengrenzen enthalten sind, erfolgen. Die Klassengrenzen werden hier im Vektor grenzen gespeichert und im Histogrammaufruf mit breaks = grenzen als Klassengrenzen festgelegt. Zusätzlich wird ein eigener Titel für das Histogramm angegeben und die x-Achse nicht mit dem Variablennamen beschriftet.

```
> grenzen <- c(0, 100, 200, 300, 400, 600, 800, 1000, 1200, 1400,
+     1600, 1800, 2000, 2200, 2500, 2800, 3300)
> hist(vwghdauer, breaks = grenzen, main = "VwGH-Verfahrensdauer",
+     xlab = "Dauer in Tagen")
```

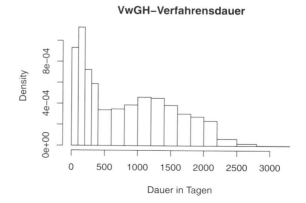

Abbildung 8.2: Histogramm mit variablen Klassenbreiten

Der Effekt der geänderten Klassengrenzen ist einerseits zu Beginn (bis 400 Tage) eine feinere und nach 2200 Tagen eine gröbere Einteilung der Klassen; andererseits ist die y-Achse jetzt anders beschriftet und die Skaleneinteilungen zeigen sehr kleine Werte an. Dieser Effekt tritt auf, sobald die Klassenbreiten nicht konstant sind. Anstatt absolute Klassenhäufigkeiten anzuzeigen, sind die Balkenhöhen jetzt so ausgelegt, dass die Fläche (und nicht die Höhe) des Balkens der relativen Häufigkeit einer Klasse entspricht. Die Gesamtfläche aller Klassen ergibt 1 (= 100%).

Gleich zu Beginn stehen vier hohe Balken, die für Entscheidungen stehen, die innerhalb der ersten 400 Tage (also ca. 13 Monate) erfolgt sind. Aus der Tabelle kann in der Spalte mit kumulierten Häufigkeiten abgelesen werden, dass ziemlich genau ein Drittel der Beschwerden innerhalb dieses Zeitraums bearbeitet wurde.

Danach gibt es noch einmal eine Häufung zwischen 1000 und 1400 Tagen (also ca. 3 und 4 Jahren). Anschließend nehmen die beobachteten Verfahrensdauern langsam ab. Über 2800 Tagen ist kein Balken erkennbar. Das bedeutet nicht, dass in diesen Bereich keine Beobachtungen fallen.

Bei der Wahl der Klassenanzahl ist mit Vorsicht vorzugehen. Faustregeln dafür, in wie viele Klassen die Einteilung erfolgen soll, gibt es zuhauf. Allen liegt die Idee zugrunde, einerseits wenig Klassen zu bilden, um eine kompakte Darstellung der Daten zu erhalten, und andererseits doch so viele Klassen, um möglichst wenig Informationsverlust zu erleiden. Einige Vorschläge für die Klassenanzahl k bei n Beobachtungen sind:

- $5 \leq k \leq 20$:
  Im VwGH-Beispiel ($n = 3745$ relativ groß) würde man eher in Richtung Obergrenze gehen.

- $k \approx \sqrt{n}$:
  Dieser Vorschlag würde zu mehr als 60 ($\sqrt{3745} = 61.2$) Klassen führen, das ist eindeutig zu viel. Diese Faustregel ist nur für einen moderaten Stichprobenumfang ($n \leq 200$) brauchbar.

- k so, dass $2^k \approx n$
  Also etwa 12 ($2^{12} = 4096$) Klassen.

Tabellen

Liegen nur wenig Beobachtungen vor oder kann die Variable, die beschrieben werden soll, nur wenige Werte annehmen, ist es denkbar, wie bei einer kategorialen Variablen eine einfache Auszählung (Abschnitt 6.2.1) durchzuführen.

Für dieses Beispiel ist es sinnlos, da mehrere Hundert unterschiedliche Werte vorliegen und uns die entstehende Auflistung kaum einen Überblick über die Verteilung bietet. Wir können aber die Werte in KLASSEN (Bereiche, Intervalle) zusammenfassen und die Auszählung für die Klassen erstellen lassen.

Dies kann mit dem Befehl `cut()` leicht durchgeführt werden. Wenn dieselben Klassengrenzen wie für das Histogramm gelten sollen, können wir den Vektor `grenzen` verwenden. Die neu gebildete Variable `vwghdauerkat` enthält anstatt der eigentlichen Verfahrensdauer die Kategorie, in die die jeweilige Verfahrensdauer fällt. Da automatisch auch Labels für Klasseneinteilung produziert werden und diese hier recht lang werden, weichen wir mit `dig.lab = 4` von der Voreinstellung ab. Die Häufigkeitstabelle für diese neue Variable hat wegen der vielen Kategorien keine sehr schöne Form.

```
> vwghdauerkat <- cut(vwghdauer, breaks = grenzen, dig.lab = 4)
> tdauer <- table(vwghdauerkat)
> tdauer
```

```
vwghdauerkat
     (0,100]    (100,200]    (200,300]    (300,400]    (400,600]    (600,800]
         349          422          270          220          254          261
  (800,1000]  (1000,1200]  (1200,1400]  (1400,1600]  (1600,1800]  (1800,2000]
         290          346          339          288          227          206
 (2000,2200]  (2200,2500]  (2500,2800]  (2800,3300]
         176           72           22            3
```

Eine umfangreichere, aber vor allem übersichtlichere Tabelle erhalten wir, indem die Häufigkeitstabelle als Spaltenvektor ausgegeben wird. Zusätzlich werden relative (Prozente) und kumulierte relative Häufigkeiten bestimmt. Der sinnlosen Ausgabe vieler Nachkommastellen wird mit der Option *digits* der Funktion round() ein Riegel vorgeschoben.

```
> n <- sum(tdauer)
> prozent <- tdauer * 100/n
> kumproz <- cumsum(prozent)
> round(cbind(absolut = tdauer, Prozent = prozent, kumuliert = kumproz),
+       digits = 2)
```

```
              absolut Prozent kumuliert
(0,100]           349    9.32      9.32
(100,200]         422   11.27     20.59
(200,300]         270    7.21     27.80
(300,400]         220    5.87     33.67
(400,600]         254    6.78     40.45
(600,800]         261    6.97     47.42
(800,1000]        290    7.74     55.17
(1000,1200]       346    9.24     64.41
(1200,1400]       339    9.05     73.46
(1400,1600]       288    7.69     81.15
(1600,1800]       227    6.06     87.21
(1800,2000]       206    5.50     92.71
(2000,2200]       176    4.70     97.41
(2200,2500]        72    1.92     99.33
(2500,2800]        22    0.59     99.92
(2800,3300]         3    0.08    100.00
```

Die Häufigkeitstabelle ist das zahlenmäßige Pendant zum Histogramm (▶ Abbildung 8.2). Die absoluten Häufigkeiten sind die Angaben, wie viele Beschwerden im jeweiligen Zeitraum erledigt wurden. Es sind also tatsächlich genau drei Beschwerden, bei denen es im VwGH mehr als 2800 Tage bis zu einer Entscheidung brauchte. Im Histogramm ist der entsprechende Balken kaum erkennbar.

Die kumulierten relativen Häufigkeiten sind die aufsummierten relativen Häufigkeiten. Der Wert für die Klasse von 300 bis 400 Tagen beträgt 33.7 Prozent. Also ist über ziemlich genau ein Drittel der Beschwerden innerhalb von 400 Tagen entschieden worden.

Fallbeispiel 12: VwGH: Interpretation von Histogramm und Tabelle

Es gibt viele Entscheidungen, die innerhalb eines Jahres erfolgen. Bei den länger dauernden Verfahren kommt es zu einer Häufung der Verfahrensdauern im Bereich zwischen 1000 und 1400 Tagen, also zwischen drei und vier Jahren.

Ein kleiner Prozentsatz (2.6%) der Verfahren dauert länger als 2200 Tage (ca. sechs Jahre).

Von juristischer Seite werden die kurzen Verfahren hauptsächlich auf Formalerledigungen zurückgeführt (etwa Zurückweisung wegen Formalfehlern). Für die sehr langen Verfahrensdauern gibt es keine inhaltliche Erklärung.

8.1.2 Maßzahlen zur Beschreibung der Verteilung

Mit Histogrammen kann die Verteilung einer metrischen Variablen grafisch gut beschrieben werden. Oft besteht aber auch der Wunsch, mit wenigen Zahlen wesentliche Angaben über die Verteilung zu treffen.

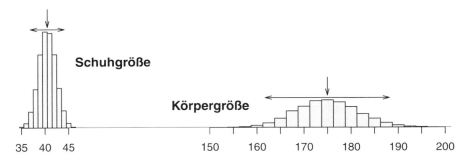

Abbildung 8.3: Verteilung von Schuhgröße und Körpergröße

In ▶ Abbildung 8.3 sind zwei Histogramme, je eines für die Schuhgröße und die Körpergröße, auf einer gemeinsamen x-Achse aufgebaut. Maßzahlen, die beschreiben, wo das Zentrum der Daten ist, nennt man LAGEMASSE. Für die Schuhgröße sollen das Werte um 40, für die Körpergröße um 175 sein. Maßzahlen, die angeben, wie stark die Daten variieren, nennt man STREUUNGSMASSE. Die Schuhgrößen variieren weit weniger stark als die Körpergrößen, die Streuungsmaße sollen daher für die Schuhgröße kleinere Werte als für die Körpergröße ergeben.

Für die Erläuterung und die Berechnung der verschiedenen Lage- und Streuungsmaße soll der folgende kleine hypothetische Datensatz mit nur zehn Werten dienen:

7 10 16 9 12 13 9 8 10 9

Lagemaße

Die drei wichtigsten Lagemaße sind:

- MITTELWERT $\bar{x}$

  Das wohl bekannteste Lagemaß, das durch Aufsummieren der Werte x_i und anschließendes Dividieren durch die Anzahl n der Werte gewonnen wird

  $$\bar{x} = \frac{1}{n} \sum_{i=1}^{n} x_i$$

  Für den kleinen Beispieldatensatz bedeutet es also:

  $$(7 + 10 + 16 + 9 + 12 + 13 + 9 + 8 + 10 + 9)/10 = 103/10 = 10.3$$

- MEDIAN $\tilde{x}$

  Nach dem Sortieren der Daten wird der Wert in der Mitte bestimmt. Bei einer ungeraden Anzahl von Werten ist der Wert eindeutig, bei einer geraden Anzahl von Werten mittelt man die beiden Werte, die der Mitte am nächsten sind.

  Sortieren führt zu:

  $$7\ 8\ 9\ 9\ 9\ 10\ 10\ 12\ 13\ 16$$

  Die Werte 9 und 10 sind der Mitte am nächsten, also ist:

  $$\tilde{x} = (9 + 10)/2 = 9.5$$

- MODUS (MODALWERT)

  Der am häufigsten auftretende Wert im Datensatz ist der Modus. Als einziges der vorgestellten Lagemaße ist er auch für kategoriale Variablen einsetzbar (und wird auch dort fast ausschließlich für diese eingesetzt).

  Im Beispieldatensatz ist der Modus 9 (kommt dreimal vor).

Eigenschaften der vorgestellten Lagemaße:

- Für die sinnvolle Anwendung des Medians genügen ordinal skalierte Variablen.

- Der Mittelwert erfordert metrische Daten.

- Der Mittelwert kann weit stärker als der Median durch einzelne extreme Werte (Ausreißer) beeinflusst werden als der Median (Abschnitt 8.1.4).

- Bei einer Version des Mittelwerts wird ein gewisser Prozentsatz (etwa 5%) der kleinsten und größten Werte weggelassen und aus den Restdaten der Mittelwert berechnet. Man spricht vom GETRIMMTEN MITTEL. Damit reduziert man den Einfluss von Ausreißern wesentlich.

Exkurs 8.1   Quartile, Quantile und Perzentile

Zur Beschreibung von Verteilungen dient auch die Angabe von bestimmten Positionen in der Verteilung. So gibt etwa das Medianeinkommen jenes Einkommen an, das die Hälfte der Bevölkerung höchstens und die andere Hälfte der Bevölkerung mindestens erreicht.

Eine erste Verallgemeinerung führt zu QUARTILEN, wenn man von den zwei Hälften des Datensatzes zu den vier Vierteln übergeht. Das 1. QUARTIL (auch unteres Quartil genannt und mit Q_1 bezeichnet) ist jener Wert, der das Viertel der kleinen Werte von den oberen drei Vierteln trennt. Analog ist das 3. QUARTIL (oberes Quartil, Q_3) jener Wert, der das Viertel der großen Werte von den unteren drei Vierteln trennt. In diesem Sinn kann der Median auch als 2. Quartil aufgefasst werden.

Die Bestimmung der Quartile ist im Prinzip einfach: Q_1 (bzw. Q_3) ist der Median der unteren (bzw. oberen) Hälfte. So einfach die Idee, so uneinheitlich die Ausführungen (etwa bei ungeradem Stichprobenumfang, wenn nicht eindeutig klar ist, was untere bzw. obere Hälfte des Datensatzes ist).

Geht man von Vierteln zu beliebigen Aufteilungen über, spricht man von QUANTILEN. Das α-Quantil (α ist ein Wert zwischen 0 und 1) ist jener Wert so, dass der Anteil der Beobachtungen, die **höchstens** so groß sind, gleich α ist. Q_1 (bzw. Q_3) ist also das 0.25-Quantil (bzw. 0.75-Quantil) und der Median das 0.5-Quantil.

Verwendet man statt Anteilen zwischen 0 und 1 für α Prozentangaben zwischen 0 und 100, spricht man auch von PERZENTILEN. Q_1 ist also das 25-Perzentil.

Ist man also an der Grenze (nach unten) interessiert, ab der die 10% der am schlechtesten Verdienenden beginnen, geht es um das 0.1-Quantil (10-Perzentil) des Einkommens. Geht es auf der anderen Seite um das 1% der Topverdiener, kommt das 0.99-Quantil (99-Perzentil) ins Spiel, weil 99% höchstens bis zu dieser Grenze kommen.

Die bis jetzt besprochenen Quartile, Quantile und Perzentile beziehen sich auf eine gegebene Stichprobe. Analoge Fragestellungen für theoretische Verteilungen treten oft in Zusammenhang mit statistischen Tests auf. Implizit sind sie uns schon in den vorigen zwei Kapiteln mit der χ^2-Verteilung begegnet. Es ging um die Bewertung, ob ein aus der Stichprobe berechneter X^2-Wert so groß ist, dass eine Nullhypothese verworfen werden muss. Anstelle eines Vergleichs des p-Werts mit dem Signifikanzniveau α, etwa $\alpha = .05$, wäre es auch möglich, den errechneten X^2-Wert mit einem passenden Quantil $1 - \alpha$, also meist 0.95, einer χ^2-Verteilung zu vergleichen (Abschnitt 6.8).

Streuungsmaße

An Streuungsmaßen besprechen wir:

■ VARIANZ s^2

Man berechnet die Abweichungen der Beobachtungen x_i vom Mittelwert $\bar{x}$, quadriert diese und berechnet davon den Mittelwert. Aus technischen Gründen ist es günstiger, den Mittelwert nicht durch Division durch n, sondern durch $n-1$ zu bilden:

$$s^2 = \frac{1}{n-1} \sum_{i=1}^{n} (x_i - \bar{x})^2$$

$$s^2 = \left[(7 - 10.3)^2 + (10 - 10.3)^2 + \cdots + (9 - 10.3)^2 \right] / (10 - 1)$$
$$= 64.1/9 = 7.1222$$

■ STANDARDABWEICHUNG s

Dies ist die Wurzel der Varianz

$$s = \sqrt{\frac{1}{n-1} \sum_{i=1}^{n} (x_i - \bar{x})^2}$$

$$s = \sqrt{7.1222} = 2.6687$$

■ SPANNWEITE

Differenz zwischen größtem und kleinstem Wert

$$16 - 7 = 9$$

■ QUARTILSABSTAND (INTERQUARTILBEREICH, QD)

Differenz zwischen drittem und erstem Quartil

$$QD = Q_3 - Q_1$$

Berechnet man Q_1 (bzw. Q_3) als Median der unteren (bzw. oberen) Datenhälfte, erhält man:

$$QD = 12 - 9 = 3$$

R würde in der Standardeinstellung einen etwas anderen Wert für das 3. Quartil (nämlich 11.5) und in der Folge für den Quartilsabstand 2.5 ausgeben. Insgesamt stehen neun Methoden der Quantilsberechnung zur Auswahl, die über ein passendes Argument im Aufruf der `quantile()` Funktion ausgewählt werden können. Genaueres kann über die Hilfefunktion `?quantile` in Erfahrung gebracht werden.

Eigenschaften der vorgestellten Streuungsmaße:

■ Die Berechnung von Streuungsmaßen ist nur bei metrischen Daten sinnvoll.

- Streuungsmaße können nicht negativ werden.

- Varianz, Standardabweichung und Spannweite sind nur dann 0, wenn alle Werte identisch sind.

- Varianz, Standardabweichung und Spannweite können weit stärker von einzelnen Werten (Ausreißern) beeinflusst werden als der Quartilsabstand (Abschnitt 8.1.4).

- Im Allgemeinen werden die Werte nicht direkt interpretiert, sondern nur die entsprechenden Werte zwischen Gruppen verglichen (etwa: die Streuung in zwei Gruppen unterscheidet sich, weil ein bestimmtes Streuungsmaß deutlich unterschiedliche Werte in den Gruppen annimmt).

Natürlich sind die wichtigsten Maßzahlen in R leicht zu berechnen. Zunächst bestimmen wir Lagemaße und geben sie in einem Block aus:

```
> mittelwert <- mean(vwghdauer)
> median <- median(vwghdauer)
> getrimmter_mw <- mean(vwghdauer, trim = 0.05)
> rbind(mittelwert, median, getrimmter_mw)
```

```
                      [,1]
mittelwert          914.85
median              868.00
getrimmter_mw       887.68
```

Der Mittelwert von ca. 915 Tagen bedeutet, dass es im Durchschnitt ziemlich genau 2.5 (= 915/365) Jahre gedauert hat, bis am VwGH über eine Beschwerde entschieden wurde. Dass das getrimmte Mittel und der Median kleiner sind, liegt daran, dass einige Verfahren sehr lange gedauert haben und diese den Mittelwert im Vergleich dazu nach oben ziehen.

Analog gehen wir mit Quantilen vor:

```
> minimum <- min(vwghdauer)
> quartil_1 <- quantile(vwghdauer, 0.25)
> quartil_3 <- quantile(vwghdauer, 0.75)
> maximum <- max(vwghdauer)
> rbind(minimum, quartil_1, quartil_3, maximum)
```

```
               25%
minimum          2
quartil_1      258
quartil_3     1443
maximum       3262
```

Die seltsame Beschriftung dieser Spalte (25%) rührt daher, dass die quantile() Funktion neben dem Wert auch eine Beschriftung mitgibt. Von den in dieser Spalte enthaltenen Werten haben die Quartile eine solche, die erste dieser Beschriftungen wird angezeigt.

Die kürzeste Verfahrensdauer beträgt zwei Tage, die längste 3263 Tage (also fast neun Jahre). Ein Viertel der Verfahren war nach 258 Tagen abgeschlossen, ein Viertel dauerte länger als 1443 Tage (fast vier Jahre).

Die Streuungsmaße sind ebenfalls leicht abrufbar:

```
> varianz <- var(vwghdauer)
> standardabweichung <- sd(vwghdauer)
> quartilsabstand <- IQR(vwghdauer)
> rbind(varianz, standardabweichung, quartilsabstand)
```

```
                        [,1]
varianz             462931.20
standardabweichung     680.39
quartilsabstand       1185.00
```

Der Wert für die Varianz ist deshalb sehr hoch, weil die Verfahrensdauern nicht nur stark variieren, sondern auch einen großen Wertebereich abdecken (von 2 bis 3262). Hätte man die Verfahrensdauern nicht in Tagen, sondern in Wochen erhoben, wäre der Wert für die Varianz nur $462931.2/(7^2) = 9447.58$.

Einzig der Modus ist nicht direkt implementiert und muss als jene Stelle oder – wenn nicht eindeutig – als jene Stellen berechnet werden, an der oder denen die Häufigkeitstabelle ihr Maximum annimmt.

```
> tabdauer <- table(vwghdauer)
> modus <- tabdauer[which(tabdauer == max(tabdauer))]
> modus
```

```
119
 13
```

Für die Abfrage `which(x == max(x))` gibt es eine eigene Funktion, nämlich `which.max()` (und analog dazu `which.min()`). Der Code mit dieser Funktion wäre etwas effizienter, am Ergebnis ändert sich natürlich nichts:

```
> tabdauer[which.max(tabdauer)]
```

```
119
 13
```

Da wir eine Tabelle indizieren, erhalten wir im Output den Modus als „Kategorienamen" und darunter die entsprechende Häufigkeit. Wir sehen, dass der Wert 119 am häufigsten, nämlich 13 Mal, vorkommt.

Die Werte für das Minimum, erstes Quartil, Median, drittes Quartil und Maximum werden auch als FÜNF-PUNKT-ZUSAMMENFASSUNG (*five number summary*) bezeichnet. In R stehen dafür im Prinzip zwei Funktionen bereit. Mit `fivenum()` werden die fünf Werte ermittelt:

```
> fivenum(vwghdauer)
```

```
[1]    2   258   868  1443  3262
```

Mit `summary()` wird zusätzlich der Mittelwert bestimmt:

```
> summary(vwghdauer)                                              R
```

```
 Min. 1st Qu.  Median    Mean 3rd Qu.    Max.
    2     258     868     915    1440    3260
```

Überdies kann es zu kleinen Unterschieden in den ausgegebenen Quartilen kommen, wenn durch die Voreinstellungen unterschiedliche Methoden für die Berechnung der Quartile festgelegt sind.

Weitere Kennzeichen einer Verteilung

Lage- und Streuungsmaße sind die wichtigsten Maßzahlen für die Verteilung einer Stichprobe. Es gibt noch weitere Aspekte, die in die Beschreibung der Verteilungsform einfließen können.

■ SCHIEFE Mit dem SCHIEFEKOEFFIZIENTEN wird versucht, die Abweichung der Häufigkeitsverteilung von einer symmetrischen Verteilung (im Idealfall auch in einem symmetrischen Histogramm ersichtlich) zu messen.

Man unterscheidet RECHTSSCHIEFE und LINKSSCHIEFE Verteilungen. Bei rechtsschiefen Verteilungen ist der Median (deutlich) kleiner als der Mittelwert, bei linksschiefen Verteilungen sind die Verhältnisse gerade umgekehrt. In so gut wie jedem Land ist die Einkommensverteilung rechtsschief. Ebenso sind dies auch die Verfahrensdauern im VwGH-Beispiel (▶ Abbildung 8.6).

Eine Verteilung, die weder links- noch rechtsschief ist, nennt man SYMMETRISCH.

■ WÖLBUNG (KURTOSIS, EXZESS) Im Vergleich zur Normalverteilung (▶ Exkurs 8.2) wird untersucht, ob mehr oder weniger Gewicht auf den Enden der Verteilung liegt. Sinnvoll sind sog. WÖLBUNGSKOEFFIZIENTEN nur bei (in etwa) symmetrischen Verteilungen interpretierbar.

■ UNIMODALITÄT und MULTIMODALITÄT Haben die Daten ein Zentrum, um das herum die Daten verteilt liegen, spricht man von einer EINGIPFELIGEN (UNIMODALEN) Verteilung. Gibt es mehrere Zentren, so ist die Verteilung MEHRGIPFELIG (MULTIMODAL). Für Ein- bzw. Mehrgipfeligkeit gibt es keine Maßzahlen, sie wird am besten an einem Histogramm überprüft.

In ▶ Abbildung 8.4 sind mehrere Verteilungsformen dargestellt. In der linken Grafik sind schiefe Verteilungen abgebildet. Die mittlere Grafik enthält symmetrische Verteilungen mit unterschiedlichen Wölbungen. Eine Normalverteilung und dazu zwei Verteilungen mit stärkeren Wölbungen (leptokurtisch). Die Verteilung rechts ist nicht eingipfelig (unimodal), sondern mehrgipfelig (multimodal).

Exkurs 8.2 Normalverteilung

Die Normalverteilung ist eine theoretische Verteilung, deren Form durch die berühmte Glockenkurve bestimmt ist.

Normalverteilung steht nicht für eine einzelne Verteilung, sondern für eine Familie von Verteilungen, die durch zwei Parameter (Kenngrößen) bestimmt

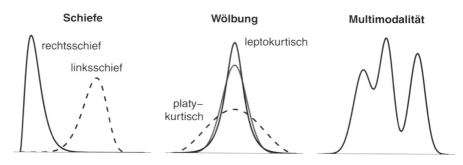

Abbildung 8.4: Verteilungsformen

sind, die mit μ und σ^2 bezeichnet werden. μ ist dabei der Erwartungswert (Mittelwert), σ^2 die Varianz (somit σ die Standardabweichung) der theoretischen Verteilung. Die Kurzschreibweise ist: $N(\mu, \sigma^2)$.

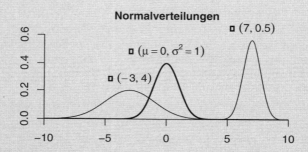

Normalverteilungen sind symmetrisch und eingipfelig. Im zentralen Bereich sind die Daten am stärksten konzentriert. Im Bereich $\mu \pm \sigma$ (also vom Mittelwert eine Standardabweichung nach links und nach rechts) liegen 68.3% (also etwas mehr als zwei Drittel) und im Bereich $\mu \pm 2\sigma$ sind es 95.4% der Daten.

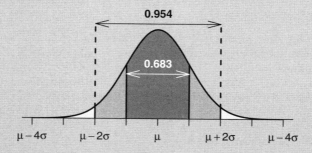

Mit der Wahl $\mu \pm 1.96\sigma$ überdeckt man genau 95% der Daten. Dieser Wert von 1.96 ist schon bei Konfidenzintervallen für Anteile (Abschnitt 6.5) in der Formel 6.3 ohne große Erklärung aufgetaucht. Ersetzt man 1.96 durch 2.58, sind 99% der Daten im zentralen Bereich.

Diese Anteile gelten für normalverteilte Variablen. Wenn die Verteilung symmetrisch und eingipfelig ist, sind die Abweichungen von diesen Werten aber nicht sehr groß, wenn keine Normalverteilung vorliegt.

8.1.3 Boxplot

Minimum, 1. Quartil, Median, 3. Quartil und Maximum werden oft als 5-Punkt-Zusammenfassung für eine Variable angegeben. Darin enthalten sind mit dem Median ein Lagemaß und implizit auch Spannweite und Quartilsabstand, also zwei Streuungsmaße.

Auf diesen fünf Punkten ist auch der BOXPLOT aufgebaut (► Abbildung 8.5). Die Grenzen der Box sind durch das erste und das dritte Quartil bestimmt, an der Stelle des Medians ist die Box unterteilt. Linien (Whiskers) zum Minimum und Maximum vervollständigen den Boxplot.

```
> boxplot(vwghdauer, ylab = "Dauer in Tagen")                        R
```

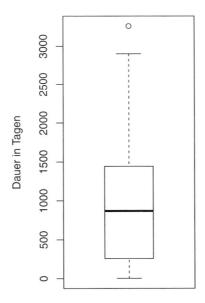

Abbildung 8.5: Boxplot der VwGH-Verfahrensdauern

Statistikpakete wie **R** hängen meist eine Ausreißersuche an, die das Erscheinungsbild leicht abändern kann. Ausreißer werden als einzelne Punkte markiert und die Linien werden nicht bis zu den Ausreißern gezogen.

Boxplots können platzsparend auch liegend dargestellt werden (► Abbildung 8.6). Beim liegenden Boxplot (`horizontal` = TRUE) für die Verfahrensdauern ist überdies die Ausreißersuche abgestellt (`range` = 0), der Mittelwert markiert (`abline()`), die Skalenbeschriftung verfeinert (seq(0, 3500, 250) und senkrecht zur Achse (`las` = 2) angebracht.

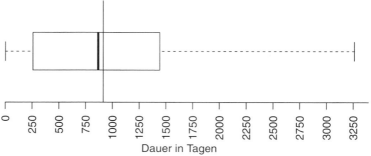

Abbildung 8.6: Modifizierter Boxplot der VwGH-Verfahrensdauern

```
> boxplot(vwghdauer, horizontal = TRUE, axes = FALSE, range = 0,
+      cex.main = 1.5, main = "VwGH-Verfahrensdauern", xlab = "Dauer in Tagen")
> axis(1, seq(0, 3500, 250), las = 2)
> abline(v = mean(vwghdauer))
```

Wenn wir zur Interpretation den zweiten Boxplot (▶ Abbildung 8.6) mit der genaueren Skalenbeschriftung heranziehen, können wir einiges über die Verfahrensdauern vor dem VwGH ableiten. Diese Skala erlaubt nämlich das ungefähre Ablesen wichtiger Werte.

▪ Q_1 als untere Begrenzung der Box ist etwas größer als 250, Q_3 als obere Begrenzung ist etwas kleiner als 1500.

▪ Der Median als Unterteilung der Box liegt zwischen 750 und 1000.

▪ Der Quartilsabstand als Differenz $Q_3 - Q_1$ ist etwas größer als 1000 und kann aus der Länge der Box abgeschätzt werden.

▪ Das Minimum ist ca. 0 und das Maximum liegt etwas über 3250.

Fallbeispiel 12: VwGH: Interpretation des Boxplots

Das erste Viertel der Verfahren ist nach ca. 250 Tagen abgeschlossen, also nach ca. acht Monaten. Das nächste Viertel dauert bis knapp 900 Tage (ca. 2.5 Jahre), ist also breiter. Das dritte Viertel reicht nicht ganz bis 1500 Tage (ca. vier Jahre), ist also in etwa gleich breit wie das vorige Viertel. Das letzte Viertel ist allein mindestens so breit wie die vorigen drei Viertel zusammen.

Die Schiefe der Verteilung ist aus dem Boxplot durch die unterschiedlichen Breiten des ersten und vierten Viertels der Daten ersichtlich. Im zentralen Bereich (dem Bereich, der durch die Box abgedeckt ist) liegt ungefähre Symmetrie vor. Da die Daten zu Beginn stärker konzentriert sind, ist die Verteilung rechtsschief.

Zur Beschreibung der Verteilung sind Histogramme besser als Boxplots geeignet. So konnten wir aus dem Histogramm (▶ Abbildung 8.2) ersehen, dass eine zweigipfelige Verteilung vorliegt. Der Boxplot bietet diese Einsicht nicht.

Der Vorteil von Boxplots liegt im grafischen Vergleich von Verteilungen einer Variablen in mehreren Gruppen und wird uns im Kapitel 10 wieder begegnen.

8.1.4 Ausreißer

Im Boxplot (▶ Abbildung 8.5) ist eine Beobachtung als Ausreißer markiert worden. AUSREISSER sind allgemein Beobachtungen, die nicht zur selben Grundgesamtheit gehören oder zu gehören scheinen wie die (meisten) übrigen Elemente der untersuchten Stichprobe.

Liegt nur eine metrische Variable pro Beobachtung vor, fallen Ausreißer durch extreme Werte in dieser Variablen auf. Bei mehreren Variablen können Extremwerte in einer Variablen zur Entdeckung von Ausreißern führen, in komplizierteren Fällen sind sie besser versteckt und können nur durch die simultane Untersuchung mehrerer Variablen ausspioniert werden.

Ursachen von Ausreißern

Ausreißer können aus mehreren Gründen in Datensätzen auftauchen:

- Fehler bei der Datenaufnahme, etwa durch ein defektes Messgerät
- Codierfehler; unklare Maßeinheiten, etwa Körpergröße wird in Metern statt Zentimetern angegeben
- Schreib- oder Tippfehler
- Ausreißer weicht zwar deutlich von den meisten anderen Werten ab, ist aber durchaus denkbar (reliable Ausreißer).

Umgang mit Ausreißern

Ausreißer können Ergebnisse statistischer Auswertungen stark beeinflussen, in schlechten Fällen verfälschen. Was macht man mit Beobachtungen, die man als Ausreißer entdeckt hat?

Natürlich wird man bei eindeutigen Datenfehlern versuchen, den Fehler zu korrigieren. Ist eine Korrektur nicht möglich, muss diese Beobachtung weggelassen werden bzw. der fehlerhafte Variablenwert auf fehlender Wert (missing) gesetzt werden.

Schwieriger ist der Umgang mit reliablen Ausreißern. Eine Möglichkeit ist, Analysen ohne diese Ausreißer durchzuführen, aber dieses Weglassen auch zu dokumentieren. Eine andere Möglichkeit ist, die Resultate der Analyse mit und ohne Ausreißer zu berichten.

Für manche Fragestellungen gibt es statistische Verfahren, die gegenüber vorhandenen Ausreißern wenig empfindlich sind. Solche Verfahren werden als ROBUST bezeichnet und sie stellen eine weitere Möglichkeit dar, möglichen Ausreißern in den Daten zu begegnen.

Median und auch das getrimmte Mittel sind robuste Lagemaße, der Quartilsabstand ist ein robustes Streuungsmaß.

Der Ausreißer im VwGH-Beispiel

Eine Überprüfung der Beobachtung mit dem Wert 3 262 für die Verfahrensdauer konnte Schreib- und Tippfehler ausschließen, es ist also ein reliabler Ausreißer. Ursachenforschung für die Länge des Verfahrens ist nicht Aufgabe dieses Buchs. Was sind die Auswirkungen auf die Maßzahlen?

Der Ausreißer im Datensatz ist kein Grund zu großer Sorge. Einerseits ist er nur als moderat eingestuft worden, andererseits ist bei einer so großen Stichprobe ($n = 3745$) eine etwas abweichende Beobachtung nicht sehr einflussreich. Das zeigt auch die folgende Auflistung einiger Maßzahlen:

	mit Ausreißer	ohne Ausreißer
$\bar{x}$	914.9	914.2
$\tilde{x}$	868.0	868.0
s	680.4	679.4
QD	1185.0	1184.5

Mittelwert und Standardabweichung haben eine geringe Änderung durch das Weglassen des Ausreißers erfahren, die robusten Maße haben überhaupt nicht ($\tilde{x}$) oder nur minimal (QD) reagiert.

8.1.5 Weitere grafische Beschreibungsmethoden

Histogramme und Boxplots sind nicht die einzigen grafischen Beschreibungsverfahren für metrische Variablen. Einige weitere Verfahren werden hier vorgestellt; ihr Einsatz ist aber weniger häufig und nur bei moderatem Stichprobenumfang sinnvoll. Wir wechseln zu einem Datensatz aus dem Golfsport. Kurze Beschreibungen der fast selbsterklärenden Ergebnisse ersetzen ausführliche Interpretationen.

Fallbeispiel 13: Golf: US-Masters in Augusta 2009

Datenfile: `augusta2009.csv`

Eines der traditionsreichsten Turniere im Golf ist das US-Masters in Augusta, das auf dem sehr berühmten Platz des Augusta National Golf Club gespielt wird.

Dieser 18-Loch-Platz hat Bahnen unterschiedlichen Schwierigkeitsgrads; für manche Bahnen werden von einem guten Spieler drei Schläge, für die meisten vier Schläge und für einige schwierig zu spielende Bahnen fünf Schläge bis zum Einlochen erwartet. Der Platz ist so angelegt, dass der Sollwert für eine Runde (also alle 18 Bahnen) bei 72 Schlägen liegt.

Nach zwei Spielrunden scheiden die schlechter platzierten Spieler aus, die anderen spielen weitere zwei Runden. Im Datenfile sind die Ergebnisse des Masters aus dem Jahr 2009 enthalten, nämlich für jede der vier Runden. Sieger wurde Angel Cabrera, der nach vier Runden mit 276 Schlägen wie Chad Campbell und Kenny Perry 12 unter Par war und das notwendige Playoff gewinnen konnte.

Gibt es weitere Verfahren zur grafischen Beschreibung?

Stem-and-Leaf-Plot

Stem-and-Leaf-Plots boten die Möglichkeit einer grafischen Darstellung einer Verteilung schon zu Zeiten, als für Drucker kaum mehr als der Zeichensatz einer Schreibmaschine verfügbar war. Bei kleinen Datensätzen bieten sie nicht nur – ähnlich wie Histogramme – eine Übersicht über die Verteilung, sondern zeigen sogar die einzelnen Werte – zumindest gerundet – an.

Am Beispiel der Golfdaten sei dies demonstriert. Wir beschränken uns auf die nach den ersten zwei Runden besten 50 Spieler, die den Cut geschafft haben. In Strokes sind die insgesamt benötigten Schläge für alle absolvierten Runden enthalten. Da in dieser Variablen allerdings auch die benötigten Schläge der Spieler enthalten sind, die den Cut nicht geschafft haben, müssen wir eine Auswahl auf jene Spieler treffen, die auch die dritte – und somit auch die vierte – Runde gespielt haben.

```
> golf <- read.csv2("augusta2009.csv", header = TRUE)
> Gesamt <- with(golf, Strokes[!is.na(R3)])
> stem(Gesamt, scale = 0.5)
```
R

```
The decimal point is 1 digit(s) to the right of the |

27 | 66689
28 | 0000111223344
28 | 5666666666666777778889999
29 | 0133444
29 | 88
```

Abbildung 8.7: Stem-and-Leaf-Plot der Golfdaten

Welche Informationen sind im Plot (▶ Abbildung 8.7) enthalten?

- Die einzelnen Zahlen des Datensatzes werden in einen Stamm (Stem) und ein Blatt (Leaf) aufgeteilt. Die Angaben zum Stamm sind links, diejenigen zum Blatt einer Zahl sind rechts vom |-Zeichen zu finden. Die Angabe The decimal point is 1 digit(s) to the right of the | besagt, dass die Angaben zum Stamm mit zehn zu multiplizieren sind. Es liegen also Stämme mit den Größen 270, 280 und 290 vor. Die Stämme 280 und 290 treten zweimal auf. Je einmal für die niedrigen Werte 280–284 (bzw. 290–294) und einmal für die hohen Werte 285–289 (bzw. 295–299).

- Die einzelnen Werte des Datensatzes könnte man rekonstruieren, indem man Stamm und Blatt der einzelnen Beobachtungen zusammenführt. Wenn wir also mit der niedrigen 280er Klasse beginnen: Es gibt viermal eine 0, daher also insgesamt viermal den Wert 280. Analog interpretierend kann man ableiten, dass dreimal 281 und je zweimal 282, 283 und 284 auftreten.

- Die Werte liegen somit auch in sortierter Reihenfolge vor. Es ist leicht, etwa den viertkleinsten Wert (278) zu bestimmen.

- Der Stem-and-Leaf-Plot ist ein um 90 Grad gedrehtes Histogramm (mit konstanten Klassenbreiten).

Da die Stichprobenwerte mit wenigen Ziffern angezeigt werden müssen, ist oft eine Rundung notwendig. In diesem Fall ist eine exakte Rekonstruktion der ursprünglichen Daten nicht mehr möglich.

Punkt- und Stabdiagramme

Den Versuch, die Einzeldaten als Punkte anzuzeigen, unternehmen PUNKTDIA-GRAMME. In R steht dazu die Funktion `stripchart()` zur Verfügung. Den grafisch ansprechenderen Output kann man mit der Funktion `DOTplot()` aus dem UsingR Package (Verzani, 2012) erstellen.

```
> library("UsingR")
> DOTplot(Gesamt, main = "US-Masters 2009")
```

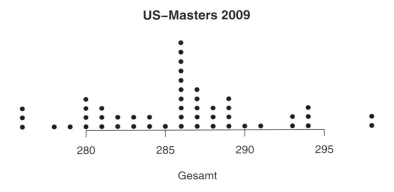

Abbildung 8.8: Punktdiagramm der Golfdaten

Eine ähnliche Idee wie mit Punktdiagrammen verfolgt man mit STABDIAGRAMMEN. Statt Punkte werden Striche zur Markierung der Beobachtungen verwendet. In R muss man etwas tricksen, um zu einer guten Achsenbeschriftung zu gelangen.

```
> plot(table(Gesamt), main = "US-Masters 2009", xlab = "Gesamt",
+      ylab = "Anzahl", cex.main = 1.4, axes = FALSE)
> axis(1)
> axis(2)
```

Beide Diagramme (▶ Abbildung 8.8 und ▶ Abbildung 8.9) vermitteln denselben Eindruck über die Lage der Daten. Zuerst kommen die drei Spieler mit dem Minimum an Schlägen, die das Playoff bestritten. Dann folgt der Hauptteil der Spieler mit zwischen 280 und 290 Schlägen. Ein paar Spieler sind deutlich abgefallen (mindestens 293 Schläge).

Rugplot als Ergänzung bestehender Plots

Die Primitivform eines Stabdiagramms kann als kleine Ergänzung zu bestehenden Plots hinzugefügt werden. Wir ergänzen damit einen Boxplot, doch kann generell

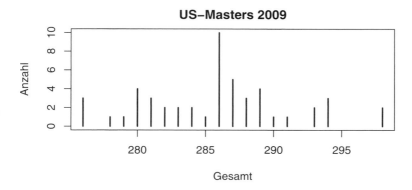

Abbildung 8.9: Stabdiagramm der Golfdaten

jeder Plot mit skalierten Achsen mit diesem Zusatz aufgefettet werden. Da dieser Zusatz ähnlich wie Teppichfransen ausschaut, hat er den Namen RUGPLOT.

Wir demonstrieren ihn nicht an den Golfdaten des US-Masters (nur wenig unterschiedliche Werte), sondern erzeugen uns mit `rnorm()` normalverteilte Zufallszahlen. Dem Boxplot für diese Daten fügen wir mit `rug()` den Rugplot auf der Skalenachse hinzu. Da dies beim Standardboxplot die y-Achse ist, müssen wir das im Aufruf mit `side = 2` spezifizieren (Default ist die x-Achse).

```
> x <- rnorm(100)
> boxplot(x, main = "Zufallszahlen")
> rug(x, side = 2)
```

Zum Boxplot der Zufallszahlen (► Abbildung 8.10) sind auf der Innenseite der y-Achse die Rugs hinzugefügt worden. Man kann also auf der Achse erkennen, wo tatsächlich die Werte, die zum Boxplot geführt haben, liegen.

Dichteplot

Eine Verallgemeinerung von Histogrammen stellt der DICHTEPLOT dar. Oft ist er mit zusätzlicher grafischer Information versehen, die wir schon besprochen haben.

Dichteschätzung Ein Histogramm gibt durch die Höhe seiner Balken darüber Auskunft, in welchen Klassen (Intervallen) Werte häufiger liegen als in anderen. Mit Dichteschätzern soll nicht nur für einzelne Intervalle diese Auskunft gegebenen werden, sondern für jeden Punkt. Bei KERNDICHTESCHÄTZERN wird um jeden beobachteten Wert ein Kern gelegt, diese Kerne werden addiert und gemittelt. Als Kerne kommen alle nichtnegativen, symmetrischen Funktionen mit normierter Fläche in Frage. In ► Abbildung 8.11 sind häufig ausgewählte Kerne angeführt.

Die Wahl der Form des Kerns hat weniger Einfluss auf die Dichteschätzung als die Breite (die sog. Bandweite) des Kerns, also der Varianz der Kerndichte. Wir gehen nicht weiter auf die Auswahl von Kernform und Bandbreite ein, sondern verlassen uns auf eine passende Auswahl durch die zugrunde liegende R-Funktion.

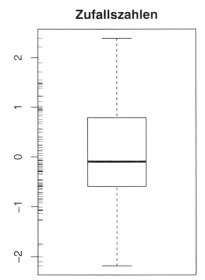

Abbildung 8.10: Boxplot mit Rugs von Zufallszahlen

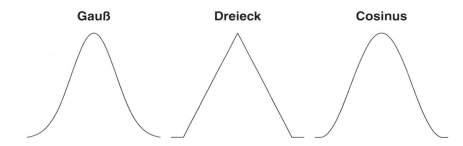

Abbildung 8.11: Verschiedene Kernformen

Dichteplot   Für den Dichteplot verwenden wir die Funktion densbox() aus dem Package **REdaS**. Im Unterschied etwa zur Funktion beanplot() aus dem Package **beanplot** bietet sie mit einem eingebundenen Boxplot eine weitere Form der Datenbeschreibung. Auf die Schreibweise mit Gesamt ~ 1 gehen wir in Abschnitt 10.5 genauer ein.

```
> densbox(Gesamt ~ 1, main = "US-Masters 2009")                    R
```

Der Dichteplot ▶ Abbildung 8.12 zeigt auf der linken Seite die Kerndichtefunktion und auf der anderen Seite einen Boxplot. Knapp über 285 ist die Dichte sehr hoch, es hat ja zehn Spieler mit 286 Schlägen gegeben. Im Großen und Ganzen ist die Dichte symmetrisch, kleine Abweichungen in einer konkreten Stichprobe sollten nicht überbewertet werden.

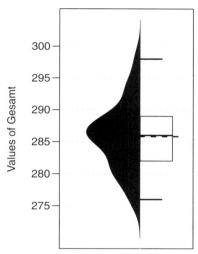

Abbildung 8.12: Dichteplot der Golfdaten

Im rechten Teil ist ein Boxplot eingezeichnet. Als Ergänzung dazu ist gestrichelt der Mittelwert markiert. Dass der Mittelwert kaum vom Median abweicht, ist wegen der Symmetrie in der Dichte nicht überraschend.

Empirische Verteilungsfunktion

Die EMPIRISCHE VERTEILUNGSFUNKTION gibt für jeden Wert aus dem Wertebereich der Stichprobe den Anteil an Beobachtungen an, die diesen Wert nicht übersteigen. Inhaltlich entspricht sie kumulierten relativen Häufigkeiten und wird lieber grafisch als tabellarisch ausgegeben. Die notwendigen Berechnungen erledigt die Funktion ecdf(), die Grafikausgabe mit dem plot Befehl kann direkt auf diesem Ergebnis aufsetzen.

```
> plot(ecdf(Gesamt), main = "US-Masters 2009", xlab = "Gesamt")      R
```

Das Ergebnis (▶ Abbildung 8.13) ist eine Treppenfunktion. Die erste Stufe ist an der Stelle 276, dem Minimum der Daten, die letzte Stufe ist bei 298, dem Maximum der Daten. Die Stufen sind unterschiedlich hoch, je nach Häufigkeit der einzelnen Werte; die höchste Stufe ist bei 286, dem häufigsten Wert in der Stichprobe. Hier macht die empirische Verteilungsfunktion einen Sprung von ungefähr 0.4 auf 0.6. Ungefähr 60 Prozent der Beobachtungen haben einen Wert von höchstens 286.

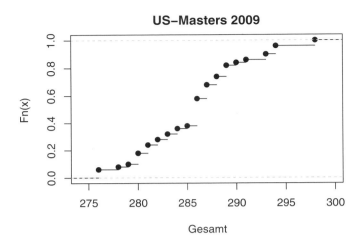

Abbildung 8.13: Empirische Verteilungsfunktion der Golfdaten

8.2   Ist der Mittelwert in der Grundgesamtheit anders als eine bestimmte Vorgabe?

Fallbeispiel 14: Dauern die Verfahren am VwGH länger?

Datenfile: `vwgh.csv`

Wir haben im vorigen Abschnitt die Verfahrensdauern in Abgabensachen am Verwaltungsgerichtshof untersucht. Eine frühere Untersuchung über die VwGH-Entscheidungen der Jahre 1979 bis 1985 hatte ergeben, dass in diesen Jahren die durchschnittliche Verfahrensdauer 1 Jahr und 3 Monate betragen hatte.

Dauern die Verfahren durchschnittlich länger als in den Jahren 1979 bis 1985?

In der Untersuchung der VwGH-Entscheidungen der Jahre 1979 bis 1985 wurden die Verfahrensdauern in Monaten, in unseren Daten über die Jahre 2000 bis 2004 in Tagen erhoben. Für den Vergleich mit unseren Daten müssen wir den Wert von einem Jahr und drei Monaten umrechnen, wir erhalten 456 (= 365 · 1.25) Tage.

```
> boxplot(vwghdauer, main = "VwGH-Verfahrensdauern", xlab = "Dauer in Tagen",
+     horizontal = TRUE)
> abline(v = 456)
```

In den Boxplot (► Abbildung 8.14) ist der Vergleichswert 456 als Referenzlinie einge-zeichnet.

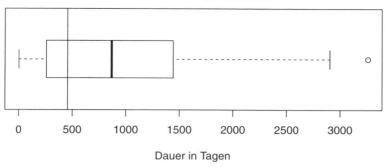

Abbildung 8.14: Boxplot der VwGH-Verfahrensdauern mit Vergleichswert

Exkurs 8.3   Zentraler Grenzwertsatz

In der Wahrscheinlichkeitsrechnung ist es eine einfache Übung nachzuweisen, dass Mittelwerte aus einer normalverteilten Grundgesamtheit ebenfalls normalverteilt sind. Gemeint ist dabei Folgendes (ähnlich Abschnitt 6.8):

- Man zieht wiederholt Stichproben eines festgelegten Stichprobenumfangs.
- In jeder Stichprobe wird der Mittelwert bestimmt.
- Wenn der Vorgang oft (etwa 10 000-mal) wiederholt wird, erhalten wir viele Mittelwerte.
- Die Verteilung dieser Werte kann z. B. in einem Histogramm dargestellt werden. Die Form des Histogramms wird sehr ähnlich der Glockenform der Normalverteilung sein.

In der grafischen Beschreibung der Verfahrensdauern haben wir aber eine schiefe und zweigipfelige Verteilung festgestellt. Zwar trifft das nur auf die Stichprobe zu, die Abweichungen von einer Normalverteilung sind aber so groß, dass wir auch für die Grundgesamtheit annehmen können, dass keine Normalverteilung vorliegt (für Tests Abschnitt 8.4). Was gilt für Mittelwerte aus solchen Grundgesamtheiten?
Hier hilft der ZENTRALE GRENZWERTSATZ:

> **Für große Zufallsstichproben sind die Mittelwerte approximativ normalverteilt.**

Was bedeutet das?

- Die Aussage gilt für großes n, in mathematischer Formulierung noch abschreckender für $n \to \infty$ (also n geht asymptotisch gegen unendlich). Simulationen zeigen, dass schon für moderates n ($n \geq 30$) die Abweichungen von der Normalverteilung nur mehr gering sind.

■ Die approximative Normalverteilung wird auch bei extremen Ausgangsverteilungen erreicht. Also auch schiefe, mehrgipfelige oder auch diskrete Verteilungen führen bei ausreichend großem n zu ungefährer Normalverteilung des Mittelwerts. In die Bestimmung des Konfidenzintervalls für Anteile (Abschnitt 6.5) ist auch der zentrale Grenzwertsatz eingeflossen.

■ Der Gipfel in der Mittelwertsverteilung ist beim Mittelwert der Ausgangsverteilung.

■ Die Varianz der Mittelwerte fällt mit dem Stichprobenumfang gemäß $\sigma_{\bar{x}} = \sigma/\sqrt{n}$.

Mit dem folgenden Plot sollen die eben besprochenen Punkte an Ausgangsverteilungen, die klar von der Normalverteilung abweichen, veranschaulicht werden. Die Ausgangsverteilungen (erste Zeile von links nach rechts) sind:

■ *Gleichverteilung:* eine zwar symmetrische Verteilung, aber ohne (klaren) Gipfel. Als Beispiel dient eine Gleichverteilung im Intervall [0, 1].

■ *U-förmige Verteilung:* symmetrisch, hat aber zwei Gipfel (bimodal), noch dazu an den Enden der Verteilung. Hier eine Betaverteilung mit $\alpha = 1/10$ und $\beta = 1/10$.

■ *Schiefe Verteilung:* asymmetrisch, Gipfel am linken Ende der Verteilung. Für die Simulation eine Betaverteilung mit $\alpha = 1/4$ und $\beta = 1$.

Für die Simulation wurden jeweils 1 000 000 Mittelwerte berechnet und diese in Histogrammen zusammengefasst.

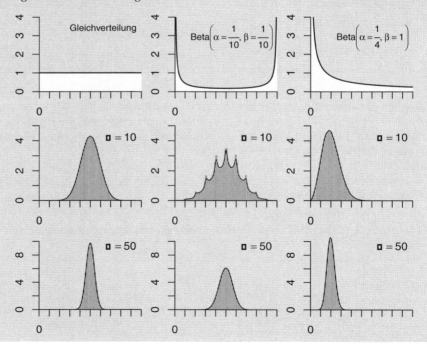

In der zweiten bzw. dritten Zeile sind die Verteilungen der Mittelwerte bei Stichprobengrößen von jeweils zehn bzw. 50 Beobachtungen geplottet (Histogramm und Kerndichteschätzer). Bei Mittelwerten von nur zehn Beobachtungen pro Stichprobe sind die Mittelwerte noch unterschiedlich verteilt: Bei einer Gleichverteilung sind sie zwar schon symmetrisch und eingipfelig, bei der U-förmigen jedoch multimodal (vielgipfelig) und bei der schiefen Verteilung sind auch die Mittelwerte noch schief verteilt. Spätestens bei Mittelwerten aus 50 Beobachtungen liegt ungefähre Normalverteilung vor. Man erkennt auch, dass die Varianz der Mittelwerte mit zunehmendem Stichprobenumfang kleiner wird.

Das Histogramm (▶ Abbildung 8.2) der VwGH-Verfahrensdauern zeigt eine schiefe und mehrgipfelige Verteilung an, also eine starke Abweichung von der Normalverteilung. Aufgrund des sehr hohen Stichprobenumfangs kann man über den zentralen Grenzwertsatz argumentieren, dass für den Mittelwert dennoch eine Normalverteilung vorliegt.

Damit kann der EIN-STICHPROBEN-t-TEST zur Untersuchung der Fragestellung eingesetzt werden. Wie beim Anteilstest (Abschnitt 6.4) können zwei- oder einseitige Alternativhypothesen überprüft werden.

Ein-Stichproben-t-Test eines Mittelwerts

Nullhypothese H_0: $\mu = \mu_0$

Alternativhypothese H_A: $\mu \neq \mu_0$ oder $\mu > \mu_0$ oder $\mu < \mu_0$

$$t = \frac{\bar{x} - \mu_0}{s} \sqrt{n} \qquad (8.1)$$

- ▪ μ ... der unbekannte Mittelwert der Grundgesamtheit (hier aller VwGH-Entscheidungen)
- ▪ μ_0 ... der Wert, den wir kennen (oder den wir festlegen) und gegen den wir prüfen wollen, in unserem Beispiel ist er 456.
- ▪ $\bar{x}$ ... Mittelwert der Stichprobe
- ▪ n ... Stichprobenumfang
- ▪ s ... Standardabweichung in der Stichprobe
- ▪ Die Teststatistik t folgt unter H_0 annähernd einer t-Verteilung mit $n-1$ Freiheitsgraden.
- ▪ Die Fragestellung, ob die Verfahren länger dauern, entspricht der Alternativhypothese H_A: $\mu > 456$.

```
> t.test(vwghdauer, mu = 456, alternative = "greater")                        R

        One Sample t-test

data:  vwghdauer
t = 41.271, df = 3744, p-value < 2.2e-16
alternative hypothesis: true mean is greater than 456
```

```
95 percent confidence interval:
 896.56    Inf
sample estimates:
mean of x
   914.85
```

Der Titel des Testergebnisses besagt, dass ein Ein-Stichproben-t-Test berechnet wurde. Nach der Angabe, für welche Daten der Test berechnet wurde, werden die eigentlichen Testergebnisse präsentiert:

■ Der Wert der Teststatistik beträgt: 41.2706.

■ Unter H$_0$ folgt die Teststatistik einer t-Verteilung mit 3744 Freiheitsgraden (es liegen $n = 3\,745$ Verfahrensdauern vor).

■ Der p-Wert ist fast 0.

■ Es wurde der Test mit der einseitigen Alternativhypothese H$_A : \mu > 456$ gerechnet.

Danach folgt noch die Ausgabe eines einseitigen Konfidenzintervalls (Abschnitt 8.3) und des aus der Stichprobe berechneten Mittelwerts für die Verfahrensdauern (914.85).

Fallbeispiel 14: VwGH: Interpretation des Mittelwerttests

Ein Ein-Stichproben-t-Test für die Hypothese, dass die Verfahren länger als 456 Tage dauern, hat ein signifikantes Ergebnis erbracht ($t = 41.27$, $df = 3744$, $p < .001$).

Inhaltlich bestätigt das Testergebnis die Vermutung aus der Beschreibung der Stichprobe, die Verfahren dauern länger. In der Stichprobe ist der Mittelwert 914.85, also ziemlich genau das Doppelte des Werts des Vergleichszeitraums (1979 bis 1985).

Juristen führen die längeren Verfahrensdauern zum Teil auf die größere Anzahl von Beschwerden, die vor den VwGH gebracht werden, und die dadurch verursachte Überlastung des VwGH zurück.

8.3 In welchem Bereich kann man den Mittelwert in einer Grundgesamtheit erwarten?

Fallbeispiel 15: Wie lange dauern die Verfahren am VwGH?

Datenfile: vwgh.csv

Wir haben die Verteilung der Verfahrensdauern durch Histogramme und Boxplots grafisch und durch Maßzahlen numerisch beschrieben.

Das hat die Stichprobe betroffen. Aber weitere Beobachtungen würden zu geänderten Grafiken und Maßzahlen führen.

Wie groß ist der Mittelwert aller Verfahrensdauern?

Wir haben eine sehr große Stichprobe als Basis unserer Maßzahlen, dennoch würden weitere Beobachtungen bewirken, dass sich die Werte – vermutlich nur leicht, aber dennoch – verändern. Eine völlig andere Stichprobe würde auch kaum genau die Werte unserer Stichprobe reproduzieren. Den Mittelwert der Stichprobe als Wahrheit, also als den Mittelwert der Grundgesamtheit auszugeben, wäre also entweder naiv oder überheblich.

Die Idee, die zur Anwendung kommt, ist analog der bei Konfidenzintervallen für Anteile (Abschnitt 6.5). Man ersetzt den einzelnen Wert (hier den Mittelwert) der Stichprobe durch ein Intervall, in dem vermutlich der unbekannte Mittelwert der Grundgesamtheit liegt. Das Resultat ist ein KONFIDENZINTERVALL FÜR DEN MITTELWERT, das durch die Angabe der Unter- und Obergrenze des Intervalls festgelegt ist.

Sind die Daten normalverteilt oder kann, weil der Stichprobenumfang ausreichend groß ist, aufgrund des zentralen Grenzwertsatzes auf eine Normalverteilung des Stichprobenmittels geschlossen werden, können Konfidenzintervalle über die Normalverteilung berechnet werden.

In R werden Konfidenzintervalle für den Mittelwert automatisch auch bei jedem Aufruf eines Einstichproben-t-Tests berechnet (Abschnitt 8.2). Allerdings werden bei einseitigen Alternativhypothesen nur die weniger üblichen einseitigen Konfidenzintervalle erstellt. Für die gewohnteren zweiseitigen Konfidenzintervalle genügt in R die Berechnung eines zweiseitigen t-Tests mit beliebigem Wert in der Nullhypothese. Ist man nur am Konfidenzintervall, aber nicht an den Ausgabewerten zum t-Test interessiert, genügt:

```R
> t.test(vwghdauer)$conf.int
```

```
[1] 893.05 936.65
attr(,"conf.level")
[1] 0.95
```

Fallbeispiel 15: VwGH: Interpretation des Konfidenzintervalls

Ein Konfidenzintervall für den Mittelwert der Verfahrensdauern reicht von 893.05 bis 936.65.

In diesem Bereich liegt vermutlich der Mittelwert der Verfahrensdauern **aller** Beschwerden an den VwGH.

Will man das Konfidenzniveau (Sicherheitsniveau) von den standardmäßig eingestellten 95% abändern (etwa auf 99%), kann im Aufruf von t.test() das Argument conf.level = .99 angegeben werden.

8.4   Folgt eine metrische Variable einer bestimmten Verteilung?

Fallbeispiel 16: Normalverteilung beim US-Masters 2009?

Datenfile: `augusta2009.csv`

Ein Rundenergebnis bei einem Golfturnier setzt sich aus 18 Teilergebnissen auf den einzelnen Bahnen zusammen. Solche Summen aus Einzelergebnissen lassen sich oft durch Normalverteilungen beschreiben. So auch die Ergebnisse früherer US-Masters.

Sind die benötigten Schläge für die vier Runden normalverteilt?

Wir werden uns auf den Turnierendstand beschränken, ein Übungsbeispiel befasst sich mit dem Stand nach zwei Runden.

Eine Möglichkeit einer grafischen Überprüfung bietet ein Histogramm. Zwar sind nur ganze Zahlen denkbar (die Rundenergebnisse sind diskret), aber ein Histogramm gibt einen besseren Eindruck einer Verteilung einer metrischen Variablen als ein Balkendiagramm, das Platz zwischen den Balken lässt.

In dieses Histogramm (▶ Abbildung 8.15) zeichnen wir die Dichtefunktion (Glockenkurve) jener Normalverteilung ein, bei der Mittelwert und Varianz mit der Stichprobe übereinstimmen. Wir können die Dichtefunktion mit den Befehlen `curve()` und `dnorm()` einfach über das Histogramm plotten. Wichtig ist, dass man dabei das Argument `add` = `TRUE` nicht vergisst, sonst wird eine neue Grafik erstellt.

```
> hist(Gesamt, freq = FALSE, main = "US-Masters 2009")
> curve(dnorm(x, mean = mean(Gesamt), sd = sd(Gesamt)), from = min(Gesamt),
+     to = max(Gesamt), add = TRUE)
```
`R`

Die Unterschiede zwischen Balkenhöhen und den Werten der Dichtefunktion (▶ Abbildung 8.15) sind nicht sehr groß. Das Histogramm ist nicht ganz symmetrisch, Abweichungen wie hier können in Stichproben auftreten und sprechen noch nicht gegen eine Normalverteilung in der Grundgesamtheit.

Methoden, die über den Vergleich eines Histogramms mit einer Normalverteilungskurve hinausgehen, haben mehrere Begründungen:

- ▪ Nicht immer ist die Stichprobe so groß, dass ein Histogramm sinnvoll erstellt werden kann.

- ▪ Man will sich nicht nur mit einem grafischen Überblick zufriedengeben, man will auch einen Test, der zu einer Entscheidung führt, anwenden.

- ▪ Am häufigsten wird die Frage nach einer Normalverteilung gestellt. Vergleiche gegen andere Verteilungen kommen aber auch vor.

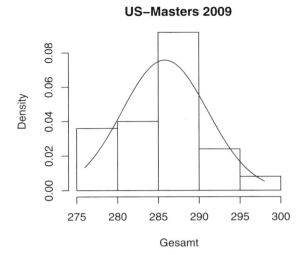

Abbildung 8.15: Histogramm der Golfdaten mit Normalverteilungskurve

8.4.1 Q-Q-Plot

Auch bei geringem Stichprobenumfang und für viele Verteilungen kann in R ein Q-Q-PLOT (Quantil-Quantil-Plot) erstellt werden.

Elemente des Q-Q-Plots

Testverteilung: Die zu testende Verteilung kann konkret mit allen Parameterwerten spezifiziert sein. Der häufigere Fall ist aber der, dass nicht alle Parameterwerte spezifiziert sind, sondern aus der Stichprobe geschätzt werden. Im Beispiel der Golfdaten kann etwa nur Normalverteilung überprüft werden, für μ und σ werden Mittelwert und Standardabweichung der Stichprobe verwendet.

Beobachtete Quantile: Die Stichprobenwerte (hier von 50 Teilnehmern die Anzahl der Schläge in den vier Runden) sind die beobachteten Quantile (hier die Quantile für 1%, 3%, 5%, ..., 99%).

Erwartete Quantile: Die erwarteten Quantile werden aus der zu testenden Verteilung berechnet.

Q-Q-Plot: Der Plot selbst ist ein Streudiagramm. Pro Beobachtung bestimmen erwartetes und beobachtetes Quantil einen Punkt im Diagramm.

Idealbild: Für die zu testende Verteilung spricht im Idealfall, wenn beobachtete und erwartete Quantile genau übereinstimmen. Natürlich ist das in einer konkreten Stichprobe nie anzutreffen, leichte Abweichungen davon werden kaum Argwohn erwecken. Systematische Abweichungen fallen auf und bieten Hinweise auf Abweichungen von der Testverteilung.

Die notwendigen Operationen stellen in **R** keine hohe Hürde dar. Mit der Funktion qnorm() können die Quantile einer Normalverteilung berechnet werden und die Funktion sort() erledigt das Sortieren der Werte.

```
> n <- length(Gesamt)
> xx <- (1:n - 0.5)/n
> quantil_beob <- sort(Gesamt)
> quantil_erw <- qnorm(xx, mean = mean(Gesamt), sd = sd(Gesamt))
> plot(quantil_erw, quantil_beob, xlab = "Theoretische Quantile",
+      ylab = "Beobachtete Quantile", asp = 1)
> abline(0, 1)
```

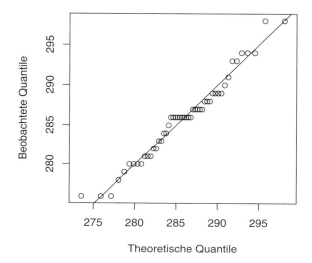

Abbildung 8.16: Q-Q-Plot der Golfdaten

Für einen Normalverteilungs-Q-Q-Plot kann eine eigene **R**-Funktion (qqnorm()) verwendet werden, eine kleine Änderung ist bei den angezeigten erwarteten Quantilen zu beobachten. Ein Plot wie soeben kann ebenfalls mit einer **R**-Funktion (qqplot()) erstellt werden, hier geben wir den Lageparameter mit 288 (vier Runden zu je 72 Schlägen) vor und schätzen ihn nicht aus der Stichprobe. Eine Referenzgerade kann auch mit qqline() eingezeichnet werden.

```
> par(mfrow = c(1, 2))
> qqnorm(Gesamt, main = "N(., .)")
> qqline(Gesamt)
> n <- length(Gesamt)
> xx <- (1:n - 0.5)/n
> quantil_erw <- qnorm(xx, mean = 288, sd = sd(Gesamt))
> qqplot(quantil_erw, Gesamt, main = "N(288, .)")
> abline(0, 1)
```

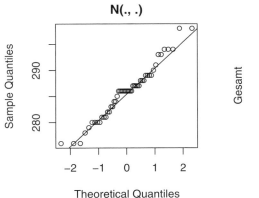
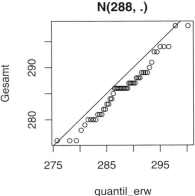

Abbildung 8.17: Weitere Q-Q-Plots der Golfdaten

Anmerkungen zu Q-Q-Plots:

■ Liegen Punkte genau auf der eingezeichneten 45°-Geraden im ersten Q-Q-Plot (► Abbildung 8.16), so sind erwartetes und beobachtetes Quantil identisch. Diese Gerade zeigt also das Idealbild, dass die Stichprobenverteilung exakt der unterstellten Verteilung entspricht.

■ Im zweiten Q-Q-Plot (► Abbildung 8.17 links) sind auf der x-Achse nicht die Quantile der unterstellten Normalverteilung, sondern die der Standardnormalverteilung aufgetragen. Die eingezeichnete Gerade geht durch die Punkte der ersten bzw. dritten Quartile und stellt ebenfalls einen Anhaltspunkt für die Interpretation dar.

■ Üblicherweise werden die Parameterwerte für die Verteilungen aus den Daten geschätzt. Man kann aber auch die Parameter der Verteilungen fixieren, wie im letzten Beispiel (► Abbildung 8.17 rechts), wo der Mittelwert mit 288 (`mean = 288`) festgelegt wurde.

■ Q-Q-Plots mit anderen Verteilungen werden durch die entsprechende Berechnung der erwarteten Quantile realisiert; also statt `qnorm()` durch `qunif()`, wenn statt der Normalverteilung eine Gleichverteilung zur Anwendung kommen soll.

Fallbeispiel 16: US-Masters: Interpretation der Q-Q-Plots

Der Q-Q-Plot (► Abbildung 8.16) hat als x-Achse die erwarteten Quantile aus der Normalverteilung, als y-Achse die beobachteten Quantile (die benötigten Schläge).

Die Unterschiede zwischen beobachteten und erwarteten Quantilen sind nicht systematisch. Es gibt keine großen Bereiche, wo Punkte nur unter oder nur über der 45°-Gerade liegen.

Über den zweiten Q-Q-Plot (► Abbildung 8.17 links) kommen wir zum selben Schluss.

> Der dritte Q-Q-Plot (▶ Abbildung 8.17 rechts) unterstellt eine Normalverteilung mit Mittelwert 288 (= 72 · 4, durchschnittlich Par 0 in den vier Runden). Der Großteil der Punkte liegt unter der Bezugsgeraden, die beobachteten Quantile sind also fast durchwegs kleiner als die erwarteten.
>
> Es gibt also kaum Grund, an der Normalverteilung der benötigten Schläge für die vier Runden in Augusta 2009 zu zweifeln. Hingegen ist eine Normalverteilung mit Mittelwert 288 nicht passend.

8.4.2   Kolmogorov-Smirnov-Test und Shapiro-Wilk-Test

Mit Q-Q-Plots gewinnen wir grafisch einen Eindruck, ob die Stichprobe einer vermuteten Verteilung folgt. Möglicherweise kann aus dem Plot die Art der Abweichung interpretiert werden. Ausreißer fallen auf Q-Q-Plots ebenso auf wie größeres Gewicht auf den Enden einer Verteilung. Es besteht aber auch der Wunsch, Verteilungsannahmen mit dem Arsenal der Testtheorie zu überprüfen. Zwei Beispiele dafür werden hier vorgestellt.

Kolmogorov-Smirnov-Test

Mit dem KOLMOGOROV-SMIRNOV-TEST kann die Nullhypothese, dass eine bestimmte Verteilung mit konkret spezifizierten Parametern vorliegt, überprüft werden. In diesem Beispiel testen wir die Normalverteilung mit $\mu = 288$ (das sind vier Runden mit jeweils Par 0) und $\sigma = 6$.

Der Test basiert rechnerisch auf dem Vergleich der empirischen mit der theoretischen Verteilungsfunktion. Nach dem Aufruf von `ecdf()` steht mit `Fn` eine Funktion zur Berechnung der empirischen Verteilungsfunktion zur Verfügung. Mit der Plotfunktion wird sie im Diagramm als Treppenfunktion eingezeichnet. Zum Vergleich wird an vielen Stellen `xx` der Wert der Verteilungsfunktion der Normalverteilung berechnet (mit `pnorm()`) und diese mit `lines()` in das Diagramm eingezeichnet.

Die Differenzen (`diffs`) zwischen den beiden werden berechnet und die Stelle bestimmt (`xmax`), wo diese Differenz am größten ist. Diese Differenz wird im Diagramm (▶ Abbildung 8.18) eingezeichnet (mit `segments()`), die x-Koordinaten sind jeweils `xmax`, die y-Koordinaten werden durch die empirische Verteilungsfunktion `Fn()` und die theoretische Verteilungsfunktion `pnorm()` gegeben. Zur Markierung wird diese Strecke etwas breiter gezeichnet (`lwd` = 3). Die Beschriftung erfolgt mit `text()`.

```
> Fn <- ecdf(Gesamt)
> plot(Fn, main = "Kolmogorov-Smirnov-Test")
> xx <- seq(min(Gesamt), max(Gesamt), 0.1)
> mg <- 288
> sdg <- 8
> lines(xx, pnorm(xx, mean = mg, sd = sdg))
> diffs <- Fn(xx) - pnorm(xx, mean = mg, sd = sdg)
> maxdiff <- which.max(abs(diffs))
> xmax <- xx[maxdiff]
> segments(xmax, pnorm(xmax, mean = mg, sd = sdg), xmax, Fn(xmax),
+     lwd = 3)
> text(xmax, Fn(xmax) - diffs[maxdiff]/2, "Kolmogorov-Smirnov-D",
+     pos = 4)
```

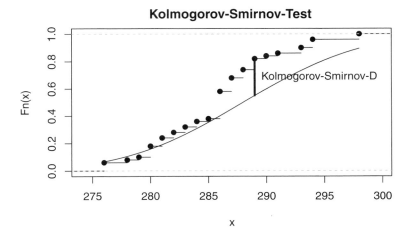

Abbildung 8.18: Kolmogorov-Smirnov-Teststatistik

```
> ks.test(Gesamt, "pnorm", mean = 288, sd = 6)                              R
```

```
        One-sample Kolmogorov-Smirnov test

data:  Gesamt
D = 0.2538, p-value = 0.003186
alternative hypothesis: two-sided
```

Der Kolmogorov-Smirnov-Test sollte nicht eingesetzt werden, um gegen eine ganze Verteilungsfamilie zu testen, etwa dadurch, dass Mittelwert und Standardabweichung aus der Stichprobe geschätzt werden und mit diesen Werten der Test ausgeführt wird.

Wir haben eine kleine Ungenauigkeit begangen, indem wir den Test mit Daten aufgerufen haben, in denen Bindungen (gleiche Werte) vorkommen. Die ausgegebene Warnung haben wir hier unterdrückt.

Andere Verteilungen können im Aufruf durch den jeweiligen Namen der Verteilungsfunktion (etwa punif() für die Gleichverteilung) ausgewählt werden.

Shapiro-Wilk-Test auf Normalverteilung

Am häufigsten werden Verteilungstests auf Normalverteilung durchgeführt. Zwar ist der Kolmogorov-Smirnov-Test einsetzbar, wenn die Parameter der Normalverteilung spezifiziert sind. Aber selbst dann ist der SHAPIRO-WILK-TEST mächtiger. Bei diesem werden die Differenzen zwischen größtem und kleinstem Wert, zwischen zweitgrößtem und zweitkleinstem Wert der Stichprobe etc. mit Differenzen aus der Normalverteilung verglichen und bewertet. Die Spezifikation einer bestimmten Normalverteilung durch Angabe konkreter Parameterwerte für μ und σ ist nicht möglich.

```
> shapiro.test(Gesamt)
```
R

```
        Shapiro-Wilk normality test

data:  Gesamt
W = 0.9694, p-value = 0.2186
```

Fallbeispiel 16: US-Masters: Interpretation der beiden Verteilungstests

Für den Kolmogorov-Smirnov-Test waren die Parameter der Normalverteilung mit $\mu = 288$ und $\sigma = 6$ gegeben. Der p-Wert ($p = .0013$) zeigt, dass diese konkrete Normalverteilung nicht zu den Daten passt. Der Vergleich von empirischer und theoretischer Verteilungsfunktion ▶ Abbildung 8.18 verdeutlicht, dass die empirische Verteilungsfunktion fast zur Gänze über der theoretischen liegt. Das bedeutet, dass in der Stichprobe bessere Resultate (weniger Schläge) eher anzutreffen waren, als nach der konkreten Normalverteilung zu erwarten war.

Der Shapiro-Wilk-Test ist ein Test gegen die ganze Normalverteilungsfamilie. Das Ergebnis ($p = .218$) besagt, dass keine signifikanten Abweichungen von einer Normalverteilung vorliegen.

8.4.3 Anpassungstest mit der χ^2-Verteilung

Fallbeispiel 17: Überfälle auf Trafiken

Datenfile: trafik.csv

Trafiken sind eine speziell österreichische Institution: kleine Geschäfte, die hauptsächlich als Verkaufsstellen für Tabakwaren, Zeitungen und Magazine dienen und oft auch Schreibwaren, Fahrscheine für öffentliche Verkehrsmittel etc. anbieten.

Sie sind auch immer wieder Ziele von Überfällen, die in der Boulevardpresse je nach Saison Drogenabhängigen, ausländischen Banden (Kriminaltourismus) oder anderen Konzentraten medialen Zorns zugeschrieben werden.

Nun sind solche Überfälle zum Glück seltene Ereignisse und die Häufigkeiten seltener Ereignisse kann oft durch eine Poissonverteilung gut beschrieben werden. Im Datenfile sind für die 53 Kalenderwochen des Jahres 2009 die Anzahl der Überfälle auf Trafiken in dieser Woche angegeben.

Ist die Anzahl von Überfällen auf Trafiken pro Woche poissonverteilt?

Neben dem Kolmogorov-Smirnov-Test ist der χ^2-Test auf eine vorgegebene Verteilung (Abschnitt 6.3.2) eine weitere Möglichkeit, eine Stichprobe gegen eine bestimmte Verteilung oder Verteilungsform zu testen. Dieser Test ist eigentlich zur Anwendung auf eine kategoriale Variable bestimmt. Um eine metrische Variable zu testen, ist folgendes Schema zu bearbeiten:

1. Klassifizierung der metrischen Variablen in k Klassen

2. Berechnen der Wahrscheinlichkeiten für die einzelnen Klassen unter der Annahme, dass die zu testende Verteilung vorliegt

3. Durchführung des χ^2-Tests für vorgegebene Wahrscheinlichkeiten. Werden keine Parameter aus der Stichprobe geschätzt, gilt für die Freiheitsgrade die Beziehung $df = k - 1$. Werden jedoch aus der Stichprobe p Parameter geschätzt, muss eine Korrektur bei den Freiheitsgraden erfolgen: $df = k - 1 - p$.

Für das Beispiel und die Bearbeitung in R bedeutet es:

1. Einteilung der Anzahl Überfälle in Klassen. Die Klasseneinteilung muss aufgrund der unterstellten Verteilung, nicht der beobachteten Verteilung, erfolgen. Zu beachten ist dabei, dass die Klassen ausreichend hohe erwartete Häufigkeiten aufweisen. Dies kann üblicherweise nicht ohne Blick auf die Daten erfolgen.

```
> trafik <- read.csv2("trafik.csv", header = TRUE)
> ueberfall <- trafik$ueberfall
> tabueberfall <- table(ueberfall)
> tabueberfall
```

```
ueberfall
 0  1  2  3  4  5  6
 6 10 13 14  4  5  1
```

Vermutlich ist es notwendig, die zwei letzten Klassen zusammenzulegen.

```
> wochen <- length(ueberfall)
> tab6 <- c(tabueberfall[1:5], wochen - sum(tabueberfall[1:5]))
> names(tab6)[6] <- "5+"
> tab6
```

```
 0  1  2  3  4 5+
 6 10 13 14  4  6
```

2. Berechnen der Wahrscheinlichkeiten für die einzelnen Klassen (pois6) unter der Annahme, dass eine Poissonverteilung vorliegt. Dazu wird der Parameter λ der Poissonverteilung aus den Daten als mittlere Anzahl pro Woche geschätzt (lambda) und mit diesem Wert werden die Wahrscheinlichkeiten (Abschnitt 5.6) für die sechs Klassen berechnet (pois6).

```
> total <- sum(ueberfall)
> lambda <- total/wochen
> relHpois <- dpois(0:4, lambda = lambda)
> pois6 <- c(relHpois[1:5], 1 - sum(relHpois))
> cbind(absolut = tab6, relativ = tab6/wochen, poisson = pois6,
+      erwartet = pois6 * wochen)
```

```
      absolut   relativ   poisson  erwartet
0           6  0.113208  0.094563    5.0118
1          10  0.188679  0.223026   11.8204
2          13  0.245283  0.263002   13.9391
3          14  0.264151  0.206762   10.9584
4           4  0.075472  0.121912    6.4613
5+          6  0.113208  0.090735    4.8090
```

Wir sehen, dass nur für die letzte Klasse die erwartete Häufigkeit etwas kleiner als 5 ist, somit der Anpassungstest mit dieser Klasseneinteilung gut durchführbar ist.

3. Durchführung des χ^2-Tests für die Variable mit den Klassenzugehörigkeiten (tab6) und den berechneten Wahrscheinlichkeiten pois6 als Vorgabe. Allerdings müssen wir berücksichtigen, dass wir λ aus den Daten bestimmt haben. Somit können wir die Funktion chisq.test() verwenden, um den X^2-Wert zu berechnen. Der dabei berechnete p-Wert ist aber über eine χ^2-Verteilung mit fünf Freiheitsgraden ermittelt worden, relevant sind aber vier Freiheitsgrade. Wir berechnen den p-Wert eigenständig unter Verwendung der Verteilungsfunktion der χ^2-Verteilungen pchisq().

```
> ct <- chisq.test(tab6, p = pois6)
> p.wert <- 1 - pchisq(ct$statistic, df = 4)
> rbind(`X^2` = ct$statistic, p = p.wert)
```
R

```
      X-squared
X^2     2.61523
p       0.62413
```

Fallbeispiel 17: Trafiküberfälle: Interpretation χ^2-Tests

Die Tabelle mit den Häufigkeiten zeigt für Wochen mit keinem, einem oder zwei Überfällen keine großen Unterschiede zu den Erwartungen aus einer Poissonverteilung. Die größten Unterschiede sind bei drei oder vier Überfällen pro Woche festzustellen. Wochen mit drei Überfällen sind über-, Wochen mit vier Überfällen unterrepräsentiert.

Dass diese Unterschiede nicht überbewertet werden dürfen, sagt das Ergebnis des Anpassungstests. Wegen des hohen p-Werts ($p = 0.624$) gibt es keinen Grund, an der Nullhypothese, dass die Überfallshäufigkeiten einer Poissonverteilung folgen, zu zweifeln.

Im Package **vcd** (Meyer et al., 2006, 2013) bietet die Funktion goodfit() die Möglichkeit, die Verteilung von Zählvariablen auf Poisson-, Binomial- oder Negativbinomialverteilung zu testen. Im obigen Beispiel ging es uns aber in erster Linie darum, die prinzipielle Vorgangsweise bei solchen Fragestellungen zu demonstrieren.

8.5 Zusammenfassung der Konzepte

Um die Verteilung einer metrischen Variablen grafisch zu beschreiben, werden hauptsächlich Histogramme eingesetzt. Die numerische Beschreibung in Tabellen wird leicht unübersichtlich, eine Zusammenfassung auf einzelne Werte führt zu Lage- und Streuungsmaßen. Im Boxplot sind mehrere solcher Maße enthalten.

Schlüsse auf die Grundgesamtheit führen zu Konfidenzintervallen und Tests für den Mittelwert.

Eine grafische Überprüfung, ob eine bestimmte Verteilung vorliegt, stellen Q-Q-Plots dar. Tests auf allgemeine Verteilungen sind der Kolmogorov-Smirnov-Test und der χ^2-Anpassungstest, der Shapiro-Wilk-Test ist ein Test auf Normalverteilung.

- Verteilung: Angaben dazu, wie stark die Daten in verschiedenen Bereichen vertreten sind
- Histogramm: grafische Darstellung der Verteilung einer metrischen Variablen
- Boxplot: grafische Darstellung der größenmäßigen Einteilung in Viertel
- Lagemaße: Kennzahlen, die das Zentrum der Daten angeben sollen
- Streuungsmaße: Kennzahlen, die angeben sollen, wie stark die Daten variieren
- Ausreißer: Beobachtungen, die sich stark von den meisten anderen unterscheiden
- Konfidenzintervall für den Mittelwert: Angabe eines Intervalls, in dem der Mittelwert der Grundgesamtheit vermutlich liegt
- Ein-Stichproben t-Test: Test, ob der Mittelwert in einer Stichprobe sehr stark von einem vorgegebenen Wert abweicht
- Q-Q-Plot: grafische Überprüfung, ob eine Stichprobe einer bestimmten Verteilung folgt
- Kolmogorov-Smirnov-Test: Test auf eine bestimmte Verteilung
- Shapiro-Wilk-Test: Test auf eine Normalverteilung

8.6 Übungen

1. **Alter bei Amtsantritt der US-Präsidenten**

   Im Datenfile us-president.csv ist das Alter der US-Präsidenten bei Amtsantritt angegeben.

   - Beschreiben Sie den Datensatz mit Histogramm, Boxplot und Maßzahlen!

2. **VwGH-Daten: Verfahrensdauer in der ersten Instanz**

   Gegen Abgabenbescheide von Behörden kann Berufung eingelegt werden. In Österreich ist die Berufungsbehörde 2. Instanz der Verwaltungsgerichtshof (VwGH). In einer Studie wurden alle Entscheidungen des VwGH zwischen 2000 und 2004 in Abgabensachen untersucht. Ein Untersuchungsgegenstand waren die Verfahrensdauern.

   Im Datenfile vwgh.csv ist auch die Länge des Verfahrens in der zweiten Berufungsinstanz angegeben (dauer3).

- Dauern die Verfahren in der 2. Instanz länger als vor 20 Jahren, als sie im Schnitt 1 Jahr und 3 Monate dauerten?

- Ist das Ergebnis nur deshalb signifikant, weil nicht wenige Ausreißerwerte vorliegen?

3. **US-Masters 2009: Runden 1 und 2**

- Beschreiben Sie die Verteilung der für zwei Runden im US-Masters in Augusta 2009 insgesamt benötigten Schläge (die Variablen R1 und R2 im Datenfile augusta2009.csv enthalten die zwei ersten Rundenergebnisse).

- In welchem Intervall würde man aufgrund dieser Stichprobe die notwendigen Schläge für die zwei ersten Runden annehmen?

- Ist die Anzahl Schläge für die ersten zwei Runden normalverteilt? Welche Ergebnisse zeigen der Shapiro-Wilk-Test und der Kolmogorov-Smirnov-Test? Weist der Q-Q-Plot Auffälligkeiten auf?

 Datenfiles sowie Lösungen finden Sie auf der Webseite des Verlags.

8.7 R-Befehle im Überblick

abline(a = NULL, b = NULL, h = NULL, v = NULL, reg = NULL, coef = NULL, untf = FALSE, ...) erlaubt das Einzeichnen einer Geraden in einen Plot. Die Gerade kann durch die Angabe der Werte für Konstante a und Anstieg b oder durch die Angabe des Werts, der eine vertikale v oder horizontale h Gerade bestimmt, definiert werden.

axis(side) ermöglicht das Einzeichnen einer Achse in einen Plot. Für side kann der Wert 1 (Achse unten), 2 (Achse links), 3 (Achse oben) und 4 (Achse rechts) angegeben werden.

boxplot(x, ...) erstellt einen Boxplot für x. Neben vielen Optionen kann mit horizontal = TRUE der Boxplot liegend und damit platzsparend dargestellt werden.

cut(x, ...) teilt den Bereich von x in Intervalle, die durch breaks definiert werden können, und bestimmt, in welchem Intervall eine konkrete Beobachtung liegt. Siehe dazu auch Seite 119.

densbox(formula, data) erstellt für einen Datensatz data, der durch formula möglicherweise in mehrere Gruppen eingeteilt ist, einen Dichteplot mit einem angeschlossenen Boxplot. (**REdaS**)

dnorm(x, mean = 0, sd = 1, log = FALSE) berechnet an den Stellen x den Wert der Dichtefunktion einer Normalverteilung mit Mittelwert mean und Standardabweichung sd.

DOTplot(x, ...) erzeugt ein Punktdiagramm. (**UsingR**)

dpois(x, lambda, log = FALSE) berechnet die Wahrscheinlichkeiten, dass eine poissonverteilte Zufallsvariable mit Parameter lambda die Werte von x annimmt.

ecdf(x) erzeugt eine Funktion, über die die empirische Verteilungsfunktion einer Variablen x berechnet und geplottet werden kann.

`fivenum(x, na.rm = TRUE)` gibt die Fünf-Punkt-Zusammenfassung der Variablen x aus.

`hist(x, ...)` erstellt ein Histogramm für die Werte in der Variablen x. Selbst gewünschte Intervallgrenzen können mit `breaks` angegeben werden.

`IQR(x, na.rm = FALSE, type = 7)` berechnet den Quartilsabstand von x.

`ks.test(x, y, ..., alternative = c("two.sided", "less", "greater"), exact = NULL)` berechnet einen Kolmogorov-Smirnov-Test für einen Datensatz x gegen eine Verteilung, deren Verteilungsname in y oder deren Verteilungsfunktion in y angegeben ist. Parameter der Verteilung können zusätzlich fixiert werden.

`max(..., na.rm = FALSE)` berechnet das Maximum von Variablen.

`mean(x, ...)` berechnet den Mittelwert von x. Ist etwa `trim = 0.05` gesetzt, werden 5% der kleinsten und 5% der größten Beobachtungen bei der Berechnung weggelassen.

`median(x, na.rm = FALSE)` berechnet den Median von x.

`min(..., na.rm = FALSE)` berechnet das Minimum von Variablen.

`pchisq(q, df, ncp = 0, lower.tail = TRUE, log.p = FALSE)` berechnet an den Stellen q den Wert der Verteilungsfunktion einer χ^2-Verteilung mit `df` Freiheitsgraden.

`plot(x, y, ...)` für zwei gleich lange Vektoren x und y werden Punkte mit diesen x- und y-Koordinaten in ein x-y-Diagramm eingezeichnet.

`pnorm(q, mean = 0, sd = 1, lower.tail = TRUE, log.p = FALSE)` berechnet an den Stellen x den Wert der Verteilungsfunktion einer Normalverteilung mit Mittelwert `mean` und Standardabweichung `sd`.

`qnorm(p, mean = 0, sd = 1, lower.tail = TRUE, log.p = FALSE)` berechnet die Quantile für gewünschte Werte p einer Normalverteilung mit Mittelwert `mean` und Standardabweichung `sd`.

`qqline(y, datax = FALSE, distribution = qnorm, probs = c(0.25, 0.75), qtype = 7, ...)` zeichnet in einen Q-Q-Plot eine Referenzgerade ein, per Default durch die Punkte der ersten und dritten Quartile.

`qqnorm(y, ...)` erstellt für y einen Q-Q-Normalplot.

`qqplot(x, y, plot.it = TRUE, xlab = deparse(substitute(x)), ylab = deparse(substitute(y)), ...)` berechnet Quantile für zwei Datensätze x und y und plottet sie gegeneinander auf.

`quantile(x, ...)` berechnet Quantile von x.

`rug(x, ticksize = 0.03, side = 1, lwd = 0.5, col = par("fg"), quiet = getOption("warn") < 0, ...)` ergänzt einen Plot um einen „Rug" einer Variable x.

`sd(x, na.rm = FALSE)` berechnet die Standardabweichung von x.

`shapiro.test(x)` berechnet einen Shapiro-Wilk-Test für x.

`sort(x, decreasing = FALSE, ...)` sortiert einen Vektor x in aufsteigender, mit der Option `decreasing = TRUE` in absteigender Reihenfolge.

`stem(x, scale = 1, width = 80, atom = 1e-08)` erstellt einen Stem-and-Leaf-Plot. Mit der Option `scale` kann die Länge des Plots kontrolliert werden.

`summary(object, ...)` gibt eine Zusammenfassung eines Objekts `object` aus. Bei einem Zahlenvektor besteht diese aus der Fünf-Punkt-Zusammenfassung und dem Mittelwert.

`t.test(x, ...)` berechnet einen t-Test. In diesem Kapitel für die Berechnung des Ein-Stichproben-t-Tests eingesetzt. Mit `mu` kann der Wert der Nullhypothese angegeben, mit `alternative` die Alternativhypothese formuliert werden (`"two.sided"`, `"less"`, `"greater"`).

`var(x, y = NULL, na.rm = FALSE, use)` führt zur Berechnung der Varianz von x.

`which.max(x)` gibt den Index des größten Werts eines Vektors x zurück. Falls es mehrere Maxima gibt, wird – anders als mit `which(x == max(x))` – nur der Index des ersten Maximums zurückgegeben.

`which.min(x)` funktioniert wie `which.max()`, nur dass hier Minima gesucht werden.

Mehrere metrische Variablen

9

Zunächst wird im Rahmen der Korrelation die Stärke des Zusammenhangs zwischen zwei metrischen Variablen beschrieben. Im Rahmen der linearen Regression werden wir die konkrete Form eines linearen Zusammenhangs ermitteln und daraus Prognosen ableiten. Die Erweiterung auf mehrere erklärende Variablen führt zur multiplen linearen Regression und gestattet auch die Einbindung kategorialer erklärender Variablen. Unterschiede zwischen zwei Variablen, meist ist es eine Variable zu zwei Zeitpunkten erhoben, führen zu Tests für verbundene Stichproben. Grundlegende Verfahren zur Beschreibung und Analyse von Zeitreihen bilden den Abschluss des Kapitels.

LERNZIELE

Nach Durcharbeiten dieses Kapitels haben Sie Folgendes erreicht:

- Sie sind in der Lage, aus einem Streudiagramm die Stärke des Zusammenhangs von zwei metrischen Variablen ungefähr abzuschätzen und zu interpretieren. Mit R können Sie überdies testen, ob ein eindeutiger Zusammenhang zwischen den Variablen besteht.

- Sie können den Zusammenhang einer Variablen mit einer oder mehreren anderen Variablen überprüfen und die Form des Zusammenhangs ableiten.

- Aus der Form des Zusammenhangs können Sie Prognosen für die erklärte Variable erstellen.

- Sie kennen die Voraussetzungen für die Anwendung der besprochenen Methoden. Sie wissen, wie Sie diese Voraussetzungen überprüfen können.

- Sie erkennen, wann abhängige Stichproben vorliegen, und können den passenden Test auf Unterschiede in den Mittelwerten in R berechnen und sein Ergebnis interpretieren.

- Für die Beschreibung und Untersuchung der zeitlichen Entwicklung einer Variablen gibt es eine Reihe von Verfahren. Sie können die passende Auswahl aus diesen treffen und die Resultate richtig interpretieren.

- Es bereitet Ihnen keine Schwierigkeit, die im Kapitel vorgestellten Plots mit R zu erstellen, mit zusätzlichen Elementen zu ergänzen und an eigene Vorstellungen anzupassen.

9.1 Wie stark ist der Zusammenhang zwischen zwei metrischen Variablen?

Fallbeispiel 18: Schießt Geld Tore?

Datenfile: bl2009.csv

Gewinnt im Fußball ein Außenseiter gegen einen Favoriten, der meist viele sehr gut bezahlte Spieler auf dem Platz und auch auf der Reservebank hat, hört man oft den Ausspruch, dass Geld keine Tore schießt. Über längere Perioden hinweg ist es aber meist so, dass die Vereine mit den großen Budgets die vorderen Tabellenplätze belegen.

Die folgende Tabelle enthält für die 18 Vereine der deutschen Fußballbundesliga 2009/10 den durchschnittlichen Marktwert der Spieler (Stand 1. September 2009), die erzielten Tore und die erreichten Punkte bis zur Winterpause, also nach 17 Runden.

Verein	Marktwert	Tore	Punkte
Bayern München	10.40	34	33
VfL Wolfsburg	5.34	32	24
Hamburger SV	4.38	34	31
Bayer Leverkusen	4.11	35	35
Werder Bremen	4.05	32	28
VfB Stuttgart	4.01	16	16
FC Schalke 04	3.58	26	34
1899 Hoffenheim	3.29	23	30
Borussia Dortmund	3.21	23	30
Hertha BSC	2.45	13	6
1. FC Köln	1.98	10	18
Eintracht Frankfurt	1.87	22	24
Hannover 96	1.86	21	17
VfL Bochum	1.58	18	16
Borussia M'gladbach	1.54	24	21
1. FSV Mainz 05	1.16	21	24
1. FC Nürnberg	1.16	12	12
SC Freiburg	1.12	19	18

Gibt es einen Zusammenhang zwischen dem Marktwert der Spieler und den erzielten Toren der Mannschaften?

9.1.1 Grafische Beschreibung

Zur grafischen Beschreibung der Daten werden STREUDIAGRAMME erstellt. Bei diesen bestimmen die Werte einer Variablen die x-Koordinaten, die Werte der anderen Variablen die y-Koordinaten der Punkte. In ▶ Abbildung 9.1 wurde der Marktwert der Spieler für die x-Achse und die erzielten Tore für die y-Achse gewählt.

```
> bl2009 <- read.csv2("bl2009.csv", header = TRUE)
> attach(bl2009)
> plot(Marktwert, Tore, main = "Bundesliga 2009/10", xlab = "Spielermarktwert",
+     ylab = "Tore nach 17 Runden", xlim = c(1, 11), pch = 16)
> textposition <- rep(4, 18)
> textposition[c(1, 5, 16)] <- c(2, 1, 3)
> text(Marktwert, Tore, Verein, pos = textposition)
```

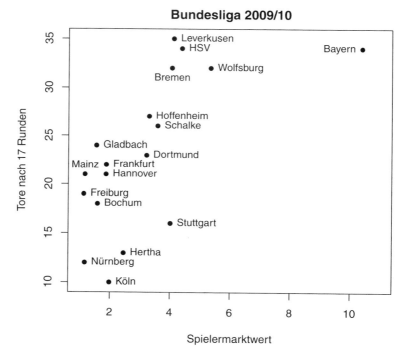

Abbildung 9.1: Streudiagramm: Spielermarktwert und erzielte Tore

Zusätzlich wurden die Punkte mit den Vereinsnamen beschriftet. Punktbeschriftungen bei allen Datenpunkten sind aber nur bei kleinen Datensätzen sinnvoll. Schon in diesem Beispiel ist einiger Aufwand notwendig, um die Punktbeschriftungen so zu platzieren, dass keine Überlappungen auftreten. Der Vektor textposition gibt für jeden Verein an, wo die Beschriftung relativ zum eingezeichneten Punktsymbol platziert sein soll (1 = unter, 2 = links, 3 = über, 4 = rechts, bei keiner Angabe erfolgt die Beschriftung bei den angegebenen Koordinaten).

Das Streudiagramm vermittelt den Eindruck, dass Vereine mit relativ teuren Spielern eher viele Tore erzielen. Diese Beziehung gilt zwar nicht für jeden Vergleich von Vereinen; Bayer Leverkusen hat am meisten Tore geschossen, aber beim durchschnittlichen Marktwert der Spieler nur den vierthöchsten Wert, während der VfB Stuttgart bezogen auf den Marktwert der Spieler nicht sehr torgefährlich war. Für den Großteil solcher Vergleiche trifft jedoch diese **je größer, desto größer**-Beziehung zu.

Die meisten Analysemethoden dieses Kapitels sind nicht robust gegen Ausreißer. Einzelne oder einige wenige Beobachtungen, die deutlich vom Muster der anderen Beobachtungen abweichen, können Ergebnisse stark beeinflussen. Ein Blick auf ein Streudiagramm kann dazu beitragen, Ausreißer zu identifizieren, und sollte immer vor dem Aufruf von Analyseverfahren erfolgen.

9.1.2 Korrelationskoeffizient nach Pearson

Ein Streudiagramm vermittelt einen guten Eindruck von der Art und der Stärke des Zusammenhangs zweier Variablen. Dem Wunsch, diesen Zusammenhang auch numerisch zu beschreiben, kommen KORRELATIONSKOEFFIZIENTEN nach. Ist der Zusammenhang ungefähr linear, kann der meist verwendete dieser Koeffizienten Verwendung finden, der KORRELATIONSKOEFFIZIENT NACH KARL PEARSON.

Korrelationskoeffizient nach Karl Pearson

$$r_{x,y} = \frac{\sum (x_i - \bar{x})(y_i - \bar{y})}{\sqrt{\sum (x_i - \bar{x})^2}\sqrt{\sum (y_i - \bar{y})^2}} \tag{9.1}$$

- $x_i, y_i \ldots$ Werte der zwei Variablen in Beobachtung i
- $\bar{x}, \bar{y} \ldots$ Mittelwerte der zwei Variablen

In der Literatur findet man dafür auch den Begriff Produkt-Moment-Korrelation. Die händische Berechnung ist schon bei kleinen Datensätzen mühselig und fehleranfällig. Wichtig ist aber, die Eigenschaften des Korrelationskoeffizienten zu kennen:

- Der Korrelationskoeffizient ist symmetrisch; es ist nicht von Bedeutung, welche Variable als erste, welche als zweite gewählt wird. $r_{x,y} = r_{y,x}$. Meist schreibt man kurz: $r = r_{x,y}$
- Der Wert ist unabhängig vom Maßstab. Für den Korrelationskoeffizienten ist es nicht von Bedeutung, ob etwa die Körpergröße in Metern oder Zentimetern gemessen wird oder die Ausgaben für Mobiltelefonie in Euro oder Cent angegeben werden.
- Der Korrelationskoeffizient ist normiert, $-1 \leq r \leq 1$.
- Das Vorzeichen gibt die Richtung des Zusammenhangs an. Negativer Zusammenhang bedeutet: Je höher die x-Werte, desto niedriger sind durchschnittlich die y-Werte. Bei einem positivem Zusammenhang entsprechen höhere x-Werte durchschnittlich auch höheren y-Werten.

349

- Die Extremwerte -1 und 1 werden nur angenommen, wenn die Punkte exakt auf einer Geraden liegen.

- Je größer der Absolutbetrag von r, desto stärker ist der Zusammenhang zwischen den Variablen und desto konzentrierter liegen die Punkte um eine (gedachte) Gerade.

Sechs Streudiagramme mit zugehörigen Korrelationskoeffizienten sind in ▶ Abbildung 9.2 enthalten. In den zwei letzten Beispielen ist der Korrelationskoeffizient schlecht eingesetzt. Einmal ($r = 0.000$) gibt es Teilbereiche mit klar negativen, aber auch Teilbereiche mit klar positiven Zusammenhängen. Im letzten Beispiel ($r = -0.865$) ist der Zusammenhang klar negativ, aber nicht linear.

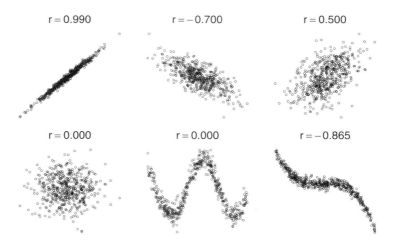

Abbildung 9.2: Streudiagramme und Korrelationskoeffizienten

In **R** wird mit der Funktion `cor.test()` neben der Berechnung des Korrelationskoeffizienten auch ein Test für den Korrelationskoeffizienten ausgeführt (Voraussetzung ist die bivariate Normalverteilung der Beobachtungen).

t-Test für den Pearson-Korrelationskoeffizienten ρ

Nullhypothese H_0: $\rho = 0$

Alternativhypothese H_A: $\rho \neq 0$ oder $\rho > 0$ oder $\rho < 0$

$$t = \frac{r\sqrt{n-2}}{\sqrt{1-r^2}} \tag{9.2}$$

- ρ ... Korrelationskoeffizient der Grundgesamtheit
- H_0 bedeutet, dass es keinen (linearen) Zusammenhang zwischen den beiden Variablen gibt. H_A bedeutet einen Zusammenhang, das Vorzeichen von ρ gibt die Richtung des Zusammenhangs an.
- r ... Korrelationskoeffizient der Stichprobe

- n ... Stichprobenumfang
- t folgt unter der Nullhypothese einer t-Verteilung.

Im Aufruf genügt die Angabe der beiden Variablen, für die der Korrelationskoeffizient bestimmt werden soll. Soll ein einseitiger Test gerechnet werden, muss mit `alternative` "less" oder "greater" die passende Alternativhypothese ausgewählt werden. Liegt das Interesse nur im Wert des Korrelationskoeffizienten, kann mit `cor()` der erwähnte Test und die damit verbundene Aufblähung des Outputs unterdrückt werden.

```
> cor.test(Marktwert, Tore)
```

```
        Pearson's product-moment correlation

data:  Marktwert and Tore
t = 3.4446, df = 16, p-value = 0.003332
alternative hypothesis: true correlation is not equal to 0
95 percent confidence interval:
 0.26701 0.85801
sample estimates:
     cor
0.65254
```

Der Output enthält mehrere Angaben:

- Name des Verfahrens und Name der Daten, aus denen die Berechnungen erfolgten
- Wert der Teststatistik (`t`), Freiheitsgrade (`df`) und p-Wert des Tests (`p-value`)
- Alternativhypothese des Tests (`alternative hypothesis:`)
- Konfidenzintervall für den Korrelationskoeffizienten
- Berechneter Korrelationskoeffizient aus der Stichprobe (`sample estimates:`)

Fallbeispiel 18: Marktwert und Tore: Interpretation der Korrelationsrechnung

Das Streudiagramm (▶ Abbildung 9.1) zeigt einen positiven Zusammenhang zwischen Marktwert der Spieler und Anzahl erzielter Tore.

Der berechnete Korrelationskoeffizient ist mit 0.653 – wie erwartet – positiv, aber nicht im Bereich, der einen sehr starken Zusammenhang zwischen den beiden Variablen andeutet.

Der p-Wert des zweiseitigen Tests für den Korrelationskoeffizienten spricht mit 0.003 jedoch für ein signifikantes Ergebnis.

Es gibt einen signifikanten Zusammenhang zwischen dem Marktwert von Mannschaften und erzielten Toren.

9.1.3 Korrelationskoeffizient nach Spearman

Unter Korrelation wird meist die von K. Pearson vorgeschlagene Methode verstanden. Der dazu gehörende Test für den Korrelationskoeffizienten ist allerdings an die Normalverteilung beider Variablen gebunden, die nicht immer vorliegt.

Die Frage nach der Stärke des Zusammenhangs zwischen zwei Variablen kann aber auch in Fällen von Interesse sein, in denen die Daten nicht normalverteilt sind, der Zusammenhang keiner linearen Beziehung folgt oder wenn die Variablen vielleicht nur ordinal skaliert sind.

In solchen Fällen kann die RANGKORRELATION NACH SPEARMAN angewendet werden. Bei dieser werden die Ursprungsdaten durch die Ränge der einzelnen Variablen ersetzt. Den Korrelationskoeffizienten nach Spearman erhält man, indem man aus den Rangdaten den Korrelationskoeffizienten nach Pearson berechnet.

Im Streudiagramm der Bundesligadaten (▶ Abbildung 9.1) könnte man etwa einwenden, dass einerseits Bayern München vom Marktwert der Spieler deutlich von allen anderen Mannschaften abweicht, andererseits die vier Mannschaften mit den wenigsten Toren auch nicht ganz in das Muster der anderen passen.

```
> cor.test(Marktwert, Tore, method = "spearman")                              R


        Spearman's rank correlation rho

data:  Marktwert and Tore
S = 294.11, p-value = 0.001322
alternative hypothesis: true rho is not equal to 0
sample estimates:
    rho
0.69648
```

Der Spearman-Korrelationskoeffizient ist mit 0.69648 etwas höher als der nach Pearson (0.65254). Der *p*-Wert ist klein (0.00132) und zeigt wie im Fall der Pearson-Korrelation ein signifikantes Ergebnis an.

9.2 Welche Form hat der Zusammenhang zwischen zwei Variablen?

Fallbeispiel 19: Gewichtsangaben

Datenfile: `gewicht.csv`

Im Rahmen einer sozialmedizinischen Untersuchung sollen Personen über ihre Ess- und Trinkgewohnheiten befragt werden. Natürlich will man auch Gewicht und Größe der Personen erheben. Die gewohnten Methoden zu deren Erhebung sind etwas umständlich und zeitaufwendig. Auf der anderen Seite werden bei Befragungen nicht unbedingt die wahren Werte (falls überhaupt bekannt) genannt, sondern – speziell beim Gewicht – nicht selten ein paar Kilos vergessen.

In einer kleinen Vorstudie wurden 50 Personen über Gewicht und Größe befragt, anschließend wurden die tatsächlichen Werte gemessen. Im Datenfile sind in den beiden Variablen angabe und waage das angegebene und das tatsächliche Gewicht enthalten.

Kann aus den Angaben zum Gewicht auf das tatsächliche Gewicht geschlossen werden?

Wir interessieren uns jetzt nicht für die Stärke des Zusammenhangs; natürlich werden schwerere Personen eher höhere Gewichtsangaben machen. Vielmehr richtet sich unsere Aufmerksamkeit auf die konkrete Form des Zusammenhangs. Indem wir eine funktionale Form zwischen den beiden Variablen ableiten, können wir später aus den Angaben zum Gewicht auf das tatsächliche Gewicht schließen.

9.2.1 Lineares Regressionsmodell

Allgemein soll eine RESPONSEVARIABLE (oder ABHÄNGIGE VARIABLE) durch eine ERKLÄRENDE VARIABLE (oder UNABHÄNGIGE VARIABLE) beschrieben werden. In diesem Beispiel ist angabe die erklärende und waage die Responsevariable.

Ein Streudiagramm ist ein passendes Mittel, um sich ein Bild vom Zusammenhang der beiden Variablen zu machen. In diesen Streudiagrammen soll die Responsevariable die y-Achse und die erklärende Variable die x-Achse bilden.

```
> gewichtsbsp <- read.csv2("gewicht.csv", header = TRUE)
> attach(gewichtsbsp)
> plot(angabe, waage)
```

Das Streudiagramm der Gewichtsdaten (▶ Abbildung 9.3) zeigt den erwarteten positiven Zusammenhang zwischen den zwei Variablen: Je höher das angegebene Gewicht, desto höher ist auch im Schnitt das tatsächliche.

Wenn wir vom konkreten Beispiel abstrahieren, kommen wir zum Modell der EINFACHEN LINEAREN REGRESSION:

Einfache lineare Regression

$$Y = \alpha + \beta X + \varepsilon \tag{9.3}$$

- ▨ Y ... Responsevariable
- ▨ X ... erklärende Variable
- ▨ α, β sind die REGRESSIONSKOEFFIZIENTEN und stehen für Konstante und Anstieg der Regressionsgeraden.
- ▨ ε ... normalverteilter FEHLERTERM mit Mittelwert 0 und konstanter Varianz

Für die erwarteten Werte von Y gilt die REGRESSIONSGLEICHUNG:

$$\hat{Y} = \alpha + \beta X \tag{9.4}$$

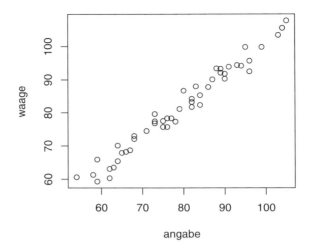

Abbildung 9.3: Streudiagramm der Gewichtsdaten

Im Beispiel der Gewichtsdaten ist eine Gerade gesucht, die die Beziehung zwischen angegebenem und tatsächlichem Gewicht zwar vereinfacht, aber recht gut zusammenfasst. Eine einfache Annäherung an die „Realität" nennt man auch MODELL und eine Gerade ist die grafische Repräsentation des Modells:

$$\widehat{waage} = \alpha + \beta \cdot angabe$$

Mit Stichprobendaten kann man die Werte a und b für die Parameter α und β in 9.3 schätzen. Dieses Schätzverfahren soll im folgenden ▶ Exkurs 9.1 ohne explizites Rechnen verdeutlicht werden.

Exkurs 9.1 Quadratsummen und Kleinst-Quadrat-Schätzung

Zur Erläuterung des Schätzverfahrens nehmen wir den folgenden Minidatensatz mit nur fünf Punkten:

x	3	5	6	8	9
y	9	10	13	12	15

Gesucht ist die zu diesen Daten am „besten passende" Gerade $y = a + bx$. Am „besten passend" bedeutet, dass es jene Gerade ist, bei der die Summe der quadrierten vertikalen Abstände der Punkte von der Geraden minimal ist. Man nennt diesen Wert auch RESIDUENQUADRATSUMME oder kurz **RSS** (aus dem Englischen für Residual Sum of Squares). Bezeichnen wir mit e_i den vertikalen Abstand eines Punkts von der Geraden, so bedeutet die obige Optimalitätsbedingung, dass wir Zahlen a und b suchen, für die gilt:

$$RSS = \sum_{i=1}^{n} e_i^2 = \sum_{i=1}^{n} (y_i - \hat{y}_i)^2 = \sum_{i=1}^{n} (y_i - a - bx_i)^2 \to \min$$

Von den waagrechten Geraden, also solchen, bei denen der Anstieg 0 ist, geht die beste durch den Mittelwert der y-Werte, also $\bar{y}$ (also $a = 11.8$, $b = 0$). In der folgenden Abbildung ist diese Gerade im linken Diagramm eingezeichnet. Die quadrierten vertikalen Abstände entsprechen den Flächeninhalten der eingezeichneten Quadrate, aufsummiert ergeben sie $RSS = 22.8$. Die Residuenquadratsumme für die waagrechte Gerade durch $\bar{y}$ heißt GESAMTQUADRATSUMME oder kurz TSS (für Total Sum of Squares).

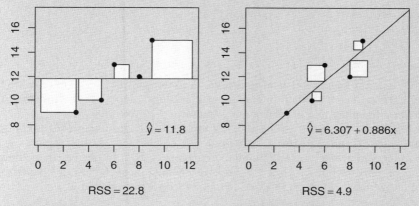

Die beste Gerade insgesamt ($a = 6.307$, $b = 0.886$) ist im Diagramm rechts eingezeichnet. Für die meisten Punkte ist diese Gerade weit besser, RSS geht auf 4.9 zurück.

Die Berechnung von a und b ist schon bei geringem Datenumfang aufwendig. Hier gehen wir nur auf die Beziehung zum Korrelationskoeffizienten r ein:

$$b = r\frac{s_x}{s_y} \quad \text{und} \quad a = \bar{y} - b\bar{x}$$

(s_x und s_y sind die Standardabweichungen der x- bzw. y-Werte).

Nach dem Prinzip, die Gerade so zu bestimmen, dass die RSS minimal wird, nennt man die Schätzmethode KLEINST-QUADRAT-SCHÄTZUNG oder kurz OLS-SCHÄTZUNG (für *ordinary least squares*).

9.2.2 Rechenergebnisse

Wie kommen wir in R zu den passenden Ergebnissen? Es muss angegeben werden, wovon die Responsevariable (`waage`) abhängig sein soll, hier von `angabe`. Das führt zur Modellformel: (`waage ~ angabe`), die Konstante der Regressionsgleichung muss nicht eigens angegeben werden. Mit der Funktion `lm()` erfolgt die Schätzung des Modells, wir speichern die Ergebnisse in `gewicht` und geben die wichtigsten Teile davon mit `summary()` aus.

```
> gewicht <- lm(waage ~ angabe)
> summary(gewicht)
```

```
Call:
lm(formula = waage ~ angabe)

Residuals:
    Min      1Q Median      3Q     Max
 -4.984  -1.514  -0.113   1.336   4.491

Coefficients:
            Estimate Std. Error t value Pr(>|t|)
(Intercept)   5.8301     1.9512    2.99   0.0044 **
angabe        0.9547     0.0244   39.11   <2e-16 ***
---
Signif. codes:  0 '***' 0.001 '**' 0.01 '*' 0.05 '.' 0.1 ' ' 1

Residual standard error: 2.28 on 48 degrees of freedom
Multiple R-squared:  0.97,         Adjusted R-squared:  0.969
F-statistic: 1.53e+03 on 1 and 48 DF,  p-value: <2e-16
```

Der **R**-Output zur Regression zeigt zuerst den Funktionsaufruf (Call:) mit der Modellformel für das lineare Modell. In einem zweiten Block (Residuals:) wird eine Fünf-Punkt-Zusammenfassung der Residuen geboten.

Der für diesen Abschnitt wichtigste Teil enthält die Regressionskoeffizienten und ist mit Coefficients: beschriftet. Die Zeile mit (Intercept) enthält Ergebnisse zur Konstanten, die zweite zur erklärenden Variablen angabe. In der ersten Spalte mit Zahlen (beschriftet mit Estimate) können die Schätzungen für diese Koeffizienten abgelesen werden. Für unser Beispiel lautet die Regressionsgleichung:

$$\widehat{waage} = 5.8301 + 0.9547 \cdot angabe$$

Ebenfalls in diesem Block sind Testergebnisse für die Koeffizienten enthalten, der p-Wert steht in der Spalte Pr(>|t|). Die Konstante wird üblicherweise unabhängig von der Signifikanz mit in die Regressionsgleichung aufgenommen. Daher können wir aus der zweiten Zeile das Ergebnis für den t-TEST DES REGRESSIONSKOEFFIZIENTEN ablesen:

t-Test für den Regressionskoeffizienten β

Nullhypothese H_0: $\beta = 0$

Alternativhypothese H_A: $\beta \neq 0$ oder $\beta > 0$ oder $\beta < 0$

$$t = \frac{b}{se_b} \tag{9.5}$$

- H_0 bedeutet, dass es keinen (linearen) Zusammenhang zwischen den beiden Variablen gibt. H_A bedeutet Zusammenhang, das Vorzeichen von β gibt die Richtung des Zusammenhangs an.
- b ... Regressionskoeffizient der Stichprobe (in Spalte: Estimate)
- se_b ... Standardfehler von b (in Spalte: Std. Error)

- t folgt unter der Nullhypothese einer t-Verteilung (in Spalte: `t`).
- Der angezeigte p-Wert (in Spalte: `Pr(>|t|)`) gilt für den zweiseitigen Test ($\beta \neq 0$).

Vom letzten Teil des Regressionsergebnisses gehen wir hier nur auf den Wert ein, der bei `Multiple R-squared:` mit 0.9696 ausgewiesen wird. Diese Maßzahl für die Güte der Approximation der Daten durch eine Gerade heißt BESTIMMTHEITSMASS oder R^2.

Bestimmtheitsmaß R^2

$$R^2 = \frac{TSS - RSS}{TSS} \tag{9.6}$$

- TSS ... Gesamtquadratsumme
- RSS ... Residuenquadratsumme

Eigenschaften des Bestimmtheitsmaßes:

- Die Differenz $TSS - RSS$ gibt den Rückgang in der Quadratsumme an, wenn man eine waagrechte Gerade in der Höhe von $\bar{y}$ durch die Regressionsgerade ersetzt.
- R^2 gibt somit den Anteil dieses Rückgangs an TSS an und kann je nach Beispiel Werte zwischen 0 (die Regressionsgerade ist waagrecht) und 1 (alle Punkte liegen exakt auf einer Geraden) annehmen. Man spricht von R^2 auch als dem Anteil der erklärten Varianz an der Gesamtvarianz von Y.
- Im Fall der Einfachregression ist R^2 identisch mit dem quadrierten Korrelationskoeffizienten.

Die weiteren Angaben betrachten wir genauer bei der Mehrfachregression (Abschnitt 9.4).

Fallbeispiel 19: Gewicht: Interpretation des Regressionsergebnisses

Für die Erklärung des tatsächlichen durch das angegebene Gewicht wurde ein einfaches lineares Regressionsmodell berechnet.

Die Schätzung für die Regressionsgleichung ergibt einen Anstieg der Regressionsgeraden von 0.9547. Der t-Test für diesen Regressionskoeffizienten ist hoch signifikant ($p < .001$).

Das Bestimmtheitsmaß hat den Wert 0.9696.

Zwischen angegebenem und tatsächlichem Gewicht besteht ein signifikanter und positiver Zusammenhang, der durch die Regressionsgleichung gut beschrieben wird.

Der p-Wert für den Test des Regressionskoeffizienten wird für die zweiseitige Alternativhypothese ausgegeben. Soll einseitig getestet werden (etwa $H_A : \beta > 0$), muss zuerst überprüft werden, ob der Schätzwert aus der Stichprobe das passende Vorzeichen hat ($0.95473 > 0$). Wenn ja, ist der einseitige p-Wert die Hälfte des zweiseitigen (also erst recht fast 0). Wenn nicht, sprechen die Daten überhaupt nicht für die Alternativhypothese; die Nullhypothese wird beibehalten.

In ein Streudiagramm kann die Regressionsgerade mit `abline()` eingezeichnet werden. Konstante und Anstieg der Geraden müssen nicht umständlich aus den Ergebnissen für das lineare Modell extrahiert werden, es genügt die Angabe des linearen Modells.

```
> gewicht <- lm(waage ~ angabe)
> plot(angabe, waage)
> abline(gewicht)
```
R

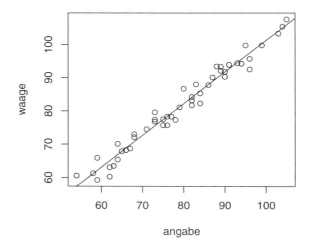

Abbildung 9.4: Streudiagramm der Gewichtsdaten mit Regressionsgeraden

9.3   Lässt sich der Wert einer Variablen anhand des Werts einer zweiten vorhersagen?

Wir haben aus den Gewichtsdaten eine Geradengleichung abgeleitet, die den Zusammenhang zwischen angegebenem und tatsächlichem Gewicht gut beschreibt. Wir wenden uns jetzt der Frage zu, wie aus den Angaben zum Gewicht das tatsächliche Gewicht prognostiziert werden kann?

9.3.1   Punktprognosen

Mit $\widehat{waage} = 5.8301 + 0.9547 \cdot angabe$ haben wir aus den Gewichtsdaten die Regressionsgerade abgeleitet. Diese Gleichung ist das Hilfsmittel, um für eine Person mit zum Beispiel einem angegebenen Gewicht von 70 Kilo das erwartete tatsächliche Gewicht zu berechnen. Nach Einsetzen des Werts 70 für angabe in der Gleichung ist alles nur mehr Anwendung der Grundrechenarten:

$$\widehat{waage} = 5.8301 + 0.9547 \cdot 70 = 72.66$$

Analog kann man natürlich für andere Angaben das erwartete tatsächliche Gewicht berechnen.

Exkurs 9.2 Prognose und Residuen

Die **PROGNOSEWERTE** $\hat{y}$ erhält man durch Einsetzen in die Regressionsgleichung. Das bedeutet, dass sie im Streudiagramm auf der eingezeichneten Geraden liegen.

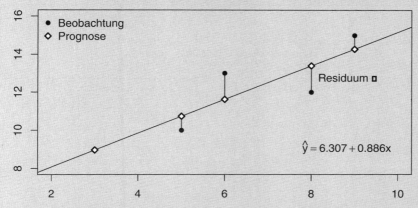

Für das 5-Punktebeispiel aus dem ▶ Exkurs 9.1 sind Beobachtungen und Prognosen speziell markiert. Man kommt zu den Prognosewerten für die Beobachtungen, indem man vertikal (nicht orthogonal!) zur Geraden geht.

Die Differenzen $e = y - \hat{y}$ nennt man **RESIDUEN**. Ein positives Residuum bedeutet, dass der beobachtete Wert größer als der prognostizierte ist und somit die Beobachtung über der Regressionsgeraden liegt. Für die Residuen gelten:

$$\sum_{i=1}^{n} e_i = 0 \quad \text{und} \quad \sum_{i=1}^{n} e_i^2 = RSS$$

Für die später folgende Besprechung von Methoden zur Überprüfung der Modellvoraussetzungen (Abschnitt 9.4.4) sind Residuen und Prognosewerte wichtige Eingangsdaten.

In R erhält man die Punktprognosen für die Beobachtungen mit dem Befehl `predict()`. Aus Platzgründen zeigen wir diese nur für die ersten fünf Beobachtungen.

```
> gewicht <- lm(waage ~ angabe)
> predict(gewicht)[1:5]
```

```
       1       2       3       4       5
  85.073  66.933  95.575  75.525  81.254
```

Prognosen können aber auch für Werte erwünscht sein, die nicht unbedingt im Datensatz auftreten. Im Beispiel werden wir für Gewichtsangaben von 70 Kilo in Fünferschritten bis 100 Kilo alle prognostizierten tatsächlichen Gewichte berechnen. Dazu muss ein Data Frame (`prognose.dfr`) erzeugt werden, in dem eine Variable mit demselben Namen wie die erklärende Variable des Modells vorkommt. Für das Gewichtsbeispiel ist das also die Variable angabe. In der Variablen angabe des Data Frames für die Prognose sollen die Werte enthalten sein, für die Prognosen erstellt werden sollen. Mit dem Argument *newdata* kann der Data Frame mit den Angaben zur Prognose genannt werden.

```
> gewicht <- lm(waage ~ angabe)
> angabe <- seq(70, 100, 5)
> prognose.dfr <- data.frame(angabe)
> gewicht.prognose <- predict(gewicht, newdata = prognose.dfr)
> cbind(angabe, gewicht.prognose)
```

```
  angabe gewicht.prognose
1     70           72.661
2     75           77.435
3     80           82.209
4     85           86.982
5     90           91.756
6     95           96.530
7    100          101.303
```

9.3.2   Intervallprognosen

Die Berechnung eines Prognosewerts, etwa für ein angegebenes Gewicht von 70 Kilo, ist einleuchtend und bei gegebenen Koeffizienten mit einem Taschenrechner rasch erledigt. Soll statt dieser Punktschätzung ein Intervall ermitteln werden, werden die auszuwertenden Formeln kompliziert und der Rechenaufwand wird unverhältnismäßig groß. In R können aber mit einer kleinen Adaption im Aufruf statt Punktprognosen Intervallprognosen berechnet werden.

Bei den Intervallprognosen muss zwischen dem eigentlichen Prognoseintervall (passend zur Frage: in welchem Intervall liegt vermutlich das tatsächliche Gewicht einer Person, die 75 Kilo als Gewicht angibt?) und dem Intervall für den Mittelwert (passend zur Frage: in welchem Intervall liegt vermutlich das mittlere Gewicht von Personen, die 75 Kilo als Gewicht genannt haben?) unterschieden werden.

Im kommenden Beispiel werden wir für jede Gewichtsangabe zwischen 50 und 110 Kilo (angabe) individuelle Prognoseintervalle (gewicht.prognind) und Prognoseintervalle für den Mittelwert (gewicht.prognmw) erstellen. In beiden Fällen umfasst das Ergebnis jeweils drei Spalten, in einer die Punktprognosen, in einer zweiten die Unter- und in einer dritten Spalte die Obergrenze des jeweiligen Intervalls. Die Punktprognosen werden als Punkte (mit plot()), die Intervallgrenzen als Linienzug (mit lines()) eingezeichnet. Eine Legende (legend()) hilft bei der Interpretation der Linien. Es muss angegeben werden, wo sie aufscheinen soll (bei den Koordinaten 80 und 70), welcher Text darin vorkommen soll und zu welchen Linientypen die Texte passen (lty).

```
> angabe <- 50:110
> waage <- rep(0, length(angabe))
> prognose.dfr <- data.frame(angabe, waage)
> gewicht.prognind <- predict(gewicht, newdata = prognose.dfr,
+     int = "pred")
> gewicht.prognmw <- predict(gewicht, newdata = prognose.dfr, int = "conf")
> plot(angabe, gewicht.prognind[, 1], xlab = "Gewichtsangabe",
+     ylab = "Gewichtsprognose", pch = ".")
> lines(angabe, gewicht.prognind[, 2], lty = 1)
> lines(angabe, gewicht.prognind[, 3], lty = 1)
> lines(angabe, gewicht.prognmw[, 2], lty = 2)
> lines(angabe, gewicht.prognmw[, 3], lty = 2)
> legend(80, 70, c("Punktprognose", "Mittelwertprognose",
+       "Individuelle Prognose"), lty = c(3, 2, 1))
```

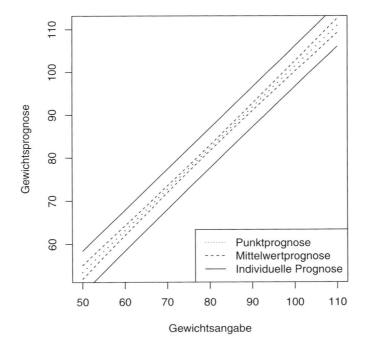

Abbildung 9.5: Prognoseintervalle

Die Punktprognosen für Gewichtsangaben zwischen 50 und 110 Kilo liegen auf der Regressionsgeraden (▶ Abbildung 9.5). Die jeweiligen Unter- bzw. Obergrenzen von 95%-Konfidenzintervallen für individuelle Prognosen und Prognosen für den Mittelwert sind durch Linien miteinander verbunden.

Die Konfidenzintervalle für individuelle Prognosen sind breiter als jene für Mittelwertsprognosen. Beide Arten von Intervallen sind bei sehr niedrigen oder sehr hohen Gewichtsangaben breiter als bei Gewichtsangaben um 80 kg.

9.4   Kann der Zusammenhang einer mit mehreren Variablen beschrieben werden?

Fallbeispiel 20: Gebrauchtwagenpreise

Datenfile: gebrauchtwagen.csv

In den meisten europäischen Ländern bietet die Eurotax-Liste eine Orientierungshilfe beim Kauf oder Verkauf von Gebrauchtwagen. In dieser sind Preise der häufigsten Automodelle mit einigen zusätzlichen Informationen veröffentlicht. In den USA erfüllt das „Red Book" eine analoge Aufgabe.

Mit weiteren Informationen lassen sich vielleicht noch bessere Angaben machen. Für 100 Autos der Marke Ford Taurus liegen Daten über den Verkaufspreis (in USD) nach drei Jahren (Preis), die Anzahl an gefahrenen Meilen (Meilen), die Farbe (Farbe), die Anzahl an Services (Service) und eine Angabe vor, ob sie meist in einer Garage oder im Freien abgestellt waren (Garage).

Welche Form hat der Zusammenhang zwischen dem Verkaufspreis und den anderen Angaben zu den Gebrauchtwagen?

In einem ersten Schritt beschäftigen wir uns mit der Aufnahme zweier erklärender Variablen, Meilen und Service, in das Regressionsmodell; beide sind metrisch skaliert. Später ergänzen wir das Modell um die binäre kategoriale Variable Garage, dann um die kategoriale Variable Farbe (Abschnitt 9.4.2).

```
> auto <- read.csv2("gebrauchtwagen.csv", header = TRUE)
> attach(auto)
> par(mfrow = c(1, 2))                                          R
> plot(Preis ~ Meilen)
> plot(Preis ~ Service)
```

Ein Blick auf die Daten soll immer vor dem Einsatz komplexer Rechenmethoden erfolgen. Die Streudiagramme werden hier durch Angabe der Responsevariablen Preis in Abhängigkeit von einerseits Meilen und andererseits Service erzeugt (auch die Befehle plot(Meilen, Preis) und plot(Meilen, Preis) würden zu den gewünschten Streudiagrammen führen). Das Streudiagramm von Meilen gegen Preis (► Abbildung 9.6 links) weist den erwarteten negativen Zusammenhang auf, der überdies ungefähr linear ist. Im Streudiagramm von Service gegen Preis (► Abbildung 9.6 rechts) taucht ein ungewohntes Muster auf. Der Grund dafür ist, dass die Variable Service nur einige wenige ganzzahlige Werte annimmt. Der Eindruck ist aber, dass im Durchschnitt die Preise höher sind, je öfter die Wagen zum Service gebracht wurden.

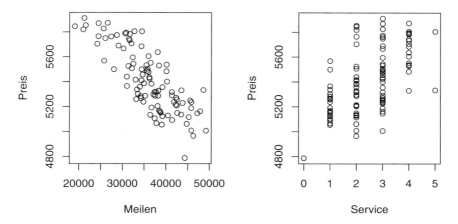

Abbildung 9.6: Streudiagramme Preis-Meilen, Preis-Service

9.4.1 Multiple lineare Regression

Die Erweiterung von einer auf mehrere erklärende Variablen wird durch die Erweiterung der Regressionsgleichung bewirkt und führt zum Modell der MULTIPLEN LINEAREN REGRESSION.

Leider kommt es hier häufig zu Verwechslungen, daher sei angemerkt, dass eine MULTIVARIATE REGRESSION dann vorliegt, wenn man ≥ 2 *abhängige* Variablen analysiert. Der allgemeinste Fall ist also eine *multivariate multiple Regression,* d.h., es gibt mehrere abhängige und unabhängige Variablen in einem Modell. Wir behandeln hier genau genommen eine MULTIPLE UNIVARIATE LINEARE REGRESSION (mehrere Prädiktoren, eine abhängige Variable).

Multiple lineare Regression

$$Y = \alpha + \beta_1 X_1 + \cdots + \beta_k X_k + \varepsilon \qquad (9.7)$$

- Y ... Responsevariable
- $X_1, \ldots, X_k$ ... erklärende Variablen
- $\alpha, \beta_1, \ldots, \beta_k$ ... REGRESSIONSKOEFFIZIENTEN
- ε ... normalverteilter FEHLERTERM mit Mittelwert 0 und konstanter Varianz

Für die erwarteten Werte von Y gilt die REGRESSIONSGLEICHUNG:

$$\hat{Y} = \alpha + \beta_1 X_1 + \cdots + \beta_k X_k \qquad (9.8)$$

Wie in der einfachen linearen Regression verwendet man die Kleinst-Quadrat-Schätzung zur Bestimmung der Regressionsparameter aus einer Stichprobe. Statt vertikaler Abstände zu einer Regressionsgeraden gehen Differenzen zu Werten der Regressionsgleichung in die Berechnung der Residuenquadratsumme ein.

Für die Berechnung in R sind in der Modellformel Response- und erklärende Variablen anzugeben. In diesem Kapitel beschränken wir uns auf die additive Wirkung der erklärenden Variablen auf die Responsevariable (`Preis ~ Meilen + Service`), Erweiterungen dazu erfolgen im folgenden Kapitel (Abschnitt 10.5). Mit der Funktion `lm()` erfolgt die Berechnung des Modells, bei der weit mehr als nur die Schätzwerte für die Regressionsparameter ermittelt werden. Es sollten daher die Ergebnisse in einer Variablen gespeichert werden (im Folgenden in `auto2`). Aus dieser können Details mit eigenen Funktionen extrahiert werden, eine Zusammenfassung der wichtigsten Angaben erhält man mit `summary()`.

```
> auto2 <- lm(Preis ~ Meilen + Service)
> summary(auto2)
```

```
Call:
lm(formula = Preis ~ Meilen + Service)

Residuals:
    Min      1Q  Median      3Q     Max
 -86.08  -28.92    1.48   29.01   86.74

Coefficients:
             Estimate Std. Error t value Pr(>|t|)
(Intercept)  6.21e+03   2.50e+01   248.6   <2e-16 ***
Meilen      -3.15e-02   6.32e-04   -49.8   <2e-16 ***
Service      1.36e+02   3.90e+00    34.8   <2e-16 ***
---
Signif. codes:  0 '***' 0.001 '**' 0.01 '*' 0.05 '.' 0.1 ' ' 1

Residual standard error: 41.5 on 97 degrees of freedom
Multiple R-squared:  0.974,        Adjusted R-squared:  0.974
F-statistic: 1.82e+03 on 2 and 97 DF,  p-value: <2e-16
```

Der Output ist gleich strukturiert wie bei der Einfachregression. Nach der Angabe der Modellformel für den Aufruf von `lm()` und einiger Maßzahlen für die Residuen folgen die zwei wichtigsten Outputteile. Beide werden etwas genauer besprochen.

Koeffizienten der Regressionsgleichung

Die Schätzergebnisse für die Koeffizienten der Regressionsgleichung können wir dem mit `Coefficients:` beschrifteten Block entnehmen. Die Zeile `(Intercept)` enthält Ergebnisse zur Konstanten, die weiteren (also die mit `Meilen` und `Service` beschrifteten) geben Ergebnisse zu den erklärenden Variablen wieder.

Aus der ersten Spalte (beschriftet mit `Estimate`) können die Schätzungen abgelesen werden.

In den weiteren Spalten sind Ergebnisse der t-Tests für die Regressionskoeffizienten β_i enthalten, die analog zur Einfachregression (Abschnitt 9.2.2) den Einfluss jeder einzelnen erklärenden auf die Responsevariable testen. Die p-Werte dieser Tests stehen in der Spalte `Pr(>|t|)`.

Somit lautet die Regressionsgleichung:

$$\widehat{Preis} = 6210 - 0.0315 \cdot Meilen + 136 \cdot Service$$

Sowohl `Meilen` als auch `Service` haben signifikanten Einfluss auf `Preis`.

Bestimmtheitsmaß und *F*-Test

Nach dem Koeffiziententeil folgen Angaben zur Standardabweichung der Residuen, zum Bestimmtheitsmaß und einem damit verbundenen *F*-Test.

Mit $R^2 = .9741$ hat das Bestimmtheitsmaß einen sehr hohen Wert. Das beeinflusst auch das Ergebnis des *F*-TESTS DER REGRESSION.

F-Test der multiplen Regression

Nullhypothese H$_0$: $\beta_1 = \beta_2 = \cdots = \beta_k = 0$

Alternativhypothese H$_A$: mindestens ein $\beta_j \neq 0$

$$F = \frac{R^2 \cdot (n - k - 1)}{(1 - R^2) \cdot k} \tag{9.9}$$

- R^2 ... Bestimmtheitsmaß
- n ... Stichprobenumfang
- k ... Anzahl erklärender Variablen
- Die Teststatistik F folgt unter H$_0$ einer F-Verteilung.

Fallbeispiel 20: Gebrauchtwagenpreise: Interpretation der multiplen Regression

Um den Verkaufspreis von Gebrauchtwagen zu untersuchen, wurde ein multiples lineares Regressionsmodell mit der Responsevariablen Preis und den erklärenden Variablen Meilen und Service berechnet.

Das Bestimmtheitsmaß ist mit $R^2 = 0.974$ sehr hoch und erreicht schon fast die Obergrenze ($0 \leq R^2 \leq 1$). Mit den zwei Angaben zu Meilen und Service können über 97% der Varianz erklärt werden.

Der *F*-Test zeigt ein hoch signifikantes Ergebnis an ($p < 0.001$), mindestens eine der erklärenden Variablen trägt signifikant etwas zur Erklärung der Responsevariablen bei.

Die Regressionskoeffizienten zeigen die nach den Streudiagrammen (▶ Abbildung 9.6) erwarteten Vorzeichen und sind signifikant von 0 verschieden (jeweils $p < .001$).

Pro gefahrener Meile geht der erwartete Verkaufspreis um ca. 3 Cent zurück, pro Service am Auto steigt dieser Verkaufspreis um nicht ganz 136 Dollar.

9.4.2 Kategoriale als erklärende Variablen

Dummyvariablen

Bis jetzt sind zwei erklärende Variablen im Modell, beide sind metrisch. Jetzt wenden wir uns mit der Angabe, ob das Auto hauptsächlich in einer Garage geparkt war, einem anderen Variablentyp zu. Es ist eine kategoriale Variable mit nur zwei Ausprägungen, wir können sie uns als Ja-Nein-Variable vorstellen (in der Garage geparkt Ja-Nein). Auch die Codierung mit 0 für Nein und 1 für Ja ist allgemein üblich und somit liegt mit Garage eine DUMMYVARIABLE vor.

Zur Untersuchung des Zusammenhangs mit der Responsevariablen ist ein Streudiagramm kaum geeignet, wir verwenden parallele Boxplots (▶ Abbildung 9.7). Die durchschnittlichen Preise für Autos, die in Garagen abgestellt waren, sind etwas höher.

```R
> Garage <- factor(Garage)
> levels(Garage) <- c("Im Freien", "In Garage")
> boxplot(Preis ~ Garage, ylab = "Preis")
```

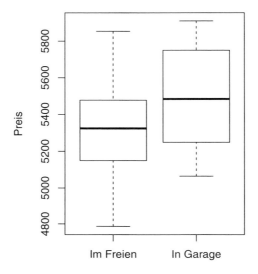

Abbildung 9.7: Gebrauchtwagen: Boxplot Preis – Garage

Dummyvariablen können in der Regression wie metrische Variablen eingesetzt werden. Vorsicht – vor allem bei der Interpretation – ist allerdings geboten, wenn diese nicht mit 0 und 1, sondern anders, etwa mit 1 und 2, kodiert ist.

Diesem Problem kann leicht ausgewichen werden, wenn, wie hier, die Dummyvariable als Faktor deklariert worden ist. Die Dummyvariable wird als weitere erklärende Variable in der Modellformel angegeben.

Vom Output interessieren wir uns jetzt nur auf den Koeffiziententeil. Mit dem Befehl coef() (oder seinem Alias coefficients()) werden allgemein die Koeffizienten eines Modells angezeigt, allerdings nicht die zugehörigen *t*-Tests. Diese Ergebnisse werden mit coef(summary()) ausgegeben.

```R
> auto3 <- lm(Preis ~ Meilen + Service + Garage)
> round(coef(summary(auto3)), digits = 4)
```

```
                Estimate Std. Error   t value Pr(>|t|)
(Intercept)    6187.3659    25.8476  239.3787    0.000
Meilen           -0.0311     0.0006  -48.9664    0.000
Service         134.5412     3.8669   34.7927    0.000
GarageIn Garage  19.0074     8.4608    2.2465    0.027
```

Die Koeffizienten der Regressionsgleichung können aus dem Koeffizententeil des Outputs abgelesen werden und ergeben die Regressionsgleichung:

$$\widehat{Preis} = 6187.4 - 0.0311 \cdot Meilen + 134.54 \cdot Service + 19.007 \cdot GarageInGarage$$

Was bedeutet der letzte Term $19.007 \cdot GarageInGarage$ in der Gleichung? Da wir `Garage` als Faktor definiert haben, wird eine der Kategorien als Referenzkategorie gewählt – üblicherweise jene, die dem kleinsten numerischen Wert entspricht. Hier jene, die dem Wert 0 zugeordnet ist, also die Kategorie `Im Freien`. Im Vergleich dazu kommt für einen Wagen, der hauptsächlich in Garagen geparkt war, bei der Schätzung der Wert 19.007 dazu. Der Eindruck des Boxplots (▶ Abbildung 9.7) wird bestätigt, diese Autos haben einen durchschnittlich höheren Verkaufspreis. Der p-Wert für die Variable besagt, dass die Variable `Garage` signifikanten Einfluss auf den `Preis` hat.

Kategoriale Variablen

Als erklärende Variablen sind bis jetzt `Meilen` und `Service` als metrische Variablen und `Garage` als Dummyvariable in das Regressionsmodell integriert worden. Jetzt wenden wir uns der Autofarbe und damit der Variablen `Farbe` zu. In dieser ist die Farbe nicht genau enthalten, sondern nur zu einer der drei Kategorien zugeteilt (in Klammern der Zahlenwert von `Farbe`): farbig (1), hell (2) oder dunkel (3).

Die direkte Eingabe als erklärende Variable wäre ein Fehler, da die Zuordnung von Zahlenwerten zu Kategorien willkürlich ist. Ein Ausweg ist die Generierung von Dummyvariablen:

- Eine Variable nimmt nur dann den Wert 1 an, wenn der Wagen farbig ist (sonst 0),
- die nächste Variable nur dann den Wert 1, wenn der Wagen hell ist, und
- die letzte Variable nur dann den Wert 1, wenn der Wagen dunkel ist.

Diese drei Dummyvariablen könnten statt der ursprünglichen Variable `Farbe` als erklärende Variablen angegeben und das Regressionsmodell kann geschätzt werden. Aus technischen Gründen reichen schon zwei dieser drei Dummyvariablen aus.

Bei drei Kategorien wie bei `Farbe` ist der Aufwand noch überschaubar, bei vielen Kategorien wird es jedoch zusehends mühsamer. Bei einer kategorialen Variablen mit k Kategorien müssen $k-1$ Dummyvariablen berechnet und im Modell angegeben werden.

Ein bequemerer Weg ist die Aufnahme von `Farbe` in die Modellformel erst, nachdem `Farbe` als Faktor definiert wurde. Die Generierung von passender Dummyvariablen kann damit **R** überlassen werden. In der Ausgabe beschränken wir uns wieder auf den Koeffizententeil:

```
> Farbe <- factor(Farbe)
> levels(Farbe) <- c("farbig", "hell", "dunkel")
> auto4 <- lm(Preis ~ Meilen + Service + Garage + Farbe)
> round(coef(summary(auto4)), digits = 4)
```

	Estimate	Std. Error	t value	Pr(>|t|)
(Intercept)	6197.3246	28.0271	221.1189	0.0000
Meilen	-0.0313	0.0007	-44.8742	0.0000
Service	135.1858	4.1970	32.2098	0.0000
GarageIn Garage	20.4550	8.6387	2.3678	0.0199
Farbehell	-10.4383	11.4978	-0.9078	0.3663
Farbedunkel	-6.7031	9.9242	-0.6754	0.5011

In der Regressionsgleichung sind zwei neue Terme aufgetaucht.

$$\widehat{Preis} = 6197.3 - 0.031 \cdot Meilen + 135.19 \cdot Service + 20.45 \cdot GarageInGarage$$
$$- 10.44 \cdot Farbehell - 6.7 \cdot Farbedunkel$$

Die Variable `Farbe` hat drei Kategorien, als Referenzkategorie wurde die Kategorie *farbig* gewählt, für die zwei anderen Kategorien wurden Dummyvariablen kreiert.

Die Koeffizienten für `Farbehell` und `Farbedunkel` sind negativ. Das bedeutet, dass für vergleichbare – im Sinn gleicher Werte für `Meilen`, `Service` und `Garage` – Gebrauchtwagen, die farbig sind, höhere Preise erwartet werden als für helle oder dunkle.

Die ausgewiesenen Koeffizienten sind aber nicht signifikant, das bedeutet, dass sich die Farbkategorien farbig (1) und hell (2) von dunkel (3) nicht signifikant unterscheiden.

Im Sinn eines einfachen Modells sollte `Farbe` nicht in das Regressionsmodell aufgenommen werden.

Die zusammengefasste Wirkung beider Dummyvariablen kann man auch recht einfach anhand der ANOVA-TABELLE bewerten.

```
> anova(auto4)                                                           R
```

```
Analysis of Variance Table

Response: Preis
          Df  Sum Sq Mean Sq F value Pr(>F)
Meilen     1 4183528 4183528 2505.19 <2e-16 ***
Service    1 2084471 2084471 1248.23 <2e-16 ***
Garage     1    8336    8336    4.99  0.028 *
Farbe      2    1581     791    0.47  0.624
Residuals 94  156975    1670
---
Signif. codes:  0 '***' 0.001 '**' 0.01 '*' 0.05 '.' 0.1 ' ' 1
```

Dabei werden die durch die jeweiligen Effekte erklärten Anteile an der Gesamtquadratsumme berechnet und über einen F-Test bewertet. Da die Varianz der Responsevariablen Y direkt mit der Gesamtquadratsumme zusammenhängt, wird diese Aufteilung der Gesamtquadratsumme auch VARIANZANALYSE oder abgekürzt ANOVA (für Analysis of Variance) genannt. In diesem Beispiel ist nur die letzte Variable (`Farbe`) nicht signifikant.

9.4.3 Modellselektion

Gibt es mehrere mögliche Regressionsmodelle zur Beschreibung der Beziehung zwischen der Response- und den erklärenden Variablen, taucht automatisch der Wunsch nach Unterstützung bei der Auswahl des Modells auf. Die allgemeine Devise ist: so einfach wie möglich – so komplex wie notwendig. Dabei bedeuten:

- Einfachheit: möglichst wenig Parameter
- Komplexität: guter Erklärungswert des Modells für die Daten

Die verbreitetste Vorgangsweise, um diesem Prinzip gerecht zu werden, ist die Rückwärtsselektion (backward selection). Man startet mit dem komplexesten Modell (alle erklärenden Variablen im Modell) und scheidet so lange Variablen aus, wie der Verlust im Erklärungswert vertretbar ist. Zur Bewertung, welcher Verlust im Erklärungswert noch vertretbar ist, wird der PARTIELLE *F*-TEST herangezogen.

Partieller *F*-Test

H_0: einfacheres Modell (mit $\alpha, \beta_1 \ldots \beta_k$)

H_A: komplexeres Modell (mit $\alpha, \beta_1 \ldots \beta_k$ und zusätzlich $\beta_{k+1}, \ldots \beta_{k+p}$)

$$F = \frac{(RSS_0 - RSS_1)/(df_0 - df_1)}{RSS_1/df_1} \qquad (9.10)$$

■ RSS_0 Residuenquadratsumme des einfacheren Modells (mit $df_0 = n - k - 1$ Freiheitsgraden)

■ RSS_1 Residuenquadratsumme des komplexeren Modells (mit $df_1 = n - k - p - 1$ Freiheitsgraden)

■ $df_0 - df_1 = p$ entspricht der Zahl zusätzlicher Parameter im komplexeren Modell.

■ Die Teststatistik F folgt unter H_0 einer F-Verteilung.

Sind mehrere Variablen Kandidaten, um aus dem Modell entfernt zu werden, wird jene Variable gewählt, die bei diesem Test den größten *p*-Wert hat.

Wenn wir im Beispiel der Gebrauchtwagen das Modell mit allen vier erklärenden Variablen mit dem Modell ohne die Variable Farbe vergleichen, führt in R der Befehl anova() diesen partiellen *F*-Test aus. Es werden zuerst das einfachere Modell (auto3) und dann das komplexere Modell (auto4) angegeben. Bei der Definition von auto4 wird ein weiterer Befehl (update()) demonstriert, mit dem die Modifikation von Modellformeln erleichtert wird.

```
> auto3 <- lm(Preis ~ Meilen + Service + Garage)
> auto4 <- update(auto3, . ~ . + Farbe)
> anova(auto3, auto4)
```
R

```
Analysis of Variance Table

Model 1: Preis ~ Meilen + Service + Garage
Model 2: Preis ~ Meilen + Service + Garage + Farbe
  Res.Df    RSS Df Sum of Sq     F Pr(>F)
1     96 158556
2     94 156975  2      1581 0.47   0.62
```

Der Übergang vom Modell auto4 auf das einfachere, weil ohne Farbe auskommende Modell auto3 ist vertretbar, auto4 ist nicht signifikant besser als auto3. Die Residuenquadratsumme des komplexeren Modells ist mit 156975 nicht wesentlich niedriger als jene des einfacheren Modells (158556). Allerdings benötigt das komplexere Modell zwei Parameter mehr, da der Faktor Farbe mit seinen drei Stufen zwei Dummyvariablen in der Parameterschätzung verlangt.

Auf die Präsentation aller Schritte der Rückwärtsselektion wird aus Platzgründen verzichtet.

Mit dem partiellen *F*-Test ist nur der Vergleich hierarchisch geschachtelter Modelle möglich. Mit anderen Maßen (AIC, korrigiertes R^2 etc.) wird der Versuch unternommen, beliebige Modelle zu vergleichen. Allerdings steigt die Anzahl möglicher

Modelle recht rasch mit der Anzahl erklärender Variablen. Bei k erklärenden Variablen sind theoretisch 2^k Modelle mit nur additiven Effekten dieser Variablen denkbar. Nur bei völliger Automatisierung sind alle Modellvergleiche sinnvoll.

9.4.4   Modelldiagnostik

Für den Preis von Gebrauchtwagen ist ein Regressionsmodell mit drei erklärenden Variablen gefunden worden, das die Daten gut zu beschreiben scheint. Die Variable Farbe trägt kaum zu einer Verbesserung des Modells bei und wird daher nicht in dieses Modell aufgenommen.

Wie kann man überprüfen, ob die Voraussetzungen für die Anwendung des Regressionsmodells erfüllt sind?

Das Regressionsmodell ist durch 9.7 beschrieben:

$$Y = \alpha + \beta_1 X_1 + \cdots + \beta_k X_k + \varepsilon$$

Die Annahmen dafür sind:

- Die Beziehung zwischen der Responsevariablen und den erklärenden Variablen ist so, wie in der Regressionsgleichung formuliert.
- Der Fehlerterm ist normalverteilt.
- Die Varianz des Fehlerterms ist konstant im gesamten Bereich der erklärenden Variablen. Diese Eigenschaft nennt man HOMOSKEDASTIZITÄT.

Die Fehlerterme werden durch die Residuen geschätzt, also durch $e = y - \hat{y}$. Sie stellen neben den prognostizierten Werten $\hat{y}$ das wesentliche Hilfsmittel bei der Überprüfung der Modellvoraussetzungen dar. Beide müssen nicht umständlich selbst berechnet werden, sondern können nach der Modellschätzung leicht mit residuals() (oder kurz mit resid()) bzw. mit fitted() (oder als Alias fitted.values()) abgerufen werden.

Normalverteilung der Residuen   Zur Überprüfung der Normalverteilung der Residuen stehen allgemein Methoden des Abschnitts 8.4 zur Verfügung. Zuerst gehen wir auf die grafische Überprüfung über den Q-Q-Plot (▶ Abbildung 9.8) ein. Das Bild zeigt keine starken Abweichungen von der eingezeichneten Referenzgeraden.

```
> auto3 <- lm(Preis ~ Meilen + Service + Garage)
> qqnorm(residuals(auto3))
> qqline(residuals(auto3))
```

Mit dem Shapiro-Wilk-Test kann ein testtheoretisches Verfahren für den Verteilungstest angewendet werden.

```
> shapiro.test(residuals(auto3))
```

```
        Shapiro-Wilk normality test

data:  residuals(auto3)
W = 0.9912, p-value = 0.7624
```

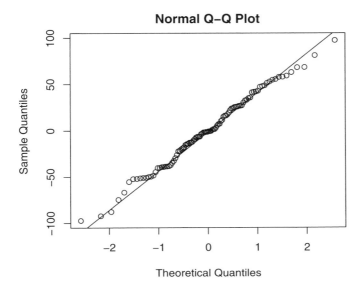

Abbildung 9.8: Q-Q-Plot der Residuen

Das Ergebnis hier bestätigt die Einschätzung vom Q-Q-Plot, dass die Abweichungen von der Normalverteilung nur minimal sind (p-Wert $= 0.7624$). Natürlich hätte man auch einen Kolmogorov-Smirnov-Test anwenden können.

Regressionsgleichung und Homoskedastizität Eine wichtige Grafik für die Überprüfung mehrerer Voraussetzungen ist der RESIDUENPLOT, bei dem die vorhergesagten Werte (x-Achse) gegen die Residuen (y-Achse) in einem Streudiagramm aufgetragen werden. Wenn in diesem Plot kein Muster erkennbar ist, sind keine Zweifel an der Erfüllung der Voraussetzungen angebracht.

```
> plot(fitted(auto3), residuals(auto3))
```
R

Fallbeispiel 20: Gebrauchtwagen: Interpretation der Modellwahl

Von den vier Kandidaten als erklärende Variablen hat nur die Farbe keinen signifikanten Einfluss auf den Preis. Zur Erklärung des Preises ist die Beschränkung auf die gefahrenen Meilen, die Anzahl, wie oft das Auto beim Service war, und auf die Angabe, ob das Auto meist in einer Garage oder im Freien abgestellt war, möglich.

Die Überprüfung der Residuen sowohl durch den Q-Q-Plot (▶ Abbildung 9.8) als auch durch den Shapiro-Wilk-Test lassen keine Zweifel an der Normalverteilung der Residuen aufkommen.

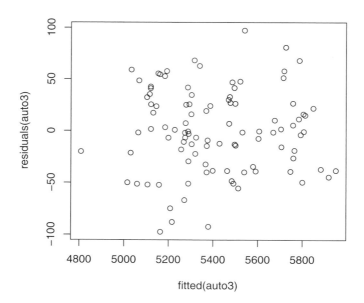

Abbildung 9.9: Residuenplot

> Aus dem Residuenplot (▶ Abbildung 9.9) ist kein Muster ableitbar.
> Die Voraussetzungen für die Regression sind offenbar erfüllt. Das Modell mit
> den drei Variablen erklärt den Preis der Gebrauchtwagen gut.

In R sind der Residuen-Q-Q-Plot, der Residuenplot und zwei weitere Diagnostikplots mit einem Befehl abrufbar, für das jetzige Beispiel mit dem Aufruf `plot(auto3)`. Q-Q-Plot der Residuen und Plot der Modellwerte gegen die Residuen sind die zwei wichtigsten, auf die Diskussion der zwei anderen verzichten wir hier.

Typische Verletzungen von Modellannahmen

In der Mehrfachregression können die Gründe für Verletzungen von Modellvoraussetzungen sehr versteckt liegen. Im Folgenden werden anhand klarer Beispiele der Einfachregression, bei denen schon im Streudiagramm von erklärender und Responsevariablen die Modellverletzung ersichtlich ist, die wichtigsten Fälle von Modellverletzungen besprochen und ihre Diagnose anhand von Q-Q-Plot und Residuenplot demonstriert.

Ausreißer   Ein Datensatz ($n = 200$) mit zwei Ausreißern (▶ Abbildung 9.10) ist im Streudiagramm links dargestellt, in das auch die Regressionsgerade eingezeichnet ist. Ein Ausreißer ist unterhalb, einer oberhalb der Geraden.

Sowohl im Q-Q-Plot (mittleres Diagramm) als auch im Residuenplot sollte man erkennen, dass es zwei Beobachtungen mit vom Absolutbetrag her sehr großen Residuen gibt.

In diesem Beispiel heben sich die beiden Ausreißer in ihrer Wirkung auf die Regressionsgerade fast auf. Man kann sich aber leicht gravierendere Auswirkungen vorstellen, etwa dann, wenn die Ausreißer auf derselben Seite der Regressionsgerade liegen.

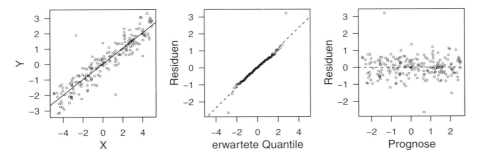

Abbildung 9.10: Ausreißer

Nichtlinearer Zusammenhang ▶ Abbildung 9.11 zeigt ein Beispiel mit einem S-förmigen Zusammenhang zwischen erklärender und Responsevariablen. Die Regressionsgerade kann diesem Verlauf natürlich nicht gerecht werden. Im Q-Q-Plot (mittleres Diagramm) kommt dies allerdings nicht ans Licht. Offenbar sind die Residuen normalverteilt.

Der Residuenplot deckt das Manko allerdings klar auf; ein eindeutig erkennbares Muster zeigt einen nichtlinearen Zusammenhang an.

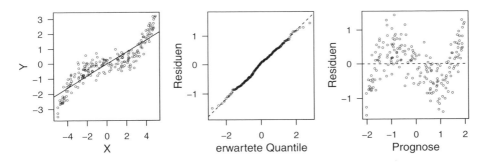

Abbildung 9.11: Nichtlinearer Zusammenhang

Die Daten für dieses Beispiel wurden nicht über eine Geradengleichung, sondern über ein Polynom, nämlich $y = \alpha + \beta_1 \cdot x + \beta_2 \cdot x^3$, erzeugt. In Fällen wie diesen liegt eine Chance in folgender Vorgangsweise: Man berechnet aus den erklärenden Variablen neue Variablen, die dem funktionalen Zusammenhang besser gerecht werden, etwa die zweiten und dritten Potenzen oder den Logarithmus der erklärenden Variablen. Diese neuen Variablen werden zusätzlich als erklärende Variablen in das Modell aufgenommen. Eine andere Methode ist, die höheren Potenzen nicht explizit zu berechnen, sondern nur in der Modellgleichung anzugeben. Eine Hilfe dabei ist in R die Funktion `I()`, die arithmetische Operationen in Formeln zulässt. (Diese Daten könnt man mit `y ~ x + I(x^3)` modellieren.)

Heterogene Varianzen   Im letzten Beispiel (▶ Abbildung 9.12) ist der Zusammenhang hinreichend gut durch eine Gerade beschrieben. Jedoch werden die Abweichungen von dieser Geraden größer, je weiter wir nach rechts gehen. Der Q-Q-Plot (mittleres Diagramm) zeigt ein unverdächtiges Bild, im Residuenplot (rechtes Diagramm) sticht die größer werdende Varianz ins Auge.

Das widerspricht der Annahme konstanter Varianz der Fehlerterme, man spricht von HETEROSKEDASTIZITÄT, im Unterschied zu HOMOSKEDASTIZITÄT.

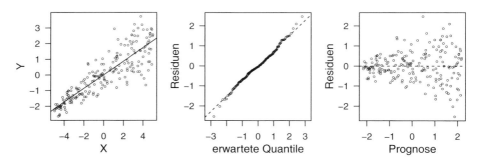

Abbildung 9.12: Heterogene Varianzen

Allgemein gültige Rezepte für solche Fälle können nur schwer abgegeben werden; in der Literatur werden varianzstabilisierende Transformationen empfohlen (Kockelkorn, 2000).

9.4.5   Prognose

Die Prognose erfolgt über die Regressionsgleichung (9.8).

In **R** ist die Prognose für Beobachtungen wie bei der Einfachregression (Abschnitt 9.3) leicht mit `predict()` durchführbar. Nehmen wir als Grundlage das lineare Regressionsmodell mit den drei erklärenden Variablen `Meilen`, `Service` und `Garage`, so kann etwa für die Beobachtungen der Prognosewert folgendermaßen bestimmt werden (aus Platzgründen geben wir nur die ersten fünf Werte aus):

```
> auto3 <- lm(Preis ~ Meilen + Service + Garage)
> auto3pr <- predict(auto3)
> auto3pr[1:5]
```

```
     1      2      3      4      5
5292.3 5062.8 5029.3 5783.6 5757.3
```

Die Berechnung von Prognosen für beliebige Angaben der erklärenden Variablen ist etwas mühsamer. Die Werte der erklärenden Variablen, die in die Prognose eingehen, müssen in einem Data Frame vorliegen. Die Variablennamen dieses Data Frame müssen mit denen der Modellspezifikation übereinstimmen. Für die Prognose des erwarteten Preises für einen Wagen mit gefahrenen 30 000 Meilen, der zweimal beim Service und hauptsächlich in einer Garage geparkt war, kann man folgende Vorgangsweise wählen:

```
> predict(auto3, newdata = data.frame(Meilen = 30000, Service = 2,
+     Garage = "In Garage"))
```
R

```
      1
5541.3
```

Wie bei der Einfachregression können für prognostizierte Werte auch Konfidenzintervalle über die Option *interval* angefordert werden, auf ein eigenes Beispiel wird aus Platzgründen verzichtet.

9.5 Unterscheiden sich Mittelwerte zu zwei oder mehreren Zeitpunkten?

Fallbeispiel 21: Bundesliga 2007/08: Halbzeiten

Datenfile: bl200708.csv

Die folgende Tabelle zeigt den Endstand der 1. Fußball-Bundesliga der Saison 2007/08. Neben den üblichen Angaben enthalten die zwei letzten Spalten die erzielten Tore in den einzelnen Halbzeiten.

Verein	S	U	N	Tore	Punkte	Tore pro Halbzeit	
						1	2
Bayern München	22	10	2	68:21	76	30	38
Werder Bremen	20	6	8	75:45	66	31	44
FC Schalke 04	18	10	6	55:32	64	29	26
Hamburger SV	14	12	8	47:26	54	20	27
VfL Wolfsburg	15	9	10	58:46	54	25	33
VfB Stuttgart	16	4	14	57:57	52	26	31
Bayer Leverkusen	15	6	13	57:40	51	21	36

375

						Tore pro Halbzeit	
Hannover 96	13	10	11	54:56	49	27	27
Eintracht Frankfurt	12	10	12	43:50	46	18	25
Hertha BSC	12	8	14	39:44	44	16	23
Karlsruher SC	11	10	13	38:53	43	7	31
VfL Bochum	10	11	13	48:54	41	27	21
Borussia Dortmund	10	10	14	50:62	40	21	29
Energie Cottbus	9	9	16	35:56	36	14	21
Arminia Bielefeld	8	10	16	35:60	34	11	24
1. FC Nürnberg	7	10	17	35:51	31	17	18
Hansa Rostock	8	6	20	30:52	30	12	18
MSV Duisburg	8	5	21	36:55	29	16	20

Werden in den Halbzeiten unterschiedlich viel Tore erzielt?

Das Interesse liegt nicht in der Frage, ob es einen Zusammenhang zwischen den erzielten Toren in den jeweiligen Halbzeiten gibt (Abschnitt 9.1). In dieser Fragestellung müssen wir auf den Unterschied zwischen den beiden Hälften eingehen.
Wie schon bei der analogen Fragestellung für kategoriale Daten (Abschnitt 7.6) liegen abhängige Stichproben vor.

9.5.1 Grafische Beschreibung

Für die grafische Beschreibung der Daten wird ein Streudiagramm verwendet, in das zusätzlich eine 45°-Gerade eingezeichnet ist. Diese Gerade mit Konstante 0 und Anstieg 1 wird mit `abline(c(0,1))` in das Streudiagramm eingezeichnet und gibt jene Punkte an, bei denen der x- und y-Wert gleich sind. In diesem Beispiel also jene Mannschaften, die in der ersten Hälfte gleich viel Tore wie in der zweiten erzielt haben. Mit `text()` erfolgt eine Punktbeschriftung, für alle Punkte ist die Textposition mit 4 festgelegt; das bedeutet, dass die Beschriftung rechts vom Punkt im Streudiagramm positioniert ist.

```
> bl2007 <- read.csv2("bl200708.csv", header = TRUE)
> attach(bl2007)
> plot(Tore1H, Tore2H, main = "Bundesliga 2007/08",
+       xlab = "Tore in Halbzeit 1",  ylab = "Tore in Halbzeit 2",
+       xlim = c(5, 35), pch = 16)
> abline(c(0, 1))
> textposition = rep(4, length(Tore1H))
> text(Tore1H, Tore2H, Verein, pos = textposition, cex = 0.8)
```

Das Streudiagramm (▶ Abbildung 9.13) bietet Einblick in die Daten:

■ Die meisten Mannschaften liegen über der eingezeichneten Geraden, nur zwei Mannschaften darunter.

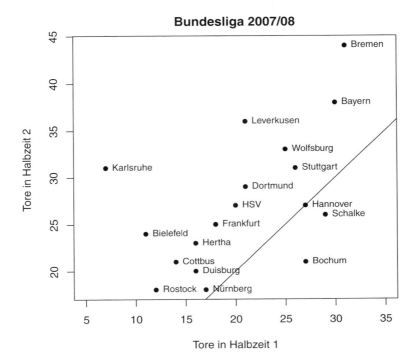

Abbildung 9.13: Streudiagramm für Bundesligatore

- Hannover 96 ist die einzige Mannschaft genau auf der Geraden, es wurden gleich viel Tore in den beiden Halbzeiten erzielt.
- Schalke und Bochum liegen unter der Geraden, weil das jene Mannschaften waren, die in der ersten Hälfte insgesamt mehr Tore erzielten als in der zweiten.
- Alle anderen Mannschaften (insgesamt 15) haben in der zweiten Hälfte insgesamt mehr Tore erzielt, daher liegen sie über der eingezeichneten Referenzgeraden.

9.5.2 Analyse der Fragestellung

Wir haben Daten einer Saison zur Verfügung, die die Vermutung aufkommen lassen, dass in der Bundesliga unterschiedlich viele Tore in den zwei Halbzeiten fallen.

Da abhängige Stichproben (oder auch verbundene Stichproben) vorliegen, kann mit dem *t*-TEST FÜR ABHÄNGIGE STICHPROBEN vielleicht unsere Frage beantwortet werden.

t-Test für abhängige Stichproben

Nullhypothese H_0: $\mu_1 = \mu_2$

Alternativhypothese H_A: $\mu_1 \neq \mu_2$ oder $\mu_1 > \mu_2$ oder $\mu_1 < \mu_2$

- $\mu_1, \mu_2 \ldots$ die unbekannten Mittelwerte der Grundgesamtheit zu den Zeitpunkten 1 und 2

- Voraussetzung für den Einsatz dieser Methode ist, dass die Differenzen normalverteilt sind.
- Für H$_0$ findet man auch die gleichbedeutende Formulierung H$_0$: $\mu_1 - \mu_2 = 0$ und für die die Alternativhypothesen H$_A$: $\mu_1 - \mu_2 \neq 0$ (statt H$_A$: $\mu_1 \neq \mu_2$), H$_A$: $\mu_1 - \mu_2 < 0$ (statt H$_A$: $\mu_1 < \mu_2$) oder H$_A$: $\mu_1 - \mu_2 > 0$ (statt H$_A$: $\mu_1 > \mu_2$).

```
> t.test(Tore1H, Tore2H, paired = TRUE)
```

```
        Paired t-test

data:  Tore1H and Tore2H
t = -4.2718, df = 17, p-value = 0.0005153
alternative hypothesis: true difference in means is not equal to 0
95 percent confidence interval:
 -10.2912  -3.4865
sample estimates:
mean of the differences
               -6.8889
```

Im Testergebnis wird zunächst angegeben, dass ein t-Test für abhängige Stichproben (Paired t-test) mit den Variablen Tore1H und Tore2H berechnet wurde.

Von den Kennzahlen des Tests sind der p-Wert (0.00052) und die Alternativhypothese des Tests am wichtigsten. Hier wurde ein zweiseitiger Test (true difference in means is not equal to 0) gerechnet.

Es folgen ein Konfidenzintervall für den Mittelwert der Differenzen der Tore in der ersten und zweiten Halbzeit und die in der Stichprobe beobachtete Differenz im Mittelwert der Tore (-6.88889).

Fallbeispiel 21: Halbzeittore: Interpretation des Tests

Es wurde ein t-Test für abhängige Stichproben gerechnet. Der Unterschied zwischen Toren in der ersten und zweiten Halbzeit ist bei Mannschaften der deutschen Bundesliga signifikant ($p = 0.00052$).

Sowohl das Streudiagramm (▶ Abbildung 9.13) als auch die in der Stichprobe beobachtete Differenz im Mittelwert der Tore (speziell das Vorzeichen dieser Differenz) deuten an, dass mehr Tore in der zweiten Halbzeit geschossen werden.

Eine andere Möglichkeit zur Untersuchung der Fragestellung ist, die Differenzen der Beobachtungspaare zu bilden und diese Differenzen auf den Wert 0 zu testen (Abschnitt 8.2).

9.6 Wie kann man den zeitlichen Verlauf einer Variablen beschreiben und untersuchen?

Fallbeispiel 22: Umsatz einer Buchhandlung

Datenfile: buchhandel.csv

Die monatlichen Umsatzzahlen (in 1000 Euro) einer Wiener Innenstadtbuchhandlung sind im Datenfile angeführt. Die Datenreihe startet im Jahr 2001 und geht bis Mitte 2009.

Wie kann man den zeitlichen Verlauf des Umsatzes beschreiben?

9.6.1 Zeitreihen

Warum taucht die Beschreibung der monatlichen Umsatzzahlen in einem Kapitel auf, das sich Fragestellungen zu mehreren metrischen Variablen widmet? Der Grund ist die im Hintergrund stehende Variable Zeit. Zu jeder Umsatzzahl gehört eine nicht explizit vorkommende Angabe, auf welchen Monat und welches Jahr sich dieser Wert bezieht.

Serien solcher Beobachtungen, bei denen in regelmäßigen zeitlichen Abständen Beobachtungen vorliegen, nennt man ZEITREIHEN.

Definition von Zeitreihen

Die Angabe, auf welche Zeitpunkte sich die Umsatzzahlen (Variable verkauf) beziehen, kann dadurch geschehen, dass die Umsatzzahlen als Zeitreihe definiert (ts()) werden. Es bedarf der Angabe, in welcher Frequenz pro Zeiteinheit Werte vorkommen (bei Monatsdaten also zwölf Werte je Jahr, freq = 12) und zu welchem Datum der erste Wert der Reihe vorliegt (mit start = 2001 wird der erste Monat des Jahres 2001 gewählt).

```
> buchhandel <- read.csv2("buchhandel.csv", header = TRUE)
> umsatz <- with(buchhandel, ts(verkauf, freq = 12, start = 2001))
> umsatz
```

R

	Jan	Feb	Mar	Apr	May	Jun	Jul	Aug	Sep	Oct	Nov	Dec
2001	44	48	45	51	53	61	45	43	48	52	57	93
2002	40	42	34	41	45	46	31	43	43	39	50	88
2003	30	36	29	34	34	36	26	51	40	40	49	84
2004	26	42	26	30	37	34	27	55	38	33	39	85
2005	22	41	22	30	47	37	31	65	37	27	43	83
2006	26	46	28	38	51	45	35	62	32	39	42	91
2007	38	56	36	42	54	57	36	75	34	42	54	95
2008	41	58	41	43	59	67	44	72	31	50	60	104
2009	34	64	45	45	68	63						

In der Ausgabe der Werte ist die Zeitstruktur durch die Gliederung in Jahre und Monate gut erkennbar. Wäre die Reihe mit Daten aus dem Juli 2001 gestartet, hätte das Startdatum etwas genauer mit `start = c(2001, 7)` angegeben werden müssen.

Zeitreihenplot

Die beste Darstellung von Zeitreihendaten ist ein Plot dieser Werte gegen die Zeit. Im Unterschied zu Streudiagrammen werden dabei üblicherweise zeitlich aufeinanderfolgende Daten mit einer Linie verbunden.

```
> plot(umsatz, main = "Umsatz", xlab = "Zeit")
```
R

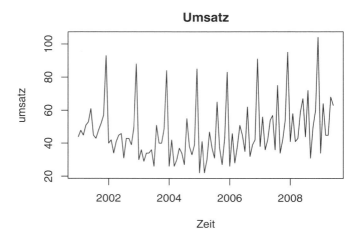

Abbildung 9.14: Zeitreihenplot der Buchhandlungsdaten

Die Zeit muss nicht eigens im Plotbefehl eingegeben werden, die passenden Angaben (Startdatum, Frequenz etc.) werden aus der Definition der Zeitreihe (hier `umsatz`) entnommen.

9.6.2   Zeitreihenzerlegung

Obwohl der Zeitreihenplot (▶ Abbildung 9.14) einen unruhigen Charakter aufweist, sind doch zwei Elemente erkennbar:

- In den ersten Jahren (bis etwa 2004) gehen die Umsätze zurück, danach steigen sie wieder.
- Jeweils zum Jahresende tauchen markante Umsatzspitzen auf (Bücher als Weihnachtsgeschenk).

Klassische Zeitreihenzerlegung

Damit haben wir auch zwei wichtige Teile der KLASSISCHEN ZEITREIHENZERLEGUNG angesprochen.

Klassische Zeitreihenzerlegung

$$Y_t = T_t + S_t + E_t \qquad (9.11)$$

- T_t Trend: mittel- bis langfristige Entwicklung der Reihe
- S_t Saison: regelmäßig wiederkehrendes Muster im Rhythmus der Frequenz der Reihe
- E_t irreguläre oder Zufallskomponente, Fehler

Wir verzichten auf eine eigene Zyklus-Komponente, die in ökonomischen Anwendungen mehrjährigen Konjunkturzyklen entsprechen soll.

In diesem additiven Modell wirken Trend und Saison unabhängig voneinander, d.h., sie beeinflussen einander nicht.

Multiplikative Zeitreihenzerlegung

Manche Reihen sind besser durch eine multiplikative Zerlegung beschreibbar:

$$Y_t = T_t \cdot S_t \cdot E_t$$

Hier wirken Trend und Saison nicht unabhängig, der saisonale Effekt wird durch den Trend verstärkt.

Logarithmieren transformiert das multiplikative Modell in das additive:

$$\log(Y_t) = \log(T_t \cdot S_t \cdot E_t)$$
$$= \log(T_t) + \log(S_t) + \log(E_t)$$

Berechnung der Komponenten

Die Ermittlung der systematischen Komponenten T_t und S_t erfolgt in drei Schritten:

1. Berechnung der Trendkomponente T_t:
   z. B. linearer, exponentieller Trend, mittelfristiger Trend durch Glättung
2. Berechnung der trendbereinigten (detrended) Reihe $TB_t = (Y_t - T_t)$
3. Ermittlung der Saisonkomponente S_t, aus $TB_t = (Y_t - T_t)$

9.6.3 Trend

Linearer und exponentieller Trend

Im Datenfile sind zwei künstlich generierte Zeitreihen (zrlin und zrexp) der Länge 50 enthalten. Wenn wir sie der Übung halber als Quartalsdaten beginnend mit dem dritten Quartal 1996 auffassen und in einem Plot (▶ Abbildung 9.15) darstellen, kommen wir zu:

```
> trends <- read.csv2("trends.csv", header = TRUE)
> attach(trends)
> zrlin <- ts(zrlin, freq = 4, start = c(1996, 3))
> zrexp <- ts(zrexp, freq = 4, start = c(1996, 3))
> detach(trends)
> par(mfrow = c(1, 2))
> plot(zrlin, xlab = "Zeit", main = "Linearer Trend")
> plot(zrexp, xlab = "Zeit", main = "Exponentieller Trend")
```

381

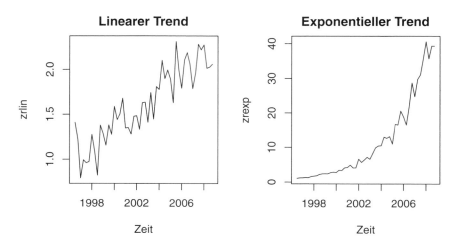

Abbildung 9.15: Zeitreihen mit linearem und exponentiellem Trend

Form und Stärke (Signifikanz) des linearen Trends können über einfache lineare Regression (Abschnitt 9.2) der Zeitreihendaten gegen die Zeit bestimmt werden. Die Zeit ist im Folgenden einfach eine Zählvariable von 1 ausgehend.

```
> t <- 1:length(zrlin)
> zrl <- lm(zrlin ~ t)
> round(coef(summary(zrl)), digits = 3)
```

```
            Estimate Std. Error t value Pr(>|t|)
(Intercept)    0.975      0.053  18.500        0
t              0.025      0.002  13.842        0
```

Eine exponentiell wachsende Reihe kann durch Logarithmieren in eine linear wachsende Reihe transformiert werden.

```
> zre <- lm(log(zrexp) ~ t)
> round(coef(summary(zre)), digits = 3)
```

```
            Estimate Std. Error t value Pr(>|t|)
(Intercept)   -0.017      0.029  -0.581    0.564
t              0.076      0.001  76.147    0.000
```

Für zrlin ist ein signifikanter linearer Trend beobachtbar, die Zeit t trägt signifikant etwas zur Entwicklung der Reihe bei. Eine Interpretationsstufe mehr benötigen wir für die Reihe zrexp. Hier ist die Zeit eine gute Erklärung für die logarithmierte Reihe. Das bedeutet, dass ein linearer Trend für die logarithmierte Reihe vorliegt; für die eigentliche Reihe spricht das für einen exponentiellen Trend. Die berechneten Trends können mit lines() in die Zeitreihenplots (▶ Abbildung 9.16) eingezeichnet werden.

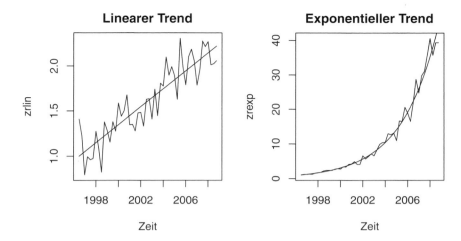

Abbildung 9.16: Zeitreihen mit berechneten linearen und exponentiellen Trends

```
> par(mfrow = c(1, 2))
> plot(zrlin, xlab = "Zeit", main = "Linearer Trend")
> lines(ts(fitted(zrl), freq = 4, start = c(1996, 3)))
> plot(zrexp, xlab = "Zeit", main = "Exponentieller Trend")
> lines(ts(exp(fitted(zre)), freq = 4, start = c(1996, 3)))
```

R

Exponentielle Glättung

Eine weitere Möglichkeit der Trendberechnung ist die EXPONENTIELLE GLÄTTUNG, bei der die Trendwerte T_t rekursiv als gewichtetes Mittel aus der aktuellen Beobachtung Y_t und der Glättung der Vorperiode berechnet werden.

Exponentielle Glättung

$$T_t = \alpha \cdot Y_t + (1 - \alpha) \cdot T_{t-1}$$

für $t \geq 2$ und mit Startwert $T_1 = Y_1$.

- α: Glättungsparameter liegt zwischen 0 und 1, also $0 < \alpha \leq 1$.
- Y_t: beobachtete Reihe
- T_t: Trendreihe

Einfluss von α auf die Stärke der Glättung:

- Ist $\alpha = 1$, wird nicht geglättet ($T_t = Y_t$).
- Ist α groß, z. B. 0.8, so ist der aktuelle Wert Y_t sehr wichtig, der Einfluss des geglätteten Werts der Vorperiode T_{t-1} (in dem auch die gesamte Vergangenheit der Reihe eingeht) ist gering. Es wird wenig geglättet.
- Ist α klein, z. B. 0.1, so kann der aktuelle Wert Y_t die Glättung nur wenig beeinflussen. Es wird stark geglättet.

383

Exponentielles Glätten mit R geschieht leicht mit der Funktion HoltWinters(), die allgemeineres Glätten mit drei Glättungsparametern anbietet, von denen wir nur α benötigen. Allerdings stellt diese Funktion die geglätteten Werte um einen Zeitpunkt in die Zukunft verschoben bereit und der letzte Wert ist unter coefficients verfügbar.

Mit diesem Wissen stellen wir die geglätteten Reihen (umsatzgl1 für $\alpha = 0.1$ und umsatzgl6 für $\alpha = 0.6$) aus diesen Teilen der Ausgabe als Zeitreihen mit den passenden Startwerten neu zusammen und können mehrere Reihen mit plot() und lines() übereinander darstellen.

Zum Schluss ergänzt eine Legende legend() die Lesbarkeit der Plots. Diese soll im Plot rechts unten stehen (bottomright). Die Erstellung des Legendentextes ist etwas kompliziert, weil darin das griechische α auftauchen soll. Mit der expression() Funktion können mathematische Formeln als Text in Grafiken (hier als Legendentext) eingebaut werden. Mit der Angabe der Linientypen (lty) und der Spezifikation, dass die Legende nicht eingerahmt wird (bty = "n"), endet der Aufbau dieser nicht ganz einfachen Grafik.

```R
> hw1 <- HoltWinters(umsatz, alpha = 0.1, beta = FALSE, gamma = FALSE)
> umsatzgl1 <- ts(c(fitted(hw1)[, 1], coef(hw1)), freq = 12, start = 2001)
> hw6 <- HoltWinters(umsatz, alpha = 0.6, beta = FALSE, gamma = FALSE)
> umsatzgl6 <- ts(c(fitted(hw6)[, 1], coef(hw6)), freq = 12, start = 2001)
> plot(umsatz, xlab = "Zeit", main = "Exponentielles Glätten",
+     col = "blue")
> lines(umsatzgl1, lty = 1)
> lines(umsatzgl6, lty = 2)
> legend("bottomright", expression(alpha == 0.1, alpha == 0.6),
+     lty = c(2, 3), bty = "n")
```

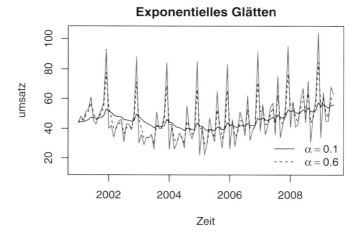

Abbildung 9.17: Zeitreihe und exponentielle Glättung

Gleitende Durchschnitte

Liegt weder ein linearer noch ein exponentieller Trend vor und kommt man auch mit exponentieller Glättung zu keiner befriedigenden Lösung, kann ein GLEITENDER DURCHSCHNITT verwendet werden, um die mittelfristige Entwicklung aufzudecken.

Werden beispielsweise fünf Werte in die Mittelung einbezogen, bestimmt man den Trendwert für einen Zeitpunkt t dadurch, dass man den Mittelwert aus den beobachteten Reihenwerten zum Zeitpunkt t und den zwei Zeitpunkten davor ($t-1$, $t-2$) und danach ($t+1$, $t+2$) bildet.

Werden beispielsweise vier (stellvertretend für eine gerade Anzahl) Werte in die Mittelung einbezogen, nimmt man die drei Reihenwerte zu den drei Zeitpunkten $t-1$, t, $t+1$ und je zur Hälfte die Reihenwerte zu den Zeitpunkten $t-2$ und $t+2$ in die Mittelung.

Gleitender Durchschnitt

Der Trend T_t zum Zeitpunkt t berechnet sich als Durchschnitt:

- k ungerade und $k = 2 \cdot m + 1$:

$$T_t = \frac{1}{k}(Y_{t-m} + \cdots + Y_t + \cdots + Y_{t+m})$$

- k gerade und $k = 2 \cdot m$:

$$T_t = \frac{1}{k}(0.5 \cdot Y_{t-m} + Y_{t-m+1} + \cdots + Y_t + \cdots + Y_{t+m-1} + 0.5 \cdot Y_{t+m})$$

Man nennt T_t den k-*gliedrigen gleitenden Durchschnitt* (*moving average* oder kurz k-MA).

Zur Berechnung in **R** steht die Funktion `filter()` bereit, für die als Eingabe die Zeitreihe und die Gewichte für die Mittelung eingehen. Die Buchhandelsdaten sind Monatsdaten, sinnvoll sind daher zwölfgliedrige gleitende Durchschnitte. Die Gewichte dazu werden in `ma12` berechnet, die resultierende Trendreihe ist in `umsatzma12` enthalten. Zu Demonstrationszwecken wird auch ein 3-MA berechnet (Gewichte in `ma3` und Trendwerte in `umsatzma3`). In den Plot der ursprünglichen Reihe werden mit `lines()` der 12-MA und 3-MA mit unterschiedlichen Linientypen eingezeichnet.

Zum Schluss sorgen wir mit einer Legende `legend()` dafür, dass die einzelnen Teile der Grafik richtig identifiziert und interpretiert werden.

```
> ma3 <- rep(1/3, 3)
> ma12 <- c(0.5, rep(1, 11), 0.5)/12
> umsatzma3 <- filter(umsatz, ma3, sides = 2)
> umsatzma12 <- filter(umsatz, ma12, sides = 2)
> plot(umsatz, ylab = "Umsatz", main = "Gleitende Durchschnitte",
+      col = "blue")
> lines(umsatzma3, lty = 1)
> lines(umsatzma12, lty = 2)
> legend("bottomright", c("k=3", "k=12"), lty = c(1, 2), bty = "n")
```

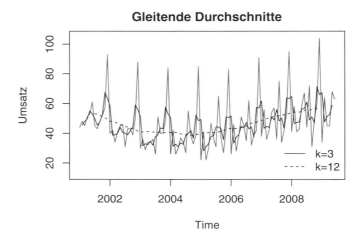

Abbildung 9.18: Zeitreihe und gleitende Durchschnitte

Was ist aus dem Plot der gleitenden Durchschnitte (► Abbildung 9.18) erkennbar:

- Für große $k = 12$ ist die Glättung stark.
- Für $k = 3$ ist die Glättung vergleichsweise gering.
- Für Werte am Anfang bzw. Ende der Reihe können keine gleitenden Durchschnitte berechnet werden, da keine entsprechenden Vor- bzw. Nachwerte vorhanden sind.
- Je größer k, desto größer der Teil der Reihe, für die am Anfang und Ende keine MA-Werte berechenbar sind.

Fallbeispiel 22: Buchhandel: Trendinterpretation

Der Zeitreihenplot (► Abbildung 9.14) zeigt einen abnehmenden Verlauf bis in das Jahr 2004, um dann wieder anzusteigen. Allerdings vernebeln saisonale und zufällige Schwankungen den Blick auf die allgemeine Entwicklung. Dennoch kann ein linearer oder exponentieller Trend ausgeschlossen werden.

Bei einem exponentiellen Glätten (► Abbildung 9.17) mit $\alpha = 0.6$ ist die Glättung für die Reihe eindeutig zu schwach, mit einem $\alpha = 0.1$ wird die mittel- bis langfristige Entwicklung deutlich. Allerdings führen vor allem die hohen Dezemberumsätze noch immer zu starken Ausschlägen in der geglätteten Reihe, obwohl der Glättungsparameter schon eine starke Glättung bewirkt.

Ein gleitender Durchschnitt, sinnvollerweise ein 12-MA (► Abbildung 9.18), zeigt einen ruhigeren Verlauf über die ganze Zeitperiode.

In einem Plot (► Abbildung 9.19) sind beide geglätteten Reihen dargestellt. Der Aufschwung im Jahr 2004 wird in der geglätteten Reihe später angedeutet.

Kommt im Aufruf von `HoltWinters()` `alpha` gar nicht vor, wird ein optimaler Wert in dem Sinn berechnet, dass der sog. Mean Squared Error (MSE) minimiert wird. Bei diesem Beispiel würde $\alpha = 0.064$ ermittelt, was eine noch stärkere Glättung als mit $\alpha = 0.1$ bedeutet.

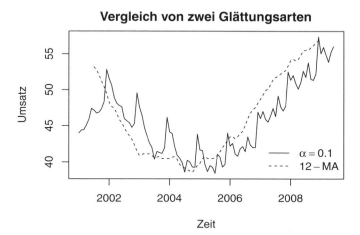

Abbildung 9.19: Exponentielle Glättung und gleitender Durchschnitt

9.6.4 Saison

Trendbereinigung

Subtrahiert man von der ursprünglichen Reihe Y_t den Trend, gelangt man zur TREND-BEREINIGTEN REIHE TB_t.

$$TB_t = Y_t - T_t$$

Im Fall der Buchhandelsdaten wählen wir die exponentielle Glättung mit $\alpha = 0.1$ (die Werte sind in der Zeitreihe `umsatzgl1` enthalten, siehe Seite 384) und erhalten die trendbereinigte Reihe (gerundet auf ganze Zahlen):

```
> tbumsatz <- umsatz - umsatzgl1
> round(tbumsatz, digits = 0)
```

```
     Jan Feb Mar Apr May Jun Jul Aug Sep Oct Nov Dec
2001   0   4   1   6   7  14  -2  -4   1   5   9  40
2002 -12  -9 -15  -7  -3  -2 -15  -3  -2  -6   5  38
2003 -18 -10 -16 -10  -9  -6 -14  10  -1  -1   7  38
2004 -18  -2 -16 -11  -4  -6 -12  15  -2  -6   0  41
2005 -20  -1 -18  -9   7  -2  -7  24  -4 -12   3  39
2006 -16   3 -13  -3   9   3  -6  19 -10  -3   0  44
2007  -8   9 -10  -4   8  10 -10  26 -14  -5   6  43
2008 -10   6 -10  -7   8  14  -8  18 -20  -1   8  47
2009 -21   8 -10  -9  13   7
```

Den Vergleich zur ursprünglichen Reihe erhalten wir durch Gegenüberstellung der beiden Reihen.

```
> par(mfrow = c(1, 2))
> plot(umsatz, xlab = "Zeit", main = "Reihe und Trend", col = gray(0.5))
> lines(umsatzgl1)
> plot(tbumsatz, xlab = "Zeit", main = "Trendbereinigte Reihe")
```

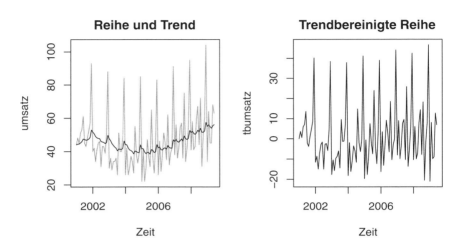

Abbildung 9.20: Trendbereinigung

Die Trendbereinigung (▶ Abbildung 9.20) hat bei den Buchhandelsdaten den Effekt, dass der Durchhänger zwischen 2003 und 2007 in den Daten verschwunden ist, die Reihe bewegt sich in etwa in derselben Höhe, auch wenn die saisonalen und zufälligen Schwankungen weiterhin vorhanden sind. Diese Schwankungen führen in der trendbereinigten Reihe zu positiven und negativen Werten, wie auch auf der Skala der y-Achse des rechten Diagramms ablesbar ist.

Saisonkomponente

Auf der trendbereinigten Reihe aufsetzend, kann die Berechnung der Saisonkompo-nenten angreifen. Die Saisonkomponente für jede Saison ist der Durchschnitt der trendbereinigten Werte der jeweiligen Saison über den gesamten Zeitraum. Für die Buchhandelsdaten liegen Monatsdaten über 8.5 Jahre vor. Für die Monate Januar bis Juni existieren jeweils neun trendbereinigte Monatswerte, für Juli bis Dezember nur jeweils deren acht. Die Saisonkomponente für Januar ist der Durchschnitt aller neun trendbereinigten Januarwerte.

$$S_1 = (0 - 11.5 - \cdots - 21.1)/9 = -13.6$$

Analog werden die Komponenten für Februar bis Dezember bestimmt.

Um diesen Plan in R zu realisieren, bestimmen wir von jedem Wert der Reihe, zu welchem Monat er passt. Das ist für diese Reihe nicht schwer, da die Reihe mit dem ersten Monat des Jahres 2001 beginnt und somit die Werte 1, 13, 25 etc. sich auf Umsätze im Januar beziehen. Allerdings beginnen Zeitreihen nicht immer mit dem ersten Monat oder Quartal eines Jahres. Eine willkommene Hilfe ist daher die Funktion cycle(), die den Werten einer Zeitreihe die entsprechende Zeituntereinheit (also in unserem Beispiel den Monat, auf den sich die Umsatzangabe bezieht) zuordnet. Mit tapply() werden dann für die zwölf Monate die Umsatzmittel berechnet.

Einen Überblick über die zwölf Werte bietet ein Balkendiagramm.

```
> monat <- cycle(umsatz)
> saisonkomp <- tapply(tbumsatz, monat, mean)
> barplot(saisonkomp, main = "Saisonkomponenten")
```

R

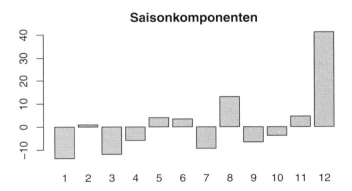

Abbildung 9.21: Saisonkomponenten

Fallbeispiel 22: Buchhandel: Interpretation der Saison

Im Balkendiagramm der Saisonkomponenten (▶ Abbildung 9.21) fällt vor allem der hohe Balken für die Saison 12 (also Dezember) auf. Die Saisonkomponente für Dezember ist also sehr hoch und bestätigt den Eindruck von der ursprünglichen Reihe mit hohen Umsätzen im Dezember.

Alle anderen Saisonkomponenten erreichen vom Absolutbetrag her nicht einmal die Hälfte des Dezemberwerts und werden nicht weiter interpretiert.

9.6.5 Zusammenfassung der Zeitreihenzerlegung

Wir haben in der Zeitreihenzerlegung zuerst versucht, aus der ursprünglichen Reihe Y_t einen Trend T_t abzuleiten. Aus der trendbereinigten Reihe $TB_t = Y_t - T_t$ konnten die Saisonkomponenten S_t bestimmt werden. Führen wir auch noch die Saisonbereinigung durch, gelangen wir zur Zufallskomponente E_t.

Eine Gesamtzerlegung inklusive Darstellung in einem Plot (▶ Abbildung 9.22) wird in R durch die Funktion decompose() unterstützt. Dabei werden gleitende Durchschnitte zur Trendbestimmung verwendet und die Reihe wird nur für jenen Bereich dargestellt, für den gleitende Durchschnitte berechnet werden konnten. Die Lücken am Anfang und Ende der Trendreihe bewirken also eine Verkürzung des Gesamtzeitraums um jeweils ein halbes Jahr.

Die Saison wird nicht als Balkendiagramm, sondern als Zeitreihenplot dargestellt, konstant über alle acht Jahre. Die Zufallskomponente ist das Resultat von $E_t = Y_t - T_t - S_t$.

```
> zerlegung <- decompose(umsatz)
> plot(zerlegung)
```
R

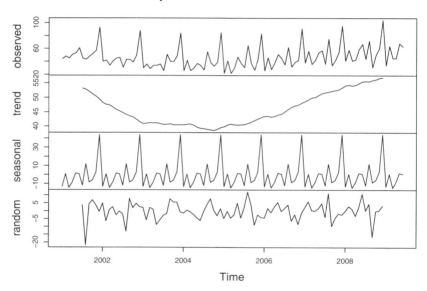

Abbildung 9.22: Zeitreihenzerlegung

9.6.6 Prognose

Ist eine Zerlegung einer Zeitreihe geglückt, kann diese Zerlegung auch als Basis von Prognosen in die Zukunft dienen. Da die Zufalls- und Saisonkomponenten um 0 schwanken, wird bei der Prognose meist nur der Trend fortgeschrieben.

Prognose bei linearem oder exponentiellem Trend

Bei linearem oder exponentiellem Trend (Abschnitt 9.6.3) kann mit linearer Regression der Reihe bzw. der logarithmierten Reihe gegen die Zeit ein Trendmodell entwickelt werden. Dieses Modell bildet dann die Grundlage für Prognosen.

Für die Reihe mit linearem Trend lautete das Modell:

$$\widehat{zrlin} = 0.9751 + 0.0249 \cdot t$$

Für die Reihe mit exponentiellem Trend lautete das Modell für die logarithmierte Reihe:

$$\widehat{log(zrexp)} = -0.017 + 0.0762 \cdot t$$

Für die eigentliche Reihe bedeutet das:

$$\widehat{zrexp} = e^{-0.017} \cdot e^{0.0762 \cdot t}$$

Für t sollen die zukünftigen Zeitwerte 51 bis 58 eingesetzt werden. Mit `predict()` können wie schon bei der Prognose im Regressionsmodell (Abschnitt 9.3) die Prognosewerte berechnet werden.

```
> par(mfrow = c(1, 2))
> linprogn.dfr <- data.frame(t = 51:58, zrlintrend = rep(0, 8))
> zrl.prognose <- predict(zrl, newdata = linprogn.dfr)
> plot(zrlin, xlab = "Zeit", main = "Linearer Trend", xlim = c(1996,
+      2011))
> lines(ts(fitted(zrl), freq = 4, start = c(1996, 3)))
> lines(ts(zrl.prognose, freq = 4, start = 2009))
> expprogn.dfr <- data.frame(t = 51:58, zrexptrend = rep(0, 8))
> zre.prognose <- predict(zre, newdata = expprogn.dfr)
> plot(zrexp, xlab = "Zeit", main = "Exponentieller Trend", xlim = c(1996,
+      2011), ylim = c(0, 80))
> lines(ts(exp(fitted(zre)), freq = 4, start = c(1996, 3)))
> lines(ts(exp(zre.prognose), freq = 4, start = 2009))
```

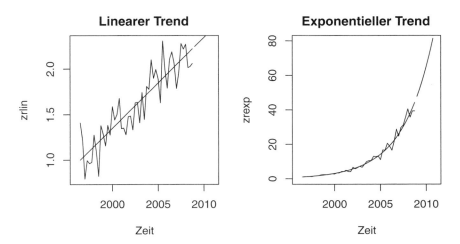

Abbildung 9.23: Prognose bei Zeitreihen mit linearen und exponentiellen Trends

Die Unterbrechung in den eingezeichneten Trendlinien (▶ Abbildung 9.23) soll den Übergang vom letzten Zeitpunkt mit berechnetem Trend zum ersten Zeitpunkt mit prognostiziertem Trend verdeutlichen.

Prognose mit exponentieller Glättung

Wenn kein stabiler linearer oder exponentieller Trend vorliegt, sind gleitende Durchschnitte und exponentielles Glätten Möglichkeiten, einen Trend aus den Daten zu schätzen. Gleitende Durchschnitte bieten aber keine gute Grundlage für Prognosen zukünftiger Werte; es kann ja nicht einmal der Trend bis zum Ende des Beobachtungszeitraums berechnet werden.

Bei exponentiellem Glätten greift die Überlegung, dass für den kommenden Zeitpunkt $T + 1$ der letzte Wert Y_T und der erwartete Wert $\hat{Y}_T$ für den letzten Zeitpunkt in eine gewichtete Mittelung eingehen.

$$\hat{Y}_{T+1} = \alpha \cdot Y_T + (1 - \alpha) \cdot \hat{Y}_T, \qquad 0 < \alpha \leq 1$$

Die Prognosen über $T + 1$ hinaus sind auch gleich $\hat{Y}_{T+1}$:

$$\hat{Y}_{T+1} = \hat{Y}_{T+2} = \hat{Y}_{T+3} = \cdots$$

Im Fall der Buchhandelsdaten war der letzte ($T = 102$ entspricht Juni 2009) Wert der Reihe `umsatz` 63, der letzte Wert der geglätteten Reihe mit $\alpha = 0.1$ `umsatzgl1` 56.051. Somit ergibt eine Schätzung für den Zeitpunkt 103 (Juli 2009):

$$\hat{Y}_{103} = 0.1 \cdot 63 + (1 - 0.1) \cdot 56.051 = 56.746$$

Die Prognosen für die weiteren Zeitpunkte bleiben konstant bei diesem Wert.

9.6.7   Autokorrelation

Lags und Lagplots

In Zeitreihenmodellen ist eine Frage, inwieweit die Vergangenheit der Reihe zur Prognostizierbarkeit der Reihe beiträgt. Die Vergangenheit der Reihe zu einem Zeitpunkt t wird durch die Werte Y_{t-1}, Y_{t-2}, ... repräsentiert. Man nennt diese verzögerten Werte LAGS der Reihe.

Den Effekt solcher Lags und deren Realisierungen in R zeigen die Lags der Ordnung 1 und 2 für die ersten Werte der Reihe `umsatz`:

```
> cbind(umsatz, lag(umsatz, -1), lag(umsatz, -2))[1:10, ]
```

```
      umsatz lag(umsatz, -1) lag(umsatz, -2)
 [1,]     44              NA              NA
 [2,]     48              44              NA
 [3,]     45              48              44
 [4,]     51              45              48
 [5,]     53              51              45
 [6,]     61              53              51
 [7,]     45              61              53
 [8,]     43              45              61
 [9,]     48              43              45
[10,]     52              48              43
```

Die Prognostizierbarkeit einer Reihe aus Lags der Reihe sprengt den Rahmen dieses Buchs, eine angenehme grafische Unterstützung dazu sei aber vorgestellt, der LAGPLOT. In ihm sind Streudiagramme der ursprünglichen Reihe mit Lags der Reihe zusammengefasst.

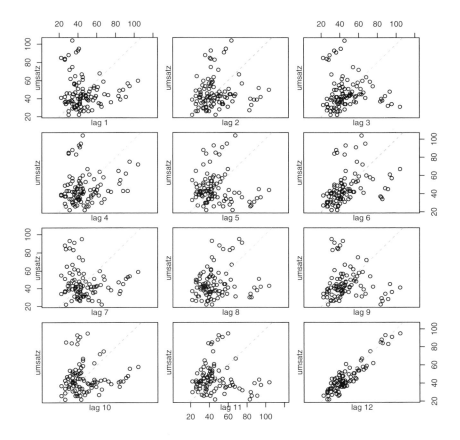

Abbildung 9.24: Lagplot

```
> lag.plot(umsatz, lags = 12, do.lines = FALSE)
```
R

Der Lagplot der Buchhandelsdaten (▶ Abbildung 9.24) umfasst hier zwölf Streudiagramme. Jedes Streudiagramm zeigt den Zusammenhang der Variablen umsatz mit verzögerten Werten dieser Variablen. Die meisten Verzögerungen führen zu keinem starken Zusammenhang. Hingegen ist der Zusammenhang bei einem Lag von zwölf Monaten sehr stark. Das hängt mit dem Jahresmuster der Buchhandelsdaten und vor allem mit dem klaren Umsatzmaximum jeweils im Dezember zusammen.

Autokorrelationsfunktion und Korrelogramm

Die rechnerische Entsprechung zum Lagplot ist die AUTOKORRELATIONSFUNKTION. In ihr werden die AUTOKORRELATIONSKOEFFIZIENTEN, das sind die Korrelationskoeffizienten der Reihe mit Lags der Reihe, zusammengefasst:

$$\rho_k = \text{Cor}(Y_t, Y_{t-k}), \quad k = 0, 1, 2, \ldots$$

Für $k = 0$ ist natürlich $\rho_0 = 1$. Eine grafische Darstellung der Werte führt zum KOR-RELOGRAMM:

```
> acf(umsatz, 25)
```

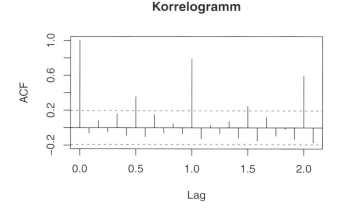

Abbildung 9.25: Korrelogramm

Das Korrelogramm (▶ Abbildung 9.25) bestätigt den Eindruck des Lagplots (▶ Abbildung 9.24). Bei 1 liegt ein markant hoher Wert vor, 1 entspricht der Verzögerung von einem Jahr, also 12 Monaten. Der nächste sehr hohe Wert taucht bei 2 (also 24 Monaten) auf. Eingezeichnet ist auch ein Konfidenzband in der Höhe von ungefähr ± 0.2, über das auch die Werte bei 0.5 (6 Monate) und 1.5 (18 Monate) reichen.

9.7   Zusammenfassung der Konzepte

Mit der Korrelation wird die Stärke des Zusammenhangs von zwei metrischen Variablen gemessen, mit der Regression wird die Form des Zusammenhangs beschrieben. Die Regression kann auf mehrere erklärende Variablen erweitert werden, es können auch kategoriale Variablen als erklärende Variablen auftreten.

Wenn Unterschiede zwischen zwei Variablen, die an denselben Beobachtungseinheiten erhoben wurden, untersucht werden, kommt ein Test für verbundene Stichproben zum Einsatz.

▪ Streudiagramm: grafische Darstellung der Verteilung von zwei Variablen

▪ Korrelation: Mit Korrelationskoeffizienten wird die Stärke des Zusammenhangs von zwei Variablen beschrieben.

▪ Lineare Regression: Beschreibung des Zusammenhangs einer Variablen mit einer oder mehreren anderen Variablen

▪ Prognose: Vorhersage von erwarteten Werten einer Variablen über eine Regressionsgleichung

■ Residuen: Differenz zwischen beobachteten und vorhergesagten Werten

■ *t*-Tests für Koeffizienten: Tests zur Überprüfung, ob eine Variable Einfluss auf eine abhängige Variable hat

■ *t*-Test für abhängige Stichproben: Test, ob sich Variablenwerte von zwei Zeitpunkten unterscheiden

■ Zeitreihen: Beobachtungen einer Variablen, die in gleichen Zeitabständen wiederholt erhoben wurden. Ein wichtiges Ziel ist, den mittelfristigen Verlauf der Reihe (Trend) und davon regelmäßige Abweichungen (Saison) zu ermitteln.

9.8 Übungen

1. **Sozialstaatsvolksbegehren**

Im April 2002 fand in Österreich ein Volksbegehren mit dem Ziel statt, soziale Rechte in der Verfassung festzuschreiben. Da dieses Volksbegehren durch die damals oppositionelle sozialdemokratische Partei (SP) unterstützt wurde, bezeichneten Kritiker des Volksbegehrens diese Unterstützung als vorweggenommenen Wahlkampf.

Das Datenfile volksbegehren.csv enthält Daten zu den Ergebnissen in Wien in folgenden Variablen:

BEZIRK	Nummer des Bezirks in Wien
VB_ABS	Anzahl Unterschriften für das Volksbegehren
VB_REL	Anteil der Unterschriften an Wahlberechtigten
SP_ABS	Stimmen für die SP bei den Gemeinderatswahlen 2001
SP_REL	Stimmenanteil für die SP bei den Gemeinderatswahlen 2001

■ Erstellen Sie ein Streudiagramm mit den absoluten Angaben (SP_ABS und VB_ABS) und ermitteln Sie den Korrelationskoeffizienten!

■ Warum kann aus diesem Ergebnis noch nicht auf einen Zusammenhang zwischen Stärke der SP und Unterstützung für das Volksbegehren geschlossen werden?

■ Führen Sie obige Untersuchung mit den relativen Angaben (SP_REL und VB_REL) durch!

2. **Tennisranglisten**

Von den 20 besten Nachwuchstennisspielern im Alter von 12 Jahren wurde nach acht Jahren überprüft, welchen Rang sie in der nationalen Rangliste einnehmen.

Das Datenfile tennis.csv enthält die beiden Variablen:

rang12	Ranglistenplatz in der Alterskategorie
rang20	nationaler Ranglistenplatz (Missing bedeutet Karriere beendet)

■ Gibt es einen Zusammenhang zwischen der Spielstärke mit 12 Jahren und der mit 20 Jahren?

3. **US-Präsidentschaftswahl 2000 in Florida**

In Florida war der Ausgang der US-Präsidentschaftswahl im Jahr 2000 zwischen George W. Bush und Al Gore sehr knapp und umstritten. Unter anderem wurde in einem County ein Wahlzettel verwendet, mit dem leicht statt einer Stimme für Gore eine Stimme für Buchanan abgegeben werden konnte.

Im Datenfile (florida2000.dat) sind für die 67 Counties von Florida die Stimmen für alle Kandidaten aufgelistet. Wir untersuchen die Stimmen für Bush und Buchanan.

- Identifizieren Sie im Streudiagramm den Ausreißer unter diesen Daten!
- Gibt es einen Zusammenhang zwischen der Anzahl an Stimmen für Bush und Buchanan?
- Schätzen Sie (ohne den Ausreißer) die erwartete Stimmenzahl für Buchanan aus der Stimmenzahl für Bush! Wie viele Stimmen hätte man für Buchanan im Ausreißer-County erwartet?

4. **MBA-Programm**

Im Datenfile mba.dat sind folgende Variablen enthalten:

MBA_GPA	Punktedurchschnitt im MBA-Programm
UNDERGPA	Punktedurchschnitt im Undergraduate-Kurs
GMAT	Punktezahl im Zulassungstest
WORK	Berufserfahrung in Jahren

Die Leiterin eines MBA-Programms, das vor 20 Jahren gegründet wurde, will analysieren, welche Faktoren die Leistungen der Kursteilnehmer beeinflussen und bestimmen. Die Leistung wird durch den Punktedurchschnitt im MBA-Programm (GPA, grade point average) gemessen, als Einflussfaktoren werden der Punktedurchschnitt im Undergraduate-Kurs, die Punktezahl im Zulassungstest und die Berufserfahrung bei Eintritt in das MBA-Programm untersucht. Von 100 zufällig bestimmten MBA-Kursteilnehmern werden die entsprechenden Daten gesammelt.

- Finden Sie ein passendes Modell zur Prognose der Leistung im MBA-Kurs.

5. **US-Masters 2008: Runde 3 und 4**

- Haben die Teilnehmer am US-Masters 2009 (augusta2009.csv) die Runden 3 und 4 gleich gut absolviert (Variablen R3 und R4)?

6. **Mieten in Wien**

Das Datenfile mieten.csv enthält den Mietpreisindex für Wien vom dritten Quartal 1986 bis zum zweiten Quartal 2009.

- Erstellen Sie einen Zeitreihenplot!
- Ermitteln Sie eine Trendschätzung für die Reihe!
- Ist ein klares saisonales Muster erkennbar?

7. **Arbeitslosenquoten in Deutschland**

Die monatlichen Arbeitslosenraten Deutschlands (beginnend mit Januar 2005) sind im Datenfile al-d.csv enthalten.

■ Erstellen Sie einen Zeitreihenplot!

■ Ist ein saisonales Muster erkennbar?

Datenfiles sowie Lösungen finden Sie auf der Webseite des Verlags.

9.9 R-Befehle im Überblick

`abline(a = NULL, b = NULL, h = NULL, v = NULL, reg = NULL, coef = NULL, untf = FALSE, ...)` erlaubt das Einzeichnen einer Geraden in einen Plot. Die Gerade kann durch die Angabe der Werte für Konstante `a` und Anstieg `b` oder durch die Angabe des Werts, der eine vertikale `v` oder horizontale `h` Gerade bestimmt, definiert werden.

`anova(object, ...)` berechnet eine Varianzanalysetabelle (mit F-Test) oder eine Devianzanalysetabelle (wenn die Option `test` = `"Chisq"` gesetzt ist) für das Modell `object`.
Sind mehrere (hierarchisch geordnete) Modelle angegeben, werden partielle F-Tests bzw. Tests auf Devianzunterschiede berechnet.

`acf(x, lag.max = NULL, type = c("correlation", "covariance", "partial"), plot = TRUE, na.action = na.fail, demean = TRUE, ...)` berechnet die Autokorrelationsfunktion einer Zeitreihe `x` bis zur Stelle `lag.max`.

`coef(object, ...)` extrahiert die Koeffizienten eines Modells `object`. Ein Alias ist `coefficients()`.

`cor(x, y = NULL, use = "everything", method = c("pearson", "kendall", "spearman"))` berechnet den Korrelationskoeffizienten für `x` und `y`.

`cor.test(x, ...)` berechnet den Korrelationskoeffizienten für die beiden Variablen `x` und `y` sowie einen Test für den Korrelationskoeffizienten. Mit der Option `method` = `"Spearman"` kann die Berechnung des Spearman-Korrelationskoeffizienten (statt des Pearson-Korrelationskoeffizienten) angefordert werden.

`cycle(x, ...)` ordnet den Werten einer Zeitreihe `x` die passende Zeituntereinheit (je nach Beispiel Monat, Quartal etc.) zu, auf die sich der Wert der Reihe bezieht.

`decompose(x, type = c("additive", "multiplicative"), filter = NULL)` berechnet die klassische Zerlegung einer Zeitreihe `x` in Trend, Saison und Zufallskomponente auf Basis gleitender Durchschnitte.

`expression(...)` ermöglicht das Einfügen von mathematischen Ausdrücken in Texte.

`filter(x, filter, method = c("convolution", "recursive"), sides = 2L, circular = FALSE, init = NULL)` berechnet gleitende Durchschnitte einer Zeitreihe `x` auf Basis von Gewichten `filter`.

`fitted(object, ...)` extrahiert die Modellwerte eines Modells `object`. `fitted.values()` ist ein Alias.

`HoltWinters(x, alpha = NULL, beta = NULL, gamma = NULL)` berechnet die Glättung einer Zeitreihe `x` nach der Holt-Winters-Methode mit den Parametern `alpha`, `beta` und `gamma`. Setzt man `beta` = FALSE und `gamma` = FALSE, erhält man die Reihe nach exponentiellem Glätten.

`lag(x, ...)` berechnet den Lag der Ordnung *k* einer Zeitreihe x, also die um *k* Zeitpunkte verzögerte Reihe.

`lag.plot(x, lags = 1, layout = NULL, set.lags = 1L:lags, main = NULL, asp = 1, diag = TRUE, diag.col = "gray", type = "p", oma = NULL, ask = NULL, do.lines = (n <= 150), labels = do.lines, ...)` erstellt alle Streudiagramme einer Zeitreihe x mit Lags dieser Zeitreihe bis zur Ordnung *lags*.

`legend(x, y = NULL, NA = NULL)` fügt einen Legendentext `text` an der Position mit den Koordinaten (*x*, *y*) einem Plot bei.

`lm(formula, data, subset, weights)` berechnet Schätzungen für das lineare Modell, das durch die Modellformel *formula* definiert ist.

`plot(x, y, ...)` für ein Objekt x wird eine passende Grafik ausgegeben.
Ist x eine Zeitreihe, ist die Ausgabe ein Zeitreihenplot.
Ist x ein lineares Modell, besteht die Ausgabe aus vier Diagnostikplots, darunter der Q-Q-Plot der Residuen und der Plot der Modellwerte gegen die Residuen.
Sind zwei Vektoren x und y im Plotbefehl angeführt, wird ein Streudiagramm erstellt.

`predict(object, ...)` berechnet vorhergesagte Werte auf Basis eines Modells object. Sollen Vorhersagen für Werte erfolgen, die nicht in die Berechnung von object eingegangen sind, müssen diese in einem Data Frame `newdata` enthalten sein.

`residuals(object, ...)` extrahiert die Residuen eines Modells object. `resid()` ist ein Alias.

`summary(object, ...)` gibt eine Zusammenfassung eines Objekts object aus. Ist x ein lineares oder verallgemeinertes lineares Modell, sind dies Schätzungen für die Koeffizienten, einige Modellkennwerte und eine Zusammenfassung der Residuen.

`tapply(X, INDEX, FUN = NULL, ..., simplify = TRUE)` berechnet eine Funktion *FUN* von einer Variablen *X* in Gruppen, die durch eine Liste von Faktoren *INDEX* definiert sind.
Typische Beispiele für *FUN* sind `mean`, `median`, `sd` für Mittelwert, Median bzw. Standardabweichung.

`ts(data = NA, start = 1, end = numeric(), frequency = 1)` definiert eine Zeitreihe, die mit Werten aus `data` mit dem Datum *start* beginnt und deren Frequenz *frequency* (4 für Quartalsdaten, 12 für Monatsdaten etc.) beträgt.

`t.test(x, ...)` berechnet einen *t*-Test. Sind zwei Vektoren x und y sowie die Option *paired* = TRUE angegeben, wird der *t*-Test für abhängige Stichproben berechnet.

`update(object, ...)` bewirkt die Änderung und Neuberechnung eines Modells x. Die Änderung des Modells ist in *formula* festgelegt.

TEIL IV

Metrische und kategoriale Daten

Metrische und kategoriale Variablen

10

ÜBERBLICK

In diesem Kapitel werden Fragestellungen untersucht, in die sowohl metrische als auch kategoriale Variablen einfließen. In den ersten Abschnitten werden wir Methoden zur Analyse, ob sich Mittelwerte oder Mediane in zwei oder mehr Gruppen unterscheiden, vorstellen. Eine metrische Variable ist dabei die abhängige Variable, für die Zuteilung der Beobachtungen zu Gruppen ist eine kategoriale Variable zuständig.

In den letzten zwei Abschnitten übernimmt die kategoriale Variable die Rolle der Responsevariablen, meist in Form einer Ja-Nein-Variablen. Als erklärende Variablen können sowohl metrische als auch kategoriale Variablen auftauchen.

LERNZIELE

Nach Durcharbeiten dieses Kapitels haben Sie Folgendes erreicht:

- Sie können zur Untersuchung von Mittelwerten oder Medianen in mehreren Gruppen geeignete Tabellen und Grafiken erzeugen.

- Sie wissen, mit welchen Verfahren untersucht werden kann, ob sich Mittelwerte oder Mediane in zwei Gruppen unterscheiden. Sie sind in der Lage, das passende Verfahren auszuwählen, in R anzuwenden und die Ergebnisse zu interpretieren.

- Sie kennen die Erweiterungen der obigen Verfahren auf mehr als zwei Gruppen und können deren Voraussetzungen überprüfen.

- Sie sind in der Lage, bei mehr als einer erklärenden Variablen ein passendes Modell für die Gruppenmittelwerte zu finden. Sie wissen um die Bedeutung der kombinierten Wirkung der erklärenden Variablen für die Interpretation des Ergebnisses.

- Sie erstellen mit R hilfreiche Grafiken zur Beschreibung der Stichprobe und zur Interpretation der Modelltests.

- Sie erkennen, wenn als abhängige Variable eine kategoriale Variable auftritt, und wenden zu deren Modellierung geeignete Verfahren an.

10.1 Unterscheiden sich die Mittelwerte in zwei Gruppen?

Fallbeispiel 23: Aggression im Straßenverkehr

Datenfile: `aggression.dat`

Im Rahmen einer Lehrveranstaltung an der Wirtschaftsuniversität Wien wurde ein Experiment durchgeführt. An einer ampelgeregelten Kreuzung wurde ein Fahrstreifen eine Grünphase lang durch ein nicht weiterfahrendes Auto blockiert.

Das Experiment wurde an mehreren Tagen durchgeführt, nicht immer mit demselben Blockadeauto. An einigen Tagen war dies ein Ford KA, also eher ein Kleinwagen. An anderen Tagen wurde dafür ein Oberklassewagen, nämlich ein BMW X5, eingesetzt.

Beobachtet wurde hauptsächlich das Hupverhalten (Häufigkeit des Hupens, Dauer bis zum ersten Hupen, Hupdauer insgesamt) der Blockierten, natürlich gab es auch ausreichend andere Unmutsäußerungen. Dieses Hupverhalten wurde in Bezug zu anderen Variablen gesetzt; darunter das Geschlecht der Person, die das blockierte Auto lenkt, und der Status des blockierenden Fahrzeugs.

Werden unterschiedlich große Autos unterschiedlich oft angehupt?

Hier ist die Häufigkeit des Hupens, mit der die blockierten AutofahrerInnen auf die Blockade geantwortet haben, die abhängige Variable. Die Angabe, ob das blockierende Auto der Ford KA oder der BMW X5 war, teilt die Beobachtungen in zwei Gruppen.

10.1.1 Grafische und numerische Beschreibung

Zur grafischen Beschreibung von Stichproben zu Gruppenvergleichen werden meist Boxplots verwendet. Allerdings erstellt man die Boxplots nicht separat für jede Gruppe, sondern stellt sie nebeneinander und hat damit die Möglichkeit, alle Maßzahlen, die Boxplots beinhalten (also Median, Quartile, Quartilsabstand etc.), grafisch vergleichen zu können. Man nennt solche Boxplots PARALLELE BOXPLOTS, meist wird aber nur von Boxplots gesprochen.

```
> aggression <- read.table(file = "aggression.dat", header = TRUE)
> attach(aggression)
> boxplot(frequenz ~ Auto, ylab = "Hupfrequenz")
```
R

Zur Bestimmung von Maßzahlen für jede Gruppe ist die Funktion `tapply()` hilfreich.

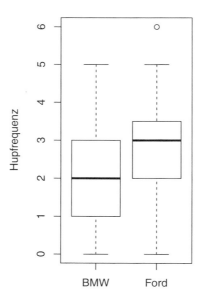

Abbildung 10.1: Boxplot der Huphäufigkeit

```
> mws <- tapply(frequenz, Auto, mean)
> sds <- tapply(frequenz, Auto, sd)
> rbind(Mittelwerte = mws, Standardabw = sds)
```
R

```
                BMW    Ford
Mittelwerte  1.9524  2.6250
Standardabw  1.3611  1.3859
```

10.1.2 Analyse der Fragestellung

Sowohl der Boxplot (▶ Abbildung 10.1) als auch die Maßzahlen deuten auf Unterschiede in den Mittelwerten zwischen den beiden Gruppen hin. Ob diese Unterschiede so groß sind, um von signifikanten Unterschieden sprechen zu können, kann mit einem ZWEI-STICHPROBEN-*t*-TEST beantwortet werden.

Zwei-Stichproben-*t*-Test

Nullhypothese H$_0$: $\mu_1 = \mu_2$

Alternativhypothese H$_A$: $\mu_1 \neq \mu_2$ oder $\mu_1 > \mu_2$ oder $\mu_1 < \mu_2$

■ μ_i ... der unbekannte Mittelwert der Grundgesamtheit in Gruppe i.

■ Voraussetzung für den Einsatz dieser Methode ist, dass die abhängige Variable (hier die Huphäufigkeit) in beiden Gruppen normalverteilt ist oder dass aufgrund des hohen Stichprobenumfangs über den zentralen Grenzwertsatz auf Normalverteilung der Stichprobenmittel geschlossen werden kann.

- Es gibt einen *t*-Test unter der Annahme gleicher Varianzen in den beiden Gruppen ($\sigma_1^2 = \sigma_2^2$) und einen unter der Annahme ungleicher Varianzen ($\sigma_1^2 \neq \sigma_2^2$).

- Der Fall ungleicher Varianzen ist die Voreinstellung in R. Man bezeichnet diesen Test auch als WELCH-TEST.

- Null- und Alternativhypothese findet man auch in den Formulierungen:
  $H_0 : \mu_1 - \mu_2 = 0$
  $H_A : \mu_1 - \mu_2 \neq 0$ oder $\mu_1 - \mu_2 > 0$ oder $\mu_1 - \mu_2 < 0$

Zur Entscheidung, ob von Varianzgleichheit in den zwei Gruppen ausgegangen werden kann, können natürlich Boxplots oder Maßzahlen herangezogen werden. Zur Überprüfung kann der Bartlett-Test vorgelagert werden (Abschnitt 10.3.2). In nicht eindeutigen Fällen soll auf diese Annahme verzichtet werden.

```
> t.test(frequenz ~ Auto)                                              R

        Welch Two Sample t-test

data:  frequenz by Auto
t = -2.7594, df = 125, p-value = 0.006661
alternative hypothesis: true difference in means is not equal to 0
95 percent confidence interval:
 -1.1550 -0.1902
sample estimates:
 mean in group BMW mean in group Ford
          1.9524             2.6250
```

Der Testoutput beginnt mit dem Namen der Methode Welch Two Sample t-test und den Daten, mit denen der Test aufgerufen wurde.

Dann folgen der Wert der Teststatistik (t = -2.759), die Freiheitsgrade (df = 125) und der *p*-Wert (p-value = 0.006661).

Danach wird die Alternativhypothese beschrieben. In diesem Beispiel ist sie zweiseitig $H_A : \mu_1 \neq \mu_2$ (in der Formulierung $\mu_1 - \mu_2 \neq 0$).

Nach einem Abschnitt mit einem Konfidenzintervall für die Differenz der Gruppenmittelwerte schließen unter (sample estimates:) die berechneten Gruppenmittelwerte den Output ab. Für BMWs beträgt die mittlere Hupfrequenz 1.952, für Fords 2.625.

Fallbeispiel 23: Aggression: Interpretation des *t*-Tests

Zur Überprüfung, ob Fords und BMWs gleich oft angehupt werden, wurde ein Zwei-Stichproben-*t*-Test berechnet. Die Annahme gleicher Varianzen wurde nicht getroffen.

Der *p*-Wert ist klein (0.007), es liegt also ein signifikantes Ergebnis vor. Blockierende BMWs und Fords werden signifikant unterschiedlich oft angehupt.

Die Stichprobe weist in die Richtung, dass Fords öfter ($\bar{x}_{\text{Ford}} = 2.62$) angehupt werden als BMWs ($\bar{x}_{\text{BMW}} = 1.95$).

Die Vermutung, dass dies mit der Größe und damit verbunden dem Status des Autos zu tun hat, liegt nahe. Es würde aber ähnliche Experimente mit anderen Automarken benötigen, um diesen Einfluss nachzuweisen.

10.2   Unterscheidet sich die Lage einer Variablen zwischen zwei Gruppen?

Fallbeispiel 24: Jugendliche vor Bildschirmen

Datenfile: `monitor.csv`

In einer Untersuchung von 90 Jugendlichen (Alter zwischen 14 und 18 Jahren), die alle noch eine Schule besuchten, wurde erhoben, wie viel Zeit die Jugendlichen zwischen Montag und Freitag – also neben der Schule – vor Bildschirmen (TV, Computer etc.) verbringen.

Im Datenfile ist die durchschnittliche Zeit vor einem Bildschirm (`zeit`) an einem Schultag von 50 Jugendlichen aus Wien (`stadt = 1`) und 40 Jugendlichen aus Orten im Großraum Wien mit höchstens 10 000 Einwohnern (`stadt = 2`) enthalten.

Verbringen Jugendliche aus der Großstadt mehr Zeit vor Bildschirmen als Jugendliche aus kleineren Ortschaften?

10.2.1   Beschreibung der Stichprobe

Zur grafischen Beschreibung dienen wieder parallele Boxplots.

```
> monitor <- read.csv2(file = "monitor.csv", header = TRUE)
> attach(monitor)
> stadtdorf <- factor(stadt)                                        R
> levels(stadtdorf) <- c("Stadt", "Dorf")
> boxplot(zeit ~ stadtdorf, main = "Bildschirmzeit", ylab = "Minuten/Tag")
```

Da Ausreißer vorkommen und die Verteilungen nicht symmetrisch sind, werden für die numerische Beschreibung auch robuste Maßzahlen bestimmt.

```
> tapply(zeit, stadtdorf, summary)                                  R
```

```
$Stadt
   Min. 1st Qu.  Median    Mean 3rd Qu.    Max.
     60     134     215     204     248     450

$Dorf
   Min. 1st Qu.  Median    Mean 3rd Qu.    Max.
     20     129     182     179     209     410
```

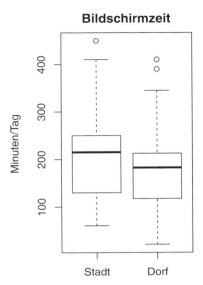

Abbildung 10.2: Boxplot der Bildschirmzeiten

10.2.2 Analyse der Fragestellung

Zur Untersuchung der Fragestellung kommt der Zwei-Stichproben-t-Test kaum in Frage. Eine Voraussetzung für dessen Einsatz ist die Normalverteilung in beiden Gruppen. Der Boxplot (▶ Abbildung 10.2) deutet aber auf jeweils schiefe Verteilungen hin; überdies kommen auch Ausreißer vor. Da auch der Stichprobenumfang nicht sehr hoch ist, kann auch nicht über den zentralen Grenzwertsatz auf Normalverteilung des Stichprobenmittels gesetzt werden.

In solchen Fällen können nichtparametrische Tests einen Ausweg öffnen, in diesem Fall der MANN-WHITNEY U-TEST oder kurz U-TEST. Statt mit den eigentlichen Werten arbeitet dieser mit Rangzahlen. Aus der gemeinsamen Stichprobe beider Gruppen werden diese Rangzahlen bestimmt. Wenn die Verteilung in beiden Gruppen gleich ist, sollten auch in den Stichproben die mittleren Rangzahlen beider Gruppen in etwa gleich sein. In der Literatur findet man diesen Test auch als WILCOXON-TEST.

Mann-Whitney U-Test

Nullhypothese H_0: In beiden Gruppen ist die Verteilung gleich.

Alternativhypothese H_A: Die Verteilungen sind in der Lage verschoben,
$\tilde{x}_1 \neq \tilde{x}_2$ oder $\tilde{x}_1 > \tilde{x}_2$ oder $\tilde{x}_1 < \tilde{x}_2$.

- $\tilde{x}_i$ ... der unbekannte Median der Grundgesamtheit in Gruppe i.
- Voraussetzung für den Einsatz dieser Methode ist, dass die abhängige Variable (hier die Zeit vor Bildschirmen) mindestens ordinal skaliert ist. Sie ist also auch in Fällen mit schiefen Verteilungen oder Verteilungen mit Ausreißern einsetzbar.

In **R** kann der Test mittels `wilcox.test()` aufgerufen werden.

```
> wilcox.test(zeit ~ stadtdorf, alternative = "greater")                    R
```

```
        Wilcoxon rank sum test with continuity correction

data:  zeit by stadtdorf
W = 1141, p-value = 0.1269
alternative hypothesis: true location shift is greater than 0
```

Die Fragestellung im Einleitungsbeispiel entspricht der einseitigen Alternativhypothese $H_A : \tilde{x}_{Stadt} > \tilde{x}_{Dorf}$. Dies wurde im Aufruf des Tests berücksichtigt und ist auch im Output bei der Beschreibung der Alternativhypothese ersichtlich (true location shift is greater than 0).

Fallbeispiel 24: Bildschirmzeit: Interpretation des U-Tests

Zum Lagevergleich der Zeiten, die Jugendliche vor Bildschirmen verbringen, zwischen Wien und Umlandgemeinden wurde ein U-Test eingesetzt. Sowohl Ausreißer als auch schiefe Verteilungen in den Gruppen (► Abbildung 10.2) raten von der Anwendung des t-Tests ab.

Aus dem p-Wert (0.1269) kann nicht auf genügend Unterstützung für die Alternativhypothese geschlossen werden, die Nullhypothese wird beibehalten.

In der Großstadt Wien sitzen Jugendliche nicht signifikant länger vor Bildschirmen als in kleineren Ortschaften.

10.3 Unterscheiden sich die Mittelwerte mehrerer Gruppen?

Fallbeispiel 25: Intelligenz bei Schülern

Datenfile: `k-abc.csv`

In einer Studie wurden bei 149 Schülern Fertigkeiten und Intelligenz mit dem K-ABC-Test (Kaufman Assessment Battery for Children) gemessen. Die Schüler waren in der dritten, fünften oder siebten Schulstufe.

Gibt es Unterschiede im Testergebnis zwischen den drei Schulstufen?

Die Fragestellung ist ähnlich der aus den zwei vorigen Abschnitten, der Unterschied liegt nur in der Anzahl der Gruppen. Die bisher vorgestellten Methoden (t-Test und U-Test) sind auf zwei Gruppen beschränkt.

Der Zugang bei mehr als zwei Gruppen, alle paarweisen Vergleiche zwischen zwei Gruppen mittels *t*-Test oder *U*-Test anzustellen, ist nicht zulässig. Die Anzahl notwendiger Tests steigt stark mit der Anzahl vorhandener Gruppen; bei fünf Gruppen wären schon zehn einzelne Tests notwendig und die Gefahr zufällig auftretender signifikanter Ergebnisse wäre groß. Man spricht auch davon, dass das Signifikanzniveau nicht eingehalten werden kann.

10.3.1 Grafische und numerische Beschreibung

Bevor inferenzstatistische Methoden eingesetzt werden, soll immer ein Blick auf die Daten geworfen werden. Fast ausschließlich werden Boxplots verwendet.

```
> kabctest <- read.csv2("k-abc.csv", header = TRUE)
> attach(kabctest)
> schulstufe <- factor(klasse)
> levels(schulstufe) <- c("3.", "5.", "7.")
> boxplot(kabc ~ schulstufe, xlab = "Schulstufe", ylab = "K-ABC-Punkte")
```

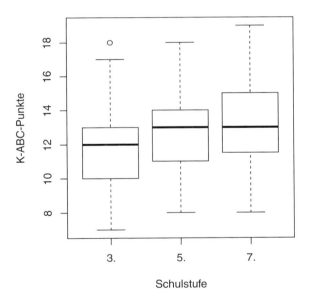

Abbildung 10.3: Boxplot der K-ABC-Daten

Für diese Daten weist der Boxplot (▶ Abbildung 10.3) für keine Schulstufe besondere Auffälligkeiten aus. Nur für die niedrigste Schulstufe wird ein moderater Ausreißer angezeigt.

Mittelwerte und Standardabweichungen für die einzelnen Schulstufen bilden die überschaubare Liste der Maßzahlen:

```
> mws <- tapply(kabc, schulstufe, mean)
> sds <- tapply(kabc, schulstufe, sd)
> rbind(Mittelwerte = mws, Standardabw = sds)
```
R

```
                  3.       5.      7.
Mittelwerte 11.7500 12.7963 13.077
Standardabw  2.3837  2.4981  2.832
```

10.3.2   Analyse der Fragestellung

Varianzanalyse

Ähnlich wie bei der Regressionsanalyse (Abschnitt 9.2) erfolgt auch bei dieser Fragestellung eine Aufteilung von Quadratsummen. Wird ein Mittelwert für alle Beobachtungen berechnet und die Summe von allen quadrierten Abständen der Beobachtungen von diesem Mittelwert bestimmt, erhält man die Gesamtquadratsumme (*TSS*). Ersetzt man den globalen Mittelwert durch den jeweiligen Gruppenmittelwert, kommt man zur Residuenquadratsumme (*RSS*). Ist der Unterschied zwischen den beiden Quadratsummen groß, so ist es also besser, von nicht identen Gruppenmittelwerten auszugehen. Diesem Prinzip folgt die VARIANZANALYSE mit dem *F*-TEST.

F-Test der Varianzanalyse

Nullhypothese H_0: $\mu_1 = \mu_2 = \cdots = \mu_g$

Alternativhypothese H_A: Mindestens zwei Gruppen unterscheiden sich in den Mittelwerten.

$$F = \frac{(TSS - RSS)/(g-1)}{RSS/(n-g)} \qquad (10.1)$$

- g ... Anzahl der Gruppen
- μ_i ... unbekannter Mittelwert der Grundgesamtheit in Gruppe i
- n ... Stichprobenumfang
- *TSS* ... Gesamtquadratsumme, berechnet auf der Basis eines gemeinsamen Mittelwerts für alle Gruppen
- *RSS* ... Residuenquadratsumme, berechnet auf der Basis separater Mittelwerte für jede Gruppe
- Unter der Nullhypothese folgt die Teststatistik einer *F*-Verteilung.
- Voraussetzung für den Einsatz dieser Methode ist, dass die abhängige Variable (hier die K-ABC-Ergebnisse) in allen Gruppen (hier in allen Klassen) normalverteilt mit gleicher Varianz ist.

Überprüfung der Verteilungsannahmen

Vom Boxplot (▶ Abbildung 10.3) her spricht nichts gegen den Einsatz der Varianzanalyse. Die Verteilung in den Gruppen ist einigermaßen symmetrisch, die Streuung ist ähnlich in allen drei Gruppen. Als inferenzstatistische Unterstützung kann der BARTLETT-TEST herangezogen werden. Die Nullhypothese bei diesem Test ist natürlich Varianzhomogenität ($\sigma_1^2 = \sigma_2^2 = \cdots = \sigma_g^2$), die Alternativhypothese Varianzheterogenität (mindestens zwei Gruppen haben unterschiedliche Varianzen).

```
> bartlett.test(kabc, schulstufe)                                        R
```

```
        Bartlett test of homogeneity of variances

data:  kabc and schulstufe
Bartlett's K-squared = 1.4073, df = 2, p-value = 0.4948
```

Die Überprüfung, ob die Varianzen in den Gruppen gleich sind, ergibt einen p-Wert von 0.4948. Damit haben wir grünes Licht für den Einsatz der Varianzanalyse mit dem F-Test.

Erhält man mit dem Bartlett-Test ein signifikantes Ergebnis, ist eine Voraussetzung für den Einsatz der normalen Varianzanalyse verletzt. Es kann aber mit oneway.test auf eine Version mit schwächeren Annahmen zurückgegriffen werden (siehe Seite 412).

Berechnung der Varianzanalyse

Zur Berechnung der Varianzanalyse mit R führen mehrere Wege. Wir stellen zunächst die Funktion aov() vor, andere Möglichkeiten folgen nach der Interpretation des Ergebnisses.

```
> kabcmodell <- aov(kabc ~ schulstufe)                                   R
> summary(kabcmodell)
```

```
            Df  Sum Sq  Mean Sq  F value  Pr(>F)
schulstufe    2      49    24.57     3.78   0.025 *
Residuals   146     948     6.49
---
Signif. codes:  0 '***' 0.001 '**' 0.01 '*' 0.05 '.' 0.1 ' ' 1
```

Der Wert der Teststatistik (3.784) ist in Spalte F value zu finden. Der p-Wert des F-Tests steht in Spalte Pr(>F).

Fallbeispiel 25: Intelligenz: Interpretation der Varianzanalyse

Aus dem Boxplot (▶ Abbildung 10.3) und dem Ergebnis des Bartlett-Tests kann geschlossen werden, dass die Voraussetzungen für die Anwendung der Varianzanalyse zum Vergleich der mittleren K-ABC-Testergebnisse in den drei Schulstufen erfüllt sind.

Der F-Test zeigt ein signifikantes Ergebnis an ($p = .025$).

Die durchschnittlichen K-ABC-Testergebnisse sind also nicht in allen drei Schulstufen gleich. In der Stichprobe sind die Mittelwerte höher, je höher die Schulstufe (11.75, 12.8, 13.08).

Andere Berechnungswege

Es gibt in R weitere Möglichkeiten zur Berechnung der Varianzanalyse. Eine stellt die Varianzanalyse als Sonderfall der linearen Regression dar; eine Responsevariable (hier kabc) wird nur durch eine kategoriale Variable (hier schulstufe) erklärt

(Abschnitt 9.4.2). Von der kategorialen Variablen wird eine Kategorie als Referenzkategorie gewählt (standardmäßig jene mit dem kleinsten Zahlenwert), für die anderen Kategorien werden Dummyvariablen gebildet.

Die Berechnung läuft wie bei der Regression über die Funktion lm(), der Output zeigt die von dort gewohnte Struktur.

```
> kabcmodell2 <- lm(kabc ~ schulstufe)
> summary(kabcmodell2)
```

```
Call:
lm(formula = kabc ~ schulstufe)

Residuals:
    Min     1Q Median     3Q    Max
 -5.077 -1.750  0.204  1.250  6.250

Coefficients:
            Estimate Std. Error t value Pr(>|t|)
(Intercept)   11.750      0.341   34.51   <2e-16 ***
schulstufe5.   1.046      0.486    2.15    0.033 *
schulstufe7.   1.327      0.531    2.50    0.014 *
---
Signif. codes:  0 '***' 0.001 '**' 0.01 '*' 0.05 '.' 0.1 ' ' 1

Residual standard error: 2.55 on 146 degrees of freedom
Multiple R-squared:  0.0493,    Adjusted R-squared:  0.0363
F-statistic: 3.78 on 2 and 146 DF,  p-value: 0.025
```

Das Ergebnis des *F*-Tests ist in der letzten Zeile zu finden. Im Koeffizientenblock sind die notwendigen Dummyvariablen schulstufe5. und schulstufe7. erkennbar (die 3. Schulstufe wurde als Referenzkategorie genommen). Der Wert für die Konstante (Intercept) ist der Mittelwert für die 3. Schulstufe (11.75), der Mittelwert für die 5. Schulstufe kann über 11.75 + 1.046, der Mittelwert für die 7. Schulstufe über 11.75 + 1.327 berechnet werden.

Mit oneway.test() ist in **R** eine weitere Möglichkeit zur Berechnung der Varianzanalyse abrufbar. Varianzhomogenität in den Gruppen ist dabei keine Voraussetzung mehr.

```
> kabcmodell3 <- oneway.test(kabc ~ schulstufe)
> kabcmodell3
```

```
        One-way analysis of means (not assuming equal variances)

data:  kabc and schulstufe
F = 3.8446, num df = 2.000, denom df = 88.688, p-value = 0.02505
```

Der Output enthält die wesentlichen Werte eines *F*-Tests, nur dass unter denom df nicht unbedingt nur ganze Zahlen vorkommen müssen 88.69.

10.3.3 Post-hoc-Tests

Ein Fehlschluss aus obigem Ergebnis wäre, Unterschiede zwischen allen Gruppen anzunehmen. Das kann, muss aber nicht der Fall sein. In der Alternativhypothese werden nur Mittelwertunterschiede zwischen mindestens zwei Gruppen behauptet.

Die Frage, welche Gruppen sich nun in den Mittelwerten unterscheiden, helfen, POST-HOC-TESTS zu beantworten. Von den vielen Methoden, auf die in der Literatur verwiesen wird, ist eine leicht in R abrufbar, TUKEYS HSD-METHODE. Bei dieser werden paarweise Gruppenmittelwerte verglichen und bewertet. Allerdings verlangt die Funktion TukeyHSD(), dass vorher die Varianzanalyse mit aov() berechnet wurde (nicht mit lm() oder oneway.test()).

```
> kabcmodell <- aov(kabc ~ schulstufe)
> posthoc <- TukeyHSD(kabcmodell)
> posthoc
```

```
  Tukey multiple comparisons of means
    95% family-wise confidence level

Fit: aov(formula = kabc ~ schulstufe)

$schulstufe
          diff        lwr     upr    p adj
5.-3.  1.04630  -0.104492 2.1971  0.08297
7.-3.  1.32692   0.068503 2.5853  0.03616
7.-5.  0.28063  -0.987324 1.5486  0.85970
```

Für die K-ABC-Daten gibt Tukeys HSD-Methode signifikante Unterschiede zwischen der 3. und 7. Schulstufe aus (die p-Werte sind in der Spalte p adj ablesbar), die anderen Gruppenvergleiche sind nicht signifikant. Allerdings kratzt der Vergleich von 3. und 5. Schulstufe am Signifikanzniveau, während der Vergleich von 5. und 7. Schulstufe eindeutig nicht signifikant ist. Mit dem Aufruf plot(posthoc) kann das vorige Zahlenergebnis auch grafisch dargestellt werden. Der Plot bietet aber keine weiteren Einsichten, wir verzichten auf seine Präsentation.

10.4 Unterscheidet sich die Lage einer Variablen zwischen mehreren Gruppen?

Fallbeispiel 26: Tore in Fußballligen

Datenfile: fbtore09.csv

Im Datenfile sind von mehreren Ländern zusammenfassend die Ergebnisse der Mannschaften der jeweils höchsten Spielklasse im Fußball in der Saison 2008/09 angeführt.

Allgemein verbreitet ist die Ansicht, dass in Italien die Tendenz besteht, Tore eher zu verhindern (Catenaccio), in der englischen Premier League Kampfgeist und Härte im Vordergrund stehen und in der spanischen Primera Division spielstarke und offensiv ausgerichtete Mannschaften agieren. Die deutsche Bundesliga und die niederländische Eredivisie sind irgendwo zwischen diesen Polen einzuordnen.

Gibt es Unterschiede zwischen den fünf Ligen in der Anzahl erzielter Tore?

Bevor wir uns kopfüber in die Auswertung stürzen, soll eine kleine Überlegung angestellt werden. Im Datenfile sind die erzielten Tore (erzielt) der Mannschaften im Laufe einer Meisterschaft enthalten. In England, Italien und Spanien sind jeweils 20 Mannschaften in der obersten Liga, somit werden 38 Runden gespielt. In Deutschland und den Niederlanden sind es nur 18 Mannschaften, gespielt werden 34 Runden. Der einfachste Weg, um zu einer gemeinsamen Basis zu kommen, ist, die durchschnittlich erzielten Tore pro Spiel und Mannschaft zu berechnen (in der Variablen Tore gespeichert).

```
> tore <- read.csv2("fbtore09.csv", header = TRUE)
> attach(tore)
> Tore <- erzielt/spiele
> Land <- factor(liga)
> levels(Land) <- c("GB-E", "IT", "ES", "DE", "NL")
> densbox(Tore ~ Land, ylab = "Tore pro Spiel und Mannschaft",
+     main = "Ligavergleich")
```

Zur Abwechslung vergleichen wir die Verteilungen in den Gruppen nicht über Boxplots, sondern mit Dichteplots ▶ Abbildung 10.4. Die Verteilung der erzielten Tore in Italien und Deutschland sind ungefähr symmetrisch. Die Verteilungen in England und in den Niederlanden jedoch sind eindeutig, die in Spanien eher schief.

Die Anwendung der normalen Varianzanalyse mit der Voraussetzung der Normalverteilung in allen Gruppen scheint nicht gerechtfertigt. Wie schon beim U-Test (Abschnitt 10.2) ist der Ausweg das Ersetzen der eigentlichen Werte durch deren Rangzahlen; wir erhalten so den KRUSKAL-WALLIS-TEST.

Kruskal-Wallis-Test

Nullhypothese H_0:   In allen g Gruppen ist die Verteilung gleich.

Alternativhypothese H_A: Mindestens zwei Gruppen haben in der Lage verschobene Verteilungen, also mindestens zwei Mediane unterscheiden sich $\tilde{x}_l \neq \tilde{x}_m$.

- ▨ g ... Anzahl der Gruppen
- ▨ $\tilde{x}_i$ ... der unbekannte Median der Grundgesamtheit in Gruppe i
- ▨ Voraussetzung für den Einsatz dieser Methode ist, dass die abhängige Variable (hier Tore) mindestens ordinal skaliert ist. Sie ist also auch in Fällen mit schiefen Verteilungen oder Verteilungen mit Ausreißern einsetzbar.

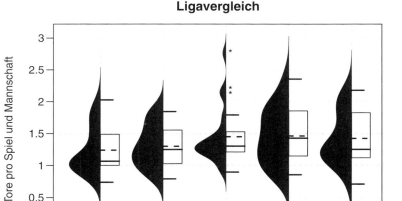

Abbildung 10.4: Dichteplot erzielter Tore

```
> kruskal.test(Tore ~ Land)                                            R


        Kruskal-Wallis rank sum test

data:   Tore by Land
Kruskal-Wallis chi-squared = 5.3507, df = 4, p-value = 0.2532
```

Fallbeispiel 26: Fußballtore: Interpretation des Kruskal-Wallis-Tests

Für den Lagevergleich der fünf Ligen kann eine Standardvarianzanalyse nicht herangezogen werden (schiefe Verteilungen, eventuell Ausreißer).

Der Kruskal-Wallis-Test ($p = 0.253$) stellt kein ausreichendes Argument dar, die Nullhypothese keiner Lageunterschiede zwischen den Ligen zu verwerfen.

Die Unterschiede in der Stichprobe (▶ Abbildung 10.4) dürfen nicht überbewertet werden. Die fünf Ligen unterscheiden sich nicht signifikant in der pro Mannschaft in den Spielen erzielten Tore.

10.5 Wie wirken zwei kategoriale Variablen kombiniert auf Mittelwerte?

Fallbeispiel 27: Aggression im Straßenverkehr

Datenfile: `aggression.dat`

Wir haben schon für den *t*-Test (Abschnitt 10.1) das Beispiel mit den Reaktionen auf eine blockierte Kreuzung vorgestellt. Ging es dort um die Huphäufigkeit, konzentrieren wir uns in diesem Abschnitt auf die Dauer bis zum ersten Hupen (Variable `dauer`).

Diese abhängige Variable stellen wir in Bezug zur Marke des Blockadeautos (Ford KA oder BMW X5) und zum Geschlecht der Person, die den blockierten Wagen lenkt (Variablen `Auto` und `Geschlecht`).

Wie hängt die Dauer bis zum ersten Hupen von den beiden Faktoren ab?

10.5.1 Numerische und grafische Beschreibung

Da die Dauer bis zum ersten Hupen nur bei jenen sinnvolle Werte annimmt, die überhaupt gehupt haben, ist eine erste Aufgabe die Auswahl nur dieser Fälle für die weitere Analyse. Dazu erzeugen wir einen neuen Data Frame nur mit den Beobachtungen der Huper. Den neuen Data Frame nennen wir `huper` und verwenden die Funktion `subset()`, um ihn aus dem größeren Data Frame `aggression` zu erzeugen. Notwendig dazu ist die Formulierung der Bedingung, die die Auswahl jener Beobachtungen steuert, die in den neuen Data Frame aufgenommen werden sollen. Da nur die Huper aufgenommen werden sollen, ist `frequenz > 0` die passende Bedingung.

```
> aggression <- read.table("aggression.dat", header = TRUE)
> huper <- subset(aggression, subset = (frequenz > 0))
> attach(huper)
> dim(huper)
```
R

```
[1] 109    4
```

Mit `dim(huper)` haben wir uns ein Bild von den Dimensionen des neuen Datensatzes gemacht, es liegen 109 Beobachtungen von vier Variablen vor.

Boxplot und Mittelwerttabelle

Beide Faktoren haben jeweils nur zwei Stufen (Geschlecht mit Mann-Frau, Versuchsauto mit BMW-Ford); insgesamt liegen also vier Gruppen vor. Da die Aufgabe darin besteht, die Mittelwerte in diesen Gruppen auf ihre Abhängigkeit von den Faktoren zu untersuchen, machen wir einen ersten Schritt, indem wir uns einen Überblick über diese Werte verschaffen. Dies geschieht meist mit Boxplots.

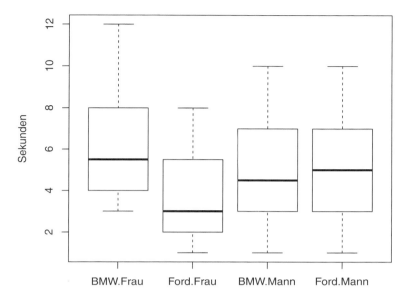

Abbildung 10.5: Boxplot für die Dauer bis zum ersten Hupen

Im Aufruf müssen beide Faktoren angegeben werden.

```
> boxplot(dauer ~ (Auto + Geschlecht), ylab = "Sekunden")
```

Die Mittelwerttabelle wird – wie in diesem Kapitel schon gewohnt – mit `tapply()` generiert. Allerdings müssen die beiden Faktoren in eine Liste gestellt werden.

```
> mittelwerte <- tapply(dauer, list(Auto, Geschlecht), mean)
> round(mittelwerte, digits = 2)
```

```
     Frau Mann
BMW  6.21 5.13
Ford 3.80 5.30
```

Mittelwertplot

Ein Plot, der den Sachverhalt der Mittelwerttabelle grafisch darstellt, ist der MITTEL-WERTPLOT oder INTERAKTIONSPLOT (▶ Abbildung 10.6). Erstellt man einen Streckenzug für jede Zeile, erhält man den linken Plot. Liest man die Tabelle spaltenweise, gelangt man zum rechten Plot.

```
> par(mfrow = c(1, 2))
> interaction.plot(Geschlecht, Auto, dauer,
+    ylab = "Mittlere Dauer bis zum Hupen")
> interaction.plot(Auto, Geschlecht, dauer,
+    ylab = "Mittlere Dauer bis zum Hupen")
```

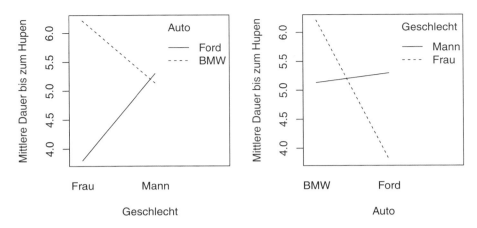

Abbildung 10.6: Mittelwertplot für die Dauer bis zum ersten Hupen

Die Tabelle der Mittelwerte spiegelt die Relationen zwischen den Gruppen numerisch wider, die der Boxplot (▶ Abbildung 10.5) grafisch vermittelt hat.

Blockiert ein BMW die Kreuzung, hupen Männer durchschnittlich etwas schneller (im Durchschnitt nach 5.13 Sekunden) als Frauen (6.21 Sekunden). Bei einem blockierenden Ford KA ist es umgekehrt, Frauen (3.8 Sekunden) hupen früher als Männer (5.3 Sekunden).

Auch über den Mittelwertplot (▶ Abbildung 10.6) kommen wir zu dieser Interpretation der Verhältnisse in der Stichprobe.

Der Unterschied zwischen Frauen und Männern in der Dauer bis zum ersten Hupen scheint also vom blockierenden Auto abzuhängen.

10.5.2   Analyse der Fragestellung

Bei der einfachen Varianzanalyse (Abschnitt 10.3) war die Untersuchung auf Unterschiede von Gruppenmittelwerten ausgerichtet. Dabei war nur eine Variable (Faktor) für die Gruppeneinteilung zuständig. Im vorliegenden Beispiel werden die Gruppen durch zwei Variablen definiert und es geht nicht nur darum, ob überhaupt Unterschiede in den Gruppenmittelwerten vorliegen, sondern auch darum, woher diese Unterschiede stammen.

Haupteffekte und Wechselwirkung

Nehmen wir an, dass es signifikante Unterschiede zwischen den Gruppen gibt. Wenn die Unterschiede allein durch das blockierende Auto erklärbar wären, würde man vom signifikanten HAUPTEFFEKT Auto sprechen. Genauso spricht man von einem Haupteffektmodell mit Faktor Geschlecht, wenn die Unterschiede allein auf diesen Faktor zurückzuführen sind.

Sind beide Haupteffekte signifikant und wirkt sich das so aus, dass sich beide Effekte addieren, spricht man von einem ADDITIVEN MODELL.

Es kann aber auch der Fall vorkommen, dass eine bestimmte Kombination aus Stufen der beiden Faktoren überdurchschnittlich stark, positiv oder negativ, wirkt. Ist das der Fall, spricht man von einem WECHSELWIRKUNGSMODELL.

Nehmen wir etwa die Mittelwerttabelle und versuchen, die Eintragung rechts unten (Mann wird von Ford KA blockiert) allein aus den Haupteffekten zu schätzen. Beim BMW beträgt der Unterschied in den Mittelwerten zwischen Frauen und Männern $6.21 - 5.13 = 1.08$. Bei Männern dauert es also durchschnittlich 1.1 Sekunden weniger lang, bis sie zu hupen beginnen. Wenn das beim Ford KA auch so ist, würde man für Männer einen Mittelwert erwarten, der 1.1 Sekunden unter dem der Frauen liegt, also $3.8 - 1.1 = 2.7$. Tatsächlich beträgt er aber 5.3.

Der Unterschied zwischen dem Wert aufgrund der Haupteffekte und dem tatsächlich beobachteten Mittelwert ist sehr groß, vermutlich ist ein signifikanter WECHSEL-WIRKUNGSEFFEKT dafür verantwortlich.

Zweifache Varianzanalyse

Mit der ZWEIFACHEN VARIANZANALYSE kann das den Daten adäquate Modell gewählt werden. Der Rechenteil besteht in der Aufteilung der Gesamtquadratsumme auf mehrere Teilsummen, die den beiden Haupteffekten, der Wechselwirkung und den Residuen zugeordnet werden können. Als Voraussetzung wird von der abhängigen Variablen Normalverteilung mit gleicher Varianz in allen Gruppen angenommen.

In R kann eine zweifache Varianzanalyse berechnet werden, indem man sie als Spezialfall eines linearen Modells (lm()) auffasst. Die Responsevariable (hier dauer) wird in Abhängigkeit von den zwei erklärenden Faktoren (Auto und Geschlecht) gesetzt. Werden in der Modellformel die erklärenden Variablen durch ein *-Zeichen verbunden (statt einem +), wird das Wechselwirkungsmodell berechnet. Für eine erste Beurteilung des Modells genügt der ANOVA-Block (anova()).

```
> hupmodell <- lm(dauer ~ Auto * Geschlecht)
> anova(hupmodell)
```

```
Analysis of Variance Table

Response: dauer
                Df Sum Sq Mean Sq F value Pr(>F)
Auto             1     12    11.5    1.75  0.189
Geschlecht       1      3     3.0    0.46  0.500
Auto:Geschlecht  1     38    38.1    5.78  0.018 *
Residuals      105    692     6.6
---
Signif. codes:  0 '***' 0.001 '**' 0.01 '*' 0.05 '.' 0.1 ' ' 1
```

In der ANOVA-Tabelle sind für jeden Effekt die Freiheitsgrade (in der Spalte Df), der zugehörige Teil der Quadratsumme (Sum Sq), die mittlere (bezogen auf die Freiheitsgrade) Quadratsumme (Mean Sq), ein *F*-Test für den jeweiligen Effekt (F value) und der *p*-Wert des *F*-Tests (Pr(>F)) angegeben.

Für uns sind die drei Zeilen mit den beiden Haupteffekten (Auto und Geschlecht) und dem Wechselwirkungseffekt (Auto:Geschlecht) von Interesse.

Folgende Reihenfolge in der Interpretation der Effekte sollte eingehalten werden:

1. Zuerst wird der Wechselwirkungseffekt interpretiert.
2. Nur wenn die Wechselwirkung nicht signifikant ist, werden die Haupteffekte interpretiert.

> ### Fallbeispiel 27: Aggression: Interpretation der zweifachen Varianzanalyse
>
> Zur Untersuchung der Mittelwerte der Dauer bis zum ersten Hupen wurde eine zweifache Varianzanalyse gerechnet.
>
> Die Wechselwirkung der beiden Faktoren Auto und Geschlecht ist signifikant ($p = .018$).
>
> Somit ist der Unterschied im Hupverhalten zwischen den Geschlechtern abhängig davon, ob ein BMW oder ein Ford die Kreuzung blockiert.
>
> Die genaue Art der Wechselwirkung kann entweder aus der Mittelwerttabelle oder dem dazu gleichwertigen Mittelwertplot (▶ Abbildung 10.6) abgeleitet werden.
>
> Die Unterschiede zwischen Frauen und Männern in der Dauer bis zum ersten Hupen hängen von den blockierenden Autos ab. Männer hupen BMWs früher an, Frauen Fords.

Wenn – wie in diesem Beispiel – zweistufige Faktoren vorliegen, haben die Freiheitsgrade bei den Haupteffekten jeweils den Wert 1. Es müsste ja in einem Regressionsmodell für jeden Faktor nur eine passende Dummyvariable konstruiert werden. Für einen Faktor mit k Stufen wären $k - 1$ Dummyvariablen notwendig, daher wäre $Df = k - 1$.

Zusätzliche Ergebnisse – strukturiert wie der Output aus einem Regressionsmodell (Abschnitt 9.2.2) – können mit `summary()` abgerufen werden.

10.5.3 Modellselektion

Andere Ergebnisse

Im präsentierten Beispiel ist der interessanteste Fall vorgestellt worden, das Wechselwirkungsmodell. In ▶ Abbildung 10.7 sind andere mögliche Modelle mit künstlich generierten Daten in Form von Mittelwertplots dargestellt. Aus Platzgründen werden von den Ergebnissen nur die p-Werte der einzelnen Effekte nach Schätzung eines Wechselwirkungsmodells angegeben.

- **Nullmodell**: Symbolisch in R: `dauer ~ 1`

  Keine gravierenden Abweichungen von der Parallelität, also kaum Verdacht einer signifikanten Wechselwirkung (p-Wert von `Auto:Geschlecht`: 0.464). Linien sind einander nahe, vermutlich kein Unterschied zwischen den Geschlechtern (p-Wert von `Geschlecht`: 0.347). Die Linien sind fast waagrecht, daher nur geringe Unterschiede zwischen den Versuchsautos (p-Wert von `Auto`: 0.273).

- **Haupteffekt Auto**: `dauer ~ Auto`

  Wiederum kaum Verdacht einer signifikanten Wechselwirkung (p-Wert von `Auto:Geschlecht`: 0.708) und keine starken Unterschiede zwischen den Geschlechtern (p-Wert von `Geschlecht`: 0.206). Hingegen sind die Unterschiede zwischen den Versuchsautos nicht unbedeutend (p-Wert von `Auto` fast 0).

- **Haupteffekt Geschlecht**: `dauer ~ Geschlecht`

  Keine signifikante Wechselwirkung (p-Wert von `Auto:Geschlecht`: 0.457). Linien sind ungefähr horizontal, also kaum Unterschiede zwischen den Versuchsautos

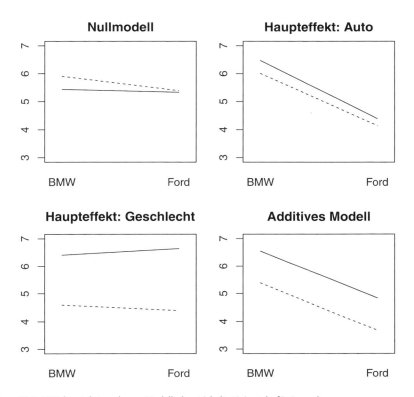

Abbildung 10.7: Mittelwertplots mehrerer Modelle (gestrichelte Linie steht für Frauen)

(p-Wert von `Auto`: 0.949). Allerdings sind die Linien weiter auseinander als in den vorigen Beispielen, also relativ starke Unterschiede zwischen den Geschlechtern (p-Wert von `Geschlecht` sehr klein).

- **Additives Modell**: `dauer ~ Geschlecht + Auto`

  Wiederum kein Verdacht auf eine signifikante Wechselwirkung (p-Wert von `Auto:Geschlecht`: 0.999). Sowohl große Unterschiede zwischen den Linien (p-Wert von `Geschlecht` sehr klein) als auch deutlich nicht horizontal (p-Wert von `Auto` fast 0).

Modellwahl

Die Frage nach der Vorgangsweise, wenn die Wechselwirkung nicht signifikant ist, ist noch offen. Das nächst einfachere Modell, das additive Modell, kann geschätzt werden; sind beide Haupteffekte signifikant, wird man keine Vereinfachung des Modells vornehmen. Eine weitere Vereinfachung sind die beiden Haupteffektmodelle, das einfachste Modell ist das Nullmodell, in dem keine erklärende Variable mehr aufscheint.

Die Suche nach einem passenden Modell ist ähnlich der Modellselektion bei linearen Regressionsmodellen (Abschnitt 9.4.3). Da wie dort sind partielle F-Tests eine Hilfe bei der Entscheidung, ob ein komplexeres zugunsten eines einfacheren aufge-

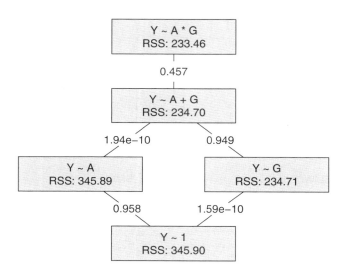

Abbildung 10.8: Modellbaum mit Residuenquadratsummen und *p*-Werten

geben werden kann. Die partiellen *F*-Tests bauen auf dem Vergleich der Residuen-quadratsummen auf.

Wodurch eine längere Suche nach einem Modell unterstützt werden kann, sei an folgendem Beispiel demonstriert. Wir nehmen die Daten zum Modell mit dem Haupt-effekt Geschlecht, also `dauer ~ Geschlecht`. In ▶ Abbildung 10.7 sind das die Daten zum Modell links unten.

Wir können zu allen denkbaren Modellen (bei zwei Faktoren sind es fünf) – vom komplexen Wechselwirkungsmodell bis zum einfachen Nullmodell – die zugehöri-gen Residuenquadratsummen berechnen lassen. Bei benachbarten Modellen wird mit einem partiellen *F*-Test entschieden, ob eine Modellvereinfachung möglich ist. Diese Daten sind in einer Abbildung (▶ Abbildung 10.8) übersichtlich eingetragen (die Fak-toren Auto und Geschlecht sind mit A und G abgekürzt, die Responsevariable ist mit Y bezeichnet).

Wie kommt man aus diesen Modellvergleichen zum passenden Modell?

▨ Vergleich von Y ~ A * G mit Y ~ A + G:
  Die Residuenquadratsumme steigt nur wenig, wenn das komplexere Wechselwir-kungsmodell zugunsten des additiven Modells aufgegeben wird. Im *p*-Wert des partiellen *F*-Tests (0.457) kommt dies ebenfalls zum Ausdruck. Die Vereinfachung zum additiven Modell kann erfolgen.

▨ Vergleich von Y ~ A + G mit Y ~ A:
  Die Residuenquadratsumme steigt stärker, der *p*-Wert ist sehr klein, die Modell-vereinfachung ist nicht zulässig. Daher muss der Faktor G im Modell bleiben. Der Vergleich von Y ~ A mit Y ~ 1 ist nicht mehr von Bedeutung.

▨ Vergleich von Y ~ A + G mit Y ~ G:
  Die Residuenquadratsumme steigt kaum, der *p*-Wert ist nahe bei 1 (0.949), die

Modellvereinfachung ist zulässig. Der Faktor A kann aus dem Modell genommen werden.

■ Vergleich von Y ~ G mit Y ~ 1:
Die Residuenquadratsumme steigt wiederum stark, der p-Wert ist sehr klein, die Modellvereinfachung kann nicht erfolgen.

Somit kommen wir zu dem Schluss, dass für dieses Beispiel das Modell Y ~ G passend ist.

Die Anzahl denkbarer Modelle ist bei zwei Faktoren überschaubar, steigt aber stark mit der Anzahl Faktoren an. Allerdings müssen nicht alle partiellen F-Tests zwischen benachbarten Modellen berechnet werden. Ist bei einem Modell keine Vereinfachung möglich, kann auf die Vergleiche mit noch einfacheren Modellen verzichtet werden. Üblich ist die Vorgangsweise der Rückwärtsselektion, also der Start mit dem komplexesten Modell und die Suche nach möglichen Vereinfachungen im Modell, ohne großen Verlust an Erklärungswert zu erleiden.

10.6 Hängen Chancen von einer oder mehreren Variablen ab?

Fallbeispiel 28: Verkehrsmittelwahl

Datenfile: `modalsplit.csv`

In einer Diplomarbeit an der Wirtschaftsuniversität Wien (Kunit G., 1990) wurde die Verkehrsmittelwahl im Ballungsraum Wien für die regelmäßigen Fahrten zum Arbeitsplatz untersucht. Hauptaugenmerk lag auf der Entscheidung zwischen Privatauto und öffentlichen Verkehrsmitteln (ÖV). Es gab aber auch Fälle mit einspurigen Fahrzeugen, Taxis oder Fahrgemeinschaften und bei kleinen Distanzen kam es auch vor, dass der Weg zu Fuß zurückgelegt wurde.

Für dieses Beispiel konzentrieren wir uns auf Pendlerfahrten aus dem Umland nach Wien, in denen die Wahl nur zwischen Auto und ÖV bestand. Im Datenfile gibt es folgende Variablen:

Variable	Bedeutung
`mode`	Gewähltes Verkehrsmittel (0 = ÖV, 1 = Auto)
`zeit`	Fahrzeitdifferenz zwischen ÖV und Auto (falls negativ, ist ÖV schneller)
`kosten`	Kostendifferenz zwischen Auto und ÖV
`geschlecht`	1 = Frau, 2 = Mann
`umsteigen`	Wie oft muss man mit ÖV umsteigen?

Von welchen Faktoren hängt die Wahl des Verkehrsmittels ab?

10.6.1 Logistische Regression

Die Situation ist ähnlich der im Regressionsmodell (Abschnitt 9.2). Eine Responsevariable (`mode`) soll durch einen Satz erklärender Variablen beschrieben werden. Der Unterschied liegt in der Skalierung der Responsevariablen. Während bei der linearen Regression die Responsevariable metrisch skaliert sein muss, ist sie hier kategorial mit nur zwei Ausprägungen (ÖV und Auto).

In einem ersten Schritt werden wir nur die Abhängigkeit der Wahl des Verkehrsmittels von der Variablen `zeit` untersuchen. Zur grafischen Beschreibung kann ein Streudiagramm oder ein Boxplot herangezogen werden. Das Streudiagramm (▶ Abbildung 10.9, links) bietet ein etwas ungewohntes Bild, da die Responsevariable (*y*-Achse) nur zwei Ausprägungen hat und daher die Punkte nur auf zwei Linien aufgefädelt sind.

```
> modalsplit <- read.csv2("modalsplit.csv", header = TRUE)
> attach(modalsplit)
> Auto <- factor(mode)
> levels(Auto) <- c("Nein", "Ja")
> par(mfrow =c(1, 2))
> plot(zeit, Auto)
> boxplot(zeit ~ Auto, xlab = "Zeit", horizontal = TRUE)
```

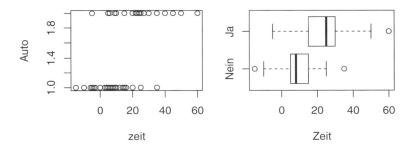

Abbildung 10.9: Streudiagramm und Boxplot für Verkehrsmittelwahl

Da für den Boxplot (▶ Abbildung 10.9 rechts) die abhängige Variable die *y*-Achse bilden soll, ist eine Darstellung mit liegenden Boxen zu wählen.

Beide Darstellungen zeigen, dass mit zunehmendem Zeitvorteil für das Auto dieses auch vermehrt zur Fahrt zum Arbeitsort gewählt wird.

Konzepte

Allein schon wegen der kategorial skalierten abhängigen Variablen Y kann es nicht sinnvoll sein, eine lineare Beziehung zwischen dieser und der erklärenden Variablen X zu modellieren. Ein erster Versuch, aus dieser Klemme zu kommen, ist, statt Y die Wahrscheinlichkeit, dass Y einen bestimmten Wert (etwa 1=Auto) annimmt, heranzuziehen. Also

$$p(Y = 1) = \alpha + \beta X$$

Leider hat auch diese Formulierung ihre Nachteile, es können bei entsprechenden Werten für X unpassende Werte (negativ oder größer als 1) aus der Gleichung entstehen. Die EINFACHE LOGISTISCHE REGRESSION hat dieses Manko nicht:

Einfache logistische Regression

$$\ln\left(\frac{p(Y=1)}{1-p(Y=1)}\right) = \alpha + \beta X \qquad (10.2)$$

- $p(Y=1)$ ... Wahrscheinlichkeit, dass die Responsevariable den Wert 1 annimmt
- X ist die erklärende Variable.
- Die Werte für α und β werden meist über die Maximum-Likelihood-Methode geschätzt, die wir hier nicht besprechen. Für $\beta > 0$ wächst $p(Y=1)$ mit steigenden Werten von X, für $\beta < 0$ nimmt $p(Y=1)$ mit steigenden Werten von X ab.
- Die Verbindung (*link function*) von $p(Y=1)$ zum linearen Prädiktor $\alpha + \beta X$ nennt man LOGISTISCHE TRANSFORMATION oder kurz LOGIT-LINK.

Das Verhältnis $p(Y=1)/(1-p(Y=1))$ entspricht den Odds, ein Maß aus Abschnitt 7.5. Es werden also die logarithmierten Odds als lineare Funktion der erklärenden Variablen angesetzt.

Berechnungen

In R kann die Berechnung logistischer Regressionsmodelle dadurch erfolgen, dass man sie als Verallgemeinerung linearer Modelle auffasst. Bei diesen ist zwischen erwarteten Werten der Responsevariablen Y und dem linearen Prädiktor eine Linkfunktion zwischengeschaltet. Im Fall der logistischen Regression ist dies eben die logit-Funktion. Für die Berechnung verallgemeinerter linearer Modelle (*generalized linear models,* GLMs) kann die Funktion `glm()` eingesetzt werden. Neben einer Modellformel, die wie bei linearen Modellen den Aufbau des linearen Prädiktors beschreibt, genügt die Angabe der Verteilungsfamilie des Fehlerterms (für die logistische Regression ist dies die Binomialverteilung). Den Gesamtoutput besprechen wir in Kürze, vorläufig konzentrieren wir uns auf die geschätzten Werte für α und β.

```
> modalsplit1 <- glm(Auto ~ zeit, family = binomial)
> coef(summary(modalsplit1))
```
R

```
            Estimate  Std. Error  z value     Pr(>|z|)
(Intercept) -1.80399    0.399835   -4.5118   6.4271e-06
zeit         0.10417    0.021338    4.8816   1.0521e-06
```

Wenn man die Wahl des Verkehrsmittels nur durch den Zeitunterschied erklären will, ergeben Berechnungen für $\alpha = -1.804$ und $\beta = 0.104$. Somit liegt konkret folgende Beziehung vor:

$$\text{logit}[p(Y=1)] = -1.804 + 0.104 \cdot \texttt{zeit}$$

Welche Wahrscheinlichkeit für die Benutzung eines Autos für die Fahrt zum Arbeitsplatz würde man nach diesem Modell für jemanden erhalten, wenn man mit dem Auto 10 Minuten schneller zum Arbeitsplatz kommt als mit ÖV?

$$\text{logit}[p(Y = 1)] = -1.804 + 0.104 \cdot \texttt{zeit} = -1.804 + 0.104 \cdot 10 = -0.764$$

Also kommen wir zu:

$$\ln \left(\frac{p(Y = 1)}{1 - p(Y = 1)} \right) = -0.764$$

und nach etwas Umformen zu:

$$p(Y = 1) = \frac{e^{-0.764}}{1 + e^{-0.764}} = 0.318$$

```
> m1fit <- fitted(modalsplit1)
> plot(zeit, m1fit, ylab = "Prognostizierte Wahrscheinlichkeiten")
> points(zeit, mode, pch = 16)
```
R

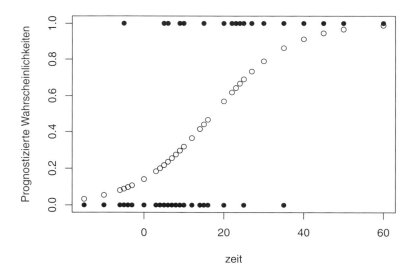

Abbildung 10.10: Logistische Transformation

Für alle in der Stichprobe vorkommenden Zeitvorteile sind die berechneten Wahrscheinlichkeiten leicht aus ▶ Abbildung 10.10 ablesbar. Insgesamt ist erkennbar, dass die logistische Transformation eine S-förmige Beziehung zwischen der erklärenden Variablen und den modellierten Wahrscheinlichkeiten beschreibt.

Bei 20 Minuten Zeitvorteil ist die Wahrscheinlichkeit für die Autobenutzung schon über 50%, bei 30 Minuten schon ca. 80%.

10.6.2 Logistische Regression mit mehreren erklärenden Variablen

Multiple logistische Regression

Das Prinzip der logistischen Regression ist im vorigen Abschnitt mit einer erklärenden Variablen erläutert worden. In diesem Abschnitt geht es um die Erweiterung auf mehrere erklärende Variablen, die Diskussion der Rechenergebnisse und die Interpretation dieser Ergebnisse im Fallbeispiel der Verkehrsmittelwahl.

Die Erweiterung auf k erklärende Variablen erfolgt wie bei der linearen Regression (Abschnitt 9.4) durch eine Ergänzung des linearen Prädiktors um weitere Terme, wir gelangen zur MULTIPLEN LOGISTISCHEN REGRESSION.

Multiple logistische Regression

$$\ln\left(\frac{p(Y=1)}{1-p(Y=1)}\right) = \text{logit}[p(Y=1)] = \alpha + \beta_1 X_1 + \cdots + \beta_k X_k \quad (10.3)$$

- $p(Y=1)$ ... Wahrscheinlichkeit, dass die Responsevariable den Wert 1 annimmt
- $X_1, \ldots, X_k$ sind die erklärenden Variablen.
- Die Werte für α, β_1, ... , β_k werden meist über die Maximum-Likelihood-Methode geschätzt. Ist für eine bestimmte erklärende Variable der entsprechende Koeffizient positiv, so wächst $p(Y=1)$ mit steigenden Werten dieser Variablen.

Modellschätzung

```
> gender <- factor(geschlecht)
> levels(gender) <- c("Frau", "Mann")
> modalsplit4 <- glm(Auto ~ zeit + kosten + gender + umsteigen,
+      family = binomial)
> summary(modalsplit4)
```
R

Aus Platzgründen beschränken wir uns auf die wichtigsten Outputteile.

```
Deviance Residuals:
   Min     1Q Median     3Q    Max
-1.842 -0.829 -0.395  0.728  2.446

Coefficients:
            Estimate Std. Error z value Pr(>|z|)
(Intercept)  -2.3427     0.6583   -3.56  0.00037 ***
zeit          0.0970     0.0474    2.05  0.04079 *
kosten       -0.0113     0.0250   -0.45  0.65213
genderMann    1.0452     0.4641    2.25  0.02431 *
umsteigen     0.2223     0.5587    0.40  0.69068
---
Signif. codes: 0 '***' 0.001 '**' 0.01 '*' 0.05 '.' 0.1 ' ' 1

    Null deviance: 164.29 on 118 degrees of freedom
Residual deviance: 120.55 on 114 degrees of freedom
AIC: 130.5
```

Die Ergebnisse der Modellschätzung sind in mehrere Blöcke mit folgender Bedeutung gegliedert:

- **Deviance Residuals:** eine Fünf-Punkt-Zusammenfassung der sog. Devianzresiduen, die in verallgemeinerten linearen Modellen die Abweichungen von Beobachtungen und Prognosen messen

- **Coefficients:** In diesem Block werden die Schätzwerte für die Koeffizienten (in der Spalte Estimate) und Tests für diese ausgegeben (mit p-Werten in der Spalte Pr(>|z|)).
  Für das Beispiel bedeutet es, dass die Variablen zeit (p-Wert: 0.0408) und geschlecht (p-Wert: 0.0243) als signifikant ausgewiesen werden. Die Konstante (in der Zeile (Intercept)) wird in den linearen Prädiktor aufgenommen, unabhängig davon, ob signifikant oder nicht signifikant.

- **Devianzangaben:** Die Devianz ist ein Maß dafür, ob ein verallgemeinertes lineares Modell – also auch ein logistisches Regressionsmodell – gut die Daten beschreibt. Unter Nullmodell wird ein Modell nur mit der Konstanten verstanden, die Devianz beträgt 164.29.
  Die Devianz des Modells mit allen vier Variablen beträgt: 120.55.

  Im Abschnitt zur Modellselektion folgt ein Test zur Überprüfung, ob der Rückgang in der Devianz als signifikant einzustufen ist.

Modellselektion

Wie bei linearen Regressionsmodellen (Abschnitt 9.4.3) oder mehrfachen Varianzanalysemodellen (Abschnitt 10.5.3) stellt sich die Frage, ob alle erklärenden Variablen im Modell auftauchen müssen oder im Sinn der Sparsamkeit nicht auf die eine oder andere Variable verzichtet werden kann. Auch hier kann der Prozess der Rückwärtsselektion zur Modellwahl eingesetzt werden. Allerdings kann nicht auf das Werkzeug der partiellen F-Tests zurückgegriffen werden, mit denen Unterschiede in den Residuenquadratsummen bewertet wurden. An ihrer Stelle werden jetzt Unterschiede in den Devianzen bewertet.

Devianztest

H_0: einfacheres Modell (mit $\alpha, \beta_1, \ldots, \beta_k$)

H_A: komplexeres Modell (mit $\alpha, \beta_1, \ldots, \beta_k$ und zusätzlich $\beta_{k+1}, \ldots, \beta_{k+p}$)

$$D = D_0 - D_1 \qquad (10.4)$$

- D_0 Devianz des einfacheren Modells ($df_0 = n - k - 1$ Freiheitsgrade)
- D_1 Devianz des komplexeren Modells ($df_1 = n - k - p - 1$ Freiheitsgrade)
- $df_0 - df_1 = p$ entspricht der Zahl p zusätzlicher Parameter im komplexeren Modell.
- D ist unter H_0 asymptotisch χ^2-verteilt mit p Freiheitsgraden.

Eine Anwendung des Tests könnte der Überprüfung dienen, ob ein Modell überhaupt etwas taugt. Das soll heißen, ob im Vergleich zum Nullmodell eine wesentliche Verbesserung der Devianz erzielt werden kann. Eine andere Anwendung ist die Bewertung bei Elimination erklärender Variablen.

```
Call:
glm(formula = Auto ~ zeit + gender, family = binomial)

Deviance Residuals:
   Min      1Q  Median      3Q     Max
-1.775  -0.851  -0.405   0.718   2.471

Coefficients:
            Estimate Std. Error z value Pr(>|z|)
(Intercept)  -2.4613     0.5181   -4.75  2.0e-06 ***
zeit          0.1087     0.0224    4.86  1.2e-06 ***
genderMann    1.0771     0.4578    2.35    0.019 *
---
Signif. codes: 0 '***' 0.001 '**' 0.01 '*' 0.05 '.' 0.1 ' ' 1

(Dispersion parameter for binomial family taken to be 1)

    Null deviance: 164.29 on 118 degrees of freedom
Residual deviance: 120.85 on 116 degrees of freedom
AIC: 126.9

Number of Fisher Scoring iterations: 5
```

Abbildung 10.11: Output einer logistischen Regression mit zwei Variablen

Wir wenden den Test auf den Fall einer simultanen Elimination zweier Variablen an. Im Modell mit allen vier erklärenden Variablen waren die Variablen `kosten` und `umsteigen` deutlich von signifikantem Einfluss entfernt. Dieses Modell ist das komplexere, das wir mit dem einfacheren Modell (▶ Abbildung 10.11) vergleichen, aus dem diese beiden Variablen eliminiert wurden (unter Verwendung des `update()` Befehls, der schon in Abschnitt 9.4.3 vorgestellt wurde).

```
> modalsplit2 <- update(modalsplit4, . ~ . - kosten - umsteigen)
> summary(modalsplit2)
```

Im Modell mit allen vier Variablen betrug die Devianz $D_1 = 120.55$. Durch den Ausschluss von zwei Variablen steigt der Wert nur unwesentlich auf $D_0 = 120.85$. Die Differenz beträgt also $D = D_0 - D_1 = 0.3$. Dieser Wert ist viel kleiner als das 95%-Quantil einer χ^2-Verteilung mit zwei Freiheitsgraden (5.99).

Die Berechnung des Tests in **R** wird durch die schon vom partiellen F-Test her bekannte Funktion `anova()` unterstützt, es muss allerdings die Option `test` richtig gewählt werden:

```
> anova(modalsplit2, modalsplit4, test = "Chisq")
```

```
Analysis of Deviance Table

Model 1: Auto ~ zeit + gender
Model 2: Auto ~ zeit + kosten + gender + umsteigen
  Resid. Df Resid. Dev Df Deviance Pr(>Chi)
1       116        121
2       114        120  2    0.303     0.86
```

Das Ergebnis bestätigt unsere Überlegungen von vorhin. Die Vereinfachung vom komplexeren Modell `modalsplit4` auf das einfachere Modell `modalsplit2` ist zulässig.

Eine Hilfe bei der Beurteilung eines Modells kann die Zuordnungstabelle darstellen. Sie ist eine Kreuztabelle der prognostizierten und der beobachteten Kategorien. Die prognostizierten Kategorien sind jene, für die die prognostizierten Wahrscheinlichkeiten über 0.5 liegen.

```
> Autofit <- fitted(modalsplit2) > 0.5
> table(Auto, Autofit)
```

```
     Autofit
Auto    FALSE TRUE
  Nein     52   12
  Ja       17   38
```

Bei 38 Fällen wurde das Auto gewählt und es hatte auch die höhere Auswahlwahrscheinlichkeit, bei 17 wurde das Auto gewählt, jedoch hatte der öffentliche Verkehr die höhere Auswahlwahrscheinlichkeit. Von denen, die mit öffentlichen Verkehrsmitteln zur Arbeit fahren, wurden 52 richtig und 12 falsch prognostiziert.

Fallbeispiel 28: Verkehrsmittelwahl: Interpretation der logistischen Regression

Zur Untersuchung, welche Faktoren die Verkehrsmittelwahl (hier nur zwischen Auto und ÖV) beeinflussen, wurde eine multiple logistische Regression eingesetzt.

Das ursprüngliche Modell mit vier erklärenden Variablen konnte durch Devianztests auf eines mit den zwei Variablen Zeit und Geschlecht vereinfacht werden. Kosten und die Anzahl, wie oft umgestiegen werden muss, haben keinen guten Erklärungswert.

Der Koeffizient von Zeit ist positiv; je größer der Zeitunterschied zwischen Auto und ÖV, desto wahrscheinlicher ist es nach dem Modell, dass jemand das Auto für die Fahrt zum Arbeitsplatz verwendet.

Geschlecht geht als Dummyvariable in das Modell ein. Im Vergleich zu einer Frau mit gleichem Zeitvorteil ist die Modellwahrscheinlichkeit für Auto bei einem Mann größer (der lineare Prädiktor steigt um 1.0771).

Beide im Modell verbliebenen erklärenden Variablen für die Verkehrsmittelwahl für die Fahrt zum Arbeitsplatz tragen signifikant etwas zur Erklärung bei.

10.7 Unterscheiden sich Chancen und Odds-Ratios zwischen zwei oder mehreren Gruppen?

Die logistische Regression kann auch eingesetzt werden, um Odds und Odds-Ratios in mehreren Gruppen zu vergleichen. Da in diesem Abschnitt nur kategoriale Variablen auftreten, verlassen wird damit die Datenstruktur, die Namensgeber dieses Kapitels ist. Zur Untersuchung der Fragestellungen setzen wir aber die logistische Regression aus dem vorigen Abschnitt ein.

10.7.1 Vergleich von Odds in mehreren Gruppen?

Einen Test zum Vergleich der Odds in zwei Gruppen haben wir schon besprochen (Abschnitt 7.5). Es wurde ein Konfidenzintervall für das Odds-Ratio berechnet und entsprechend interpretiert. In diesem Abschnitt folgt die Erweiterung auf mehr als zwei Gruppen.

Fallbeispiel 29: Armutsrisiko bei Alleinerziehenden

Ein Aspekt der OECD-Studie „Income Distribution and Poverty in OECD Countries" (OECD, 2008) ist der Zusammenhang von Armut und Betreuung von Kindern. Armut liegt laut Definition dann vor, wenn das Einkommen unter der Hälfte des Medianeinkommens (Median Abschnitt 8.1.2) liegt.

Den im Bericht genannten Zahlen für Alleinerziehende in Deutschland (D), Österreich (A) und Spanien entsprechen die Häufigkeiten der Kreuztabelle:

| | | Land | |
Armut	D	A	E
Ja	49	20	47
Nein	71	75	70

Unterscheidet sich für Alleinerziehende das Armutsrisiko in den drei Ländern?

Wir müssen, da kein Datenfile vorliegt, die Daten obiger Tabelle verfügbar machen. Im Unterschied zum Kapitel über Kreuztabellen erzeugen wir Einzelbeobachtungen.

Die beiden kategorialen Variablen werden mit der Funktion gl() so vorbereitet, dass jeweils Vektoren mit sechs Eintragungen entstehen. Der Vektor armut hat zuerst drei Eintragungen mit dem Wert 1 (bzw. dem Label *Ja*), dann drei Eintragungen mit dem Wert 2 (bzw. dem Label *Nein*). Der Vektor land hat zuerst die Werte 1 bis 3 (bzw. die Faktorstufen *D*, *A*, *E*), die sich noch einmal wiederholen. Mit der Funktion rep() werden diese Vektoren entsprechend den Eintragungen in der Tabelle erweitert.

```
> armut <- gl(2, 3, labels = c("Ja", "Nein"))
> land <- gl(3, 1, 6, labels = c("D", "A", "E"))
> haeufig <- c(49, 20, 47, 71, 75, 70)
> armut <- rep(armut, haeufig)
> land <- rep(land, haeufig)
> table(armut, land)
```

```
      land
armut   D  A  E
   Ja  49 20 47
 Nein  71 75 70
```

Die Daten sind also verfügbar, auf ein Balkendiagramm zur Beschreibung der drei Gruppen verzichten wir hier. Für die Bearbeitung der Fragestellung kann eine logistische Regression mit `armut` als Response- und `land` als erklärender Variablen herangezogen werden. Zur besseren Interpretation des Ergebnisses werden wir die Referenzkategorie der Responsevariablen verändern (`relevel()`). Da der Output mit `summary()` bei diesen Modellen sehr umfangreich wird, holen wir uns die zwei wichtigsten Elemente eigens heraus:

- Der Devianztest zur Überprüfung, ob das Modell überhaupt etwas an Erklärungswert hat:

```
> armut <- relevel(armut, ref = "Nein")
> modarmut <- glm(armut ~ land, family = "binomial")
> devtest <- anova(modarmut, test = "Chisq")
> printCoefmat(devtest)
```

```
      Df Deviance Resid. Df Resid. Dev Pr(>Chi)
NULL  NA       NA     331.0        430       NA
land 2.0     11.9     329.0        418   0.0026 **
---
Signif. codes: 0 '***' 0.001 '**' 0.01 '*' 0.05 '.' 0.1 ' ' 1
```

- Die Koeffizientenmatrix mit den berechneten Werten und den Tests für die Koeffizienten.

```
> round(coef(summary(modarmut)), digits = 5)
```

```
            Estimate Std. Error  z value Pr(>|z|)
(Intercept) -0.37086    0.18572 -1.99685  0.04584
landA .      -0.95090    0.31277 -3.04023  0.00236
landE        -0.02749    0.26468 -0.10385  0.91728
```

Aus dem Koeffizientenblock kann die Schätzung für die Beziehung zwischen Response- und erklärender Variablen abgeleitet werden:

$$\text{logit}[p(\text{armut} = \text{Ja})] = -0.3709 - 0.9509 \cdot \text{landA} - 0.0275 \cdot \text{landE}$$

- Für `land` wurde Deutschland als Referenzkategorie gewählt. Der lineare Prädiktor für Deutschland ergibt den Wert -0.3709. Das ist gerade der Logarithmus der Odds für Armutsgefährdung in Deutschland: $\ln(49/71) = \ln(0.6901) = -0.3709$.

- Im Vergleich zu Deutschland sinkt der Wert des linearen Prädiktors für Österreich um 0.9509, insgesamt hat er den Wert: $-0.3709 - 0.9509 = -1.3218$.
  Das ist aber der Logarithmus der Odds für Armutsgefährdung in Österreich: $\ln(20/75) = \ln(0.2667) = -1.3218$.

- Dieser Unterschied ist signifikant, wie der p-Wert (in der Spalte `Pr(>|z|)`) anzeigt. Das bedeutet auch, dass das Odds-Ratio für Armut im Vergleich von Österreich und Deutschland $e^{-0.9509} = 0.3864$ beträgt und signifikant von 1 abweicht.

- Analog interpretierend gilt, dass für Spanien der lineare Prädiktor im Vergleich zu Deutschland nur minimal kleiner ist, der Unterschied ist nicht signifikant. Also ist auch das Log-Odds-Ratio nicht signifikant von 0 verschieden; somit das Odds-Ratio nicht signifikant von 1 abweichend.

Fallbeispiel 29: Armutsrisiko: Interpretation

Zur Untersuchung, ob sich das Armutsrisiko für Alleinerziehende zwischen drei Ländern unterscheidet, ist eine logistische Regression zur Anwendung gekommen.

Der Devianztest mit einem p-Wert von 0.0026 zeigt, dass das Modell mit dem Faktor Land signifikant besser als das Nullmodell ist. Es ist somit sinnvoll, nicht für alle drei Länder dasselbe Armutsrisiko anzunehmen.

Die drei Länder unterscheiden sich signifikant im Armutsrisiko für Alleinerzieher. Deutschland und Spanien haben ein fast identisches Armutsrisiko, in Österreich ist das Armutsrisiko ungefähr 2.5 mal niedriger als in den zwei Vergleichsländern.

10.7.2 Vergleich von Odds-Ratios in mehreren Gruppen?

Fallbeispiel 30: Beurteilung von Lehrveranstaltungen

Datenfile: `lva.dat`

An der WU Wien werden seit Jahren Lehrveranstaltungen (LV) von Studierenden beurteilt. Fragen zum Stoff, zu unterstützenden Unterlagen für den Kurs, zu den Prüfungen etc. können auf einer sechsstufigen Skala beantwortet werden. Eine wichtige Frage ist die nach dem Gesamteindruck.

Im Datenfile sind die Angaben zu mehreren Parallelkursen, manche wurden von männlichen, manche von weiblichen Vortragenden geleitet. In der Variablen `Profs` ist das Geschlecht der Vortragenden, in `Studs` das der TeilnehmerInnen enthalten. In `Beurteilung` ist nur enthalten, ob der Gesamteindruck als sehr gut oder als nicht sehr gut eingestuft wurde.

Wie hängt die Beurteilung vom Geschlecht der Vortragenden und TeilnehmerInnen ab?

Eine Auszählung der Stichprobe führt – es liegen drei kategoriale Variablen vor – zu einer dreidimensionalen Kreuztabelle. Zur Darstellung dieser Tabelle verwenden wir die Funktion `ftable()`.

```
> lva <- read.table("lva.dat")
> attach(lva)
> ftable(Profs, Beurteilung, Studs, col.vars = c("Profs", "Studs"))
```

```
          Profs Frau       Mann
          Studs Frau Mann Frau Mann
Beurteilung
nicht sehr gut       42   64   70   65
sehr gut             39   27   35   58
```

In diesem Beispiel führen Homogenitätstests (Abschnitt 7.2), mit denen separat auf Unterschiede in der Bewertung zwischen den Geschlechtern unter den Studierenden oder zwischen den Geschlechtern der Vortragenden getestet wird, zu keinen signifikanten Ergebnissen. Wir geben nur die p-Werte der beiden Tests aus:

```
> BP <- chisq.test(table(Beurteilung, Profs))
> BS <- chisq.test(table(Beurteilung, Studs))
> cbind(Test = c("Beurteilung-Profs", "Beurteilung-Studs"),
+     p.Werte = round(c(BP$p.value, BS$p.value), digits = 5))
```

```
     Test                p.Werte
[1,] "Beurteilung-Profs" "0.69956"
[2,] "Beurteilung-Studs" "1"
```

Interessant ist die gemeinsame Betrachtung beider Faktoren. Ein Mosaikplot bildet die Verhältnisse der Kreuztabelle mit allen drei Faktoren grafisch ab, gibt aber auch Einblick in den Zusammenhang der Faktoren. Um eine elegantere Version des Mosaikplots zu erhalten, laden wir das Package vcd. Das Aussehen passen wir mit *split_vertical* = TRUE (erste Teilung vertikal) und *gp* = gpar(fill = gray(c(1/3, 2/3))) (hell-/dunkelgrau abwechselnd) in der Funktion mosaic() an.

```
> library("vcd")
> mosaic(table(Profs, Beurteilung, Studs), split_vertical = TRUE,
+     gp = gpar(fill = gray(c(1/3, 2/3))))
```

Der Mosaikplot (▶ Abbildung 10.12) zeigt auf der linken Hälfte, wie weibliche Vortragende von Studentinnen und Studenten beurteilt wurden. Auf der rechten Hälfte ist das analoge für männliche Vortragende zu finden. Das Muster der vier Felder links ist anders als rechts. Während weibliche Kursleiter eher von Studentinnen sehr gut beurteilt wurden, erhielten männliche Vortragende eher von männlichen Studenten die Bestnote.

Das drückt sich auch in recht unterschiedlichen Odds-Ratios für eine sehr gute Beurteilung durch weibliche im Vergleich zu männlichen Studierenden bei weiblichen Vortragenden (OR_w) und männlichen Vortragenden (OR_m) aus.

$$OR_w = \frac{39 \cdot 64}{42 \cdot 27} = 2.201 \qquad OR_m = \frac{35 \cdot 65}{70 \cdot 58} = 0.56$$

Mit der logistischen Regression kann untersucht werden, ob der Unterschied zwischen den Odds-Ratios signifikant ist. Dazu wird ein Wechselwirkungsmodell berechnet, die Beurteilung ist die Responsevariable, die beiden Faktoren Profs und Studs sind die erklärenden Variablen. Der Wechselwirkungseffekt weist auf Unterschiede in den Odds-Ratios hin. Wir geben nur die Koeffizientenmatrix des doch umfangreichen Outputs wieder.

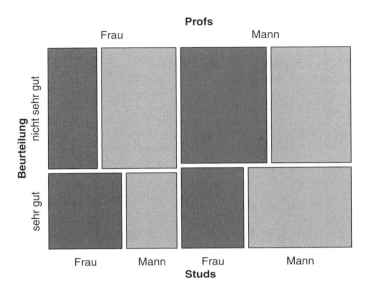

Abbildung 10.12: Mosaikplot der Daten zur LV-Beurteilung

```
> lvamodell <- glm(Beurteilung ~ Studs * Profs, family = binomial)
> round(coef(summary(lvamodell)), digits = 5)
```

	Estimate	Std. Error	z value	Pr(>|z|)
(Intercept)	-0.07411	0.22237	-0.33326	0.73894
StudsMann	-0.78894	0.31955	-2.46890	0.01355
ProfsMann	-0.61904	0.30382	-2.03751	0.04160
StudsMann:ProfsMann	1.36814	0.42142	3.24650	0.00117

Die Referenzkategorie für die Responsevariable ist *nicht sehr gut*, es ist die erste Stufe des Faktors Beurteilung.

Aus dem Koeffizientenblock geht hervor, dass sowohl für Profs als auch für Studs Frau als Referenzkategorie gewählt wurde.

Responsevariable und linearer Prädiktor stehen zahlenmäßig in folgender Beziehung:

$$\text{logit}[p(\text{Beurteilung} = \text{sehr gut})] = -0.0741 - 0.7889 \cdot \text{StudsMann}$$
$$-0.619 \cdot \text{ProfsMann}$$
$$+1.3681 \cdot \text{StudsMann}:\text{ProfsMann}$$

- Leitet eine Frau einen Kurs, sind die Odds für eine sehr gute Beurteilung durch eine Studentin: $39/42 = 0.9286$. Der Logarithmus davon stimmt mit dem Wert des linearen Prädiktors für weibliche Vortragende und Studenten überein: $\ln(0.9286) = -0.0741$.

- Die Odds für eine sehr gute Beurteilung einer weiblichen Vortragenden durch einen männlichen Studenten sind: $27/64 = 0.4218$, es gilt aber: $\ln(0.4218) = -0.863 = -0.0741 - 0.7889$.

■ Für männliche Vortragende sind die Odds für eine sehr gute Beurteilung durch eine Studentin:
$35/70 = 0.5$ und $\ln(0.5) = -0.6931 = -0.0741 - 0.619$.

■ Für männliche Vortragende sind die Odds für eine sehr gute Beurteilung durch einen männlichen Studenten: $58/65 = 0.8923$ und
$\ln(0.8923) = -0.1139 = -0.0741 - 0.7889 - 0.619 + 1.3681$.

■ Die p-Werte der einzelnen Effekte sind in der Spalte `Pr(>|z|)` eingetragen.

Rechnen mit Logarithmen klärt auf, dass das Log-Odds-Ratio bei weiblichen Vortragenden -0.7889, das bei männlichen Vortragenden $-0.7889 + 1.3681$ beträgt.

Fallbeispiel 30: Beurteilungen: Interpretation

Zur Untersuchung der Lehrveranstaltungsbeurteilungen wurde eine logistische Regression mit den zwei Faktoren für das Geschlecht der Studierenden und dem der Lehrenden eingesetzt.

Der Koeffizient für den Wechselwirkungseffekt ist signifikant ($p = .001$).

Dieser Koeffizient ist der Unterschied zwischen den Log-Odds-Ratios bei Frauen und dem bei Männern. Da dieser Koeffizient signifikant ist, ist auch der Unterschied zwischen den beiden Log-Odds-Ratios (und damit auch zwischen den beiden Odds-Ratios) signifikant.

Die Beurteilung von Vortragenden ist geschlechtsabhängig. Studierende beurteilen Vortragende desselben Geschlechts eher besser als jene des anderen Geschlechts.

In diesem Beispiel ist das Wechselwirkungsmodell passend. Die Suche nach einem einfacheren Modell ist nicht notwendig. Wäre hingegen der Wechselwirkungseffekt nicht signifikant, könnte der Prozess der Rückwärtsselektion starten. Die Vorgangsweise ist analog zur Modellselektion bei der Regression (Abschnitt 9.4.3) oder bei der mehrfachen Varianzanalyse (Abschnitt 10.5.3). Anstelle des partiellen F-Tests wird der Devianztest zur Beurteilung eingesetzt, ob auf ein einfacheres Modell übergegangen werden kann.

10.8   Zusammenfassung der Konzepte

In den meisten Abschnitten haben wir die Lage einer metrischen Variablen in zwei oder mehreren Gruppen verglichen. Je nachdem, ob die entsprechenden Voraussetzungen erfüllt sind, kann der t-Test oder die Varianzanalyse eingesetzt werden. Sonst muss auf die nichtparametrischen Methoden ausgewichen werden.

Mit der zweifachen Varianzanalyse kann die Wechselwirkung zweier kategorialer Variablen auf den Mittelwert untersucht werden.

Bei der logistischen Regression ist die Responsevariable kategorial, der Zusammenhang mit einer oder mehreren erklärenden Variablen wird modelliert.

■ Parallele Boxplots: Sie bieten einen guten Überblick über die Verteilung einer metrischen Variablen in mehreren Gruppen.

■ Zwei-Stichproben-t-Test: Test, ob sich Mittelwerte einer Variablen in zwei Gruppen unterscheiden

- ▪ Mann-Whitney U-Test: Test, ob sich Mediane einer Variablen in zwei Gruppen unterscheiden
- ▪ Varianzanalyse (ANOVA): Test, ob sich Mittelwerte einer Variablen in drei oder mehr Gruppen unterscheiden
- ▪ Post-hoc-Tests: Tests, um festzustellen, welche Gruppenmittelwerte sich signifikant unterscheiden, nachdem eine Varianzanalyse ein signifikantes Ergebnis gebracht hat
- ▪ Kruskal-Wallis-Test: Test, ob sich Mediane einer Variablen in drei oder mehr Gruppen unterscheiden
- ▪ Zweifache Varianzanalyse: Wie wirken zwei kategoriale Variablen kombiniert auf den Mittelwert einer metrischen Variablen? Gibt es eine Wechselwirkung?
- ▪ Logistische Regression: Das Odds Ratio für eine Kategorie wird durch eine oder mehrere erklärende Variable modelliert.

10.9 Übungen

1. **Haushaltsarbeit bei Teenagern**

   Es wurden Daten von Teenagern über die Mitarbeit im Haushalt erhoben, das Datenfile teenagework.csv enthält folgende Variablen:

stunden	Haushaltsarbeit pro Woche (in Stunden)
mutter	Berufstätigkeit der Mutter (1 = nein, 2 = ja)
sex	Geschlecht der Teenager (1 = weiblich, 2 = männlich)

   - ▪ Gibt es Unterschiede zwischen den Geschlechtern in der Mitarbeit im Haushalt?

2. **Haushaltsarbeit bei Teenagern**

   Wir arbeiten mit dem Datenfile teenagework.csv aus dem vorigen Beispiel.

   - ▪ Ist der Unterschied in der Mitarbeit im Haushalt zwischen männlichen und weiblichen Teenagern anders, je nachdem, ob die Mutter berufstätig ist oder nicht?

3. **Verfahrensdauer am VwGH nach Senaten**

   Gegen Abgabenbescheide von Behörden kann Berufung eingelegt werden. In Österreich ist die Berufungsbehörde zweiter Instanz der Verwaltungsgerichtshof (VwGH). In einer Studie wurden alle Entscheidungen des VwGH zwischen 2000 und 2004 in Abgabensachen untersucht. Ein Untersuchungsgegenstand waren die Verfahrensdauern.

   Im Datenfile vwgh.csv sind der Senat (senat), in dem die Entscheidung erfolgt ist, und die Länge des Verfahrens in der zweiten Berufungsinstanz angegeben (dauer3).

   - ▪ Unterscheidet sich die Dauer der Verfahren zwischen den verschiedenen Senaten?

4. **Kurierdienste**

In den letzten Jahren sind viele Firmen dazu übergegangen, ihre Korrespondenz ganz oder teilweise von privaten Kurierdiensten befördern zu lassen. Ein großes Unternehmen plant diesen Schritt ebenfalls und möchte unter drei Kurierdiensten einen fest auswählen. Unter anderem ist auch die Zeit, in der Aufträge erledigt werden, ein sehr wichtiges Kriterium.

Um die Entscheidung zu erleichtern, werden jedem der drei Kurierdienste zwölf zufällig ausgewählte Briefe (zufällige Aufgabezeit, zufälliger Bestimmungsort) zur Beförderung übergeben. Im Datenfile `kurier.csv` sind folgende Variablen enthalten:

Zeit	benötigte Zeit (in Minuten)
Kurier	Code zur Unterscheidung der Kurierdienste

■ Gibt es signifikante Unterschiede in den Zustellzeiten zwischen den drei Kurierdiensten?

5. **Carter – Reagan**

Eine Teilmenge von Variablen des 1982 General Social Survey, betreffend die Präsidentschaftswahlen 1980, ist im Datenfile (`us-election80.csv`) enthalten.

VOTE	Wahlverhalten bei den Präsidentschaftswahlen 1980
	1 = Reagan, 2 = Carter oder andere
RACE	Hautfarbe
	1 = weiß, 2 = nicht weiß
POLVIEW	Skala für politische Einstellung
	1 = extrem liberal – bis 7 = extrem konservativ
WEIGHT	Anzahl von Beobachtungen mit entsprechender Variablenkombination

■ Finden Sie ein Modell für das Wahlverhalten!

6. **Leben nach dem Tod**

In einer Befragung zum Glauben an ein Leben nach dem Tod wurden die erklärenden Variablen Geschlecht (`sex`) und Alter (`alter`), bei dem nur eine Einteilung in unter und mindestens 60 Jahre erfolgt war, erhoben. Die Daten sind im Datenfile (`leben-nach-tod.dat`) enthalten.

■ Finden Sie ein Modell zur Beschreibung der Responsevariablen `leben-nt` durch `alter` und `sex`!

Datenfiles sowie Lösungen finden Sie auf der Webseite des Verlags.

10.10 R-Befehle im Überblick

`anova(object, ...)` berechnet eine Varianzanalysetabelle (mit *F*-Test) oder eine Devianzanalysetabelle (wenn die Option `test = "Chisq"` gesetzt ist) für das Modell `object`.
Sind mehrere (hierarchisch geordnete) Modelle angegeben, werden partielle *F*-Tests bzw. Tests auf Devianzunterschiede berechnet.

`aov(formula, data = NULL, projections = FALSE, qr = TRUE, contrasts= NULL, ...)` berechnet eine Varianzanalyse für das lineare Modell, das durch `formula` definiert ist.

`bartlett.test(x, ...)` führt den Bartlett-Test auf Varianzhomogenität für die Variable *x* in den Gruppen, die durch eine Liste von Faktoren *g* definiert sind, durch.

`boxplot(x, ...)` ergibt einen Boxplot. Je nach Aufruf auch parallele Boxplots für mehrere Gruppen.

`densbox(formula, data)` erstellt für einen Datensatz *data*, der durch *formula* möglicherweise in mehrere Gruppen eingeteilt ist, einen Dichteplot mit einem angeschlossenen Boxplot. (**REdaS**)

`ftable(x, ...)` gibt eine mehrdimensionale Kreuztabelle *x* als eine Reihe zweidimensionaler Kreuztabellen aus.

`gl(n, k, length = n * k, labels = 1:n, ordered = FALSE)` erzeugt einen Faktor mit *n* Stufen, die *k*-mal bis zur Länge *length* wiederholt werden.

`glm(formula, family = gaussian, data, weights, subset)` berechnet ein verallgemeinertes lineares Modell, das durch die Formel *formula* für den linearen Prädiktor und die Verteilungsfamilie des Fehlerterms fixiert ist. In diesem Kapitel wird `glm()` zur Berechnung logistischer Regressionsmodelle verwendet, dazu muss *family* = `binomial` gesetzt sein.

`interaction.plot(x.factor, trace.factor, response, fun = mean)` erstellt einen Plot von Mittelwerten (oder anderer Kennzahlen) der Variablen *reponse* auf Basis der Faktoren *x.factor* (für die *x*-Achse) und *trace.factor* (für die unterschiedlichen Streckenzüge).

`kruskal.test(x, ...)` berechnet den Kruskal-Wallis-Test für die Responsevariable *x*.

`levels(x)` fragt die Namen der Stufen eines Faktors *x* ab oder weist ihnen (neue) Werte zu.

`oneway.test(formula, data, subset, na.action, var.equal = FALSE)` berechnet eine Varianzanalyse für das lineare Modell, das durch *formula* definiert ist, wenn *var.equal* = `TRUE` spezifiziert wurde; wenn nicht, wird eine Verallgemeinerung des Zwei-Stichproben-*t*-Tests bei ungleichen Varianzen berechnet.

`printCoefmat(x)` gibt die Koeffizientenschätzung eines Modells *x* aus.

`relevel(x, ref, ...)` ordnet einen Faktor *x* so um, dass die unter *ref* angegebene Kategorie die neue Referenzkategorie des Faktors ist.

`summary(object, ...)` gibt eine Zusammenfassung eines Objekts *object* aus. Ist *x* ein lineares oder verallgemeinertes lineares Modell, sind dies Schätzungen für die Koeffizienten, einige Modellkennwerte und eine Zusammenfassung der Residuen.

`tapply(X, INDEX, FUN = NULL, ..., simplify = TRUE)` berechnet eine Funktion *FUN* von einer Variablen *X* in Gruppen, die durch eine Liste von Faktoren *INDEX* definiert sind.
Typische Beispiele für *FUN* sind `mean`, `median`, `sd` für Mittelwert, Median bzw. Standardabweichung.

`t.test(x, ...)` berechnet einen *t*-Test. Werden zwei Variablen *x* und *y* oder eine Formel für eine Gruppeneinteilung in zwei Gruppen angegeben, ist es der in diesem Kapitel besprochene Zwei-Stichproben-*t*-Test. Mit `alternative` kann die Richtung der Alternativhypothese formuliert werden (`"two.sided"`, `"less"`, `"greater"`). Mit `var.equal` kann festgelegt werden, ob der *t*-Test unter der Annahme gleicher Varianzen `var.equal = TRUE` oder nicht unter dieser Annahme `var.equal = FALSE` berechnet werden soll.

`TukeyHSD(x, which, ordered = FALSE, conf.level = 0.95, ...)` vergleicht Gruppenmittelwerte eines linearen Modells *x* mit der HSD-Methode nach Tukey.

`wilcox.test(x, ...)` berechnet einen Ein- oder Zwei-Stichproben-Wilcoxon-Test. Werden zwei Variablen *x* und *y* oder eine Formel für eine Gruppeneinteilung in zwei Gruppen angegeben, wird der *U*-Test berechnet. In `formula` wird festgelegt, von welcher Variablen die Mediane in welchen zwei Gruppen verglichen werden. Mit `alternative` kann die Richtung der Alternativhypothese formuliert werden.

Multivariate Daten

Dimensionsreduktion

11

ÜBERBLICK

Dieses Kapitel beschäftigt sich mit komplexen Situationen, in denen man es mit meh-reren Variablen gleichzeitig zu tun hat. Das Ziel dabei ist, die Komplexität so zu redu-zieren, dass man wesentliche Strukturen in Daten erkennen kann, ohne dabei zu viel Information zu verlieren. Ein Nebenprodukt einer solchen Analyse ist die Erstellung neuer, einfacherer Variablen, die auf den ursprünglichen beruhen. Diese können für weitergehende Analysen verwendet werden.

LERNZIELE

Nach Durcharbeiten dieses Kapitels haben Sie Folgendes erreicht:

- Sie wissen, was Hauptkomponenten bedeuten bzw. was eine Hauptkompo-nentenanalyse ist, und können diese in **R** berechnen und grafisch darstellen. Dabei sind Sie in der Lage, das Ergebnis technisch und inhaltlich zu interpre-tieren.

- Sie wissen, was Komponentenladungen und Kommunalitäten sind und kön-nen diese in **R** berechnen und evaluieren.

- Sie wissen, wie man die Zahl der Hauptkomponenten bestimmt. Mit **R** kön-nen Sie dazu einen Scree-Plot erstellen und die Eigenwerte berechnen.

- Sie können Voraussetzungen einer Hauptkomponentenmethode mittels des Kaiser-Meyer-Olkin-Kriteriums und der Bartlett-Statistik prüfen.

- Sie wissen, was Rotation von Komponenten bedeutet, und Sie können diese in **R** berechnen.

- Sie sind in der Lage, die Ergebnisse einer Hauptkomponentenanalyse in Form von Komponentenwerten weiterzuverwenden.

11.1 Kann man die Komplexität multidimensionaler metrischer Daten auf wenige wichtige Hauptkomponenten reduzieren?

Bisher haben wir uns, was die Anzahl zu analysierender Variablen betrifft, auf zwei Bereiche beschränkt: UNIVARIATE und BIVARIATE Methoden. Bei univariaten Analysen steht, wie der Name schon sagt, eine einzelne Variable im Zentrum des Interesses. Das heißt nicht, dass nicht auch mehrere Variablen im Spiel sein können. Wenn man Fragestellungen beantworten will, in denen die Unterscheidung in abhängige und unabhängige Variablen wichtig ist, dann heißt univariat, dass es nur eine einzelne abhängige Variable gibt. Wir haben z. B. den Ein-Stichproben-*t*-Test (Abschnitt 8.2), aber auch Regression (Abschnitt 9.2) oder Varianzanalyse als Vertreter solcher Metho-den kennengelernt. Die Anzahl der weiteren Variablen, deren Einfluss auf die abhän-gige Variable untersucht werden soll, ist für die Zuordnung zur Klasse der univariaten Verfahren unerheblich.

Bei bivariaten Methoden, wie wir sie bisher kennengelernt haben, ging es um den Zusammenhang (Assoziation) *zweier* Variablen, also z. B. beim Chi-Quadrat-Test auf Unabhängigkeit (Abschnitt 7.4) oder bei Korrelationsanalysen (Abschnitt 9.1).

Dieses Kapitel behandelt nun eine Erweiterung auf MULTIVARIATE Methoden, wobei wir nur solche für *metrische* Variablen berücksichtigen wollen. Außerdem werden wir uns nicht mit Situationen beschäftigen, in denen wir zwischen abhängigen und unabhängigen unterscheiden, sondern wir werden Zusammenhangsstrukturen bei mehreren Variablen untersuchen.

Mit dem Begriff multivariat geht auch der Begriff MULTIDIMENSIONAL einher. Bei Streudiagrammen (Abschnitt 9.1.1) werden einzelne Personen (oder Beobachtungseinheiten) als Punkte in einem Koordinatensystem dargestellt, das sich aus zwei Variablen ergibt. Bei gleichzeitiger Betrachtung von drei Variablen wird jede Personen in einem dreidimensionalen Raum als Punkt repräsentiert, bei zehn Variablen in einem zehndimensionalen Raum. Leider kann man sich das nicht mehr vorstellen, aber das ist auch gar nicht notwendig. Wenn es um die bildhafte Vorstellung geht, bleibt man am besten in zwei oder drei Dimensionen und abstrahiert einfach. Und bei Berechnungen hilft uns ohnehin die Mathematik (insbesondere die lineare Algebra) weiter.

Wenn wir also mehrere Variablen gleichzeitig untersuchen wollen, haben wir es mit multidimensionalen Problemen zu tun. Da wir uns aber multidimensionale Zusammenhänge auch nur mehr schwer vorstellen, geschweige denn sie erfassen können, benötigen wir Methoden, die uns dabei helfen.

11.1.1 Grundlagen der Hauptkomponentenanalyse

Die Methode, die wir kennenlernen wollen und die sich zur Analyse solcher Fragestellungen eignet, heißt HAUPTKOMPONENTENANALYSE (engl. *principal component analysis*, PCA). In gewisser Weise ist sie mit der sogenannten *Faktorenanalyse* verwandt und liefert auch oft ähnliche Ergebnisse. Konzeptuell aber ist die Faktorenanalyse ein völlig anderes Verfahren und eigentlich ein Überbegriff für verschiedene spezialisierte Methoden. In manchen populären Statistikprogrammen wird diese Unterscheidung leider nicht deutlich gemacht und es entsteht der Eindruck, dass die Hauptkomponenten- und Faktorenanalyse identisch sind. Eine detaillierte Darstellung und Gegenüberstellung beider Methoden ginge weit über den Rahmen dieses Buchs hinaus. Einen sehr guten und verständlichen Überblick gibt aber z. B. Bühner (2004) für alle, die sich in dieses Thema vertiefen wollen.

Wir können hier nur einige Grundideen zur Analyse multivariater Zusammenhänge präsentieren und werden uns auf das wichtigste und am häufigsten angewendete Verfahren, die HAUPTKOMPONENTENANALYSE, konzentrieren. Im Mittelpunkt stehen hier der explorative Charakter der Methode und die Zielsetzung der Datenreduktion.

Hauptkomponentenanalyse: Überblick

Ziele:

- Reduktion einer größeren Zahl miteinander korrelierter Variablen auf eine kleinere Zahl unkorrelierter Variablen, wobei ein Großteil der Information bewahrt bleiben soll

- Aufdecken einer Struktur, die einer Vielzahl von Variablen zugrunde liegt

- Entdecken von Mustern gemeinsamer Streuung (Korrelation) der Variablen

- Erzeugen künstlicher Dimensionen oder neuer Variablen (sogenannte Hauptkomponenten), die mit den ursprünglichen Variablen hoch korrelieren

Die Hauptkomponentenanalyse ist eine *explorative* Methode, d. h., es ist kein Vorwissen (keine Hypothesen) über die zugrunde liegenden Muster notwendig. Diese gilt es zu entdecken.

Als explorative Methode liefert die Hauptkomponentenanalyse keine Resultate im Sinn von Entscheidungshilfen durch die Prüfung statistischer Hypothesen (bei statistischen Tests), aber sie kann wertvolle Hinweise auf Strukturen in den Daten geben. Insofern kann sie auch als „hypothesengenerierende" Methode aufgefasst werden.

Die Hauptkomponentenanalyse beruht auf Kovarianzen (Korrelationen) zwischen allen Variablen. Daher müssen die Daten metrisch sein und ihre Beziehungen untereinander linear sein. Es gelten also alle Voraussetzungen wie für den Pearson-Korrelationskoeffizienten. In der Praxis werden aber oft Likert-Items verwendet, die strenggenommen eigentlich nur ordinal (d. h. kategorial mit geordneten Kategorien) skaliert sind. Die Anwendung einer Hauptkomponentenanalyse ist dann (aufgrund ihres explorativen Charakters) aber unter Umständen dennoch gerechtfertigt, wenn man die Ergebnisse mit entsprechender Vorsicht interpretiert.

Wir wollen die grundlegenden Ideen zunächst an einem einfachen Beispiel kennenlernen.

Es geht um das Selbstkonzept von Studierenden, d. h., wie sehen sich Studierende selbst. Nehmen wir an, wir hätten einer Stichprobe von Studierenden folgende Items vorgelegt, die diese auf einer fünfstufigen Likert-Skala (mit den Ausprägungen „trifft sehr zu" bis „trifft überhaupt nicht zu") beantwortet haben:

1. „Ich gehe gerne auf Parties." (A1)
2. „Ich wohne lieber gemeinsam als alleine." (A2)
3. „Es fällt mir leicht, mich mit irgendwelchen Leuten zu unterhalten." (A3)
4. „Ich bin ganz gut in Mathematik." (B1)
5. „Ich schreibe gerne Aufsätze bzw. Seminararbeiten." (B2)
6. „Mein Lieblingsplatz an der Uni ist die Bibliothek." (B3)

Wenn man sich diese Items ansieht, erkennt man, dass es zwei Gruppen gibt, die mit den Namen A und B gekennzeichnet sind. Die Itemgruppe A beschreibt soziale Eigenschaften, Gruppe B Eigenschaften, die eher mit akademischen, „studiumsnahen" Aspekten zu tun haben. Der Anschaulichkeit halber haben wir das Ergebnis

schon vorweggenommen, indem wir die sechs Ausgangsitems in zwei Gruppen eingeteilt haben. Bei echten Problemstellungen wäre diese Gruppierung natürlich nicht
von vornherein bekannt. Das Ziel der Hauptkomponentenanalyse ist es ja, solche
Gruppierungen herausfinden zu helfen.

Ausgangspunkt der Analyse sind Korrelationen zwischen allen Variablen, die in
Form einer Tabelle (der sogenannten KORRELATIONSMATRIX) dargestellt werden können (▶ Tabelle 11.1).

Tabelle 11.1: Korrelationsmatrix für das Selbstkonzeptbeispiel

	A1	A2	A3	B1	B2	B3
A1	1	0.70	0.80	0.10	0.20	0.15
A2	0.70	1	0.75	0.01	0.15	0.09
A3	0.80	0.75	1	0.12	0.11	0.05
B1	0.10	0.01	0.12	1	0.85	0.79
B2	0.20	0.15	0.11	0.85	1	0.81
B3	0.15	0.09	0.05	0.79	0.81	1

Man kann sehen, dass die Items A1 − A3 untereinander hoch korrelieren, nämlich
mit 0.7 bis 0.8. Sie bilden eine Gruppe, was auch durch die farbige Unterlegung angezeigt ist, und haben also etwas miteinander zu tun. Je höher z. B. die Zustimmung zu
„Ich gehe gerne auf Parties" ist, desto höher ist auch die Zustimmung zu „Ich wohne
lieber gemeinsam als alleine".

Nur sehr kleine Korrelationswerte haben diese drei aber jeweils zu den anderen
Items der Gruppe B. Sie haben mit diesen also nichts zu tun. Das gleiche Muster
sehen wir für die Items der Gruppe B. Die B-Items korrelieren untereinander hoch
(0.79 bis 0.85), aber nur gering mit den A-Items.

Im Wesentlichen haben wir auf diese Weise schon eine Art intuitive Hauptkomponentenanalyse durchgeführt. In der Praxis ist das leider nicht so einfach, da die
Gruppen oft überlappen, die Werte der Korrelationskoeffizienten nicht so groß und
deutlich sind und die Variablen auch nicht so übersichtlich angeordnet sind.

Man kann nun diese beiden Gruppen insofern zusammenfassen, als wir sie jeweils
als neue Variable auffassen. Diese bezeichnet man als HAUPTKOMPONENTEN. Ihnen
können wir Namen geben, z. B. „soziale Orientierung" und „akademische Orientierung". Und wir können für jede Person den Wert ausrechnen, durch den sie mit dieser
neuen Variable beschrieben werden kann. Gibt z. B. eine Person für die Items A1 bis
A3 hohe Zustimmung an, dann wird sie auch einen hohen Wert für „soziale Orientierung" haben. Diesen Wert nennt man KOMPONENTENWERT oder KOMPONENTENSCORE.

Man kann sich das wie in der linearen Regression vorstellen, wobei die Komponentenwerte die Rolle der abhängigen Variable übernehmen. Die Gleichungen für die
beiden Hauptkomponenten sind

$$Score\ A = \beta_{a1}^A \cdot a1 + \beta_{a2}^A \cdot a2 + \beta_{a3}^A \cdot a3 + \beta_{b1}^A \cdot b1 + \beta_{b2}^A \cdot b2 + \beta_{b3}^A \cdot b3$$
$$Score\ B = \beta_{a1}^B \cdot a1 + \beta_{a2}^B \cdot a2 + \beta_{a3}^B \cdot a3 + \beta_{b1}^B \cdot b1 + \beta_{b2}^B \cdot b2 + \beta_{b3}^B \cdot b3$$

Dabei sind *Score A* und *Score B* die Werte, die die Personen für die neuen Variablen
bekommen, a1 bis b3 sind die standardisierten Werte der ursprünglichen Variablen

A1 bis B3[1]. Die βs sind Gewichte. Zum Beispiel ist β_{a1}^{A} das Gewicht, mit dem der (standardisierte) Wert des Items in den *Score A* eingeht, während β_{a1}^{B} das Gewicht ist, mit dem der (standardisierte) Wert des gleichen Items in den *Score B* eingeht. Bei *Score A* werden die Items A1 bis A3 hohe Gewichte haben, während sie für B1 bis B3 bei dieser Komponente nur sehr kleine Werte haben. Umgekehrtes gilt für Komponente B.

Wie erhält man die Hauptkomponenten und wie viele sind sinnvoll?

Unser fiktives Beispiel des Selbstkonzepts von Studierenden ist natürlich einfach und überschaubar gehalten. Es ist offensichtlich, dass es zwei wichtige Hauptkomponenten gibt. Aber rein mathematisch gibt es in diesem Fall sechs Hauptkomponenten, nämlich gleich viele, wie es Ausgangsvariablen gibt. Da wir uns aber das Ziel gesteckt haben, die Dimensionalität zu reduzieren, müssen wir eine Lösung finden, in der es weniger neue Variablen als ursprüngliche Items gibt.

Die Grundidee ist dabei folgende. Wir gehen schrittweise vor.

Schritt 1 Man sucht die größte Gruppe von Items, die untereinander hoch korreliert sind. Sie bilden die erste Hauptkomponente.

Schritt 2 Man sucht die zweitgrößte Gruppe von Items, die untereinander hoch korrelieren, die aber mit der ersten Gruppe möglichst gering korrelieren.

Schritte ... Das macht man so lange, bis man gleich viele Hauptkomponenten wie Items hat.

Man nennt diese Vorgehensweise EXTRAKTION von Hauptkomponenten[2]. Natürlich wird es immer schwieriger werden, weitere Gruppen von Items zu finden, die untereinander hoch korrelieren, aber nur niedrig mit allen vorhergegangenen Gruppen von Items. Daher sollte man ein Abbruchkriterium haben, das wichtige von unwichtigen Hauptkomponenten (oder kurz „Komponenten") trennt. Leider gibt es keine allgemein gültige Methode zur Bestimmung der Anzahl wichtiger Komponenten. Da die Hauptkomponentenanalyse eine explorative Methode ist, wird man jene Anzahl wählen, bei der die extrahierten Komponenten gut interpretierbar und auch inhaltlich sinnvoll sind. Das ist eine subjektive Entscheidung. Allerdings gibt es schon einige Faustregeln, die in einem ersten Schritt Hinweise darauf geben, wie viele Komponenten man ungefähr wählen sollte.

In der Praxis verwendet man meist zwei Methoden, die helfen, eine vernünftige Anzahl zu finden:

- Man untersucht die sogenannten EIGENWERTE (numerisch).
- Man untersucht den sogenannten SCREE-PLOT (grafisch).

---

1 Für jede Person erhält man den standardisierten Wert von A1, nämlich $a1$, wenn man vom jeweiligen Wert A1 den Mittelwert der Variable A1 abzieht und dann durch die Standardabweichung von A1 dividiert, d. h.,

$$a1 = \frac{\text{A1} - \text{Mittelwert (A1)}}{\text{Standardabweichung (A1)}}$$

Diese Transformation (Standardisierung) nennt man auch z-Transformation und sie führt dazu, dass der Mittelwert von $a1$ gleich 0 und die Varianz/Standardabweichung von $a1$ gleich 1 ist. Gleiches gilt für die Standardisierung beliebiger Variablen.

2 Diese Beschreibung ist mathematisch nicht ganz exakt und soll auch nur dem Grundverständnis dienen. Eine genauere Darstellung findet sich im Anhang zu diesem Kapitel.

Bedeutung der Eigenwerte

▪ Jede Hauptkomponente hat einen „Eigenwert" (engl. *eigenvalue*).

▪ Die Größe des jeweiligen Eigenwerts beschreibt den ANTEIL DER GESAMTVARIANZ in den Daten, die durch diese Komponente erklärt wird. Je größer die Anzahl der Items, die in einem der oben genannten Schritte zu einer Gruppe zusammengefasst werden, und je höher die Korrelationen innerhalb dieser Gruppe sind, umso größer wird auch der Eigenwert der entsprechenden Hauptkomponente (der durch diese Gruppe gebildet wird) sein.

▪ Die Größe des Eigenwerts entspricht dem ERKLÄRUNGSWERT der Hauptkomponente.

▪ Hat eine Komponente nur einen kleinen Eigenwert, dann trägt sie nur wenig zur Erklärung der Gesamtstreuung bei und kann im Vergleich zu anderen Hauptkomponenten mit großem Eigenwert als unwichtig ignoriert werden. Die Anzahl der Items in dieser Gruppe ist klein, die Korrelationen der Items untereinander sind relativ niedrig und die Korrelationen zu Items anderer Gruppen sind relativ hoch.

Die Ausgangsvariablen (Items) werden standardisiert, d. h., die Werte werden so transformiert, dass ihr Mittelwert 0 und ihre Varianz 1 ist (siehe Fußnote auf Seite 448). Dann ist die Gesamtvarianz gleich der Anzahl der Variablen (in unserem Beispiel also 6). Die Summe der Eigenwerte ist daher auch 6. Man kann für jeden Eigenwert den Anteil erklärter Varianz ausrechnen. Dazu dividiert man den Eigenwert durch die Anzahl der Variablen.

Für unser Beispiel des Selbstkonzepts von Studierenden sind die Eigenwerte und die Anteile erklärter Varianz in ▶ Tabelle 11.2 dargestellt.

Tabelle 11.2: Eigenwerte und Anteile erklärter Varianz

	Eigenwert	Prozentsatz erklärter Varianz	kumulierte Prozent
Komponente 1	2.90	48%	48%
Komponente 2	2.24	37%	86%
Komponente 3	0.33	5%	91%
Komponente 4	0.26	4%	95%
Komponente 5	0.19	3%	99%
Komponente 6	0.09	1%	100%

Man sieht, dass die erste Komponente einen Eigenwert von 2.90 hat und 48% der Gesamtvarianz ausschöpft. Die zweite Komponente hat einen Eigenwert von 2.24 und erklärt 37%, gemeinsam erklären sie 86% der Gesamtvarianz. Alle anderen Hauptkomponenten haben nur sehr kleine Eigenwerte und können vernachlässigt werden.

Eine der Faustregeln zur Bestimmung der Anzahl von Hauptkomponenten ist das EIGENWERT-KRITERIUM.

Es werden alle Hauptkomponenten berücksichtigt, die einen Eigenwert größer als 1 haben.

    Der Grund ist, dass Hauptkomponenten mit einem Eigenwert kleiner als 1 weniger Erklärungswert haben als die ursprünglichen Variablen.

Dies ist eine zwar eindeutige, aber rigide Regel, deren Anwendung in der Praxis oft fehlschlägt, wenn man sinnvoll interpretierbare Hauptkomponenten gewinnen will. In unserem Beispiel passt diese Regel allerdings gut.

Eine Alternative ist der sogenannte Scree-Plot. Bei diesem grafischen Verfahren trägt man die Eigenwerte auf der y-Achse und die Hauptkomponentennummer auf der x-Achse auf und verbindet diese mit einer Linie (für unser Beispiel ▶ Abbildung 11.1).

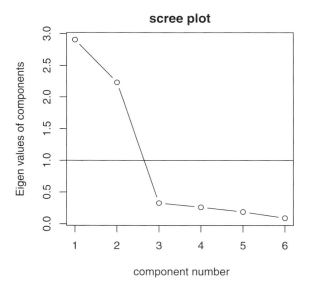

Abbildung 11.1: Scree-Plot für das Selbstkonzept-Beispiel

Der Scree-Plot enthält zwar die identische Information, wie die Tabelle der Eigenwerte, beruht jedoch darauf, dass meistens nur die ersten Komponenten üblicherweise hohe Eigenwerte haben, die rasch kleiner werden. Ab einer bestimmten Stelle bleiben sie dann auf recht niedrigem Niveau relativ konstant und es gibt einen (mehr oder minder) sichtbaren Knick (auch „Ellbogen" genannt).

> **Scree-Plot-Kriterium**
> Es werden alle Hauptkomponenten berücksichtigt, die im Scree-Plot links der Knickstelle (des Ellbogens) liegen.
>   Gibt es mehrere Knicke, dann wählt man jene Hauptkomponenten, die links vor dem rechtesten Knick liegen.

Bedeutsam sind nach diesem Kriterium nur Hauptkomponenten, die links vor dem Knick oder Ellbogen liegen. Das Wort „Scree" heißt „Geröll" oder „Geröllhalde". Alles, was zum „Berg" gehört, ist bedeutsam, das Geröll kann ignoriert werden. Das Problem ist manchmal, dass man nicht so genau weiß, was noch Berg und was schon Geröll ist, oder es gibt mehrere Knicke. Gibt es gar keinen Knick, dann hilft der Scree-Plot nicht weiter.

Für beide Kriterien gilt, dass sie nur als grobe Orientierungshilfe betrachtet werden sollten. Am besten man kombiniert beide Methoden. Das Wichtigste ist, dass die Hauptkomponenten inhaltlich sinnvoll interpretiert werden können.

In unserem Beispiel stimmen beide Kriterien überein, auch der Scree-Plot (▶ Abbildung 11.1) legt die Wahl von zwei Hauptkomponenten nahe.

Wie interpretiert man die Hauptkomponenten?

Eines der Ergebnisse, die man bei der Berechnung einer Hauptkomponentenanalyse erhält, ist die KOMPONENTENLADUNGSMATRIX (oder kurz Komponentenmatrix bzw. Ladungsmatrix). Sie enthält die sogenannten KOMPONENTENLADUNGEN (oder kurz Ladungen). Für das Selbstkonzept-Beispiel sieht sie folgendermaßen aus (▶ Tabelle 11.3).

Tabelle 11.3: Komponentenmatrix: Komponentenladungen für das Selbstkonzept-Beispiel

	Komponente	
Item	1	2
A1	0.66	0.63
A2	0.59	0.67
A3	0.62	0.69
B1	0.74	−0.58
B2	0.80	−0.51
B3	0.74	−0.55

Die Komponentenladungen sind die Korrelationskoeffizienten zwischen den ursprünglichen Variablen (Zeilen) und den Hauptkomponenten (Spalten). Man kann nun die Hauptkomponenten interpretieren, indem man jene Variablen sucht, die eine hohe Korrelation zu einer Komponente zeigen. Anschließend sucht man einen „Namen" für die gemeinsamen Eigenschaften der Items, die hoch auf einer Komponente laden.

Komponentenladungsmatrix

gibt an, wie stark jede Variable auf einer Komponente „lädt".
Faustregel für den *Absolutbetrag* der Ladung:

> 0.7	...	sehr hoch
[0.5, 0.7)	...	hoch
[0.3, 0.5)	...	dürftig
< 0.3	...	sehr dürftig

Für unser Beispiel sehen wir in ▶ Tabelle 11.3, dass alle Items auf der ersten Komponente hoch bis sehr hoch positiv laden, d. h., alle Items weisen eine hohe Korrelation zur neuen Variable auf. Ähnlich sieht es für die zweite Komponente aus, alle Items zeigen hohe Korrelationen, der Unterschied ist, dass die Items der Gruppe B negative Ladungen zeigen. Das heißt, dass Personen mit hohen Werten bei den Items B1 bis B3 niedrige Werte auf der zweiten Komponente aufweisen. Das ist schwierig zu interpretieren.

Hier hilft uns aber eine einfache Grafik weiter. Wenn wir die Ladungen in einem Streudiagramm darstellen, dessen Achsen die beiden Hauptkomponenten bilden, dann erhalten wir folgendes Bild (▶ Abbildung 11.2)

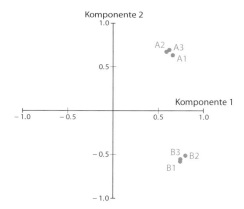

Abbildung 11.2: Komponentenladungen für das Selbstkonzept-Beispiel

Generell kann man eine solche Grafik so interpretieren, dass Items, die nahe bei einer Achse (Hauptkomponente) liegen, eine starke Beziehung zu dieser haben. Je weiter sie dabei vom Ursprung entfernt sind, umso wichtiger sind sie für diese Komponente.

Hätten wir es nicht schon gewusst, dann könnten wir anhand der Grafik (▶ Abbildung 11.2) erkennen, dass es zwei Hauptkomponenten gibt, die klar durch die beiden Gruppen von Punkten repräsentiert werden. Aus den Ladungen in der ▶ Tabelle 11.3 hätte man diese beiden Gruppen nicht so leicht ablesen können. Die Gruppen liegen in der Mitte zwischen den beiden Achsen und stehen daher mit beiden in Zusammenhang. Wir wollen aber Hauptkomponenten, die möglichst unabhängig voneinander (orthogonal) sind, d. h., dass die Items eindeutig einer der Hauptkomponenten zugeordnet werden können, also auf einer der Achsen liegen (oder zumindest sehr nahe bei einer Achse positioniert sind). Dann könnten wir die Achsen auch besser interpretieren.

Grafisch geht das ganz leicht. Man muss nur die Achsen so drehen bzw. ROTIEREN, dass sie durch die Itemgruppen gehen. In ▶ Abbildung 11.3 kann man sehen, was passiert, wenn die Achsen rotiert werden.

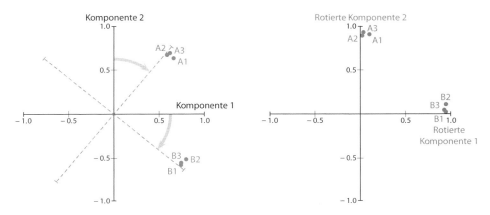

Abbildung 11.3: Unrotierte und rotierte Achsen

Rotation der Komponentenstruktur

Das Koordinatensystem, das die Komponentenstruktur abbildet, wird so gedreht, dass die Variablen (Items) möglichst nahe an den gedrehten Achsen zu liegen kommen, wobei das Ziel ist, dass jede Variable mit möglichst nur einer Komponente in Beziehung steht.

- Das Muster ist üblicherweise klarer und es ergibt Lösungen, die leichter zu interpretieren sind.

- Es entsteht eine Neuverteilung der Korrelationen zwischen Variablen und Hauptkomponenten.

- Der Erklärungswert einzelner Hauptkomponenten ändert sich im Sinne einer gleichmäßigeren Verteilung (im Gegensatz zu den ursprünglich erhaltenen Eigenwerten). Das heißt, der Erklärungswert der zweitwichtigsten (drittwichtigsten etc.) Hauptkomponente fällt nicht so dramatisch ab wie bei der unrotierten Lösung. Insgesamt verändert sich dadurch der Gesamtanteil erklärter Varianz durch die extrahierten Hauptkomponenten aber nicht.

- Es gibt eine Vielzahl von Methoden zur Rotation der Hauptkomponenten. Man unterscheidet ORTHOGONALE und SCHIEFWINKELIGE (engl. *oblique*). Bei orthogonaler Rotation bleiben die rechten Winkel zwischen den Hauptkomponenten erhalten (die Bedeutung ist, dass die Hauptkomponenten unkorreliert sind), bei schiefwinkeligen Rotationen erlaubt man Korrelationen zwischen den Hauptkomponenten. Aus verschiedenen Gründen (wie z. B. starke Stichprobenabhängigkeit) vermeidet man schiefwinkelige Rotationen besser.

453

> ◼ Unter den orthogonalen Methoden wird am häufiqgsten die sogenannte VARI-
> MAX-Rotation verwendet. Sie transformiert die Achsen so, dass für jede Kom-
> ponente (jede Spalte in der Komponentenladungsmatrix) einige (wenige)
> Items hohe Ladungen, die anderen Items aber Ladungen nahe null haben.
> Eine andere Methode ist Quartamax, bei der angestrebt wird, dass für jedes
> Item (jede Zeile in der Komponentenladungsmatrix) hohe Ladungen noch
> höher, niedrige aber noch niedriger werden. Equamax ist ein Kompromiss
> zwischen diesen beiden Methoden.

Für unser Beispiel liegen die Punkte nach der Rotation alle sehr nahe an den Achsen.
Sie sind jetzt klar zuordenbar und die Achsen lassen sich viel leichter interpretieren. Wir ziehen den Schluss, dass die erste Komponente durch die Items B1 – B3, die
zweite durch A1 – A3 charakterisiert ist. Wir benennen die erste Komponente „aka-
demisches Selbstkonzept" (als Überbegriff der auf ihm hoch ladenden Items B1 – B3)
und die zweite „soziales Selbstkonzept" (Überbegriff für die Items A1 – A3). Die neue,
rotierte Komponentenmatrix sieht jetzt so aus wie in ► Tabelle 11.4 links.

Tabelle 11.4: Rotierte Komponentenmatrix mit allen Ladungen (links) bzw. ohne kleine Ladungen (rechts)

Item	rotierte Komponente 1	rotierte Komponente 2		Item	rotierte Komponente 1	rotierte Komponente 2
A1	.09	.91		A1		.91
A2	.02	.89		A2		.89
A3	.03	.93		A3		.93
B1	.94	.04		B1	.94	
B2	.94	.12		B2	.94	
B3	.92	.06		B3	.92	

Wie schon aus der Grafik (► Abbildung 11.3) ersichtlich, haben sich die Ladungen so verändert, dass jede Itemgruppe sehr hohe Werte auf der einen, aber nur
sehr kleine auf der anderen Komponente aufweist. Diese Struktur ist nach der Rotation auch in der Komponentenmatrix schön zu sehen und man kann sie leichter zur
Interpretation heranziehen, ohne auf Grafiken zurückgreifen zu müssen. Das ist dann
wichtig, wenn man eine größere Zahl von Hauptkomponenten extrahiert hat, weil in
diesem Fall viele zweidimensionale Grafiken entstehen (bei fünf Hauptkomponenten
sind das schon $5 \times 4/2 = 10$), die man alle gleichzeitig betrachten müsste. Tabellarisch geht das einfacher. Man kann sich bei der Interpretation auch helfen, indem
man Ladungen mit kleinen Absolutbeträgen aus der Komponentenmatrix ausblendet
(siehe ► Tabelle 11.4 rechts).

Natürlich überrascht uns dieses Ergebnis nicht, da wir ja in diesem Beispiel von
Anfang an die Lösung gewusst haben. In der Praxis kennen wir die Lösung aber
nicht oder haben nur eine (manchmal vage) Vorstellung von der zugrunde liegenden Struktur. Die Rotation von Achsen ist meist ein sehr geeignetes Hilfsmittel, die
Interpretation zu erleichtern.

Allgemeine Aspekte der Interpretation von Hauptkomponenten

- Es muss für jede Komponente ein Überbegriff für jene Variablen (Items) gefunden werden, die hoch auf ihr laden. Die inhaltliche Bedeutung, die einer Komponente beigemessen wird, beruht üblicherweise auf sorgfältigen Überlegungen, was die Variablen mit hohen Ladungen eigentlich gemeinsam haben.

- Hauptkomponenten sind orthogonal, d. h. unkorreliert (wenn man nicht schiefwinkelige Rotationen verwendet). Das bedeutet für die Namensgebung, dass die Komponenten auch begrifflich als voneinander unabhängig aufgefasst werden sollten – alle Kombinationen von hoch/niedrig bei allen Hauptkomponenten sollten möglich sein. Beim Selbstkonzept-Beispiel sollte es z. B. möglich sein, dass man entweder gerne oder nicht gerne mit Leuten beisammen ist, egal ob eine stark oder schwach zu akademischen Beschäftigungen neigt.

- Lädt ein Item hoch auf zwei Komponenten (bei einer sonst zufriedenstellenden Komponentenstruktur), dann sollte man sich einen Aspekt dieses Items überlegen, der den beiden Komponenten gemeinsam ist, aber begrifflich (stark) mit anderen Komponenten kontrastiert, bei denen die Ladungen klein sind. Dieser Aspekt ist dann den beiden Komponenten gemeinsam, für die die Ladungen hoch sind.

- Hauptkomponenten müssen anders benannt werden als eine bestimmte ursprüngliche Variable. Hauptkomponenten sind aus den ursprünglichen Variablen aggregiert und daher sollten ihre Namen das Aggregat widerspiegeln. Durch eine spezifische Variable werden sie nur unzureichend beschrieben.

- Falls es sehr schwer bzw. unmöglich ist, einen Namen für die gemeinsamen Aspekte einer Komponente zu finden:
  - Versuch mit einer anderen Zahl von Hauptkomponenten
  - Weglassen von Variablen mit niedrigen Kommunalitäten (siehe Seite 460)

  Keinesfalls sollte man Daten jedoch „zu Tode analysieren". Im Zweifelsfall ist es besser, eine andere Analysemethode zu suchen.

11.1.2 Anwendung der Hauptkomponentenanalyse

Wir wollen uns nun einem komplexeren Beispiel zuwenden, wie es in der Praxis auftaucht und an dem wir Strategien zur Analyse multidimensionaler Daten besprechen werden.

Fallbeispiel 31: Eigenschaften von Supermärkten

Datenfile: `smarkt.dat`

In einer repräsentativen Studie an 637 Personen in Wales untersuchten Hutcheson und Moutinho (1998) Charakteristika von Supermärkten. Die befragten Personen sollten unter anderem die Wichtigkeit folgender Eigenschaften auf einer Skala, die von 1 (wenig wichtig) bis 5 (sehr wichtig) reichte, beurteilen:

- Angebot an Nichtlebensmitteln
- offene Kassen
- Expresskassen
- Babyeinrichtungen
- Tankstelle
- Restaurant bzw. Cafeteria
- Stammkundenrabatt
- Parkplätze
- günstiger Standort
- Kundenservice und Beratungseinrichtung
- Häufigkeit von Sonderangeboten
- Freundlichkeit des Personals
- generelle Atmosphäre
- Hilfe beim Einpacken
- Länge der Schlangen bei Kassen
- niedrige Preise
- Qualität der Frischprodukte
- Qualität verpackter Produkte
- Qualität der Einkaufswagen
- Angebot von Lieferungen

Können die Eigenschaften von Supermärkten zu wenigen Schlüsseldimensionen zusammengefasst werden?

Wie schon in Abschnitt 11.1.1 dargestellt, geht man bei der Berechnung einer Hauptkomponentenanalyse in mehreren Schritten vor.

1. Prüfen der Voraussetzungen: Linearität, Kaiser-Meyer-Olkin-Statistiken (KMO, MSA)
2. Erste Berechnung: Versuch einer Standardlösung
3. Verfeinerung: Ändern der Anzahl extrahierter Hauptkomponenten

Prüfen der Voraussetzungen

Da die Hauptkomponentenanalyse auf Kovarianzen bzw. Korrelationen beruht, ist es sinnvoll, sich diese näher anzusehen. Korrelationskoeffizienten werden am stärksten durch Ausreißer bzw. Nichtlinearitäten beeinflusst. Hierzu könnte man die Variablen paarweise in Streudiagrammen darstellen und auf Auffälligkeiten untersuchen. Eventuell kann man durch Transformationen (bei Nichtlinearitäten) oder Weglassen von Ausreißern (was aber problematisch sein kann) die Situation verbessern. Oder man entscheidet sich, die betreffende Variable ganz aus der Analyse zu nehmen.

Eine weitere Voraussetzung liegt in der zugrunde liegenden statistischen Methodik: Die Kennzahlen Mittelwert und Varianz sollten für die Ausgangsvariablen *sinnvoll* berechenbar sein, da sonst die Eigenwertberechnung nur dazu führt, dass die neuen Variablen unkorreliert sind, aber nicht notwendigerweise eine sinnvolle Gruppierung der Items zustande kommt. Das setzt aber eigentlich voraus, dass die Daten metrische Eigenschaften haben und einer (multivariaten) Normalverteilung folgen. Wenn man aber den explorativen Charakter bei der Anwendung einer Hauptkomponentenanalyse in den Mittelpunkt stellt, wird man diese restriktiven Annahmen möglicherweise aufweichen.

Eine generelle Prüfung, ob die Daten überhaupt für eine Hauptkomponentenanalyse geeignet sind, kann mit zwei Statistiken und einem Test gemacht werden:

■ Das *Kaiser-Meyer-Olkin-Kriterium* (KMO) ist ein allgemeines Maß (d. h. für alle beteiligten Variablen).

■ Die *Measures of Sampling Adequacy* (MSAs) lassen Rückschlüsse auf die „Verwertbarkeit" einzelner Variablen zu.

■ Der Bartlett-Test auf Sphärizität prüft, ob die Korrelationsmatrix für die PCA geeignet ist.

Beginnen wir mit dem ersten und wahrscheinlich bekanntesten Kennwert, der als Voraussetzung für eine Hauptkomponentenanalyse verwendet wird, dem Kaiser-Meyer-Olkin-Kriterium (KMO). Dieses Maß stützt sich auf die sog. „Anti-Image Correlation Matrix", die Inverse der Korrelationsmatrix, die Information über alle bivariaten partiellen Korrelationen zwischen den Variablen enthält. Dadurch bekommt man für jedes Variablenpaar ein Zusammenhangsmaß, wobei mögliche Einflüsse aller anderen Variablen berücksichtigt wurden. Je höher der Wert des KMO-Kriteriums, das zwischen 0 und 1 liegen kann, umso eher wird man zu einer befriedigenden Hauptkomponentenlösung kommen. Werte unter 0.5 gelten als nicht akzeptabel, solche, die größer als 0.8 sind, als sehr gut.

Die Measures of Sampling Adequacy (MSAs) beruhen auch auf diesen partiellen Korrelationen, jedoch sind sie kein „globales" Maß für die Eignung der Daten (d. h. ein Wert für alle Variablen), sondern liefern einen Wert für jede einzelne Variable, der wie beim KMO-Kriterium zwischen 0 und 1 liegt. Diese können gegebenenfalls zum gezielten Ausschluss einzelner Variablen verwendet werden.

Im Gegensatz zu diesen „Maßen" gibt es auch einen statistischen Test, der prüft, ob die Daten in einer Hauptkomponentenanalyse sinnvoll verwendet werden können. Der Bartlett-Test auf Sphärizität testet, vereinfacht gesagt, die Nullhypothese, dass alle Korrelationen null sind. In der Praxis kommt das nur äußerst selten vor. Ein nicht signifikanter Wert wäre ein Alarmsignal.

Wir wollen dies für unsere Daten überprüfen. Zur Berechnung der Hauptkomponentenanalyse werden wir vor allem das R-Package **psych** (Revelle, 2013) verwenden. Für die Berechnung von KMO, MSAs und den Bartlett-Test gibt es entsprechende Funktionen im **REdaS** Package. Wir laden zunächst diese beiden Packages und lesen dann das Datenfile mit den Supermarktdaten smarkt.dat ein. Die 20 Items mit den Variablennamen q08a bis q08n und q08q bis q08v finden sich in den Spalten 6 bis 25. Diese Daten speichern wir unter smd ab, wobei wir noch Personen mit fehlenden Werten entfernen.

```
> library("psych")
> smarkt <- read.table("smarkt.dat", header = TRUE)
> smd <- na.omit(smarkt[, 6:25])
```

Mittels nrow(smd) können wir uns überzeugen, dass wir nun 497 Personen zur Verfügung haben. Außerdem wollen wir noch die Variablennamen q08a bis q08n sowie q08q bis q08v durch Kurzbezeichnungen zur Erleichterung der Interpretation ersetzen.

```
> itemnam <- c("Nichtlebensmittel", "offene Kassen", "Expresskassen",
+     "Babyeinrichtungen", "Tankstelle", "Restaurant", "Stammkundenrabatt",
+     "Parkplätze", "Standort", "Kundenservice", "Sonderangebote",
+     "Freundlichkeit", "Atmosphäre", "Einpackhilfe", "Schlangen Kassen",
+     "Preise", "Qual. Frischprod.", "Qual. verp. Prod.", "Qual. Wagen",
+     "Zustellung")
> colnames(smd) <- itemnam
```

Zuerst führen wir den Bartlett-Test mit der Funktion bart_spher() aus dem **REdaS** Package durch.

```
> library("REdaS")
> bart_spher(smd)
```

```
        Bartlett's Test of Sphericity

Call: bart_spher(x = smd)

     X2 = 3035.989
     df = 190
p-value < .00001
```

Wir sehen, dass die Teststatistik $X^2 = 3035.99$ bei einer χ^2-Verteilung mit 190 Freiheitsgraden einen p-Wert weit unter 0.00001 erzeugt. Die Nullhypothese, dass alle Korrelationen null sind, kann also verworfen werden.

Als Nächstes untersuchen wir die MSAs und das KMO. Wir berechnen diese mit der Funktion KMOS() und speichern das Resultat in einem Objekt kmosmd ab.

```
> kmosmd <- KMOS(smd)
```

Mit der print() Methode (siehe ?KMOS) können wir zuerst nur das KMO-Kriterium auslesen.

```
> print(kmosmd, stats = "KMO")
```

```
Kaiser-Meyer-Olkin Statistic
Call: KMOS(x = smd)

KMO-Criterion: 0.85576
```

Das KMO-Kriterium liegt bei 0.856, also können wir schon einmal davon ausgehen, dass unsere Daten als Ganzes gut geeignet sind.

Die einzelnen Measures of Sampling Adequacies (MSAs) erzeugen mehr Output, da für jede Variable ein Wert ausgegeben wird. Mit sort = TRUE wollen wir die Werte nach ihrer Größe sortieren, da kleine Werte eventuell problematische Items anzeigen könnten. Davon wollen wir uns die ersten fünf (quasi die „schlechtesten") mittels *show* = 1:5 ausgeben lassen. Mit *digits* beschränken wir den Output auf drei Nachkommastellen, damit er lesbarer wird.

```
> print(kmosmd, stats = "MSA", sort = TRUE, digits = 3, show = 1:5)          R
```

```
Kaiser-Meyer-Olkin Statistics

Call: KMOS(x = smd)

Measures of Sampling Adequacy (MSA):
Zustellung Parkplätze Tankstelle    Preise   Standort
     0.682      0.694      0.744     0.794      0.811
```

Wir sehen, dass die kleinsten MSA-Werte fast bei 0.7 liegen, also beginnen wir mit einer Hauptkomponenten aller Items.

Berechnung einer ersten Lösung nach Standardvorgaben

In R gibt es verschiedene Möglichkeiten, eine Hauptkomponentenanalyse zu berechnen. Wir verwenden die Funktion `principal()` aus dem Package **psych**. Da wir in `principal()` die Anzahl zu extrahierender Komponenten angeben müssen, wollen wir zur Orientierung zunächst einen Scree-Plot (► Abbildung 11.4) ansehen. Einen solchen kann man mit der Funktion `VSS.scree()` (ebenfalls aus **psych**) erzeugen.

```
> VSS.scree(smd)                                                              R
```

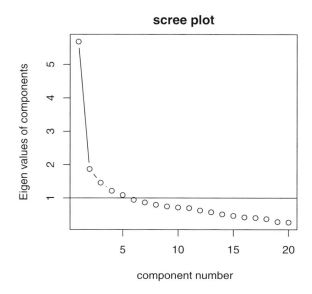

Abbildung 11.4: Scree-Plot für das Supermarktbeispiel

Der Plot weist darauf hin, dass nur zwei bis drei Hauptkomponenten gewählt werden sollten, allerdings haben fünf Hauptkomponenten einen Eigenwert größer als eins. Daher wollen wir als ersten Ansatz fünf Komponenten extrahieren und vorerst keine Rotation durchführen. Außerdem entfernen wir die Objektkomponente criteria, indem wir ihr NULL zuweisen, damit der Output etwas kürzer wird.

```r
> pca.smd <- principal(smd, 5, rotate = "none")
> pca.smd$criteria <- NULL
> pca.smd
```

```
Principal Components Analysis
Call: principal(r = smd, nfactors = 5, rotate = "none")
Standardized loadings (pattern matrix) based upon correlation matrix
                       PC1   PC2   PC3   PC4   PC5   h2   u2
Nichtlebensmittel     0.48  0.50  0.10 -0.12 -0.10 0.52 0.48
offene Kassen         0.46  0.46  0.02 -0.15  0.34 0.56 0.44
Expresskassen         0.45  0.10  0.26 -0.41  0.28 0.52 0.48
Babyeinrichtungen     0.41  0.38  0.12  0.26 -0.01 0.40 0.60
Tankstelle            0.50  0.50 -0.51  0.02 -0.04 0.76 0.24
Restaurant            0.46  0.39  0.31  0.17 -0.27 0.56 0.44
Stammkundenrabatt     0.57  0.19  0.10 -0.18 -0.26 0.47 0.53
Parkplatze            0.42  0.34 -0.66  0.01  0.03 0.73 0.27
Standort              0.35 -0.18 -0.09 -0.45  0.44 0.56 0.44
Kundenservice         0.77 -0.13  0.11 -0.11  0.05 0.63 0.37
Sonderangebote        0.64 -0.08  0.18 -0.28 -0.36 0.66 0.34
Freundlichkeit        0.72 -0.36  0.00  0.01 -0.01 0.65 0.35
Atmosphäre            0.66 -0.34 -0.01  0.10  0.18 0.60 0.40
Einpackhilfe          0.50  0.08  0.25  0.30 -0.10 0.42 0.58
Schlangen Kassen      0.62 -0.17  0.04 -0.17 -0.06 0.45 0.55
Preise                0.43 -0.40  0.01 -0.19 -0.38 0.53 0.47
Qual. Frischprod.     0.54 -0.26 -0.33  0.31 -0.16 0.59 0.41
Qual. verp. Prod.     0.58 -0.31 -0.16  0.31  0.10 0.56 0.44
Qual. Wagen           0.59 -0.17 -0.12  0.28  0.29 0.55 0.45
Zustellung            0.23  0.10  0.55  0.39  0.32 0.61 0.39

                       PC1   PC2   PC3   PC4   PC5
SS loadings           5.69  1.87  1.46  1.21  1.09
Proportion Var        0.28  0.09  0.07  0.06  0.05
Cumulative Var        0.28  0.38  0.45  0.51  0.57
Proportion Explained  0.50  0.16  0.13  0.11  0.10
Cumulative Proportion 0.50  0.67  0.80  0.90  1.00

Fit based upon off diagonal values = 0.93
```

Wir erhalten wieder eine ganze Menge Output, aber zunächst interessiert uns, wie viel Erklärungswert einzelne Items insgesamt liefern. Dies kann man an den Kommunalitäten, in der Spalte unter h2, sehen.

Die KOMMUNALITÄT eines Items ist die Summe der quadrierten Ladungen auf allen extrahierten Komponenten. Ist die Kommunalität eines Items niedrig, wird es durch die extrahierten Komponenten nicht gut repräsentiert. Möglicherweise sollte dieses Item aus der Analyse entfernt werden. In unserem Beispiel gibt es keine sehr niedrigen Werte, daher belassen wir alle Items in der Analyse. Es sei noch erwähnt, dass sich die Kommunalitäten durch Rotationen nicht verändern. Die Spalte u2 ist in diesem Fall $1 - h2$, repräsentiert also das Gegenteil der Kommunalitäten, und wird auch „Uniqueness" (also „Einzigartigkeit") genannt.

Als Nächstes wollen wir die extrahierten Hauptkomponenten (PC1 bis PC5, „PC" steht für Principal Component), insbesondere ihre Eigenwerte, untersuchen. Wir haben die fünf Hauptkomponenten mit Eigenwerten größer 1 extrahiert. Die fünf Eigenwerte finden wir im Output unten in der Zeile SS loadings. Den Anteil an der Gesamtvarianz, den sie erklären, gibt die Zeile Proportion Var an, aufsummiert sind die Varianzanteile in der Zeile Cumulative Var. Insgesamt werden also durch die fünf Komponenten 57% der Gesamtvarianz erklärt. Das ist kein besonders hoher Wert, allerdings scheint die Hinzunahme weiterer Variablen zur Erhöhung des Erklärungswerts nicht sinnvoll, da alle weiteren Eigenwerte kleiner als 1 sind. Wie erwähnt, würde der Scree-Plot (▸ Abbildung 11.4) eher darauf hinweisen, dass selbst fünf Hauptkomponenten zu viele sind und nur zwei bis drei Hauptkomponenten gewählt werden sollten.

Wir müssen also einen Kompromiss finden, den wir danach richten, wie gut und sinnvoll sich die Komponenten interpretieren lassen. Dazu sehen wir uns die Ladungsmatrix an. Diese ist im Output aus zwei Gründen sehr unübersichtlich. Erstens gibt es viele kleine Ladungen, die nicht viel zur Interpretation beitragen, und zweitens sollten wir die Komponenten rotieren, um ein klareres Bild zu bekommen. Besser wäre es, die Ausgabe so zu spezifizieren, dass die Items einerseits nach der Größe ihrer Ladungen sortiert und andererseits kleinere Ladungen unterdrückt werden.

Nachdem wir noch einmal die Hauptkomponentenanalyse ohne die Option `rotate = "none"` berechnet haben (die Voreinstellung ist dadurch die Varimax-Rotation) und die nicht interessierenden Teile für den Output unterdrückt haben, können wir die Ladungen sortiert (mittels `sort`) und auf zwei Dezimalstellen gerundet ausgeben. Mit dem Argument `cut` kann man zusätzlich noch Ladungen mit kleinen Absolutbeträgen ausblenden (hier < 0.5). Wichtig ist, dass das Package **GPArotation** (Bernaards und Jennrich, 2012, 2005) installiert ist, da dies sonst nicht geladen werden kann.

```
> pca.smdr <- principal(smd, 5)                                    R
> pca.smdr$criteria <- NULL
> print(pca.smdr, cut = 0.5, sort = TRUE, digits = 2)
```

```
Principal Components Analysis
Call: principal(r = smd, nfactors = 5)
Standardized loadings (pattern matrix) based upon correlation matrix
                     item   RC1   RC2   RC5   RC3   RC4    h2   u2
Qual. verp. Prod.      18  0.73                          0.56 0.44
Atmosphäre             13  0.69                          0.60 0.40
Qual. Wagen            19  0.68                          0.55 0.45
Qual. Frischprod.      17  0.64                          0.59 0.41
Freundlichkeit         12  0.63                          0.65 0.35
Kundenservice          10                                0.63 0.37
Restaurant              6         0.69                   0.56 0.44
Zustellung             20         0.58                   0.61 0.39
Babyeinrichtungen       4         0.58                   0.40 0.60
Einpackhilfe           14         0.52                   0.42 0.58
Nichtlebensmittel       1         0.52                   0.52 0.48
Sonderangebote         11               0.73             0.66 0.34
```

Preise	16	0.66		0.53 0.47
Stammkundenrabatt	7	0.51		0.47 0.53
Schlangen Kassen	15			0.45 0.55
Parkplätze	8		0.82	0.73 0.27
Tankstelle	5		0.81	0.76 0.24
Expresskassen	3			0.66 0.52 0.48
Standort	9			0.66 0.56 0.44
offene Kassen	2			0.54 0.56 0.44

	RC1	RC2	RC5	RC3	RC4
SS loadings	3.07	2.32	2.27	1.93	1.72
Proportion Var	0.15	0.12	0.11	0.10	0.09
Cumulative Var	0.15	0.27	0.38	0.48	0.57
Proportion Explained	0.27	0.20	0.20	0.17	0.15
Cumulative Proportion	0.27	0.48	0.68	0.85	1.00

Fit based upon off diagonal values = 0.93

Auf den ersten Blick sieht das Ergebnis vielversprechend aus. Es laden immer mehrere Items (mindestens zwei) hoch ($\geq$ 0.5) auf einer Komponente (die jetzt mit RC1 bis RC5 bezeichnet werden, „RC" steht für Rotated Component). Außerdem gibt es keine Items, die auf mehr als einer Komponente hoch laden. Auch der Versuch, die Komponenten inhaltlich zu interpretieren, führt zu einem befriedigenden Ergebnis. Die ursprünglichen Itemnummern werden in der Spalte item angegeben.

So könnte man die Items, die auf der ersten Komponente hoch laden, mit dem *Begriff Qualität von Produkten und Personal* zusammenfassen. Die zweite Komponente beschreibt die *Verfügbarkeit zusätzlicher Services*, die dritte das *Preis-Leistungs-Verhältnis* und die vierte *Einrichtungen für Autos*. Schließlich könnte man noch die Items der fünften Gruppe mit *Bequemlichkeit* bezeichnen.

Mit der Funktion fa.diagram() kann man das Ergebnis auch grafisch darstellen (► Abbildung 11.5). Die verwendeten Optionen *cex* und *rsize* dienen zur Skalierung der Schriftgröße und der Rechtecke. Diese wählt man nach der Länge der Bezeichnungen. Um eine schöne Grafik zu erhalten, muss man meist ein bisschen herumspielen. Die Definition *main* = "" unterdrückt den Titel.

```
> fa.diagram(pca.smdr, cut = 0.5, cex = 0.8, rsize = 0.5, main = "")
```

Durch die Rotation haben sich natürlich auch die Eigenwerte der Komponenten geändert, die etwas über den durch die Komponenten erklärten Anteil an der Gesamtvarianz aussagen. Der Vergleich mit der Ausgabe der ersten Berechnung (auf Seite 460) zeigt, dass die Varianzanteile jetzt gleichmäßiger über die fünf extrahierten Komponenten verteilt sind.

Verfeinerung der Lösung

Selten ist man mit der ersten Lösung zufrieden, meistens wird man verschiedene Anzahlen von Hauptkomponenten extrahieren (möglicherweise auch andere Rotationsmethoden und andere Darstellungsformen der Ladungen, z. B. eine andere Grenze als 0.5 für die Unterdrückung der Anzeige, verwenden). Das Ziel ist, abzuklären, welche Lösung am sinnvollsten ist und man am besten interpretieren kann. Der Scree-Plot in ► Abbildung 11.4 gab den Hinweis, dass eigentlich nur zwei Komponenten extrahiert werden sollten. Wir wollen das überprüfen.

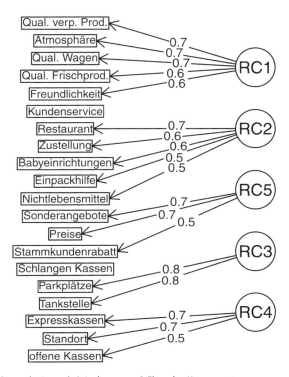

Abbildung 11.5: Zuordnung der Items (mit Ladungen > 0.5) zu den Komponenten

```
> pca.smd2 <- principal(smd, 2)
> pca.smd2$criteria <- NULL
> print(pca.smd2, cut = 0.5, sort = TRUE, digits = 2)
```
R

```
Principal Components Analysis
Call: principal(r = smd, nfactors = 2)
Standardized loadings (pattern matrix) based upon correlation matrix
                    item RC1  RC2   h2    u2
Freundlichkeit       12 0.79      0.649 0.35
Atmosphäre           13 0.73      0.555 0.44
Kundenservice        10 0.68      0.603 0.40
Qual. verp. Prod.    18 0.65      0.432 0.57
Schlangen Kassen     15 0.59      0.412 0.59
Preise               16 0.59      0.349 0.65
Qual. Frischprod.    17 0.58      0.354 0.65
Qual. Wagen          19 0.57      0.372 0.63
Sonderangebote       11 0.55      0.413 0.59
Standort              9          0.155 0.84
Tankstelle            5      0.70 0.500 0.50
Nichtlebensmittel     1      0.69 0.484 0.52
offene Kassen         2      0.64 0.423 0.58
Restaurant            6      0.59 0.362 0.64
Babyeinrichtungen     4      0.55 0.315 0.68
Parkplätze            8      0.53 0.291 0.71
```

```
Stammkundenrabatt     7          0.359 0.64
Einpackhilfe         14          0.254 0.75
Expresskassen         3          0.213 0.79
Zustellung           20          0.063 0.94

                           RC1  RC2
SS loadings               4.25 3.30
Proportion Var            0.21 0.17
Cumulative Var            0.21 0.38
Proportion Explained  0.56 0.44
Cumulative Proportion 0.56 1.00

Fit based upon off diagonal values = 0.91
```

Man erkennt, dass die Begriffsbildung hier nicht so einfach fällt. Die erste Komponente beschreibt Aspekte des Supermarkts an sich, während die zweite eher zusätzliche Dienstleistungen umfasst. Dazu passt aber das Item, das die Verfügbarkeit genügend offener Kassen festhält, nicht besonders gut. Man würde eher eine höhere Ladung auf der ersten Komponente erwarten. Dies gilt auch für weitere Items, wie Stammkundenrabatt oder Hilfe beim Einpacken, die ihre höchste Ladung (die aber kleiner als 0.5 ist) auch auf der zweiten Komponente haben, aber besser zum ersten passen würden. Insgesamt scheinen bei dieser Lösung verschiedene Aspekte durcheinandergemischt zu sein, was auf mehr Komponenten und daher auf mehr zugrunde liegende Charakteristika von Supermärkten hindeutet.

Auf gleiche Weise kann man nun noch Lösungen mit drei und vier Komponenten berechnen, es zeigt sich aber, dass auch dann die Interpretation nicht so schlüssig ausfallen kann wie bei den zuerst gefundenen fünf Hauptkomponenten. Es bietet sich also an, bei dieser Lösung zu bleiben.

Fallbeispiel 31: Interpretation

Eine Hauptkomponentenanalyse wurde durchgeführt, um eine klarere Struktur der von 497 Konsumenten beurteilten Wichtigkeit von 20 verschiedenen Charakteristika von Supermärkten zu erhalten. Die Zuordnung der Items zu spezifischen Komponenten erlaubt eine einfachere Interpretation der Wichtigkeit verschiedener Supermarkteigenschaften.

Die KMO-Statistik von 0.856 belegt, dass die Korrelationsstruktur in den Daten genügend Information zur Durchführung einer Hauptkomponentenanalyse enthält.

Es wurden fünf Hauptkomponenten extrahiert und nach der Varimaxmethode rotiert. Die fünf Hauptkomponenten mit den hoch (≥ 0.5) auf ihnen ladenden Variablen sind:

	Ladung
Qualität von Produkten und Personal	
Qualität verpackter Produkte	.727
Generelle Atmosphäre	.685
Qualität der Einkaufswagen	.683
Qualität der Frischprodukte	.643
Freundlichkeit des Personals	.634
Kundenservice	
Verfügbarkeit zusätzlicher Services	
Restaurant bzw. Cafeteria	.686
Angebot von Lieferungen	.581
Babyeinrichtungen	.578
Hilfe beim Einpacken	.524
Angebot an Nichtlebensmittel	.516
Preis-Leistungs-Verhältnis	
Häufigkeit von Sonderangeboten	.733
Niedrige Preise	.659
Stammkundenrabatt	.507
Länge der Schlangen bei Kassen	
Einrichtungen für Autos	
Parkplätze	.819
Tankstelle	.815
Bequemlichkeit	
Expresskassen	.658
günstiger Standort	.656
offene Kassen	.536

Die durchwegs positiven Ladungen besagen, dass Personen mit hohen Werten bei den jeweiligen Items auch hohe Ausprägungen auf der Komponente haben und die jeweilige Eigenschaft als wichtig erachten. Zwei Items hatten mittlere Ladungen und wurden in der Darstellung nicht berücksichtigt. „Kundenservice und Beratungseinrichtung" lud mit 0.473 auf Komponente RC1 sowie mit 0.438 auf Komponente RC5, während „Länge der Schlangen bei Kassen" einen Ladungswert von 0.472 auf Komponente RC5 aufwies.

Die fünf extrahierten Hauptkomponenten sind direkt interpretierbar als „Qualität von Produkten und Personal", „Verfügbarkeit zusätzlicher Services", „Preis-Leistungs-Verhältnis", „Einrichtungen für Autos" und „Bequemlichkeit". Insgesamt konnten durch diese Hauptkomponenten 57% Prozent der Gesamtvarianz erklärt werden, die relative Bedeutsamkeit der Hauptkomponenten (nach der Varimax-Rotation) ist:

	Eigenwert	Prozentsatz erklärter Varianz
Komponente 1 (RC1): Qualität	3.07	15%
Komponente 2 (RC2): Services	2.32	12%
Komponente 3 (RC5): Preis-Leistung	2.27	11%
Komponente 4 (RC3): Autoeinrichtung	1.93	10%
Komponente 5 (RC4): Bequemlichkeit	1.72	9%

Supermärkte lassen sich dementsprechend nach fünf Schlüsselmerkmalen charakterisieren. Kunden beurteilen die *Qualität der Waren und des Personals* hoch, wenn sie die Qualität verpackter und frischer Produkte, die Qualität der Einkaufswagen sowie die Freundlichkeit des Personals und die generelle Atmosphäre positiv bewerten. Ebenso wird die *Verfügbarkeit zusätzlicher Dienstleistungen* geschätzt. Dies betrifft die Möglichkeit des Besuchs eines Restaurants oder einer Cafeteria, Einrichtungen zur Versorgung von Säuglingen, die Hilfestellung beim Einpacken der Waren und das Angebot von Hauszustellungen. Das *Preis-Leistungs-Verhältnis* steht an dritter Stelle. Positiv zählen hierbei die Häufigkeit von Sonderangeboten, generell niedrige Preise und Stammkundenrabatte. Weitere wichtige Eigenschaften von Supermärkten beziehen sich auf *Autoeinrichtungen*, d.h. die Verfügbarkeit von Parkplätzen und Tankstellen, sowie auf die *generelle Bequemlichkeit*, d.h., ob der Standort als günstig eingeschätzt wird und ob es genügend offene Kassen bzw. Expresskassen gibt. Je positiver diese einzelnen Aspekte beurteilt werden, umso positiver wird die Gesamteinschätzung eines Supermarkts ausfallen.

11.2   Wie kann man die Ergebnisse einer Hauptkomponentenanalyse für weitere Analysen verwenden?

Eine der Zielsetzungen der Hauptkomponentenanalyse war es, eine Vielzahl von Variablen zu einigen wenigen Variablengruppen zusammenzufassen. Diese Variablengruppen oder Hauptkomponenten haben die Bedeutung von neuen Variablen. Wenn man also die Werte der Personen für die neuen Variablen kennt, kann man diese zu weiteren Analysen heranziehen und muss nicht die Vielzahl der ursprünglichen Variablen berücksichtigen. Wie schon im letzten Abschnitt erwähnt, heißen diese neuen Werte Komponentenwerte oder Komponentenscores.

Fallbeispiel 32: Der Qualitätsaspekt bei Supermärkten

Datenfile: `superm_scores.dat`

Die Hauptkomponentenanalyse für die Charakteristika von Supermärkten in Fallbeispiel 31 ergab unter anderem, dass die Qualität der Waren und die Freundlichkeit des Personals ein Schlüsselmerkmal für Supermärkte darstellt.

Ist der Qualitätsaspekt eines Supermarkts für Männer und Frauen gleich wichtig?

Hätten wir keine Hauptkomponentenanalyse durchgeführt, wollten aber die Fragestellung aus dem Fallbeispiel 32 beantworten, so müssten wir diese für jedes einzelne in Frage kommende Item analysieren. Oder wir müssten die Fragestellung für alle auf dieser Komponente hoch ladenden Items beantworten (vorausgesetzt, wir kennen die Ergebnisse der Hauptkomponentenanalyse). Wenn wir aber die Komponentenwerte berechnet haben, dann genügt eine einzelne Analyse, wir verwenden einfach die neue Variable *Qualität*.

Im Prinzip kann man Komponentenwerte so sehen, als wären sie Beobachtungen für die Hauptkomponenten. Der Komponentenwert einer Person (für eine bestimmte Komponente) ist eine Aggregation oder ein Index, gewonnen aus den ursprünglichen Werten. Wir kennen die Werte einer Person für alle Items (die Rohdaten) und ebenso die Beziehung dieser Items zu den Hauptkomponenten (das Ergebnis der Hauptkomponentenanalyse). Aus diesen beiden Informationsbestandteilen lassen sich die Komponentenwerte berechnen.

Es gibt hierzu verschiedene Methoden, die am häufigsten verwendete ist das Verfahren der multiplen Regression. Die Formel, wie man den Komponentenwert für eine der Komponenten, z. B. *Qualität*, für eine bestimmte Person ausrechnen kann, lautet

$$Score\ Q = \beta^Q_{q08a} \cdot z_{q08a} \quad + \quad \beta^Q_{q08b} \cdot z_{q08b} \quad + \quad \ldots \quad + \quad \beta^Q_{q08v} \cdot z_{q08v}$$

In dieser Formel ist *Score Q* der Komponentenwert, den eine Person für die Komponente Q erhält. z_{q08v} bis z_{q08a} sind die standardisierten Werte dieser Person für die Items „Angebot an Nichtlebensmitteln" bis „Angebot an Lieferungen" (wie in File `smarkt.dat` definiert). β^Q_{q08a} ist das Gewicht, mit dem das Item q08a in Komponente Q eingeht[3]. Diese Formel muss für jede Person für jede Komponente berechnet werden, um alle Komponentenwerte für alle Personen zu erhalten. In R verwenden wir die Option `scores = TRUE` in der Funktion `principal()`, die wir sonst gleich spezifizieren, wie für die zufriedenstellende Lösung der Hauptkomponentenanalyse (für unser Beispiel also wie im vorigen Abschnitt mit fünf Komponenten und Varimax-Rotation). Die Komponentenwerte sind dann im Outputobjekt unter `scores` gespeichert.

---

3 Dieses Gewicht wird zunächst für die unrotierte Lösung bestimmt und die Ladung des Items q08a wird durch den Eigenwert der Komponente Q dividiert. Dann werden alle Gewichte genauso rotiert wie die Hauptkomponenten. Durch die Standardisierung der Itemwerte sowie die Division der Ladungen durch den entsprechenden Eigenwert werden auch die jeweiligen *Scores* standardisiert.

```
> pca.smd <- principal(smd, 5, scores = TRUE)
> head(pca.smd$scores)
```

```
        RC1       RC2       RC5       RC3       RC4
25  0.83845 -0.996896 -0.45043  0.21808 -0.033771
57 -0.34081 -1.662159  0.26767 -0.63713  0.368520
66 -1.00422 -0.082169  1.47089 -0.74634 -0.190622
86  0.46983 -0.988098 -0.67017  0.47106  0.976849
87  0.92508  0.305309  1.03001 -0.24809 -1.344472
88  0.92508  0.305309  1.03001 -0.24809 -1.344472
```

Mittels head() haben wir die ersten Fälle aus der Matrix der Komponentenwerte ausgegeben. Die Zeilennummern entsprechen den Fällen, die im Ausgangsdatensatz keine fehlenden Werte aufwiesen. Zur weiteren Verarbeitung speichern wir die Komponentenwerte am besten in einen eigenen Data Frame, z. B. smd.scores, und vergeben die Spaltennamen entsprechend den Bezeichnungen für die Komponenten.

```
> smd.scores <- data.frame(pca.smd$scores)
> names(smd.scores) <- c("Qual", "Serv", "Preis-Leis", "Auto",
+       "Bequem")
```

Zusätzlich können wir noch weitere Variablen aus dem Ausgangsdatensatz smd hinzufügen, für die wir weitergehende Analysen durchführen wollen. Für unser Fallbeispiel benötigen wir die Variable sex. Allerdings haben wir nun ein kleines Problem, da wir aus dem Datensatz für die Items smd Personen mit fehlenden Werten ausgeschieden haben und diese folglich auch im neuen Data Frame smd.scores nicht mehr vorkommen. Der Ausgangsdatensatz smarkt, der die Variable sex enthält, ist aber vollständig. Wir müssen also aus der Variable sex jene Fälle entfernen, die auch in smd.scores nicht mehr vorkommen. Zum Glück geben uns die Zeilenbezeichnungen (rownames()) von smd.scores genau jene Beobachtungen, die wir benötigen. Wir gehen folgendermaßen vor:

- Zunächst holen wir die Variable sex aus smarkt heraus und speichern sie in SEX.
- Wir erzeugen einen Index (idx) aus den Zeilenbezeichnungen von smd.scores. Da die Zeilenbezeichnungen vom Typ character sind, wir sie aber numerisch brauchen, wandeln wir sie entsprechend mit as.numeric() um.
- Anschließend indizieren wir SEX mit idx und erhalten in SEX genau jene Fälle, die wir schon im neuen Data Frame smd.scores haben.
- Schließlich fügen wir SEX zu smd.scores hinzu.

```
> SEX <- smarkt$sex
> idx <- as.numeric(rownames(smd.scores))
> SEX <- SEX[idx]
> smd.scores <- data.frame(smd.scores, SEX)
> head(smd.scores)
```

```
       Qual      Serv Preis.Leis     Auto    Bequem      SEX
25  0.83845 -0.996896   -0.45043  0.21808 -0.033771 weiblich
57 -0.34081 -1.662159    0.26767 -0.63713  0.368520 mannlich
66 -1.00422 -0.082169    1.47089 -0.74634 -0.190622 weiblich
```

```
86  0.46983 -0.988098   -0.67017  0.47106  0.976849 weiblich
87  0.92508  0.305309    1.03001 -0.24809 -1.344472 weiblich
88  0.92508  0.305309    1.03001 -0.24809 -1.344472 weiblich
```

Um die Fragestellung aus Fallbeispiel 32 zu beantworten, wollen wir zunächst die Daten mittels Boxplot darstellen (▶ Abbildung 11.6). Den entsprechenden R-Befehl haben wir schon in Abschnitt 8.1.3 kennengelernt.

```
> boxplot(Qual ~ SEX, data = smd.scores)                                        R
```

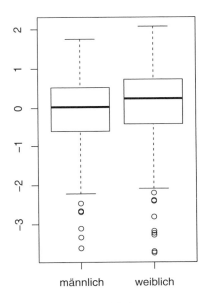

Abbildung 11.6: Komponentenwerte für Qualität nach Geschlecht

Generell kann man sagen, dass Frauen höhere Werte für Qualität aufweisen (eine genauere numerische Interpretation ist nicht möglich, da Komponentenwerte ja eine gewichtete Summe aller Items des Fragebogens sind). Frauen ist demnach der Qualitätsaspekt wichtiger als Männern. Eine kurze numerische Beschreibung der Daten für diese Fragestellung erhalten wir mit der Funktion describeBy() aus **psych**.

```
> describeBy(smd.scores$Qual, SEX, skew = FALSE)                                 R
```

```
group: männlich
   var   n  mean   sd median trimmed  mad   min  max range   se
1    1 120 -0.19 1.06   0.03   -0.07 0.84 -3.61 1.75  5.37  0.1
---------------------------------------------------------------
group: weiblich
   var   n  mean   sd median trimmed  mad   min  max range   se
1    1 371  0.06 0.97   0.24    0.16  0.8 -3.73 2.08  5.81 0.05
```

Wir wollen noch prüfen, ob dieser Unterschied statistisch bedeutsam ist. Dazu verwenden wir (sicherheitshalber wegen der vielen Ausreißer) einen Wilcoxon-Rangsummen-Test (bzw. Mann-Whitney-*U*-Test; den R-Befehl findet man auch in Abschnitt 10.2).

```
> wilcox.test(Qual ~ SEX, data = smd.scores)
```

```
        Wilcoxon rank sum test with continuity correction

data:  Qual by SEX
W = 18974, p-value = 0.01501
alternative hypothesis: true location shift is not equal to 0
```

Fallbeispiel 11.2: Interpretation

Eine Hauptkomponentenanalyse von 20 Items, anhand derer die Wichtigkeit verschiedener Merkmale eines Supermarkts beurteilt wurden, ergab als wichtigste Dimension den Qualitätsaspekt. Zur Beurteilung der Frage, ob dieser Aspekt Frauen oder Männern wichtiger ist, wurde ein Wilcoxon-Rangsummen-Test (bzw. Mann-Whitney-*U*-Test) für die Komponentenwerte Qualität berechnet. Die Mediane waren 0.24 für Frauen ($N = 371$) und 0.03 für Männer ($N = 120$). Der Test ergab, dass die zweiseitige Nullhypothese (kein Unterschied der Wichtigkeit des Qualitätsaspekts zwischen Männern und Frauen) am 5%-Niveau verworfen werden musste ($p = .015$).

Die Daten zeigen, dass für Frauen die Qualität der Waren und die Freundlichkeit des Personals wichtiger ist als für Männer.

Wir haben in diesem Beispiel eine Komponente als abhängige Variable verwendet. Ebenso könnte man diese als unabhängige Variable definieren, wie etwa zur Analyse einer Fragestellung, ob die Wichtigkeit verschiedener Hauptkomponenten die Wahl eines bestimmten Supermarkts (oder einer Supermarktkette) beeinflusst. Durch die Verwendung (intervallskalierter) Komponentenwerte lassen sich viele Aspekte untersuchen, die sonst auf Grund der Komplexität der ursprünglichen Variablen schwer durchschaubar sind.

11.3   Zusammenfassung der Konzepte

Die Hauptkomponentenanalyse (Principal Component Analysis oder PCA) ist eine Datenreduktionsmethode. Sie ist eine verbreitete Technik zur Identifikation von Strukturen in höherdimensionalen Daten. Dabei werden Gemeinsamkeiten und Unterschiede in den Daten aufgedeckt.

- Hauptkomponente: eine neue Variable als Linearkombination der ursprünglichen Variablen. Komponenten repräsentieren Dimensionen, die die ursprünglichen Variablen zusammenfassen.
- Extraktion: Berechnung der Hauptkomponenten und ihrer Anzahl

- Komponentenladungen: Korrelation zwischen einer ursprünglichen Variable und einer Komponente. Sie bilden die Basis für das Verstehen der Bedeutung einer Komponente. Quadrierte Komponentenladungen zeigen an, zu welchem Prozentsatz eine ursprüngliche Variable durch eine Komponente erklärt wird.

- Komponentenmatrix: Tabelle mit den Ladungen aller Variablen auf allen (extrahierten) Komponenten.

- Eigenwert: Spaltensumme der quadrierten Komponentenladungen für eine Komponente. Konzeptuell ist es der Anteil an der Gesamtvarianz aller Variablen, der von einer bestimmten Komponente repräsentiert wird.

- Kommunalität: Mit ihr wird beschrieben, wie groß der Anteil der mit den Hauptkomponenten erklärbaren Varianz an der Varianz einer Ausgangsvariable ist. Wenn die Kommunalität hoch ist, kann man eine Variable gut mit den Komponenten beschreiben.

- Rotation: Drehen des Koordinatensystems, das sich durch die Hauptkomponenten ergibt, d. h. Adjustierung der Komponentenachsen, um eine Lösung zu erhalten, die einfacher und sinnvoller interpretierbar ist.

- Orthogonale Rotation: Komponentenrotation, in der die Komponenten in rechten Winkeln zueinander stehen (bleiben). Der Korrelationskoeffizient zwischen jeweils zwei Komponenten ist definitionsgemäß null.

- Varimax: die populärste Rotationsmethode. Die Hauptkomponenten werden so rotiert, dass die Varianz der quadrierten Ladungen maximiert wird. Die Ladungen liegen dann nahe bei 0 oder nahe bei 1.

- Komponentenscore: die Ausprägung einer Person auf einer bestimmten Komponente. Zusammengesetztes Maß, errechnet für jede Beobachtungseinheit für jede bei einer Hauptkomponentenanalyse extrahierte Komponente. Die Komponentenladungen werden dabei gemeinsam mit den ursprünglichen Variablen in der Art eines Regressionsmodells benutzt, wobei die Komponentenscores standardisiert werden.

11.4 Übungen

1. **Kundenzufriedenheit**

   Eine Untersuchung bei 253 Personen zur Kundenzufriedenheit mit einer Einzelhandelskette im Südosten der USA enthält Variablen mit sozialstatistischen Daten der befragten Person, verschiedene Fragen zur Kundenzufriedenheit und spezifische Fragen, wie die Kundenzufriedenheit verbessert werden könnte.

   - Um die Dimensionalität der Kundenzufriedenheit zu erforschen, soll eine Hauptkomponentenanalyse durchgeführt werden (Variablen perf_1 bis perf_20 im Datenfile konsumenten.dat).

   - Zusätzlich sollen Forschungshypothesen formuliert und untersucht werden, die Unterschiede zwischen Konsumentengruppen (gebildet aus den sozialstatistischen Daten, wie z. B. Geschlecht, Alter, Einkommen) bezüglich der neuen Variablen (Komponenten) zum Gegenstand haben.

2. **Bewerbungen**

Die Daten aus Kendall (1975) beziehen sich auf 48 Bewerbungen um eine Position in einem Unternehmen. Diese Bewerbungen wurden anhand von 15 Variablen bewertet (Datenfile: `bewerbung.csv`).

- Form des Bewerbungsschreibens
- Erscheinung
- Akademische Fähigkeiten
- Sympathie
- Selbstvertrauen
- Klarheit
- Ehrlichkeit
- Geschäftstüchtigkeit

- Erfahrung
- Schwung
- Ambition
- Auffassungsgabe
- Potenzial
- Eifer
- Eignung

(Je höher der Wert, desto stärker ist die Eigenschaft ausgeprägt.)

- Gibt es einige zugrunde liegende Komponenten, die mit den Haupteigenschaften der Bewerber korrespondieren?
- Falls ja, können die Bewerber leichter verglichen werden. Basierend auf den Ergebnissen der Hauptkomponentenanalyse: Welche Kandidaten würde man auswählen, wenn die zu besetzende Position im Verkauf, im Marketing oder aber in der Abteilungsleitung angesiedelt ist?

Datenfiles sowie Lösungen finden Sie auf der Webseite des Verlags.

11.5 Vertiefung: Extraktion der Hauptkomponenten für zwei Variablen

In Abschnitt 11.1 wurde versucht, eine intuitive Beschreibung zu geben, wie eine Hauptkomponentenanalyse funktioniert. Tatsächlich handelt es sich bei dieser Methode um eine orthogonale Rotation der (durch die ursprünglichen Variablen gebildeten) Achsen. Orthogonal heißt, dass die rechten Winkel zwischen den Achsen erhalten bleiben. Die erste Hauptkomponente (Achse) wird dabei so bestimmt, dass sie in Richtung der größten Varianz liegt. Ist sie einmal fixiert, dann sucht man (in rechtem Winkel zu ihr) wieder die Richtung der größten (verbleibenden) Varianz. Das geschieht so lange, bis alle (so viele wie ursprüngliche Variablen) Hauptkomponenten bestimmt sind. Die letzte muss man nicht mehr suchen, da sie durch alle vorgehenden determiniert ist.

Das Prinzip lässt sich anhand zweier Variablen folgendermaßen illustrieren. Nehmen wir an, wir haben bei 15 Personen die Werte zweier Variablen beobachtet. Außerdem haben wir diese Variablen standardisiert und wollen sie mit X_1 und X_2 bezeichnen. Sie korrelieren sehr hoch, nämlich mit 0.95, wie man auch im Streudiagramm (▶ Abbildung 11.7) sieht.

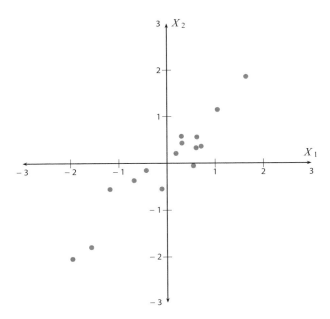

Abbildung 11.7: Streudiagramm der Variablen X_1 und X_2, die Korrelation beträgt 0.95.

Durch die Standardisierung sind beide Varianzen 1 und der Korrelationskoeffizient $r(X_1, X_2)$ ist gleich der Kovarianz $Cov(X_1, X_2)$[4].

Wenn, wie in diesem Beispiel, beide Varianzen 1 sind und die Korrelation positiv ist, dann liegt die erste Hauptkomponente immer im 45-Grad-Winkel zwischen den beiden Ausgangskoordinaten. Die zweite steht im rechten Winkel dazu. In der Grafik (▶ Abbildung 11.8) werden die beiden Hauptkomponenten durch gestrichelte Linien dargestellt. Wir wollen sie Y_1 und Y_2 nennen. Wir können nun die Rotation durchführen und erhalten die Punkte im neuen Koordinatensystem (▶ Abbildung 11.9).

Man sieht, dass Y_1 und Y_2 nicht korreliert sind und dass die Varianz von Y_1 wesentlich größer als die von Y_2 ist. Tatsächlich ist die Varianz von Y_1 gleich 1.946 und jene von Y_2 0.054. Das ist auch die Größe der Eigenwerte für die beiden Hauptkomponenten. Die Summe der beiden Werte ist 2 und entspricht der Anzahl der Variablen.

Für drei Variablen gilt das gleiche Prinzip. Das Streudiagramm beschreibt nun eine Punktwolke in einem dreidimensionalen Raum, die optimalerweise die Form eines Ellipsoids hat. Die erste Hauptkomponente ist entlang der längsten Ausdehnung des Objekts platziert, im rechten Winkel dazu, wieder entlang der längsten Ausdehnung, liegt die zweite Hauptkomponente. Die dritte, im rechten Winkel zu beiden vorgehenden, ergibt sich dann automatisch.

---

4 Der Grund hierfür ist

$$r(X_1, X_2) = \frac{Cov(X_1, X_2)}{\sqrt{Var(X_1) \cdot Var(X_2)}} = \frac{Cov(X_1, X_2)}{\sqrt{1 \cdot 1}} = Cov(X_1, X_2)$$

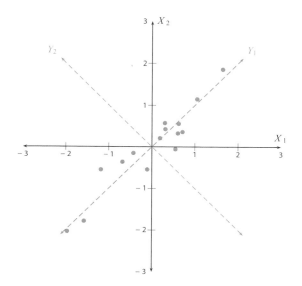

Abbildung 11.8: Streudiagramm der Variablen X_1 und X_2, mit Hauptkomponenten Y_1 und Y_2

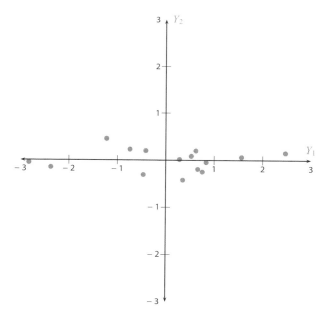

Abbildung 11.9: Streudiagramm der Daten aus ► Abbildung 11.7 im Koordinatensystem der Hauptkomponenten Y_1 und Y_2

11.6   R-Befehle im Überblick

as.numeric(x, ...)   versucht, ein Objekt x in ein numerisches Objekt umzuwandeln.

bart_spher(x)   berechnet den Bartlett-Test, ob alle Korrelationen, ausgehend von einer Datenmatrix x, gleich null sind (**REdaS**).

describeBy(x, group = NULL)   berechnet deskriptive Statistiken für Variablen im Data Frame x gruppiert nach einer oder mehreren Variablen *group*. Sollten *group* mehrere Variablen sein, dann müssen sie als Liste angegeben werden, z. B. *group* = list(a1, a2, a3). Man kann auch weitere Optionen spezifizieren; *skew* = FALSE unterdrückt beispielsweise die Ausgabe von Schiefe und Kurtosis, für weitere Parameter siehe ?describeBy (**psych**).

fa.diagram(...)   erstellt eine grafische Darstellung der Komponentenladungen aus einem Ausgabeobjekt obj der Funktion principal(). Die Option *cut* unterdrückt die Ausgabe für Ladungen mit kleinerem Wert als den angegebenen (voreingestellt ist 0.3), *cex* skaliert die Schriftgröße, *rsize* spezifiziert die Größe der Rechtecke und mit *main* kann man der Grafik einen Titel hinzufügen.

KMOS(x)   berechnet, basierend auf einer Datenmatrix x, das Kaiser-Meyer-Olkin-Kriterium (KMO) und die Measures of Sampling Adequacy (MSA). Für Hilfe zur print() Methode siehe ?KMOS (**REdaS**).

principal(r, nfactors = 1, rotate = "varimax", scores = TRUE)   berechnet eine Hauptkomponentenanalyse ausgehend von Variablen aus einem Data Frame oder einer Datenmatrix r (r kann auch eine Korrelationsmatrix sein, wobei dann zusätzlich der Parameter *n.obj*, die Stichprobengröße, spezifiziert werden muss). Die Anzahl zu extrahierender Komponenten wird mit *nfactors* angegeben, die Rotationsmethode mit *rotate* (voreingestellt sind die Werte 1 und varimax). Mit *scores* = TRUE fordert man die Berechnung von Komponentenwerten an, die dann im Ausgabeobjekt, z. B. obj, unter scores enthalten sind, also z. B. obj$scores (**psych**).

VSS.scree(rx)   erstellt einen Scree-Plot aus einem Data Frame, einer Datenmatrix oder einer Korrelationsmatrix rx (**psych**).

Gruppierung von Beobachtungen

12

ÜBERBLICK

Ziel der in diesem Kapitel besprochenen Methoden ist es, Cluster von Beobachtungseinheiten zu bilden. Cluster sind Gruppen von Beobachtungseinheiten, die meist durch viele Variablen beschrieben sind. Diese Gruppenbildung soll natürlich so erfolgen,

■ *dass die Mitglieder einer Gruppe einander ähnlich sind (Homogenität in den Gruppen) und*

■ *sich die Gruppen voneinander unterscheiden (Heterogenität zwischen den Gruppen).*

Es gibt viele Verfahren, die dieses Ziel verfolgen. Sie folgen unterschiedlichen Ansätzen und nicht jedes Verfahren ist in jeder Situation gut eingesetzt. Der Oberbegriff Clusteranalyse fasst alle diese Verfahren zusammen, einige wichtige davon werden hier vorgestellt.

In R verwenden wir das Package cluster *(Maechler et al., 2013), das die Verfahren aus dem Buch von Kaufman und Rousseeuw (2005) bereitstellt. Eine Reihe weiterer Packages zur Clusteranalyse sind verfügbar, stellvertretend sei hier* mclust *(Fraley et al., 2012; Fraley und Raftery, 2002; Fraley et al., 2013) erwähnt. Einige Verfahren sind auch in der Standardinstallation von R implementiert.*

LERNZIELE

Nach Durcharbeiten dieses Kapitels haben Sie Folgendes erreicht:

■ Sie wissen, dass für alle Verfahren von Bedeutung ist, wie der Abstand zwischen (bzw. die Ähnlichkeit von) Beobachtungen gemessen wird.

■ Sie können den Prozess der Clusterbildung bei hierarchischen Verfahren anhand des Outputs nachvollziehen und eine gute Aufteilung auswählen.

■ Sie verstehen, dass das Clustern von Variablen prinzipiell nichts Neues im Vergleich zum Clustern von Beobachtungen darstellt.

■ Sie wissen, dass bei einigen Verfahren statt der Datenmatrix die Distanzmatrix als Eingabe genügt.

■ Sie bewerten den Output richtig, den Verfahren erzeugen, bei denen Sie eine Clusterzahl vorgeben müssen.

■ Sie setzen die verschiedenen Clusterverfahren mit R richtig um, Sie speichern die ermittelte Clusterzugehörigkeit der Beobachtungen ab und bringen diese in weitere Auswertungen ein.

12.1 Wie entdeckt man Gruppen ähnlicher Beobachtungen?

Fallbeispiel 33: Demografie

Datenfile: `demographie.dat`

Für die Prognose, wie sich die Bevölkerung in bestimmten Staaten oder Staatengemeinschaften entwickeln wird, sind Angaben über die Altersverteilung, Lebenserwartung, Geburtenentwicklung, Migration etc. notwendig.

Im Datenfile sind zu den Staaten der EU nicht nur aktuelle Kennzahlen, sondern auch Prognosen dieser Kennzahlen für das Jahr 2030 enthalten.

Gibt es unter den EU-Staaten Gruppen mit ähnlichen demografischen Kennzahlen?

Die Fragestellung bezieht sich auf alle im Datenfile angegebenen demografischen Kennzahlen. Um einen Überblick über die Verfahren zu bewahren, werden wir uns auf zwei Variablen konzentrieren, die Fertilitätsrate (durchschnittliche Kinderzahl pro Frau) und die jährliche Nettomigrationsrate (auf 1000 Einwohner bezogene Differenz zwischen Einwanderung und Auswanderung). Im Datenfile sind die Variablen mit englischen Namen versehen, also mit `Fertilityrate` und `Annualnetmigrationrate`.

```
> demog <- read.csv2("demographie.csv", header = TRUE)
> attach(demog)
> plot(Fertilityrate, Annualnetmigrationrate, xlim = c(1.15, 2.1))
> textpos <- rep(4, 27)
> textpos[c(8, 10, 20, 21)] <- 2
> text(Fertilityrate, Annualnetmigrationrate, Country, pos = textpos,
+      cex = 0.7)
```
R

Im Streudiagramm (▶ Abbildung 12.1) sind nur 26 Punkte eingezeichnet, von Bulgarien ist keine Nettomigrationsrate angegeben.

Wir können mehrere Gruppen in den Daten ausmachen. Mehr als die Hälfte der Staaten ist im Streudiagramm links unten (niedrige Fertilitätsrate und niedrige Nettomigrationsrate) angesiedelt. Oben (hohe Nettomigrationsrate) ist eine Zweiergruppe mit Spanien und Zypern. Rechts unten (hohe Fertilitätsrate und niedrige Nettomigrationsrate) befindet sich eine Gruppe mit skandinavischen und einigen westeuropäischen Staaten. Zusätzlich gibt es mit Estland, Luxemburg und Irland drei Staaten, die nicht so recht zu einer dieser Gruppen passen.

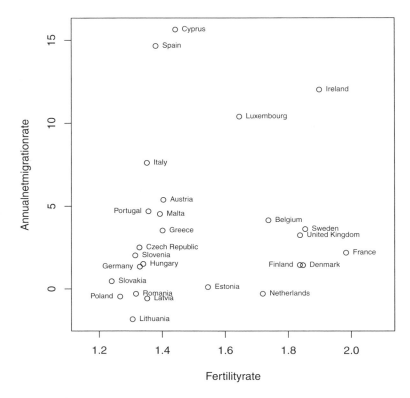

Abbildung 12.1: Streudiagramm von EU-Staaten nach zwei Demografiekennzahlen

12.1.1 Distanz- und Ähnlichkeitsmaße

Ein wichtiges Konzept der Clusteranalyse sind Distanz- und Ähnlichkeitsmaße, durch die angegeben werden kann, wie stark sich zwei Beobachtungen unterscheiden bzw. sich ähnlich sind.

Distanzmaße

Distanzmaße werden aus der Mathematik in ausreichender Zahl nicht nur für den zwei- oder dreidimensionalen Raum bereitgestellt, sondern auch für höher dimensionale Räume.

Für metrische Variablen ist die EUKLIDISCHE DISTANZ das bekannteste Distanzmaß.

$$d_E(x, y) = \sqrt{\sum_{i=1}^{n} (x_i - y_i)^2}$$

Sie entspricht in der Anschauung der Luftlinie zwischen zwei Punkten und ist die Voreinstellung für die meisten Verfahren aus dem Package cluster.

Ebenfalls verbreitet ist die MANHATTAN-DISTANZ.

$$d_M(x, y) = \sum_{i=1}^{n} |x_i - y_i|$$

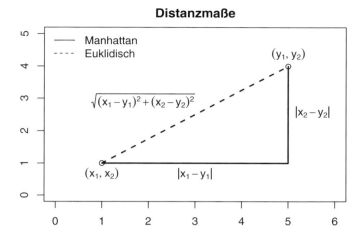

Abbildung 12.2: Distanzmaße

Denkt man sich die beiden Punkte als Ecken eines Häuserblocks, so misst d_M nicht die Luftlinie, sondern die Strecke, wenn man die Häuserblockseiten abgeht (▶ Abbildung 12.2). Sie wird daher auch als City-Block-Metrik bezeichnet.

Ähnlichkeitsmaße

Ähnlichkeitsmaße verfolgen eine ähnliche Idee wie Distanzmaße. Allerdings sollen hohe Werte bedeuten, dass sich Beobachtungen ähnlich sind. Die meisten Ähnlichkeitsmaße erfüllen folgende Bedingungen:

- Symmetrie: $s(x, y) = s(y, x)$
- Normierung: $0 \leq s(x, y) \leq 1$
- $s(x, y) = 1 \Rightarrow x = y$ (oder schwächer $s(x, x) = 1$)

Speziell für binäre Variablen sind einige Maße entwickelt worden, bei Bedarf muss die Spezialliteratur dazu herangezogen werden (Kaufman und Rousseeuw (2005)).

Steht ein Ähnlichkeitsmaß s zur Verfügung, so liefert $d = 1 - s$ ein Maß, das fast alle Forderungen an ein Distanzmaß erfüllt, nur die sog. Dreiecksungleichung nicht. Dennoch wird in der Literatur meist auch dafür der Begriff Distanzmaß verwendet, mitunter findet man dafür den schwächeren Begriff des Unähnlichkeitsmaßes.

Standardisierung

Die direkte Anwendung von Distanzmaßen auf metrische Daten ist selten empfehlenswert. Im Eingangsbeispiel nimmt die Fertilitätsrate Werte zwischen 1.2 und 2 an. Die Nettomigrationsrate schwankt wesentlich stärker, nämlich zwischen −2 und 15. Würde man die Distanzen aus diesen Daten berechnen, wäre hauptsächlich die Nettomigrationsrate für den Abstand zwischen zwei Beobachtungen verantwortlich.

Ein Ausweg ist die Standardisierung aller Variablen, die in die Clusteranalyse eingehen. Das bedeutet eine Transformation aller Variablen auf neue Variablen mit Mittelwert 0 und Varianz 1 (siehe Seite 448). Eine bequemere Version sind Optionen im

Aufruf der Clusteranalyse, die es ermöglichen, dass bei der Berechnung der Distanzmatrix die involvierten Variablen automatisch standardisiert werden. Im Package cluster bedeutet Standardisieren aber meist, dass nach Subtraktion des Mittelwerts nicht durch die Standardabweichung, sondern durch die mittlere absolute Abweichung vom Mittelwert (ein weniger gebräuchliches Streuungsmaß) oder die Spannweite dividiert wird.

Werden alle Variablen in denselben Einheiten gemessen (Messwerte einer Variablen zu verschiedenen Zeitpunkten, Antworten auf Fragen auf einer einheitlichen Likertskala etc.), wird oft auf eine Standardisierung verzichtet.

12.1.2 Hierarchische Clusterverfahren

Eine Idee, wie Cluster ähnlicher Beobachtungen gebildet werden können, ist die folgende:

- Schritt 1: Jede Beobachtung ist ein Cluster. Berechnung der Distanzen zwischen den einzelnen Clustern.
- Schritt 2: Verschmelzung jener zwei Cluster, die sich am nächsten sind
- Schritt 3: Berechnung der Distanzen vom neu gebildeten Cluster zu den anderen Clustern
- Wiederhole die Schritte 2 und 3 so lange, bis nur mehr ein Cluster, in dem alle Beobachtungen enthalten sind, vorhanden ist.

Diese Vorgangsweise entspricht einem HIERARCHISCHEN CLUSTERVERFAHREN. Hierarchische Verfahren, bei denen von vielen Clustern durch Fusion auf immer weniger übergegangen wird, nennt man AGGLOMERATIVE VERFAHREN. Den umgekehrten Weg beschreiten TEILUNGSVERFAHREN, bei denen Cluster immer weiter in Teilcluster aufgeteilt werden, bis lauter Cluster mit nur mehr einer einzigen Beobachtung vorhanden sind. Diese sind aber rechenaufwendiger und wohl deshalb weit weniger verbreitet.

Neben der Wahl des Distanzmaßes in Schritt 1 entsteht eine Fülle von Möglichkeiten durch die unterschiedlichen Methoden zur Berechnung der Distanzen vom neu gebildeten Cluster zu den anderen Clustern in Schritt 3. Diese sind auch die Namensgeber der unterschiedlichen Verfahren. Wir besprechen nur folgende drei Verfahren:

Single-Linkage: Die Distanz zwischen den zwei nächstgelegenen Beobachtungen aus je einem Cluster ist die Distanz zwischen zwei Clustern.

Complete-Linkage: Die Distanz zwischen den zwei entferntesten Beobachtungen aus je einem Cluster ist die Distanz zwischen zwei Clustern.

Average-Linkage: Die Distanz zwischen zwei Clustern ist der Mittelwert aller Distanzen zwischen zwei Beobachtungen aus je einem Cluster.

Neben diesen sind noch weitere Verfahren abrufbar, deren Besprechung in der Spezialliteratur zur Clusteranalyse zu finden ist.

Jedenfalls wird von einer ganz feinen Einteilung (jede Beobachtung ist ihr eigenes Cluster) in $n-1$ Schritten auf eine immer gröbere Einteilung übergegangen. Eine Hilfe, wo dieser Prozess zu stoppen ist, stellen DENDROGRAMME dar. Sie enthalten den Abstand der beiden Cluster, die im jeweiligen Schritt verschmolzen wurden. Wenn nur geringe Zunahmen in diesen Distanzen zu beobachten sind, ist der Übergang auf weniger Cluster vertretbar. Ist die Zunahme stark, ist ein möglicher Stop des Fusionsprozesses erwägenswert.

Single- und Complete-Linkage

Wir stellen den Vergleich zwischen den beiden Extrempositionen Single- und Complete-Linkage an einem einfachen, überschaubaren und hypothetischen Beispiel an.

```
> x <- c(1, 2, 3, 4, 5, 5, 2, 3, 2, 7, 7, 7)
> y <- c(0, 0, 0, 0, 0, 1, 4, 5.5, 7, 4, 5.5, 7)
> xym <- cbind(x, y)
> namen <- letters[1:length(x)]
> plot(x, y, pch = 20, xlim = c(1, 7.2))
> text(x, y, namen, pos = 4)
```

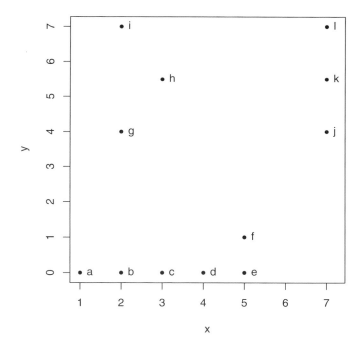

Abbildung 12.3: Streudiagramm künstlicher Clusterdaten

In den Daten (▶ Abbildung 12.3) gibt es grob drei Gruppen: eine mit den sechs Beobachtungen a bis f (nennen wir sie AF), eine mit den drei Beobachtungen j, k und l (wir nennen sie JL) und eine (Gruppe GI) mit den drei Beobachtungen g, h und i.

Clusterbildungsprozess im Single-Linkage-Verfahren Generell werden jene Cluster, die sich am nächsten sind, verschmolzen. Zum Start – jede Beobachtung ist ein eigenes Cluster, wir nennen sie (a), (b), … (l) – haben aus der Gruppe AF mehrere Beobachtungen untereinander den Abstand 1 (wir nehmen die Euklidische Distanz). Welche zwei Cluster aus diesen als Erstes verschmolzen werden, ist beliebig. Nehmen wir an, dass (a) und (b) zum Cluster (a-b) verschmolzen werden. Von diesem neu gebildeten Cluster müssen die Distanzen zu den anderen Clustern neu bestimmt

483

werden. Im Single-Linkage-Verfahren wird der kleinste Abstand einer Beobachtung des neuen Clusters zu einer Beobachtung der anderen Cluster gewählt. Damit hätte das neue Cluster (a-b) zu (c) den Abstand 1, da (b) und (c) nur eine Einheit auseinanderliegen. Analog wird für die Distanzen von (a-b) zu den anderen Clustern (d) bis (l) jeweils nur der Abstand von (b) herangezogen, weil dieser Punkt näher bei diesen Beobachtungen liegt als (a).

Auf diese Weise wird in den ersten fünf Verschmelzungen ein großes Cluster mit den Punkten (a) bis (f) gebildet. Für den Abstand zu (g) bestimmt aus diesem Cluster (b) den kleinsten Abstand, er beträgt 4, für den Abstand zu (j) bestimmt (f) den kleinsten Abstand, er beträgt $\sqrt{2^2 + 3^2} = 3.606$.

Diese Abstände sind größer als Abstände in der Gruppe rechts oben. Die nächsten Verschmelzungen führen dazu, dass die Punkte (j), (k) und (l) zu einem Cluster verbunden werden. Analog führen die nächsten zwei Verschmelzungen zu einem Cluster mit den Beobachtungen (g), (h) und (i).

Jetzt sind nur mehr drei Cluster vorhanden. Nach dem Single-Linkage-Prinzip wird der Abstand des Clusters AF zum Cluster GI durch den Abstand von (b) zu (g) bestimmt, er beträgt also 4. Der Abstand von AF zu JL wird durch den Abstand von (f) zu (j) bestimmt (3.606), der von GI zu JL durch den Abstand (h) zu (k), er beträgt 4.

Also kommt es im nächsten Schritt zur Verschmelzung von AF mit JL und im letzten Schritt werden alle Beobachtungen in ein Cluster zusammengefasst.

Eine Grafik (▶ Abbildung 12.4) spiegelt den sukzessiven Verschmelzungsprozess von Clustern wider. Eine genauere Besprechung solcher Dendrogramme folgt später, wenn wir den Output hierarchischer Clusterverfahren besprechen (Abschnitt 12.1.3). Agglomerative hierarchische Clusterverfahren können mit dem Befehl agnes() aufgerufen werden, die Spezifikation der gewünschten Methode erfolgt über die Option *method*.

```
> library("cluster")
> single <- agnes(xym, stand = FALSE, method = "single")
> complete <- agnes(xym, stand = FALSE, method = "complete")
> par(mfrow = c(1, 2))
> plot(single, which.plots = 2, main = "Single-Linkage", labels = namen)
> plot(complete, which.plots = 2, main = "Complete-Linkage", labels = namen)
```

Clusterbildungsprozess im Complete-Linkage-Verfahren   Wie im Single-Linkage-Verfahren nehmen wir an, dass zuerst (a) und (b) zu (a-b) verschmolzen werden. Allerdings bestimmt jetzt der größte Abstand von Beobachtungen aus diesem Cluster zu den anderen Beobachtungen die neuen Clusterdistanzen. Also werden die Distanzen von (a) zu den Beobachtungen (c) bis (l) als Abstand herangezogen. Der Abstand zu (c) ist somit 2, der zu (d) 3 usw. Auf diese Weise werden zuerst mehrere kleine Cluster mit zwei oder drei Beobachtungen gebildet, bevor Cluster mit vielen Beobachtungen entstehen.

Auch hier wird zwei Schritte vor Schluss der Stand mit den drei (natürlichen) Clustern (a-b-c-d-e-f), (g-h-i) und (j-k-l) erreicht. Allerdings werden jetzt im vorletzten Schritt die zwei kleinen Cluster (g-h-i) und (j-k-l) verschmolzen (die größte Distanz zwischen Beobachtungen aus diesen Clustern beträgt $\sqrt{5^2 + 3^2} = 5.831$ und ist kleiner als etwa die Distanz von (a) zu (l) oder von (e) zu (i)).

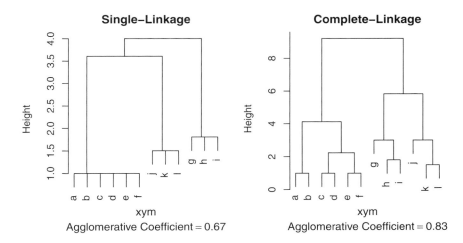

Abbildung 12.4: Dendrogramm: Single- und Complete-Linkage

Im Dendrogramm (▶ Abbildung 12.4) ist der gesamte Verschmelzungsprozess wiedergegeben.

Average-Linkage

Ein Mittelweg zwischen diesen beiden Extremen ist das Average-Linkage-Verfahren. Hier wird zur Bestimmung des Abstands zwischen zwei Clustern nicht das Minimum (Single-Linkage) oder das Maximum (Complete-Linkage) der Distanzen zwischen den Beobachtungen aus den zwei Clustern verwendet, sondern der Mittelwert dieser Distanzen.

Auch bei diesem Verfahren erreicht man im Verschmelzungsprozess zu den drei Clustern (a-b-c-d-e-f), (g-h-i) und (j-k-l). Im vorletzten Schritt werden jetzt aber die zwei kleinen Cluster (g-h-i) und (j-k-l) verschmolzen (▶ Abbildung 12.5).

```
> average <- agnes(xym, stand = FALSE, method = "average")
> plot(average, which.plots = 2, main = "Average-Linkage", labels = namen)
```
R

12.1.3 Outputteile

Jedes agglomerative hierarchische Verfahren liefert eine Folge von Clusterverschmelzungen, die von lauter Clustern mit nur jeweils einer Beobachtung zu einem einzigen Cluster mit allen Beobachtungen führen. Mit der Funktion summary() wird viel Information über diesen Verschmelzungsprozess geboten, wir stellen die wichtigsten Teile und damit verwandte Plots vor.

Als Basis verwenden wir die Ergebnisse des Average-Linkage-Verfahrens angewandt auf das einfache Beispiel mit den zwölf Punkten, an dem wir die Unterschiede zwischen den drei Verfahren besprochen haben.

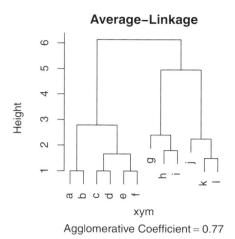

Abbildung 12.5: Dendrogramm: Average-Linkage

Merge-Matrix und anderer numerischer Output

An der MERGE-MATRIX, wie sie die Funktion `agnes()` liefert, kann der Prozess der Clusterverschmelzung verfolgt werden. Die Beobachtungen sind durch die Zeilennummer der Datenmatrix angegeben. Da zwölf Beobachtungen vorliegen, sind insgesamt elf Clusterverschmelzungen dokumentiert.

```
> average <- agnes(xym, stand = FALSE, method = "average")
> average$merge
```

```
       [,1] [,2]
 [1,]   -5   -6
 [2,]   -3   -4
 [3,]   -1   -2
 [4,]  -11  -12
 [5,]    2    1
 [6,]   -8   -9
 [7,]  -10    4
 [8,]   -7    6
 [9,]    3    5
[10,]    8    7
[11,]    9   10
```

Negative Eintragungen (etwa −5) in der Matrix bedeuten, dass es die ursprünglichen Einzelcluster (etwa das mit der Beobachtungsnummer 5) sind, positive Eintragungen (etwa 2) bedeuten, dass es sich um das Cluster handelt, das im Schritt 2 entstanden ist. In diesem wurde ein Cluster aus den zwei Einzelbeobachtungen 3 und 4 gebildet.

Von Bedeutung ist auch, wie heterogen die gebildeten Cluster sind. Diese Information ist nicht in der Merge-Matrix enthalten. Wir beziehen sie aus einem Vektor, in dem die Distanz zwischen den zwei Clustern angegeben ist, die verschmolzen werden. Die Werte in diesem Vektor sind allerdings so angeordnet, dass sie für einen in der Folge zu besprechenden Plot gut passen. Für unsere Zwecke ist es besser, wenn wir sie vorher sortieren.

```
> sort(average$height)                                                    R
```

```
 [1] 1.0000 1.0000 1.0000 1.5000 1.6626 1.8028 2.2500 2.4014 2.7857 4.9607
[11] 6.1357
```

Die ersten Cluster wurden also auf einer Höhe von 1 verschmolzen, die letzte Verschmelzung geschah auf einer Höhe von etwas über 6. Ein markanter Sprung in diesen Werten ist vom drittletzten zum vorletzten Wert erkennbar. Die zugehörige Verschmelzung würde zu wesentlich heterogeneren Clustern führen, man sollte sie nicht mehr durchführen. Man würde bei drei Clustern den Verschmelzungsprozess stoppen.

Eine Kennzahl, die beschreiben soll, ob sich die Daten gut in Cluster einteilen lassen, ist der AGGLOMERATIVE KOEFFIZIENT (kurz: AC). Er kann nur Werte zwischen 0 und 1 annehmen, hohe Werte sprechen für gut unterscheidbare Cluster. Werte über 0.5 werden schon als gut eingestuft.

```
> average$ac                                                              R
```

```
[1] 0.76562
```

Mit über 0.76 sind die Daten also gut in Gruppen einteilbar.

Dendrogramm

Dendrogramme haben wir schon mit `plot()` erstellt, eine andere Möglichkeit bietet `pltree()`.

```
> pltree(average, main = "Average-Linkage", labels = namen)               R
```

Im Dendrogramm (▶ Abbildung 12.6) sind die Informationen aus der Merge-Matrix und der Höhe, auf der die Verschmelzungen erfolgt sind, in einer Grafik zusammengeführt.

Zunächst sind sich die Cluster, die fusioniert werden, noch sehr ähnlich (niedrige Höhe). Die letzten zwei Fusionen finden zwischen Clustern statt, die schon stark unterschiedlich sind.

Bannerplot

Wie schon das Dendrogramm kann auch ein Bannerplot mit dem Befehl `plot()` erstellt werden, nämlich mit `plot(average, which.plots = 1)`. Dabei werden automatisch Haupt- und Untertitel für die Grafik generiert. Sind diese nicht erwünscht, müssen sie durch eigene Titel ersetzt oder unterdrückt werden. Die etwas bequemere Variante ist der Aufruf mit dem `bannerplot()` Befehl.

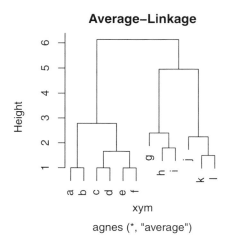

Abbildung 12.6: Dendrogramm: Average-Linkage

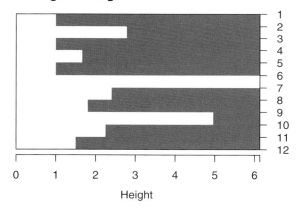

Abbildung 12.7: Bannerplot: Average-Linkage

```
> bannerplot(average, main = "Average-Linkage")                    R
```

Aus dem Bannerplot (▶ Abbildung 12.7) sind die dieselben Informationen ablesbar wie aus dem Dendrogramm. Die nach links hin längsten Balken gehören zu jenen Clusterverschmelzungen, die zuerst erfolgt sind. Die Beschriftung der *y*-Achse gibt an, welche Cluster miteinander verschmolzen werden. Aus der Beschriftung der *x*-Achse ist erkenntlich, auf welchem Niveau die Verschmelzung geschieht.

Auf gleich niedrigem Niveau wurden also die Beobachtungen 1 und 2, die Beobachtungen 3 und 4 sowie die Beobachtungen 5 und 6 verschmolzen. Etwas später (Höhe 1.5) kommt es zur Verschmelzung der Beobachtungen 11 und 12. Die erste Verschmelzung von Clustern, die schon aus mehreren Beobachtungen bestehen, passiert auf einer Höhe von ca. 1.7, es kommen die Beobachtungen 3 bis 6 in ein gemeinsames Cluster.

Der Bannerplot verdankt seinen Namen der Form, die er in vielen Beispielen annimmt; er ähnelt einer Fahne (Banner) im Wind. Der Bannerplot ist ähnlich dem Eiszapfenplot (*icicle plot*), der von vielen anderen Programmen ausgegeben wird.

Dendrogramme enthalten dieselbe Information, sind aber einfacher zu interpretieren. Wir beschränken uns daher im Folgenden auf die Wiedergabe von Dendrogrammen.

12.1.4 Anwendung auf die Demografiekennzahlen

Wir haben an einem einfachen Beispiel agglomeratives hierarchisches Clustern beschrieben. Jetzt kommen wir auf das ursprüngliche Beispiel der EU-Staaten und einiger Demografiekennzahlen zurück, von denen nur die Fertilitätsrate und die Nettomigrationsrate in die Clusteranalyse eingehen sollen. Ein kleines Problem stellt dabei der fehlende Wert der Nettomigrationsrate für Bulgarien dar, da die Clusterbefehle nicht mit fehlenden Werten operieren können. Aus dem Data Frame demog entfernen wir mit na.omit() jene Beobachtungen, bei denen fehlende Werte auftreten. Da wir nur an der Fertilitätsrate und der Nettomigrationsrate interessiert sind, nehmen wir nur die ersten vier Variablen (neben den beiden Demografievariablen den Namen und die Kurzbezeichnung des Staates) in einen neuen Data Frame (demog1) auf.

Da die Streuungen in den beiden Variablen stark unterschiedlich sind, verwenden wir beim Aufruf der Clusteranalyse mit agnes() die Option *stand* = TRUE, die eine Standardisierung der Variablen bewirkt.

Den umfangreichen Output, der durch summary() entstünde, unterdrücken wir. Die wesentliche Information ist ohnehin im Dendrogramm enthalten, als numerische Zusammenfassung geben wir nur den agglomerativen Koeffizienten aus.

```
> demog <- read.csv2("demographie.csv", header = TRUE)
> demog1 <- na.omit(demog[, 1:4])
> clustdata <- demog1[, 3:4]
> demogclust <- agnes(clustdata, stand = TRUE)
> demogclust$ac
```

```
[1] 0.88422
```

Das Dendrogramm erzeugen wir mit pltree() und unterdrücken den Untertitel, in dem, in der Voreinstellung, die verwendete Methode erscheint.

```
> pltree(demogclust, main = "Average-Linkage", xlab = "EU-Staaten",
+     sub = "", labels = demog1$Code)
```

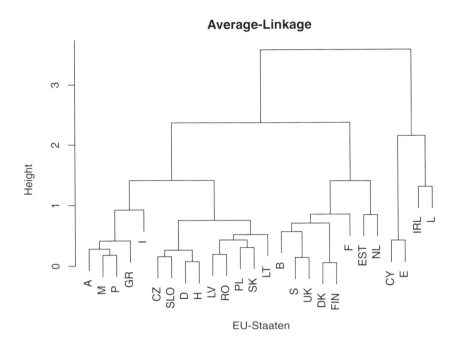

Abbildung 12.8: Dendrogramm für die Demografiedaten

Fallbeispiel 33: Demografie: Interpretation des hierarchischen Clusterns

Um Gruppen unter den 26 Staaten mit ähnlichen demografischen Kennzahlen zu finden, wurde ein agglomeratives hierarchisches Clusterverfahren eingesetzt.

Der agglomerative Koeffizient hat mit 0.884 einen hohen Wert, die Daten sind also gut für eine Clusteranalyse geeignet.

Das Dendrogramm (▶ Abbildung 12.8), das den Clusterverschmelzungsprozess anzeigt, legt einen Stopp bei einer Höhe von ca. 1.5 nahe. Das entspricht einer Einteilung in vier Cluster. Weitere Schritte führen zu deutlich heterogeneren Clustern.

Ebenfalls aus dem Dendrogramm kann die Zusammensetzung der Cluster abgeleitet werden. Für die Wahl mit vier Clustern sind die Staaten folgenden Clustern zugeordnet:

Cluster 1: Österreich, Malta, ..., Litauen
Cluster 2: Belgien, Schweden, ..., Niederlande
Cluster 3: Zypern, Spanien
Cluster 4: Irland, Luxemburg

> Die Cluster 3 und 4 enthalten nur jeweils zwei Staaten. Aus praktischen Erwägungen kann es vertretbar sein, diese beiden Cluster zu vereinen. Nach dem Dendrogramm sind es die nächsten Kandidaten für eine Verschmelzung.

Die Clusteranalyse hat ähnliche Resultate geliefert, wie wir sie aus dem Streudiagramm (▶ Abbildung 12.1) abgeleitet hätten. Das sollte unser Vertrauen in die Methode bei Anwendungen stärken, bei denen mehr als zwei Variablenwerte pro Beobachtung vorliegen und eine Überprüfung der Sinnhaftigkeit der Cluster über ein Streudiagramm nicht mehr möglich ist.

Bemerkungen:

- Die Voreinstellung (Average-Linkage) bei den Fusionsmethoden sollte nur in begründeten Fällen geändert werden.

- Die Standardisierung der Variablen in diesem Beispiel ist ratsam, da die Streuung der beiden Variablen stark unterschiedlich ist. Die Clusteranalyse ohne Standardisierung hätte dazu geführt, dass die Clustereinteilung fast nur von der Nettomigrationsrate bestimmt wird. Ein Übungsbeispiel geht darauf ein.

- Natürlich ist von der Verwendbarkeit der Ergebnisse her auch die Variante mit drei Clustern denkbar, bei der die beiden kleinen Cluster mit jeweils nur zwei Beobachtungen zusammengelegt werden.

12.1.5 Teilungsverfahren

Agglomerative hierarchische Verfahren sind leicht verständlich, haben einen vertretbaren Rechenaufwand und verlangen kein Vorwissen über die Anzahl an Clustern, in die die Daten eingeteilt werden sollen. Als Nachteil dieser Verfahren wird manchmal angeführt, dass zwei Beobachtungen, die einmal in einem gemeinsamen Cluster sind, nicht mehr getrennt werden können.

Bei Teilungsverfahren wird ausgehend von einem Cluster mit allen Beobachtungen durch sukzessive Teilung von Clustern der Endzustand von vielen Einzelclustern erreicht. Die Verfahren sind rechenaufwendiger und weniger intuitiv, wir verzichten daher auf eine genaue Beschreibung. Der Output, der durch den Befehl diana() erzeugt wird, hat dieselbe Struktur wie bei agglomerativen Verfahren, statt eines agglomerativen Koeffizienten wird ein TEILUNGSKOEFFIZIENT (divisive coefficent, DC) bestimmt. Natürlich muss bei der Interpretation von Dendrogrammen oder Bannerplots in der zu agglomerativen Verfahren umgekehrten Richtung argumentiert werden.

```
> demogclustdiv <- diana(clustdata, stand = TRUE)
> demogclustdiv$dc
```

```
[1] 0.90204
```

```
> pltree(demogclustdiv, main = "Teilungsverfahren", xlab = "EU-Staaten",
+       sub = "", labels = demog1$Code)
```

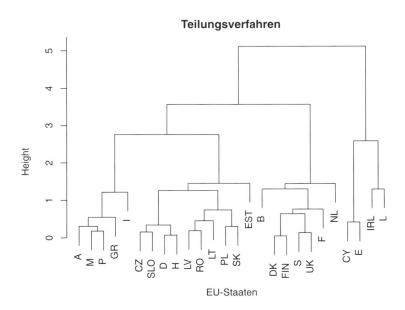

Abbildung 12.9: Dendrogramm des Teilungsverfahrens für die Demografiedaten

Der Teilungskoeffizient hat einen hohen Wert, die Daten lassen sich demnach gut in Cluster einteilen. Das Dendrogramm (▶ Abbildung 12.9) zeigt, dass zuerst die Vierergruppe (CY, E, IRL, L) von den anderen Staaten abgetrennt wird (diese Gruppe wird erst viel später weiter aufgespalten). Würde man bei drei Clustern den Prozess anhalten, wäre die Clusterzusammensetzung fast gleich wie beim agglomerativen Verfahren. Allein Estland ist aus dem Cluster mit den west- und nordeuropäischen Ländern in das Cluster mit den hauptsächlich mitteleuropäischen Ländern gewandert.

12.1.6 Speichern der Clusterzugehörigkeit

Die Clusteranalyse ist kein Selbstzweck, sondern bildet mit der Einteilung der Daten in Cluster oft eine Basis für weitere Analysen. Nun liefern hierarchische Clusterverfahren nicht eine einzige Einteilung in Cluster, sondern eine ganze Folge von Einteilungen, aus denen etwa mit Hilfe eines Dendrogramms eine gute und passende Einteilung ausgewählt werden kann.

Welche Beobachtungen dabei ein gemeinsames Cluster bilden, kann eigenständig aus der Merge-Matrix ermittelt werden, indem Schritt für Schritt der Klassenbildungsprozess nachvollzogen wird. Dieser bei großen Datensätzen nicht unbeträchtliche Aufwand wird einem von der Funktion `cutree()` abgenommen.

```
> cutree(demogclust, 4)
```
R

```
[1] 1 2 3 1 2 2 2 2 1 1 1 4 1 1 1 4 1 2 1 1 1 1 1 3 2 2
```

12.2   Wie findet man Cluster in den Variablen?

Fallbeispiel 34: Demografiekennzahlen

Datenfile: demographie.dat

Wir haben im vorigen Abschnitt drei oder vier Gruppen von Staaten aufgrund von zwei demografischen Kennzahlen gebildet. Im Datenfile sind weitere Kennzahlen – insgesamt sind es 17 – enthalten.

Gibt es Gruppen ähnlicher Kennzahlen?

Statt nach Gruppen ähnlicher Beobachtungen wird also nach Gruppen ähnlicher Variablen gefragt. Technisch gesehen entsprechen Beobachtungen Zeilen in der Datenmatrix, Variablen bilden die Spalten. Schreibt man Zeilen als Spalten an (in der Mathematik spricht man vom Transponieren einer Matrix) und wendet die Verfahren von vorhin an, werden Gruppen ähnlicher Variablen gebildet. Technisch übergeben wir – nach Entfernen jener Beobachtungen mit fehlenden Werten – nicht die ursprüngliche Datenmatrix (clustdata), sondern die transponierte Datenmatrix (t(clustdata)) an das Clusteranalyseprogramm, etwa an das agglomerative hierarchische Clustern (agnes()).

```
> demog1 <- na.omit(demog)
> clustdata <- demog1[, 3:19]
> varclust <- agnes(t(clustdata), stand = TRUE)
> varclust$ac
```

```
[1] 0.89514
```

```
> pltree(varclust, main = "Variablen-Cluster", xlab = "Demografiekennzahlen",
+       sub = "")
```

Fallbeispiel 34: Demografiekennzahlen: Interpretation des Variablenclusterns

Die Suche nach Gruppen ähnlicher Demografiekennzahlen wurde mit einem agglomerativen hierarchischen Clustern der transponierten Datenmatrix durchgeführt.

Der agglomerative Koeffizient ist recht hoch (0.8951), eine Clusteranalyse für Variablen ist also gut durchführbar.

Das Dendrogramm (► Abbildung 12.10) legt nahe, den Clusterbildungsprozess in der Höhe von ca. 8 abzubrechen. Damit bleiben drei Cluster bestehen, eines davon enthält 13 Variablen (von Fertilityrate bis Averagenetmigration), ein anderes nur die zwei Angaben über Lebendgeburten und Todesfälle und das dritte die Angaben zur Lebenserwartung bei Frauen und Männern bei der Geburt.

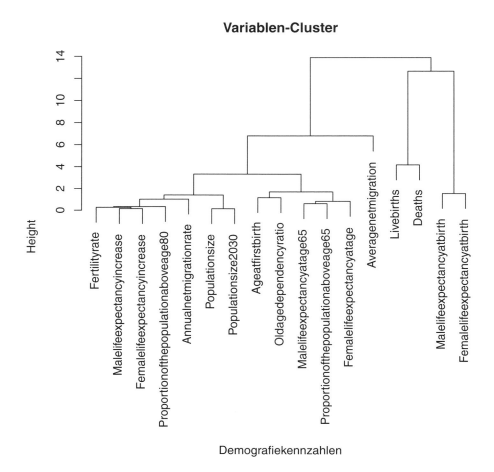

Abbildung 12.10: Clustern von Variablen

12.3   Wie findet man Cluster in großen Datensätzen?

Fallbeispiel 35: Beweggründe für ein Studium

Datenfile: drop-out.csv

In einer Studie mit dem Ziel, Motive und Hintergründe für den Abbruch eines Studiums an der Wirtschaftsuniversität Wien zu erarbeiten, wurden alle Erstinskribierenden des Wintersemesters 2003/04 im Frühjahr 2005, also nach drei Semestern, zur Beantwortung eines Online-Fragebogens aufgefordert. Davon haben ungefähr ein Drittel diesen Fragebogen tatsächlich ausgefüllt, darunter viele, die ihr Studium schon abgebrochen hatten.

Ein Teil des Fragenbogens widmete sich den Beweggründen für die Aufnahme eines Studiums generell, einige Fragen betrafen die Aufnahme eines Studiums speziell an der WU Wien.

Gibt es Gruppen unter den Studierenden, die aus ähnlichen Motiven ihr Studium an der WU Wien begonnen haben?

Die Motivation wurde über 17 Fragen (die Variablen v4a bis v4q) erhoben, von denen aber drei (v4n, v4o und v4q) fast keine Variation aufweisen. All diese Motivationsfragen waren auf einer fünfstufigen Likertskala zu beantworten, von 1 (trifft sehr zu) bis 5 (trifft gar nicht zu). Es liegen somit ordinale Daten vor, die wir mit etwas Bauchweh als metrisch behandeln. Ein weiteres Problem ist der nicht unbeträchtliche Stichprobenumfang von 682 Befragten, der für hierarchische Verfahren schon an der Grenze zur Bearbeitbarkeit liegt.

12.3.1 Centroid-Verfahren

Eine weitere Möglichkeit der Clusterbildung stellen CENTROID-VERFAHREN dar. Bei diesen werden um Clusterzentren (Centroide) herum die Cluster gebildet. In dem hier vorgestellten Verfahren werden für eine gegebene Clusterzahl k aus einem Teil der Stichprobe k MEDOIDE bestimmt, die als Zentren der zukünftigen Cluster dienen sollen. In einem weiteren Schritt werden alle Beobachtungen dem nächstgelegenen Medoid zugeordnet. Es wird aber auch überprüft, ob diese Beobachtung nicht besser als Medoid geeignet ist, als Maß dient der durchschnittliche Abstand zum Medoid des eigenen Clusters.

In R kann das Verfahren über zwei Arten aufgerufen werden, pam() ist für moderate Datensätze ausgelegt, clara() bewältigt auch große Datensätze. Wir demonstrieren die Methode mit clara(), lassen uns drei Cluster erzeugen und verwenden die sog. MANHATTAN-METRIK. Vom Datensatz sind die uns interessierenden Variablen die Spalten 6 bis 18 und 21. Das Verfahren toleriert auch fehlende Werte bei Beobachtungen, eine Beobachtung mit lauter fehlenden Werten führt allerdings zu einem Abbruch mit entsprechender Fehlermeldung.

```
> dropout <- read.csv2("drop-out.csv", header = TRUE)
> dropv4 <- dropout[, c(6:18, 21)]
> dropv4 <- na.omit(dropv4)
> clara4 <- clara(dropv4, 4, metric = "manhattan")
```

Der Standardoutput, etwa nach print(clara4) oder nach summary(clara4) ist für dieses Beispiel schon zu umfangreich, um hier in voller Länge dargestellt zu werden. Wir besprechen die wichtigen Outputteile im folgenden Abschnitt.

12.3.2 Outputteile des Verfahrens

Medoide

Die aus den Daten abgeleiteten Clustermedoide können wichtige Informationen für die Interpretation und Namensgebung der Cluster beisteuern.

```
> clara4$medoids                                                            R
```

```
    v4a v4b v4c v4d v4e v4f v4g v4h v4i v4j v4k v4l v4m v4p
402   2   3   1   1   2   5   2   2   1   4   2   5   5   2
606   2   5   1   1   3   5   4   3   2   5   3   5   5   2
190   1   5   1   1   2   5   3   2   1   5   2   4   1   2
429   3   2   2   2   4   2   3   2   2   4   3   2   5   3
```

Für jedes Cluster sind die Beobachtungsnummer des Clustermedoids und die Koordinaten (hier 14 Variablenwerte) des Medoids angeführt.

Clusterinformation

```
> clara4$clusinfo                                                           R
```

```
     size max_diss av_diss isolation
[1,]  255       17  9.5405    1.8889
[2,]  218       21 10.4725    2.3333
[3,]   91       20 10.3145    2.0000
[4,]  101       27 13.1089    1.6875
```

Pro Cluster sind folgende Informationen aufgelistet:

- Anzahl Beobachtungen im Cluster
- Maximale Distanz zwischen einer Beobachtung aus dem Cluster und dem Clustermedoid
- Durchschnittliche Distanz zwischen den Beobachtungen aus dem Cluster und dem Clustermedoid
- Maximale Distanz zwischen einer Beobachtung aus dem Cluster und dem Clustermedoid dividiert durch die minimale Distanz des Clustermedoids zu den anderen Clustermedoiden. Kleine Werte sollen angeben, dass das Cluster klar von den anderen Clustern separiert ist.

Clusterzugehörigkeit der Beobachtungen

Natürlich ist man auch daran interessiert, in welches Cluster die jeweilige Beobachtung fällt. Im Unterschied zu hierarchischen Verfahren muss diese Information nicht nachträglich (aus einer Merge-Matrix) ermittelt werden, sondern sie wird hier in einem eigenen Vektor mitgeliefert. Wir zeigen sie nur für die ersten zehn Beobachtungen an.

```
> cbind(Cluster = clara4$clustering[1:10])                                  R
```

```
   Cluster
1        1
2        2
3        3
4        1
5        1
6        3
7        1
8        1
9        1
10       4
```

Sonstiges

Mit dem Verfahren wird versucht, den durchschnittlichen Abstand der Beobachtungen zum Medoid des eigenen Clusters als Zielfunktion zu minimieren. Der Wert der Zielfunktion kann für die bestehende Clustereinteilung abgerufen werden.

```
> clara4$objective
```

```
[1] 10.532
```

Zusätzlich stehen auch Angaben zu sog. Silhouetten zum Abruf bereit. Aus ihnen kann bei metrischen Variablen abgeleitet werden, wie klar abgetrennt die Cluster voneinander sind. In diesem Beispiel haben wir nur ordinale Daten und verzichten daher auf deren Präsentation.

12.3.3 Analyse des Outputs

Wir haben den Output für eine Einteilung in vier Cluster besprochen. Aber natürlich kommen auch Einteilungen auf andere Clusterzahlen in Frage. Man kann für andere Clusterzahlen die Clustereinteilung berechnen lassen, eine Hilfe bei der Auswahl der Clusterzahl stellt der jeweilige Wert der Zielfunktion dar.

```
> clara3 <- clara(dropv4, 3, metric = "manhattan")
> clara4 <- clara(dropv4, 4, metric = "manhattan")
> clara5 <- clara(dropv4, 5, metric = "manhattan")
> clara6 <- clara(dropv4, 6, metric = "manhattan")
> clara7 <- clara(dropv4, 7, metric = "manhattan")
> clara8 <- clara(dropv4, 8, metric = "manhattan")
> clara9 <- clara(dropv4, 9, metric = "manhattan")
> obj <- c(clara3$objective, clara4$objective, clara5$objective,
+     clara6$objective, clara7$objective, clara8$objective, clara9$objective)
> cbind(Klassenzahl = 3:9, Zielfunktion = obj)
```

```
     Klassenzahl Zielfunktion
[1,]           3      11.2481
[2,]           4      10.5323
[3,]           5      10.2481
[4,]           6      10.0301
[5,]           7       9.9699
[6,]           8       9.6421
[7,]           9       9.5323
```

Es ist keine Überraschung, dass die Werte abnehmen. Die Frage ist, bis wohin eine deutliche Abnahme erfolgt. Hier ist der Rückgang in der Zielfunktion nach vier (bzw. sechs) Clustern nur mehr gering. Von dieser Seite scheinen vier oder sechs Cluster eine gute Wahl zu sein. Wir entscheiden uns der Einfachheit halber für vier Cluster.

Zur Beschreibung der Cluster können die Clustermedoide herangezogen werden. Etwas leichter geht es mit den Mittelwerten der Variablen in den einzelnen Clustern. Dabei unterstützt uns die Funktion aggregate(). Neben der Datenmatrix (bzw. dem Data Frame) muss dabei die Clusterzugehörigkeit in einer Faktorenliste (mit nur einem Element) angegeben werden. Das Ergebnis enthält für jedes Cluster eine Zeile mit den Mittelwerten der einzelnen Variablen in diesem Cluster. Allerdings gibt es eine zusätzliche Spalte am Anfang, in der die Clusternummer steht. Diese Spalte löschen wir und übernehmen für die Spalten die Variablennamen des Data Frame. Weil das Ergebnis zu breit für eine schöne Anzeige wäre, transponieren wir die Matrix für die Ausgabe.

```
> cl4 <- list(clara4$clustering)
> clmw <- aggregate(dropv4, cl4, mean)
> clmw <- clmw[, -1]                # spalte mit cluster-nr weg        R
> names(clmw) <- names(dropv4)
> round(t(clmw), digits = 1)
```

```
      [,1] [,2] [,3] [,4]
v4a   1.8  2.0  1.4  2.7
v4b   3.1  4.1  3.9  2.8
v4c   1.7  1.6  1.4  2.6
v4d   1.4  1.9  1.5  2.4
v4e   1.9  2.9  2.2  3.1
v4f   3.9  4.6  4.4  3.3
v4g   2.2  4.0  3.2  2.8
v4h   2.0  3.1  2.4  2.7
v4i   1.5  2.3  1.7  2.5
v4j   4.2  4.8  4.7  4.0
v4k   2.0  3.1  1.9  2.7
v4l   4.4  4.5  4.4  2.4
v4m   4.3  4.2  1.6  4.1
v4p   2.2  2.9  2.1  3.1
```

Fallbeispiel 35: Studiumsmotive: Interpretation des Centroid-Clusterns

Als Verfahren zum Auffinden von Gruppen ähnlicher Beobachtungen wurde bei dem umfangreichen Datensatz der Erstinskribierenden ein Centroidverfahren eingesetzt.

Eine Einteilung in vier Cluster ist sinnvoll.

Zur Beschreibung der Cluster hilft die Mittelwerttabelle.

Cluster 1 hat jeweils die durchschnittlich niedrigsten Werte in den Variablen v4d, v4e, v4h und v4i.

Cluster 2 hat sehr hohe Werte in den Variablen v4b, v4f, v4h, v4j und v4l.

Cluster 3 fällt durch niedrige Werte in den Variablen v4c, v4k, v4m und v4p auf.

Cluster 4 ist durch niedrigste Durchschnittswerte in den Variablen v4b und v4l, sonst eher durch hohe Werte geprägt.

Fassen wir auch die Bedeutung der Variablen ins Auge.

v4a	Horizont erweitern
v4b	Studentenleben genießen
v4c	Interesse am Fach
v4d	Arbeitsmarktchancen
v4e	Voraussetzung für angestrebten Beruf
v4f	in Familie üblich
v4g	Titel wichtig
v4h	internationaler Ruf der WU
v4i	Vielfalt der Einsatzmöglichkeiten
v4j	Freunde studieren auch an WU
v4k	höheres Einkommen
v4l	keine bessere Idee
v4m	Weiterbildung im Beruf
v4p	Vielfalt der Spezialisierungen

Unter Berücksichtigung der Codierung aller Variablen (1 = völlige Zustimmung etc.) können die Cluster kurz folgendermaßen beschrieben werden:

- Cluster 1: Zielorientierte
- Cluster 2: Berufs- und Karriereorientierte
- Cluster 3: Fachlich Interessierte
- Cluster 4: Orientierungslose

12.4 Wie können kategoriale Variablen in eine Clusteranalyse einbezogen werden?

Fallbeispiel 36: Sexualmoral

Datenfile: sexualmoral.dat

In einer Projektarbeit erhoben Studierende der Wirtschaftsuniversität Wien im Studienjahr 2008/09 die Einstellung zu Abtreibung und Sexualmoral. Die Angaben zum Thema Sexualmoral und die demografischen Daten der Befragten sind im Datenfile enthalten.

Die Fragen zur Sexualmoral sind auf einer vierstufigen Likertskala erhoben worden, die niedrigen Werte entsprechen einer offenen, die hohen Werte einer ablehnenden Einstellung. Der Großteil der demografischen Angaben ist kategorialer Natur, von diesen sollen Geschlecht und Religionsbekenntnis in der Clusteranalyse berücksichtigt werden.

Können auch die kategorialen Variablen in die Clusteranalyse eingebunden werden?

12.4.1 Distanzmatrix

Für den seltenen Fall eines Datensatzes mit nur binären kategorialen Variablen steht im Package **cluster** die Funktion `mona()` zur Verfügung. Für das obige Beispiel mit gemischt skalierten Variablen greift diese Funktion nicht. Es liegen ordinale (z. B. alle Fragen zur Sexualmoral), binär kategoriale (Geschlecht) und allgemein kategoriale (Religion) Variablen vor.

Ein Ausweg besteht darin, aus den Daten eine Distanzmatrix aufzubauen und mit dieser Distanzmatrix in ein Clusterverfahren einzusteigen, das als Eingabe nicht nur die Datenmatrix, sondern auch eine Distanzmatrix zulässt. Natürlich ist es einem freigestellt, selbst die Distanzmatrix zu berechnen, in R kann aber auch die Unterstützung durch die Funktion `daisy()` angenommen werden, die für den Aufbau einer Distanzmatrix auch bei komplexen Variablensituationen ausgelegt ist. Als Option muss bei gemischten Datenlagen angegeben werden, dass das Gower-Maß berechnet werden soll.

```
> sexualmoral <- read.table("sexualmoral.dat")
> attach(sexualmoral)
> dsexm <- daisy(sexualmoral[, c(7:19, 23)], metric = "gower")
```

Mit dieser Distanzmatrix kann ein hierarchisches Verfahren aufgerufen werden (etwa mit `agnes(dsexm)` oder `diana(dsexm)`). Wir stellen noch ein weiteres Clusterverfahren vor.

12.4.2 Fuzzy-Verfahren

FUZZY-VERFAHREN sind im Unterschied zu sog. harten Clusterverfahren dadurch gekennzeichnet, dass eine Beobachtung nicht einem und nur einem Cluster, sondern mehreren Clustern zugeordnet wird. Die Stärke der Zuordnung einer Beobachtung i zu einem Cluster v wird durch eine Zahl u_{iv} ($0 \leq u_{iv} \leq 1$), den MITGLIEDSCHAFTS-KOEFFIZIENTEN, ausgedrückt. Die Summe der Mitgliedschaftskoeffizienten einer Beobachtung über alle Cluster ergibt 1 (bzw. 100%).

Damit wird ein Nachteil der harten Clusterverfahren abgeschwächt. Kann eine Beobachtung nicht klar einem Cluster zugeordnet werden, ist das bei harten Verfahren nicht direkt erkennbar. Bei Fuzzy-Verfahren drückt sich das in Mitgliedschaftskoeffizienten aus, die zumindest für einige Cluster ähnlich groß sind.

Auf eine genauere Beschreibung der konkreten Methode verzichten wir wegen der großen Gefahr, sich in einem Formeldschungel zu verlieren. Die Besprechung der wichtigen Outputteile, die nach dem Aufruf der Funktion `fanny()` bereitstehen, darf hingegen nicht fehlen. Wir rufen das Verfahren mit der vorhin bestimmten Distanzmatrix `dsexm`, der gewünschten Clusterzahl und einem Berechnungsparameter *memb.exp*, mit dem etwas experimentiert werden muss (er muss größer als 1 sein, liefert aber mit dem Defaultwert 2 schlechte Ergebnisse), auf.

```
> fuzzysex <- fanny(dsexm, 3, memb.exp = 1.4)
```

12.4.3 Outputteile

Mitgliedschaftskoeffizienten

Für jede Beobachtung werden die Mitgliedschaftskoeffizienten u_{iv} angegeben. Hohe Werte bedeuten, dass eine Beobachtung eher diesem Cluster zugeordnet wird. Aus Platzgründen geben wir diese Koeffizienten nur für die ersten zehn Beobachtungen aus.

```
> fuzzysex$membership[1:10, ]
```

```
        [,1]      [,2]      [,3]
1   0.501143  0.099068  0.399789
2   0.522230  0.117519  0.360251
3   0.281234  0.581658  0.137108
4   0.448061  0.033627  0.518312
5   0.039360  0.947156  0.013484
6   0.090694  0.882087  0.027218
7   0.503412  0.052227  0.444361
8   0.393086  0.060327  0.546587
9   0.330060  0.075788  0.594152
10  0.438782  0.153392  0.407826
```

Die Beobachtungen 5 und 6 werden klar dem Cluster 2 zugeordnet (die entsprechenden Koeffizienten sind 0.947 und 0.882), bei Beobachtung 10 ist die Zuordnung zu Cluster 1 oder zu Cluster 3 (die Koeffizienten liegen mit 0.439 und 0.408 unter 0.5) nicht eindeutig.

Clusterzugehörigkeit

Es wird nicht für jedes Cluster der Mitgliedschaftskoeffizient angeführt, sondern nur jenes Cluster mit dem höchsten Mitgliedschaftskoeffizienten.

```
> cbind(Zuordnung = fuzzysex$clustering[1:10])
```

```
    Zuordnung
1           1
2           1
3           2
4           3
5           2
6           2
7           1
8           3
9           3
10          1
```

Sonstiges

Eine Kennzahl dafür, ob die Clusteranalyse zu einer guten Aufteilung geführt hat, ist der TEILUNGSKOEFFIZIENT NACH DUNN, $F(k)$ (k ist die Clusteranzahl). Für $F(k)$ gilt:

- Die Untergrenze ist $1/k$ und wird nur dann angenommen, wenn für alle Mitgliedschaftskoeffizienten $u_{iv} = 1/k$ gilt.

- Die Obergrenze ist 1 und wird nur dann angenommen, wenn für jede Beobachtung die Mitgliedschaftskoeffizienten extrem sind; also für ein Cluster den Wert 1 hat, für die anderen Cluster den Wert 0.

- Je näher $F(k)$ bei 1 liegt, desto klarer ist die Aufteilung in k Cluster geglückt.

Eine NORMALISIERTE VERSION des Koeffizienten ergibt Werte zwischen 0 (wenn $F(k) = 1/k$) und 1.

```
> fuzzysex$coeff
```

```
dunn_coeff normalized
   0.50502    0.25753
```

Daneben können wie für `clara()` Angaben zu sog. Silhouetten und Kennzahlen aus dem Rechenvorgang abgefragt werden. Wir verzichten auf deren Präsentation.

12.4.4 Analyse des Outputs

Wir haben den Output für drei Cluster präsentiert. Damit ist nicht gesagt, dass dies die beste Wahl ist. Eine Berechnung und der anschließende Vergleich der Teilungskoeffizienten nach Dunn für andere Clusterzahlen können möglicherweise auch in die Irre führen, sind diese ja auch von der Wahl der Option *memb.exp* abhängig.

Ein anderes Kriterium für Clusteranalysen ist nicht zuletzt, wie brauchbar sie sind. Darunter fällt auch die Aufteilung in nicht zu kleine Klassen. Dazu tabellieren wir die Klassenzugehörigkeit.

```
> table(fuzzysex$clustering)
```

```
 1  2  3
34 44 36
```

Die Aufteilung in drei Cluster hat zu etwa gleich großen Clustern geführt, ist also durchaus brauchbar. Eine Erhöhung der Clusterzahl auf vier lässt befürchten, dass hauptsächlich eines der drei Cluster in zwei, schon eher kleine Teilcluster aufgeteilt wird. Wir bleiben also bei drei Clustern.

Die Beschreibung der Cluster kann zumindest für die ordinalen Variablen (es geht dabei hauptsächlich um die Einstellung zu Sexualpraktiken) durch Mediane oder mit etwas Bauchweh durch Mittelwerte angegeben werden. Zu deren Berechnung gehen wir wie im vorigen Fallbeispiel vor (siehe Seite 498).

```
> cl3 <- list(fuzzysex$clustering)
> clmw <- aggregate(sexualmoral[, 7:18], cl3, mean)
> clmw <- clmw[, -1]
> names(clmw) <- names(sexualmoral[, 7:18])
> round(t(clmw), digits = 1)
```

```
              [,1] [,2] [,3]
petting       1.1  1.0  1.2
oGv           1.0  1.0  1.6
anGv          1.9  1.3  2.8
Fesseln       2.3  1.5  2.7
SaM           3.1  2.0  3.5
selbst        1.2  1.1  1.7
drei          2.8  2.0  3.5
porno         1.8  1.1  2.6
swinger       2.9  1.8  3.5
strip         2.3  1.4  2.9
prostitution  2.9  1.6  2.9
sextoys       1.4  1.1  2.1
```

Fallbeispiel 36: Sexualmoral: Interpretation des Fuzzy-Clusterns

Für die Einteilung der Studierenden nach ihren Einstellungen zur Sexualmoral wurde ein Fuzzy-Clusterverfahren angewendet.

Eine Aufteilung in drei Cluster ist brauchbar.

Der Teilungskoeffizient ist mit 0.505 nicht sehr hoch (Minimum: $1/3 = 0.333$). Demnach eignen sich die Daten nicht sehr gut für eine Clusteraufteilung (zumindest in drei Cluster).

Schaut man auf die Mittelwerte der Variablen in den drei Clustern, zeigt sich, dass in Cluster 2 die diversen Sexualpraktiken gegenüber Offensten, in Cluster 3 die Ablehnensten enthalten sind.

12.5 Zusammenfassung der Konzepte

Ziel der Clusteranalyse ist das Aufteilen der Daten in Gruppen (Cluster) ähnlicher Beobachtungen. Ähnlichkeiten von meist hochdimensionalen Beobachtungen werden über Distanz- und Ähnlichkeitsmaße definiert.

Hierarchische Verfahren liefern nicht eine, sondern eine ganze Folge solcher Aufteilungen, von einer ganz feinen bis zu einer ganz groben. Dendrogramme sind bei der Auswahl einer guten Aufteilung in Cluster hilfreich.

Centroid-Verfahren suchen für eine gegebene Clusterzahl aus den Beobachtungen mögliche Zentren für Cluster aus. Auf diese Clusterzentren aufbauend erfolgt die Zuordnung der Beobachtungen zu jenem Cluster, dessen Zentrum der Beobachtung am nächsten liegt (bzw. am ähnlichsten ist).

Bei Fuzzy-Verfahren ist die Zuordnung zu Clustern nicht hart, sondern weich in dem Sinn, dass eine Beobachtung allen Clustern aber mit unterschiedlicher Stärke zugeordnet wird.

- Cluster: Gruppe ähnlicher Beobachtungen
- Distanz- und Ähnlichkeitsmaße: Sie bestimmen, wie Unterschiede bzw. Ähnlichkeiten zwischen Beobachtungen und in der Folge zwischen Clustern gemessen werden.

- ■ Agglomerative hierarchische Verfahren: Ausgehend von Clustern mit nur einer Beobachtung wird durch Verschmelzen von Clustern die Clusterzahl laufend verkleinert.

- ■ Hierarchische Teilungsverfahren: Durch sukzessive Aufteilung von Clustern wird eine immer feinere Aufteilung bis zum Extremfall von lauter Clustern mit nur einer Beobachtung erreicht.

- ■ Dendrogramm: semigrafischer Outputteil bei hierarchischen Clusterverfahren, der sowohl die Übersicht über die einzelnen Fusionsschritte als auch die Auswahl einer passenden Clusterzahl erleichtert

- ■ Bannerplot: Er bietet wie das Dendrogramm eine Übersicht über die einzelnen Fusionsschritte bei hierarchischen Clusterverfahren.

- ■ Centroid-Verfahren: Meist wird von einer Teilstichprobe ausgehend versucht, Zentren von Clustern zu finden. Die einzelnen Beobachtungen werden anschließend jenem Cluster zugeordnet, dessen Zentrum ihnen am nächsten liegt.

- ■ Fuzzy-Verfahren: Es findet keine feste Zuordnung zu nur einem Cluster statt, sondern Zuordnungen zu mehreren Clustern. Mitgliedskoeffizienten geben die Stärke der Zuordnungen zu den einzelnen Clustern an.

12.6   Übungen

1. **Demografie**

   Wir haben hierarchische Verfahren anhand des Datensatzes mit den Demografiekennzahlen (Datenfile `demographie.csv`) besprochen.

   - ■ Führen Sie eine hierarchische Clusteranalyse mit den Variablen `Fertilityrate` und `Annualnetmigrationrate` ohne Standardisierung durch.
   - ■ Führen Sie dieselbe Analyse nur mit `Annualnetmigrationrate` aus.
   - ■ Vergleichen Sie die beiden Ergebnisse.

2. **Supermarkt** In einer Studie zu Charakteristika von Supermärkten wurden 637 Personen in Wales über die Bedeutung mehrerer Eigenschaften von Supermärkten auf einer Skala, die von 1 (wenig wichtig) bis 5 (sehr wichtig) reichte, befragt (siehe auch Fallbeispiel 31).
   Im Datenfile `smarkt.dat` sind es die Variablen q08a – q08n, q08q – q08v.

   - ■ Gibt es unter den Befragten Gruppen mit ähnlichen Erwartungen, was ein Supermarkt bieten soll?

3. **Bewerbungen** Die Daten aus Kendall (1975) beziehen sich auf 48 Bewerbungen um eine Position in einem Unternehmen. Diese Bewerbungen wurden anhand der 15 Variablen im Datenfile `bewerbung.csv` bewertet (je höher der Wert, desto stärker ist die Eigenschaft ausgeprägt).

   - ■ Gibt es Gruppen ähnlicher Bewerbungen?

4. **Einschätzung von TV-Kanälen** In einer Umfrage im Mai 2008 wurden 229 Personen (mit Kabel-TV- oder Satelliten-TV-Empfang) im Raum Wien zu ihrem TV-Sehverhalten befragt.

   Ein Teil dieser Umfrage zielte darauf ab, Eigenschaften (informativ, sensationslüstern etc.) von Fernsehsendern herauszufiltern.

Die Antworten zu den Fragen nach Aktualität, kritischer Berichterstattung und politischer Unabhängigkeit sind im Datenfile `tvimage.csv` für die drei Sender ORF1, Pro7 und RTL enthalten.

- Gibt es unter den Befragten Gruppen, die das TV-Angebot ähnlich einschätzen?

Datenfiles sowie Lösungen finden Sie auf der Webseite des Verlags.

12.7 R-Befehle im Überblick

`aggregate(x, ...)` berechnet aus einer Datenmatrix oder einem Data Frame x Maßzahlen (etwa den Mittelwert), die durch *FUN* spezifiziert sind, für Teilmengen, die durch eine Liste von Gruppierungselementen (etwa Faktoren) definiert sind.

`agnes(x, metric = "euclidean", stand = FALSE, method = "average")` erstellt eine agglomerative hierarchische Clusterstruktur. Als Eingabe kann für x die Datenmatrix oder eine Distanzmatrix dienen. Die weiteren Argumente sind optional und betreffen das Distanzmaß, ob eine Standardisierung der Variablen gewünscht wird, und welches Verschmelzungsverfahren angewendet werden soll. (**cluster**)

`bannerplot(x)` gibt einen Bannerplot für das Ergebnis x eines hierarchischen Clusterverfahrens aus. (**cluster**)

`clara(x, k, metric = "euclidean", stand = FALSE)` berechnet ein Centroid-Verfahren für eine Datenmatrix oder ein Data Frame x, bei dem k Cluster erzeugt werden. Die Voreinstellungen für *metric* und *stand* sind gleich wie bei `agnes()`. (**cluster**)

`cutree(tree, k = NULL, h = NULL)` liefert die Clusterzugehörigkeit von Beobachtungen nach einem hierarchischen Clusterverfahren *tree* für k Cluster.

`daisy(x, metric = c("euclidean", "manhattan", "gower"), stand = FALSE)` erstellt aus einer Datenmatrix oder einem Data Frame x eine Distanzmatrix. Die Voreinstellungen für *metric* und *stand* sind gleich wie bei `agnes()`. (**cluster**)

`diana(x, metric = "euclidean", stand = FALSE)` führt ein hierarchisches Teilungsverfahren aus. Die Parameter sind denen von `agnes()` vergleichbar. (**cluster**)

`fanny(x, k, memb.exp = 2)` ergibt ein Fuzzy-Clustering für eine Datenmatrix, ein Data Frame oder eine Distanzmatrix x in k Cluster. *memb.exp* ist ein Parameter, der mitbestimmt, wie weich die Zuordnung zu Clustern sein kann. (**cluster**)

`pltree(x, ...)` erstellt ein Dendrogramm eines hierarchischen Clusterverfahrens x. (**cluster**)

Mehrdimensionale kategoriale Daten

13

ÜBERBLICK

In diesem Kapitel besprechen wir Methoden zur Untersuchung von Datensätzen mit mehreren kategorialen Variablen. Schon in Abschnitt 7.2 und in Abschnitt 7.4 haben wir Methoden für konkrete Fragestellungen bei zwei kategorialen Variablen besprochen. Aus der Fragestellung heraus war die Rolle – Response- oder erklärende Variable – der einzelnen Variablen bestimmt. Untersucht wurde, ob deren Beziehung zueinander in der in der Fragestellung vermuteten Form vorliegt.

Hier werden wir uns damit beschäftigen, komplexere, nicht a priori festgelegte Zusammenhangsstrukturen aufzudecken. Für Datensätze mit mehreren potenziellen Responsevariablen, aber auch für solche ohne klare Responsevariablen soll ein passendes statistisches Modell gefunden werden. LOGLINEARE MODELLE sind statistische Modelle zur Beschreibung kategorialer Variablen, ihrer Ausprägungen und ihrer Beziehungen. Bei der Beschreibung solcher Beziehungen wird der Begriff der Wechselwirkung eine zentrale Rolle spielen.

Bei asymmetrischen Modellen leitet man aus der Wechselwirkung die Beziehung zwischen erklärenden und Responsevariablen ab. In symmetrischen Modellen – solche ohne klare Responsevariablen – kommt die Assoziation zwischen den Variablen in der Wechselwirkung zum Ausdruck.

Wir wollen zunächst einige Grundüberlegungen anhand zweier kategorialer Variablen anstellen. Später werden wir diese auf drei Variablen erweitern, wobei die Erweiterungen auch für mehr als drei Variablen gelten.

LERNZIELE

Nach Durcharbeiten dieses Kapitels haben Sie Folgendes erreicht:

- Sie wissen um die Eins-zu-Eins-Beziehung zwischen Hypothesen über den Zusammenhang unter kategorialen Variablen und erwarteten Häufigkeiten.

- Sie wissen, dass es zwischen dem Null- und dem saturierten Modell eine Reihe von Modellen unterschiedlicher Komplexität gibt. Sie erkennen die Hierarchie unter den Modellen, wissen aber auch, dass sich nicht alle Modelle direkt vergleichen lassen.

- Sie kennen Tests zur Bewertung, ob ein bestimmtes Modell ausreichend gut einen Datensatz beschreibt. Sie können diesen Test in R anwenden und das Ergebnis interpretieren.

- Sie sind in der Lage, unter mehreren Modellen das am besten zu den Daten passende Modell in R effizient zu suchen, zu ermitteln und dann auch zu interpretieren.

13.1 Modelle für Kreuztabellen

Wichtige Begriffe haben wir schon in Abschnitt 7.1 kennengelernt. Wir wollen sie anhand eines Beispiels wiederholen und als Fundament für Erweiterungen verwenden.

Fallbeispiel 37: Risikoeinschätzung von Cannabiskonsum

Datenfile: `cannabis.dat`

Im Frühjahr 2011 wurde im Auftrag der Europäischen Kommission eine Flash-Eurobarometer-Untersuchung zur Einstellung Jugendlicher zu Drogen durchgeführt. Unter anderem wurde gefragt, wie hoch die Jugendlichen das Gesundheitsrisiko ein- oder zweimaligen Cannabiskonsums einschätzen. Die Risikoeinschätzung der befragten deutschen Jugendlichen ($n = 488$) wird hier nur nach zwei Kategorien (eher hoch oder eher niedrig), das Alter der Jugendlichen nach drei Altersgruppen gegliedert.

Welche Modelle kommen zur Beschreibung der Daten in Frage?

Wir lesen die Daten in das Data Frame `cannabis` ein und ermöglichen uns mit `attach()` einen direkten Zugriff. Die aus diesen Daten erzeugte Kreuztabelle (`canntab`) ergänzen wir mit `addmargins()` um die Randsummen.

```R
> cannabis <- read.table("cannabis.dat")
> attach(cannabis)
> canntab <- table(risiko, alter)
> addmargins(canntab)
```

```
             alter
risiko        15-18 19-21 22-24 Sum
  eher hoch     154   100    50 304
  eher niedrig   89    63    32 184
  Sum           243   163    82 488
```

13.1.1 Modelle und erwartete Häufigkeiten

Welche Verteilungen kann man aus einer Kreuztabelle ablesen?

Wie wir schon aus Abschnitt 7.1 wissen, kann man aus einer Tabelle, die durch die Kreuzklassifikation zweier Variablen entstanden ist, mehrere Arten von Verteilungen bestimmen. Im Inneren der Tabelle ist die GEMEINSAME VERTEILUNG der Variablen `alter` und `risiko` dargestellt. Diese Verteilung heißt deshalb gemeinsam, weil die Häufigkeiten für beide Variablen gemeinsam dargestellt werden. An den Rändern finden sich die RANDVERTEILUNGEN als Zeilen- und Spaltensummen. Sie beschreiben die Häufigkeiten der einzelnen Variablen, wenn man sie ohne Berücksichtigung der jeweils anderen Variable betrachtet.

Welche Informationen kann man aus einer Kreuztabelle gewinnen?

Wir wollen uns diese drei Verteilungen etwas näher ansehen und überlegen, welche Art Information wir jeweils daraus gewinnen können. Zur numerischen Darstellung verwenden wir Anteile bzw. relative Häufigkeiten.

Die gemeinsame Verteilung: `alter * risiko`   Aus Abschnitt 10.5 kennen wir schon die in R verwendete Schreibweise, dass nämlich Variablen mittels `*` verknüpft geschrieben werden. Das bedeutet, dass die beiden Variablen gemeinsam bzw. kombiniert betrachtet werden.

```
> canntab                                                           R
```

```
             alter
risiko       15-18 19-21 22-24
eher hoch      154   100    50
eher niedrig    89    63    32
```

Man sieht, dass sich die Altersgruppen nicht sehr bezüglich ihrer Einschätzung des Cannabisrisikos unterscheiden. Der Anteil jener, die das Risiko hoch einschätzen, ist in allen Altersgruppen etwas mehr als eineinhalbmal so hoch wie der Anteil jener, die das Risiko als eher gering einstufen. Deutlicher können wir das anhand von Odds (Abschnitt 7.5) sehen, sie betragen für die drei (aufsteigend geordneten) Altersgruppen 1.73, 1.59 und 1.56.

Bei kombinierter Betrachtung zweier kategorialer Variablen kann man die Frage stellen, ob diese miteinander in Beziehung stehen. Konkret haben wir in Abschnitt 7.4 die Frage geprüft, ob zwei kategoriale Variablen unabhängig sind.

```
> chit_cann <- chisq.test(canntab)                                 R
> chit_cann
```

```
Pearson's Chi-squared test

data: canntab
X-squared = 0.2433, df = 2, p-value = 0.8854
```

Da wir in der Folge die Ergebnisse weiter unten benötigen werden, haben wir den Test in einem eigenen Objekt `chit_cann` abgelegt. Der Chi-Quadrat-Test zeigt ein eindeutig nicht signifikantes Ergebnis an ($p = .885$), demnach sind Alter und Einschätzung des Cannabisrisikos voneinander unabhängig.[1]

Die Randverteilung: `alter`   Sie gibt die Häufigkeiten der einzelnen Altersgruppen in der Stichprobe an. Die Einschätzung des Cannabisrisikos spielt hier keine Rolle.

```
> table(alter)                                                     R
```

```
alter
15-18 19-21 22-24
  243   163    82
```

Man sieht, dass nahezu die Hälfte der Befragten ($243/488 = 0.498$) in die jüngste Altersgruppe fallen, die beiden anderen Gruppen stehen in einem Verhältnis von 2 zu 1 ($163/82 = 1.988$) zugunsten der mittleren Altersgruppe.

---

1 Wir unterscheiden in diesem Kapitel nicht zwischen Unabhängigkeit und Homogenität, die Berechnung erwarteter Häufigkeiten ist ja in beiden Fällen gleich (Abschnitt 7.2).

Eine Hypothese, die wir hier prüfen könnten, wäre, ob sich die Befragten gleichmäßig über alle Kategorien verteilen.

```
> chit_alter <- chisq.test(table(alter))
> chit_alter
```

```
        Chi-squared test for given probabilities

data: table(alter)
X-squared = 79.676, df = 2, p-value < 2.2e-16
```

Der Chi-Quadrat-Test auf Gleichverteilung (Abschnitt 6.2) besagt ($p < .001$), dass die Befragten sehr ungleich auf die Altersgruppen verteilt sind.

Die Randverteilung: risiko Diese Randverteilung sagt nur etwas über die Anzahl der Personen aus, die das Risiko von Cannabis als eher hoch oder eher niedrig einschätzen. Das Alter wird nicht berücksichtigt.

```
> table(risiko)
```

```
risiko
  eher hoch eher niedrig
        304         184
```

Fast zwei Drittel der Befragten halten ein- bis zweimaligen Cannabiskonsum für gesundheitlich riskant. Hier könnten wir die Frage stellen, ob der Anteil jener, die das Risiko hoch bzw. niedrig einschätzen, in der Population gleich ist. Oder mit anderen Worten, ob der Anteil der Jugendlichen, die das Risiko hoch einstufen, 50% ist.

```
> chit_risiko <- chisq.test(table(risiko))
> chit_risiko
```

```
        Chi-squared test for given probabilities

data: table(risiko)
X-squared = 29.508, df = 1, p-value = 5.568e-08
```

Das Ergebnis ist, wie oben für alter, auch für die Variable risiko hochsignifikant ($p < .001$). Demnach hält sich in der Gesamtbevölkerung der Jugendlichen die Einschätzung des Cannabisrisikos als niedrig bzw. hoch nicht die Waage.

Wenn wir nun die Ergebnisse zusammenfassen, ergeben sich folgende Schlussfolgerungen:

1. Die Variablen alter und risiko sind unabhängig. Man muss die beiden Variablen also nicht kombiniert betrachten.

2. Es gibt Unterschiede bei der Variable alter. Die Befragten verteilen sich nicht gleichmäßig auf die drei Altersgruppen.

3. Es gibt Unterschiede bei der Variable risiko. Es haben unterschiedlich viele Jugendliche das Risiko hoch bzw. niedrig eingeschätzt.

Die beiden letzteren Ergebnisse haben sich auf die Randverteilungen bezogen, wobei die jeweils zweite Variable nicht berücksichtigt wurde. Es wäre aber interessant, ob es eine Möglichkeit gibt, zu den gleichen Aussagen zu kommen, aber dabei trotzdem beide Variablen gleichzeitig zu berücksichtigen, also die ganze Kreuztabelle der beiden Variablen zu betrachten. Das ist möglich, wenn wir uns nicht auf simple Tests beschränken, sondern versuchen, für die Fragestellungen Modelle zu formulieren.

Welche Werte erwartet man bei bestimmten Hypothesen?

Eine einfache Form von Modellen ergibt sich aus der Spezifikation von erwarteten Werten. Wenn wir eine bestimmte Hypothese in Form erwarteter Werte spezifizieren können, dann lässt sich überprüfen, ob diese erwarteten Werte mit beobachteten Werten übereinstimmen. Ist das der Fall, spricht das für die Hypothese, sonst dagegen.

Erwartete Werte bei Unabhängigkeit Der Chi-Quadrat-Test auf Unabhängigkeit, wie wir ihn oben durchgeführt haben, entspricht genau der Prüfung eines solchen Modells. Das Modell ergibt sich aus der Unabhängigkeitsannahme. Rufen wir uns noch einmal in Erinnerung, wie wir die erwarteten Werte einer Kreuztabelle unter der Annahme der Unabhängigkeit bestimmt haben (vgl. ▶ Exkurs 7.1). Danach ergibt sich für jeden Eintrag in einer Kreuztabelle der erwartete Wert aus dem Produkt der beiden Randhäufigkeiten dividiert durch die Gesamtanzahl der Beobachtungen.

Wir geben die erwarteten Häufigkeiten als möglichen Zusatzoutput zu einer Testberechnung in **R** an.

```
> erwart <- chit_cann$expected
> erwart
```

```
             alter
risiko           15-18    19-21   22-24
  eher hoch     151.377 101.541 51.082
  eher niedrig   91.623  61.459 30.918
```

Erwartete Werte im Modell: alter Wir übertragen dieses Prinzip nun auf die Hypothese, dass nur die Variable alter eine Rolle spielt, d. h., dass bezüglich risiko keine Unterschiede bestehen. Wir haben das oben schon geprüft, allerdings haben wir dabei die Variable risiko außer Acht gelassen.

```
> tab_alter <- table(alter)
> tab_alter
```

```
alter
15-18 19-21 22-24
  243   163    82
```

Diesmal wollen wir die erwarteten Werte aber für die gesamte Kreuztabelle bestimmen und nicht nur für die Randhäufigkeit von alter.

Die zwei Zeilen für die beiden Risikoeinschätzungen unterscheiden sich nicht, die Zeilensummen betragen nicht mehr 304 und 184 (Randverteilung für risiko), sondern sind jeweils 244. Das entspricht der Hypothese, dass die Wahrscheinlichkeit, das Risiko hoch oder niedrig einzustufen, jeweils 1/2 beträgt.

Die Berechnung der Matrix mit den erwarteten Häufigkeiten könnten wir uns ganz leicht machen, indem wir zwei Zeilen mit den halbierten Werten der obigen Auszählungstabelle anschreiben. Wir könnten auch etwas tiefer in die Trickkiste greifen und mit Matrixoperationen (Abschnitt 5.7) das Produkt zweier Vektoren bestimmen. Wir wählen aber den Mittelweg über die Funktion tcrossprod(). In tab_alter sind die Spaltensummen der Ursprungskreuztabelle enthalten, es ist ein Vektor mit drei Eintragungen. Dass die zwei Zeilensummen jeweils 244 betragen, entspricht der Nullhypothese des Tests auf Gleichverteilung über die Kategorien von risiko. Es sind somit die erwarteten Häufigkeiten bei diesem Test (chit_risiko$expected ist ein Vektor mit zwei Eintragungen). Das Kronecker-Produkt dieser Vektoren und Division durch die Anzahl Beobachtungen (sum(canntab)) ergeben die erwarteten Werte. Als Zeilen- und Spaltenbeschriftung übernehmen wir die der vorigen Tabelle.

```
> erw_alter <- tcrossprod(chit_risiko$expected, tab_alter)/sum(canntab)
> dimnames(erw_alter) <- dimnames(erwart)
> erw_alter
```

```
             alter
risiko        15-18 19-21 22-24
  eher hoch   121.5  81.5    41
  eher niedrig 121.5  81.5    41
```

Der Vergleich mit den beobachteten Häufigkeiten zeigt starke Abweichungen. Etwas allgemeinere als die bisher bekannten Chi-Quadrat-Tests (Abschnitt 13.2.3) werden in einem späteren Abschnitt zeigen, dass dieses Modell nicht gut zu den Daten passt.

Erwartete Werte im Modell: risiko   Wir können Ähnliches auch für die Variable risiko durchführen, wobei wir diesmal alter als gleichverteilt annehmen.

```
> tab_risiko <- table(risiko)
> erw_risiko <- tcrossprod(tab_risiko, chit_alter$expected)/sum(canntab)
> dimnames(erw_risiko) <- dimnames(erwart)
> erw_risiko
```

```
             alter
risiko          15-18    19-21    22-24
  eher hoch    101.333 101.333 101.333
  eher niedrig  61.333  61.333  61.333
```

Auch hier ist die Anpassung an die eigentlich beobachtete Kreuztabelle nur sehr dürftig. Tests (Abschnitt 13.2.3) werden zeigen, dass dieses Modell die Daten nicht ausreichend gut beschreibt.

Offensichtlich müssen wir beide Variablen, alter und risiko, berücksichtigen. Das haben wir aber schon vorher getan, als wir den Chi-Quadrat-Test auf Unabhängigkeit durchgeführt haben. Dort haben wir die erwarteten Werte aus den Randsummen, wie sie in den Originaldaten auftraten, berechnet. Der X^2-Wert von 0.243 war sehr klein, d. h., die beobachteten Daten wichen kaum von den berechneten erwarteten Werte ab. Daher hat dieses Modell die Daten gut beschrieben.

13.1.2 Modellhierarchie

Theoretisch gibt es noch zwei weitere Modelle (bzw. Hypothesen), die wir untersuchen könnten.

Das eine betrifft die Frage nach Abhängigkeit der beiden Variablen. Wären die beiden Variablen abhängig, dann wäre der eben beschriebene Chi-Quadrat-Test auf Unabhängigkeit signifikant geworden. Die erwarteten Werte für das Abhängigkeitsmodell (bei zwei Variablen) entsprechen genau den beobachteten. Man spricht dann auch von einem SATURIERTEN MODELL. Anders als beim Unabhängigkeitsmodell genügt das Wissen um die Randsummen allein nicht, um die einzelnen Einträge in der Kreuztabelle (zumindest näherungsweise) zu reproduzieren.

Es könnte natürlich auch sein, dass alle Einträge in der Kreuztabelle (annähernd) gleich groß sind. Das würde bedeuten, dass für keine der beiden Variablen Unterschiede zwischen den Kategorien bestehen. Ein solches Modell wird auch NULL-MODELL genannt. Die erwarteten Werte sind dann alle gleich groß und lassen sich ganz einfach berechnen, indem man die Gesamtanzahl an Beobachtungen durch die Anzahl der Zellen in der Kreuztabelle dividiert. Für unser Beispiel wäre das $488/6 = 81.33$.

Wir können zusammenfassen. Bei einer Kreuztabelle zweier kategorialer Variablen gibt es fünf mögliche Modelle:

- **Abhängigkeitsmodell (saturiertes Modell)**: Beide Variablen sind relevant. Die beobachteten Werte in der Tabelle sind unterschiedlich (nicht proportional) und lassen sich nicht durch erwartete Werte, die aus den Randsummen berechnet werden, reproduzieren.

- **Beide Variablen sind relevant, aber unabhängig**. Die beobachteten Werte in der Tabelle lassen sich gut durch erwartete Werte, die aus beiden Randsummen berechnet werden, reproduzieren. Beide Randverteilungen weichen aber klar von einer Gleichverteilung ab.

- **Nur die Zeilenvariable ist wichtig**. Die beobachteten Werte unterscheiden sich zeilenweise, sind aber in den Spalten annähernd gleich. Bei der Berechnung der erwarteten Werte berücksichtigt man zwar die beobachteten Zeilenrandsummen, die Spaltenrandsummen ergeben sich aus der Gesamtanzahl der Beobachtungen dividiert durch die Anzahl der Kategorien der Spaltenvariable.

- **Nur die Spaltenvariable ist wichtig**. Die beobachteten Werte unterscheiden sich spaltenweise, sind aber in den Zeilen annähernd gleich. Bei der Berechnung der erwarteten Werte berücksichtigt man zwar die beobachteten Spaltenrandsummen, die Zeilenrandsummen ergeben sich aus der Gesamtanzahl der Beobachtungen dividiert durch die Anzahl der Kategorien der Zeilenvariable.

- **Nullmodell**: Keine der beiden Variablen ist relevant. Alle Einträge in der Kreuztabelle sind annähernd gleich groß. Die erwarteten Werte sind alle gleich groß und ergeben sich aus der Gesamtanzahl an Beobachtungen dividiert durch die Anzahl der Zellen in der Kreuztabelle.

Aus dieser Auflistung sieht man, dass eine gewisse Hierarchie an Komplexität besteht. Das einfachste Modell ist das Nullmodell, etwas komplexer sind die beiden Modelle, in denen nur jeweils eine der beiden Variablen zur Bestimmung der erwarteten Häufigkeiten ausreicht. Über diesen steht das Unabhängigkeitsmodell, am komplexesten ist das saturierte Modell.

Fallbeispiel 37: Interpretation

Wir haben fünf Modelle kennengelernt, die prinzipiell zur Beschreibung der Daten eingesetzt werden können. Beim komplexesten Modell, dem Abhängigkeitsmodell, stimmen die erwarteten mit den beobachteten Häufigkeiten überein. Beim Nullmodell sind die erwarteten Häufigkeiten konstant ($488/6 = 81.33$).

Dazwischen gibt es zwei Modelle, bei denen jeweils nur eine Variable zur Berechnung der erwarteten Häufigkeiten eingesetzt wird, und ein Modell, bei dem die Randsummen beider Variablen vorkommen, aber von der Unabhängigkeit beider Variablen ausgegangen wird.

13.1.3 Loglineare Modelle

Den fünf Modellen des vorigen Abschnitts liegen unterschiedliche Annahmen zugrunde. Diese Annahmen haben der Berechnung erwarteter Häufigkeiten gedient. Im Rahmen LOGLINEARER MODELLE werden die logarithmierten erwarteten Häufigkeiten in eine lineare Beziehung zu Modellparametern gestellt.

Loglineares Modell in X und Y

Das saturierte Modell erfüllt:

$$\ln(e_{ij}) = \lambda_0 + \sum_i \lambda_{X_i} \cdot X_i + \sum_j \lambda_{Y_j} \cdot Y_j + \sum_{ij} \lambda_{X_i Y_j} \cdot X_i Y_j \qquad (13.1)$$

- e_{ij} sind die nach dem Modell erwarteten Häufigkeiten.
- X_i, Y_j sind Dummyvariablen für X und Y.
- λ_0, λ_{X_i} etc. bezeichnen die Modellparameter.
- Das saturierte Modell hat so viele unabhängige Parameter, wie Zellen in der Kreuztabelle vorkommen.
- Für jedes andere loglineare Modell wird nur mehr eine Teilsumme aus 13.1 zur Modellierung der erwarteten Häufigkeiten eingesetzt.

Etwas ungewohnt ist das Auftauchen von λ statt dem aus unterschiedlichen Regressionsmodellen gewohnten β in der Bezeichnung von Modellparametern. In der Literatur zu loglinearen Modellen ist jedoch λ das allgemein verwendete Symbol für Modellparameter.

Die Berechnung erwarteter Häufigkeiten, Odds und Odds-Ratios aus den Modellparametern wird in einem eigenen Abschnitt 13.5.1 anhand eines dreidimensionalen Modells erläutert.

13.2 Welche Modelle beschreiben die Eintragungen einer Kreuztabelle gut?

Im vorigen Abschnitt wurden fünf Modelle zur Beschreibung einer Kreuztabelle diskutiert. In diesem Abschnitt stellen wir Kriterien zur Bewertung der Modelle vor.

Wir kennen jetzt mehrere Modelle, die zur Beschreibung der Kreuztabelle des Eingangsbeispiels in Frage kommen.

Welches der fünf Modelle passt am besten zu den Daten?

13.2.1 Pearson- und Likelihood-Ratio-Statistik

Wir haben bis jetzt fünf Modelle besprochen. Die Modellannahmen spiegeln sich in den erwarteten Häufigkeiten wider. Nun werden wir die Abweichungen zwischen beobachteten und erwarteten Häufigkeiten bewerten. Mit dieser Bewertung haben wir ein Werkzeug zur Auswahl eines guten Modells in der Hand.

Schon beim Homogenitätstest (Abschnitt 7.2) und beim Unabhängigkeitstest (Abschnitt 7.4) bei zwei kategorialen Variablen wurde das Pearson-X^2 eingesetzt, um die erwarteten mit den beobachteten Häufigkeiten zu vergleichen. Dort waren die erwarteten Häufigkeiten aus den Annahmen der Nullhypothese – Homogenität bzw. Unabhängigkeit – abgeleitet worden.

Die Verallgemeinerung besteht darin, erwartete Häufigkeiten auch aus anderen Modellen zuzulassen, mit diesen aber das X^2-Prinzip in bekannter Weise umzusetzen. Ein verwandter Ansatz ist die LIKELIHOOD-RATIO-STATISTIK G^2.

Pearson-Statistik X^2 und Likelihood-Ratio-Statistik G^2

$$X^2 = \sum_{i,j} \frac{(o_{ij} - e_{ij})^2}{e_{ij}} \tag{13.2}$$

$$G^2 = 2 \cdot \sum_{i,j} o_{ij} \ln\left(\frac{o_{ij}}{e_{ij}}\right) \tag{13.3}$$

- $o_{ij} \ldots$ beobachtete Häufigkeiten
- $e_{ij} \ldots$ nach dem Modell erwartete Häufigkeiten
- Unter H_0 (Modell trifft zu) sind sowohl X^2 als auch G^2 approximativ χ^2-verteilt. Die Freiheitsgrade df ergeben sich aus der Differenz der Parameteranzahlen für das saturierte und das zu bewertende Modell (H_0).

Beide Statistiken ergeben den Wert 0, wenn das Modell genau die beobachteten Werte wiedergibt. Große Werte deuten darauf hin, dass das Modell die Daten nicht gut beschreibt.

Ein Vorteil der Likelihood-Ratio-Statistik G^2 ist, dass auch Modellvergleiche zwischen einem Modell und einer Verallgemeinerung dieses Modells durchgeführt werden. Die Differenz zwischen den G^2-Werten der beiden Modelle folgt unter H_0 – also dem einfacheren Modell – approximativ einer χ^2-Verteilung mit so vielen Freiheitsgraden, wie die Differenz der Parameterzahlen zwischen den zwei Modellen angibt.

Tabelle 13.1: Beobachtete und erwartete Werte unter dem Haupteffektmodell `alter`

	Alter		
Risiko	15 – 18	19 – 21	22 – 24
eher hoch	154 / 121.5	100 / 81.5	50 / 41
eher niedrig	89 / 121.5	63 / 81.5	32 / 41

Wir versuchen, das Haupteffektmodell `alter` mit den zwei Statistiken zu bewerten. In ▶ Tabelle 13.1 sind beobachtete und erwartete Werte zusammengefasst: Somit ist die Berechnung von X^2 und G^2 keine schwere Hürde:

$$X^2 = \frac{(154 - 121.5)^2}{121.5} + \frac{(100 - 81.5)^2}{81.5} + \cdots = 29.74 \qquad (13.4)$$

$$G^2 = 2 \cdot \left[154 \ln \left(\frac{154}{121.5} \right) + 100 \ln \left(\frac{100}{81.5} \right) + \cdots \right] = 30.06 \qquad (13.5)$$

Das saturierte Modell hat sechs Parameter, das aktuelle drei. Relevant ist somit eine χ^2-Verteilung mit $6 - 3 = 3$ Freiheitsgraden, der kritische Wert liegt daher bei 7.81. Sowohl $X^2 = 29.74$ als auch $G^2 = 30.06$ sind weit größer. Es liegt also ein signifikantes Ergebnis vor. Das bedeutet, dass das Haupteffektmodell `alter` verworfen werden muss. Es passt nicht gut zu den Daten.

13.2.2 Modellberechnung in R

Loglineare Modelle und verallgemeinerte lineare Modelle

Wir verwenden zur Berechnung loglinearer Modelle eine ähnliche Vorgangsweise wie bei logistischen Regressionsmodellen, Abschnitt 10.6. Indem wir sie als Sonderfall verallgemeinerter linearer Modelle darstellen, kann die Berechnung mit `glm()` erfolgen.

Die Responsevariable besteht aus den Eintragungen der Kreuztabelle. Der lineare Prädiktor steht wie in der Gleichung 13.1 über den Logarithmus (*log-link*), der Linkfunktion dieser Modelle, mit den erwarteten Häufigkeiten in Verbindung. Als Verteilungsfamilie für den Fehlerterm dient bei diesen Zählvariablen die Poissonverteilung.

Als Beispiel für eine Modellberechnung wählen wir das vorhin behandelte Modell `alter`.

- Die Variable `risiko` kommt im Modell also nicht vor, es werden dafür auch keine Modellparameter berechnet. Für die Wechselwirkung gilt dasselbe.

- Das Alter der Jugendlichen ist in drei Kategorien eingeteilt worden. Die Funktion `glm()` wählt die niedrigste Kategorie (15-18 Jahre) als Referenzkategorie und generiert für die anderen Kategorien jeweils eine Dummyvariable.[2]

- Somit ist dieses Modell in drei Parametern formuliert, λ_0 (Konstante), $\lambda_{alter19-21}$ und $\lambda_{alter22-24}$.

$$\ln(e_{risiko,alter}) = \lambda_0 + \lambda_{alter19-21} X_{alter19-21} + \lambda_{alter22-24} X_{alter22-24}$$

2 Diese Parametrisierung gilt für die jetzt besprochene Funktion `glm()`. Die ebenfalls oft eingesetzte Funktion `loglm()` aus dem Package **MASS** (Venables und Ripley, 2002; Ripley, 2013) etwa berechnet für jede Alterskategorie einen Parameter. Diese sind jedoch nicht unabhängig, sondern folgen der Nebenbedingung, dass deren Summe 0 ergibt.

Modellschätzung und Modelloutput

Wir haben schon zu Beginn dieses Kapitels den Dataframe cannabis eingelesen und daraus eine Kreuztabelle canntab aus den beiden Variablen alter und risiko erstellt. Diese Tabellenwerte bilden die Responsevariable des verallgemeinerten linearen Modells.

Die Angabe des zu schätzenden Modells ist vollständig, wenn die Variablen im linearen Prädiktor (in unserem Beispiel nur alter), die Linkfunktion und die Verteilungsfamilie des Fehlerterms spezifiziert sind. Mit der Auswahl der Poissonverteilung wird automatisch der Logarithmus als Linkfunktion gewählt.

Um nicht mit den Zeilen- und Spaltenbeschriftungen der Kreuztabelle und den ursprünglichen Variablenbezeichnungen im Data Frame cannabis in Konflikt zu geraten, muss der direkte Zugriff auf den Data Frame mit detach() aufgehoben werden. Überdies wird die zweidimensionale Kreuztabelle als Datensatz mit sechs Beobachtungen abgelegt (mittels as.data.frame()), die beobachteten Häufigkeiten werden dabei in einer neuen Variablen mit dem Namen Freq abgelegt, die als Responsevariable bei der Modellberechnung angegeben werden muss.

```
> detach(cannabis)
> can.dfr <- as.data.frame(canntab)
> modalt <- glm(Freq ~ alter, family = poisson, data = can.dfr)
> summary(modalt)
```

```
Call:
glm(formula = Freq ~ alter, family = poisson, data = can.dfr)

Deviance Residuals:
    1      2      3      4      5      6
 2.83  -3.10   1.98  -2.14   1.36  -1.46

Coefficients:
             Estimate  Std. Error  z value   Pr(>|z|)
(Intercept)   4.7999      0.0642     74.82     <2e-16 ***
alter19-21   -0.3993      0.1012     -3.94      8e-05 ***
alter22-24   -1.0863      0.1277     -8.51     <2e-16 ***
---
Signif. codes:  0 '***' 0.001 '**' 0.01 '*' 0.05 '.' 0.1 ' ' 1

(Dispersion parameter for poisson family taken to be 1)

    Null deviance: 113.446  on 5  degrees of freedom
Residual deviance:  30.056  on 3  degrees of freedom
AIC: 72.75

Number of Fisher Scoring iterations: 4
```

Outputteile   Die Modellzusammenfassung besteht aus fünf Teilen.

1. Der Aufruf, über den die Berechnung gestartet wurde

2. Residuen (Devianzresiduen): Sie messen in verallgemeinerter Form die Abweichung der erwarteten von den beobachteten Werten. Ein positiver Wert zeigt an, dass die beobachtete Häufigkeit höher als die erwartete ist. Bei umfangreicheren Modellen werden nicht alle Residuen, sondern nur Zusammenfassungen dieser Werte angegeben.

3. Koeffizienten: Hier werden die Schätzungen für die Modellparameter, einschließlich Koeffiziententests, ausgegeben.
    In diesem Beispiel wurden für λ_0 der Wert 4.7999 und für die Parameter der zwei Dummyvariablen für `alter` die Werte -0.3993 und -1.0863 errechnet. Alle drei Parameter sind signifikant von 0 verschieden.

4. Devianzangaben: Die Teststatistik des Likelihood-Ratio-Tests für das Nullmodell (113.446) und jene für das aktuelle Modell (30.056) werden ausgegeben. Das sind jeweils Vergleiche dieser Modelle gegen das saturierte Modell.

5. Die Angabe, wie viele Iterationen bei der Modellberechnung notwendig waren

Bei den Devianzangaben sind keine p-Werte angegeben. Man kann sich diese auch leicht selbst errechnen, etwa für das aktuelle Modell:

```R
> 1 - pchisq(30.056, 3)
```

```
[1] 1.3431e-06
```

Somit ist das Modell `alter` signifikant schlechter als das saturierte Modell. Eine weitere Möglichkeit wird im folgenden Abschnitt 13.2.3 vorgestellt.

Andere Zugriffe auf Modellteile und zugehörige Objekte Mit schon aus früheren Kapiteln bekannten Funktionen kann auf bestimmte Schätzergebnisse direkt zugegriffen werden.

-   `coef()` bzw. `coefficients()`: zeigt die geschätzten Modellparameter an
-   `residuals()` bzw. `resid()`: liefert den Residuenvektor
-   `fitted()` bzw. `fitted.values()`: gibt die angepassten Modellwerte, also die erwarteten Häufigkeiten wieder

Obwohl das Pearson-X^2 nicht direkt angezeigt wird, ist es ohne großen Aufwand möglich, diesen Wert selbst zu berechnen.

```R
> obs <- modalt$y
> erw <- fitted(modalt)
> resLR <- residuals(modalt)
> resx2 <- (obs - erw)/sqrt(erw)
> cbind(obs, erw, resx2, resLR)
```

```
    obs   erw    resx2    resLR
1   154 121.5   2.9485   2.8298
2    89 121.5  -2.9485  -3.0972
3   100  81.5   2.0492   1.9782
4    63  81.5  -2.0492  -2.1352
5    50  41.0   1.4056   1.3583
6    32  41.0  -1.4056  -1.4624
```

```R
> PearsonX2 <- sum(resx2^2)
> PearsonX2
```

```
[1] 29.737
```

13.2.3   Modellauswahl

Eine Übersicht über alle fünf Modelle (▶ Tabelle 13.2) zeigt die mit den Likelihood-Ratio-Teststatistiken bewerteten Abweichungen vom saturierten Modell. Natürlich

Tabelle 13.2: Likelihood-Ratio-Statistiken

Modell	Parameter	G^2	p-Wert
alter * risiko	6	0.000	1.000
alter + risiko	4	0.243	0.885
alter	3	30.056	< 0.001
risiko	2	83.633	< 0.001
Nullmodell	1	113.446	< 0.001

können komplexere Modelle (Modelle mit vielen Parametern) den Daten besser ange-passt sein als einfache Modelle mit nur wenigen Parametern. Die Auswahl soll zu einem Modell führen, das den sich widerstrebenden Anforderungen gerecht wird, einerseits möglichst einfach zu sein und andererseits doch so komplex, dass die Daten dennoch gut damit beschrieben werden können.

Wie gehen wir vor, wenn wir die Werte der Tabelle (▶ Tabelle 13.2) als Grund-lage der Modellauswahl heranziehen? Das Prinzip ist ähnlich dem bei der zweifa-chen Varianzanalyse Abschnitt 10.5. Wir beginnen beim komplexesten Modell und führen so lange Vereinfachungen des Modells durch, so lange keine signifikanten Verschlechterungen auftreten. Diesen Prozess der Rückwärtsselektion demonstrieren wir an unserem Beispiel.

1. Wir starten mit dem Wechselwirkungsmodell `alter * risiko`. Da hier erwar-tete und beobachtete Häufigkeiten übereinstimmen, liegt perfekte Anpassung vor ($X^2 = G^2 = 0$).

2. Darf eine Vereinfachung auf das Modell `alter + risiko` vorgenommen werden? Wir hinterfragen also die Wechselwirkung. Die Statistik zeigt nur geringe Abwei-chungen zwischen Modell und Daten an ($G^2 = 0.243$). Das sind keine signifikan-ten Abweichungen, wie der p-Werten von $p = 0.885$ ($df = 6 - 4 = 2$) anzeigt. Es besteht kein signifikanter Unterschied zwischen den beiden Modellen. Die Wechselwirkung ist also nicht von Bedeutung, die Vereinfachung auf das Unab-hängigkeitsmodell ist also möglich.

3. Kann aus dem Modell `alter + risiko` eine der beiden Variablen weggelassen werden?

   In einem ersten Versuch verzichten wir auf `risiko` im Modell, wir testen also das Modell `alter`. Allerdings erfahren wir eine ziemlich klare Abfuhr. G^2 steigt von $G^2 = 0.243$ auf $G^2 = 30.056$, also um 29.813. Dieser Anstieg ist bei nur einem Freiheitsgrad Unterschied zwischen den beiden Modellen eine signifi-kante Verschlechterung (Vergleichswert ist das 0.95-Quantil einer χ^2-Verteilung mit $df = 1$, also 3.84).

   Das Modell `alter` ist also sicher nicht passend.

4. Der zweite Versuch, das Modell `alter + risiko` zu vereinfachen, zielt darauf ab, `alter` zu eliminieren.

Die Likelihood-Ratio-Statistik klettert auf $G^2 = 83.633$. Diese Zunahme um 83.390 bei nur zwei Freiheitsgraden ist signifikant. Das Modell `risiko` wird also auch nicht den Daten gerecht.

5. Somit ist `alter + risiko` das passende Modell.

Eine bequemere Modellauswahl, bei der die G^2-Differenzen von R unterstützt bewertet werden, wird in Abschnitt 13.3.3 vorgestellt.

Fallbeispiel 37: Interpretation

Die Suche nach einem passenden Modell hat zum Unabhängigkeitsmodell `alter + risiko` geführt. Beide Variablen sind von Bedeutung, jedoch kann auf den Wechselwirkungseffekt verzichtet werden.

Im konkreten Beispiel bedeutet das Unabhängigkeitsmodell, dass sich die Risikoeinschätzung gelegentlichen Cannabiskonsums nicht zwischen den Altersklassen unterscheidet.

13.3 Höherdimensionale loglineare Modelle

Fallbeispiel 38: Suizid und Medienberichterstattung

Datenfile: `suizid-medien.dat`

In einer Untersuchung über Berichte zu Suiziden und Suizidversuchen in den zwei auflagenstärksten Zeitungen Österreichs über ein Jahr hinweg (Kuess S., Hatzinger R.:„Attitudes Toward Suicide in the Print Media", Crisis 1986) wurden drei kategoriale Variablen erhoben:

Variable	Bedeutung
Suizid	Suizid (S) oder Suizidversuch (SV)
Bericht	Art des Berichts über Suizid
	allgemein, in Zusammenhang mit Mord oder
	in Zusammenhang mit anderen Schwerverbrechen
Laenge	Länge des Zeitungberichts (in Zeilen)
	($< 30, 31-60, > 60$)

Die Studie reagierte auf eine Serie von U-Bahn-Suiziden zu Beginn der 1980er-Jahre in Wien, die ihrerseits zu vielen Presseberichten führten. Eine Zusammenstellung der Daten ist weiter unten gegeben.

Welches Modell beschreibt die Daten ausreichend gut?

13.3.1 Dreidimensionale Kreuztabellen

Die Zusammenfassung der Daten in einer Tabelle erfordert eine Auszählung der Daten nach allen drei involvierten Variablen und führt uns zu dreidimensionalen Kreuztabellen. Die Darstellung solcher Tabellen mit `table()` ist nicht sehr zufriedenstellend, es werden mehrere zweidimensionale Kreuztabellen angezeigt. Mit `ftable()` kann man die Möglichkeit zu einer kompakteren Darstellung nutzen, die Angabe, welche Variablen die Zeilen (`row.vars`) bzw. die Spalten (`col.vars`) in der Darstellung definieren.

Die Generierung einer Tabelle hängt wesentlich von den eigenen Formvorstellungen ab. Für die hier präsentierte wurden die Variablen `Bericht` und `Suizid` als Zeilenvariablen und `Laenge` als Spaltenvariable gewählt.

Wir lesen den Datensatz in den Data Frame `suizmed` ein, erstellen daraus eine dreidimensionale Kreuztabelle `suiztab`, die der Ausgangspunkt für alle weiteren Analysen sein wird. Da auf den Data Frame kein dauernder Zugriff notwendig ist, stellen wir diesen nur für die Ausführung eines Befehls mittels `with()` her.

```R
> suizmed <- read.table("suizid-medien.dat")
> suiztab <- with(suizmed, table(Bericht, Suizid, Laenge))
> ftable(suiztab, col.vars = c("Laenge"))
```

```
                Laenge <=30 >60 31-60
Bericht    Suizid
allgemein  Suizid         98  15    29
           SV             17   1     9
Mord       Suizid          8  12     9
           SV              5   7     9
Verbrechen Suizid          8   6    12
           SV              3   0     3
```

Auf diese Weise können noch höherdimensionale Kreuztabellen übersichtlich dargestellt werden.

13.3.2 Loglineare Modelle in drei Dimensionen

Die Zahl möglicher Modelle ist bei drei Variablen weitaus höher als bei nur zwei. Wir besprechen zuerst den theoretischen Hintergrund und kommen dann zu den Anwendungen.

Loglineares Modell in X, Y und Z

Das saturierte Modell erfüllt:

$$\ln(e_{ijk}) = \lambda_0 + \sum_i \lambda_{X_i} \cdot X_i + \sum_j \lambda_{Y_j} \cdot Y_j + \sum_k \lambda_{Z_k} \cdot Z_k +$$
$$\sum_{ij} \lambda_{X_i Y_j} \cdot X_i Y_j + \sum_{ik} \lambda_{X_i Z_k} \cdot X_i Z_k + \sum_{jk} \lambda_{Y_j Z_k} \cdot Y_j Z_k +$$
$$\sum_{ijk} \lambda_{X_i Y_j Z_k} \cdot X_i Y_j Z_k \tag{13.6}$$

- e_{ijk} sind die nach dem Modell erwarteten Häufigkeiten.
- X_i, Y_j, Z_k sind Dummyvariablen für X, Y und Z.
- λ_0, λ_{X_i} etc. bezeichnen die Modellparameter.
- Das saturierte Modell hat so viele Parameter, wie Zellen in der dreidimensionalen Kreuztabelle vorkommen.
- Für jedes andere loglineare Modell wird nur mehr eine Teilsumme aus 13.6 zur Modellierung der erwarteten Häufigkeiten eingesetzt.

Die Modellparameter in der Modellgleichung des saturierten Modells 13.6 können unterschiedlichen Effekten zugeordnet werden:

- Ordnung 1: die Haupteffekte mit den Parametern λ_{X_i}, λ_{Y_j} und λ_{Z_k}
- Ordnung 2: die zweifachen Wechselwirkungen mit $\lambda_{X_iY_j}$, $\lambda_{X_iZ_k}$ und $\lambda_{Y_jZ_k}$
- Ordnung 3: die dreifache Wechselwirkung mit $\lambda_{X_iY_jZ_k}$

Auch hier folgen wir der Konvention[3], dass bei einer zweifachen Wechselwirkung im Modell die daran beteiligten Haupteffekte ebenfalls im Modell enthalten sind und das einzige Modell mit der dreifachen Wechselwirkung das saturierte Modell ist.

Modellschätzung

Im konkreten Beispiel stellt die Kreuztabelle eine dreidimensionale Auszählung von drei Variablen dar. Eine der Variablen hat nur zwei Kategorien, die anderen je drei. Somit umfasst die dreidimensionale Kreuztabelle insgesamt $2 \cdot 3 \cdot 3 = 18$ Zellen, so viele Parameter beschreiben das saturierte Modell.

Für die Modellschätzung nutzen wir wieder die Einbettung loglinearer Modelle in die Klasse verallgemeinerter linearer Modelle und die Modellberechnung mit glm().

Wir demonstrieren die Berechnung an einem Modell ohne jede Wechselwirkung und nur mit den Haupteffekten Bericht und Laenge, ohne jeden Einfluss von Suizid. Wir machen Gebrauch von der schon erstellten dreidimensionalen Kreuztabelle suiztab, legen deren Informationen im Data Frame suizid.dfr mit der Häufigkeitsvariablen Freq ab.

```
> suizid.dfr <- as.data.frame(suiztab)
> beispiel <- glm(Freq ~ Bericht + Laenge, family = poisson, data = suizid.dfr)  R
> summary(beispiel)
```

```
Call:
glm(formula = Freq ~ Bericht + Laenge, family = poisson,
    data = suizid.dfr)

Deviance Residuals:
    Min      1Q  Median      3Q     Max
 -5.016  -2.286   0.012   1.234   6.517
```

---

3 Allgemein: Bei Auftreten eines Effekts der Ordnung k sind alle Effekte niedrigerer Ordnung (also der Ordnung 1, 2, ... $k-1$) mit den beteiligten Variablen ebenfalls im Modell vorhanden.

```
Coefficients:
                   Estimate Std. Error z value Pr(>|z|)
(Intercept)          3.8458     0.0955   40.25  < 2e-16 ***
BerichtMord         -1.2179     0.1610   -7.57  3.9e-14 ***
BerichtVerbrechen   -1.6642     0.1928   -8.63  < 2e-16 ***
Laenge>60           -1.2209     0.1777   -6.87  6.4e-12 ***
Laenge31-60         -0.6718     0.1459   -4.61  4.1e-06 ***
---
Signif. codes: 0 '***' 0.001 '**' 0.01 '*' 0.05 '.' 0.1 ' ' 1

(Dispersion parameter for poisson family taken to be 1)

    Null deviance: 331.21 on 17 degrees of freedom
Residual deviance: 147.24 on 13 degrees of freedom
AIC: 225.8

Number of Fisher Scoring iterations: 5
```

13.3.3 Modellauswahl

Aus der Vielzahl denkbarer Modelle eine bestimmte Auswahl zu treffen, soll mehrere, einander zum Teil widersprechende Kriterien erfüllen. Das Modell soll einfach sein, also durch möglichst wenig Parameter beschrieben sein. Vor allem die Interpretation von Wechselwirkungen kann mühsam sein. Zum anderen soll das Modell den Daten gut angepasst sein.

Untersuchung der Dreifachwechselwirkung

Bei der Suche nach einem passenden Modell gehen wir nach der Methode der Rückwärtsselektion vor. Als Erstes testen wir, ob das Modell ohne Dreifachwechselwirkung gegen das saturierte Modell besteht. Wenn ja, kann auf die Dreifachwechselwirkung verzichtet werden. Zum Vergleich ist die Funktion anova() dienlich, die über Optionen nicht nur Quadratsummen, sondern auch Devianzen vergleichen kann.

Das saturierte Modell legen wir im Objekt msat ab. Das Modell ohne Dreifachwechselwirkung mohne3ww erstellen wir vereinfacht mit update() aus dem saturierten Modell, indem wir die Dreifachwechselwirkung aus der Modellformel entfernen.

```
> msat <- glm(Freq ~ Bericht * Suizid * Laenge, family = poisson,
+       data = suizid.dfr)
> mohne3ww <- update(msat, . ~ . - Bericht:Suizid:Laenge)
> anova(mohne3ww, msat, test = "Chisq")
```

R

```
Analysis of Deviance Table

Model 1: Freq ~ Bericht + Suizid + Laenge + Bericht:Suizid +
    Bericht:Laenge + Suizid:Laenge
Model 2: Freq ~ Bericht * Suizid * Laenge
  Resid. Df Resid. Dev Df Deviance Pr(>Chi)
1         4       3.07
2         0       0.00  4     3.07     0.55
```

Der p-Wert besagt also, dass sich die beiden Modelle nicht signifikant unterscheiden. Es kann also auf ein Modell ohne Dreifachwechselwirkung, jedoch mit allen drei Zweifachwechselwirkungen vereinfacht werden.

Untersuchung der Zweifachwechselwirkungen

Jetzt entfernen wir jeweils eine der drei Zweifachwechselwirkungen.

Zuerst `Bericht:Suizid` Das Modell ohne die Wechselwirkung von `Bericht` und `Suizid` ist signifikant schlechter. Auf diese Zweifachwechselwirkung kann nicht verzichtet werden.

```
> mohneBS <- update(mohne3ww, . ~ . - Bericht:Suizid)
> anova(mohne3ww, mohneBS, test = "Chisq")
```

```
Analysis of Deviance Table

Model 1: Freq ~ Bericht + Suizid + Laenge + Bericht:Suizid + Bericht:Laenge +
    Suizid:Laenge
Model 2: Freq ~ Bericht + Suizid + Laenge + Bericht:Laenge + Suizid:Laenge
  Resid. Df Resid. Dev Df Deviance Pr(>Chi)
1         4       3.07
2         6      17.06 -2      -14  0.00092 ***
---
Signif. codes:  0 '***' 0.001 '**' 0.01 '*' 0.05 '.' 0.1 ' ' 1
```

Jetzt `Bericht:Laenge` Auch die Zweifachwechselwirkung von `Bericht` und `Laenge` muss im Modell bleiben.

```
> mohneBL <- update(mohne3ww, . ~ . - Bericht:Laenge)
> anova(mohne3ww, mohneBL, test = "Chisq")
```

```
Analysis of Deviance Table

Model 1: Freq ~ Bericht + Suizid + Laenge + Bericht:Suizid + Bericht:Laenge +
    Suizid:Laenge
Model 2: Freq ~ Bericht + Suizid + Laenge + Bericht:Suizid + Suizid:Laenge
  Resid. Df Resid. Dev Df Deviance Pr(>Chi)
1         4        3.1
2         8       43.0 -4    -39.9  4.5e-08 ***
---
Signif. codes:  0 '***' 0.001 '**' 0.01 '*' 0.05 '.' 0.1 ' ' 1
```

Jetzt noch `Suizid:Laenge` Die Wechselwirkung von `Suizid` und `Laenge` kann aus dem Modell entfernt werden, ohne die Anpassungsgüte des Modells stark zu verschlechtern.

```
> mohneSL <- update(mohne3ww, . ~ . - Suizid:Laenge)
> anova(mohne3ww, mohneSL, test = "Chisq")
```

```
Analysis of Deviance Table

Model 1: Freq ~ Bericht + Suizid + Laenge + Bericht:Suizid + Bericht:Laenge +
   Suizid:Laenge
Model 2: Freq ~ Bericht + Suizid + Laenge + Bericht:Suizid + Bericht:Laenge
  Resid. Df Resid. Dev Df Deviance Pr(>Chi)
1        4       3.07
2        6       6.77 -2   -3.69    0.16
```

13.3.4   Interpretation

Wir konnten im Prozess der Modellauswahl vom saturierten Modell ausgehend zwei Vereinfachungen vornehmen. Die Dreifachwechselwirkung und eine von drei Zweifachwechselwirkungen sind nicht notwendig. Auf einen der drei Haupteffekte kann nicht verzichtet werden, da sie ja in zumindest einer der zwei Zweifachwechselwirkungen vorkommen.

Man nennt einen solchen Modelltyp MODELL DER BEDINGTEN UNABHÄNGIGKEIT. Wie interpretiert man einen solchen Modelltyp?

Im Beispiel ist die Zweifachwechselwirkung Suizid:Laenge nicht im Modell enthalten. Das bedeutet, dass für jede Stufe des Faktors Bericht Unabhängigkeit zwischen Suizid und Laenge vorliegt. Wenn wir also aus der Dreifachklassifikation der drei Faktoren jeweils eigene zweidimensionale Kreuztabellen der Variablen Suizid und Laenge für alle drei Kategorien von Bericht bilden, so liegt bei diesen Tabellen Unabhängigkeit vor. Beispielsweise würde für die Kategorie allgemein der Variablen Bericht (▶ Tabelle 13.3) der Unabhängigkeitstest mit $X^2 = 2.931$, $df = 2$ und $p = 0.231$ zugunsten der Unabhängigkeit ausgehen.

Tabelle 13.3: Subtabelle für Bericht = allgemein

		Länge		
Bericht	Suizid	< 30	31 − 60	> 60
allgemein	Suizid	98	29	15
	Suizidversuch	17	9	1

Fallbeispiel 38: Interpretation

In der Modellauswahl wurde ein Modell mit zwei Zweifachwechselwirkungen als den Daten adäquat ermittelt:

    Bericht*Suizid + Bericht*Laenge   oder

    Bericht*(Suizid + Laenge)

Es ist somit ein Modell bedingter Unabhängigkeit. Die Bedingung wird durch den Faktor Bericht definiert. Das bedeutet, dass je nachdem, um welche Art von Bericht es sich handelt, die Länge des Berichts (gemessen in Zeilen) nicht davon abhängt, ob es sich um einen Suizid oder Suizidversuch gehandelt hat.

Nicht unbedingt wegen ihrer statistischen Untermauerung durch loglineare Modelle wurde diese sozialmedizinische Studie zu einer der meist zitierten und einer der erfolgreichsten, was die Auswirkungen anbelangt. Grund dafür war, dass aufgrund der erhobenen Daten die Wiener Verkehrsbetriebe und die Presse um eine Verhaltensänderung gebeten wurden. Nach einem Suizid oder Suizidversuch mittels U-Bahn sollten keine Berichte bzw. weniger groß aufgemachte Berichte erscheinen. Die Durchsagen der Verkehrsbetriebe bei Unterbrechungen von U-Bahn-Linien sollten nicht mehr explizit auf die Ursache, den Suizid oder Suizidversuch, hinweisen. Das führte dazu, dass in der Folge weit weniger U-Bahn-Suizide zu verzeichnen waren.

13.4   Weitere Beispiele

Wir haben ein Beispiel mit zwei Zweifachwechselwirkungen, aber ohne Dreifachwechselwirkung recht ausführlich besprochen. Da bei loglinearen Modellen die Interpretation der Wechselwirkungen Probleme bereiten kann, folgen jetzt Beispiele, bei denen andere Kombinationen von Wechselwirkungen das Endmodell bestimmen. Diesen Beispielen legen wir hypothetische Daten zu Grunde, alle mit der folgenden gemeinsamen Fragestellung verbunden.

Fallbeispiel 39: Religiosität und Aberglaube

In einer Untersuchung sollte erhoben werden, ob Religiosität und Aberglaube gemeinsam auftreten. Religiosität wird hier als das Einhalten von Geboten und Ritualen der großen Religionen aufgefasst. Aberglaube wird als teilweises Abweichen von orthodoxen Glaubensformen und -regeln verstanden. Um einen eventuellen Unterschied zwischen den Geschlechtern in diesen Aspekten zu berücksichtigen, liegen insgesamt folgende Angaben vor:

Variable	Bedeutung
Relig	Religiosität ja oder nein (j/n)
Aberg	Aberglaube ja oder nein (j/n)
Sex	Geschlecht der Befragten

Eine Zusammenstellung des jeweiligen Datensatzes in Form einer dreidimensionalen Kreuztabelle ist bei jedem Beispiel gegeben.

Welches Modell beschreibt die Daten ausreichend gut?

13.4.1   Ein Modell mit einer Dreifachwechselwirkung

Die Daten für dieses Beispiel (Datenfile: religion1.dat) lesen wir ein und erstellen daraus eine dreidimensionale Kreuztabelle tabrel1. Diese Tabelle stellen wir etwas schöner formatiert mit dem Befehl ftable dar.

```
> religion1 <- read.table("religion1.dat")
> tabrel1 <- with(religion1, table(Sex, Aberg, Relig))
> ftable(tabrel1, col.vars = c("Sex", "Relig"))
```

```
      Sex  Frau   Mann
      Relig   j  n    j  n
Aberg
j            61 14   27 31
n             9 16   24 18
```

In diesem Datensatz ist hohe Religiosität, aber auch starker Aberglauben bei Frauen häufiger als bei Männern vorhanden.

Die Modellselektion stoppt schon nach dem Versuch, die Dreifachwechselwirkung aus dem Modell zu eliminieren. Nur das saturierte Modell beschreibt die Daten gut.

```
> rel1.dfr <- as.data.frame(tabrel1)
> msat <- glm(Freq ~ Sex * Aberg * Relig, family = poisson, data = rel1.dfr)
> mohne3ww <- update(msat, . ~ . - Sex:Aberg:Relig)
> anova(mohne3ww, msat, test = "Chisq")
```

```
Analysis of Deviance Table

Model 1: Freq ~ Sex + Aberg + Relig + Sex:Aberg + Sex:Relig + Aberg:Relig
Model 2: Freq ~ Sex * Aberg * Relig
  Resid. Df Resid. Dev Df Deviance Pr(>Chi)
1         1       14.9
2         0        0.0  1     14.9  0.00011 ***
---
Signif. codes:  0 '***' 0.001 '**' 0.01 '*' 0.05 '.' 0.1 ' ' 1
```

Einen guten Einblick, was in diesem Fall die signifikante Dreifachwechselwirkung aussagt, kann aus einem Mosaikplot ▶ Abbildung 13.1 abgelesen werden.

```
> mosaicplot(tabrel1, main = "Religion und Aberglaube", color = TRUE)
```

Fallbeispiel 39: Interpretation

Im Prozess der Modellauswahl konnte keine Vereinfachung des saturierten Modells erfolgen. Somit bleibt die Dreifachwechselwirkung im Modell, das Modell lautet bei nicht abgekürzten Variablennamen:

```
Sex * Religion * Aberglaube
```

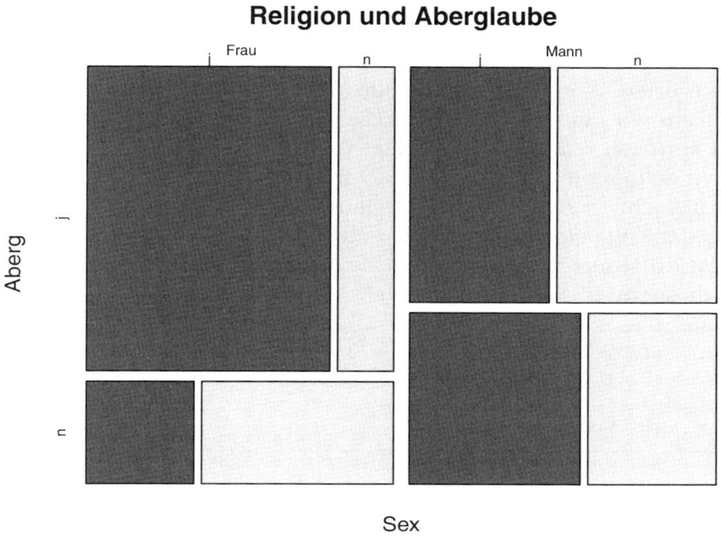

Religion und Aberglaube

Abbildung 13.1: Mosaikplot der Daten 1 zu Religion und Aberglauben

Das Odds-Ratio – hier als Zusammenhangsmaß verstanden – zwischen Religion und Aberglaube beträgt bei den Frauen 7.746, bei den Männern 0.653. Das ist ein deutlicher Unterschied.

Eine signifikante Dreifachwechselwirkung besagt, dass sich der Zusammenhang zwischen den beiden Variablen Religion und Aberglaube signifikant zwischen Frauen und Männern unterscheidet.

13.4.2 Ein Modell ohne Dreifachwechselwirkung

In diesem Beispiel ▶ Tabelle 13.4 ist der Unterschied zwischen Frauen und Männern im Odds-Ratio von Religion und Aberglaube weit geringer (Frauen 7.746, Männer 4.107).

Tabelle 13.4: Religiosität und Aberglaube: Datensatz 2

| | Frau | | Mann | |
| | Religiosität | | Religiosität | |
Aberglaube	ja	nein	ja	nein
ja	61	14	23	14
nein	9	16	18	45

Dateneingabe

Bevor wir uns der Modellsuche widmen, bereiten wir die Angaben aus der ▶ Tabelle 13.4 so auf, dass wir direkt die Modellberechnung starten können, ohne ein eigenes

Datenfile dafür zur Verfügung zu haben. Diese Datenlage ist oft anzutreffen, alle notwendigen Informationen sind in einer Tabelle enthalten.

Klar ist, dass wir drei kategoriale Variablen (Faktoren) benötigen, jede von ihnen mit zwei Kategorien. Wir werden die Tabelle in weiterer Folge spaltenweise eingeben. Somit wechseln wir am schnellsten bei `Aberglaube` die Stufen, dann bei `Religion` und zuletzt springen wir von der Eingabe von Daten zu den Frauen zu jenen von Männern. Wir definieren zunächst drei Faktoren mit jeweils zwei Stufen und jeweils von der Länge acht (= Anzahl der Eintragungen in der Tabelle), so dass der erste Faktor mit jeder Zeile eine andere Stufe aufweist, der zweite nur mit jeder zweiten Zeile und der dritte nur mit jeder vierten Zeile. Somit sind alle acht Kombinationen von Stufen dieser drei Faktoren vorbereitet.

```
> abe <- gl(2, 1, 8)
> rel <- gl(2, 2, 8)
> sex <- gl(2, 4)
> cbind(abe, rel, sex)
```

```
     abe rel sex
[1,]   1   1   1
[2,]   2   1   1
[3,]   1   2   1
[4,]   2   2   1
[5,]   1   1   2
[6,]   2   1   2
[7,]   1   2   2
[8,]   2   2   2
```

Jetzt fehlt noch eine Angabe dafür, dass der erste Datensatz 61-mal, der zweite neunmal etc. vorkommt. Dafür vergeben wir eine weitere Variable (`anzahl`). Im Anschluss nehmen wir noch ein paar kosmetische Operationen an den ursprünglichen Variablen vor.

```
> anzahl <- c(61, 9, 14, 16, 23, 18, 14, 45)
> Aberg <- factor(abe, labels = c("j", "n"))
> Relig <- factor(rel, labels = c("j", "n"))
> Sex <- factor(sex, labels = c("Frau", "Mann"))
> religion2.dfr <- data.frame(Sex, Relig, Aberg, anzahl)
```

Modellauswahl und -interpretation

Auf dem Weg der Modellfindung definieren wir das saturierte Modell `msat` und gelangen daraus zu `mohne3ww`, indem wir die Dreifachwechselwirkung entfernen. Von diesem Modell ausgehend werden drei vereinfachte Modelle dadurch formuliert, dass jeweils genau eine Zweifachwechselwirkung eliminiert wird. Im Anschluss daran vergleichen wir mit `anova()` nicht nur zwei, sondern drei Modelle miteinander.

Die drei Modelle `mohneAR`, `mohneAS` und `mohneRS` sind untereinander nicht direkt vergleichbar. Mit `anova()` sind nur Modellvergleiche von Modellen möglich, die hierarchisch geordnet sind. Die Modelle sind in aufsteigender Komplexität anzugeben.

```
> msat <- glm(anzahl ~ Sex * Aberg * Relig, family = poisson)
> mohne3ww <- update(msat, . ~ . - Sex:Aberg:Relig)
> mohneAR <- update(mohne3ww, . ~ . - Aberg:Relig)
> mohneAS <- update(mohne3ww, . ~ . - Aberg:Sex)
> mohneRS <- update(mohne3ww, . ~ . - Relig:Sex)
> anova(mohneAR, mohne3ww, msat, test = "Chisq")
```

```
Analysis of Deviance Table

Model 1: anzahl ~ Sex + Aberg + Relig + Sex:Aberg + Sex:Relig
Model 2: anzahl ~ Sex + Aberg + Relig + Sex:Aberg + Sex:Relig +
    Aberg:Relig
Model 3: anzahl ~ Sex * Aberg * Relig
  Resid. Df Resid. Dev Df Deviance Pr(>Chi)
1         2      28.21
2         1       0.89  1    27.32 1.7e-07 ***
3         0       0.00  1     0.89    0.35
---
Signif. codes:  0 '***' 0.001 '**' 0.01 '*' 0.05 '.' 0.1 ' ' 1
```

Es werden zunächst die drei zu vergleichenden Modelle durch Modellformeln beschrieben. Dann folgen die Modellvergleiche.

- In der ersten Zeile steht die Likelihood-Ratio-Statistik des einfachsten der drei Modelle, also von mohneAR.
- Die zweite Zeile befasst sich mit dem Vergleich von mohneAR und mohne3ww. Der p-Wert besagt, dass das Weglassen der Wechselwirkung von Aberg und Relig zu einer signifikanten Verschlechterung des Modells mohne3ww führen würde.
- Die dritte Zeile ermöglicht es uns – die beiden Modelle mohne3ww und msat unterscheiden sich ja nicht signifikant – aus dem saturierten Modell die Dreifachwechselwirkung zu eliminieren.
- Im Sinn der Rückwärtsselektion sollte eigentlich mit der letzten Zeile (also Zeile 3) der Modellvergleiche begonnen werden. Nur wenn diese ein nichtsignifikantes Resultat ausweist, sollte mit Zeile 2 nach weiteren Modellvereinfachungen Ausschau gehalten werden.

Wir unternehmen jetzt noch Versuche, aus dem Modell ohne Dreifachwechselwirkung jeweils eine der beiden anderen Zweifachwechselwirkungen zu eliminieren. Allerdings scheitern wir bei diesen Versuchen, es werden jeweils signifikante Ergebnisse ausgewiesen.

```
> anova(mohneAS, mohne3ww, test = "Chisq")
```

```
Analysis of Deviance Table

Model 1: anzahl ~ Sex + Aberg + Relig + Sex:Relig + Aberg:Relig
Model 2: anzahl ~ Sex + Aberg + Relig + Sex:Aberg + Sex:Relig + Aberg:Relig
  Resid. Df Resid. Dev Df Deviance Pr(>Chi)
1         2      17.96
2         1       0.89  1     17.1 3.6e-05 ***
---
Signif. codes:  0 '***' 0.001 '**' 0.01 '*' 0.05 '.' 0.1 ' ' 1
```

```
> anova(mohneRS, mohne3ww, test = "Chisq")                                R
```

```
Analysis of Deviance Table

Model 1: anzahl ~ Sex + Aberg + Relig + Sex:Aberg + Aberg:Relig
Model 2: anzahl ~ Sex + Aberg + Relig + Sex:Aberg + Sex:Relig + Aberg:Relig
  Resid. Df Resid. Dev Df Deviance Pr(>Chi)
1         2       5.14
2         1       0.89  1     4.24    0.039 *
---
Signif. codes:  0 '***' 0.001 '**' 0.01 '*' 0.05 '.' 0.1 ' ' 1
```

Fallbeispiel 39: Interpretation

Nur die Dreifachwechselwirkung konnte aus dem saturierten Modell eliminiert werden, alle drei Zweifachwechselwirkungen sollen im Modell enthalten sein.

Das bedeutet, dass zwischen je zwei Variablen ein Zusammenhang besteht, dieser Zusammenhang jedoch nicht beeinflusst von der dritten Variablen ist. Speziell gilt, dass ein Zusammenhang zwischen Religion und Aberglaube besteht, der jedoch bei Frauen und Männern gleich stark ist.

In Abschnitt 13.5.1 werden mit den Modellparametern dieses Modells einige Berechnungen ausgeführt. Wir sichern dieses Modell durch die Vergabe eines etwas längeren Modellnamens.

```
> mohne3ww.religion2 <- mohne3ww                                          R
```

13.4.3   Ein Modell mit nur einer Zweifachwechselwirkung

Die Kreuztabelle (► Tabelle 13.5) zu diesem Beispiel zeigt hohe Religiosität und starken Aberglauben bei Frauen und Männern. Die Odds-Ratios zwischen Religion und Aberglaube betragen bei den Frauen 7.746, bei Männern 7.573, sie sind also sehr ähnlich.

Tabelle 13.5: Religiosität und Aberglaube: Datensatz 3

| | Frau | | Mann | |
| | Religiosität | | Religiosität | |
Aberglaube	ja	nein	ja	nein
ja	61	14	57	13
nein	9	16	11	19

Das Datenfile (religion3.dat) enthält keine Einzeldaten, sondern ist so aufgebaut wie das Data Frame im vorigen Beispiel.

```
> rel3.dfr <- read.table("religion3.dat", header = TRUE)
> rel3.dfr
```
R

```
  Sex Relig Aberg anzahl
1 Frau     j     j     61
2 Frau     j     n      9
3 Frau     n     j     14
4 Frau     n     n     16
5 Mann     j     j     57
6 Mann     j     n     11
7 Mann     n     j     13
8 Mann     n     n     19
```

Die Modellsuche ist hier aufwendiger, aus Platzgründen zeigen wir nur Tests, die Modellvereinfachungen gestatten.

```
> msat <- glm(anzahl ~ Sex * Aberg * Relig, family = poisson, data = rel3.dfr)
> mohne3ww <- update(msat, . ~ . - Sex:Aberg:Relig)
> mohneAS <- update(mohne3ww, . ~ . - Aberg:Sex)
> mohneRS <- update(mohneAS, . ~ . - Relig:Sex)
> mohneS <- update(mohneRS, . ~ . - Sex)
> mohneAR <- update(mohneS, . ~ . - Aberg:Relig)
> anova(mohneAR, mohneS, mohneRS, mohneAS, mohne3ww, msat, test = "Chisq")
```
R

```
Analysis of Deviance Table

Model 1: anzahl ~ Aberg + Relig
Model 2: anzahl ~ Aberg + Relig + Aberg:Relig
Model 3: anzahl ~ Sex + Aberg + Relig + Aberg:Relig
Model 4: anzahl ~ Sex + Aberg + Relig + Sex:Relig + Aberg:Relig
Model 5: anzahl ~ Sex + Aberg + Relig + Sex:Aberg + Sex:Relig + Aberg:Relig
Model 6: anzahl ~ Sex * Aberg * Relig
  Resid. Df Resid. Dev Df Deviance Pr(>Chi)
1         5       36.8
2         4        0.6  1     36.1  1.8e-09 ***
3         3        0.6  1      0.0
4         2        0.5  1      0.1     0.76
5         1        0.0  1      0.5     0.46
6         0        0.0  1      0.0     0.97
---
Signif. codes:  0 '***' 0.001 '**' 0.01 '*' 0.05 '.' 0.1 ' ' 1
```

Sechs hierarchisch gegliederte Modelle liegen vor, fünf Paarvergleiche von Modellen sind im Output aufgelistet. Die richtige Reihenfolge von Modellvergleichen sollte in der letzten Zeile beginnen.

- In Zeile 6 wird das Modell 6 (saturiertes Modell) mit Modell 5 (keine Dreifachwechselwirkung) verglichen. Da der Unterschied nicht signifikant ist, wird auf die Dreifachwechselwirkung verzichtet.

- In den Zeilen 5, 4 und 3 passieren ähnliche Modellvergleiche, jeweils gibt es keine signifikanten Unterschiede.

- In Zeile 2 wird Modell 2 (nur mit Wechselwirkung zwischen Aberg und Relig) mit Modell 1 (ohne jede Wechselwirkung und ohne Haupteffekt Sex) verglichen. Hier ist keine Vereinfachung mehr möglich.

Im Rahmen der Modellauswahl wurden sehr viele Wechselwirkungen eliminiert, einzig die Zweifachwechselwirkung `Religion:Aberglaube` blieb dem Modell erhalten. Ebenso konnte auf den Haupteffekt `Sex` verzichtet werden.

Es gibt also einen Zusammenhang zwischen `Religion` und `Aberglaube`. Es besteht aber weder ein Unterschied in der Religiosität (`Religion`) noch im Aberglauben zwischen Frauen und Männern.

13.4.4 Modelle ohne Wechselwirkungen

Die Interpretation loglinearer Modelle bedarf bei signifikanten Wechselwirkungen einiger Sorgfalt. Modelle ohne Wechselwirkungen hingegen bereiten kaum Probleme, wir hinterlegen dafür auch keine eigenen Datensätze.

Sind etwa in einem Beispiel nur die Haupteffekte von Bedeutung, spricht man von totaler Unabhängigkeit, einer Verallgemeinerung der Unabhängigkeit bei nur zwei Variablen.

Fehlt zusätzlich zu Wechselwirkungen auch der eine oder andere Haupteffekt im Modell, bedeutet das Gleichverteilung bei diesen Variablen.

13.5 Abschließende Bemerkungen

13.5.1 Berechnung von Odds und Odds-Ratios

Die Modellparameter der jeweiligen Modelle haben wir bisher kaum betrachtet, bestenfalls haben wir den Zusammenhang zwischen deren Anzahl und den Freiheitsgraden im Modelltest registriert. In diesem Abschnitt gehen wir auf deren Beziehung zu den erwarteten Häufigkeiten ein und leiten daraus Interpretationen der Modellparameter für Odds und Odds-Ratios ab.

Als Beispiel nehmen wir das Religions-Aberglauben-Beispiel her, bei dem allein die Dreifachwechselwirkung aus dem Modell eliminiert werden konnte. Wir haben in diesem Abschnitt 13.4.2 das Modell in `mohne3ww.religion2` abgelegt. Schauen wir die Parameter auf vier Nachkommastellen genau an, wir verwenden den `print()` Befehl

```
> print(coef(mohne3ww.religion2), digits = 4)                              R
```

```
   (Intercept)          SexMann      Abergn    Relign   SexMann:Abergn
        4.0875          -0.8926     -1.7449   -1.3526          1.3589
SexMann:Relign   Abergn:Relign
        0.6907           1.6905
```

Die Beschriftung der Koeffizienten mit `SexMann` macht deutlich, dass für `Sex` die Kategorie `Frau` als Referenzkategorie gewählt wurde. Ähnlich kann aus `Abergn` auf die Kategorie `j` bei der Variablen für den Aberglauben geschlossen werden. Analoges gilt für `Relig`.

Wenden wir uns der Aufgabe zu, die Odds nach dem Modell für Aberglauben bei religiösen Frauen und bei religiösen Männern zu berechnen und über das Odds-Ratio zu vergleichen. Dazu berechnen wir die erwarteten Häufigkeiten aus den Modellparametern. Um nicht zu lange Indexbezeichnungen zu erhalten, verwenden wir bei den Indizes F für Frau, M für Mann, R für religiös, A für abergläubisch und $\bar{A}$ für nicht abergläubisch.

Für die Odds und Odds-Ratios nach dem Modell werden nicht beobachtete Häufigkeiten zueinander in Beziehung gesetzt, sondern nach dem Modell erwartete Häufigkeiten.

$$\ln(e_{FRA}) = 4.0875$$
$$\ln(e_{FR\bar{A}}) = 4.0875 - 1.7449 = 2.3426$$
$$\ln(e_{MRA}) = 4.0875 - 0.8926 = 3.1949$$
$$\ln(e_{MR\bar{A}}) = 4.0875 - 0.8926 - 1.7449 + 1.3589 = 2.8089$$

Somit gilt für die erwarteten Werte und die Odds für Aberglauben bei den religiösen Frauen bzw. bei den Männern:

$$e_{FRA} = \exp(4.0875) = 59.6 \qquad e_{MRA} = \exp(3.1949) = 24.4$$
$$e_{FR\bar{A}} = \exp(2.3426) = 10.4 \qquad e_{MR\bar{A}} = \exp(2.8089) = 16.6$$
$$Odds_{FR} = 59.6/10.4 = 5.73 \qquad Odds_{MR} = 24.4/16.6 = 1.47$$

Standardkenntnisse im Rechnen mit Logarithmus- und Exponentialfunktion hätten aber auch ergeben:

$$Odds_{FR} = 59.6/10.4 = 5.73 = \exp(1.7449)$$
$$Odds_{MR} = 24.4/16.6 = 1.47 = \exp(1.7449 - 1.3589) = \exp(0.3860)$$

Für das Odds-Ratio für Aberglauben zwischen religiösen Frauen und Männern ist es dann auch nicht überraschend, dass:

$$OR_R = 5.73/1.47 = \exp(1.3589)$$

Diese Rechenarbeiten kann man auch so zusammenfassen: Die logarithmierten Odds und Odds-Ratios kann man als Summe (bzw. Differenz) der involvierten Modellparameter angeben, die eigentlichen Odds und Odds-Ratios bestimmt man durch Exponenzieren dieser Werte.

13.5.2 Modelle mit mehr als drei Variablen

Das Prinzip loglinearer Modelle ist leicht auf Fälle erweiterbar, in denen mehr als drei Variablen auftreten. Zwar steigt die Zahl möglicher Modelle rapide mit der Zahl involvierter Variablen. Der damit verbundene Anstieg im Rechenaufwand ist heute kein Problem mehr.

Schwierigkeiten treten bei der Modellinterpretation auf. Mit jeder zusätzlichen Variablen kommen ja – zumindest im saturierten Modell – Wechselwirkungen immer höherer Ordnung ins Spiel, deren sinnvolle Interpretation in konkreten Beispielen erhebliche Probleme verursachen kann. Als Ausweg wird oft die Ordnung von Effekten in Modellen limitiert.

13.5.3   Vergleich mit logistischer Regression

In einem früheren Kapitel wurden Beispiele vorgestellt, in denen eine kategoriale Variable durch eine oder mehrere Variablen zu erklären versucht wurde. Im Abschnitt 10.6 zur logistischen Regression hatte die Responsevariable nur zwei Kategorien, in den Beispielen zu diesen Abschnitten traten sowohl metrische als auch kategoriale erklärende Variablen auf.

Es sind aber durchaus auch Fälle denkbar, in denen nur kategoriale Variablen zur Erklärung auftreten, etwa in Abschnitt 10.7. Aber dann – die Responsevariable und alle erklärenden Variablen sind kategorial – befinden wir uns in einem Fall, den gerade dieses Kapitel behandelt, nämlich in der Analyse eines mehrdimensionalen kategorialen Datensatzes.

Wann soll aber die logistische Regression verwendet werden, wann Methoden der loglinearen Modelle? In den meisten Beispielen ist nur eine Variable als Responsevariable identifizierbar. Die natürliche Wahl einer Methode fällt dann zu Recht auf eine logistische Regression. In Fällen, in denen die Funktion einer Variablen als Response- oder erklärende Variablen nicht eindeutig ist, sollten loglineare Modelle zur Anwendung kommen.

13.6   Zusammenfassung der Konzepte

Die Beschreibung der gemeinsamen Verteilung von mehreren kategorialen Variablen führt zu mehrdimensionalen Kreuztabellen. Die Modellierung solcher Daten erfolgt durch loglineare Modelle, die die Vielzahl denkbarer Modelle in eine hierarchische Ordnung stellen.

Die Auswahl eines zu den Daten passenden Modells geht vom komplexesten Modell aus und stoppt, wenn eine weitere Modellvereinfachung mit einer deutlichen Verschlechterung der Anpassungsgüte des Modells an die Daten verbunden wäre.

- **Saturiertes Modell:** das komplexeste der loglinearen Modelle, bei dem die erwarteten Häufigkeiten mit den beobachteten übereinstimmen. Es beinhaltet aber auch am meisten Parameter und hat daher den größten Interpretationsaufwand.

- **Unabhängigkeitsmodell:** Modell, bei dem von der Unabhängigkeit von zwei oder mehreren Variablen ausgegangen wird

- **Wechselwirkungen:** Zusammenspiel zweier oder mehrerer Variablen in einem Modell

- **Modellauswahl:** Vorgang, um aus einer Fülle von Modellen ein passendes auszuwählen

- **Likelihood-Ratio-Statistik:** bei der Modellauswahl hilfreiche Größe zum Vergleich zweier Modelle

13.7   Übungen

1. **Drogengebrauch**

    Die Ergebnisse einer Befragung unter Jugendlichen im Alter von 17 Jahren zum Konsum von Alkohol, Zigaretten und Marihuana oder Haschisch sind im Datenfile `drogen.dat` enthalten.

    ▪ Finden Sie ein passendes Modell zu den Daten!

    ▪ Interpretieren Sie das Ergebnis!

2. **Todesstrafe**

    326 Mordanklagen in Florida aus den Jahren 1976 und 1977 wurden nach Hautfarbe der Angeklagten und der Opfer und nach dem Urteil untersucht (Agresti, 2013).

    ▪ Finden Sie ein passendes Modell zu den Daten
    (Datenfile `todesstrafe.dat`)!

    ▪ Interpretieren Sie das Ergebnis!

Datenfiles sowie Lösungen finden Sie auf der Webseite des Verlags.

13.8   R-Befehle im Überblick

`as.data.frame(x, row.names = NULL, optional = FALSE, ...)` interpretiert ein Objekt x als Data Frame.

`coef(object, ...)` extrahiert die Koeffizienten eines Modells `object`.

`format(x, ...)` dient der formatierten Ausgabe eines Objekts x.

`ftable(x, ...)` gibt eine mehrdimensionale Kreuztabelle x als eine Reihe zweidimensionaler Kreuztabellen aus.

`gl(n, k, length = n * k, labels = 1:n, ordered = FALSE)`
erzeugt einen Faktor mit n Stufen, die k-mal bis zur Länge `length` wiederholt werden.

`glm(formula, family = gaussian, data, weights, subset, ...)`
berechnet ein verallgemeinertes lineares Modell, das durch die Formel `formula` für den linearen Prädiktor und die Verteilungsfamilie des Fehlerterms fixiert ist. In diesem Kapitel wird `glm()` zur Berechnung loglinearer Modelle verwendet, dazu muss `family` = poisson gesetzt sein.

`mosaicplot(x, ...)` erstellt für eine Tabelle x einen Mosaikplot.

`tcrossprod(x, y = NULL)` berechnet das Produkt xy^T von zwei Matrizen x und y.

`update(object, ...)` bewirkt die Änderung und Neuberechnung eines Modells `object`.

`with(data, expr, ...)` wertet einen Ausdruck `expr` für die Daten aus `data` aus.

TEIL VI

Appendix

Literaturverzeichnis

Agresti, A. (2013). *Categorical Data Analysis*. Wiley, New York, 3. Auflage.

Alexandrowicz, R. W. (2013). R *in 10 Schritten. Einführung in die statistische Programmierumgebung*. Facultas.wuv, UTB.

Becker, R. A., Wilks, A. R., Brownrigg, R. und Minka, T. P. (2013). *maps: Draw Geographical Maps*. R package version 2.3-6.

Bernaards, C. A. und Jennrich, R. I. (2005). Gradient Projection Algorithms and Software for Arbitrary Rotation Criteria in Factor Analysis. *Educational and Psychological Measurement*, 65:676–696.

Bernaards, C. A. und Jennrich, R. I. (2012). *GPArotation: GPA Factor Rotation*. R package version 2012.3-1.

Bühner, M. (2004). *Einführung in die Test- und Fragebogenkonstruktion*. Pearson Studium, München.

Cleveland, W. S. (1993). *Visualizing Data*. Hobart Press, Summit, NJ.

Crawley, M. J. (2012). *The R Book*. John Wiley & Sons, Ltd, 2. Auflage.

Field, A., Miles, J. und Field, Z. (2012). *Discovering Statistics Using R*. Sage.

Fox, J. und Weisberg, S. (2011). *An R Companion to Applied Regression*. Sage, Thousand Oaks CA, 2. Auflage.

Fox, J. und Weisberg, S. (2013). *car: Companion to Applied Regression*, 2. Auflage. R package version 2.0-19.

Fraley, C., Raftery, A. und Scrucca, L. (2013). *mclust: Normal Mixture Modeling for Model-Based Clustering, Classification, and Density Estimation*. R package version 4.2.

Fraley, C. und Raftery, A. E. (2002). Model-based Clustering, Discriminant Analysis and Density Estimation. *Journal of the American Statistical Association*, 97:611–631.

Fraley, C., Raftery, A. E., Murphy, T. B. und Scrucca, L. (2012). mclust Version 4 for R: Normal Mixture Modeling for Model-Based Clustering, Classification, and Density Estimation. Technical Report 597, Department of Statistics, University of Washington.

Hutcheson, G. und Moutinho, L. (1998). Measuring Preferred Store Satisfaction Using Consumer Choice Criteria as a Mediating Factor. *Journal of Marketing Management*, 14(7):705–720.

Jones, O., Robinson, A. und Maillardet, R. (2009). *Introduction to Scientific Programming and Simulation Using R*. The R Series. Chapman & Hall/CRC.

Kaufman, L. und Rousseeuw, P. (2005). *Finding Groups in Data: An Introduction to Cluster Analysis. Wiley's Series in Probability and Statistics*. John Wiley and Sons, New York.

Keller, G. und Warrack, B. (1997). *Statistics for Management and Economics*. Duxbury Press, Belmont.

Kendall, M. (1975). *Multivariate Analysis*. Griffin, London.

Kockelkorn, U. (2000). *Lineare statistische Methoden.* Oldenbourg, München.

Leisch, F. (2002). **Sweave**: Dynamic Generation of Statistical Reports Using Literate Data Analysis. In Härdle, W. und Rönz, B., Hrsg., *Compstat 2002 – Proceedings in Computational Statistics*, 575–580, Heidelberg. Physica Verlag.

Ligges, U. (2008). *Programmieren mit* R. Statistik und ihre Anwendungen. Springer, 3. Auflage.

Maechler, M., Rousseeuw, P., Struyf, A., Hubert, M. und Hornik, K. (2013). *cluster: Cluster Analysis Basics and Extensions.* R package version 1.14.4.

Maier, M. J. (2014). *REdaS: Companion Package to the Book "R: Einführung durch angewandte Statistik".*

Meyer, D., Zeileis, A. und Hornik, K. (2006). The Strucplot Framework: Visualizing Multi-Way Contingency Tables with vcd. *Journal of Statistical Software*, 17(3):1–48.

Meyer, D., Zeileis, A. und Hornik, K. (2013). *vcd: Visualizing Categorical Data.* R package version 1.3-1.

Murrell, P. (2011). R *Graphics.* The R Series. Chapman & Hall/CRC, 2. Auflage.

Pavlidis, I., Eberhardt, N. L. und Levine, J. A. (2002). Seeing through the face of deception. *Nature*, 415:35.

R Core Team (2013a). R*: A Language and Environment for Statistical Computing.* R Foundation for Statistical Computing, Vienna, Austria.

R Core Team (2013b). *foreign: Read Data Stored by Minitab, S, SAS, SPSS, Stata, Systat, Weka, dBase, ...* R package version 0.8-57.

Revelle, W. (2013). *psych: Procedures for Psychological, Psychometric, and Personality Research.* Northwestern University, Evanston, Illinois. R package version 1.3.10.12.

Ripley, B. (2013). *MASS: Support Functions and Datasets for Venables and Ripley's MASS.* R package version 7.3-29.

Rizzo, M. L. (2007). *Statistical Computing with* R. The R Series. Chapman & Hall/CRC.

Rosenfeld, J. (2002). Event-related potentials in the detection of deception, malingering, and false memories. In Kleiner, A., Hrsg., *Handbook of Polygraph Testing*, 265–286. Academic Press, New York.

Sarkar, D. (2008). *Lattice: Multivariate Data Visualization with* R. Springer, New York.

Sarkar, D. (2013). *lattice: Lattice Graphics.* R package version 0.20-24.

Venables, W. N. und Ripley, B. D. (2002). *Modern Applied Statistics with S.* Springer, New York, 4. Auflage.

Verzani, J. (2012). *UsingR: Data sets for the text Using* R *for Introductory Statistics.* R package version 0.1-18.

Wickham, H. (2009). *ggplot2: Elegant Graphics for Data Analysis.* Springer, New York.

Wickham, H. und Chang, W. (2013). *ggplot2: An implementation of the Grammar of Graphics.* R package version 0.9.3.1.

R GUI (Windows)

Hier finden Sie ein Stichwortverzeichnis zur grafischen Benutzeroberfläche von R unter Microsoft Windows.

R-Funktionen

Hier finden Sie alle R-Funktionen und -Befehle, die im Buch behandelt werden. Die grauen Seitenzahlen geben an, wo eine Funktion in den Abschnitten „R-Befehle im Überblick" (am Ende jedes Kapitels) beschrieben wird.

Index

Die Darstellung der Schlagworte folgt den Konventionen, die in Kapitel 1 erläutert wurden. Zur besseren Lesbarkeit haben wir hier R-Packages grau dargestellt (z. B. REdaS).

scientific tools

Reinhold Hatzinger
Herbert Nagel

Statistik mit SPSS
ISBN 978-3-8689-4182-1
24.95 EUR [D], 25.70 EUR [A], 33.60 sFr*
416 Seiten

Statistik mit SPSS

BESONDERHEITEN

Das Buch beginnt mit einer SPSS-Kompaktbeschreibung und einer Einführung in grundlegende statistische Verfahren. Ausgehend von Datentypen und dazugehörigen Fragestellungen wird die Umsetzung in SPSS gezeigt und praxisorientiert werden deskriptive und analytische Methoden integriert dargestellt. An insgesamt 32 klar strukturierten und realen Fallbeispielen werden typische Methoden der Datenbeschreibung sowie die Auswertung methodisch besprochen und in SPSS demonstriert.

Die vorliegende 2., aktualisierte Auflage ist auf die aktuelle SPSS-Version abgestimmt.

KOSTENLOSE ZUSATZMATERIALIEN

Für Dozenten und Studenten:
Lösungen zu den Übungsbeispielen im Buch

*unverbindliche Preisempfehlung

http://www.pearson-studium.de/4182